DolphinDB从入门到精通之数据分析

周小华　著

人民邮电出版社

北　京

图书在版编目（CIP）数据

DolphinDB从入门到精通之数据分析 / 周小华著.
北京 : 人民邮电出版社, 2024. -- ISBN 978-7-115
-65019-1

Ⅰ. TP311.132.3

中国国家版本馆CIP数据核字第2024TE2849号

内 容 提 要

DolphinDB 不仅支持海量数据的高效存储与查询，更开创性地提供了功能完备的编程语言以支持复杂分析，以及高吞吐、低延时、开发便捷的流数据分析框架，是计算能力最强的数据库系统之一。本书不仅介绍了如何使用 DolphinDB 这一兼有存储和高性能计算功能的数据库系统进行数据分析实践，还提供了大量金融和物联网等场景的实践案例，使读者通过借鉴和修改案例中的解决方案，将它们应用于自己的数据分析系统之中。本书从入门概念到实践应用分析均讲解得深入浅出、易于理解，是一本具有实践意义的数据分析工具书。即使是零基础的读者，也能通过学习本书，快速上手实践。

◆ 著　　　　周小华
责任编辑　高梦涵
责任印制　马振武

◆ 人民邮电出版社出版发行　　北京市丰台区成寿寺路 11 号
邮编　100164　　电子邮件　315@ptpress.com.cn
网址　http://www.ptpress.com.cn
固安县铭成印刷有限公司印刷

◆ 开本：787×1092　1/16
印张：27　　　　2024 年 9 月第 1 版
字数：670 千字　　2024 年 12 月河北第 2 次印刷

定价：99.00 元

读者服务热线：(010) 81055532　印装质量热线：(010) 81055316
反盗版热线：(010) 81055315
广告经营许可证：京东市监广登字 20170147 号

作者团队成员

刘非凡　毛忻玥　谢嘉恬　龚雨彤　谢雅婷　沈鸿飞
应钰柯　郑成辰　林　亮　徐惠康　冯永进　肖王森
傅莉娜　罗文文　黄杨筑榕　沈孙乐　马骥鹏　姚婕楠

推荐序

尊敬的读者：

作为浙江大学计算机科学与技术学院的一名教授，我一直致力于机器学习和数据科学的教学与研究。在这个数据驱动的时代，掌握高效、强大的数据分析工具是至关重要的。尤其是，现在需要处理的数据规模往往非常大，而传统的数据分析工具在处理这类大规模的数据时显得有些捉襟见肘。DolphinDB 正是一款为处理大数据而生的产品。因此，我非常荣幸能为这本介绍如何使用 DolphinDB 进行数据分析的书撰写推荐序。

DolphinDB 是一个现代化且先进的数据处理平台，它以其高效的数据处理能力和强大的分析能力而在业界闻名且备受赞誉。本书不仅系统地介绍了 DolphinDB 的基本操作和高级功能，而且通过丰富的案例展示了如何在实际问题中应用这些功能。作为一名长期从事机器学习研究的教授，我认为本书的实用性和前瞻性将极大地帮助初学者和专业人士深入理解并有效利用 DolphinDB 来进行数据分析和模型构建。

作者凭借深厚的专业知识和丰富的实践经验，详细阐述了用 DolphinDB 进行数据分析的各个环节——从数据预处理到复杂分析。书中的实例清晰易懂，可以帮助读者快速掌握 DolphinDB 的核心技术，并在自己的项目中应用。

通过学习本书，读者将掌握一种强大的工具，以应对现实世界中的数据分析挑战。无论是数据分析师、研究人员，还是学生，都会发现这本书是理解和应用 DolphinDB 的宝贵资源。

我衷心推荐这本书给所有希望提升数据分析能力的人。它不仅提供了关于 DolphinDB 的知识，还展示了如何应用这些知识解决实际问题。

祝阅读和学习愉快！

蔡登教授

浙江大学

2024 年 6 月 19 日

作者序

DolphinDB 是一个富有特色的现代数据栈软件。它融合了分布式数据库和分布式数据分析的能力，让 IT（Information Technology）工程师和数据工程师可以在一个软件平台上无缝合作，快速为业务创造价值。在数据分析领域，它既可以支持传统的历史数据批量处理，也可以满足现代的流式数据增量处理，更为可贵的是流和批可交汇于此，实现投研和生产的一体化，为企业在快速变化的市场中获得竞争优势。内置的编程语言 DolphinScript 同样独具匠心，贴心地为不同背景的工程师奉上多范式编程模式：IT 工程师可能喜欢严谨的命令式编程，Quant 工程师可能偏爱灵动的函数式编程，业务人员可能钟爱“一招鲜，吃遍天”的 SQL 编程。但不管是哪个岗位的技术工程师，都能在 DolphinDB 中找到自己趁手的“如意金箍棒”。DolphinDB 追求效率和价值、极致的性能，它拥有丰富的函数库和插件，让业务人员“开箱即用”。在 AI（Artificial Intelligence）发展得如火如荼的今天，它又果断“出手”，推出 CPU-GPU 异构计算平台，为数据分析插上算力的翅膀。

DolphinDB 从 2016 年创立至今，已有八载。融合和价值一直是它快速成长背后的主旋律。笔者见证了它孕育、诞生、快速成长的全过程。孜孜不倦地追求客户的价值目标和坚定不移地执行产品融合策略，这是作为创始人的笔者在将个人经历融入 DolphinDB 后，对这个大数据和 AI 时代最掷地有声的回应。

在很多时候，数据分析和数据库就像是一部好戏的台前部分和幕后部分，形影不离但又分工明确。数据分析在台前“吹拉弹唱”，为业务创造价值；数据库如同编剧和导演，在幕后“坐镇指挥”，为业务保驾护航。自笔者 1995 年开始在上海交通大学求学直至毕业后的很长一段时间内，后台的常用数据库有 FoxPro、DB2、Oracle 和 Sybase 等，前端的数据分析工具有 Excel、R、SAS 和 MATLAB 等。尽管 SAS 在分析之外有自己的大文件存储能力，Oracle 也在存储之上有 PL/SQL 强大的分析能力，但总体来说数据库和数据分析的分工依然泾渭分明。前者负责数据的存储和查询，后者负责从数据库拉取数据，在客户端进行更为复杂的细粒度的分析以满足业务要求。

笔者 2008 年博士毕业，之后进入华尔街工作，直至 2016 年从摩根士丹利辞职后全身心投入到 DolphinDB 的研发和商业化工作中。在这 8 年中，笔者目睹了科技对金融行业正在产生日益重要的影响，也曾亲身体验了时序数据库的先行者 Kdb+——通过数据库和数据分析的融合，大幅提升了数据分析的开发效率和运行效率。这段经历，让笔者意识到技术必须与业务结合起来方可产生巨大的价值，也让笔者看到了一个创业的机会点，通过分布式和流式数据处理的改造，让时序数据库在金融和其他行业焕发新的活力。

几乎在同一时期，金融之外的其他行业，尤其是互联网行业，正经历着一场轰轰烈烈的“大数据革命”。传统的关系型数据库已经无法容纳大数据了，数据分析也很难再把这么大的数据量放到客户端进行分析。数据库和数据分析的融合已经到了“箭在弦上，不得不发”的地步。Google 的分布式计算框架以及后面开源的 Hadoop 系列产品迅速推动了这一目标的实现。通过 Map-Reduce，大数据的存储和分析几乎融为一体。Apache Spark 凭借内存计算进一步提升了分布式计算的性能。Apache Flink 则在流数据计算上弥补了 Spark 的不足。这些产品构成了非常好的大数据生态。但是对传统企业来说，缺点也很明显：技术栈过于复杂，学习和使用的成本很高；离业务太远，落地成本较高。

笔者之所以决定成立团队自主研发 DolphinDB，正是希望吸收 Kdb+、Apache Spark、Apache Flink 等产品的优点，同时，克服它们已知的弱点。DolphinDB 选择融合，目的就是简化技术栈，希望通过一个轻量级的产品来完成大数据存储和分析的常用功能。DolphinDB 选择与行业深度融合，目标就是让用户能够“开箱即用”，快速落地行业解决方案，创造价值。当然，DolphinDB 并非一个完美的产品。根据社区里大部分新用户的反馈，学习 DolphinDB 直至掌握其精华有一定的门槛。这也是笔者撰写此书的重要原因，希望新用户阅读此书后能更快上手 DolphinDB。

阻碍新用户快速上手 DolphinDB 的原因通常有 4 个。

一是很多新用户习惯了 MySQL 等关系数据库的行式数据处理，但对 DolphinDB 的列式数据处理比较陌生。对此，可以简单地理解为 DolphinDB 的一个表就是多个向量组成的，对表的处理就是对多个向量的处理。

二是 DolphinDB 是分布式数据库，一个表由很多分区组成。新用户对分区的概念比较陌生，难以理解。实际上，分布式就是分而治之思想的朴素体现，把大数据分成很多个小的分区，分别用多个节点上的磁盘和 CPU 进行存储和计算。

三是 DolphinDB 支持多范式编程，代码非常灵活，一个问题有很多种解法，这令一部分新用户不适应，甚至怀疑自己是不是写错了。事实上，多范式编程的设计初衷是方便不同背景的用户编程，每个人选择最适合自己的范式就可以了。

四是 SQL 和表在传统的数据库中地位是极高的，但在 DolphinDB 中，它们只是编程语言的一个子集，这导致行为上的一些差异。譬如 DolphinDB SQL 中的一个字段名 date，也有可能是变量名或函数名。又譬如 from 子句中的对象，可以是一个变量，一个表达式，甚至一个函数的返回值。一部分新用户不适应这样的变化，但如果用户视 DolphinDB 为一个图灵完备的编程系统，那么这一切就会变得自然而然了。

本书旨在通过展示 DolphinDB 在数据分析场景中的应用案例，让读者领略 DolphinDB 在计算分析领域强大的功能、优异的性能以及独特的编程魅力。本书的内容由浅到深，共分为 14 个章节，涵盖三大部分。

- 第一部分为基础知识，包含第 1 章和第 2 章，主要面向 DolphinDB 初学者，介绍 DolphinDB 编程语言的基础，包括数据类型、数据结构、编程语句和运算符等内容，以帮助读者快速入门。
- 第二部分为数据分析与可视化，包含第 3 章到第 8 章。第 3 章介绍数据分析前期清洗工作。第 4 章介绍 DolphinDB 的窗口计算功能，展示了如何利用各种窗口技术实现复杂的数据分析与计算。第 5 章和第 6 章通过结合实际的编程案例来重点介绍多范式编程的两个重要的模块：函数式编程和 SQL 编程，带读者领略 DolphinDB 编程的魅力和优越性。第 7 章介绍如何通过 DolphinDB 的流计算框架和流计算引擎，实现低延时的实时计算应用。第 8 章介绍 DolphinDB 提供的可视化工具及其兼容的可视化软件生态。

- 第三部分为数据分析的衍生和进阶，包含第 9 章到第 14 章。第 9 章介绍并行计算和分布式计算。第 10 章介绍各类常见数据的导入导出方法。第 11 章介绍 DolphinDB 的即时编译（JIT）功能在迭代计算和流计算等场景中的应用。第 12 章介绍 DolphinDB 提供的统计分析和优化器在实际场景中的应用。第 13 章介绍 DolphinDB 对机器学习和 AI 模型的支持，以及在 GPU 加速计算方面的应用。第 14 章介绍 DolphinDB 与 Python、Excel 等其他数据分析平台之间的交互。

DolphinDB 在努力打破数据分析和数据库的边界、批处理和流处理的边界、CPU 和 GPU 的边界、技术和业务的边界，让数据处理在大数据和 AI 时代变得更加简单。但这样的突破，对一部分新用户来说是概念和思维上的挑战。为此，我们专门在官网上为此书增设了网页，提供了配套的阅读和练习资料。希望大家通过本书学有所获！

周小华

浙江智臾科技有限公司创始人

2024 年 7 月 23 日

目录

第 1 章

CHAPTER 1

编程入门

本章主要介绍 DolphinDB 编程的基本概念，包括数据类型、运算符、编程关键字和函数等的基本定义，从而帮助读者快速建立起 DolphinDB 编程的思维体系。

1.1 脚本语言 DolphinScript

开发大数据应用不仅需要一个能支撑海量数据的分布式数据库和一个能高效利用多核多节点的分布式计算框架，更需要一门能与分布式数据库和分布式计算有机融合，且具有高性能、易拓展、表达能力强等特点，能够满足建模和快速开发需求的编程语言。DolphinDB 借鉴了流行的 SQL 和 Python 语言的特性，设计出了专门针对大数据处理的脚本语言 DolphinScript，并对时序数据分析场景进行了功能和性能上的优化。

1.1.1 安装部署和技术支持

微信扫码进入官网

DolphinDB server 可以在官方网站 http://www.dolphindb.cn 的产品界面下载，详细的安装和部署指南可以参考用户手册。本书包含的所有代码示例和数据集均可以从我们的官网上进行下载。本书提供的所有示例代码可在安装并部署相应版本后，在 Web 浏览器中输入 *localhost:8848* 即可快速访问 DolphinDB NoteBook 进行编程体验。

本书提供的所有代码未经 DolphinDB 许可，不可以应用于商业出版。在引用本书案例时，需要注明本书的版权信息。若不确定能否正常使用，请通过技术支持渠道（见封底）与我们联系。

微信扫码添加
DolphinDB 小助手

1.1.2 DolphinScript 概述

DolphinScript 是一门高性能的脚本编程语言，这主要得益于它在内部进行了下面两个层面的算法优化。

一是向量化——将多个元素的计算合并为一次计算。二是分布式——将计算任务分布到多个节点或多个 CPU 核上并行执行。

利用向量化和分布式的思维替代传统的命令式思维来编写脚本，可以大幅提升脚本的性能并简化脚本的复杂度。最常见的一个场景是通过向量化编程替代 for 循环以优化执行性能，下面以一个具体的例子来说明。

例：给定一个数值序列，找到序列中每个数之前或之后第一个比它大的数，并计算它们之间的距离。若不存在这样的数，则记为空值。

在传统的命令式编程中，通常会使用两层嵌套的遍历，即先遍历每一个数值，然后对其前和其后的数值再进行一次遍历，以找到满足条件的结果，时间的开销是 $O(n^2)$。

```
x = 11 8 9 9 10 9 12
def f0(x){
  prevDist = array(INT, x.size(), defaultValue = NULL)
  nextDist = array(INT, x.size(), defaultValue = NULL)
  for(i in 0:x.size()){
      for(j in i:0){
          if(j < i && x[j] > x[i]){
              prevDist[i] = j - i
              break
          }
      }
      for(j in i:x.size()){
          if(j > i && x[j] > x[i]){
              nextDist[i] = j - i
              break
          }
      }
  }

  re = table(x, prevDist, nextDist)
  return re
}

f0(x)

//output
x  prevDist nextDist
-- -------- --------
11          6
8  -1       1
9  -2       2
9  -3       1
10 -4       2
9  -1       1
12
```

在 DolphinDB 中，可以利用 `ifirstHit` 函数来寻找向量中第一个满足条件的数值的下标。利用这个特性，可以将上述脚本中的 `f0` 函数进行如下改写。

```
def f1(x){
    prevDist = array(INT, x.size())
    nextDist = array(INT, x.size())
    for(i in 0:x.size()){
        tmp = ifirstHit(>, x[i:0], x[i])
        prevDist[i] = iif(tmp> = 0, - (tmp + 1), NULL)
        tmp = ifirstHit(>, x[i:x.size()], x[i])
        nextDist[i] = iif(tmp> = 0, tmp, NULL)
    }
    re = table(x, prevDist, nextDist)
    return re
}
```

一个更有技巧且可以简化脚本的思路如下。第一步，通过 `eachRight(drop, isort(x), 1+rank(x, tiesMethod = 'max'))-til(size(x))` 找出比当前值大的所有数值的下标，其中 isort(x) 函数返回升序排后的 *x* 的每个数值的下标，然后利用 drop 函数删除前 1+rank(x) 个数值，即删除所有小于等于当前值的数值的下标，从而得到所有大于该值的数值下标。第二步，利用 til(size(x)) 生成每个值的下标，通过前面求得的所有大于该值的数值下标减去当前数值的下标，即可求得所有比该值大的数值到该值的距离，其中负数表示在该值前，正数表示在该值后。第三步，遍历这些计算出的距离，找到距离中最大的负值和最小的正值即可满足题意。

```
def f2(x){
    fx = eachRight(drop,isort(x)), 1 + rank(x, tiesMethod = 'max')) - til(size(x))
    prevDist = each(x->max iif(x<0, x, NULL), fx)
    nextDist = each(x->min iif(x>0, x, NULL), fx)
    re = table(x,  prevDist, nextDist)
    return re
}
```

对比以上 3 种方法的计算耗时，并验证计算的正确性。

```
x = rand(10000, 10000)

timer re1 = f0(x) //Time elapsed: 290.87 ms
timer re2 = f1(x) //Time elapsed: 76.715 ms
timer re3 = f2(x) //Time elapsed: 314.447 ms

eqObj(re1.values(), re2.values()) //true
eqObj(re1.values(), re3.values()) //true
```

通过以上对比，可以发现 f2 虽然简化了脚本，但由于其复杂的逻辑，反而增加了开销，而 f1 在一定程度上简化了脚本，并且大幅度提升了性能。综合考虑性能和脚本的简洁性，f1 是一个较好的选择。通过利用向量化的 ifirstHit 替代第二层 for 循环，性能提升了 3 倍多。

从上述例子也可以看出 DolphinDB 脚本编程的多样性。DolphinScript 支持多范式编程，包括命令式编程、向量化编程、函数式编程、SQL 编程和元编程等，以满足不同用户的编程需求。以一个表操作的例子进行说明。

例：对内存表 *t* 进行倒序排序。

首先，需要模拟生成一个表 *t* 用于验证结果。

```
t = table(2023.03.01T09:00:00 + 1..3600 as time, rand(10.0, 3600) as val)
```

命令式编程

命令式编程（Imperative Programming）通过条件语句和循环语句等指令形式来编写脚本。

若要实现表的倒序排序，可以采用 for 循环遍历每一列。由于表的每一列都可以视为一个向量，可以对向量直接调用 reverse 函数进行倒序排序。

```
for(x in t.colNames()){
  t[x] = t[x].reverse()
}
```

向量化编程

向量化编程（Vectorization）通过指令级的并行技术重写循环，使一条指令可以一次性处理一个向量中的所有元素，从而更高效地替代循环语句中逐个处理单个元素的流程。因此在向量化编程中，要尽可能避免使用显式的循环语句。

在 DolphinDB 中，可以直接通过倒序索引形式进行倒序输出，对表的索引是按行索引。下述脚本中索引以数据对（pair）的形式给出，t.rows():0 表示按照 t.rows()-1, t.rows()-2, …, 1, 0 的行号顺序取数。

```
t[t.rows():0]
```

函数式编程

在函数式编程（Functional Programming）中，函数作为“一等公民”既可以在任何地方定义，又可以作为函数的参数和返回值，并且可以进行组合调用。此外，高阶函数和部分应用也是函数式编程的重要特性。高阶函数提供了一种函数级别上的依赖注入（或反转控制）机制，它接受一个或多个函数作为输入。而部分应用是指固定一个函数的多个参数，产生另一个较少参数的函数的过程。

通过合理应用上述特性，用户能够简洁、优雅地以函数链式调用的方式书写脚本。

例：通过 `flip` 函数将表 *t* 先转为“列名->列值”组成的字典，然后利用高阶函数 `each(:E)` 遍历字典的每个 value（即每列值）并对 value 进行倒序排序，最后利用 `flip` 函数重新将排序后的字典转回为表。在函数式编程中，`reverse:E()` 的计算过程与命令式编程中的 for 循环脚本有着相似之处。

```
t.flip().reverse:E().flip()
```

DolphinScript 的语法简洁灵活，结合了 SQL 和 Python 的特点，使得用户能够快速上手，具体体现在以下几个方面。

支持链式调用

函数链式调用（Method Chaining）是指在一个函数的返回值上继续调用另一个函数，而且可以一直调用下去，直到调用的函数没有返回值或者返回值不是函数为止。函数链式调用可以使代码更加简洁易读，同时也提高了代码的可重用性。

下述脚本执行了 3 个操作。

首先将空值填充为 0，然后对数据排序，最后求累计和。通过链式调用将操作串联起来，可以构建连贯的、易于阅读和理解的代码，避免了“括号地狱”，提升了用户的编程体验。

```
v = 1 NULL 3 19 12 10 NULL
v.nullFill(0).sort!().cumsum()
```

支持通用的编程关键字

与大部分主流语言类似，DolphinDB 支持自定义函数（def）以及 lambda 表达式。此外，DolphinDB 还支持 if-else 条件语句、for 和 do-while 循环语句以及 try-catch 异常捕获语句。

下述脚本展示了 for 循环和 if 条件语句的应用，该脚本定义了计算指标 position（简写为 pos），公式如下。

$$pos[-1]=0$$

$$pos[k]=\begin{cases}1; & pos[k-1]=0 \quad \text{and} \quad ov95=1\\0; & pos[k-1]=1 \quad \text{and} \quad ov70=0\\pos[k-1]; & \text{others}\end{cases}$$

在 DolphinDB 中，`@jit` 用于声明即时编译 Just-in-time compilation（JIT）。JIT 是动态编译的一种形式，可以提高程序的运行效率，尤其能显著提高 for 循环、while 循环和 if-else 等语句的运行速度。注意：使用该功能需配合 JIT 版本的 server 使用。

```
@jit
def calPos(ov95, ov70){
    pos = array(INT, size(ov95) + 1)
    for(i in 0:size(ov95)){
        if(pos[i] == 0&&ov95[i] == 1)         pos[i + 1] = 1
        else if(pos[i] == 1&&ov70[i] == 0)    pos[i + 1] = 0
        else pos[i + 1] = pos[i]
    }
    return pos[1..size(ov95)]
}
```

支持按照下标、标签、布尔值访问数据

在 Python 中，数据访问支持下标访问（通过切片或者函数方法）、布尔索引以及根据标签进行访问。同样地，DolphinDB 也支持通过切片、布尔索引和行列标签的方式访问某个元素、某行或某列。

以元组 *v* 为例，展示部分索引方式。

```
v = [1..5, 6..10, 15, 20, 25]
v[0] //output: [1,2,3,4,5]
v[2:4] //output: [15,20]
v[1 3] //output: [[6,7,8,9,10],20]
v[1][1 2 3] //output: [7,8,9]
v[1, 2 3 4] //output: [8,9,10]
```

对于标签矩阵，可以通过行列标签进行索引。

首先，创建一个标签矩阵。

```
m = matrix(1..5, 11..15).rename!(2020.01.01..2020.01.05, `A`B)
m
//output:
           A B
           - --
2020.01.01|1 11
2020.01.02|2 12
2020.01.03|3 13
2020.01.04|4 14
2020.01.05|5 15
```

然后，利用 `loc` 函数对矩阵按行列标签进行索引。

```
m.loc(rowFilter = 2020.01.01..2020.01.03, colFilter = `B)
//output:
           B
           --
2020.01.01|11
2020.01.02|12
2020.01.03|13

m.loc(rowFilter = [true, false, true, false, false], colFilter = [true, false])
//output:
           A
           -
2020.01.01|1
2020.01.03|3
```

兼容标准 SQL 语法

标准 SQL 是关系型数据库领域的通用语言，已经被广泛使用。DolphinScript 的 SQL 语法可以兼容标准 SQL，这使得开发人员的 SQL 代码在不同数据库之间无缝运行，从而提高了开发效率和脚本的可移植性。

以 join 语法为例，下列 SQL 语句对部门表和员工表进行了关联，并做了一些信息的筛选。

```
select department_id, employee_id, first_name, last_name, salary
 from departments
 right join employees
 on departments.department_id = employees.department_id
        and employees.salary > 2500
 order by department_id
```

除了提供了灵活多样的语法外，作为一门脚本语言，DolphinDB 还设计了一个高效的语法解析机制。虽然 DolphinScript 的解析步骤和 Python 的类似，但并不完全相同。传统的脚本语言，如 Python 的解析机制为逐句解释执行；而对于 C 和 C++ 等高级语言来说，则需要经历编译、链接和执行 3 个阶段。

DolphinDB 的解析逻辑融合了这两种方法。这种方式使得脚本在解析阶段就可预先识别出一些语法错误和变量定义的错误，避免脚本长时间执行后，由于后文的语法、参数错误而导致整个程序失效。此外，大部分语言都支持定义变量，通常变量通过字典执行，即变量名和变量值之间存在映射关系，系统可以通过变量名获取变量值。但 DolphinDB 并没有采用这种基于字典的方式，而是在解析阶段确定变量编号，在执行阶段直接通过变量编号去查找变量值，无须通过搜索来确定变量位置，从而提升了执行效率。

总体而言，DolphinDB 是一门追求极致性能和灵活性的语言，专为数据分析和计算场景而设计。相信经过实操后，你也一定能体会到这种语言编程的魅力。

1.2 数据类型

数据类型是编程语言中的基础概念之一，它定义了程序中可以使用的数据种类和操作方式。在编程中，了解数据类型的特性和使用方法对正确编写程序至关重要。使用适当的数据类型可以提高程序的性能和可读性，可以编写出高效、可靠的程序。此外，在编程时也需要注意类型转换带来的副作用，以确保程序的正确性。本节将介绍 DolphinDB 数据类型的分类、存储效率和精度以及类型转换规则，旨在帮助读者在编程学习的早期阶段建立良好的基础。

1.2.1 数据类型的分类

DolphinDB 的数据类型大致分为以下几个大类。

- 空值类：VOID（存储无类型的空值）。
- 逻辑类：LOGICAL（存储布尔值）。
- 数值类：INTEGRAL（存储整数）、FLOATING（存储浮点数）、DECIMAL（存储高精度小数）。
- 时间类：TEMPORAL（存储时间戳数据）。
- 字符类：LITERAL（存储字符串）。
- 系统类：SYSTEM（存储系统专用的类型）。
- 二进制类：BINARY（存储特殊格式的数据）。
- 混合类：MIXED（存储不同类型的数据）。

- 其他：OTHER（存储特定类型的数据，但暂不支持运算）。

DolphinScript 是一种动态强类型的脚本语言。其中，动态体现在数据类型都是在运行阶段确定的，无须用户显式声明数据类型；而强类型则体现在 DolphinDB 的向量一般为强类型向量，其他数据结构也可以看作向量的组合。强类型向量在计算时可以进行向量化优化，从而大幅提升性能。

```
v = 1.1 1 2.2 2.3
typestr v
//output: FAST DOUBLE VECTOR
```

虽然对于大部分基础的数据类型，系统能够根据值的特点动态确定其为何种数据类型，但仍存在少部分特殊类型，如 INT128、SYMBOL、UUID，以及系统保留类型等，需要通过函数才能生成。例如：

```
s = symbol(['000616.SZ','000681.SZ'])
typestr s
//output: FAST SYMBOL VECTOR
```

观察数据类型表（见附录 1），可以发现每个类型都有一个表示类型的宏及一个相应的类型 ID 值，如常规整数的类型宏为 INT，其类型 ID 值为 4。通过内置函数 `type` 或 `typestr` 可以获取类型 ID 和类型说明，用以判断对象的数据类型。例如：

```
v = [1, 3, 10, 5]
type(v)
//output: 4

typestr(v)
//output: FAST INT VECTOR
```

DolphinDB 类型转换有以下两种方式转换数据类型。

- 使用对应的类型转换函数。这些函数的名称通常是对应类型的小写形式，如 `int`、`double`、`date` 等。
- 使用通用的类型转换函数 `cast`。`cast` 函数支持通过参数指定要转换的类型。

```
x = [3.3, 3.1, 3.6, 3.25]
typestr(x)
//output: FAST DOUBLE VECTOR

y = int(x)
//or: y = x$INT
y
//output: [3,3,4,3]

typestr(y)
//output: FAST INT VECTOR
```

更多详细数据类型请参考附录 1。

1.2.2　存储效率和精度

在数据库设计中，正确选择数据类型是确保数据存储和计算的精确性与高效性的关键因素。在首次进行数据迁移或数据导入时，用户可能会有一些疑惑：一维数据存储是 ANY 还是单一类型的向量？二维数据存储是矩阵、ARRAY 还是表？带小数的数值存储是浮点数还是 DECIMAL？时间需要使用什么类型进行存储？本小节将围绕数据特点和对应的存储类型进行说明，帮助用户解决数据迁移中的类型映射问题和数据导入中的类型选择问题。

1.2.2.1 数值映射

整数

整数数值可以直接与 DolphinDB 的 INTEGRAL 类对应，可供选择的类型有 SHORT、INT、LONG。

在金融领域，每天的总成交量可能在数百万股到数十亿股之间，使用 INT 存储总交易量字段、订单量字段可能导致数据溢出。为了确保系统的可扩展性和数据的准确性，使用 LONG 存储是一个更为谨慎的方案。例如，逐笔数据的 TradeQty 字段就可以存储为 LONG。此外，针对交易序列号 BizIndex 和买卖序号 BuyNo、SeqNo 这类具有唯一性且单调递增的字段，随着业务量的增长，仅依靠 INT 类型可能无法存储，因此也建议定义为 LONG 类型进行存储。

例：向一张内存表写入超过 INT 表示范围的整数。

```
t = table(1:0, ["intv", "longv"], [INT, LONG])
insert into t values(2147483647, 2147483648)
insert into t values(2147483648, 2147483648)
insert into t values(2147483649, 2147483649)
```

查询返回的结果，发现 intv 字段的结果是非正常的返回值。

```
select * from t
//output:
intv        longv
----------- ----------
2147483647  2147483648
            2147483648
-2147483647 2147483649
```

如果此时对该溢出字段进行了运算，将会得到错误的计算结果。

```
select intv + 10 from t
//output:
intv_add
-----------
-2147483639

-2147483637
```

在 DolphinDB 中，INT 类型的空值是使用 INT 类型的最小值，即-2^31 表示的。因此，当 2147483648 溢出变为−2147483648 时，会转换为空值。而对于 2147483649，它会被转换为−2147483647。由于空值的四则运算结果为空，因此在计算 intv + 10 时，会输出空值而不是−2147483638。总而言之，整数存储溢出会引入负数，这是一个很危险的操作。因此，在确定数据存储类型前，一定要对场景进行细致的评估。

虽然可以选择尽可能大精度的类型存储数据，但若所有字段都采用这种方式存储，显然会大幅降低存储效率。对于一些范围相对受限的字段，如物联网场景下的温度（精度要求不高）、光照强度等指标可以存储为 SHORT 类型，以达到节约存储空间的目的。

小数

带有小数的数值可以对应为 DolphinDB 的 FLOATING 或 DECIMAL 类，可供选择的类型有 DOUBLE、FLOAT、DECIMAL32、DECIMAL64、DECIMAL128。

计算机采用二进制表示浮点数，并且使用有限的位数来存储小数部分，这导致一些分数在二进制中不能准确表示。对小数精度要求不高的数值可以存储为 DOUBLE 或者 FLOAT 类型，但在高精度的科学计算场景下，浮点数造成的计算误差会带来很多隐患。

为了解决浮点数精度问题，DolphinDB 提供了 DECIMAL 类型。该类型通过一个固定精度的十进制数存储数据，能够精确表示小数，从而避免了浮点数精度损失的问题。DECIMAL 的底层存储分为两个部分：精度（precision）和标度（scale）。精度为数据的位数，标度为小数点右侧的小数位数。DolphinDB 提供 3 种不同精度的 DECIMAL 类型：DECIMAL32、DECIMAL64、DECIMAL128，对应的精度上限分别为 9 位、18 位和 38 位。标度由用户通过参数 scale 指定，最高不能超过对应类型的精度上限。

DECIMAL 通常用于存储高精度且小数位数固定的数值（如货币），或者用于运算时规避浮点数的舍入误差。

下面通过一些简单的计算，比较浮点数和 DECIMAL 类型的区别。

```
a = 0.03
b = 0.02
c = 0.01
a1 = a$DECIMAL32(2)
b1 = b$DECIMAL32(2)
c1 = c$DECIMAL32(3)
```

DECIMAL 的加减运算本质上是整数运算，因此不会出现浮点数的舍入误差。当进行计算时，结果的 scale 取两个数中最大的 scale。

```
a - b
//output: double(0.009999999999999998)

a1 - b1
//output: decimal32(0.01)

a + c
//double(0.04)

a1 + c1
//output: decimal32(0.040)
```

DECIMAL 乘法结果的 scale 取两个运算数 scale 的和，除法结果的 scale 与被除数的 scale 相同。而浮点数的乘法和除法运算不会限制结果的精度。

```
b / a
//output: double(0.666666666666667)

b1 / a1
//output: decimal32(0.66)

c1 / b1
//output: decimal32(0.500)

b1 / c1
//output: decimal32(2.00)

c * a
//output: double(0.0003)

c1 * a1
//output: decimal32(0.00030)
```

乘法可能会造成运算结果的小数位数非常多。为了在需要限制小数位数的场景下进行计算，DECIMAL 类型提供了一个支持指定结果 scale 的函数方法 decimalMultiply。

```
x = [decimal32(3.213312, 3), decimal32(3.1435332, 3), decimal32(3.54321, 3)]
y = decimal32(2.1, 3)
decimalMultiply(x, y, 5)
//output: [6.74730,6.60240,7.44030]
```

需要注意，由于 DECIMAL 类型在计算时需要进行一些转换，因此其性能会略低于浮点数的计算。

```
v1 = rand(10.0, 100000)
v2 = v1 $ DECIMAL32(3)
timer(10) cumavg(v1) //Time elapsed: 8.312 ms
timer(10) cumavg(v2) //Time elapsed: 13.369 ms
```

综上所述，在确定小数数值的存储类型之前，读者需要自行评估精度需求和性能指标，以选择合适的类型进行存储。

1.2.2.2 字符串映射

字符串可以对应 DolphinDB 的 LITERAL 类，包含 STRING、SYMBOL、BLOB 3 种类型。

- STRING 可以被视为字符组成的数组，因此其存储长度和字符数直接挂钩。在将表的列存储为 STRING 时，列字段的大小为所有 STRING 大小的和。
- SYMBOL 用于存储字符串向量，它基于字符串构建了一个字典。实际上，在对象中存储的是字典的 key（INT 类型），而不再是字符串本身。当需要读取字符串时，可通过 key 快速从 SYMBOL 字典中获取字符串值。
- BLOB 用于存储二进制大对象。这通常用于存储序列化后的字符串或者超长字符串，如二进制文件、文本文件、图像信息等。

在金融逐笔数据中，设备标识和股票代码通常以整数和字符串的形式进行存储，如逐笔数据的 SecurityID 字段，此类字段往往重复率很高。以某金融逐笔数据为例，在一天共计 11856589 条的记录数中，SecurityID 的唯一值数量仅为 575，即字段重复率非常高。如果使用 STRING 存储，那么实际列字段的存储大小为每个 SecurityID 的字节数之和；如果使用 SYMBOL 存储，虽然系统会额外维护一个 SYMBOL 字典（字典的 key 是一个 INT 型的索引，字典的 value 是 SecurityID 的唯一值），但实际在表中存储的值为字典的 key，即 4 B（字节）的 INT。在重复率非常高或字符串非常长的场景下，相较于 STRING 类型，SYMBOL 能够大幅节省存储空间。

例：STRING 向量和 SYMBOL 向量的存储空间对比。

```
strv = ["600000", "600000", "600000", "600000", "600000"]
symv = symbol(strv)

memSize(strv)
//output: long(176)

memSize(symv)
//output: long(20)
```

显然，对于重复率较高的字符串字段，存储为 SYMBOL 类型更能节省存储空间。但若字段的重复率较低，存储为 STRING 类型会更有优势，因为 SYMBOL 还需额外维护一个字典，反而增大了存储开销。此外，对于分布式表，字符串存储长度是受到限制的，SYMBOL

只能存储 255 B，STRING 可以存储 64 KB，BLOB 则能够存储 64 MB，超过此大小会被直接截断。因此，在选择存储历史数据的类型时，也需要根据这一点进行评估。

1.2.2.3　时间映射

DolphinDB 提供了多种精度的时间类型，包含以下几种。

- 日期类型：DATE、MONTH。
- 时间类型：TIME、MINUTE、SECOND、NANOTIME。
- 时间戳类型（包含日期 + 时间属性）：DATETIME、TIMESTAMP、NANOTIMESTAMP、DATEHOUR。

注：DolphinDB 不支持微秒精度的时间类型，对于微秒类型可以用纳秒精度的 NANOTIMESTAMP 存储。

在金融领域，交易数据的时间戳通常存储为一列，但也存在将时间按照日期和时间存为两列的场景。为此，DolphinDB 既单独提供了日期类型和时间类型，又提供了包含日期和时间属性的时间戳类型。

在进行金融分析时，交易员通常需要基于不同的时间精度对数据进行分析，如逐笔数据、分钟 K 线、小时 K 线、日 K 线等。不同的时间精度对应不同的数据量。因此，在进行数据存储时，可以根据时间精度选取合适的数据类型。

在 DolphinDB 的底层设计中，时间类型实际上是以整数形式存储的，一般以计算机元年（1970 年 1 月 1 日 0 时）为基准点，然后通过整数加减获取对应精度的时间，因此时间类型和整型可以相互转换。例如：

```
datetime(0)
//output: datetime(1970.01.01 00:00:00)

2022.01.01 - 2021.12.21
//output: int(11)

2023.02.28 + 1
//output: date(2023.03.01)
```

在数据导入的过程中，原始数据本身可能无法和 DolphinDB 的时间格式完全对应。例如，原始数据可能以“01/23/2023 09:00:00.000”或“20230122102130284”的格式存储。因此，在导入时，需要使用 temporalParse 函数将原始时间数据转换为 DolphinDB 支持的时间类型。例如：

```
temporalParse("29 - 02 - 2024","dd - MM - yyyy");
//output: date(2024.02.29)

temporalParse("20230122102130284","yyyyMMddHHmmssSSS");
//output: timestamp(2023.01.22 10:21:30.284)
```

为了提高数据分析的效率，可以将数据按照分区粒度拆分，通过分区间的并行计算，以提升性能。时间列往往是分区的一个重要依据。例如，对于逐笔数据，可以按天进行分区；对于分钟 K 线数据，可以按天或按年进行分区；对于日 K 线数据，可以按年进行分区等。DolphinDB 支持的时间分区精度不必与原始数据的时间精度对齐。例如，原始数据的时间戳是形如“2023.06.13 13:30:10”的 DATETIME 类型，但是仍可以通过 MINUTE、DATE、MONTH 等时间类型设定分区方案。因此，在选择时间列作为分区列时，可以不用考虑分区的精度。例如：

```
db0 = database(partitionType = VALUE, partitionScheme = 2021.01.01..2021.01.04);
db1 = database(, partitionType = HASH, partitionScheme = [SYMBOL, 10]);
database(directory = 'dfs://SH_TSDB_entrust', partitionType = COMPO,
                        partitionScheme = [db0,db1], engine = `TSDB`)

colNames = ["SecurityID","TransactTime","OrderNo","Price","Balance","OrderBSFlag","OrdType",
                        "OrderIndex","ChannelNo","BizIndex"]
colTypes = ["SYMBOL","TIMESTAMP","INT","DOUBLE","INT","SYMBOL","SYMBOL","INT","INT","INT"]

dummy = table(1:0, colNames, colTypes)
createPartitionedTable(dbHandle = database('dfs://SH_TSDB_entrust'), table = dummy,
                    tableName = 'entrust', partitionColumns = ["TransactTime","SecurityID"],
                    sortColumns = ["SecurityID","TransactTime"], keepDuplicates = ALL)
```

此外，由于不支持“年”类型，因此在按年进行分区时，须指定分区类型为 RANGE。例如：

```
create database "dfs://k_day_level"
partitioned by RANGE(2000.01M + (0..30) * 12)
engine = 'OLAP'
```

1.2.2.4 单一类型和混合类型

在 DolphinDB 中声明的向量可以是强类型的（元素的数据类型一致），也可以是混合类型的。混合类型在 DolphinDB 中被定义为 ANY，使用“()”来声明。混合类型的向量被称为元组（Tuple）。

与直接存储数值的强类型向量不同，元组内存储的是对象的地址信息，因此元组不限制其中元素的类型和数据形式。然而，由于元组类型不支持向量化计算，其性能相对较低，因此计算时不推荐使用元组存储一维数据。

```
v = rand(10.0, 100000)
tp = rand(10.0, 100000) $ ANY
timer sum(v) //Time elapsed: 0.14 ms
timer sum(tp) //Time elapsed: 38.028 ms
```

二维数据可以看作是一维数据的集合。对于二维数据的存储，需要根据数据类型是否一致和各个一维数据是否等长来选择合适的数据形式，如表 1-1 所示。对于由多个非等长的一维数据组成的二维数据，元组是一个较好的存储方案。

表 1-1 二维数据存储形式参考

类型是否一致	等长	非等长
类型一致	矩阵	数组向量、元组
类型不一致	表	元组

此外，在 DolphinDB 中，部分内置函数的返回值一定是一个元组对象，如高阶函数 `loop` 和 `ploop`，以及那些返回值是一组数据源列表（以元组形式存在）的函数，如 `sqlDS`、`replayDS`、`repartitionDS` 等。

1.2.2.5 数据结构中的类型限制

在数值映射时除了需要对数据精度进行评估，还需要注意不同数据结构中的数据类型限制。

矩阵用于存储数值型的对象以进行计算，因此，在矩阵中存储字符串和特殊类型都是无意义的。当在 DolphinDB 中创建矩阵时，需要注意仅支持创建属于 LOGICAL、INTEGRAL（INT28 和 COMPRESS 除外）、FLOATING 和 TEMPORAL 类别的类型矩阵。

字典用于存储键值对。在字典中，每个键都与一个值相关联，键必须是唯一的，但值可以重复。字典可以用来存储各种类型的数据，包括但不限于文本数据、数值对象、集合数据等。在 DolphinDB 中创建字典时，需要注意字典的键仅支持指定分类为 INTEGRAL（COMPRESS 除外）、FLOATING、DECIMAL、TEMPORAL、LITERAL 下的数据类型；字典的值可以是任意数据形式或数据类型，如向量、表、字典、函数等，这些非标量的数据形式对应的类型为 ANY。若字典的值为 ANY 类型，则键不能为 FLOATING 分类下的数据类型。例如，按照上述规则定义一个嵌套字典。

```
d = dict(STRING, ANY)
d1 = dict(DATE, DOUBLE)
d1[2024.02.22] = 1.1
d[`SH0001] = d1
print d
//output: SH0001->2024.02.22->1.1
```

表用于存储关系型数据。表中的每一行代表一个记录，每一列代表一个属性或字段。表格中的数据类型可以是多种多样的，常见的有整数、浮点数、字符型、日期型等。在 DolphinDB 中创建数据表时，需要注意以下几点。

- 表字段仅支持指定分类为 LOGICAL、INTEGRAL（COMPRESS 除外）、FLOATING、DECIMAL、TEMPORAL、LITERAL 下的数据类型。内存表支持通过 ANY 向量生成表字段，此时字段的类型列为元组，对应的类型为 ANY。在这种情况下，字段的每个元素必须是相同类型的向量。
- 当分布式表的字段定义为 SYMBOL 类型时，必须保证单个字段的不同取值小于 2097152（2^{21}）个，否则会报错"One symbase's size can't exceed 2097152"。
- 当分布式表的字段定义为 SYMBOL、STRING 或 BLOB 时，存在对字符串长度的限制。对于 STRING 和 BLOB 类型，若超过此限制，系统会自动截断字符串；对于 SYMBOL 类型，若超过此限制，则会抛出异常。
- TSDB 引擎（2.0 及以上版本）支持存储数组向量以及 BLOB 类型。

1.2.3 类型转换规则

1.2.3.1 强制类型转换规则

在数据导入过程中，如从其他数据库迁移数据、从文本文件导入数据或者是通过 API 写入数据时，由于不同平台对数据类型的约束不同，因此需要用户手动进行类型定义后再写入数据。而在数据格式不匹配的场景下，就需要用户进行强制类型转换，以使数据可以顺利存储入库。为了便于读者理解，本小节整理了强制类型转换应遵循的几大原则。

属于同一大类（参考 1.2.1 数据类型的分类）的类型之间的转换规则如下。

1. 无条件互相转换：数值类、字符类。

```
1.131251 $ LONG //output: 1
["601426.SH","601442.SH","601459.SH","601463.SH","601518.SH"] $ SYMBOL
```

2. 精度覆盖或支持精度补全可相互转换：时间类。

```
2021.01.01T09:00:00.000 $ DATE //output: 2021.01.01
2021.01.01T09:00:00.000 $ MINUTE//output: 09:00m
09:30:00.325 $ SECOND //output: 09:30:00
2021.01.01 $ TIMESTAMP //output: 2021.01.01 00:00:00.000

//不支持转换的情况
09:00:00 $ DATE
```

3. 具有固定格式的相互转换无意义：二进制类。

属于不同大类的数据类型之间的转换规则如下。

1. 时间类型的数据在底层通常采用整数形式存储，因此可以和整数类型转换。

```
19762 $ DATE //output: 2024.02.09
2024.02.09T13:00:01.123 $ LONG //output: 1,707,483,601,123
```

2. 符合特定格式的字符串可转换为对应的数据类型。同时，几乎所有的数据类型也支持转换为字符串。

```
"2023.12.31T09:00:10" $ DATETIME //output: 2023.12.31 09:00:10
"3.345231" $ DECIMAL32(3) //output: 3.345
```

3. 对于不同类型的数据，如浮点和时间、二进制和整型等，它们之间的相互转换通常无意义。

1.2.3.2 SQL 查询中的隐式转换

写入表的转换规则

分布式表的字段仅支持指定分类为 LOGICAL、INTEGRAL（COMPRESS 除外）、FLOATING、DECIMAL、TEMPORAL、LITERAL 下的数据类型。写入分布式表时，除数值类（INTEGRAL、FLOATING、DECIMAL）下的类型可以互相转换外，其他分类的数据类型仅支持在相同的分类内进行转换。具体的类型兼容性和支持的隐式转换见表 1-2。

表 1-2 写入分布式表类型隐式转换表

<table>
<tr><th>分布式表的字段类型</th><th>支持隐式转换的写入分布式表的数据类型</th></tr>
<tr><td>CHAR</td><td rowspan="4">CHAR、SHORT、INT、LONG</td></tr>
<tr><td>SHORT</td></tr>
<tr><td>INT</td></tr>
<tr><td>LONG</td></tr>
<tr><td>FLOAT</td><td rowspan="2">CHAR、SHORT、INT、LONG、FLOAT、DOUBLE</td></tr>
<tr><td>DOUBLE</td></tr>
<tr><td>DECIMAL32</td><td>CHAR、SHORT、INT、LONG、FLOAT、DOUBLE、DECIMAL32</td></tr>
<tr><td>DECIMAL64</td><td>CHAR、SHORT、INT、LONG、FLOAT、DOUBLE、DECIMAL64</td></tr>
<tr><td>DECIMAL128</td><td>CHAR、SHORT、INT、LONG、FLOAT、DOUBLE、DECIMAL128</td></tr>
<tr><td>DATE</td><td rowspan="2">DATE、MONTH、DATETIME、TIMESTAMP、NANOTIMESTAMP、DATEHOUR</td></tr>
<tr><td>MONTH</td></tr>
<tr><td>DATETIME</td><td rowspan="4">DATE、DATETIME、TIMESTAMP、NANOTIMESTAMP、DATEHOUR</td></tr>
<tr><td>TIMESTAMP</td></tr>
<tr><td>NANOTIMESTAMP</td></tr>
<tr><td>DATEHOUR</td></tr>
</table>

续表

分布式表的字段类型	支持隐式转换的写入分布式表的数据类型
TIME	DATETIME、TIMESTAMP、NANOTIMESTAMP、DATEHOUR、TIME、MINUTE、SECOND、NANOTIME
MINUTE	
SECOND	
NANOTIME	
STRING	STRING、SYMBOL、BLOB
BLOB	
SYMBOL	
UUID	INT128、UUID、IPADDR
INT128	
IPADDR	

SQL 查询时的类型转换规则

首先，创建一个用于演示的简单库表，脚本如下。

```
db = database(directory = "dfs://testDB", partitionType = VALUE,
                              partitionScheme = 2024.01M..2024.02M)

colNames = ["sym", "time", "val"]
colTypes = [SYMBOL, DATETIME, DOUBLE]
dummy = table(1:0, colNames, colTypes)

db.createPartitionedTable(table = dummy, tableName = "pt", partitionColumns = "time")

n = 1000000
t = table(take(["AA","BB"], n) as sym, 2024.01.01T09:00:00 + rand(1000000001, n) as time,
                                        rand(10.0, n) as val)

loadTable("dfs://testDB", "pt").append!(t)
```

在 SQL 的 WHERE 语句中，通常使用条件表达式对字段进行过滤。例如：

```
select *
from loadTable("dfs://testDB", "pt")
where time >= 2024.04.01T09:00:00 and time <= 2024.04.01T11:30:00
```

出于灵活性的考虑，DolphinDB 允许条件表达式中的字段和比较值的类型不完全匹配（但需要满足比较值和字段类型为同一类）。例如，字段是 TIMESTAMP 类型时，比较值可以是 DATE 类型；字段是 DECIMAL32 类型时，比较值可以是浮点数类型等。

```
select *
from loadTable("dfs://testDB", "pt")
where time > 2024.04.01 and time < 2024.04.03
//其中，time 是 DATETIME 类型
```

✧ 注意：在实际编程中，使用类型转换函数将数据转为相同类型后再进行比较是一个更保险和推荐的做法。

此外，对于分布式表，若 WHERE 条件表达式比较类型不一致且字段为分区列，则可能无法进行分区剪枝的优化。对于时间类型的分区列，建议使用时间精度更低的函数，这样可以帮助缩小分区范围。时间精度由高到低的排序如下。

- NANOTIMESTAMP > TIMESTAMP > DATETIME> DATEHOUR> DATE> MONTH> YEAR

- TIME> SECOND > MINUTE> HOUR

例如：时间类型是 DATE，则对其应用 month 函数后，也可以进行分区剪枝。

```
select max(val)
from loadTable("dfs://testDB", "pt")
where month(time) <= 2024.09M
```

1.3 运算符

在编程语言中，运算符是一种用于执行特定操作的符号或关键字。它们允许程序员执行各种数学、逻辑和位操作，使得对数据进行处理和计算变得更加简单和高效。通过使用不同的运算符，程序可以进行加、减、乘、除、比较大小、逻辑判断等操作，从而实现各种复杂的数值计算、逻辑判断以及灵活的流程控制和决策。本节主要介绍 DolphinDB 的运算符种类、运算符执行顺序和计算时的注意事项，帮助用户在编程时写出语法正确且可执行的程序。

1.3.1 运算符的种类

DolphinDB 的运算符分为单目和双目两大类。每个运算符都有一个对应的函数名。在计算时，既可以书写包含运算符的多元表达式，也可以通过函数的链式调用进行计算。

例：对 3 个数求平均值，既可以写为数学形式的表达式，也可以写为链式的函数调用。

```
(11 + 20 + 13) / 3
(11).add(20).add(13).div(3)
```

DolphinDB 的运算符除了支持标量间的运算，还融合了其向量化计算的特点，拓展了对向量、矩阵和表运算的支持，其中表的二元运算仅数值列参与，其余列和第一个输入元素保持相同。

例 1：对两个向量直接进行减法运算。

```
v1 = [1, 3, 4]
v2 = [2, 3, 5]
v1 - v2 //output: [-1,0,-1]
```

例 2：对两个表直接进行加法运算。

```
t1 = table([2024.02.01,2024.02.02,2024.02.03] as date,
           ["st1", "st1", "st1"] as sym, [1.1,1.3,1.4] as val)

t2 = table([2024.02.01,2024.02.02,2024.02.03] as date,
           ["st2", "st2", "st2"] as sym, [1.5,1.2,1.1] as val)

t1 + t2
//output:
date       sym val
---------- --- ---
2024.02.01 st1 2.6
2024.02.02 st1 2.5
2024.02.03 st1 2.5
```

DolphinDB 通过向量化编程优化了运算符在多维数据中的应用。与遍历计算相比，向量化计算可以大幅提升计算性能。

例：随机生成两个向量，然后分别采用遍历相加的方式和直接运用加法运算符的方式进行计算，并使用 eqObj 函数来验证计算结果的一致性。经过比较发现，向量化计算比遍历计算大约提升了两个数量级的性能。

```
v1 = rand(10.0, 10000)
v2 = rand(10.0, 10000)
re1 = array(DOUBLE, v1.size())

timer (for(i in 0:v1.size()){re1[i] = v1[i] + v2[i]}) //Time elapsed: 23.766 ms
timer (re2 = v1 + v2) //Time elapsed: 0.055 ms
eqObj(re1, re2) //output: true
```

DolphinDB 提供的运算符与 C++ 等常规编程语言提供的运算符在符号和语义上基本一致。下面介绍 DolphinDB 独有的运算符 join(<-) 和 seq(..) 的用法。

- join（<-）用于将两个向量拼接成一个向量。
- seq（..）用于生成连续的整数或时间序列。

```
[1,3,4] <- [2,5,6] //output: [1,3,4,2,5,6]
```

```
-1..5 //output: [-1,0,1,2,3,4,5]
10..5 //output: [10,9,8,7,6,5]
```

此外，还需要注意运算符 pair（:）表示数据范围时的用法。在 SQL 语句和 for 循环体中，其表示范围的边界有所区别。

在 SQL 语句中，x between a:b 表示的范围是闭区间[a, b]。

```
t = table(1..10 as id, [1.1 1.2 1.3 1.4 1.5 1.6 1.7 1.8 1.9 2.0] as val)
select * from t where id between 1:5
//output:
id val
-- ---
1  1.1
2  1.2
3  1.3
4  1.4
5  1.5
```

在 for 循环体 for(x in a:b) a,b∈N 中，若 $a<b$，则 x 遍历的范围是 $a, a+1, ..., b-1$；若 $a>b$，则 x 遍历的范围是 $a-1, a-2, ..., b$。

```
for(x in 1:5) print(x)
//output:
1
2
3
4

for(x in 5:1) print(x)
//output:
4
3
2
1
```

DolphinDB 不仅提供了一套丰富的内置运算符，还允许用户以运算符的形式直接调用一元或二元函数，运算符可见表 1-3。例如：

```
def vAdd(x, y): withNullFill(+, x, y, 0)
x = [1, NULL, 3]
y = [NULL, 3, 4]

isNull x //output: [false,true,false]
x add y //output: [NULL,NULL,7]
x vAdd y //output: [1,3,7]
```

表 1-3　运算符一览表

函数名	符号	优先级	元数	运算数据类型
or	||	1	binary	A、V、S、M
and	&&	2	binary	A、V、S、M
lt	<	3	binary	A、V、S、M
le	<=	3	binary	A、V、S、M
equal	==	3	binary	A、V、S、M
gt	>	3	binary	A、V、S、M
ge	>=	3	binary	A、V、S、M
ne	!= 或 <>	3	binary	A、V、S、M
bitOr (union)	|	4	binary	A、V、S、M
bitXor	^	5	binary	A、V、S、M
bitAnd (intersection)	&	6	binary	A、V、S、M
lshift	<<	7	binary	A、V、M
rshift	>>	7	binary	A、V、M
add	+	8	binary	A、V、S、M
sub	−	8	binary	A、V、S、M
mul	*	10	binary	A、V、S、M
dot	**	10	binary	V、M
div	/	10	binary	A、V、M
ratio	\	10	binary	A、V、M
mod	%	10	binary	A、V、M
cast	$	10	binary	A、V、M
join	<-	10	binary	A、V、M、T
pair	:	15	binary	A
seq	..	15	binary	A
not	!	18	unary	A、V、M
neg	−	18	unary	A、V、M
at	[]	20	binary	V、M、T、D
member	.	20	binary	T、D
function operator	()	20	binary	A、V

✧ 注意：

- 优先级的数字越大表示其优先级越高。
- 在“运算数据类型”列中，符号 A、V、S、M、D、T 分别表示标量、向量、集合、矩阵、字典和表。

1.3.2　运算符执行顺序

和大多数语言一样，DolphinDB 中的双目运算符（也就是需要两个操作数的函数）的结合方向为“自左至右”，即满足“左结合性”，而单目运算符（只需要一个操作数的函数）以及赋值运算符的结合方向为“自右到左”，即满足”右结合性”。在使用过程中，为了避免歧义，建议使用括号进行封装。

根据上述规律可知，在下述脚本中，运算符的执行顺序依次是!,==和||。代入参数 a = 3、b = 3 和 c = 1，得到的结果是 false。

```
!a || b == c
```

一个典型的由运算符产生歧义的例子是负号和减号的混用。

例：3 个元素相减，由于空格不规范导致输出结果不符合预期。

```
5 -1 - 2
//output: 3 -3
```

下面来具体分析一下为什么会得出这样的计算结果。在 DolphinDB 中，可以通过用空格隔开数字的形式生成一个向量，如 `a1 a2 a3` 即对应[a1, a2, a3]。因此，上述脚本的被减数是[5,−1]，减数是 2，即对向量中的每个元素进行减 2，最后得到[3,−3]。

在编写此类代码时一定要注意空格的规范性，上述脚本可以进行如下修改。

```
5 - 1 - 2
//output:2
```

另一个典型的例子是在使用 join 时，由于运算符优先级不明确造成的问题。

例：构造生成一个拼接后的日期向量。

```
2022.02.01 + 1..5 join 2022.02.20 + 1..5
```

上述代码直接执行会报错 `Incompatible vector/matrix size`，但在日常使用过程中发现 `1..5 join 1..5` 是可以正常执行的，那为什么替换成日期会抛出异常？这是因为 join 的优先级高于加法，所以系统第一步执行的是 `1..5 join 2022.02.20`，得到一个长度为 6 的向量，然后按照从左至右的顺序先和 `2022.02.01` 相加，再和 `1..5` 相加，因为长度为 6 和 5 的两个向量不能直接相加，所以报错。

为避免报错，建议在 join 前后添加括号，修改后的脚本如下。

```
(2022.02.01 + 1..5) join (2022.02.20 + 1..5)
//output:
[2022.02.02,2022.02.03,2022.02.04,2022.02.05,2022.02.06,
 2022.02.21,2022.02.22,2022.02.23,2022.02.24,2022.02.25]
```

此外，和 `join` 类似，在循环体内使用 `pair(:)` 运算符时也需要额外注意优先级的问题，以避免输出不符合预期的结果。对于熟悉 Python 的用户来说，他们在使用 DolphinScript 的时候可能会将循环语句写成 Python 中的对应格式，如下所示。

```
n = 5
for(i in 1:n + 1){
  print i
}
//output: 2 3 4 5
```

从上述脚本中可以看到，输出结果并不是预期的 1～5。这是因为 DolphinScript 和 Python 不同，在 DolphinScript 中“:”的优先级高于“+”的优先级。若需要使结果符合预期，需要进行如下修改。

```
n = 5
for(i in 1:(n + 1)){
  print i
}
//output: 1 2 3 4 5
```

1.3.3 计算时的注意事项

在利用运算符进行计算时，需要注意包含空值的场景的计算规则以及在运算时类型的隐式转换规则和运算符重载规则。

空值运算

在 DolphinDB 中，空值代表着数据缺失。当空值参与计算时，可能有以下几种场景。

在四则运算和逻辑运算中，如果任一操作数为空值，结果通常也会是空值。

```
1 + NULL //output: NULL
NULL && 1 //output: NULL
not NULL //output: NULL
```

在比较运算中，空值可以被视为最小值（但这可以通过配置参数 *nullAsMinValueForComparison* 来修改）。

```
NULL == NULL //output: true
NULL < -1000 //output: true
```

在 ols、corrMatrix、covarMatrix 等函数中，空值可能会被填充为 0 或其他数值以便进行计算。

```
x = matrix(1.3 1.2 NULL, 2.1 2.2 2.19)
corrMatrix(x)
//output:
#0                 #1
------------------ ------------------
1                  -0.481057868140189
-0.481057868140189 1.000000000000476

x1 = matrix(1.3 1.2 0, 2.1 2.2 2.19)
corrMatrix(x1)
//output:
#0                 #1
------------------ ------------------
1                  -0.481057868140189
-0.481057868140189 1.000000000000476
```

在数学、统计函数及其衍生的 cumulative、moving、time-moving 等系列函数中，空值通常会被忽略。

```
x = 1 2 3 NULL 4 NULL
count(x) //output: 4
size(x) //output: 6
avg(x) //output: 2.5
sum(x) //output: 10
```

对于空值这种缺失值的处理，一般有两种方式：丢弃或者填充。丢弃可以通过 dropna 实现，填充可以通过填充函数按照前后值、指定值或者线性填充。特别地，对于双目运算符，DolphinDB 提供了一个高阶函数 withNullFill 实现填充后的计算。

```
x = 1.3 1.5 1.9 NULL
y = NULL 1.3 1.7 1.2
withNullFill(-, x, y, 0)
//output: [1.3, 0.2, 0.2, -1.2]
```

隐式转换和运算符重载

在二元运算中，若两个对象的数据类型不同，则会发生隐式转换，计算结果和某个元的类型保持一致。在计算中，用户需要掌握隐式转换的规则，以保证编程的结果符合预期。

对于数值类型的数据计算，为避免精度损失，会发生隐式转换，返回值的类型默认与精度更高的元保持一致。例如：

```
1.3 + 2 //output: double(3.3)
2 + 1.3 //output: double(3.3)

long(1231450) + 3 //long(1,231,453)
3 + long(1231450) //long(1,231,453)

decimal32(1.3241, 3) + 2.336 //double(3.66)
2.336 + decimal32(1.3241, 3) //double(3.66)
```

✧ 注意：DECIMAL 类型本质上是以整数形式存储的，因此和浮点数进行二元运算时，返回值为浮点数。

对于字符类型的数据计算，系统支持的运算符有以下几种。

加号（+）：用于字符串被重载为连接运算。

```
"factor" + "0001" //output: "factor0001"

"factor" + string(1..5)
//output
["factor1","factor2","factor3","factor4","factor5"]
```

比较运算符（>、<、>=、<=、!=、<>、==）：用于按照字典序比较字符串。

```
"axzr" > "avpr" //output: true
```

索引运算符（[]）：字符串可用“[]”加下标的形式索引字符串的子串。

```
s = "SHZX00001.SH"
s[0:4] //output: "SHZX"
```

对于时间类型的数据计算，系统支持的运算符有以下几种。

加减号（+, -）：支持时间类型和整数直接进行加减计算。

```
2022.01.01 + 7 //output: 2022.01.08
2024.04.06T09:00:00.000 - 60 * 10 * 1000 //output: 2024.04.06 08:50:00.000
```

此外，DolphinDB 还提供了 temporalAdd 函数，以便于更直观地支持时间类型的加减运算。

```
temporalAdd(2024.04.06 08:50:00.000, 5d) //output: 2024.04.11 08:50:00.000
temporalAdd(2024.04.06 08:50:00.000, -1M) //output: 2024.03.06 08:50:00.000
```

比较运算符（>、<、>=、<=、!=、<>、==）：2 个时间对象比较时，不要求比较的元类型完全一致，系统会自动按更高精度的元进行类型转换，然后再进行比较。

```
2021.01.01 > 2020.01.01T09:00:00 //output: true
2021.01.01T09:00:00.123120000 < 2020.01.01T09:00:00 //output: false
```

系统类型和二进制类型的数据应用运算符进行计算毫无意义。布尔型的数据通常用于比较运算，其规则和一般编程语言的一致，这里不再赘述。总体而言，为保证结果符合预期，一个保险的做法是先将类型和元强制转换为预期的数据类型再进行计算，以避免隐式转换带来的风险。

1.4 编程语句

编程语句是编程中的基本构建块，它们用于实现各种功能和逻辑、控制程序的执行流程、定义和调用函数、处理异常和错误，以及操作数据结构和对象等，是编写程序的重要组成部分。本节将分别介绍 DolphinDB 支持的循环执行语句、条件控制语句、跳转语句、异常处理语句、模块、耗时统计语句和执行中断语句，帮助用户更好地理解 DolphinDB 程序的逻辑和结构，编写出高效且可读性更高的代码。

1.4.1 循环执行语句

DolphinDB 支持两种循环语句：for 循环和 do-while 循环，暂不支持 while 循环。do-while 循环保证循环体内的语句至少执行一次。

对于 for 循环，循环体可以是数据对、向量、矩阵或表，对于不同的数据结构，其遍历的语义也有所不同。

循环体是数据对，表示遍历的范围。对于数据对 *a*:*b*，如果 *a*<*b*，则遍历的区间是[*a*, *b*)；如果 *a*>*b*，则遍历的区间是(*b*,*a*]。

```
for(x in 1:5) print x
//output:
1
2
3
4
```

循环体是向量，表示计算时按顺序依次遍历每个元素。

```
for(x in [3, 1, 2, 4]) print x
//output:
3
1
2
4
```

循环体是矩阵，表示计算时按照顺序依次遍历矩阵的每一列，每列以向量的形式取出。

```
for(x in matrix(1 3 5, 2 4 6)) print x
//output:
[1,3,5]
[2,4,6]
```

循环体是表，表示计算时按照顺序依次遍历表的每一行，每一行以字典（字段名→字段值）的形式取出。

```
t = table(1 2 3 as id, ["aa", "bb", "cc"] as sym, [1.9, 2.1, 2.2] as val)
for (x in t) print x
//output:
id->1
sym->aa
val->1.9

id->2
sym->bb
val->2.1

id->3
sym->cc
val->2.2
```

与传统的编程语言不同，DolphinDB 中的循环语句主要用于上层模块和作业的调用场景，而对于底层数据的遍历计算，更多的是采用高效的向量化编程。

例：逐一比较两个等长向量 *a*, *b* 的每个元素，并返回两者中较大的值。用 `timer` 检测耗时发现，使用向量化操作（如 iif 函数）较使用 for 循环，可以提升约 300 倍的执行速度。

```
def fillMax(a, b){
  n = a.size()
  c = array(a.type(), initialSize = n)
  for(i in 0:n){
    if(a[i]>b[i]) c[i] = a[i]
    else c[i] = b[i]
  }
  return c
}

a = rand(10, 10000)
b = rand(10, 10000)
timer re1 = fillMax(a, b) //Time elapsed: 26.159 ms
timer re2 = iif(a>b, a, b) //Time elapsed: 0.088 ms
eqObj(re1, re2) //output: true
```

对于那些无法进行向量化计算而必须使用 for 循环计算的场景，可以借助 JIT 技术将循环语句编译成机器码，从而提升计算性能，详细用法参考第 11 章关于即时编译的内容。

1.4.2　条件控制语句

if 条件语句的整体结构为“if-else if-else”，这与 C++ 中的用法保持一致，其语法如下。

```
if(条件表达式 1){
  语句 1
}
else if(条件表达式 2){
  语句 2
}
...
else if(条件表达式 n - 1){
  语句 n - 1
}
else{
  语句 n
}
```

其中，条件表达式的返回值必须是一个布尔值标量，这是编程时需要重点注意的一个要点。因为在函数体内，if 条件表达式通常用于对传参进行条件判断，而 DolphinDB 并没有限制传参的数据形式，因此传入的参数可能是标量，也可能是向量，甚至可能是矩阵或者表对象。这就要求用户自己约束传参对象的形式，然后编写函数的逻辑。

一个比较容易混淆传参对象的场景是流计算场景。例如，使用 asof join 引擎进行数据关联时，可以对左右表的匹配记录按照给定的指标进行计算。由于 asof join 引擎的关联逻辑是为左表中的每条数据都找到右表中的匹配数据。因此，用户容易将引擎内部的计算理解为每个参与计算的字段都是以标量形式存在，并且返回值也一定是一个标量。

例如：用户编写如下指标函数用于流引擎的计算。

```
share streamTable(1:0, `time`sym`price`vol`orderFlag`orderType,
                        [TIMESTAMP, SYMBOL, DOUBLE, LONG, SYMBOL, SYMBOL]) as trades

share streamTable(1:0, `time`sym`bid`ask, [TIMESTAMP, SYMBOL, DOUBLE, DOUBLE]) as quotes

prevailingQuotes = table(100:0, `time`sym`price`vol`orderFlag`spread,
                            [TIMESTAMP, SYMBOL, DOUBLE, LONG, SYMBOL, DOUBLE])

//用户思维编写的计算指标函数
def order_spread(orderType, price, bid, ask){
    if(orderType == 'Market'){
        return price - (ask + bid)/2
    }
    else{
        return 0
    }
}

ajEngine = createAsofJoinEngine(
  name = "aj_test", leftTable = trades, rightTable = quotes,
  outputTable = prevailingQuotes,
  metrics = <[price, vol, orderFlag, order_spread(orderType, price, bid, ask)]>,
  matchingColumn = `sym, timeColumn = `time, useSystemTime = false
)
```

此时，执行脚本，系统会抛出如下异常。

```
order_spread: orderType == "Market"
= > A scalar object is expected. But the actual object is a vector.
```

这是因为 DolphinDB 为了提升计算性能，以向量化计算的形式去触发计算。由于入参字段均是以向量的形式参与计算的，因此 order_spread 中的 if 控制语句需要进行相应的调整。在本例中，对于向量的条件控制，可以使用 iif 函数替代 if 条件语句。

```
def order_spread(orderType, price, bid, ask){
    return iif(orderType == 'Market', price - (ask + bid)/2, 0)
}
```

另一个容易出错的场景是对传参进行非空判断。例如，下述脚本对数组向量的每行进行了非空判断。

```
def isNull_obj(x){
    if(x == NULL){
        return 1
    }
    return 0
}
a = array(INT[]).append!([[1,2,3],[], [2,5]])
byRow(isNull_obj, a)
```

由于没有对 x 进行约束，因此传入的可能是标量也可能是向量。为了维持统一性，可以对上述函数 isNull_obj 中的 x == NULL 进行如下改写。

```
x.hasNull()
```

1.4.3 跳转语句

跳转语句可以帮助程序实现复杂的控制流程和逻辑。在 DolphinDB 中，跳转语句包含 3 种：break、continue 和 return。break 和 continue 主要用于单层循环语句的转向，前者用于提前结束循环，后者则用于跳过当次循环。return 用于返回结果，结束当前函数的执行。

continue 和 break 关键字的使用与传统编程语言的用法一致，此处不再详细说明。这里主要介绍 return 的使用场景。在自定义函数中，return 语句并非必需的，因为函数可以通过类似 C++ 引用传递的方式，使用 `mutable` 函数直接修改参数来传递结果。例如：

```
def f(mutable a, b){
  a = (a - b)/(a + b)
}
a = 3
b = 4
f(a, b)
print a //output: -1
```

使用 return 语句的场景一般有两大类。

（1）提前终止函数：一般用于异常条件或边界条件判断的场景。

（2）返回计算结果。

例：当 id 为正数时，计算表字段 val1 和 val2 的平均值。

```
def f(c, a1, a2){
  if(c <= 0) return
  return (a1 + a2)/2
}
t = table(7 9 2 5 8 9 as val1, 1 3 4 5 6 7 as val2, -1 1 1 1 -1 1 as id)
select each(f, id, val1, val2) from t
```

若函数的主体仅包含一个 return 语句，则可以用 `:statement` 替代 `{return statement}`。例如，下述匿名的自定义函数：

```
def(x, y){return x * y - x/y}
```

可以改写为：

```
def(x, y): x * y - x/y
```

若参数列表只有一个参数，如 `def(x){return x + 1}`，可以将其更简洁地改写为 lambda 表达式 x→x + 1，从而省略 return 语句。

1.4.4 异常处理语句

异常处理语句用于捕获和处理程序执行过程中发生的异常情况，如运行时错误、意外输入、系统故障等，能够帮助开发者更好地管理程序的执行流程，提高程序的健壮性和可靠性。

DolphinDB 暂不支持 finally 语句，只能处理基础的 try-catch 逻辑。当使用 try-catch 块来封装代码时，即使代码在执行过程中发生异常也不会中断整个脚本的运行。例如，将一段清理环境的脚本封装在 try 语句块中，不仅可以提高代码的可读性，还可以提高程序的可重复执行性。

```
try{
  dropStreamEngine("electricityAggregator")
  print("删除引擎 electricityAggregator 成功")
  unsubscribeTable(tableName = "electricity", actionName = "avgElectricity")
  undef(`electricity, SHARED)
  print("删除订阅流表 electricity 成功")
  undef(`outputTable, SHARED)
  print("删除输出表 outputTable 成功")
}catch(ex){
  writeLog("清理环境异常")
}

share streamTable(1000:0, `time`voltage`current, [TIMESTAMP,DOUBLE,DOUBLE]) as electricity
share streamTable(10000:0, `time`avgVoltage`avgCurrent,
                        [TIMESTAMP,DOUBLE,DOUBLE]) as outputTable

electricityAggregator = createTimeSeriesEngine(
                        name = "electricityAggregator", windowSize = 10, step = 10,
                        metrics = < [avg(voltage), avg(current)]>,
                        dummyTable = electricity,
                        outputTable = outputTable,
                        timeColumn = `time,
                        garbageSize = 2000)

subscribeTable(tableName = "electricity",
               actionName = "avgElectricity", offset = 0,
               handler = append!{electricityAggregator}, msgAsTable = true)
```

throw 语句用于抛出异常并中断程序运行。使用 try-catch 可以接收 throw 抛出的异常并进行异常检测和处理。例如：

```
def myDiv(a, b){
    if (b == 0){
        throw "b can't be zero."
    }else{
        return a/b
    }
}
try{myDiv(12, 0)}catch(ex){print(ex)}
```

assert 语句常用在单元测试场景。assert 语句可以添加注解（subCase），格式为 assert <subCase>, <expr>，其中，expr 的返回结果必须是布尔值。

```
@testing:case = "function_add"
x = 1..3
assert 1, eqObj(add(x, 1), [2,3,4])
assert 2, eqObj(x.add(1), [2,3,4])
assert 3, eqObj(x.add(-1), [0,1,2])
```

1.4.5 模块

为了提高用户自定义函数的组织性和可管理性，DolphinDB 支持了模块定义功能。用户可以将定义的一类函数放在同一个模块中，类似于函数库。定义和导入模块时，主要涉及两个编程关键字：module 和 use。

DolphinDB 内置了许多数据分析模块，如 TA-lib、MyTT、WorldQuant 101 Alpha 因子等，供用户直接使用。下面以 TA-lib 模块为例，讲解模块的定义和使用过程。

下述代码是 TA-lib 模块开头部分的脚本示例。

```
module ta

/**
 * var: Variance of Population
 */
@state
def var(close, timePeriod = 5, nbdev = 1){
    mobs = talib.mcount(close, timePeriod)
    return talib.mvar(close, timePeriod) * (mobs - 1) \ mobs
}

/**
 * stddev: Standard Deviation of Population
 */
@state
def stddev(close, timePeriod = 5, nbdev = 1){
    return talib.sqrt(var(close, timePeriod, nbdev)) * nbdev
}

/**
 * beta: Beta
 */
@state
def beta(high, low, timePeriod = 5){
    return talib.MBETA(low.ratios() - 1, high.ratios() - 1, timePeriod)
}

/**
 * Simple Moving Average
 *
 */
@state
def sma(close, timePeriod = 30){
    return talib.SMA(close, timePeriod)
}
...
```

可以看到，模块开头需要包含一个 `module ta` 的声明语句，ta 是模块名，需与模块文件名（ta.dos）保持一致。声明完模块后，就可以自定义一系列函数。封装完模块后，需要将模块脚本放置在 moduleDir 指定的目录下，默认是 modules 文件。模块可以放置在 modules 目录下的多层子目录中，在声明模块时，需将 moduleDir 下的完整路径进行声明，目录和文件之间用冒号隔开。例如，模块路径为 *modules/analysis/test/myTest.dos*，则模块的声明语句如下。

```
module analysis::test::myTest
```

若在当前节点配置 preloadModules 时指定了预加载的模块路径，则编程时可以直接调用对应模块内的函数，否则在使用模块前，需要使用 use 加上声明的 module 来导入模块。例如：

```
use analysis::test::myTest
```

如果不同模块之中存在同名函数，则在调用时需要带上完整的模块路径以作区分。例如：

```
analysis::test::myTest1::f(a, b)
analysis::test::myTest2::f(a, b)
```

如果一个模块中的函数和内置函数同名，则系统会优先解析模块中的函数。例如，当尝试调用 sma 函数时，如果 ta 模块中定义了 sma 函数，则系统将会执行模块中的 sma 函数，而不是 DolphinDB 内置的 sma 函数。

```
x = 1..100
sma(x)
//Error: The function [sma] expects 2 argument(s), but the actual number of arguments is: 1

use ta
sma(x) //output: [,,,,,,,,,,,,,,,,,,,,,,,,,,,,,15.5,16.5,17.5...]
```

ta 模块的 sma 函数的窗口默认为 30。因此，即使不指定窗口大小，也可以进行计算并返回，而内置函数需要用户自定义窗口大小，所以会抛出异常。如果导入模块后，希望使用内置的同名函数，则需要在内置函数前加上双冒号以示区分，如::sma。

在工程化的实际应用场景中，DolphinDB 支持将模块声明为函数视图，然后对模块内的函数进行用户级别的执行权限管理。被声明为函数视图后，模块内对应的函数可在集群间共享，用户无须再使用 use 导入模块，而是可以直接通过全路径的方式调用模块内的函数即可。例如：

```
addFunctionView("test")

//为用户 user1 授权执行模块 test 下的函数 f1
grant("user1", VIEW_EXEC, "test::f1")

//为用户 user1 授权执行模块 test 下的所有函数
grant(`user1, VIEW_EXEC, "test::*")

//用户可使用全限定名调用相应函数
test::f1()
```

1.4.6 耗时统计语句

DolphinDB 提供了用于耗时统计的编程语句 timer，它支持对单条语句（timer statement）或多条语句（timer{statements}）组成的语句块进行耗时统计。统计时支持指定执行次数，语法为 timer(n)。

例：测量计算两个向量相关性的耗时。

对于单条语句，可以直接在语句前添加 timer 或者 timer(n)。

```
x = rand(10.0, 100000)
y = rand(10.0, 100000)
timer re = corr(x, y) //Time elapsed: 0.554 ms
timer(10) re = corr(x, y) //Time elapsed: 5.013 ms
```

对多条语句构成的语句块，需在 timer 后用{}声明。

```
timer{
  x = rand(10.0, 100000)
  y = rand(10.0, 100000)
  re = corr(x, y)
} //Time elapsed: 3.377 ms
```

在客户端统计脚本耗时时，用户可能会发现实际执行的耗时远大于 timer 的结果，如图 1-1 所示。这是因为 timer 获取的耗时仅为脚本在服务器上运行的时间（若为集群环境，还包含集群内节点间的网络开销），不包括客户端和服务器之间的网络传输耗时，以及客户端数据的 Web 渲染的耗时。

`timer` 获取的统计耗时是直接在终端打印出来的。如果需要将耗时赋值给变量，则可以通过 `evalTimer` 函数实现。注意，`evalTimer` 函数不能用于直接执行语句块，因此用户需要将待统计耗时的脚本全部封装在一个函数体内。

```
14:23:56.285
timer{
  x = rand(10.0, 100000)
··· 5 lines in total ···
Time elapsed 3.377 ms

(23 ms)
```

图 1-1　客户端打印的耗时和 timer 返回的耗时对比

```
x = rand(10.0, 100000)
y = rand(10.0, 100000)
t = evalTimer(corr{x, y}, 10)
print t //output: 5.423422
```

```
def f(){
  x = rand(10.0, 100000)
  y = rand(10.0, 100000)
  re = corr(x, y)
}
t = evalTimer(f, 10)
print t //output: 33.808934
```

1.4.7　执行中断语句

DolphinDB 对提交执行的代码首先进行语法解析，当代码全部解析成功后再开始执行。go 语句的作用是对代码分段进行解析和执行，即先解析并执行 go 语句之前的代码，再解析并执行其后的代码。

为什么需要有拆分代码执行的需求？这主要是因为某些场景下脚本会涉及引用之前动态执行后注册的变量。例如，使用 `share` 函数动态注册一个共享表变量 st。

```
t = table(rand(`WMI`PG`TSLA, 100) as sym, rand(1..10, 100) as qty, rand(10.25 10.5 10.75, 100) as price)
share(t,`st)
insert into st values(`AAPL, 50, 10.25);
```

share 函数的第二个参数用于指定共享表的变量名，当内存表通过 `share` 共享后，所有连接到当前节点的会话都可以通过 `share` 函数声明的共享表名 st 访问该表。但是在定义 st 时是以字符串的形式声明的，为了真正在会话中创建 st 这个对象，必须要完成 `share(t,`st)` 的执行，但此时下文 `insert into st values(`AAPL,50,10.25);` 直接引用了 st 这个对象，这个脚本若一起执行，在语法解析时将抛出异常。所以需要上一句执行完成定义了 st 这个变量，执行才不会出错。

```
Syntax Error: [line #3] Can't recognize table st
```

因此，需要用 go 隔开上下文，确保 `share(t,`st)` 完成执行后，再引用 st 变量。正确的脚本如下。

```
t = table(rand(`WMI`PG`TSLA,100) as sym, rand(1..10, 100) as qty, rand(10.25 10.5 10.75, 100) as price)
share(t,`st)
go;
insert into st values(`AAPL,50,10.25);
```

此类通过动态的脚本注册或释放变量（包括函数定义）的函数还有 `enableTableShareAndPersistence`（用于声明持久化流表）、`run`（用于执行脚本文件）、

runScript（用于执行脚本）、loadPlugin（用于加载插件）、undef（用于释放变量）、syncDict（用于定义同步字典）。建议在此类函数的脚本中都添加 go 声明分段执行。

1.5 函数

函数允许将一系列操作封装成一个独立的模块，它提供了一种模块化、可重用、抽象和封装的机制，使得程序更加清晰、灵活、可读和可维护。本节仅介绍 DolphinDB 函数的基本定义和分类。关于 DolphinDB 函数拓展支持的部分应用、元编程、函数视图和模块等功能会在第 5 章进行详细讲解。

1.5.1 定义

DolphinDB 在语法上与 Python 类似，允许用户通过 def 和 defg 关键字声明自定义函数。用户自定义函数的语法结构如下。

```
def <functionName> ([parameters]) {statements}
```

若函数体只有一个返回语句，则定义如下。

```
def <functionName> ([parameters]): statement
//等价于 def <functionName> ([parameters]){ return statement}
```

def 是函数声明的关键字，可以被替换为 defg。defg 用于声明用户自定义的聚合函数。

functionName 为函数名，可以不指定。当指定时，表示声明的函数为命名函数，否则为匿名函数。

parameters 是参数列表，用户可以在定义参数时为其指定默认值，但需要注意，指定了默认值的参数必须放在参数列表的末尾。例如：

```
def f(a, b, c = 2, d = 0): (a + b)\ c - d
f(3, 1) //output: 2
```

在调用函数时，支持通过关键字（keyword）的方式进行调用。当一个传参通过 keyword 指定时，其后所有的参数都需要写为 keyword 的形式。以上文定义的函数 f 为例：

```
f(1, 3, d = 3) //output: -1
f(a = 3, b = 2, c = 5) //output: 1
```

parameters 的参数是以引用进行传递的，且由于纯函数的约束，这些参数默认不可修改。同时，函数体内也不可以引用参数外的外部变量（即不支持全局变量）。如果要修改某个传参，需要为参数设置限定符 mutable。例如：

```
def f(mutable a, c){
  for(i in 0:a.size()){
    if(a[i] < -c) a[i] = -c
    if(a[i] > c) a[i] = c
  }
}

a = [-4, -3, -2, 0, 3, 4, 5]
f(a, 3)
a //output: [-3, -3, -2, 0, 3, 3, 3]
```

需要注意，mutable 设定的可变参数不支持指定默认值。

此外，DolphinDB 支持函数的链式调用，这不仅适用于内置函数，也适用于用户自定义的函数。在链式调用中，第一个参数可以独立于参数列表外，作为链式调用的主体。例如：

```
def f(a, flag): iif(flag< = -1, -a, a)

a = [1, 2, 3]
a.f(-1) //output: [-1, -2, -3]
```

1.5.2 分类

命名函数和匿名函数

按照是否具有函数名，可以将函数分为命名函数和匿名函数。

除了是否拥有函数名这一明显区别外，命名函数和匿命函数的本质区别是使用场景。命名函数通常用于封装较为复杂的逻辑或多行代码，并且一旦声明，可以在程序的其他部分重复调用；而匿名函数通常用于一次性的简单操作，无须重复使用。

与命名函数相比，匿名函数通常适用于以下场景。

- 在函数体内嵌套声明。

```
def f1(a, b){
  f2 = def(x, y){if(x > 0) return y + 2 * x else return y - 2 * x}
  return f2(a, b) / (a * b)
}

f1(3, 8) //output: 0.58333333
```

- 作为函数的返回值。

```
def f(x){return def(k): k * x};
f(7)(8); //output: 56
```

- 作为函数的参数：如高阶函数的参数 func 被指定为匿名函数。

```
m = matrix(1 2 3, 4 NULL 6, 7 8 9)
each(x->x.count(), m) //output: [3,2,3]
```

- 原地传参调用。

```
def(a, b){return (a + 1) * (b + 1)} (4, 5) //output: 30
```

普通函数和聚合函数

根据使用的声明关键字 def 和 defg，可以将自定义函数分为普通函数和聚合函数。聚合函数指输入向量、返回结果为标量的函数。defg 关键字对此类函数起到了标识作用。

部分高阶函数要求输入的 func 必须是一个聚合函数。例：使用 moving 函数进行滑动窗口的计算。此时 moving 中传入的自定义函数需要使用 defg 进行声明。

```
x = rand(10.0, 1000)
moving(def(x): med(x) - avg(x), x, 10) //Error: func must be an aggregate function
moving(defg(x): med(x) - avg(x), x, 10) //OK
```

流数据引擎（如时序聚合引擎最外层的算子）必须是一个聚合函数。若使用非聚合函数作为算子，则会抛出异常 The time-series engine only accepts aggregate functions as metrics. RefId: S03014。例如：

```
def f(x): med(x) - avg(x)
share streamTable(1000:0, `time`price, [TIMESTAMP, DOUBLE]) as trades
outputTable = table(10000:0, `time`diff, [TIMESTAMP, DOUBLE])
tradesAggregator = createTimeSeriesEngine(name = "streamAggr1",
                                          windowSize = 6, step = 3,
                                          metrics = <[f(price)]>,
                                          dummyTable = trades,
                                          outputTable = outputTable,
                                          timeColumn = `time)
```

而使用 defg 关键字声明自定义算子即可正常执行。

```
defg f(x): med(x) - avg(x)
share streamTable(1000:0, `time`price, [TIMESTAMP, DOUBLE]) as trades
outputTable = table(10000:0, `time`diff, [TIMESTAMP, DOUBLE])
tradesAggregator = createTimeSeriesEngine(name = "streamAggr1",
                                          windowSize = 6, step = 3,
                                          metrics = <[f(price)]>,
                                          dummyTable = trades,
                                          outputTable = outputTable,
                                          timeColumn = `time)
```

思考题

1. 某交易表 TransactionData 包含如下字段。

- ClientID：客户 ID，整数类型
- TransactionType：交易类型，字符类型（买入“B”、卖出“S”）
- Amount：交易金额，浮点类型，保留两位小数
- Date：交易日期，时间类型，格式为“2024-01-01”

请根据该信息填写下述建表脚本。

```
create table t(
  ClientID _____,
  TransactionType _____,
  Amount _____,
  Date _____
)
```

2. 某分布式表涵盖了 2023 年全年的数据，时间字段为 TradeTime，以 TIMESTAMP 类型存储，建库和建表的语句如下。

```
if(existsDatabase("dfs://test")) dropDatabase("dfs://test")
create database "dfs://test" partitioned by VALUE(2024.01.01..2024.01.02), engine = 'TSDB'

create table "dfs://test"."pt"(
        id SYMBOL,
        ts TIMESTAMP,
        px DOUBLE,
        vol LONG,
        amt DOUBLE
)
partitioned by ts,
sortColumns = [`id, `ts],
keepDuplicates = ALL
go
```

```
pt = loadTable("dfs://test","pt")

//模拟数据

n = 10000000
id = "st" + string(take(1..100, n))
ts = 2024.01.01T09:00:00.000 + (1..n) * 10001
px = rand(10.0, n)
vol = rand(1000, n)
amt = px * vol
t = table(id, ts, px, vol, amt)
pt.append!(t)
```

已知模拟数据的时间范围是 2024.01.01～2024.04.26，共计 117 天，则下列语句查询时涉及的分区数为多少？

1）`select * from pt where date(ts) between 2024.01.01 and 2024.01.05`

2）`select * from pt where ts >= 2024.01.01 and ts <= 2024.01.05`

3）`select * from pt where 2024.01.01 <= ts <= 2024.01.05`

3. 执行下述脚本后，返回结果 re 的长度为________；re[4] 的元素值为________；re[5] 的元素值为________。

```
re = []
for(a in 0..5 + 1){
  for(b in 5:0){
   re.append!(a/b)
  }
}
```

4. 利用 DolphinDB 的内置函数改写下述循环脚本。

```
def f(v){
  max = array(type(v))
  tmp = 0
  for(k in v){
    if(k>tmp){
      tmp = k
    }
    max.append!(tmp)
  }
  return max
 }
```

5. 在导入数据场景下，如果 csv 文件中的时间以“90000”(09:00:00)的格式存储，并希望将其读取为 DolphinDB 的 MINUTE 类型，那么 `loadTextEx` 的 `transform` 函数应该如何书写？

```
def int2Min(mutable msg, timeColName){
  tmp = msg[timeColName]. [此处以链式调用的方式填入]
  msg.replaceColumn!(timeColName, tmp)
  return msg
}
```

6. 用户 A 设置了模块目录 moduleDir = “/home/userA/modules”，然后在该模块目录下新建了一个名为 factors/test 的子目录，用于存放测试用的计算属性模块。假设在测试目录下有 1 个模块 myCalc.dos，则此模块的导入脚本为________。

7. 已知一个表的部分数据如下，假设 val 字段无空值。

```
t = table(["a", "b", "a", "a", "b"] as sym, [3, 2, 4, 1, 5] as val)
```

计算逻辑为：如果当前的 val 值大于前一个 val 值，则将当前的 val 值修改为它和前一个 val 值的均值。某用户编写的脚本如下。

```
select sym, iif(prev(val)<val, (prev(val) + val)/2, val) as val from t
```

执行的结果如下。

```
sym val
--- ---
a
b   2
a   3
a   1
b   3
```

用户发现该结果的第一条数据并不符合预期，预期的结果是第一条数据的 val 值不变，而不是输出为空。请分析产生该结果的原因，并给出解决方案。

8. 用户需要将数据入库，字段如下。

```
  date deviceID val info
  ---- -------- --- -------
  日期     设备号    数值         描述信息
例：
  2023.01.01 STJY0001 000001 33.3 "正常值"
```

deviceID、info 都是字符类型，推荐在 DolphinDB 中分别选用________类型和________类型存储。

在设计数据库时，考虑到 deviceID 字段存在大量重复的数据，因此推荐使用 SYMBOL 类型存储；而 info 字段是一些随机的信息描述，因此推荐使用 STRING 类型存储。

9. 用户 A 希望将一个 300000 条数据的表导入 DolphinDB 库表。

字段名	类型
sym	SYMBOL
time	TIMESTAMP
id	INT
val1	DOUBLE
val2	DOUBLE

请估算一下该表的大小（保留 2 位小数）：________MB。

10. 用户执行下述脚本时，发现抛出异常 `Cannot recognize the token f`。

```
runScript("def f(a,b): demean(a)\b")
a = 5 2 1 2 3
b = 100
f(a,b)
```

如何修改可以使上述脚本执行成功？

第 2 章 数据结构

CHAPTER 2

DolphinDB 在内存中提供的数据结构除了表之外，还包括标量、向量、数组向量、列式元组、元组、矩阵、字典和集合。其中，向量是最核心的数据结构，其他数据结构都可以与向量相互转化。因此，DolphinScript 也是一门向量式的编程语言。

根据数据结构的存储维度，可以将数据分为一维、二维和多维的数据。根据数据本身的特点以及分析计算的需求，选择合适的存储结构有助于提升存储效率和计算性能。在 DolphinDB 中，不同维度的数据和对应数据结构的映射关系可以参照表 2-1。

表 2-1　不同维度的数据和对应数据结构的映射关系

维度	数据结构	数据类型是否要求一致	数据特点	示例
一维	向量	是	—	[1,2,3,4]
	集合	是	无重复键值	set([1,3,4])
二维	矩阵	是	各维数据等长	matrix([1,2,3,4], [5,6,7,8])
	数组向量 列式元组	是	各维数据无须等长	array(INT[]).append!([[1,2,3], [4,5], [6]]) [[1,2,3], [4,5], [6]].setColumnarTuple!()
	表	否	每列是强类型且等长的向量	id = `XOM`GS`AAPL x = 102.1 33.4 73.6 table(id, x);
	元组/ 字典	否	数据无须等长	([1,2,3], [2022.01.01, 2022.01.01]) {"a": ["a1", "a2"], "b": [1.1, 1.3]}
多维	元组/字典	否	数据无须等长	([[1,2,3], [3,4,5]], [[5,6,7]]) {"a": {"a_1": [1.3, 1.5], "a_2": [1.2]}, "b": [1.1, 1.3, 1.6]}

对于一维数据，推荐使用强类型向量进行存储。由于强类型向量的内存布局是紧凑且连续的，因此用户可以利用向量化编程技术大幅提高计算速度，而元组则只能以遍历的形式参与计算。

下例对比了分别使用向量和元组存储数组时，两者计算效率的差异。

```
v1 = rand(1.0, 100000)
v2 = rand(1.0, 100000) $ ANY

timer cumsum(v1) //Time elapsed: 1.216 ms
timer cumsum(v2) //Time elapsed: 23.674 ms
```

一维的元组通常用于存储一系列不同类型的标量。例如：

```
tp = ("st0001", 2.0, 2.2, 100)
t = table(1:0, ["sym", "v1", "v2", "vol"], [SYMBOL, DOUBLE, DOUBLE, INT])
insert into t values(tp)
select * from t
//output:
sym    v1 v2  vol
------ -- --- ---
st0001 2  2.2 100
```

二维数据的结构选取需要结合数据本身的特点和计算场景，比如各维数据的类型是否一致、各维数据是否等长等。在实际应用场景中，信号数据、标签数据或者分析中的单个属性字段通常以一维向量的形式存储。而金融分析中的面板数据或者机器学习中的特征值则常会以矩阵的形式存储。结构化数据、业务数据、实体关系型数据等则通常以表格的形式进行存储。下述脚本通过 exec 和 pivot 函数来生成以股票代码和时间为行列标签的矩阵。

```
sym = `C`MS`MS`MS`IBM`IBM`C`C`C
price = 49.6 29.46 29.52 30.02 174.97 175.23 50.76 50.32 51.29
qty = 2200 1900 2100 3200 6800 5400 1300 2500 8800
timestamp = [09:34:07,09:35:42,09:36:51,09:36:59,09:35:47,09:36:26,
    09:34:16,09:35:26,09:36:12]
t = table(timestamp, sym, qty, price);

m = exec avg(price) from t pivot by sym, minute(timestamp)
m
//output:
    09:34m             09:35m              09:36m
    ---------------- ----------------- -------------------
C  |50.17            50.32               51.29
IBM|                 174.97              175.23
MS |                 29.46               29.77
```

DolphinDB 中的多维数据一般是二维数据的集合，如表的集合、矩阵的集合等。在计算时，通常采用遍历的方式从多维结构中提取出一维或二维对象，然后再进行进一步的计算。

```
m1 = matrix(0.1 0.32 0.62 0.9, 0.62 0.8 0.71 0.09)
m2 = matrix(0.45 0.33 0.12 0.81, 0.1 0.8 0.27 0.39)
m3 = matrix(0.41 0.23 0.52 0.61, 0.21 0.56 0.9 0.2)
reduce(add, [m1, m2, m3])
//output
#0   #1
---- ----
0.96 0.93
0.88 2.16
1.26 1.88
2.32 0.68
```

本章的 2.1 到 2.7 节将深入探讨 DolphinDB 中不同数据结构的特点以及它们支持的操作，帮助读者在实践中快速且高效地选取合适的存储结构。

2.1 向量

向量是 DolphinDB 中的核心数据结构，表、矩阵和字典等数据结构都可以视为向量的组合。向量化是 DolphinDB 实现高性能计算的重要因素之一。

2.1.1　分类

DolphinDB 的向量在广义上可以被划分为常规数组（Regular Vector）、大数组（Big Array）、元组（Tuple）、数组向量（Array Vector），以及列式元组（Columnar Tuple），在用户手册及教程中声明的向量一般特指常规数组。

常规数组和大数组

在 DolphinDB 中，常规数组和大数组分别满足不同场景下的使用需求。常规数组在内存中采用连续存储的方式，其适用于绝大多数场景。而大数组则更适用于大数据分析的场景。当处理大规模数据时，若没有足够的连续内存，可能会出现内存不足的问题。这时，大数组的特殊设计就发挥了作用。大数组由物理上的许多小块内存组成，但在逻辑上仍可映射为连续的存储，这种设计有效缓解了内存碎片问题，并且不影响其对向量化计算的支持。不过对于某些操作，大数组的这种设计可能会带来轻微的性能损失。对此，DolphinDB 约束了大数组的最小容量为 16 MB。对于不需要担心内存碎片问题的大多数用户来说，使用常规数组即可。

元组

元组以引用而非值的形式存储对象，其对象的数据类型和数据结构均可以不同，因此只能通过遍历的方式计算而不能进行向量化编程。对于数据类型一致的数据，存储为元组的计算性能较存储为数组而言更差，因此在 DolphinDB 中不推荐将一维数据存储为元组。至于元组的具体使用场景将在 2.3 节进行介绍。

数组向量和列式元组

数组向量和列式元组在打印形式上都以嵌套的数组形式展示，如`[[1.3, 1.2, 1.5], [1.2, 1.4]]`。它们都用于存储不等长但类型一致的二维数据。然而，在存储方式、计算性能以及取数规则上，它们存在一些差异。

本节将重点介绍常规数组支持的操作和应用，关于其他数据结构，将在后续章节进行介绍。

2.1.2　向量创建

常规数组可以通过符号“[]”进行声明，或者通过 `array` 函数进行创建。当通过“[]”声明常规数组时，若数据类型不一致且支持通过强制类型转换（规则可参考 1.2.3 小节）转为相同的类型，则最后的结果会以高精度的为准，否则该数组会自动转换为元组。

```
v = [3, 5, 2, 1, 8]
typestr v //output: FAST INT VECTOR

v = [3, 4, 3.1, 2.2]
typestr v //output: FAST DOUBLE VECTOR

v = ["aaa", 1.1, 2] //output: ANY VECTOR
```

`array` 函数通常用在初始化场景中，用于初始化一个空的或指定了长度和值的常规数组。

```
v1 = array(INT)
v1.append!([1,3,4])
v1 //output: [1,3,4]

v2 = array(INT, initialSize = 10, defaultValue = 0)
v2 //output: [0,0,0,0,0,0,0,0,0,0]
```

切忌用`[]`来初始化一个空的常规数组，因为`[]`创建的对象实际上是一个元组。

```
v = []
v.append!([1,3,5])
typestr v //ANY VECTOR
```

在数据模拟场景中，为了更快速且方便地生成常规数组，DolphinDB 提供了以下几种适用于不同场景的内置函数。

- `seq (..)`：用于生成连续的整数或时间序列。

```
-3..5 //output: [-3,-2,-1,0,1,2,3,4,5]
'a'..'e' //output: ['a','b','c','d','e']

2024.01.01..2024.01.06
//output: [2024.01.01,2024.01.02,2024.01.03,2024.01.04,2024.01.05,2024.01.06]

2024.01M..2024.12M
//output: [2024.01M,2024.02M,2024.03M,2024.04M]
```

- `take`：用于循环生成给定长度的向量。

```
v = 1..5
take(v, 8) //output: [1,2,3,4,5,1,2,3]
//正负号表示取数方向
take(v, -8) //output: [3,4,5,1,2,3,4,5]
```

- `til`：给定正整数 *n*，生成从 0 到 *n*−1 的连续的整数序列。

```
til(10) //output: [0,1,2,3,4,5,6,7,8,9]
```

- `stretch`：用于将一个数组按照给定的长度进行拉伸平铺。

```
v = [1, 3, 9]
stretch(v, 11) //output: [1,1,1,1,3,3,3,3,9,9,9]
```

- `rand` / `norm` / `randXXX`（其中 XXX 为某个分布函数，例如 `randNormal`）：用于生成特定分布的随机数组。

```
//生成服从 [0, X) 均匀分布的随机数
rand(10.0, 10)
//output:
[0.840594088658691,7.829225256573409,5.228168638423086,3.821385386399925,
7.310977571178228,2.454072048421949,7.406240778509528,0.739890476688743,
1.120826415717602,7.422288854140789]

//给定数据集，从中随机取数
rand([1.0, 2.0, 3.0], 5) //output: [3,3,2,2,2]
```

在 DolphinDB 中，某些内置函数在特定数据结构上的计算结果可能不符合预期，这种情况下，就需要将其他数据结构转换为向量才能进行计算。例如，计算矩阵所有元素的平均值时，由于 `avg` 函数默认是按列来计算矩阵的平均值，因此需要先将矩阵转换为向量。

```
m = matrix([1.1, 1.3, 1.5, 1.2], [2.1, 1.9, 1.8, 1.6])
m.avg()
//output:[1.275,1.85]

m.flatten().avg() //output: [1.275,1.85]
```

其他数据结构也可以通过内置的方法转换为向量，转换关系如图 2-1 所示。

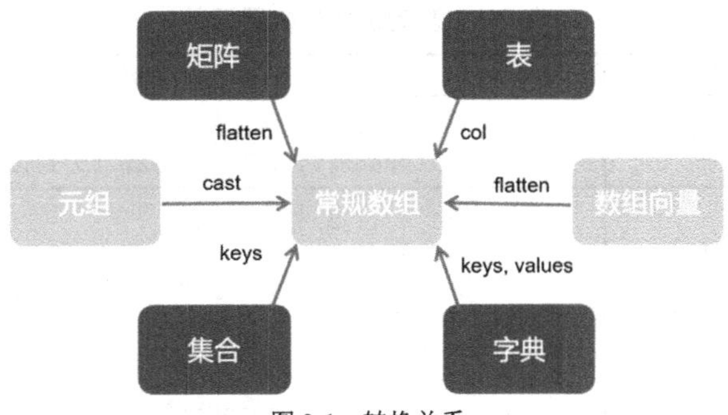

图 2-1　转换关系

✧ 注意：图 2-1 支持转换为向量的元组指的是一维的对象，且其元素类型支持强制转换。例如：

```
tp = (1.1, 2, 3.4, 3.3)
typestr tp //output: ANY VECTOR

v = tp $ DOUBLE
typestr v //output: FAST DOUBLE VECTOR
```

2.1.3　数据处理

结构信息

在实际编程中，用户可能需要获取对应数据结构的信息，以便于进行条件判断。例如，对于常规数组来说，需要获取其长度、类型以及是否包含空值等。对于这些基本的结构信息，DolphinDB 提供了对应的内置函数，如表 2-2 所示。

表 2-2　结构信息的内置函数

信息	函数	示例

长度	size（统计空值）
	count（不统计空值）
		`v = [1, NULL, 3]`
		`size(v) //output: 3`
		`count(v) //output: 2`

类型	type（返回类型 ID）
	typestr（返回字符串说明）
		`v = [1, NULL, 3]`
		`type(v) //output: 4`
		`typestr(v) //output: FAST INT VECTOR`

数据结构	form	`v = [1, NULL, 3]` `form(v) //output: 1`

空值判断	isNull
	isValid
	hasNull
		`v = [1, NULL, 3]`
		`isNull(v) //output: [false, true, false]`
		`isValid(v) //output: [true, false, true]`
		`hasNull(v) //output: true`

基础操作

增加、连接、删除、修改是数组操作中的基础方法。对于常规向量，DolphinDB 提供了内置函数来执行这些操作，如表 2-3 所示。

表 2-3　基础操作的内置函数

操作	函数	示例
增加	append!	`v = [1,3,4]` `v.append!([5,6]) //output: [1,3,4,5,6]`

连接	join	`v1 = [1,3,4]`
		`v2 = [5,6]`
		`v1 join v2 //output:  [1,3,4,5,6]`

删除	drop
	clear
		`v = 1..10`
		`v.drop(-6) //output: [1,2,3,4]`
		`v.clear!()//output:[]`

修改	at([])	`v = [1,3,9]`
		`v[0] = 5`
		`v //output: [5,3,9]`

切片操作

DolphinDB 提供的绝大部分函数都支持对向量进行计算，且都经过了向量化编程的优化。在向量化编程中，一个重要的关注点是向量的索引和切片。DolphinDB 支持通过下标、数据范围、布尔索引以及取前后 *n* 个元素等方式对向量进行切片操作，对应的内置函数如表 2-4 所示。

表 2-4　切片操作的内置函数

切片方式	函数	示例

下标	at([])
	eachAt(@)
		`v = 1..10`
		`v[[1,3,4]] //output: [2,4,5]`
		`v@[3,6,7] //output: [4,7,8]`

数据范围		`v = 1..10`
		`v[4:9] //output: [5,6,7,8,9]`
		`v@1:4 //output: [2,3,4]`

布尔索引		`v = 1..10`
		`v[v>5] //output: [6,7,8,9,10]`
		`v@(v<4) //output: [1,2,3]`

取前后 *n* 个元素	tail
	head
		`v = 1..10`
		`v.tail(3) //output: [8,9,10]`
		`v.head(3) //output: [1,2,3]`

2.1.4　向量化计算

在前文中，已经数次提及向量化编程这一概念，它通常与性能提升紧密相关。但是，究竟什么是向量编程，向量化编程又是如何提升性能的？

向量化编程的核心概念是利用现代计算机硬件的并行计算能力和底层经过优化的线性代数库来实现高效的数组操作。通过使用向量化操作，程序可以同时处理多个数据点，从而减少了循环和条件分支的开销。

在 DolphinDB 的向量化编程中，用户通过优化后的内置函数来处理数组和矩阵，而不是通过显式循环来遍历数组中的每个元素。下面以几个层层递进的例子来更直观地说明向量化编程。

例 1：计算向量 *a* 和向量 *b* 对应位置的元素差。

```
a = rand(10.0, 10000)
b = rand(10.0, 10000)
c = array(DOUBLE, 10000)
timer for(i in 0:a.size()){
  c[i] = a[i] - b[i]
} //Time elapsed: 25.407 ms

timer c1 = a - b //Time elapsed: 0.078 ms
eqObj(c,c1) //output: true
```

在 1.3 节中，介绍了运算符是支持对向量进行计算的，并且通过向量化编程进行了优化。在上面的例子中，可以看到向量化编程的性能大约是显式循环的 300 倍。

例 2：对向量 *a* 的元素进行条件判断，若元素大于 0 则不修改，若元素小于 0 则将其赋值为 0。

```
a1 = rand(-1000..1000, 10000)
a2 = a1
timer for(i in 0:a1.size()){
  if(a1[i] < 0) a1[i] = 0
} //Time elapsed: 20.11 ms

timer a2[a2 < 0] = 0 //Time elapsed: 0.347 ms
eqObj(a1, a2) //output: true
```

对向量进行索引切片也是向量化编程的一种操作。在上面的例子中，通过索引直接赋值，不仅使脚本更加简洁，而且相比显式循环遍历修改，性能提升了大约 60 倍。

例 3：对向量 *a*（假设 *a* 中不存在连续相同的值）进行分段标记，单增趋势记为 1，单减趋势记为−1。注意：当前元素的趋势是由后一个元素相对于当前元素的变化来确定的。

首先，模拟生成一个趋势为增—减—增的向量用于测试，原始数据图如图 2-2 所示。

```
a = rand(10.0, 10).sort!() join rand(10.0, 10).sort!(false) join rand(10.0, 10).sort!()
plot(a)
```

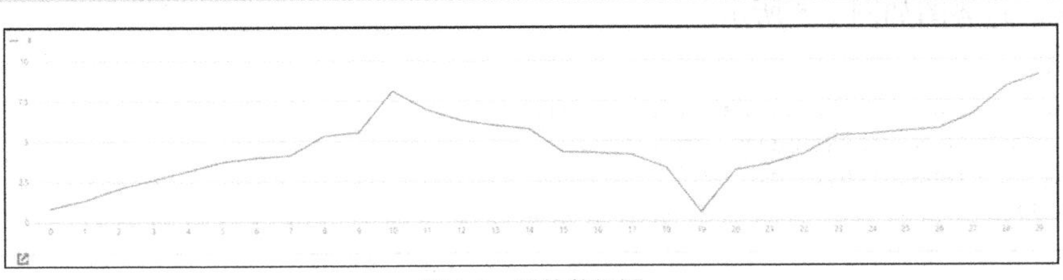

图 2-2　原始数据图

利用传统的遍历思想，可以逐个遍历每个元素，用后一个元素和当前元素进行对比来判断趋势，最后一个元素的趋势和其前一个元素保持相同，趋势图如图 2-3 所示。

```
trend = array(INT, a.size())
for(i in 0:a.size()){
  if((i + 1) < a.size() && a[i + 1] > a[i]){
    trend[i] = 1
  }else if((i + 1) < a.size() && a[i + 1] < a[i]){
    trend[i] = -1
  }else{
    trend[i] = trend[i - 1]
  }
} //Time elapsed: 0.219 ms
plot(trend)
```

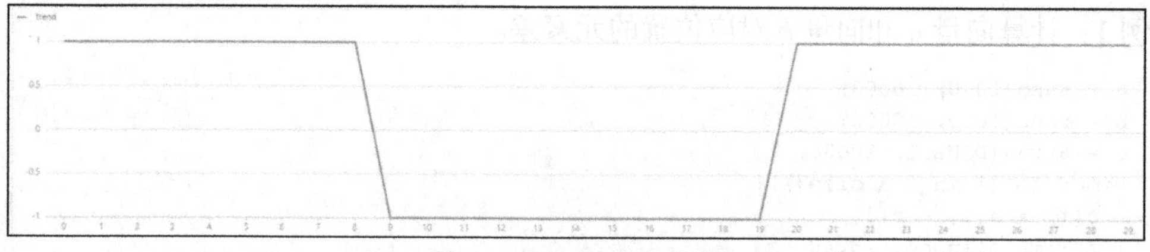

图 2-3　传统遍历的趋势图

利用向量化编程编写脚本：利用 deltas 函数判断单调性，因为当前元素的趋势基于下一个元素的变化，所以这里使用了 next 函数将整体趋势后移，由于最后一个元素的趋势无法判断，因此采用了 ffill 对其进行填充，最后用 signum 函数取正负符号位作为标记位，趋势图如图 2-4 所示。

```
timer trend =  signum(deltas(a).next().ffill()) //Time elapsed: 0.039 ms
plot(trend)
```

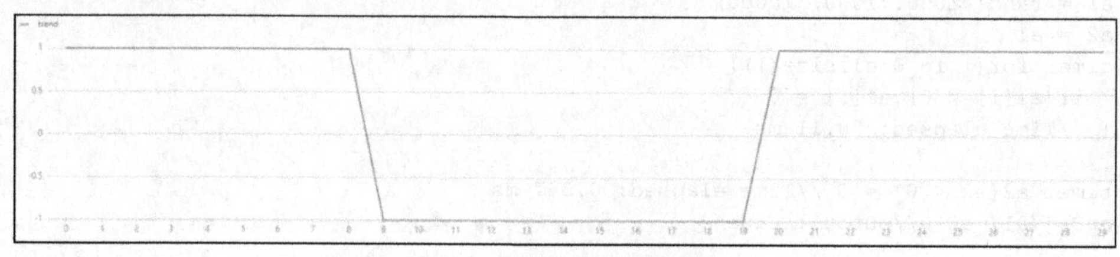

图 2-4　向量化编程的趋势图

通过对比计算耗时，可以发现采用向量化编程的性能大约提升了一个数量级。

例 4：在例 3 的基础上，改变趋势标记的逻辑，不再是简单地标记为±1，而是随着单增或单减的元素个数递增或递减，标记为 1 2 3 4 ……以及−1 −2 −3 −4 ……

如果采用向量化编程的思想，可以基于例 3 的计算结果进一步使用 segmentby 函数进行分段并求累计和。segmentby 函数可以基于连续相同的值进行分组计算，而累计和的函数为 cumsum，趋势图如图 2-5 所示。

```
timer{
  tmp = signum(deltas(a).next().ffill())
  trend = segmentby(cumsum, tmp, tmp)
} //Time elapsed: 0.07 ms
plot(trend)
```

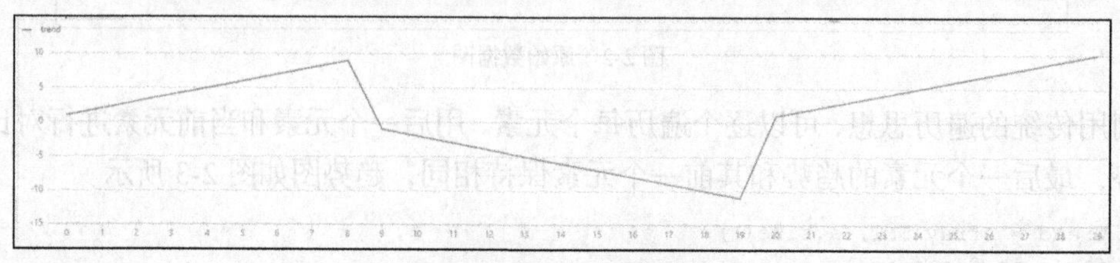

图 2-5　分段求累计和的趋势图

例 5：基于例 3，对向量 a 进行如下运算：若当前元素的趋势为 1，则加上下一个元素，否则减去下一个元素，最后返回计算的结果。

首先，为了判断当前元素应该被加还是被减，可以直接看当前元素比前一个元素大还是小。因此，可以先求出当前元素的符号，然后再进行累加。

```
s = signum(deltas(a).bfill())
sum(a * s) //output: 9
```

例 6：对向量 *a* 进行累加，若累加结果超过 100，则从头开始累加。

```
a = rand(10.0, 100000)
def cumBar(a){
    cum = array(DOUBLE, a.size())
    tmp = 0
    for(i in 0 : a.size()){
        tmp = tmp + a[i]
        cum[i] = tmp
        if(tmp > 100){
            tmp = 0
        }
    }
    return cum
}

timer re1 = cumBar(a) //160.652 ms
timer re2 = accumulate(def(a,b): iif(a > 100, b, a + b), a) //101.64 ms
timer re3 = accumulate(def(a,b){if(a>100) return b else return a + b}, a) //80.16 ms
timer re4 = segmentby(cumsum, a, volumeBar(a, 100)) //3.009 ms
```

上述逻辑可以用以下几种不同的方式实现。

- 方法 1：通过命令式编程自定义累加逻辑。
- 方法 2/3：借助高阶函数 `accumulate` 进行累加，利用条件函数 `iif` 或者条件语句 if-else 进行阈值判断。
- 方法 4：借助内置函数 `volumeBar` 进行分组，并搭配函数 `segmentby` 按分组累加计算。

对比计算耗时可以发现，利用内置向量化函数计算（方法 4）的性能是最优的；利用 `accumulate` 函数计算时，if-else 语句较 `iif` 函数更快。这是因为阈值判断是基于标量进行的，而 `iif` 函数在对向量的计算上会更有优势。

通过上述几个例子，相信大家一定对 DolphinDB 向量化编程的使用方法和场景有了初步的了解。然而，实际场景中的向量化不仅仅体现在对单个向量对象的计算中，对矩阵运算、表的 SQL 查询等这些由向量组合而成的结构计算中也利用了向量化编程的优化。大家可以通过后续章节的学习，慢慢感受向量化编程的魅力。

2.2 元组

元组通常用于存储一组有序的元素。元组中的元素可以是任意类型以及任意结构的数据，包括标量、向量、矩阵、字典、表等。在 DolphinDB 中，不推荐使用元组替代向量来存储一维数据，因为其计算性能较低。本节将从内存存储结构、创建方法、数据和计算等方面，来介绍元组在 DolphinDB 中的应用。

2.2.1 内存存储结构

元组是广义向量的一类，与常规数组将数据存储在一片连续内存中不同，元组中的每个元素存储的是某个对象的引用而非对象的值。这使得元组更像是一个封装了多个对象的桶，它表示一些对象的集合，而不是对象本身。因此，元组内元素的类型和数据结构都可以是不同的。

通过元组的嵌套可以表示任意维度的数据，但由于其每个元素都是一个对象的引用，因此无法利用向量化计算进行优化，只能通过遍历运算来处理。在下面的例子中，比较了直接对向量和元组求和的耗时，以及对元组遍历求和的耗时。

```
v = 1..10000
tp = 1..10000$ANY
timer sum(v) //Time elapsed: 0.019 ms
timer sum(tp) //Time elapsed: 4.238 ms
timer reduce(+, tp) //Time elapsed: 4.469 ms
```

结合上文描述的元组特性，下文提供了几个元组相关的场景案例以供参考。

通过元组存储多个参数的列表，在函数调用时一次性传入。

```
x = 2021.01.01T01:00:00..2021.01.01T01:00:29
param = (x, 10s, 'right')
unifiedCall(bar, param)
```

某些高阶函数或运维函数要求参数通过元组形式传入。

```
x = 3.1 2.1 2.2 2.5 2.4 4.1
y = 4.8 9.6 7.1 3.3 5.9 2.7
window(corr, (x, y), 1:3)
```

在对表的每一列进行遍历计算时，可以通过 values 函数将表转换为一个元组。例如：过滤掉内存表中包含空值的行。

```
t = table(1 2 3 4 NULL as v1, NULL 1 3 2 6 as v2)
t[rowAnd(isValid(t.values()))]
//output:
v1 v2
-- --
2  1
3  3
4  2
```

函数传参为元组（如 unionAll 和 unifiedExpr 等），或者函数返回值为元组（如 loop 和 ploop 等）。

```
t = table(1 2 2 1 1 0 0 0 3 1 as id, 2 3 12 22 12 9 10 29 1 0 as val)
def getTable(t, x){
  tmp = select max(val), avg(val), min(val) from t where id = x
  return table(take(x,3) as id, ["max", "avg", "min"] as label,
      double(tmp.values()).flatten() as summary)
}
t_set = loop(getTable{t}, [0, 1])
typestr t_set //output: ANY VECTOR

unionAll(t_set,false)
//output:
id label summary
-- ----- -------
0  max   29
0  avg   16
0  min   9
1  max   22
1  avg   9
1  min   0
```

向表写入数据时，写入的单行数据可以封装为一个元组。

```
t = table(1:0, ["name", "id", "value"], [STRING,INT,DOUBLE])
tp = ("aaa", 10, 1.2)
insert into t values(tp)
```

相比于向量，元组的使用场景较少，因为元组不是一个适合于计算的对象，而更像是一个封装多个计算对象的容器。在使用元组时，需要特别注意这一点。

2.2.2 元组的创建

与常规数组不同，元组是通过`()`声明的。元组对应的类型为 ANY 类型，因此可以使用 `array` 函数指定数据类型为 ANY 来初始化一个元组，或者直接通过`[]`或`()`声明一个空的元组。

```
tp = array(ANY)
tp = []
tp = ()
```

在 DolphinDB 中，元组通常用于存储二维数据。与矩阵相比，元组支持存储类型不同的二维数据，如表的值。下例演示了将表的值取出后，筛选出数值列部分，并将其转换为矩阵。

```
n = 100;
t = table(2020.01.01T00:00:00 + 0..(n - 1) as timestamp, rand(`IBM`MS`APPL`AMZN,n) as symbol,
    rand(10.0, n) as val1, rand(10.0, n) as val2, rand(10.0, n) as val3)
data = t.values()[2:]
t = matrix(data)
```

仔细观察上述脚本，还能发现通过 `values` 将内存表 *t* 转换为元组后，直接通过下标索引即可筛选列数据。这是因为元组支持通过下标索引元素。

除了表可以通过`values`转换为元组外，其他数据结构也可以通过内置函数转换为元组，如图 2-6 所示。

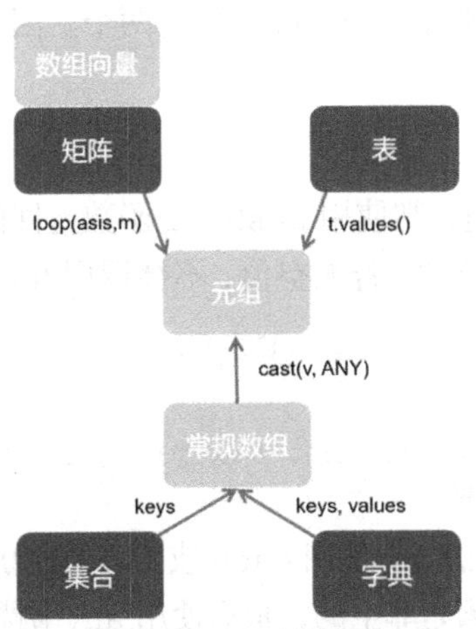

图 2-6 通过内置函数转换为元组

2.2.3 数据处理

结构信息

一维元组的大小、类型、空值判断方法与向量的一致。但对于多维元组，用户更关心的往往是其元素本身的统计信息，而非元组自身的信息。例如，有一个多维元组 `tp = [[1, 2 NULL, 3, 4], [00i, 00i], [], [3, 4, 5, 6]]`，想要计算所有非空值的个数。其中，00i 表示 INT 类型的空值，下文出现将不再赘述。

如果直接调用 count 函数对元组进行计算，显然不符合用户的预期，因为 count 函数统计的是元组内的对象个数，而不是所有对象的所有元素。

```
tp = [[1,2 NULL, 3, 4], [00i, 00i], [], [3, 4, 5, 6]]
count(tp) //output: 4
```

接下来，尝试使用 isValid 函数对嵌套元组中的每一个元素进行判断。

```
tp = [[1, 2, 00i, 3, 4], [00i, 00i], [], [3, 4, 5, 6]]
re = isValid(tp)
re
//output:((true,true,false,true,true),[false,false],(),[true,true,true,true])
```

通过观察结果，可以发现只要统计其中 true 的个数就可以获得所有非空值的个数。使用 sum 函数将所有元素求和，将 true 作为 1 处理，将 false 作为 0 处理，即可直接求得非空元素的总数。但是，又面临的一个问题是 sum 函数不支持直接对元组求和，为了解决这个问题，第一个尝试方案是将其展开求和。

```
re.flatten()
//Error: Couldn't flatten the vector because some
          elements of the vector have inconsistent types.
```

由于存在[]空对象，其对应类型是 ANY，因此无法直接展开。那么，接下来只能尝试去遍历统计。

```
sum(each(count, tp)) //output: 8
```

这次发现结果是正确的。

如果用户的统计是基于元组对象层面的，即统计的是非空对象的个数，而不是所有非空元素，那么针对该元组，空对象有[00i,00i]和[]两个。因此，预期的返回结果是 2。此时也可以利用遍历来计算结果。

```
sum(each(count, tp) > 0)
```

如果只想统计是否包含空值，则使用 hasNull 函数返回的结果不一定能符合预期，因为其判断是基于元组的每一行进行的，若无空值，不会返回 true（需要注意空向量不等于空）。

```
tp = [[1, 2, 00i, 3, 4], [00i, 00i], [], [3, 4, 5, 6]]
hasNull(tp) //output: false

tp1 = [[1, 2, 00i, 3, 4], [00i, 00i], 00i, [3, 4, 5, 6]]
hasNull(tp1) //output: true
```

此时，可以采用一种替代方法，即使用 each 或 loop 遍历元组，然后判断每个元素的非空值数量。若数量大于 0，则该元素是非空的，最后使用 any 函数计算元组本身的非空大小即可。

```
is_null = each(count, tp) == 0
has_null = any(is_null)
```

基础操作

和向量类似，元组也支持增删改以及连接等的基础操作。其中，增删改的方法与向量的一致。

这里主要说明一下连接操作。观察下述代码，通过调用 join 函数将两个元组进行连接操作。

```
t1 = (1, 2, 3)
t2 = (4, 5)
t1 join t2
```

预期会返回什么值呢？参考向量的机制，第一直觉会认为返回值为（1,2,3,4,5）。再参考一下元组的定义：其内部存储的是某个对象的引用，故而对于 t1 来说，t2 是一个整体，因此实际的返回值是（1, 2, 3, (4, 5)）。

那么，如何才能实现返回（1, 2, 3, 4, 5）呢？这时候就需要使用 appendTuple!函数来替代 join 函数。

```
t1.appendTuple!(t2) //output: (1, 2, 3, 4, 5)
```

元组是不可变的数据结构，这意味着一旦创建，其元素就不能被修改、添加或删除。为了便于用户的处理，在 2.00.11.1 版本后，DolphinDB 对元组和字典等内部元素不可变的数据结构进行了 COW（Copy On Write）的实现，即用户修改时，系统内部会自动执行一个拷贝操作，然后将修改后的新对象返回给用户。

```
tp = [[1, 2, 3, 4], [6, 7, 8]]
tp[0][0] = -1
tp //output: ([-1,2,3,4],[6,7,8])
```

在 DolphinDB 2.00.11.1 版本前，如果需要修改元组或字典等不可变数据结构的元素，需要手动进行拷贝操作。以下是一个示例脚本。

```
tp = [[1, 2, 3, 4], [6, 7, 8]]
tmp = tp[0]
tmp[0] = -1
tp[0] = tmp
tp
//output: ([-1,2,3,4],[6,7,8])
```

在 DolphinDB 新版本中，对元组某个元素的修改可以写为如下脚本。

```
tp = [[1, 2, 3, 4], [6, 7, 8]]
tp[0][0] = -1
tp
//output: ([-1,2,3,4],[6,7,8])
```

切片操作

一维元组的切片操作和向量的一致，都可以通过 eachAt(@)或 each([])及 head 或 tail 函数进行索引，但需要注意的是，当使用 at([])函数且元组通过条件表达式进行索引时，需要额外进行一步转换。

```
v = 1..10 $ ANY
v[v > 5] //Error: A scalar or set object doesn't support random access
v[flatten(v > 5)] //output: [6,7,8,9,10]
```

为了更好理解上述问题产生的原因，来看下面这个例子。

```
v = [1..10, 11..21]
index = (0, 1)
v @ index //output: ([1,2,3,4,5,6,7,8,9,10],[11,12,13,14,15,16,17,18,19,20,21])
v[index] //output: 2
```

可以发现，eachAt 和 at 的参数 index 传入元组时，表现不一致。这是因为：

- at 取的是第 0 行元素中的第一个数，它会将 index 的元素作为 *X* 每个维度的索引。
- eachAt 则将 index 中的每个元素都作为一维索引，依次返回 *X* 中对应 index 的元素。比如上面的（0，1）取出来的是第零行和第一行，所以这是一维的索引。

理解了 at 的索引行为，我们再来看 v[v>5]这个代码。

```
v = 1..10 $ ANY
v > 5 //output: (false,false,false,false,false,true,true,true,true,true)
```

当进行 v[v>5]索引时，由于 v>5 是元组，因此布尔值元组中的 false 和 true 会分别被视为 0 和 1，作为索引下标来访问元组中的元素。

```
v[(true)] //output: 2
v[(false)] //output: 1

v[(false, false)] //output: 1
v[(false, false, false)]
//Error: A scalar or set object doesn't support random access.
```

对于一维元组，当 index 为元组且长度超过 2 时就会抛出异常。进一步拓展被索引的元组的维度：

```
v = [[4, 5, 6], [[1, 2],[2, 3]]]
v[(0, 1)] //output: 5
v[(0, 1, 1)] //output: 5
v[(0, 1, 1, 0)] //Error: A scalar or set object doesn't support random access

v[(1, 1, 0)] //output: 2
v[(1, 1, 0, 0)] //output: 2
v[(1, 1, 0, 1, 0)] //Error: A scalar or set object doesn't support random access
```

因此，对于 *n* 层嵌套（*n* 维）的元组，使用 at 函数进行索引且 index 是元组时，其索引长度需要小于等于 *n* 才有意义。

2.2.4 元组计算

在计算场景中，元组一般被用作类似矩阵的存储结构。由于大部分函数都仅支持数值计算，当多维数据的长度不一致时，无法使用矩阵存储，此时就可以用元组来存储多个类型一致但长度不等的数据。

元组与不同函数搭配使用时的计算规则不同，具体可以分为以下几种场景。

元组搭配标量函数计算时，函数将分别应用在元组中的每个标量上，返回与输入数据维度一致的元组。

- 单目标量函数。例如类型转换函数（如 int 和 double）、数学函数（如 neg、abs、sin、square）、值检验函数（如 isNull）、数据检索函数（如 at、eachAt、asof、binsrch、find、in）等。

例 1：对每个元素值求平方。

```
tp = [[1, 3, 4, 5, 9, 2], [0, 2, 6, 3, 1]]
square(tp)
//output:([1,9,16,25,81,4],[0,4,36,9,1])
```

例 2：对于元组 tp 的每个元素 tp[i]，在给定的向量 v 中找到最大的下标 j，使得 tp[i]≥v[j]。若找不到，则返回−1。

```
v = [2, 3, 4, 6, 10, 12]
tp = [[1, 3, 4, 5, 9, 2], [0, 2, 6, 3, 1, 5]]
asof(v, tp)
//output: ([-1,1,2,2,3,0],[-1,0,3,1,-1,2])
```

对第一个 tp 元素 1，在向量 v 中找不到小于或等于它的元素，因此返回−1；对于第二个元素 3，在向量 v 中小于或等于 3 的最大的数是 3，其下标为 1，因此返回 1。

- 双目标量函数：如四则运算函数等。

```
tp1 = [[1, 3, 4, 5, 9, 2], [0, 2, 6, 3, 1, 5]]
tp2 = [[6, 8, 2, 1, 2, 3], [1, 3, 2, 0, -1, -5]]
tp1 + tp2
//output:
([7,11,6,6,11,5],[1,5,8,3,0,0])
```

元组搭配向量函数计算时，元组的元素必须是等长的常规数组，将函数应用在元组中的每个数组上。

- 单目向量函数：例如统计函数（如 msum、mavg、cummax、mstd、topRange）等。

例 1：对元组的每个对象进行滑动窗口求和。

```
tp = [[1, 3, 4, 5, 9, 2], [0, 2, 6, 3, 1, 5]]
msum(tp, 3)
//output: ([,,8,12,18,16],[,,8,11,10,9])
```

例 2：以元组的每个向量对象为单位，计算每个元素左侧相邻且连续小于它的元素个数。

```
tp = [[15, 4, 14, 25], [2, 22, 19, 12], [10, 12, 13, 7]]
topRange(tp)
//output: ([0,0,1,3],[0,1,0,0],[0,1,2,0])
```

- 双目向量函数：例如统计函数（如 mcovar 和 mcorr）等。

例：计算两个元组中向量的两两相关性。

```
tp1 = [[3.2, 3.1, 3.4, 3.6, 3.9, 4.1], [2, 2.4, 2.5, 2.2, 2.1, 2.4]]
tp2 = [[3.3, 3.5, 3.6, 3.5, 3.5, 3.3], [2.1, 2.2, 2.3, 2.1, 2.2, 2.3]]
mcorr(tp1, tp2, 3)
//output:
([,,0.5000,0.1147,-0.8030,-0.8030],[,,0.9449,0.9820,0.7206,0.6547])
```

对于无法支持元组计算的场景，通常会利用高阶函数 each 和 loop 对元组进行遍历。对于高阶函数的定义和使用请参考本书 5.4 节。

例 1：使用 each 函数遍历元组中的每个向量，并计算每个向量的平均值。

```
tp = [[3.2, 3.1, 3.4, 3.6, 3.9, 4.1], [2, 2.4, 2.5, 2.2, 2.1, 2.4]]
each(avg, tp)
//output:
[3.550,2.267]
```

例 2：使用 byRow 函数遍历元组中的每行，并进行计算（元组中所有向量相同下标的元素组成的数据为一行）。

```
tp = [[3.2, 3.1, 3.4, 3.6, 3.9, 4.1], [2, 2.4, 2.5, 2.2, 2.1, 2.4]]
byRow(sum, tp)
//output:
[5.2,5.5,5.9,5.8,6,6.5]
```

在实际使用过程中，当调用某些函数进行计算时，可能会发现返回值不是预期的常规数组而是一个元组，导致无法进行向量化计算。这种情况下可以通过以下两种方法将元组转换为常规数组。

```
tp = (1, 2, 3, 4, 5)
typestr tp //output: ANY VECTOR

//method 1
typestr(tp.flatten()) //output: FAST INT VECTOR

//method 2
typestr(tp $ INT) //output: FAST INT VECTOR
```

如果需要对多维元组的所有元素进行计算，也可以将其展开成一个常规的数组，然后再计算。

2.3 数组向量

数组向量用于存储二维的结构化数据，如股票的多档报价数据等。由于数组向量支持灵活的行列计算，并且存储性能高效，因此在 DolphinDB 中具有较广的应用场景。本节将从内存存储结构、创建方法、数据处理和计算等方面，来介绍数组向量在 DolphinDB 中的应用。为了更好地学习数组向量，需要重点关注本节内存存储结构以及切片部分的内容，并结合案例进一步理解。

2.3.1 内存存储结构

与要求每行数据等长的矩阵不同，数组向量可以是不等长的。数组向量的存储结构和元组的十分相似，打印形式都是形如“[[1, 2, 3], [4, 5], [6]]”这样的，但是其底层的存储逻辑和元组有很大区别，如图 2-7 所示。

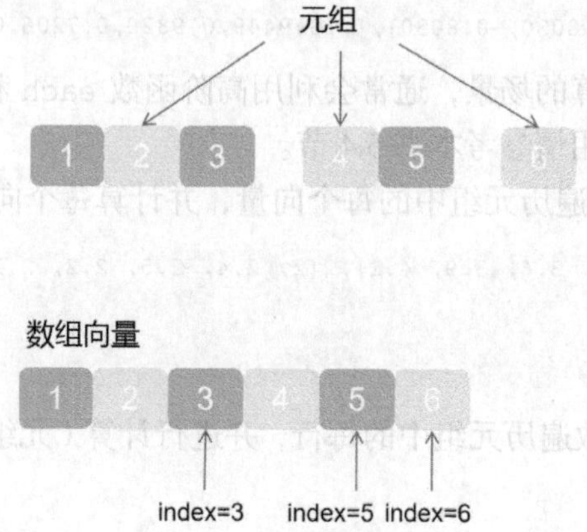

图 2-7 元组和数组向量底层逻辑的区别

元组中的每个元素都保存着一个对象的引用，在图 2-7，元组存储了[1, 2, 3]、[4, 5] 和

[6] 这 3 个对象的引用。而对于数组向量，其内部实际上是将 1、2、3、4、5、6 这 6 个元素连续存储在一起，并额外使用了一个 index 对象来标记数组向量每行最后一个元素的位置。

从存储的方式看，数组向量的修改只能基于等长替换，即[1, 2, 3]可替换为[2, 3, 4]，但不能替换为与原来的行数据长度不同的向量，如[1, 2]或[1, 2, 3, 4]。在 2.3.3 小节，将会详细讨论该问题。

数组向量可用于存储等长或非等长但类型一致的二维数据，其存储的每个向量，如[1, 2, 3]被视为数组向量的一行数据。因此，数组向量在存储上是行优先的，这和矩阵的列优先有所不同。数组向量的这种存储方式紧凑且高效，对向量化计算也十分友好。

2.3.2 数组向量的创建

数组向量的创建方式与普通向量一样，可以通过 array 函数进行创建，但是无法直接通过脚本符号声明。

```
av = array(INT[]).append!([[1, 2, 3], [4, 5], [6]])
typestr av //output: FAST INT[] VECTOR
```

在 1.2 节，介绍过一类 ARRAY 类型，它对应的就是数组向量的类型。这种类型通常是由基础类型的宏，如 INT，加上“[]”来表示的。需要强调的是，数组向量仅存储数值型的数据，不支持字符类型的存储。

在建表时，也支持将字段类型指定为数组向量类型。例如：

```
bid = array(DOUBLE[], 0, 20).append!([1.4799 1.479 1.4787 1.4784 1.4667,
                                      1.4796 1.479 1.4782 1.4781 1.4783,
                                      1.4791 1.479 1.4785 1.4698 1.4720,
                                      1.4699 1.469 1.4707 1.4704 1.4697,
                                      1.4789 1.477 1.4780 1.4724 1.4669])
ask = array(DOUBLE[], 0, 20).append!([1.4821 1.4825 1.4828 1.4900 1.4792,
                                      1.4818 1.482 1.4821 1.4818 1.4829,
                                      1.4814 1.4818 1.482 1.4825 1.4823,
                                      1.4891 1.4885 1.4898 1.4901 1.4799,
                                      1.4811 1.4815 1.4818 1.4800 1.4799])

TradeDate = 2022.01.01 + 1..5
SecurityID = rand(`APPL`AMZN`IBM, 5)
t = table(SecurityID as `sid, TradeDate as `date, bid as `bid, ask as `ask)
t
```

打印表 t 的结果如图 2-8 所示。

	sid	date	bid	ask
0	IBM	2022.01.02	[1.4799, 1.479, 1.4787, 1.4784, 1.4667]	[1.4821, 1.4825, 1.4828, 1.4900, 1.4792]
1	IBM	2022.01.03	[1.4796, 1.479, 1.4782, 1.4781, 1.4783]	[1.4818, 1.482, 1.4821, 1.4818, 1.4829]
2	AMZN	2022.01.04	[1.4791, 1.479, 1.4785, 1.4698, 1.4720]	[1.4814, 1.4818, 1.482, 1.4825, 1.4823]
3	AMZN	2022.01.05	[1.4699, 1.469, 1.4707, 1.4704, 1.4697]	[1.4891, 1.4885, 1.4898, 1.4901, 1.4799]
4	AMZN	2022.01.06	[1.4789, 1.477, 1.4780, 1.4724, 1.4669]	[1.4811, 1.4815, 1.4818, 1.4800, 1.4799]

图 2-8　*t* 表打印结果

除了通过 array 函数创建数组向量外，也可以通过其他数据结构转换为数组向量。

- 使用 arrayVector 函数，通过指定向量和索引两个 Vector 来创建一个数组向量。

```
v = 1..6
index = [3, 5, 6]
av = arrayVector(index, v)
//output: [[1,2,3],[4,5],[6]]
```

- 使用 `fixedLengthArrayVector` 函数，将多个等长的向量、矩阵或表的字段按照列拼接成数组向量。

例 1：将多个向量聚合成数组向量。

```
v1 = [1.1, 1.2, 1.3]
v2 = [1.3, 1.4, 1.6]
v3 = [1.2, 1.2, 1.3]
av = fixedLengthArrayVector(v1, v2, v3)
//output: [[1.1,1.3,1.2],[1.2,1.4,1.2],[1.3,1.6,1.3]]
```

例 2：将矩阵的多列聚合成数组向量。

```
m = 1..12 $ 3:4
//output:
#0 #1 #2 #3
-- -- -- --
1  4  7  10
2  5  8  11
3  6  9  12

fixedLengthArrayVector(m)
//output: [[1,4,7,10],[2,5,8,11],[3,6,9,12]]
```

例 3：将表的多个字段合成数组向量，结果如图 2-9 所示。

```
n = 200
syms = "A" + string(1..30)
datetimes = 2019.01.01T00:00:00..2019.01.31T23:59:59
t = table(take(datetimes, n) as trade_time, take(syms, n) as sym)
for(i in 1:6){
      t["bid" + string(i)] = take(500 + rand(10.0, n), n)
}
select * from t
```

	trade_time	sym	bid1	bid2	bid3	bid4	bid5
0	2019.01.01 00:00:00	A1	509.7812058101408	501.6268637124449	505.8795248041861	509.4309287564829	500.8125607063994
1	2019.01.01 00:00:01	A2	509.62346978718415	505.9269876475446	509.2263725656085	509.018677957356	506.64432685123757
2	2019.01.01 00:00:02	A3	506.0931817442179	504.0613257721998	502.47607028111815	506.24389252159745	503.1297974381596
3	2019.01.01 00:00:03	A4	503.05758451111615	507.9742967686616	509.6272018691525	506.4600898954086	506.08557962812483
4	2019.01.01 00:00:04	A5	509.31664507836103	506.7443683417514	505.5476538883522	504.76877519628033	503.4613059996627
5	2019.01.01 00:00:05	A6	506.9836853421293	501.75282551907003	502.2897758265026	501.5150135871954	508.5337409749627
6	2019.01.01 00:00:06	A7	501.0777774499729	509.33134868741035	500.9226934029721	501.93382961209863	507.7854233654216
7	2019.01.01 00:00:07	A8	505.21886645583436	502.1076344931498	506.1354229506105	504.0128398966044	500.57578034931794
8	2019.01.01 00:00:08	A9	503.6985239270143	505.4176816553809	500.87060030084103	507.2326828399673	506.04272711090744
9	2019.01.01 00:00:09	A10	501.0642863973044	500.35290914354846	506.8483400158584	509.1148804454133	500.3253849456087

200 rows 7 columns table < 1 2 3 4 5 ··· 20 > 10 / page ∨ Go to Page

图 2-9 将表的多个字段合成数组向量

然后，通过 `fixedLengthArrayVector` 函数将多个字段合并为一个数组向量字段，结果如图 2-10 所示。

```
t["bid"] = fixedLengthArrayVector(t["bid" + string(1..5)])
t1 = select trade_time, sym, bid from t
```

	trade_time	sym	bid
0	2019.01.01 00:00:00	A1	[509.7812058101408, 501.6268637124449, 505.8795248041861, 509.4309287564829, 500.8125607063994]
1	2019.01.01 00:00:01	A2	[509.62346978718415, 505.9269876475446, 509.2263725656085, 509.018677957356, 506.64432685123757]
2	2019.01.01 00:00:02	A3	[506.0931817442179, 504.0613257721998, 502.47607028111815, 506.24389252159745, 503.1297974381596]
3	2019.01.01 00:00:03	A4	[503.05758451111615, 507.9742967686616, 509.6272018691525, 506.4600898954086, 506.08557962812483]
4	2019.01.01 00:00:04	A5	[509.31664507836103, 506.7443683417514, 505.5476538883522, 504.76877519628033, 503.4613059996627]
5	2019.01.01 00:00:05	A6	[506.9836853421293, 501.75282551907003, 502.2897758265026, 501.5150135871954, 508.5337409749627]
6	2019.01.01 00:00:06	A7	[501.0777774499729, 509.33134868741035, 500.9226934029721, 501.93382961209863, 507.7854233654216]
7	2019.01.01 00:00:07	A8	[505.21886645583436, 502.1076344931498, 506.1354229506105, 504.0128398966044, 500.57578034931794]
8	2019.01.01 00:00:08	A9	[503.6985239270143, 505.4176816553809, 500.87060030084103, 507.2326828399673, 506.04272711090744]
9	2019.01.01 00:00:09	A10	[501.0642863973044, 500.35290914354846, 506.8483400158584, 509.1148804454133, 500.3253849456087]

200 rows 3 columns table < 1 2 3 4 5 ••• 20 > 10 / page ∨ Go to Page

图 2-10　将多个字段合并为一个数组向量字段

- 使用 `toArray` 函数和 group by 语句，将表数据按行聚合成数组向量。

```
ticker = `AAPL`IBM`IBM`AAPL`AMZN`AAPL`AMZN`IBM`AMZN
volume = [106, 115, 121, 90, 130, 150, 145, 123, 155];
t = table(ticker, volume);
t
//output:
ticker volume
------ ------
AAPL   106
IBM    115
IBM    121
AAPL   90
AMZN   130
AAPL   150
AMZN   145
IBM    123
AMZN   155
```

```
t1 = select toArray(volume) as volume_all from t group by ticker;
t1
//output:
ticker volume_all
------ -------------
AAPL   [106,90,150]
AMZN   [130,145,155]
IBM    [115,121,123]
```

各数据结构转换为数组向量的关系如图 2-11 所示。

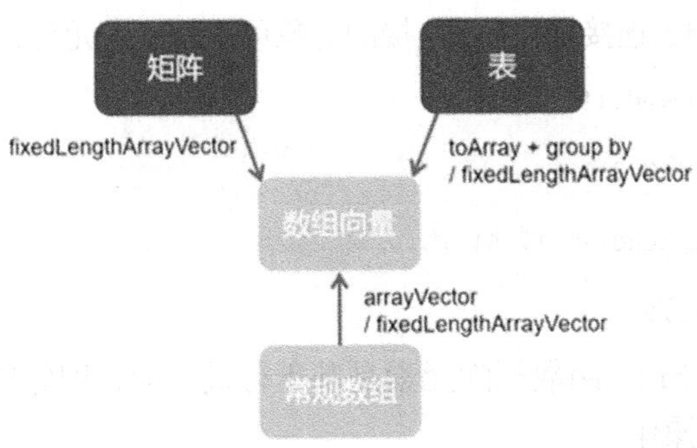

图 2-11　各数据结构转换为数组向量的关系图

2.3.3 数据处理

结构信息

数组向量的结构信息获取函数和向量的一致。然而，由于其二维的特性，调用 size 函数统计的是数组向量的行数，而不是所有元素的数量，这一点和二维元组是一致的。但和元组有所区别的是，count 函数应用在数组向量上统计的是其中所有非空元素的个数。

```
av = array(INT[]).append!([[1, 2, 3], [00i, 00i], [4, 5, 6, 00i], []])
//output: [[1, 2, 3], [NULL, NULL], [4, 5, 6, NULL], [NULL]]
size(av) //output: 4
count(av) //output: 6
```

上例中，另一个需要注意的地方是，虽然[]表示不包含任何元素，但是生成数组向量后，会自动占用一个元素的大小，即生成[NULL]。

如果需要统计所有元素的个数（包含空值），则需要对数组向量进行遍历，然后再求和。

```
sum each(size, av) //output: 10
```

each 函数应用在数组向量上是对数组向量的每一行进行遍历，效果等同于高阶函数 byRow。

在 2.2 节中，我们了解到对元组进行空值检测需要遍历统计，那对数组向量是否也需要遍历呢？答案是不需要。因为通过观察 2.3.1 小节的存储架构图，可以发现数组向量的底层就是一个向量，因此在内部实现空值检测的函数时，直接将其作为向量处理即可。

```
av = array(INT[]).append!([[1, 2, 3], [00i, 00i], [4, 5, 6, 00i], []])
isNull(av)
//output: [[false, false, false],[true, true],[false, false, false, true],[true]]

hasNull(av)
//output: true
```

基础操作

数组向量支持按行增加、修改或删除数据，也支持按列或单个元素修改数据，但不支持对单行数组进行元素的增加或删除。这是因为数组向量本质上是以向量的形式存储的，因此中间的元素只能替换不能增加或删除。

从数组向量创建的例子中，已经可以了解到通过 append! 函数可以增加数据到数组向量中，但增加时必须将向量数据以两层嵌套的形式传入，如[[1,2,3]]。

在对数组向量进行 join 连接操作时，连接的对象可以是一个元组，也可以一个数组向量。

```
av = array(INT[]).append!([[5, 6, 7]])
av join [[1, 2, 3]]
//output: [[5,6,7],[1,2,3]]

av1 = array(INT[]).append!([[1, 9]])
av join av1
//output: [[5,6,7],[1,9]]
```

在数组向量中，调用 drop 函数删除元素是基于行进行的，即每次会删除 n 行数据，而不是对单行元素进行删除操作。

```
av = array(INT[]).append!([[1, 2, 3], [00i, 00i, 1], [4, 5, 6, 00i]])
av.drop(2) //output: [[4,5,6,NULL]]
```

数组向量的修改可以通过索引定位到对应元素，然后通过赋值进行修改。索引支持设置为整数标量或数据对。

```
av = array(INT[]).append!([[1, 2, 3], [00i, 00i, 1], [4, 5, 6, 00i]])
av[1] = [3, 2, 1]
av
//output: [[1,3,3],[NULL,2,1],[4,1,6,NULL]]

av = array(INT[]).append!([[1, 2, 3], [3, 00i, 1], [4, 5, 6, 00i]])
av[0:2] = [-1, -1, -1]
av
//output: [[-1,-1,3],[-1,-1,1],[-1,-1,6,NULL]]
```

数组向量的直接索引通常指的是列索引，通过这种方式，将每列的第 1 个元素分别替换成了 3, 2, 1。但需要注意的是，在修改时，索引下标的值不能超过数组向量中最短行的长度。

在按行进行修改时，需使用二维索引，即形如“av[rowIndex, colIndex]”的形式，且其中的 colIndex 必须被指定，不可为空。rowIndex 和 colIndex 同样支持设置为整数标量或数据对。

```
av = array(INT[]).append!([[1, 2, 3, 4], [3, 00i, 1, 4], [4, 5, 6, 00i]])
av[1, 0:4] = [-1, -1, -1, -1]
print av //output: [[1,2,3,4],[-1,-1,-1,-1],[4,5,6,NULL]]
```

除了按行和列进行修改，还支持通过二维索引对其中的某个元素进行修改。

```
av = array(INT[]).append!([[1, 2, 3], [00i, 00i, 1], [4, 5, 6, 00i]])
av[0, 1] = -1
av
//output: [[1,-1,3],[NULL,NULL,1],[4,5,6,NULL]]
```

如果数组向量是表字段，则支持通过 delete 语句进行删除或者通过 update 语句进行更新。例如，下面程序的执行结果如图 2-12 所示。

```
bid = array(DOUBLE[], 0, 20).append!([1.4799 1.479 1.4787 1.4784 1.4667,
                                   1.4796 1.479 1.4782 1.4781 1.4783,
                                   1.4791 1.479 1.4785 1.4698 1.4720,
                                   1.4699 1.469 1.4707 1.4704 1.4697,
                                   1.4789 1.477 1.4780 1.4724 1.4669])
ask = array(DOUBLE[], 0, 20).append!([1.4821 1.4825 1.4828 1.4900 1.4792,
                                   1.4818 1.482 1.4821 1.4818 1.4829,
                                   1.4814 1.4818 1.482 1.4825 1.4823,
                                   1.4891 1.4885 1.4898 1.4901 1.4799,
                                   1.4811 1.4815 1.4818 1.4800 1.4799])

TradeDate = 2022.01.01 + 1..5
SecurityID = rand(`APPL`AMZN`IBM, 5)
t = table(SecurityID as `sid, TradeDate as `date, bid as `bid, ask as `ask)

delete from t where date = 2022.01.02
```

	sid	date	bid	ask
0	IBM	2022.01.03	[1.4796, 1.479, 1.4782, 1.4781, 1.4783]	[1.4818, 1.482, 1.4821, 1.4818, 1.4829]
1	APPL	2022.01.04	[1.4791, 1.479, 1.4785, 1.4698, 1.4720]	[1.4814, 1.4818, 1.482, 1.4825, 1.4823]
2	AMZN	2022.01.05	[1.4699, 1.469, 1.4707, 1.4704, 1.4697]	[1.4891, 1.4885, 1.4898, 1.4901, 1.4799]
3	IBM	2022.01.06	[1.4789, 1.477, 1.4780, 1.4724, 1.4669]	[1.4811, 1.4815, 1.4818, 1.4800, 1.4799]

图 2-12　使用 delete 语句的程序执行结果

基于上述计算结果，再使用 update 语句更新 bid 字段。SQL 语句执行结果如图 2-13 所示。

```
update t set bid = array(DOUBLE[]).append!([[1.5, 1.479, 1.4782, 1.4781, 1.4783]])
          where date = 2022.01.03
```

	sid	date	bid	ask
0	APPL	2022.01.03	[1.5, 1.479, 1.4782, 1.4781, 1.4783]	[1.4818, 1.482, 1.4821, 1.4818, 1.4829]
1	IBM	2022.01.04	[1.4791, 1.479, 1.4785, 1.4698, 1.472]	[1.4814, 1.4818, 1.482, 1.4825, 1.4823]
2	APPL	2022.01.05	[1.4699, 1.469, 1.4707, 1.4704, 1.4697]	[1.4891, 1.4885, 1.4898, 1.4901, 1.4799]
3	AMZN	2022.01.06	[1.4789, 1.477, 1.478, 1.4724, 1.4669]	[1.4811, 1.4815, 1.4818, 1.48, 1.4799]

图 2-13 SQL 语句执行结果

切片操作

数组向量作为一个二维的数据结构，其切片方式无非是按行切片、按列切片、按窗口切片和按单元格切片这几类。

从设计上考虑，设计数组向量的初衷之一是将表的多列字段存储在一列中，而表的数据是列式存储的，因此数据向量必须能够支持按列取数。为此，DolphinDB 设计的数组向量单索引是按列切片而不是按行切片。

```
av = array(INT[]).append!([[1, 2, 3], [13, 14], [24, 25, 26, 00i]])
av[0] //output: [1,13,24]
av[1:3] //output: [[2,3],[14,NULL],[25,26]]
```

那么，如何对数组向量进行按行切片呢？有三种方式：通过一维数组索引、二维索引和 `row` 函数。需要注意，这三种方式的返回值不同，前两种索引返回的是数组向量，row 返回的是向量。

```
av[[0]] //output: [[1,2,3]]
av[0,] //output: [[1,2,3]]
av.row(0) //output: [1,2,3]

av[0:2,] //output: [[1,2,3],[13,14]]
```

按窗口切片和按单元格切片只需要利用二维索引即可。

```
av[0:2, 0:3] //output: [[1,2,3], [13,14,NULL]]
av[2, 1] //output: [25]
```

2.3.4 数组向量计算

前文提到数组向量一般都是作为表字段使用，因此数组向量的计算通常出现在表处理的场景中。

数组向量的计算场景大致分为 4 部分。

- 其他对象转为数组向量
- 数组向量一元计算
- 数组向量和其他对象二元计算
- 数组向量的行列计算

其他对象转为数组向量

例 1：在导入数据时，需要将多列原始数据合并为一个数组向量进行存储。如果 csv 文件中的数据如下。

```
date, sym, val
2022.01.01,"aaa","1.30,1.29,1.27"
2022.01.02,"bbb","1.31,1.28,1.28"
2022.01.03,"ccc","1.32,1.30,1.29"
```

则接下来使用 `loadText` 函数将 csv 文件中的数据导入内存，其中 val 字段被存储为数组向量，类型为 DOUBLE[]。

```
path = "./tmp/data1.csv"
s = extractTextSchema(path)
update s set type = "DOUBLE[]" where name = "val"
t = loadText(path, schema = s)
//output:
date       sym val
---------- --- ----------------
2022.01.01 aaa [1.3,1.29,1.27]
2022.01.02 bbb [1.31,1.28,1.28]
2022.01.03 ccc [1.32,1.3,1.29]
```

如果 csv 文件中的数据如下。

```
date, sym, val
2022.01.01,"aaa",1.30|1.29|1.27
2022.01.02,"bbb",1.31|1.28|1.28
2022.01.03,"ccc",1.32|1.30|1.29
```

则接下来使用 `loadText` 函数将 csv 文件中的数据导入内存，其中 val 字段被存储为数组向量，类型为 DOUBLE[]。

```
login(`admin, `123456)
path = "./tmp/data2.csv"
s = extractTextSchema(path)
update s set type = "DOUBLE[]" where name = "val"
t = loadText(path, schema = s, arrayDelimiter = "|")
```

由于 `arrayDelimiter`（用于指定数组元素之间的分隔符）的默认值是“,”，因此前一个 csv 文件的数据可以无须指定该参数，而当前 csv 文件中的数据，就需要设置分隔符为“|”才能被正确导入。

例 2：分组聚合计算时，部分字段需要保留全部的数据而非按组生成聚合值。如对表按标识符进行分组聚合，其中时间列需要全部保存下来，而其余列只取最后一条。

表的定义如下。*t* 表打印结果如图 2-14 所示。

```
n = 100
date = 2022.01.01 + 0..(n - 1)
sym = take(["aaa", "bbb", "ccc"], n)
val = rand(1.0, n)

t = table(date, sym, val)
```

	date	sym	val
0	2022.01.01	aaa	0.5906793342437595
1	2022.01.02	bbb	0.2663089020643383
2	2022.01.03	ccc	0.47309775766916573
3	2022.01.04	aaa	0.6133437517564744
4	2022.01.05	bbb	0.7477893866598606
5	2022.01.06	ccc	0.12249257345683873
6	2022.01.07	aaa	0.3641740079037845
7	2022.01.08	bbb	0.9446803762111813
8	2022.01.09	ccc	0.18638847535476089
9	2022.01.10	aaa	0.09835566487163305

100 rows 3 columns table **t** < 1 2 3 4 5 ··· 10 >

图 2-14　*t* 表打印

按照 sym 分组，使用 `toArray` 函数将 date 字段聚合成一行向量如下。re 打印结果如图 2-15 所示。

```
re = select toArray(date), last(val) from t group by sym
re
```

	sym	toArray_date	last_val
0	aaa	[2022.01.01, 2022.01.04, 2022.01.07, 2022.01.10, 2022.01.13, 2022.01.16, 2022.01.19, 2022.01.22, 2022.01.25, 2022.01.28, ...]	0.7623215583153069
1	bbb	[2022.01.02, 2022.01.05, 2022.01.08, 2022.01.11, 2022.01.14, 2022.01.17, 2022.01.20, 2022.01.23, 2022.01.26, 2022.01.29, ...]	0.8371611668262631
2	ccc	[2022.01.03, 2022.01.06, 2022.01.09, 2022.01.12, 2022.01.15, 2022.01.18, 2022.01.21, 2022.01.24, 2022.01.27, 2022.01.30, ...]	0.5754855165723711

图 2-15　re 打印结果

若后续操作需要将时间列重新展开，如图 2-16 所示，则只需要调用 `ungroup` 函数即可。

```
ungroup(re)
```

	sym	toArray_date	last_val
0	aaa	2022.01.01	0.9154928156640381
1	aaa	2022.01.04	0.9154928156640381
2	aaa	2022.01.07	0.9154928156640381
3	aaa	2022.01.10	0.9154928156640381
4	aaa	2022.01.13	0.9154928156640381
5	aaa	2022.01.16	0.9154928156640381
6	aaa	2022.01.19	0.9154928156640381
7	aaa	2022.01.22	0.9154928156640381
8	aaa	2022.01.25	0.9154928156640381
9	aaa	2022.01.28	0.9154928156640381

100 rows 3 columns table < 1 2 3 4 5 ··· 10

图 2-16　展开时间列后的 re

例 3：对每天的数据进行处理，获取过去 3 天的价格，并把这 3 个值存为一个数组向量。模拟生成的表数据如下。*t* 表打印结果如图 2-17 所示。

```
syms = "A"
datetimes = 2021.01.01..2022.01.01
n = 200
t = table(take(datetimes, n) as trade_time,
          take(syms, n) as sym,take(500 + rand(10.0, n), n) as price)
```

	trade_time	sym	price
0	2021.01.01	A	508.2333919033408
1	2021.01.02	A	505.1061576837674
2	2021.01.03	A	502.7866900782101
3	2021.01.04	A	507.3988955654204
4	2021.01.05	A	508.07058345060796
5	2021.01.06	A	508.17134289070964
6	2021.01.07	A	501.52117426041514
7	2021.01.08	A	502.8271211637184
8	2021.01.09	A	504.642440949101
9	2021.01.10	A	507.0810321858153

200 rows 3 columns table t < 1 2 3 4 5 ··· 20

图 2-17　*t* 表打印结果

我们可以借助窗口函数 `tmovingWindowData` 来获取过去 3 天的数据。SQL 执行结果如图 2-18 所示。

```
select *, tmovingWindowData(trade_time, price, 3, leftClosed = true) from t
```

	trade_time	sym	price	tmovingWindowData_trade_time
0	2021.01.01	A	508.68527919752523	[508.68527919752523]
1	2021.01.02	A	507.7345845801756	[508.68527919752523, 507.7345845801756]
2	2021.01.03	A	505.31858894973993	[508.68527919752523, 507.7345845801756, 505.31858894973993]
3	2021.01.04	A	504.15651619201526	[508.68527919752523, 507.7345845801756, 505.31858894973993, 504.15651619201526]
4	2021.01.05	A	502.2775213699788	[507.7345845801756, 505.31858894973993, 504.15651619201526, 502.2775213699788]
5	2021.01.06	A	501.44033163320273	[505.31858894973993, 504.15651619201526, 502.2775213699788, 501.44033163320273]
6	2021.01.07	A	502.78064847458154	[504.15651619201526, 502.2775213699788, 501.44033163320273, 502.78064847458154]
7	2021.01.08	A	503.7815732159652	[502.2775213699788, 501.44033163320273, 502.78064847458154, 503.7815732159652]
8	2021.01.09	A	508.7747500301339	[501.44033163320273, 502.78064847458154, 503.7815732159652, 508.7747500301339]
9	2021.01.10	A	500.3345808829181	[502.78064847458154, 503.7815732159652, 508.7747500301339, 500.3345808829181]

200 rows 4 columns table < 1 2 3 4 5 ··· 20 > 10 / page ∨ Go to Page

图 2-18　SQL 执行结果

通过观察上述脚本，可以发现指定了 leftClosed = true 来确保窗口包含左边界。然而，该方法能够获取前 3 天的数据，但会导致当天的数据也被包含在内。如果不考虑前 3 天的数据，我们可以用索引将后续日期的数据中当天的数据过滤掉。

```
select *, tmovingWindowData(trade_time, price, 3, leftClosed = true)[0:3] from t
```

数组向量一元计算

应用标量函数，如 square、neg、isNull 等单目函数，以及 + 和 - 等双目函数计算数组向量时，标量函数会对每个标量元素单独进行计算。

```
av = array(DOUBLE[]).append!([[1.3, 1.29, 1.28], [1.23, 1.22, 1.21], [1.29, , 1.20]])
square(av)
//output:
[[1.69,1.6641,1.6384],[1.5129,1.4884,1.4641],[1.6641,00F,1.44]]

av1 = array(DOUBLE[]).append!([[1.3, 1.29, 1.28], [1.23, 1.22, 1.21], [1.29, , 1.20]])
av2 = array(DOUBLE[]).append!([[1.2, 1.1, 1], [1.13, 1.29, 1.21], [1.19, 1.33, 1.21]])
av1 - av2
//output:
[[0.1,0.19,0.28],[0.1,-0.07,0],[0.1,00F,-0.01]]
```

应用聚合函数，如 sum 和 avg 等函数计算数组向量时，聚合函数会对所有元素进行统一计算。

✧ 注意：在基础函数衍生的系列函数中，除了 row 系列函数外，其他 m 系列和 cum 系列函数等暂不支持对数组向量进行运算。

```
av = array(DOUBLE[]).append!([[1.3, 1.29, 1.28], [1.23, 1.22, 1.21], [1.29, , 1.20]])
sum(av)
//output:
10.02
```

应用向量函数，如 prev 和 next 等函数计算数组向量时，可以视作对数组向量的每列进行计算。

```
av = array(DOUBLE[]).append!([[1.3, 1.29, 1.28], [1.23, 1.22, 1.21], [1.29, , 1.20]])
next(av)
//output:
[[1.23,1.22,1.21],[1.29,00F,1.2],]
```

数组向量和其他对象二元计算

数组向量与标量/向量的计算规则较为简单，如表 2-5 所示。

表 2-5　数组向量与标量/向量的计算规则

操作对象 1	操作对象 2	计算要求	计算规则
数组向量	标量	—	与数组向量中的每个值进行计算
	向量	向量的长度与数组向量的行数相等	向量中的每个元素分别与数组向量的每行进行计算

数组向量与数组向量的计算可以分为以下几种场景。

应用标量函数：对每个元素单独进行计算。如对数组向量应用四则运算。

```
bid = array(DOUBLE[], 0, 20).append!([1.4799 1.479 1.4787 1.4784 1.4667,
                                      1.4796 1.479 1.4782 1.4781 1.4783,
                                      1.4791 1.479 1.4785 1.4698 1.4720,
                                      1.4699 1.469 1.4707 1.4704 1.4697,
                                      1.4789 1.477 1.4780 1.4724 1.4669])
ask = array(DOUBLE[], 0, 20).append!([1.4821 1.4825 1.4828 1.4900 1.4792,
                                      1.4818 1.482 1.4821 1.4818 1.4829,
                                      1.4814 1.4818 1.482 1.4825 1.4823,
                                      1.4891 1.4885 1.4898 1.4901 1.4799,
                                      1.4811 1.4815 1.4818 1.4800 1.4799])

TradeDate = 2022.01.01 + 1..5
SecurityID = rand(`APPL`AMZN`IBM, 5)
t = table(SecurityID as `sid, TradeDate as `date, bid as `bid, ask as `ask)

select *, (bid - ask) \ (bid + ask) as soir from t
```

应用 row 系列向量函数：行与行一一对应计算，并返回等长的数组向量。

```
av1 = array(DOUBLE[], 0, 20).append!([1.4799 1.479 1.4787 1.4784 1.4667,
                                      1.4796 1.479 1.4782 1.4781 1.4783])
av2 = array(DOUBLE[], 0, 20).append!([100 200 300 320 290, 500 430 420 410 320])
rowCumwsum(av1, av2)
//output:
[[147.99,443.79,887.40,1360.488,1785.831],
[739.8,1375.77,1996.614,2602.635,3075.691]]
```

应用 row 系列聚合函数：行与行一一对应计算，并返回与行数相等的数组向量。

```
av1 = array(DOUBLE[], 0, 20).append!([1.4799 1.479 1.4787 1.4784 1.4667,
                                      1.4796 1.479 1.4782 1.4781 1.4783])
av2 = array(DOUBLE[], 0, 20).append!([100 200 300 320 290, 500 430 420 410 320])
rowCovar(av1, av2)
//output:
[-0.1956,0.02995]
```

数组向量的行列计算

对数组向量进行聚合计算（使用 row 系列聚合函数，如：`rowSum` 和 `rowAvg` 等）。

例：使用数组向量存储了股票的 5 档买卖价格，对每天每只股票的每一档数据求平均值，并返回一个等长的数组向量。

```
bid = array(DOUBLE[], 0, 20).append!([1.4799 1.479 1.4787 1.4784 1.4667,
                                      1.4796 1.479 1.4782 1.4781 1.4783,
                                      1.4791 1.479 1.4785 1.4698 1.4720,
                                      1.4699 1.469 1.4707 1.4704 1.4697,
                                      1.4789 1.477 1.4780 1.4724 1.4669])
ask = array(DOUBLE[], 0, 20).append!([1.4821 1.4825 1.4828 1.4900 1.4792,
                                      1.4818 1.482 1.4821 1.4818 1.4829,
                                      1.4814 1.4818 1.482 1.4825 1.4823,
                                      1.4891 1.4885 1.4898 1.4901 1.4799,
                                      1.4811 1.4815 1.4818 1.4800 1.4799])

TradeDate = take(2022.01.01, 5)
SecurityID = take(`APPL`AMZN`IBM, 5)
t = table(SecurityID as `sid, TradeDate as `date, bid as `bid, ask as `ask)
```

	sid	date	bid	ask
0	APPL	2022.01.01	[1.4799, 1.479, 1.4787, 1.4784, 1.4667]	[1.4821, 1.4825, 1.4828, 1.4900, 1.4792]
1	AMZN	2022.01.01	[1.4796, 1.479, 1.4782, 1.4781, 1.4783]	[1.4818, 1.482, 1.4821, 1.4818, 1.4829]
2	IBM	2022.01.01	[1.4791, 1.479, 1.4785, 1.4698, 1.4720]	[1.4814, 1.4818, 1.482, 1.4825, 1.4823]
3	APPL	2022.01.01	[1.4699, 1.469, 1.4707, 1.4704, 1.4697]	[1.4891, 1.4885, 1.4898, 1.4901, 1.4799]
4	AMZN	2022.01.01	[1.4789, 1.477, 1.4780, 1.4724, 1.4669]	[1.4811, 1.4815, 1.4818, 1.4800, 1.4799]

图 2-19　*t* 表打印结果

```
select toArray(avg(matrix(bid))) as bid,
       toArray(avg(matrix(ask))) as ask
from t group by date, sid
```

	date	sid	bid	ask
0	2022.01.01	AMZN	[1.47925, 1.4780000000000002, 1.4781, 1.47525, 1.4726]	[1.4814500000000002, 1.48175, 1.4819499999999999, 1.4809, 1.4814]
1	2022.01.01	APPL	[1.4748999999999999, 1.4740000000000002, 1.4747, 1.4744, 1.4682]	[1.4856, 1.4855, 1.4863, 1.49005, 1.4795500000000001]
2	2022.01.01	IBM	[1.4791, 1.479, 1.4785, 1.4698, 1.472]	[1.4814, 1.4818, 1.482, 1.4825, 1.4823]

图 2-20　SQL 执行结果

通过上述脚本可以看到，在计算平均值 avg 前，首先将数组向量转成了矩阵，为什么要怎么做？这是因为聚合函数直接应用在数组向量上，其计算行为是对所有元素一起计算，如上一节提到的 `count` 函数。为了确保数组向量能按列计算，必须将其转换为矩阵，因为聚合函数应用在矩阵上是按列进行的。在使用 `avg` 计算后，由于 group by 语句必须搭配聚合函数使用，因此需要再嵌套一层 `toArray` 函数将 `avg` 计算返回的向量转成数组向量。

除了转成矩阵，还可以借助高阶函数 `byColumn` 按列对数组向量进行计算。

```
select toArray(byColumn(avg, bid)) as bid,
       toArray(byColumn(avg, ask)) as ask
from t group by date, sid
```

同理，数组向量的按行计算也可以借助高阶函数进行，对应的高阶函数为 `byRow`、`each`、`loop`，在场景三会给出具体的案例说明。

对数组向量进行向量计算（使用 row 系列向量函数，如 `rowCumsum`、`rowCumavg`、`rowAlign` 等）。

例：在金融领域中，交易数据的买卖价格需要精确对齐。DolphinDB 内置的 row 系列函数可以直接应用于数组向量并按行进行计算。其中，DolphinDB 额外针对金融领域设计了一个名为 rowAlign 的函数，用于处理多档买卖价的对齐问题。

```
left = array(DOUBLE[], 0, 5).append!([9.01 9.00 8.99 8.98 8.97,
                                      9.00 8.98 8.97 8.96 8.95,
                                      8.99 8.97 8.95 8.93 8.91])
right = array(DOUBLE[], 0, 5).append!([9.02 9.01 9.00 8.99 8.98,
                                       9.01 9.00 8.99 8.98 8.97,
                                       9.00 8.98 8.97 8.96 8.95])

leftIndex, rightIndex = rowAlign(left, right, "bid")

leftIndex
//output
[[-1,0,1,2,3],[-1,0,-1,1,2],[-1,0,-1,1,-1,2]]

rightIndex
//output
[[0,1,2,3,4],[0,1,2,3,4],[0,-1,1,2,3,4]]
```

rowAlign 函数获取对齐后的下标后，通常需要搭配 rowAt 函数取出对应下标的元素值。

```
left.rowAt(leftIndex)
//output
[[,9.01,9,8.99,8.98],[,9,,8.99,8.97],[,8.99,,8.97,,8.95]]

right.rowAt(rightIndex)
//output:
[9.02,9.01,9,8.99,8.98],[9.01,9,8.99,8.98,8.97],[9,,8.98,8.97,8.96,8.95]
```

利用高阶函数 byRow 和 each 对数组向量进行行切片，利用高阶函数 byColumn 对数组向量进行列切片。

例：对数组向量的每行元素进行去重。借助 distinct 函数可以进行去重操作，因此我们只要利用高阶函数遍历每一行并调用 distinct 函数即可。

```
t = table(`a`b as sym, array(INT[]).append!([2 1 2 1, 1 2 3 2 1]) as val)
select sym, loop(distinct,val) as`val from t

//output:
sym val
--- -----
a   [1,2]
b   [3,2,1]
```

通过观察结果，可以发现该操作并不能保证结果的有序性。为了使去重后的结果能够保持原来数据的排序，这里先筛选出唯一值，然后利用 ifirstHit 函数来获取每个唯一值的下标。

```
select sym, loop(x -> x[ifirstHit{==, x,}:E(distinct x).sort()], val) as `val from t

//output:
sym val
--- -------
a   [2,1]
b   [1,2,3]
```

上述脚本的:E 是 each 函数的符号表示，详细用法可以参见 5.4 节。

2.4 列式元组

列式元组是一种特殊的元组类型，其底层存储架构和元组的相似，但其存储的数据必须是同类型的。在执行计算操作时，列式元组与数组向量相似，都支持行列的灵活计算，因此它可以作为数组向量的替代。本节将从内存存储结构、创建方法、数据处理和计算等方面，来介绍列式元组在 DolphinDB 中的应用。在学习时，需要重点关注列式元组和元组以及数组向量之间的区别。

2.4.1 内存存储结构

列式元组的底层也是一个二维动态数组，其元素可以是标量也可以是向量，并且其值的类型必须保持一致。此外，需要注意列式元组不能作为分布式表的字段，只能在内存中使用。

列式元组可以作为数组向量的替代，其切片规则和数组向量的相同，但相较于数组向量，列式元组还额外支持了字符串类型数据的存储。用户可以根据不同的场景选择合适的存储结构，如表 2-6 所示。

表 2-6　不同场景对应的存储结构

场景	数组向量	列式元组	元组
字段存储	内存、磁盘	内存	内存
数据类型	数值型	数值型、字符型	任意类型
数据处理	整行增删改，整列、单个元素仅支持修改	整行增删改，整列、单个元素仅支持修改	整行、单个元素增删改
取数规则	按行或列取数，以及单元素取数	按行或列取数，以及单元素取数	按行取数，以及单元素取数

2.4.2　列式元组的创建

列式元组的创建有两种形式，一种是通过 setColumnarTuple!函数将二维元组转换为列式元组。例如：

```
ctp = [[-1, 0, 1, 2, 3],[5, 0, 9, 1, 2],[3, 0, , 3, 0, 8]]
isColumnarTuple(ctp) //output: false
ctp.setColumnarTuple!()
isColumnarTuple(ctp) //output: true
```

另一种是通过 table(X1, X2, X3..)创建内存表时，二维类型一致但不等长的元组会被自动转换成列式元组。注意：列式元组没有对应的数据类型标识，不能通过指定类型创建列式元组字段。

```
id = 1..3
val = [[1.3, 1.29, 1.28], [1.23, 1.22, 1.21], [1.34, 1.33, 1.29, 1.28]]
t = table(id, val)
//output:
id val
-- ---------------------
1  [1.3,1.29,1.28]
2  [1.23,1.22,1.21]
3  [1.34,1.33,1.29,1.28]
```

需要注意的是，如果传入的是等长的元组，就不能自动发生转换。

```
id = 1..3
val = [[1.3, 1.29, 1.28], [1.23, 1.22, 1.21], [1.34, 1.33, 1.29]]
t = table(id, val)
//output:
id col1 col2 col3
-- ---- ---- ----
1  1.3  1.23 1.34
2  1.29 1.22 1.33
3  1.28 1.21 1.29

val = [[1.3, 1.29, 1.28], [1.23, 1.22, 1.21], [1.34, 1.33, 1.29]].setColumnarTuple!()
t = table(id, val)
//output:
id val
-- ----------------
1  [1.3,1.29,1.28]
2  [1.23,1.22,1.21]
3  [1.34,1.33,1.29]
```

这种情况下，必须手动调用 setColumnarTuple!函数进行转换。

除了可以直接通过 setColumnarTuple!函数将元组转为列式元组，以及 2.4.1 节介绍的通过 split 函数可以将字符串向量拆分成列式元组，其他数据结构不支持直接转换为列式元组。

将矩阵和数组向量转为列式元组的示例如下。

```
m = matrix([1.3, 1.29, 1.28], [1.23, 1.22, 1.21], [1.34, 1.33, 1.29])
loop(asis, m).setColumnarTuple!()

av = array(DOUBLE[]).append!([[1.3, 1.29, 1.28],
                             [1.23, 1.22, 1.21],
                             [1.34, 1.33, 1.29]])
loop(asis, av).setColumnarTuple!()
```

2.4.3 数据处理

结构信息

列式元组的统计行为和数组向量的完全一致。在统计长度时，size 函数统计的是行数，count 函数统计的是所有非空元素的个数。

```
ctp = [[1.3, 1.29, 1.28], [1.23, 1.22, 1.21], [1.29, , 1.20]].setColumnarTuple!()
ctp.size() //output: 3
ctp.count() //output: 8
```

如果需要统计所有元素的个数（包含空值），也需要进行遍历然后求和。

```
sum each(size, ctp) //output: 9
```

在列式元组中进行空值检测时，isNull 和 hasNull 函数的行为与元组的保持一致，即 isNull 会遍历每个对象的每个元素进行判断，而 hasNull 则会判断元组内的每个对象是否为空（这与数组向量的行为不同）。

```
isNull(ctp)
//output: ([false,false,false],[false,false,false],[false,true,false])

ctp = [[1.3, 1.29, 1.28], [1.23, 1.22, 1.21], 00F].setColumnarTuple!()
hasNull(ctp) //output: true

ctp = [[1.3, 1.29, 1.28], [1.23, 1.22, 1.21], [00F]].setColumnarTuple!()
hasNull(ctp) //output: false
```

基础操作

列式元组和数组向量一样，都支持按行增加、修改或删除数据，以及按列或单个元素修改数据，但暂不支持对单行或单列数据进行增加和删除操作。

向列式元组中按行增加元素，也是通过 append!函数实现的。增加的元素既可以是向量，也可以是元组。

```
ctp = [[1.3, 1.29, 1.28], [1.23, 1.22, 1.21], [1.29, , 1.20]].setColumnarTuple!()
ctp.append!([1.4, 1.39])
//output:
([1.3,1.29,1.28],[1.23,1.22,1.21],[1.29,,1.2],[1.4,1.39])

ctp = [[1.3, 1.29, 1.28], [1.23, 1.22, 1.21], [1.29, , 1.20]].setColumnarTuple!()
ctp.append!([[1.4, 1.39], [1.33]])
//output:
([1.3,1.29,1.28],[1.23,1.22,1.21],[1.29,,1.2],[1.4,1.39],[1.33])
```

除了使用 append!函数，还可以使用 appendTuple!函数或者 join 函数进行增加，这两种方法的效果和 append!的一致。

从列式元组中按行删除元素，也是通过 drop 函数实现的。正数表示删除前 *n* 行，负数表示删除后 *n* 行。

```
ctp = [[1.3, 1.29, 1.28], [1.23, 1.22, 1.21], [1.29, , 1.20]].setColumnarTuple!()
ctp.drop(2)
//output: ([1.29,,1.2])
```

列式元组的修改方式也和数组向量的一致，可以通过二维索引来按行或单个元素进行修改。索引形式为“ctp[rowIndex, colIndex]”，其中 colIndex 必须要指定，不可为空。rowIndex 和 colIndex 同样支持设置为整数标量或数据对。

```
ctp = [[1.3, 1.29, 1.28], [1.23, 1.22, 1.21], [1.29, , 1.20]].setColumnarTuple!()
ctp[0,0:3] = [1.4, 1.3, 1.1]
//output:
([1.4, 1.3, 1.1],[1.23, 1.22, 1.21],[1.29, , 1.2])

ctp = [[1.3, 1.29, 1.28], [1.23, 1.22, 1.21], [1.29, , 1.20]].setColumnarTuple!()
ctp[1,1] = 1.28
//output:
([1.3,1.29,1.28],[1.23,1.28,1.21],[1.29,,1.2])
```

列式元组支持通过单索引或二维索引进行按列的修改。

```
ctp = [[1.3, 1.29, 1.28], [1.23, 1.22, 1.21], [1.29, , 1.20]].setColumnarTuple!()
ctp[1] = [1.3, 1.23, 1.29] //or: ctp[:, 1] = [1.3, 1.23, 1.29]
//output:
([1.3,1.3,1.28],[1.23,1.23,1.21],[1.29,1.29,1.2])
```

如果列式元组是表字段，可以通过 delete 语句进行删除，或者通过 update 语句进行更新。

```
id = 1..4
val = [1 2 3, 4 5, 6 7 8, 9 10].setColumnarTuple!()
t = table(id, val)
update t set val = [[1]] where id = 1
//output:
id val
-- -------
1  [1]
2  [4,5]
3  [6,7,8]
4  [9,10]

delete from t where id = 4
//output:
id val
-- -------
1  [1]
2  [4,5]
3  [6,7,8]
```

切片操作

列式元组的切片操作和数组向量的一致，这里仅给出示例，不再详细描述。

```
ctp = [[1.3, 1.29, 1.28], [1.23, 1.22, 1.21], [1.29, , 1.20]].setColumnarTuple!()

ctp[0] //output: [1.3,1.23,1.29]
ctp[1:3] //output: [[1.29,1.28],[1.22,1.21],[,1.2]]

ctp[0,] //output: [[1.3,1.29,1.28]]
```

```
ctp.row(0) //output: [1.3,1.29,1.28]

ctp[0:2,] //output: [[1.3,1.29,1.28],[1.23,1.22,1.21]]
ctp[0:2, 0:2] //output: [[1.3,1.29],[1.23,1.22]]

ctp[2, 0] //output: [1.29]
```

2.4.4 列式元组计算

数值型的二维数组一般推荐用数组向量进行存储，因为数组向量的计算效率更高。而列式元组则更适合存储字符型数组。此外，需要注意的是，数组向量经过计算后也可能会转换为列式元组。由于两者在打印结果时的形式是一致的，因此在计算时，需要区分这两者的类型。

列式元组的计算场景大致分为 4 个部分。

- 其他对象转为列式元组
- 列式元组一元计算
- 列式元组和其他对象的二元计算
- 列式元组的行列计算

其他对象转为列式元组

列式元组存储字符型的数组。

例：假设现在需要对表进行分组聚合，对于字符类型的字段要求保留原来的信息。由于数组向量不支持字符类型，且列式元组只能在内存中存储，因此就只能使用 concat 函数来对字符串进行拼接，参考脚本如下。

```
t = table([1, 2, 3, 1, 2] as id, ["szd", "spt", "sct", "sup", "scc"] as info)
t1 = select concat(info, "|") from t group by id
//output
id concat_info
-- -----------
1  szd|sup
2  spt|scc
3  sct
```

如果在查询计算时，需要将该字符字段重新展开成易于操作的数组形式，可以借助 `split` 函数来实现。

```
t2 = select id, split(concat_info, "|") as info from t1
//output
id info
-- -----------------
1  ["szd", "sup"]
2  ["spt", "scc"]
3  ["sct"]
```

通过调用 `isColumnarTuple` 函数查看 info 字段的类型，可以发现 `split` 函数返回的结果是一个列式元组类型。

```
isColumnarTuple(t2.info) //output: true
```

数组向量经过计算后转换成列式元组。

例 1：将数组向量字段中的每行空值填为 0。

```
val = array(INT[]).append!([[1,NULL, 2], [], [3,4,5]])
t = table(1..3 as id, val as v)

re = select each(nullFill{,0}, v) as v from t
isColumnarTuple(re.v) //output: true
```

如果希望返回值仍然是一个数组向量，可以对上述脚本进行如下修改。

```
val = array(INT[]).append!([[1,NULL, 2], [], [3,4,5]])
t = table(1..3 as id, val as v)
re = select array(INT[]).append!(each(nullFill{,0}, v)) as v from t
```

例 2：删除数组向量中每行的空值。

```
val = array(INT[]).append!([[1,NULL, 2], [], [3,4,5]])
t = table(1..3 as id, val as v)

re = select each(dropna, v) as v from t
isColumnarTuple(re.v) //output: true
```

列式元组一元计算

列式元组的一元计算与数组向量的一致，它们都可以被归为以下 3 种场景。

应用标量函数，如 square、neg、isNull 等单目函数，以及 + 和 - 等双目函数。在处理列式元组时，标量函数会对每个标量元素单独进行计算。

```
ctp = [[1.3, 1.29, 1.28], [1.23, 1.22, 1.21], [1.29, , 1.20]].setColumnarTuple!()
isNull(ctp)
//output:
([false, false, false], [false, false, false], [false, true, false])


ctp1 = [[1.3, 1.29, 1.28], [1.23, 1.22, 1.21], [1.29, , 1.20]].setColumnarTuple!()
ctp2 = [[1.2, 1.1, 1], [1.13, 1.29, 1.21], [1.19, 1.33, 1.21]].setColumnarTuple!()
ctp1 + ctp2
//output:
([2.5,2.39,2.28],[2.36,2.51,2.42],[2.48,,2.41])
```

应用聚合函数，如 sum 和 avg 等函数。在处理列式元组时，聚合函数会对所有元素进行统一计算。

✧ 注意：在基础函数衍生的系列函数中，除了 row 系列函数外，其他 m 系列和 cum 系列函数等暂不支持对数组向量进行运算。

```
ctp = [[1.3, 1.29, 1.28], [1.23, 1.22, 1.21], [1.29, , 1.20]].setColumnarTuple!()
avg(ctp)
//output:
1.2525
```

应用向量函数，如 prev 和 next 等函数。

```
ctp = [[1.3, 1.29, 1.28], [1.23, 1.22, 1.21], [1.29, , 1.20]].setColumnarTuple!()
prev(ctp)
//output:
(,[1.3,1.29,1.28],[1.23,1.22,1.21])
```

列式元组和其他对象的二元计算

列式元组与标量或向量的计算规则与数组向量的一致，如表 2-7 所示。

表 2-7 列式元组与标量或向量的计算规则

操作对象 1	操作对象 2	计算要求	计算规则
列式元组	标量	无	与列式元组中的每个值进行计算
	向量	向量的长度与列式元组的行数相等	向量中的每个元素与列式元组的每行进行计算

列式元组与列式元组的计算和数组向量的一样，可以分为以下几种场景。

应用标量函数：对每个元素单独进行计算。如对列式元组应用四则运算。

```
tp1 = [[1, 3, 4, 5, 9, 2], [0, 2, 6, 3, 1, 5]].setColumnarTuple!()
tp2 = [[2, 3, 1, 2, 3, 4], [4, 5, 3, 1, 2, 3]].setColumnarTuple!()

tp1 + tp2
//output:
([3,6,5,7,12,6],[4,7,9,4,3,8])
```

应用 row 系列向量函数：行与行一一对应计算，并返回等长的列式元组。

```
tp1 = [[1, 3, 4, 5, 9, 2], [0, 2, 6, 3, 1, 5]].setColumnarTuple!()
tp2 = [[2, 3, 1, 2, 3, 4], [4, 5, 3, 1, 2, 3]].setColumnarTuple!()
rowCumwsum(tp1, tp2)
//output:
([2,11,15,25,52,60],[0,10,28,31,33,48])
```

应用 row 系列聚合函数：行与行一一对应计算，并返回与行数相等的列式元组。

```
tp1 = [[1, 3, 4, 5, 9, 2], [0, 2, 6, 3, 1, 5]].setColumnarTuple!()
tp2 = [[2, 3, 1, 2, 3, 4], [4, 5, 3, 1, 2, 3]].setColumnarTuple!()
rowCovar(tp1, tp2)
//output:
[0,-0.6]
```

列式元组的行列计算

除了二元计算以外，列式元组的行列计算规则和数组向量的完全相同，也可以分为以下几种场景。

按行进行聚合计算（使用 row 系列聚合函数，如 `rowSum` 和 `rowAvg` 等）。

按行进行向量计算（使用 row 系列向量函数，如 `rowCumsum`、`rowCumavg`、`rowAlign` 等）。

利用高阶函数 `byRow` 和 `each` 对列式元组进行行切片，利用高阶函数 `byColumn` 对列式元组进行列切片。

具体的例子可以参照 2.3.4 数组向量的计算。

2.5 矩阵

矩阵是一种二维的数组结构，由行和列组成，其中每个元素都具有行和列的索引。矩阵的每一列都可以被视为常规数组，这使得矩阵在进行向量化计算时非常高效，此外，DolphinDB 的矩阵计算还经过了 OpenBLAS 和 LAPACK 的优化，使其性能与 MATLAB 的相当。本节将从内存存储结构、创建方法、数据处理和计算等方面，来介绍矩阵在 DolphinDB 中的应用。

2.5.1　内存存储结构

矩阵用于存储强类型的二维数值型数据，并且每个维度的数据必须是等长的。与数组向量和列式元组不同，矩阵不能存储在表的字段中，而是单独作为一个存储计算的单位使用。

DolphinDB 的矩阵结构在底层采用的是列式存储方式，每一列都是一个一维数组，其行列下标从 0 开始。如果将向量转换成矩阵，数据会按照列优先的顺序填充到矩阵中。

例：利用 `cast($)` 函数将一个 1～20 的向量转换为 4 行 5 列的矩阵。

```
m = 1..20 $ 4:5
//output:
#0 #1 #2 #3 #4
-- -- -- -- --
1  5  9  13 17
2  6  10 14 18
3  7  11 15 19
4  8  12 16 20
```

在列优先的存储结构下，对列的计算会比对行的计算更高效。以在一个 $n*n$ 的矩阵中，分别进行按行和按列求和为例来说明。

```
n = 10000
m = rand(10.0, n * n) $ n:n
timer sum(m) //Time elapsed: 94.692 ms
timer rowSum(m) //Time elapsed: 356.279 ms
```

大部分内置函数都支持直接对矩阵进行计算，并且计算时通常以列为单位。计算完成后，再将结果进行合并。

```
m = 1..20 $ 4:5
m.cumsum()
//output:
#0 #1 #2 #3 #4
-- -- -- -- --
1  5  9  13 17
3  11 19 27 35
6  18 30 42 54
10 26 42 58 74
```

2.5.2　矩阵的创建

一个矩阵在结构上可以分为 3 个部分：数据、行标签和列标签。根据是否将标签设置为索引键，可以将矩阵分为 3 种类型：普通矩阵、索引矩阵和索引序列，其中索引序列是只有一列数据的索引矩阵。下面将分别介绍这几种矩阵的创建方法。

普通矩阵

在 DolphinDB 中，普通矩阵可以通过 `matrix` 函数创建，并且支持存储数值型和字符串类型的数据。

在 DolphinDB 中，`matrix` 函数提供了 3 种不同的方法。

```
matrix(X1, [X2], ...)
matrix(dataType, rows, cols, [columnsCapacity], [defaultValue])
matrix(X)
```

第一种方法可以简单理解为通过多个向量按顺序拼接成矩阵。例如：

```
m = matrix(1..10, 11..20, 21..30)
```

第二种方法通常用于初始化矩阵，它支持指定初始默认值（缺省值为 0）。例如，生成一个全为空的矩阵。

✧ 注意：由于 matrix 函数实现了多种方法重载，因持它不支持通过 keyword 传参。

```
m = matrix(DOUBLE, 10, 10, ,00i)
```

第三种方法用作数据结构的转换，它支持把表、元组、数组向量、列式元组转换为矩阵。例如，把表 *t* 的 val1～val3 字段转换成一个矩阵。

```
date = 2024.01.22 + 1..10
sym = take(["st01", "st02", "st03"], 10)
val1 = rand(10.0,10)
val2 = rand(10.0,10)
val3 = rand(10.0,10)
t = table(date, sym, val1, val2, val3)

m = matrix(t.col(2:))
//output:
#0                #1                #2
----------------- ----------------- -----------------
8.91686976654455  1.545087329577655 5.243509521242232
9.599536005407571 1.375615354627371 3.724026251584291
5.617691124789417 6.654821082483977 6.612320244312287
...
```

此外，DolphinDB 还支持通过 reshape 或 cast 函数将向量转换成矩阵，或者通过 rand 系列的随机函数生成随机矩阵。

```
v = 1..20

//将向量转换成矩阵
v $ 4:5
reshape(v, 4:5)

//output:
#0 #1 #2 #3 #4
-- -- -- -- --
1  5  9  13 17
2  6  10 14 18
3  7  11 15 19
4  8  12 16 20

rand(100, 4:5)

//output:
#0 #1 #2 #3 #4
-- -- -- -- --
90 44 3  67 22
19 54 53 74 96
67 60 85 50 98
87 18 94 36 41
```

矩阵默认的列标签是数字，并且没有行标签。如果需要自定义行列标签，需要通过 rename!函数进行设置。例如，基于上表转换的矩阵 m，设置列标签为表对应的字段名。

```
m.rename!(t.colNames()[2:])
//output:
val1              val2              val3
----------------- ----------------- -----------------
9.906870655249804 9.678102408070117 0.265644665341824
4.693658901378513 2.080365996807814 9.315106919966638
5.378208495676518 6.010212625842542 3.189518880099058
...
```

如果还想设置行标签为日期字段，则上述脚本可以进行如下改写。

```
m.rename!(date, t.colNames()[2:])
//output:
           val1              val2              val3
           ----------------- ----------------- -----------------
2024.01.23|8.91686976654455  1.545087329577655 5.243509521242232
2024.01.24|9.599536005407571 1.375615354627371 3.724026251584291
2024.01.25|5.617691124789417 6.654821082483977 6.612320244312287
2024.01.26|9.149876998271793 4.493928579613567 4.836311030667276
...
```

索引矩阵和索引序列

索引矩阵的创建是基于设置的标签矩阵的，只有通过 rename!函数指定行列标签后，才能调用 setIndexedMatrix!函数来创建索引矩阵。

```
m = rand(10, 20) $ 4:5
m.rename!(1..4, ["a", "b", "c", "d", "e"])
isIndexedMatrix(m) //false
m.setIndexedMatrix!()
isIndexedMatrix(m) //true
```

索引序列同样也可以通过将一个向量设置标签后，用 setIndexedSeries!函数来创建。

```
s = matrix(1..5)
s.rename!(["a1", "a2", "a3", "a4", "a5"], ["A"]).setIndexedSeries!()
s
//output:
   A
   -
a1|1
a2|2
a3|3
a4|4
a5|5
```

此外，DolphinDB 还提供了一个 indexedSeries 函数，用于直接创建一个索引序列。

```
s = indexedSeries(2012.01.01..2012.01.04, [10, 20, 30, 40])
```

2.5.3　数据处理

结构信息

矩阵的结构信息包含了维度、类型、数据结构、行列标签、空值判断等方面的信息，针对这些方面都有对应的内置函数可供使用。需要注意的是，与数学统计函数在矩阵上按列计算的行为不同，基础的结构信息统计函数是对所有元素进行计算，具体可以参考表 2-8。

表 2-8　矩阵的结构信息及对应的函数

信息	函数	示例

维度	行列维度：shape、cols、rows
	元素个数：count 和 size
		m = matrix([1, , 2], [2, 3, 4])
		shape(m) //output: 3:2
		m.cols() //output: 2
		count(m) //output: 5

类型	type 和 typestr	m = matrix([1, , 2], [2, 3, 4])
		type(m) //output:4
		typestr(m) //output: FAST INT MATRIX

数据结构	form	m = matrix([1, , 2], [2, 3, 4]) form m //output: 3

行列标签	columnNames 和 rowNames	m = matrix([1, , 2], [2, 3, 4])
		  .rename!(2022.01.01 + 0..2, ["a", "b"])
		m.columnNames() //output: ["a", "b"]
		m.rowNames()
		//output: [2022.01.01,2022.01.02,2022.01.03]

空值判断	isNull 和 hasNull	m = matrix([1, , 2], [2, 3, 4])
		isNull(m)
		//output:
		#0 #1
		-- --
		0 0
		1 0
		0 0
		hasNull(m)
		//output: true

基础操作

矩阵的基础函数和向量的一致，但是由于矩阵是一个二维对象，因此在增加和删除数据时，需要关注不同维度的行为。在矩阵中，数据是按列存储的，因此在列维度上的增加和删除都非常简单。

向矩阵中增加 *n* 列，即增加一个 *n* * rows 长度的向量。例如：

```
m = matrix([1, 2, 3],[4, 5, 6])
m.append!([5, 6, 7])
//output:
#0 #1 #2
-- -- --
1  4  5
2  5  6
3  6  7

m.append!([7, 8, 9, 10, 11, 12])
//output:
#0 #1 #2 #3 #4
-- -- -- -- --
1  4  5  7  10
2  5  6  8  11
3  6  7  9  12
```

删除矩阵的前 *n* 列或后 *n* 列。例如：

```
m.drop(2)
//output:
#0 #1 #2
-- -- --
5  7  10
6  8  11
7  9  12

m.drop(-2)
#0 #1 #2
-- -- --
1  4  5
2  5  6
3  6  7
```

如果要按行对矩阵进行增加或删除操作，则需要对矩阵进行一些转换。一个最简单的思路是利用转置（tranpose）函数来实现。

```
m = matrix([1, 2, 3],[4, 5, 6])
m.transpose().append!([-1, -2]).transpose()
//output:
#0 #1
-- --
1  4
2  5
3  6
-1 -2
```

然而，如果是一个非常大的矩阵，转置的开销无疑是巨大的。

```
x = 10000
y = 1000
m = 1..(x * y) $ x : y
timer m.transpose().append!(1..y).transpose() //Time elapsed: 164.766 ms
```

那么，是否可以先将矩阵转换为表，然后利用表行追加的方法增加一行呢？

```
x = 10000
y = 1000
m = 1..(x * y) $ x : y
timer{
    t = table(m)
    insert into t values(1..y $ ANY)
    m = matrix(t)
} //Time elapsed: 64.717 ms
```

通过上述脚本可以发现，虽然该方法相较于转置操作可以提升一定的性能，但是会有一个额外存储表的空间开销。进一步发散思维，我们可以利用遍历矩阵的每一列并增加一个元素的方法实现相同的效果。

```
x = 10000
y = 1000
m = 1..(x * y) $ x : y
timer m = each(append!, m, 1..y) //Time elapsed: 36.35 ms
```

显然，遍历的方法不仅节约了空间开销，还进一步提升了计算性能。

在进行删除操作时，也可以利用遍历的方法。具体而言，只需要把 append!函数替换为 drop 函数即可，参考下述脚本。

```
x = 10000
y = 1000
m = 1..(x * y) $ x : y

//表示删除的行数
n = 10
timer m = each(drop, m, n) //Time elapsed: 39.145 ms
```

此外，还可以直接利用索引过滤掉不需要的行。

```
x = 10000
y = 1000
m = 1..(x * y) $ x : y

//表示删除的行数
n = 10
timer m = m[0 : (m.rows() - n), ] //Time elapsed: 29.977 ms
```

矩阵的修改操作可以通过索引赋值来实现，具体的索引机制将在后文的切片操作部分进行介绍。

首先，创建一个用于演示赋值修改的矩阵。

```
x = 4
y = 6
m = 1..(x * y) $ x : y
//output:
#0 #1 #2 #3 #4 #5
-- -- -- -- -- --
1  5  9  13 17 21
2  6  10 14 18 22
3  7  11 15 19 23
4  8  12 16 20 24
```

然后，按照不同的索引方式筛选出满足条件的数据，并进行修改。

```
m[3, 1] = -1
m
//output:
#0 #1 #2 #3 #4 #5
-- -- -- -- -- --
1  5  9  13 17 21
2  6  10 14 18 22
3  7  11 15 19 23
4  -1 12 16 20 24


m[m < 10] = 0
m
//output:
#0 #1 #2 #3 #4 #5
-- -- -- -- -- --
0  0  0  13 17 21
0  0  10 14 18 22
0  0  11 15 19 23
0  0  12 16 20 24
```

切片操作

矩阵的切片操作可以通过不同的索引方式实现。根据不同的类型，可以将索引分为整数下标索引、标签索引、布尔索引，具体方式如表 2-9 所示。

表 2-9　索引方式和索引类型

索引对象/索引方式	整数下标索引	标签索引/布尔值索引
获取单个单元格的值	obj[rowIndex, colIndex] obj.slice(rowIndex, colIndex) obj.cell(rowIndex, colIndex)	obj.loc(rowLabel, colLabel)
获取多个单元格的值	行列索引： obj[rowIndices, colIndices] slice(rowIndices, colIndices) 位置索引： obj.cells(rowIndices, colIndices)	obj.loc(rowLabels, colLabels)
获取单列/多列的值	obj.slice(colIndices) obj.col(colIndex/colRange)	obj[colLabels] obj.loc(, colLabels)
获取单行/多行的值	obj.slice(rowIndices,) obj.row(rowIndex/rowRange)	obj.loc(rowLabels)
按条件索引	—	obj[condition]

需要注意的是，在采用下标索引访问矩阵时，若下标超过了矩阵的维度范围，则不会抛出异常，而是会返回空值。

```
m = rand(10, 20) $ 4:5
m.rename!(1..4, ["a", "b", "c", "d", "e"])
m[6]
//output: [,,,]

m[1, 5]
//output: NULL

m.loc(5)
//output:
 a b c d e
 - - - - -

```

2.5.4 矩阵计算

利用矩阵存储数据的主要原因有以下几点。

- 易于并行化处理：矩阵操作天然适合并行计算，因为矩阵的行或列可以被独立处理，所以提高了计算效率。
- 支持线性代数运算：将数据存储在矩阵中，可以利用线性代数运算，如矩阵乘法、矩阵求逆、特征值分解等。
- 适用于机器学习：许多机器学习算法（如神经网络和支持向量机等）的内部运算都是基于矩阵的。因此，使用矩阵表示数据可以很方便地应用这些算法，并且能够利用矩阵运算库进行高效的计算。
- 更好的空间局部性：矩阵在内存中通常是连续存储的，这种存储方式提供了更好的内存访问模式，有利于缓存的有效利用，从而提高了性能。
- 适用于多维数据分析：矩阵不仅适用于二维数据，还可以很方便地扩展到更高维度的数据表示，如三维或更高维度的张量。这种多维数据结构在深度学习和数据挖掘等领域中经常被用到。

在 DolphinDB 中，绝大多数数学统计函数在矩阵上的应用都是按列计算的。如果需要按行进行计算，则可以利用 rowFunc 或者高阶函数 byRow 来实现。通过行列计算的嵌套，可以实现非常复杂的运算逻辑。例如，在某个金融场景下，因子的向量化实现如下（其中入参 close 是一个价格矩阵）。

```
def alpha1Panel(close){
    return rowRank(X = mimax(pow(iif(ratios(close) - 1 < 0, mstd(ratios(close) - 1, 20),
        close), 2.0), 5), percent = true) - 0.5
}
```

矩阵可以直接与标量、向量或另一个矩阵进行二元运算，具体的计算规则如表 2-10 所示。

表 2-10　计算规则

操作对象 1	操作对象 2	计算规则
矩阵	标量	与矩阵中的每个元素进行计算
	向量	与矩阵中的每列进行计算
	矩阵	标量运算：对应元素两两计算； 聚合运算：列与列之间进行计算； 向量运算：列与列之间进行计算； 特殊的矩阵计算：如矩阵乘法等，按照对应的规则进行计算

```
m1 = matrix(1 2 3, 4.1 5 6)
m2 = matrix(1 2 3, 2.2 5 9)

//矩阵与矩阵的四则运算
m1 * m2
//output:
#0 #1
-- -----
1  9.02
4  25
9  54

//矩阵与矩阵的聚合运算
covar(m1, m2)
//output:
[1,3.24]


//矩阵与矩阵的向量运算

cumcorr(m1, m2)
//output:
#0 #1
-- -----------------

1  0.999999999999988
1  0.997469375435156
```

下面通过几个相关的例子，来展示一些常见的矩阵计算场景。

面板数据计算。

矩阵可以用于存储按时间序列和横截面两个维度进行排列的面板数据。在对矩阵表示的面板数据进行分析时，如行是时间标签，列是股票字段，我们既可以对某一只股票进行多个时间点的动态变化分析，也可以了解多个股票之间在某个时点的差异情况。

通常矩阵存储的面板数据是从表中提取的，针对此场景，DolphinDB 特意拓展了 SQL 的语义，提供了 pivot by 语句。这个用于将一个窄表转换成宽表。

```
sym = `C`MS`MS`MS`IBM`IBM`C`C`C
price = 49.6 29.46 29.52 30.02 174.97 175.23 50.76 50.32 51.29
qty = 2200 1900 2100 3200 6800 5400 1300 2500 8800
timestamp = [09:34:07, 09:35:42, 09:36:51, 09:36:59,
             09:35:47, 09:36:26, 09:34:16,09:35:26,09:36:12]
t = table(timestamp, sym, qty, price)

re = select avg(price) from t pivot by timestamp, sym
```

如果将 select 替换为 exec，则可以直接提取一个面板矩阵。

```
m = exec avg(price) from t pivot by timestamp, sym
```

	timestamp	C	IBM	MS
0	09:34:07	49.6		
1	09:34:16	50.76		
2	09:35:26	50.32		
3	09:35:42			29.46
4	09:35:47		174.97	
5	09:36:12	51.29		
6	09:36:26		175.23	
7	09:36:51			29.52
8	09:36:59			30.02

图 2-21　re 打印结果

	C	IBM	MS
09:34:07	49.6		
09:34:16	50.76		
09:35:26	50.32		
09:35:42			29.46
09:35:47		174.97	
09:36:12	51.29		
09:36:26		175.23	
09:36:51			29.52
09:36:59			30.02

图 2-22　m 打印结果

从上述脚本可以观察到，时间和标识维度被转成了矩阵的行列标签，从而方便了后续直接调用函数对矩阵进行计算。

例 1：计算 ETF 在每个时间戳的内在价值。假设 ETF 有两个成分股：AAPL 和 FB，其成分权重分别为 0.6 和 0.4。

```
symbol = take(`AAPL, 6) join take(`FB, 5)
time = 2019.02.27T09:45:01.000000000 + [146, 278, 412, 445, 496, 789, 212, 556, 598, 712, 989]
price = 173.27 173.26 173.24 173.25 173.26 173.27 161.51 161.50 161.49 161.50 161.51
quotes = table(symbol, time, price)
weights = dict(`AAPL`FB, 0.6 0.4)
ETF = select symbol, time, price * weights[symbol] as price from quotes

m = exec price from ETF pivot by time, symbol
```

首先，使用 `ffill` 函数按列填充空值，再使用 `rowSum` 函数按行进行求和。

```
m.ffill!().rowSum()
```

此外，DolphinDB 还提供了与 pivot by 操作类似的 `panel` 函数，它支持指定多个指标列，以生成多个面板矩阵。

例 2：生成一个样本表，一次性计算表的多个指标，并生成面板数据。

```
trade_date = (2023.04.10..2023.04.14).stretch(10)
ts_code = take(["AAPL","IBM"],10)
price = rand(10.0,10)
vol = rand(100, 10)
amount = price * vol
vwap = amount * 1000 / (vol * 100 + 1)
t = table(trade_date, ts_code, price, vol, amount, vwap)
```

	trade_date	ts_code	price	vol	amount	vwap
0	2023.04.10	AAPL	0.21	34	7.13	2.10
1	2023.04.10	IBM	9.76	2	19.51	97.08
2	2023.04.11	AAPL	0.12	31	3.71	1.20
3	2023.04.11	IBM	1.76	21	36.86	17.54
4	2023.04.12	AAPL	6.22	89	553.40	62.17
5	2023.04.12	IBM	1.93	46	88.93	19.33
6	2023.04.13	AAPL	9.81	52	510.14	98.08
7	2023.04.13	IBM	0.65	90	58.56	6.51
8	2023.04.14	AAPL	3.68	19	70.01	36.83
9	2023.04.14	IBM	7.16	21	150.39	71.58

图 2-23　*t* 表打印结果

用 panel 函数生成面板数据。

```
panel(t.trade_date, t.ts_code, [t.vwap, t.price, t.vol])
//output:
(           AAPL                IBM
           ------------------- -------------------
2023.04.10|26.93114756072866
2023.04.11|                    11.193014848420553
2023.04.12|77.431532670329474
2023.04.13|                    56.56500905335757
2023.04.14|72.767276456762843
2023.04.17|                    24.737705166791908
2023.04.18|8.274720998786614
2023.04.19|                    76.203344996202801
2023.04.20|84.842325967931472
2023.04.21|                    90.733119516755465
,           AAPL                IBM
           -------------------------------------
2023.04.10|2.693675821647048
2023.04.11|                   1.119419306050986
2023.04.12|7.744465665891767
2023.04.13|                   5.659478011075408
2023.04.14|7.27750176563859
2023.04.17|                   2.474568507168442
2023.04.18|0.827701953239739
2023.04.19|                   7.626684778369964
2023.04.20|8.51251337211579
2023.04.21|                   9.074343009851872
,           AAPL IBM
           ---- ---
2023.04.10|48
2023.04.11|     95
2023.04.12|59
2023.04.13|     19
2023.04.14|94
2023.04.17|     31
2023.04.18|36
2023.04.19|     12
2023.04.20|3
2023.04.21|     88
)
```

线性代数。

例：利用矩阵乘法运算求内积。

已知有两张表 tb1 和 tb2，现在需要利用矩阵乘法运算对 tb1 中每个 block 列的非空元素和 tb2 对应位置上的元素求内积。

```
tb1 = table(`sym1`sym2`sym3`sym4`sym5 as SYMBOL,
        NULL NULL 1 NULL NULL as block1,
        NULL 1 NULL NULL NULL as block2,
        1 NULL NULL 1 NULL as block3,
        NULL 1 NULL NULL 1 as block4)

tb2 = table(`sym1`sym3`sym4 as SYMBOL,
        1 + double(seq(1,3))/10 as col1,
        2 + double(seq(1,3))/10 as col2,
        3 + double(seq(1,3))/10 as col3)
```

	SYMBOL	block1	block2	block3	block4
0	sym1			1	
1	sym2		1		1
2	sym3	1			
3	sym4			1	
4	sym5				1

图 2-24　tb1

	SYMBOL	col1	col2	col3
0	sym1	1.1	2.1	3.1
1	sym3	1.2	2.2	3.2
2	sym4	1.3	2.3	3.3

图 2-25　tb2

内积的计算方式为：遍历 tb1 的每一列，找出其中非空值所在的位置。例如，对于 tb1 中的 block1，其非空值 1 对应的 SYMBOL 为 sym3。然后，找到 tb2 的 sym3 对应的行向量 [1.2, 2.2, 3.2]，将 1 * [1.2, 2.2, 3.2]计算得到的结果存入结果表的第一行。假设 block 有多个非空值，那么需要对这些非空值分别进行上述计算，并将它们的计算结果相加。例如，block3 对应的非空字段为 sym1 和 sym4，则此时需要计算的是 1 * [1.1, 2.1, 3.1] + 1*[1.3, 2.3, 3.3]，并将计算结果存入第三行。

总而言之，就是对两个矩阵进行遍历然后求内积。这里先利用 `align` 函数将两个矩阵根据 symbol 字段对齐，然后利用 `cross` 函数对两个矩阵的列进行遍历，最后使用 `wsum` 函数求内积。

```
m1 = matrix(tb1[,1:]).rename!(tb1.SYMBOL, tb1.colNames()[1:])
m2 = matrix(tb2[,1:]).rename!(tb2.SYMBOL, tb2.colNames()[1:])
mm1, mm2 = align(m1, m2, 'fj', true)
re = cross(wsum, mm1, mm2)

//output:
      col1 col2              col3
      ---- ---------------- ------------------
block1|1.2  2.2              3.2
block2|
block3|2.4  4.4              6.4
block4|
```

本节最后给出一个与矩阵相关且较为常用的函数列表（见表 2-11），供大家查阅。

表 2-11　与矩阵相关且较为常用的函数

函数名称	功能描述
`concatMatrix`	矩阵拼接
`merge`	矩阵连接
`align`	矩阵对齐
`regroup`	根据给定的标签，对矩阵进行分组聚合运算
`det`	求行列式，空值会被填充为 0
`diag`	生成一个对角矩阵；求对角线元素
`dot`	执行矩阵乘法

续表

函数名称	功能描述
eig	求矩阵的特征值和特征向量
tril / triu	返回矩阵对角线上方或下方的元素
inverse	求逆矩阵
flatten	将矩阵展开成向量
gram	计算数据源中对应列的数据的格拉姆矩阵
covarMatrix	计算协方差矩阵
corrMatrix	计算相关矩阵
cholesky	对矩阵进行 Cholesky 分解
lu	对矩阵进行 LU 分解
qr	对矩阵进行 QR（正交三角）分解
schur	对矩阵进行 Schur（舒尔）分解
svd	对矩阵进行奇异分解
ols/wls	求最小二乘回归和加权最小二乘回归
solve	求线性方程的解

2.6 表

表适合存储结构化、组织性较强的关系型数据，是数据库中最基础的数据结构之一。表的每行代表一个数据记录，每列则代表一个属性字段，利用这类二维结构可以有效地管理数据。此外，表与表之间也可能具有关联性，DolphinDB 支持通过连接不同的数据表构建更大的数据表。

DolphinDB 作为一个数据库产品，不仅提供了表管理的基础功能，包括权限管理、事务处理和备份恢复等，也在语法层面与标准的 SQL 进行了兼容，并根据自身特点进行了时序处理上的语法拓展。与传统的关系型数据库不同，DolphinDB 专门为支持大数据的存储和计算而设计，采用分布式的形式来存储和管理表数据。不过，它不支持主键、约束和视图等功能。本节将从表的创建、基础的数据处理和计算等方面，来介绍表在 DolphinDB 中的应用。

2.6.1 表的创建

DolphinDB 既支持内存表，也支持持久化存储在磁盘上的分布式表和维度表。其中，内存表又可以根据其是否包含键值、是否支持并发读写操作，以及是否支持实时计算等特性和功能进行细分，如表 2-12 所示。

表 2-12 内存表的分类

存储介质	分类	创建函数	适用场景
内存	普通内存表	table	用于内存计算，支持在会话间共享数据
	索引内存表	indexedTable	适用于需要进行范围检索的场景
	键值内存表	keyedTable	适用于基于键的快速查找场景

续表

存储介质	分类	创建函数	适用场景
内存	流数据表	streamTable keyedStreamTable	用于存储实时数据，类似消息队列，支持持久化
	mvcc 内存表	mvccTable	可并发读写的内存表，更新效率较分布式表更快，支持持久化到磁盘
	分区内存表	createPartitionedTable	用于内存并行计算
	跨进程共享内存表	createIPCInMemoryTable	适用于时延要求极高的场景，如流数据场景，用户进程通过插件直接访问共享内存获取数据
磁盘	分布式表	createPartitionedTable	适用于海量数据存储场景，通过分布式存储与计算提高性能
	维度表	createDimensionTable	用于较小数据量的持久化存储

普通内存表、分布式表和维度表这 3 种最基础的表支持通过 SQL 语句进行创建。下面以分布式表为例来介绍。

在创建分布式表前，需要创建一个数据库，并设置好存储引擎（TSDB），同时还需要定义该数据库中所有表的分区方案（包括 VALUE 分区和 HASH 分区）。

```
//为了确保代码可重复执行，把旧的同名数据库删除
drop database if exists "dfs://test"
create database "dfs://test" partitioned by VALUE(1..10), HASH([SYMBOL, 40]), engine = 'TSDB'
```

在已经创建并配置好数据库的基础上，创建这个数据库下的表，并设置列字段的名称和类型，同时指定分区方案对应的字段（在这里，字段 ID 将用作 VALUE 分区的依据，而字段 deviceID 将用作 HASH 分区的依据）。此外，还需要设置排序键和去重策略（TSDB 引擎专有的配置项）。

在创建表时，表的字段名必须由中文或英文字母、数字或下划线(_)组成，且必须以中文或英文字母开头。此外，对于分布式表，还可以在字段后面以“[]”的形式声明字段注释和压缩算法。

```
db = database("dfs://test")
create table "dfs://test"."pt"(
     id INT,
     deviceId SYMBOL,
     date DATE[comment = "time_col", compress = "delta"],
     value DOUBLE,
     isFin BOOL
 )
 partitioned by ID, deviceID,
 sortColumns = [`deviceId, `date],
 keepDuplicates = ALL
```

如果需要用函数来创建分布式库表，则上述脚本可以进行如下改写。

创建数据库：

```
//为了确保代码可重复执行，把旧的同名数据库删除
if(existsDatabase("dfs://test")) dropDatabase("dfs://test")

db1 = database(, VALUE, 1..10)
db2 = database(, HASH, [SYMBOL, 40])
db = database("dfs://test", COMPO, [db1, db2], engine = 'TSDB')
```

创建分布式表：

✧ 注意：这里定义的内存表 *t* 只是给分布式表 *pt* 提供了一个表结构，*t* 的数据并不会注入 *pt* 中。此外，对于某个字段的压缩方法和注释，需要以字典的形式进行配置，并且注释需要使用额外的函数 setColumnComment 来设置。

```
db = database("dfs://test")
colNames = `id`deviceId`date`value`isFin
colTypes = [INT,SYMBOL,DATE,DOUBLE,BOOL]
t = table(1:0, colNames, colTypes)

pt = db.createPartitionedTable(table = t, tableName = `pt, compressMethods = {"date": "delta"}, partitionColumns = [`ID, `deviceID], sortColumns = [`deviceId, `date], keepDuplicates = ALL)
setColumnComment(pt, {"date": "time_col"})
```

2.6.2 数据处理

结构信息

表的结构信息包含字段名、字段类型等基础信息。若为分布式表，还包含字段压缩方法、分区字段等建表的配置信息。这些信息都可以通过 schema 函数直接获取。下面以 2.6.1 小节创建的"dfs://test"."pt"表为例来介绍。

在创建分布式表后，可以通过 loadTable("dfs://test","pt")来加载该表的句柄，并基于该句柄进行计算。注意：加载句柄时并不会将数据加载进来，句柄仅仅包含了表的元数据信息，真实的数据在计算时才会被拉取。

```
pt = loadTable("dfs://test","pt")
```

对于已加载的句柄，可以通过调用 schema 函数来获取表的结构信息。

```
pt.schema()

//output:
engineType->TSDB
keepDuplicates->ALL
chunkGranularity->TABLE
sortColumns->["deviceId","date"]
softDelete->0
tableOwner->admin
compressMethods->name     compressMethods
--------- ---------------
id        lz4
deviceId  lz4
date      delta
value     lz4
isFin     lz4

colDefs->name     typeString typeInt extra comment
--------- ---------- ------- ----- --------
id        INT         4
deviceId  SYMBOL     17
date      DATE        6               time_col
value     DOUBLE     16
isFin     BOOL        1

chunkPath->
```

```
partitionColumnIndex->[0,1]
partitionColumnName->["id","deviceId"]
partitionColumnType->[4,17]
partitionType->[1,5]
partitionTypeName->["VALUE","HASH"]
partitionSchema->([1,2,3,4,5,6,7,8,9,10],40)
partitionSites->
```

和其他数据结构一样，表的类型也可以通过 typestr 函数来获取。

```
typestr(pt)
//output: SEGMENTED DFS TABLE

typestr(t)
//output: IN-MEMORY TABLE
```

表对应的数据结构标识符是 6。可以通过 form 函数来判断一个对象是否是表。

```
form(pt) //output: 6
form(t) //output: 6
```

基础操作

内存表的增加、删除和修改可以直接利用向量函数来操作，也可以使用 SQL 语句来操作。然而，对于分区内存表、维度表和分布式表，必须使用 SQL 语句才能进行操作。需要注意的是，流表不支持删除和修改，只支持增加。

下面以自定义的内存表 *t* 为例来介绍。

```
t = table(1:0, `DateTime`SecurityID`Trade, [TIMESTAMP, SYMBOL, DOUBLE[]])
```

通过 tableInsert 函数、append!函数或者 insert into 语句均可以向表中增加数据。其中，insert into 语句仅适用于内存表数据的增加。

使用 tableInsert 函数时，如果目标是一个未分区的内存表，那么可以增加的对象比较灵活，可以是表、元组、向量或字典。然而，如果目标是一个分区表，则 tableInsert 增加的对象必须是一个表。

```
DateTime = 2022.09.15T09:00:00.000 + 1..4
SecurityID = take(["600021", "600022"], 4)
Trade = [[10.06, 10.06], [10.04], [10.05, 10.06, 10.05, 10.08],[10.02,10.01]]
tableInsert(t, DateTime, SecurityID, Trade)
```

在使用 append!函数向表中增加数据时，其增加对象只能是一个表。

```
DateTime = 2022.09.15T09:00:00.000 + 5..8
SecurityID = take(`600021`600022, 4)
Trade = [[10.06, 10.06, 10.05, 10.05], [10.04], [10.05, 10.08, 10.09], [10.02, 10.01]]
t.append!(table(DateTime, SecurityID, Trade))
```

由于表 *t* 是一个内存表，因此也可以使用 insert into 语句进行增加。

增加一行：

```
insert into t values(2022.09.15T09:00:00.009, "600021", [[10.06, 10.06, 10.05]])
```

增加多行：

```
insert into t values(2022.09.15T09:00:00.010 + 0..2,
                     `600022`600021`600022,
                     [[10.04, 10.03], [10.05, 10.06, 10.05, 10.08, 10.09],[10.02]])
```

删除 SecurityID 为`600021 的记录。

```
t = t[not t.SecurityID in ["600021"]]
//or: delete from t where t.SecurityID = "600021"
```

	DateTime	SecurityID	Trade
0	2022.09.15 09:00:00.001	600021	[10.06, 10.06]
1	2022.09.15 09:00:00.002	600022	[10.04]
2	2022.09.15 09:00:00.003	600021	[10.05, 10.06, 10.05, 10.08]
3	2022.09.15 09:00:00.004	600022	[10.02, 10.01]
4	2022.09.15 09:00:00.005	600021	[10.06, 10.06, 10.05, 10.05]
5	2022.09.15 09:00:00.006	600022	[10.04]
6	2022.09.15 09:00:00.007	600021	[10.05, 10.08, 10.09]
7	2022.09.15 09:00:00.008	600022	[10.02, 10.01]
8	2022.09.15 09:00:00.009	600021	[10.06, 10.06, 10.05]
9	2022.09.15 09:00:00.010	600022	[10.04, 10.03]
10	2022.09.15 09:00:00.011	600021	[10.05, 10.06, 10.05, 10.08, 10.09]
11	2022.09.15 09:00:00.012	600022	[10.02]

图 2-26　增加数据后的 *t* 表

	DateTime	SecurityID	Trade
0	2022.09.15 09:00:00.002	600022	[10.04]
1	2022.09.15 09:00:00.004	600022	[10.02, 10.01]
2	2022.09.15 09:00:00.006	600022	[10.04]
3	2022.09.15 09:00:00.008	600022	[10.02, 10.01]
4	2022.09.15 09:00:00.010	600022	[10.04, 10.03]
5	2022.09.15 09:00:00.012	600022	[10.02]

图 2-27　删除数据后的 *t* 表

调整表 *t* 的 Trade 字段，确保每一行对齐，即每行等长（假设长度为 5）。

```
t[`Trade] = t.Trade[0:5]
//or: update t set Trade = Trade[0:5]
```

	DateTime	SecurityID	Trade
0	2022.09.15 09:00:00.002	600022	[10.04, null, null, null, null]
1	2022.09.15 09:00:00.004	600022	[10.02, 10.01, null, null, null]
2	2022.09.15 09:00:00.006	600022	[10.04, null, null, null, null]
3	2022.09.15 09:00:00.008	600022	[10.02, 10.01, null, null, null]
4	2022.09.15 09:00:00.010	600022	[10.04, 10.03, null, null, null]
5	2022.09.15 09:00:00.012	600022	[10.02, null, null, null, null]

图 2-28　更新数据后的 *t* 表

计算 Trade 字段的最大值，并将此最大值作为新字段 max_Trade 添加到表中。

```
t["max_Trade"] = t["Trade"].rowMax()
//or: update t set max_Trade = rowMax(Trade)
```

	DateTime	SecurityID	Trade	max_Trade
0	2022.09.15 09:00:00.002	600022	[10.04, null, null, null, null]	10.04
1	2022.09.15 09:00:00.004	600022	[10.02, 10.01, null, null, null]	10.02
2	2022.09.15 09:00:00.006	600022	[10.04, null, null, null, null]	10.04
3	2022.09.15 09:00:00.008	600022	[10.02, 10.01, null, null, null]	10.02
4	2022.09.15 09:00:00.010	600022	[10.04, 10.03, null, null, null]	10.04
5	2022.09.15 09:00:00.012	600022	[10.02, null, null, null, null]	10.02

图 2-29　执行命令后的 *t* 表

切片操作

在 DolphinDB 中，表的每一列数据都以向量的形式进行存储，而每一行的数据则以字典的形式进行维护。这种设计使得可以通过索引按行或按列进行切片操作。

下面以自定义的内存表 *t* 为例来说明。

```
sym = `C`MS`MS`MS`IBM`IBM`C`C`C$SYMBOL
price = 49.6 29.46 29.52 30.02 174.97 175.23 50.76 50.32 51.29
qty = 2200 1900 2100 3200 6800 5400 1300 2500 8800
timestamp = [09:34:07, 09:36:42, 09:36:51, 09:36:59, 09:32:47,
             09:35:26, 09:34:16, 09:34:26, 09:38:12]
t = table(timestamp, sym, qty, price);
//output:
timestamp sym qty  price
```

```
--------- --- ---- -------------------
09:34:07  C   2200 49.6
09:36:42  MS  1900 29.46
09:36:51  MS  2100 29.52
09:36:59  MS  3200 30.02
09:32:47  IBM 6800 174.97
09:35:26  IBM 5400 175.23
09:34:16  C   1300 50.76
09:34:26  C   2500 50.32
09:38:12  C   8800 51.29
```

按行取数：t[index]。这里的 index 是一个整数标量、数组或者数据对。若 index 是整数标量，则返回值是一个字典，否则返回一个子表。如果 index 是一个标量并且越界，则返回空值。如果 index 是数据对并且越界，则会抛出异常。

```
t[1]
//output:
timestamp->09:36:42
sym->MS
qty->1900
price->29.46

t[2:5]
//output:
timestamp sym qty  price
--------- --- ---- -------------------
09:36:51  MS  2100 29.52
09:36:59  MS  3200 30.02
09:32:47  IBM 6800 174.97

t[-1]
//output:
timestamp->
sym->
qty->
price->
```

按列取数：t[colName] 或者 t.col。这里的 colName 是一个字符串，col 是一个列对象。

```
t["qty"]
//output: [2200,1900,2100,3200,6800,5400,1300,2500,8800]

t.price
//output:[49.6,29.46,29.52,30.02,174.97,175.23,50.76,50.32,51.29]
```

条件取数：t[col_cond]。这里的 col_cond 是一个表示列过滤条件的条件表达式。

```
t[t.price > 30]
//output:
timestamp sym qty  price
--------- --- ---- -------------------
09:34:07    C 2200 49.6
09:36:59   MS 3200 30.02
09:32:47  IBM 6800 174.97
09:35:26  IBM 5400 175.23
09:34:16  C   1300 50.76
09:34:26  C   2500 50.32
09:38:12  C   8800 51.29
```

上述切片方法可以直接在 SQL 中使用。例如：

```
select qty[sym == "C"] from t
//output:
qty_at
------
2200
1300
2500
8800
```

上述脚本还可以用 SQL 的 where 条件语句进行改写。

```
select qty from t where sym = "C"
```

除直接的切片操作以外，当在表对象上应用内置函数时，这些函数也会根据不同的规则进行数据的切片处理，下文给出了几个不同的场景。

- 高阶函数，如 each、loop、byRow 在应用到表对象时，会按行进行遍历，每行都被视为一个字典。若需要按列遍历，可以使用 byColumn 函数来实现。

```
amount = each(def(t): t.qty * t.price, t)
//output: [109120,55974,61992,96064,1189796,946242,65988,125800,451352]
```

- 大部分数学统计函数应用到表对象时，都会按列字段进行计算（非数值型的字段不参与计算）。

```
cumsum(t)
//output:
timestamp sym qty   price
--------- --- ----- -------------------
09:34:07  C   2200  49.6
09:36:42  MS  4100  79.06
09:36:51  MS  6200  108.58
09:36:59  MS  9400  138.6
09:32:47  IBM 16200 313.57
09:35:26  IBM 21600 488.8
09:34:16  C   22900 539.56
09:34:26  C   25400 589.88
09:38:12  C   34200 641.17
```

2.6.3 表计算

在 DolphinDB 中，对于普通内存表的计算操作，可以直接通过不同维度的切片后，对切片得到的向量或字典进一步应用函数进行计算来得到结果。绝大多数内置的数学统计函数也支持直接对内存表进行计算，其计算的规则为，支持的列（通常是数值类型的列）会参与计算，不支持的列则保留原始数据（向量计算）或返回空值（聚合计算）。

```
t = table(`a`a`b`b as sym, 2022.01.01 + 0..3 as date, 1.1 1.2 1.3 1.4 as val)
cumsum(t)
//output:
sym date       val
--- ---------- ---
a   2022.01.01 1.1
a   2022.01.02 2.3
b   2022.01.03 3.6
b   2022.01.04 5
```

对于分区内存表、维度表、分布式表等对象的计算操作，通常需要借助 SQL 来进行，常用的操作包括：分组计算、表连接、数据透视等。下面给出几个基础的表计算案例，供大家参考和学习。

表计算中常用的 SQL 操作。

```
sym = `C`MS`MS`MS`IBM`IBM`C`C`C$SYMBOL
price = 49.6 29.46 29.52 30.02 174.97 175.23 50.76 50.32 51.29
qty = 2200 1900 2100 3200 6800 5400 1300 2500 8800
timestamp = [09:34:07,09:36:42,09:36:51,09:36:59,09:32:47,09:35:26,09:34:16,09:34:26,09:38:12]
t = table(timestamp, sym, qty, price);
```

	timestamp	sym	qty	price
0	09:34:07	C	2,200	49.6
1	09:36:42	MS	1,900	29.46
2	09:36:51	MS	2,100	29.52
3	09:36:59	MS	3,200	30.02
4	09:32:47	IBM	6,800	174.97
5	09:35:26	IBM	5,400	175.23
6	09:34:16	C	1,300	50.76
7	09:34:26	C	2,500	50.32
8	09:38:12	C	8,800	51.29

图 2-30　*t* 表打印结果

例 1：查找每只股票字段最新时间戳的一条记录。

```
select * from t context by sym csort timestamp limit -1
```

例 2：求每只股票的最高价格。

```
select max(price) as max_px from t group by sym
```

	timestamp	sym	qty	price
0	09:36:59	MS	3,200	30.02
1	09:35:26	IBM	5,400	175.23
2	09:38:12	C	8,800	51.29

图 2-31　例 1 执行结果

	sym	max_px
0	C	51.29
1	MS	30.02
2	IBM	175.23

图 2-32　例 2 执行结果

例 3：按照股票和分钟维度，创建一个价格的透视矩阵。

```
select price from t pivot by sym, minute(timestamp)
```

例 4：计算 1 分钟的 K 线数据。

```
select first(price) as open, max(price) as high, min(price) as low, last(price) as cl
ose from t group by bar(timestamp, 1m) as barMin order by barMin
```

	sym	09:32m	09:34m	09:35m	09:36m	09:38m
0	C		50.32			51.29
1	IBM	174.97		175.23		
2	MS				30.02	

图 2-33　例 3 执行结果

	barMin	open	high	low	close
0	09:32:00	174.97	174.97	174.97	174.97
1	09:34:00	49.6	50.76	49.6	50.32
2	09:35:00	175.23	175.23	175.23	175.23
3	09:36:00	29.46	30.02	29.46	30.02
4	09:38:00	51.29	51.29	51.29	51.29

图 2-34　例 4 执行结果

内存表与其他内存数据结构之间的计算。

例 1：比较两个表中给定字段的数据是否完全一致。

由于表是二维对象，因此我们可以利用 `each` 函数的迭代取出每个元素，然后通过 `eqObj` 函数进行比较。

```
def eqTable(t1, t2): eqObj :E:E (t1, t2)

//指定比较的字段
t1 = table(`a`a`b`b`c as sym, 1 2 3 4 5 as val1, 6 7 8 9 10 as val2)
t2 = table(`a`a`b`b`c as sym, 1 2 3 7 5 as val1, 6 7 8 9 10 as val2)
colList = `val1`val2
re = eqTable(t1[colList], t2[colList]).rename!(colList)
re
```

	val1	val2
0	true	true
1	true	true
2	true	true
3	false	true
4	true	true

图 2-35 re 打印结果

如果要进一步过滤出有差异的数据所在的行，可以将上述脚本进行如下改写。

```
def eqTable(t1, t2): rowAnd(eqObj :E:E (t1, t2)) == false
index = eqTable(t1[colList], t2[colList])
t1[index]
//output:
sym val1 val2
--- ---- ----
b   4    9

t2[index]
//output:
sym val1 val2
--- ---- ----
b   7    9
```

例 2：将一个向量与表格的每行数据相乘。

```
v = 1 2 3
t = table(1..10 as a, 1..10 as b, 1..10 as c)
```

方案一：利用 byRow、each 或 loop 函数直接对表进行计算，返回结果是一个表。

```
re = byRow(mul{v}, t)
```

方案二：先将表转换为元组再进行计算，返回结果是一个矩阵。

```
re = each(*, t.values(), v)
```

方案三：将表利用 flip 函数转换成字典，完成计算后再转为表，返回结果是一个表。

```
re = t.flip().mul(v).flip()
```

方案四：先将表利用 matrix 函数转换成矩阵再进行计算，返回结果是一个矩阵。

```
re = each(mul, v, matrix(t))
```

随机模拟 1000000 条数据，测试这 4 种方案的性能。

```
v = 1 2 3
n = 1000000
t = table(rand(100, n) as a, rand(100, n) as b, rand(100, n) as c)

```

```
timer re1 = byRow(mul{v}, t) //Time elapsed: 332.89 ms
timer re2 = each(*, t.values(), v) //Time elapsed: 11.164 ms
timer re3 = t.flip().mul(v).flip() //Time elapsed: 8.825 ms
timer re4 = each(mul, v, matrix(t)) //Time elapsed: 7.777 ms
```

可以发现，最优方案为方案四。

例 3：将多个表合并为一个单一的表。

例如：将下述脚本的 t1 和 t2 合并成一个新的表。

```
t1 = table(1 2 3 as id, 11 12 13 as x)
t2 = table(3 4 5 as id, `a `b `c as y)
```

由于 t1 的 *x* 字段是整数，t2 的 *y* 字段是字符串，因此在合并时需要指定 byColName 为 true。这样做会使得合并依据列名进行，即各表中具有相同列名的列会被合并在一起，对于缺失的列，将用空值填充。

```
unionAll(t1,t2, byColName = true)
```

例 4：比较字段 *a* 和 *b*，找出在表 B 中存在而在表 A 中不存在的记录。

```
A = table(1 3 4 5 6 as a, take(`A`B, 5) as b, rand(10.0, 5) as val)
B = table(2 3 4 7 8 as a, take(`A`B, 5) as b, rand(10.0, 5) as val)
```

方案一：利用 makeKey 函数将表 A 表 B 的字段 *a* 和 *b* 组合成一个键值，然后进行过滤。

```
select * from B where makeKey(a, b) not in makeKey(A.a, A.b)
```

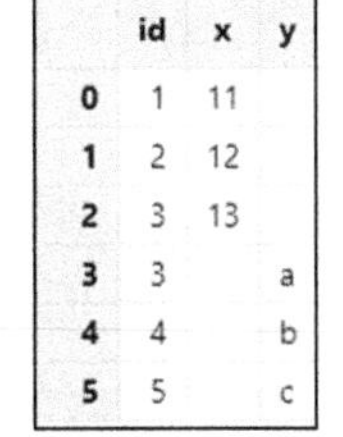

	id	x	y
0	1	11	
1	2	12	
2	3	13	
3	3		a
4	4		b
5	5		c

图 2-36　合并后的结果

	a	b	val
0	2	A	6.542078678030521
1	7	B	7.177281575277448
2	8	A	3.6863087257370353

图 2-37　过滤后的结果

方案二：利用表关联的方式进行计算。

```
select a, b, val from lj(B, A, ["a","b"]) where A.val is null
```

利用 timer(1000)函数执行 1000 次统计耗时，发现方案一的耗时是 35 ms，而方案二的耗时是 90 ms。这主要是因为表关联操作的开销较大，导致方案二的执行效率不如方案一。因此，从性能角度来看，方案一更加优越。

2.7　字典

字典通常是一种无序的键值对集合。每个键（key）都与一个值（value）相关联。字典被广泛用于存储和管理键值对数据，其中键是唯一的，并且经常用于快速查找和访问值。这在需要频繁查找或检索数据时非常有用，因为字典的查找操作通常具有很高的效率。本节将从内存存储结构、创建方法、数据处理和计算等方面，来介绍字典在 DolphinDB 中的应用。

2.7.1 内存存储结构

在 DolphinDB 中，字典的键必须是标量，可以是数值或字符型，其中以整数作为键值的性能最佳。而字典的值可以是任意数据形式，包括 ANY 类型，这意味着字典的值可以存储字典、表、矩阵、向量等任意类型的对象）。

```
z = dict(STRING, ANY)
z[`IBM] = 172.91 173.45 171.6
z[`MS] = 29.11 29.03 29.4
z[`SECOND] = 10:30:01 10:30:03 10:30:05
z
//output:
SECOND->[10:30:01,10:30:03,10:30:05]
MS->[29.11,29.03,29.4]
IBM->[172.91,173.45,171.6]
```

DolphinDB 中的表和字典有着很强的关联性，表可以被看作列名为键、列元素为值的字典，在 DolphinDB 中，支持通过 transpose 函数将表和字典进行相互转换。

```
t = table(1..5 as id,
          ["aa", "bb", "aa", "cc", "bb"] as sym,
          [1.1, 1.3, 1.4, 1.2, 1.5] as val)
t.transpose()
//output:
id->[1,2,3,4,5]
sym->["aa","bb","aa","cc","bb"]
val->[1.1,1.3,1.4,1.2,1.5]
```

在对表进行索引时，可以发现表的每行也是一个字典。

```
t[0]
//output
id->1
sym->aa
val->1.1
```

2.7.2 字典的创建

在 DolphinDB 中，字典分为 3 种类型：有序字典、无序字典、线程安全同步字典。

有序字典和无序字典都可以通过 dict 函数来创建，如 2.7.1 小节的例子中定义的就是一个无序字典。在无序字典中，打印出来的键值对的顺序不一定是它们被添加到字典中的顺序。如果要创建一个有序字典，需要在调用 dict 函数时设置 ordered = true。这样一来，有序字典就会按照键值对添加的顺序来保持键的顺序，从而确保了键的存储顺序与它们被追加的顺序相匹配。

例 1：创建一个 STRING->ANY 的有序字典。

```
z = dict(STRING, ANY, ordered = true)
z[`IBM] = 172.91 173.45 171.6
z[`MS] = 29.11 29.03 29.4
z[`SECOND] = 10:30:01 10:30:03 10:30:05
z
//output:
IBM->[172.91,173.45,171.6]
MS->[29.11,29.03,29.4]
```

```
SECOND->[10:30:01,10:30:03,10:30:05]

z.keys()
//output: ["IBM","MS","SECOND"]
```

用户也可以通过使用{}快速声明一个 STRING->ANY 的字典。例如：

```
d = {"aaa":[1,2,3], "bbb": 0}
typestr d //output: STRING->ANY DICTIONARY
```

线程安全同步字典可以通过 syncDict 函数来创建。这种类型的字典允许多个线程对其进行并发读写，因此它通常用来声明一个共享对象。在 1.4 节中，我们提到了 share 语句可以用于共享内存表对象，而对于字典，则可以通过 syncDict 函数来实现这一功能。

例 2：定义两个任务用于对字典进行赋值，同时提交这些任务，并发地修改共享字典。

```
def task1(mutable d,n){
    for(i in 0..n){
        d[i] = i * 2
    }
}

def task2(mutable d,n){
    for(i in 0..n){
        d[i] = i
    }
}
n = 10000
z = syncDict(INT,DOUBLE, ordered = true)
jobId1 = submitJob("task1",,task1,z,n)
jobId2 = submitJob("task2",,task2,z,n)
z;
```

统计 z 的结果，可以发现由于任务是并发执行的，因此一部分值被修改为 i，另一部分被修改为 i*2。

```
count = 0
for(i in 0:n){
    if(z[i] != i) count = count + 1
}
count //output: 3538(随机值)
```

例 3：将一个对象 v 定义成共享对象。

```
v = array(INT)
d = syncDict(["vec"], [v], "sv")

d["vec"].append!([1,2,3])
```

另起一个会话查看该共享对象。

```
sv //output: vec->[1,2,3]
```

2.7.3 数据处理

结构信息

字典的结构信息分为两个部分：键和值，这两个部分分别可以通过.keys()和.values()方法来获取，并且获取到的键和值均是一个向量。我们可以使用其他向量计算的方法对键值对进行进一步的分析。例如，getConfig 函数获取的是一个包含所有参数配置信息的字典，我们可以筛选出与 TSDB 相关的配置项。

```
d = getConfig()
TSDBConfig = d.keys()[d.keys() like "%TSDB%"]
//output:
["TSDBCacheEngineSize", "enableTSDBDelFlag", "TSDBAsyncSortingWorkerNum", "TSDBRedoLogDir",
    "TSDBCacheFlushWorkNum", "TSDBCacheEngineCompression",
    "TSDBLevelFileIndexCacheInvalidPercent", "enableTSDBSnapRead",
    "TSDBCacheTableBufferThreshold","TSDBMaxBlockSize", "TSDBLevelFileIndexCacheSize"]
```

基础操作

在DolphinDB中，字典的增加和修改操作可以通过赋值语句实现。

```
d = dict(STRING, DOUBLE)
d["aaa"] = 1.1
d["bbb"] = 1.2
d
//output:
bbb->1.2
aaa->1.1

d["aaa"] = 1.3
d
bbb->1.2
aaa->1.3
```

如果要对字典进行批量修改，可以调用dictUpdate!函数。

例1：基于已有的键值进行修改。

将字典中所有小于5的键对应的值除以10。

```
d = dict(1..10, [1.3, 2.4, 2.2, 1.1, 1.9, 2.2, 1.7, 1.6, 2.3, 2.7])
k = d.keys()[d.keys() < 5]
d.dictUpdate!(div, k, take(10, k.size()))
d
//output:
10->2.7
9->2.3
8->1.6
7->1.7
6->2.2
5->1.9
4->0.11
3->0.22
2->0.24
1->0.13
```

例2：如果修改的键值存在则更新，不存在则赋值。

```
d = dict(INT, ANY)
d.dictUpdate!(append!, [1, 2, 3, 1], [0, 0, 0, 1], def(x): array(INT))
d
//output:
3->[]
2->[]
1->[1]
```

字典键值对的删除可以利用erase!函数来实现。

```
d = dict(1..10, [1.3, 2.4, 2.2, 1.1, 1.9, 2.2, 1.7, 1.6, 2.3, 2.7])
d.erase!(1 3 5 7 9)
//output:
10->2.7
8->1.6
6->2.2
4->1.1
2->2.4
```

如果要一次性清空字典中的所有键值对，则可以利用 clear!函数来实现。

```
d.clear!()
```

索引字典

如果要查找某个键对应的值，可以通过下标索引或者 find 函数来实现。

```
d = dict(1..10, [1.3, 2.4, 2.2, 1.1, 1.9, 2.2, 1.7, 1.6, 2.3, 2.7])
d[1 4]
//output: [1.3, 1.1]

find(d, 1 4)
//output: [1.3, 1.1]
```

如果要检索某个键是否存在，可以通过 in 函数来实现。

```
8 in d //output: true
12 in d //output: false
```

2.7.4　字典计算

除了 2.7.3 小节中提到的一些用于字典基础操作（如获取、增加、删除和修改键值对）的函数外，DolphinDB 的部分内置函数也支持对字典进行计算。这些函数主要分为以下几类。

字典作为参数传递映射关系（只用于传递关系，不参与计算），如 conditionalFilter 函数的 *filterMap* 参数和 parseExpr 函数的 *varDict* 参数等。

字典和表互相转换。由于表在本质上可以被视为列名为键、列元素为值的字典，因此表和字典能通过函数 transpose 函数相互转换。

```
d = dict(STRING, ANY, ordered = true)
d["id"] = 1..5
d["sym"] = "a1" "a2" "a3" "b1" "b2"
d["val"] = 1.1 1.2 1.3 1.4 1.5

d.transpose()

//output:
id sym val
-- --- ---
1  a1  1.1
2  a2  1.2
3  a3  1.3
4  b1  1.4
5  b2  1.5
```

字典参与计算。

应用单目标量函数，如 asof、binsrch、in 等函数。这些函数会直接作用于字典的值，并返回一个新的字典。

```
asof(1..5, dict(1 2 3, 2 4 1))
//output:
2->3
3->0
1->1
```

应用双目标量函数，如四则运算函数（如 +、- 等）和逻辑运算函数（如 &、|等）等。这些函数会对两个字典中相同键对应的值进行两两计算。

```
d1 = dict(1 2 3, 2 4 1)
d2 = dict(2 3 4, 3 4 9)
d1 + d2
//output:
4->9
3->5
1->2
2->7
```

应用向量函数：应用在有序字典上，如 prev、cumsum、msum 等函数。

```
d = dict(1..5, 1 2 4 6 9, ordered = true)
cumsum(d)
//output:
1->1
2->3
3->7
4->13
5->22


msum(d, 3)
//output:
1->
2->
3->7
4->12
5->19
```

从应用层面来看，字典在计算场景中的使用主要涉及对键值的过滤操作和对值的处理等。下面给出几个具体的案例来进行说明。

例 1：提取每个字典值的最后一个元素，如对于下述股票代码-数值列表字典，希望返回每个数值列表中的最后一个元素。

```
codeList = "6" + lpad(string(1..10000), 5, "0") + ".SH"
value = loop(def(x):rand(100, 100), 1..10000)
d = dict(codeList, value)
```

第一种思路是遍历字典的值。注意，对字典利用 each 函数进行遍历时，实际上遍历的是字典的每个值，返回结果是一个字典。

```
timer re1 = each(tail, d).values() //Time elapsed: 8.728 ms
```

第二种思路是先将字典转换为表，然后从中提取数据。

```
timer re2 = d.transpose().tail()[codeList] //Time elapsed: 26.957 ms
```

通过对比两个思路，发现思路一的性能优于思路二，并且通过对比返回结果可以发现 re1 是一个向量，而 re2 是一个元组。

例 2：根据值过滤出符合要求的键值对，如在下例中筛选出值大于 3 的键值对。

```
id = 1..10
value = rand(5.0, 10)
d = dict(id, value)
```

第一种思路是利用向量化操作进行筛选。

```
timer k = d.keys()[d.values() > 3] //Time elapsed: 0.043 ms
d[k]
//output: [3.380936592584476,3.475542664527893,4.094372956315056,3.890850764000788]
```

第二种思路是先将字典转换为表，再利用表进行筛选。

```
timer{
  t = table(d.keys() as id, d.values() as val)
  re = t[t.val>3]
} //Time elapsed: 0.073 ms
re
//output:
id val
-- ------------------
10 3.380936592584476
7  3.475542664527893
5  4.094372956315056
2  3.890850764000788
```

例 3：合并两个字典 *a* 和 *b*，若键值冲突，则使用 *b* 的值来更新。

```
a = dict(1 2 3, 1.1 1.2 1.3)
b = dict(3 4 5, 1.4 1.5 1.6)
a[b.keys()] = b.values()
a
//output:
4->1.5
5->1.6
3->1.4
1->1.1
2->1.2
```

例 4：比较两个字典是否完全相同。

```
def cmpDict(a, b){
  if(a.size() != b.size()) return false
  return eqObj(a.keys().sort!(), b.keys().sort!()) && eqObj(a.values().sort!(), b.values().sort!())
}
a = dict(1 2 3, 1.1 1.2 1.3)
b = dict(1 2 3 4, 1.1 1.2 1.3 1.4)
cmpDict(a,b) //output: false

a = dict(1 2 3, 1.1 1.2 1.3)
b = dict(1 2 5, 1.1 1.2 1.3)
cmpDict(a,b) //output: false

a = dict(1 2 3, 1.1 1.2 1.3)
b = dict(1 2 3, 1.1 1.2 1.3)
cmpDict(a,b) //output: true
```

思考题

1. 给定一个向量 *v*，现需要删除向量 *v* 中值为负的元素，如何编写脚本？如果要删除某些下标的元素，又如何编写脚本？

2. 给定一个元组 tp，并且 `tp = [[2.3, 2.5, 2.3], [4.1, 4.3, , 4.1], [3.1,`

`3.3, , 3.5],[1.1, 2.3, 1.6]]`，现在有以下需求。

1）将 4.3 修改为 4.2。

2）将所有小于 2 的非空元素加 1。

3）通过线性插值的方式填充其中的空值。

针对上述需求，应该如何编写脚本？

3. 用户 A 了解到，通过使用数组向量存储多列属性相似的数据，可以提高存储效率和查询性能。因此，在将历史数据入库时，他计划将多列买价和卖价数据导入数组向量进行存储，对应的字段为 bidPrice 和 askPrice，对应的类型为 DOUBLE[]。已知在 csv 文件中，多档买卖价的存储结构如下。

```
sym trade_time bid1 bid2 bid3 ... bidN ask1 ask2 ask3 ... askN ....
```

那么，如何定义 `loadTextEx` 函数传入的 `transform` 函数？

```
def trans2Array(mutable msg){
    return select sym, trade_time, ______ as bidPrice, _____ as askPrice from msg
}
```

4. 假设表 *t* 有一个 DOUBLE 类型的字段 *A* 和一个 DOUBLE[] 类型的字段 *B*，现需要用 *A* 字段的第一列更新 *B* 字段的第一列，如何编写 SQL 脚本？

输入输出结果示意：

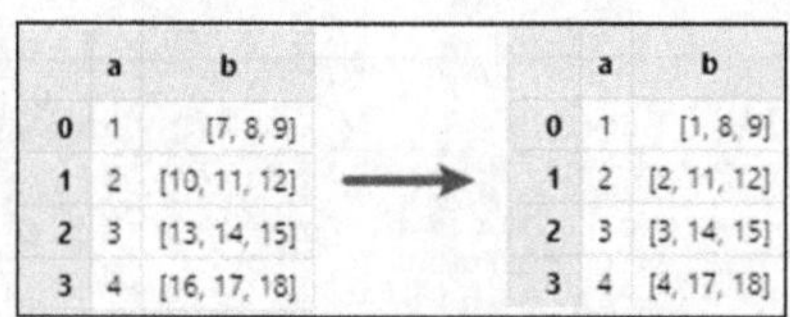

	a	b
0	1	[7, 8, 9]
1	2	[10, 11, 12]
2	3	[13, 14, 15]
3	4	[16, 17, 18]

	a	b
0	1	[1, 8, 9]
1	2	[2, 11, 12]
2	3	[3, 14, 15]
3	4	[4, 17, 18]

图 2-38　题目 4 的输入输出结果示意

5. 假设表 *t* 有一个 SYMBOL 类型的字段 sym 和一个等长的 DOUBLE[]类型的字段 val，现需按 sym 分组计算 val 字段每列的累积最大值，如何编写 SQL 脚本？

输入输出结果示意：

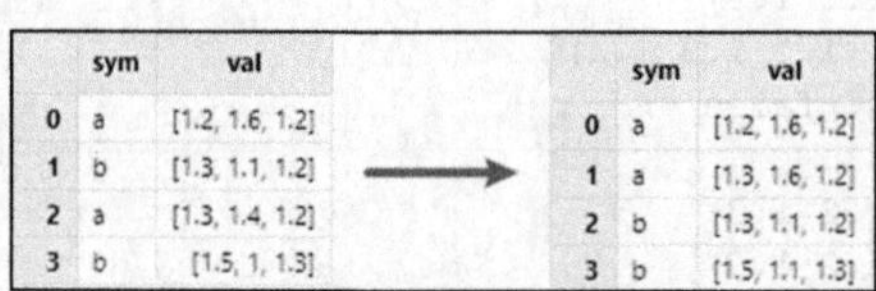

	sym	val
0	a	[1.2, 1.6, 1.2]
1	b	[1.3, 1.1, 1.2]
2	a	[1.3, 1.4, 1.2]
3	b	[1.5, 1, 1.3]

	sym	val
0	a	[1.2, 1.6, 1.2]
1	a	[1.3, 1.6, 1.2]
2	b	[1.3, 1.1, 1.2]
3	b	[1.5, 1.1, 1.3]

图 2-39　题目 5 的输入输出结果示意

6. 假设内存表 *t* 包含字段 price（价格）和 vol（数量），现需要计算一列 `amount = price * vol`，并将其添加到内存表 *t* 中，请写出更新的脚本。

7. 不同的内置函数应用在矩阵上可能会按照不同的维度进行计算。下述脚本是一个对矩阵进行运算的表达式，假设参与计算的是一个 $m*n$ 的 close 矩阵，那么返回结果的维度为________。

```
def gtjaAlpha10(close){
    return rowRank(mmax(pow(iif((ratios(close) - 1) < 0,
            mstd(ratios(close) - 1, 20), close), 2), 5), percent = true)
}
```

8. 现有一个价格矩阵 *m*（通过 pivot by 获取），该矩阵的行标签为时间（日期），列标签为股票代码，现需要根据该矩阵求出每个股票代码的回报率（`ratios(x)-1`），然后按日对回报率进行排名，如何编写脚本？

示意矩阵：

```
sym = `C`MS`MS`MS`IBM`IBM`C`C`C
price = 49.6 29.46 29.52 30.02 174.97 175.23 50.76 50.32 51.29
qty = 2200 1900 2100 3200 6800 5400 1300 2500 8800
date = 2022.01.01 + [0,0,1,2,0,1,2,3,4]
t = table(date, sym, qty, price);
m = exec price.ffill() as price from t pivot by date, sym;
```

	C	IBM	MS
2022.01.01	49.6	174.97	29.46
2022.01.02	49.6	175.23	29.52
2022.01.03	50.76	175.23	30.02
2022.01.04	50.32	175.23	30.02
2022.01.05	51.29	175.23	30.02

图 2-40　题目 8 的输入输出结果示意

9. 如何将一个嵌套字典对象跨会话共享？字典定义如下。

```
d = {"fac": 0.8, "sub": {"fac":0.6}}
```

10. 假设有一个嵌套字典 *d*，其定义如下，现需要将字典中给定键的值取出来，如何编写脚本？

```
d = dict(2022.01.01 + 0..2, [{"SH0001": 3.3, "SH0003":3.4},
                             {"SH0002": 3.2}, {"SH0001": 3.1, "SH0002": 2.0}])
```

第 3 章

CHAPTER 3

数据清洗

DolphinDB 在处理大数据分析任务时表现出色，它集数据库和流计算于一体，因此成为众多用户的首选解决方案。数据清洗作为数据分析的一个关键步骤，其重要性不言而喻，直接关系到后续分析工作的准确性和效率。本章将深入讲解如何利用 DolphinDB 高效地完成数据清洗的各个环节，包括数据观察、处理、合并及展示。通过结合实际案例，从数据结构、脚本语言和工程化 3 个维度详细阐述如何使用 DolphinDB 的脚本进行简洁且高效的原始数据清洗。

3.1 信息统计

在数据分析中，描述性统计函数是一款基础且功能强大的工具，用于总结和描述数据集的主要特征。DolphinDB 中的 `summary` 函数就是这样一款强大的工具，它能够生成数据的汇总统计信息，并拥有对数据集进行全面而快速分析的能力。`summary` 函数返回以下几个统计值。

- name：变量名
- min：最小值
- max：最大值
- nonNullCount：非空值计数
- count：值计数
- avg：平均值
- std：标准差
- percentile：百分位数，可由用户指定，默认输出第 25、50 和 75 百分位数。

DolphinDB 的 `summary` 函数相比于 pandas 的 `describe` 函数增加了非空值的计数，以及可由用户灵活指定的百分位数。除拥有更灵活的参数设定以外，`summary` 的输入既可以是表，也可以是数据源，并且支持随机选取特定数量的分区数据进行统计。对于内存表，`summary` 函数仅统计数值类型的列，而忽略非数值类型的列，这样确保了统计结果的相关性和准确性。而对于分布式表，`summary` 函数可以进行有效的分区采样，这意味着即使在处理大规模的分布式数据时，也能保持高效率的数据处理速度。用户可以根据数据的分布和分析需求，灵活选择分区的个数或比例，以优化计算资源的使用和减少执行时间。当应用于分布式表时，summary 函数支持分布式并行计算，在同等数据量下，其计算性能较 pandas 的 describe 函数可以提升约 40%。

```
x = table([3.3,2.0,1.9,5.8,4.3] as a, [2.2,3.1,2.9,3.0,2.7] as b)
summary(x, percentile = [50])

//output
name min max nonNullCount count avg  std                percentile
---- --- --- ------------ ----- ---- ------------------ --------------------
a    1.9 5.8 5            5     3.46 1.641036257978476  [3.299998522163784]
b    2.2 3.1 5            5     2.78 0.356370593624108  [2.900048828902832]
```

DolphinDB 针对向量和矩阵提供了另一个描述性统计函数 stat，该函数会直接返回一个字典，其中汇总了关键统计指标。这些指标包括变量名、计数、非空值计数、最大值、最小值、平均值、标准差和中位数。

```
x = 5 7 4 3 2 1 7 8 9 NULL;
stat(x);
//output
Name->x
Size->10
Count->9
Max->9
Min->1
Avg->5.111111111111111
Stdev->2.803767306876786 8
Median->5
```

除了以上的描述性统计函数，DolphinDB 还提供了各类描述性统计函数，如 mean、avg、var、std 等，以帮助数据分析师理解数据的分布、变异性、趋势和关系。

3.2　空值处理

如何妥善处理空值是每个数据分析师必须掌握的基本技能。DolphinDB 提供了多样化的工具，使数据分析师能够灵活地识别、处理和填充空值，从而确保数据分析的完整性和准确性。本节将深入探讨如何在 DolphinDB 中用不同的方式处理空值。

3.2.1　DolphinDB 中的空值

为了满足不同情况下的空值需求，DolphinDB 提供了两种类型的空值：VOID 类型和特定数值类型的空值。常量空值是一个 VOID 类型的空值，而一个无返回值的函数也会返回一个 VOID 类型的空值。

```
typestr(NULL)
//output
VOID

def f(){ 1 + 2 }
typestr(f())
//output
VOID
```

在处理特定数值类型的空值时，DolphinDB 采用了一个巧妙的方法，即使用这个数据类型的最小值（负值）来表示空值。例如，CHAR 类型的空值为-128，SHORT 类型的空值为-32768。这种表示方法的优点是，不需要使用额外的空间来标识数据是否是空值。要输入一个特定类型的空值，常见的方法包括以下几种。

- 使用两个零字符（00）加上表示该类型的字母，可以表示特定数值类型的空值，如 00i 表示 INT 类型的空值。
- 使用不带参数的类型函数返回该类型的空值，如 int()、double() 和 string() 分别返回 INT、DOUBLE 和 STRING 类型的空值。
- 将空值 NULL 转换成特定的数据类型，如 NULL $ INT 返回 INT 类型的空值。

当空值参与计算时，处理规则较为复杂，常见情况包括以下几种。

- 在默认配置下，如果二元函数或二元运算符的其中一个参数是空值，那么结果通常也会是空值。

```
x = 1.0 + 5.6 * 3 + NULL + 3
isNull(x)
//output: 1

typestr x;
//output: DOUBLE
```

- 聚合函数，如 sum、avg、med 等通常会忽略空值。此外，一些可以转化为聚合函数处理的向量函数，如 msum 和 cumsum，也遵循同样的规则。

```
x = 1 2 NULL NULL 3;
avg(x)
//output: 2

cumsum(x)
//output: 1 3 3 3 6
```

- 当进行数组排序时，空值被当作最小值处理。也就是说，在升序排列时，空值会在最前面；而在降序排列时，空值会在最后面。在 SQL 语句中，如果希望改变空值的处理方式，可以显式地指定 NULLS FIRST 或 NULLS LAST。

```
sort(3 2 NULL 5, true)
//output: NULL 2 3 5

sort(3 2 NULL 5, false)
//output: 5 3 2 NULL

t = table(1 2 3 4 as id, 3 2 NULL 5 as value)
select * from t order by value asc nulls last
//output
id value
-- -----
2  2
1  3
4  5
3

select * from t order by value desc nulls first
//output
id value
-- -----
3
4  5
1  3
2  2
```

- 在比较运算符>、>=、<、<=、between 中，空值被默认当作最小值来处理。如果希望空值与另一个值的比较结果仍是空值（逻辑类型的空值），则需要将配置参数 nullAsMinValueForComparison 设置为 false。然而，需要注意的是，比较运算符!=、<>、==不受这个配置参数的影响，空值在这些运算符中始终被当作最小值处理。因此，在 DolphinDB 中，比较两个空值是否相等会返回 true，而比较两个空值是否不相等会返回 false。

```
//nullAsMinValueForComparison = true
1 < NULL //output: false
1 > NULL //output: true
NULL == NULL //output: true
NULL != NULL //output: false

//nullAsMinValueForComparison = false
1 < NULL //output: 00b
1 > NULL //output: 00b
NULL == NULL //output: true
NULL != NULL //output: false
```

- 逻辑运算符 and 和 or 的行为与一般的二元运算符一样，只要有一个操作数是空值，结果就是空值。然而，逻辑运算符 or 的规则略有不同。在 or 运算中，当有且仅有一个操作数是空值时，结果将等于另一个非空的操作数。但是，若两个操作数均为空值，则结果也将返回空值。

```
NULL or true //output: true
NULL or false //output: false
NULL or NULL //output: 00b
```

- 在 ols 和 olsEx 等函数中，参数中的空值会被替换为 0。

3.2.2 空值检测

DolphinDB 内置了多个用于空值检测的函数，这些函数包括 isVoid、isNothing、isNull、isValid 和 hasNull。

- isVoid 和 isNothing 函数：isVoid 函数可以判断一个对象是否为 VOID 类型。需要注意的是，有两种 VOID 类型的对象：一种是我们所说的空值 NULL 对象，另一种是 Nothing 对象。Nothing 对象指的是当一个函数被调用时，该函数的参数是否有传入值。一般情况下，使用 isNothing 函数来进行判断和检查。
- isNull 和 isValid 函数：这两个函数用于检查对象中所有元素的空值。它们返回的结果数据的结构与输入数据的一致。
- hasNull 函数：这个函数用于检查对象中是否包含空值。

```
def foo(x, y){
    return isNothing(y)
}
x = 1 2 NULL NULL 3

x.isVoid() //false
isVoid(NULL) //true
isVoid(int()) //true
```

```
foo(x,) //true
foo(x, NULL) //false
x.isNull() //false false true true false
x.isValid() //true true false false true
x.hasNull() //true
```

3.2.3 空值过滤

空值过滤也是数据预处理中重要的一步。在 DolphinDB 中，对于不同的数据类型，可以使用不同的过滤方式。对于向量，可以通过 isValid 函数和布尔索引进行手动过滤。此外，也可以使用 dropna 函数来实现过滤操作。

```
data = 1 NULL 3.5 NULL 7
//dropna 的方式
data.dropna()
//索引方式
data[data.isValid()]

//output
[1,3.5,7]
```

对于矩阵，可以直接使用 dropna 函数过滤空值。如果希望结果中的每行或每列至少含有一定数量的非空元素，则可以使用 *thresh* 参数来设定这个阈值。

```
data = 1 1 NULL NULL 6.5 NULL NULL 6.5 3 NULL NULL 3 $4:3
data.dropna()

//output
#0 #1  #2
-- --- --
1  6.5 3

data.dropna(thresh = 1)
//output
#0 #1  #2
-- --- --
1  6.5 3
1
   6.5 3

data = data join data[4]
data.dropna(byRow = false, thresh = 1)
//output
#0 #1  #2
-- --- --
1  6.5 3
1

   6.5 3

data.dropna(thresh = 2)
//output
#0 #1  #2 #3
-- --- -- --
1  6.5 3
   6.5 3
```

在 DolphinDB 中，dropna 函数只作用于矩阵或者向量。若要对内存表进行相关操作，则无法直接使用 dropna 函数，但是可以使用索引过滤。

```
t = table(1 1 2 3.5 as `a, NULL NULL 6.5 3 as `b,
3 NULL NULL 3 as `c, NULL NULL NULL 3.5 as `d)
t = t[t.b != NULL]
```

在 DolphinDB 中处理分布式表时，如果要删除包含空值的行，则需要使用 SQL 的 delete 语句。

```
delete from t where b = NULL
```

3.2.4 空值填充

在一些情况下，过滤空值可能会造成其他数据的丢失。使用空值填充的方式可在一定程度上避免这种情况的发生。DolphinDB 提供了以下函数用于空值填充。

- `bfill` 和 `bfill!`：向后填充。
- `ffill` 和 `ffill!`：向前填充。
- `interpolate`：类型插值（如线性插值、已有值插值、最接近值插值、krogh 多项式插值）。
- `nullFill` 和 `nullFill!`：填充固定值。
- `withNullFill`：使用填充值替换空值后参与运算。
- `nullCompare`：改变空值参与运算的行为。

某些函数也会自动填充空值，如 `ols`、`corrMatrixs`、`covarMatrixs` 和 `det`。如果这些填充函数的对象是一个矩阵或表，则它们会以每一列为单位进行填充。

```
x = 1 2 3 NULL NULL NULL 4 5 6
x.bfill!();
x;
//output
[1,2,3,4,4,4,4,5,6]

x = 1 2 3 NULL NULL NULL 4 5 6
x.ffill!(2);
x;
//output
[1,2,3,3,3,,4,5,6]

a = [NULL,NULL,1,2,NULL,NULL,5,6,NULL,NULL];
interpolate(a);
//output
[,,1,2,3,4,5,6,6,6]
```

3.3 异常值处理

在数据分析中，处理异常值至关重要，它对于提升分析的准确性与可靠性具有重大意义。异常值，即显著偏离其他数据点的值，它们可能由多种因素引起，包括测量误差、数据录入错误或极端变异。这些异常值可能会扭曲数据的统计特性，如平均值和方差，进而影响分析结果和模型预测的准确度。因此，识别并妥善处理异常值是数据预处理的关键步骤，这有助于确保数据集的整体质量。

3.3.1 异常值检测

在金融分析场景中，若某只股票日交易量的 z-score 远高于 +3 或远低于−3，即被视为异常值。为了检测这些异常值，可以使用 at() 函数。at()函数通过指定布尔表达式取出异常值，具体的参数使用可以分为以下两种情况。

- 当 at() 只传入一个参数时，它会根据条件表达式或布尔值获取值为 true 的元素的下标。
- 当 at 传入两个参数时，第一个参数为数据，第二个参数为索引下标或布尔向量。在这种情况下，函数会返回对应下标或对应为 true 的元素。

```
//随机生成正态分布，计算结果可能与展示的不同
x = round(norm(0, 1, 1000:5),2)
col = x[2]

index = at(col.abs()>3)
index;
//output
[358, 427, 597]

col[col.abs()>3]  //等价于 col at col>3
//output
[-3.03, -3.46, 3.76]

//查找所有列中大于 3 的值
each(x->x[x>3], x)
//output
([3.09, 3.05], [], [3.76], [], [])
```

上述脚本简单展示了列计算的过程，下面来展示如何进行行计算。例如，需要获取所有包含异常值（绝对值大于 3）的行。在 DolphinDB 中，针对矩阵和表这两类数据结构，可以通过以下脚本来实现相同的效果。

```
m = norm(0, 1, 1000:5)
t = table(m)

m[m.abs().gt(3).rowOr().at(),]
t[t.abs().gt(3).rowOr().at()]
```

3.3.2 异常值过滤、删除

异常值一般指的是空值或者不符合预期的值，也就是在分析中需要重新处理的数据。空值也是异常值的一种，DolphinDB 支持使用 dropna 函数删除向量和矩阵中的空值。

```
m = matrix(1 1 1 1, 1 1 1 NULL, 1 NULL 1 NULL);
dropna(m);

//output
0   1   2
--  --  --
1   1   1
1   1   1
```

在很多情况下，都需要根据特定的条件来筛选数据。例如，在处理股票交易数据时，需

要过滤掉表格中非交易时间的数据，但是不同的股票，可能有不同的交易时间定义，这增加了数据处理的复杂性。在 DolphinDB 中，一种常规的做法是通过字典来定义过滤条件，然后使用自定义函数进行过滤。

```
n = 100000
time = 2024.01.02 08:00:00.000 + 300 * 0..(n-1)
sym = take(`a`b`c, n)
price = rand(100.0, n)
tb = table(sym, time, price)

//创建一个字典，以证券品种作为键，以有效交易时间段的数据对列表作为值
filter = {"a" : [09:30m : 11:30m, 13:00m : 15:00m],
        "b" : [09:30m : 12:00m, 13:00m : 16:00m],
        "c" : [09:30m : 11:30m]}
def tradeTimeFilter(filter, time, sym): between:R(time, filter[sym]).any()
tb[tradeTimeFilter{tradeTimeDict}:E(minute(tb.time),tb.sym)]
```

上述方法因为需要用脚本逐行过滤数据，效率低下。为了解决这个问题，DolphinDB 引入了 `conditionalFilter` 函数，它能够以向量化的方式高效地过滤数据，使得在本示例上，性能提升约 30 倍。

```
filter1 = {"a": 09:30m : 11:30m, "b": 09:30m : 12:00m, "c": 09:30m:11 : 30m}
filter2 = {"a": 13:00m : 15:00m, "b": 13:00m : 16:00m, "c": 09:30m:11 : 30m}

select * from tb
where conditionalFilter(time.minute(), sym, filter1)
    or conditionalFilter(time.minute(), sym, filter2)
```

3.3.3 异常值填充

对于缺失值的填充，可以参考 3.2.4 小节中的方法。如果能够明确异常值的范围，可以通过 `iif` 函数对数据直接进行过滤和填充。例如，如果将数据中出现的负数定义为异常值，可以使用 0 进行填充。

```
x = 1 -1 3 23 -2
x = iif(x<0, 0, x)
x;
//output
[1, 0, 3, 23, 0]
```

在金融数据的分析和处理中，对于极端数据的标准化，需要进行极值掩盖。这可以通过使用 `winsorize(X, limit, [inclusive = true], [nanPolicy = 'upper'])` 函数来实现。例如，可以将向量中最小值的 30%和最大值的 30%用极值取代，并且忽略空值。

```
x = 0 4 5 6 7 8 9 NULL NULL 15
winsorize(x, 0.3,nanPolicy = 'omit')
//output
[6,6,6,6,7,8,9,,,9]
```

在 DolphinDB 2.00.11 版本以后，新增了 `clip(X, Y, Z)` 函数，它可以处理异常值或将数据标准化至某一固定范围内。该函数允许 *Y* 和 *Z* 为标量或与 *X* 等长的向量。通过将 *X* 中的每个元素与其对应的 *Y* 或 *Z* 进行比较，该函数能够将超出指定范围的值裁剪到最近的边界。例如，如果定义了范围[0, 1]，那么比 1 大的值会变成 1，比 0 小的值会变成 0。

```
x = -1 -0.5 0 0.5 1 1.5
clip(x, 0, 1)
//output
[0, 0, 0, 0.5, 1, 1]
```

3.4 重复值处理

在数据分析过程中，数据中的重复值往往会扰乱我们对数据的判断。因此，处理重复数据不仅是清理数据集的基本步骤，也是确保数据质量并使分析结果可靠的关键环节。本节将详细介绍如何在 DolphinDB 环境中检测、去除重复值，以及如何通过数据结构的设计来确保数据的唯一性。

3.4.1 重复值检测

直接运用 isDuplicated 函数可以判断向量中是否包含重复值。

```
v = [1,3,1,-6,NULL,2,NULL,1]
isDuplicated(v,FIRST);
//output
[0,0,1,0,0,0,1,1]
```

如果需要定位向量中的重复值，可以使用 groups 函数列出每一个独特值相应的下标。

```
v = -1 1 -1 1 -1 1 -1 -1 1 1
groups(v)
//output
-1->[0,2,4,6,7]
1->[1,3,5,8,9]
```

3.4.2 写入去重

DolphinDB 中的 TSDB 引擎支持在写入数据时进行去重。在创建库表时，可以通过设置 keepDuplicates 参数来选择去重的方式，以下是几个可选项。

- ALL：保留所有数据，这是默认设置。
- LAST：仅保留最新的数据。
- FIRST：仅保留第一条数据。

去重操作是基于 sortColumns 进行的。去重过程发生在数据写入时的排序阶段以及 Level File 的合并阶段。不同的去重机制可能会对更新操作产生影响。若 *keepDuplicates* = ALL 或 FIRST，那么每次进行数据更新时，系统都需要将分区的数据读取到内存中，完成更新后，再将数据写回磁盘。若 *keepDuplicates = LAST*，则数据的更新将以追加的方式写入。这意味着，真正的更新操作将会在 Level File 合并阶段进行。

如果在 TSDB 中，sortColumns 设定的字段无法满足去重需求，则可以利用 upsert!函数来进行处理。通过设置 ignoreNull = true，当新数据中含有空值时，系统将不会对目标数据表的相应元素进行更新操作。需要注意的是，upsert!的参数 *keyColNames* 必须包含所有的 sortColumns 字段。

```
if(existsDatabase("dfs://valuedemo")) {
  dropDatabase("dfs://valuedemo")
}
db = database("dfs://valuedemo", VALUE, 1..10)
t = table(take(1..10, 100) as id, 1..100 as id2, 100..1 as value)
pt = db.createPartitionedTable(t, "pt", `id).append!(t)
t2 = table( 1 2 as id, 1 2 as id2, 1 NULL as value)
upsert!(pt, t2, true, "id2")
```

3.4.3　通过数据结构去重

在 DolphinDB 中，提供了两种主键不允许重复的内存表，分别是键值内存表（keyedTable）和索引内存表（indexedTable）。这两种内存表都支持使用一个或者多个字段作为主键。键值内存表通过指定表中的一个或多个列作为主键，可以使用哈希表快速定位并返回对应的记录。它支持增删改查等操作，但不允许更新主键的值。索引内存表也支持通过指定一个或多个字段作为键值字段进行操作，并且同样不允许更新键值字段。不同之处在于，索引内存表在查询时只需指定第一个键值字段就能快速返回结果，而键值内存表则需要指定全部的键值字段。这使得索引内存表在某些查询场景下更加灵活和高效。因此，创建键值内存表和索引内存表的用法是相似的。

```
t = indexedTable(`sym,1:0,`sym`datetime`price`qty,[SYMBOL,DATETIME,DOUBLE,DOUBLE])
insert into t values(`APPL`IBM`GOOG,
                2018.06.08T12:30:00 2018.06.08T12:30:00 2018.06.08T12:30:00,
                50.3 45.6 58.0,5200 4800 7800)
t;

//output
sym    datetime            price   qty
APPL   2018.06.08 12:30:00 50.3    5200
IBM    2018.06.08 12:30:00 45.6    4800
GOOG   2018.06.08 12:30:00 58      7800
```

因为已经设置了 sym 字段为 keyColumns 主键，所以当插入相同 sym 的记录时，会更新原有的数据。

```
insert into t values(`APPL`IBM`GOOG,
                2018.06.08T12:30:01 2018.06.08T12:30:01 2018.06.08T12:30:01,
                65.8 45.2 78.6,5800 8700 4600)
t;
//output
sym       datetime             price   qty
APPL    2018.06.08 12:30:01    65.8    5800
IBM     2018.06.08 12:30:01    45.2    8700
GOOG    2018.06.08 12:30:01    78.6    4600
```

3.5　离散化处理

离散化是一种常见的数据处理方式。在机器学习中，由于很多机器学习的模型是基于离散的数据集进行训练的，因此，有效的数据离散化不仅可以降低算法的时间复杂度和内存开销，还能提高算法的准确率。在数据分析方面，通过将数据离散化到各个属性中，可以让我们更直观地理解原始数据的含义。

3.5.1 字符数据离散化

在数据分析中，字符数据离散变量是指那些只能取到有限数量值的变量。如果直接输入大多数机器学习模型中，可能会遇到一些问题。为了解决这个问题，我们可以使用独热编码（One-Hot Encoding）对指定的列进行处理。例如，在对用户进行信用评估时，需要根据用户的各种属性来预测他们的信用风险。其中一个属性是用户的性别。在这种情况下，我们可以对用户的名称和性别这两个字符串进行独热编码。

```
t = table(take(`Tom`Lily`Jim, 3) as name, take(true false, 3) as gender,
          take(21..23,10) as age);
oneHot(t, `name`gender);
//output
name_Tom name_Lily name_Jim gender_1 gender_0  age
-------- --------- -------- -------- --------  ---
1        0         0        1        0         21
0        1         0        0        1         22
0        0         1        1        0         23
```

经过这样的编码处理后，原本抽象的字符串概念就离散化为数据了。

3.5.2 数值数据离散化

相比于字符数据离散化，数值数据离散化更容易理解。在连续属性离散化的过程中，会将该属性的值域划分为若干个离散的区间，并用不同的符号或整数值来表示每个子区间中的属性值。例如，对于收入这个字段，一个人的收入是 2000 元，另一个人的收入是 300000 元。如果直接将收入作为连续变量进行比较，结果可能并不直观。但是，如果将收入划分成低薪、中薪、高薪 3 个等级，就可以更直观地看出数字的含义。DolphinDB 也内置了一些与数据离散化相关的函数。

（1）cutPoints：确定数据的分箱范围。

```
x = 2022.01.01 2022.01.03 2022.01.09 2022.01.11 2022.01.14 2022.01.25
cutPoints(x, 3)
//output
[2022.01.01, 2022.01.09, 2022.01.14, 2022.01.26]

x = 3 2 5 6 7 1 12
cutPoints(x, 3)
//output
[1, 5, 7, 13]
```

（2）cut：将数据等分或按索引切分数据。

```
x = 3.3 2.1 5.6 10.1 4.8 8.2
cut(x, 2)
//output
([3.3, 2.1], [5.6, 10.1], [4.8, 8.2])

index = 0 2 3
cut(x, index)
//output
([3.3, 2.1], [5.6], [10.1, 4.8, 8.2])
```

（3）bucket：将数据进行分箱处理，并返回每个数据所属的分箱标签。

```
x = 3.3 2.1 5.6 10.3 4.8 8.2
bins = 4
min = min(x)
max = ceil((max(x) - min) / bins) * bins + min

dataRange = min:max
bucket(x, min:max, bins);
//output
[0, 0, 1, 2, 0, 2]
```

（4）bar：按照数据的值跨度或者时间跨度进行分箱。

```
x = [9, 7, 3, 3, 5, 2, 6, 12, 1, 0, -5, 11]
bar(x, 5)
//output
[5, 5, 0, 0, 5, 0, 5, 10, 0, 0, -5, 10]

x = [2022.01.01T09:00:20, 2022.01.01T09:10:01,
    2022.01.01T10:03:00, 2022.01.01T10:20:03, 2022.01.01T10:50:03]
bar(x, 10m)
//output
[2022.01.01T09:00:00, 2022.01.01T09:10:00, 2022.01.01T10:00:00,
  2022.01.01T10:20:00, 2022.01.01T10:50:00]
```

此外，还有一个和 bar 函数类似的函数 interval，它通常与 SQL 的 group by 语句一起使用，作为数据分组的依据。

（5）volumeBar：按累加值分箱，将累加和不超过给定阈值的数据划分在同一组。

```
x =  1 3 4 2 2 1 1 1 1 6 8
volumeBar(x, 4)
//output
[0, 0, 1, 2, 2, 3, 3, 3, 3, 4, 5]
```

（6）segment：按值分箱，将连续相同的元素划分在同一组，并返回每个元素所在组的第一个元素的下标或者组编号。

```
x = 1 1 2 4 4 5 2 5 NULL NULL
segment(x);
//output
[0, 0, 2, 3, 3, 5, 6, 7, 8, 8]
```

（7）transFreq：将具有细粒度的时间精度的数据划分为更粗粒度的时间，如将精度为天的数据按周或月进行分组。

```
t = getMarketCalendar("CFFEX", 2022.01.01, 2022.01.15)
transFreq(t, "W")
//output
[2022.01.09, 2022.01.09, 2022.01.09, 2022.01.09, 2022.01.16, 2022.01.16,
2022.01.16, 2022.01.16, 2022.01.16]
```

3.6 数据类型转换

数据类型转换允许将数据从一种形式转换为另一种形式，以适应不同的分析需求或数据存储结构。DolphinDB 为此提供了一系列灵活的工具，不仅可以进行基础的类型转换，还能对数据进行格式化处理。本节将详细介绍 DolphinDB 中的数据类型转换方法，包括基本的类型转换函数和复杂的数据格式化技巧。

3.6.1 类型转换

DolphinDB 支持的数据类型转换函数包括 string、bool、char、timestamp、symbol、decimal64 等。这些函数具有以下 3 个主要用途。

- 创建对应数据类型的空值。
- 将字符串转换为对应的数据类型。
- 将其他数据类型转换为对应的数据类型。

✧ 注意:

- 除了 symbol 函数外，其他函数都接受 0 或 1 个参数。如果没有设定参数，这些函数将创建一个默认值的标量。如果参数是字符串或字符串向量，这些函数会将它转换为目标数据类型。而对于其他类型的数据，只要在语义上与目标数据类型兼容，也会被转换。
- short、int 和 long 函数采用四舍五入的方式将浮点数转换为整数。它们在转换字符串时，会逐位判断每个字符，并将数字保存到结果中。当第一次遇到非数字字符时，它们会立即返回结果。

在数据预处理阶段，数据类型转换可以通过数据类型转换函数或 cast($)函数来实现。

```
x = 8.9$INT;
x;
//output
9

y = int(8.9)
y;
//output
9

x = `IBM`MS;
typestr x;
//output
STRING VECTOR
x = x$SYMBOL;
typestr x;
//output
FAST SYMBOL VECTOR

x = `IBM`MS;
x = symbol(x);
typestr x;
//output
FAST SYMBOL VECTOR
```

在导入的数据中，如果日期（date）列和时间（time）列的数据以数值形式存储，为了更直观地显示数据，则可以使用 temporalParse 函数进行日期和时间类型数据的格式转换。

```
t = table(1..5 as id, take(20190902, 5) as date,
`91804000`92007000`92046000`92346000`92349000$INT as time,
take(11.5, 5) as ask, take(11.5, 5) as bid)
t;
```

```
//output
id  date      time      ask   bid
--  --        --        --    --
1   20190902  91804000  11.5  11.5
2   20190902  92007000  11.5  11.5
3   20190902  92046000  11.5  11.5
4   20190902  92346000  11.5  11.5
5   20190902  92349000  11.5  11.5


t.replaceColumn!(`date, t.date.string().temporalParse("yyyyMMdd"))
t.replaceColumn!(`time, t.time.format("000000000").temporalParse("HHmmssSSS"))
t;
//output
id  date        time          ask   bid
--  --          ---           --    --
1   2019.09.02  09:18:04.000  11.5  11.5
2   2019.09.02  09:20:07.000  11.5  11.5
3   2019.09.02  09:20:46.000  11.5  11.5
4   2019.09.02  09:23:46.000  11.5  11.5
5   2019.09.02  09:23:49.000  11.5  11.5
```

3.6.2　格式化

在 3.6.1 小节中，我们介绍了数据类型的转换，但如果转换之前的数据格式并不符合需求，就需要先把原有数据进行格式化处理。format 函数可以把指定的格式应用到给定的对象上。例如：

```
time = `91804000`92007000`92046000`92346000`92349000$INT
time.format("000000000").temporalParse("HHmmssSSS")
//output
[09:18:04.000, 09:20:07.000, 09:20:46.000, 09:23:46.000, 09:23:49.000]
```

DolphinDB 提供了多种格式化函数，以满足不同数据类型的需求。

- decimalFormat 函数：该函数用于确保数据的精度，并规范数据的科学格式。在金融领域，这个函数非常关键，因为它可以使用括号来代表负数，或者使用逗号作为分隔符，有利于阅读和核对数据。

```
decimalFormat(123.456, "0.00#E00;(0.00#E00)");
//output
1.235E02

decimalFormat(-123.456, "0.00#E00;(0.00#E00)");
//output
(1.235E02)

decimalFormat(123456789.166, "0,000.00");
//output
123,456,789.17

decimalFormat(0.125, "0.00%");
//output
12.50%

decimalFormat(123, "00000");
//output
00123
```

在数据格式化过程中，常用的符号及其含义如表 3-1 所示。

表 3-1　数据格式化常用的符号及其含义

符号	含义
0	强制数字位数
#	可选数字位数
.	小数点
%	百分号
E	科学计数法的符号
,	分隔符
;	表示正数和负数的符号

- temporalFormat 函数：该函数用于将 DolphinDB 中的时序类型数据转换为指定格式的字符串，而不是将字符串转换为时序类型。

```
temporalFormat(2018.02.14, "dd-MMM-yy");
//output
14-FEB-18

temporalFormat(2018.02.06T13:30:10.001, "y-M-d-H-m-s-SSS");
//output
2018-2-6-13-30-10-001
```

表 3-2 是一些在日期和时间格式化过程中，常用的格式及其含义，以及其所属的范围。

表 3-2　日期和时间格式化常用的格式及其含义和范围

格式	含义	范围
yyyy	年份（4 个数字）	1000～9999
yy	年份（2 个数字）	00～99(00～39: 2000～2039; 40～99: 1940～1999)
MM	月份	1～12
MMM	月份	JAN、FEB、…、DEC（不区分大小写）
dd	日期	1～31
HH	时（24 小时制）	0～23
hh	时（12 小时制）	0～11
mm	分钟	0～59
ss	秒	0～59
aa	上午/下午	AM/PM（不区分大小写）
SSS	毫秒	0～999
nnnnnn	微秒	0～999999
nnnnnnnnn	纳秒	0～999999999

- stringFormat 函数：该函数提供了更加灵活的格式转换功能。它将用户传入的值按指定的格式进行处理后填充到字符串中。在占位符内部，可以通过格式符来指定进制格式、字段宽度、精度、对齐方式等选项，以便对输出进行更精确的控制。stringFormat 函数相比于前面两个函数，更多地应用在打印信息上，如将表格中的不同信息按照一定的格式进行展示。

```
stringFormat("date: %d, time: %t", 2022.12.01, 10:12:45.065)
//output
date: 2022.12.01, time: 10:12:45.065

product = {"item":"Eggs", "price_per_unit":2}
stringFormat("%(item)W: $ %(price_per_unit)i", product)
//output
Eggs: $ 2
```

3.7 数据查找和取数

数据查找和取数是数据分析中不可或缺的环节。在 DolphinDB 中，可以通过下标取数以及利用标签进行查找。本节将详细介绍 DolphinDB 中的各种数据取数技巧，帮助用户更快地访问和处理数据。

3.7.1 按整数下标取数

在 DolphinDB 中，at([])函数和 eachAt 函数一般用来查询不同数据结构的数据。以下是几个常用的场景。

```
shares = 500 1000 1000 600 2000
prices = 25.5 97.5 19.2 38.4 101.5
prices[shares>800]
//output
[97.5, 19.2, 101.5]

eachAt(prices, shares>800)
//output
[97.5, 19.2, 101.5]

v = 3.1 2.2 4.5 5.9 7.1 2.9
v[1:3]
//output
[2.2, 4.5]

v @ 1:3  //eachAt 的另一种语法
//output
[2.2, 4.5]
```

当条件是布尔表达式或布尔值时，at([])函数和 eachAt()函数的用法是相同的。当 index 是布尔表达式时，它们会返回 X 中满足 index 为 true 的元素；否则，会返回以 index 为索引的元素。

```
m = (1..6).reshape(2:3)
m at [0,2]  //选择第 0 列和第 2 列
//output
0    1
1    5
2    6

m at (0,2) //查找特定行列的元素
//output: 5
```

需要注意的是，当 index 是一个元组时：

- `at([])`函数会将 index 中的元素作为 *X* 在每个维度上的索引。
- `eachAt()`函数则会将 index 中的每个元素都作为一维数组的索引，然后返回 *X* 中对应 index 的元素。

如果想要通过数值找到第一个出现的元素对应的下标，可以使用 `find(X, Y)`函数进行搜索。`find(X, Y)`函数可以支持向量、字典、表格的搜索。例如，如果想要搜索一个元素是否在向量 *X* 中出现，就可以利用 `find` 函数来实现这一目的。

```
find(7 3 3 5, 3);
//output
1
(7 3 3 5 6).find(2 4 5);
//output
[-1, -1 ,3]
```

如果找不到对应的元素，则返回-1。

在查找字典时，若 *Y* 是 *X* 的键，则返回对应的值；否则，返回空值。例如：

```
x = dict(1 2 3,`a `b `c);
find(x,1)
//output
a
find(x, 5)
//output
''
```

对于只有一列数据的内存表，也可以使用 `find` 函数找到对应值的行数。例如：

```
t = table(1 3 5 7 9 as id)
find(t, 2 3)
//output
[-1,1]
```

而对于键值内存表或者索引内存表，*Y* 就需要包含键值或者索引。例如：

```
kt = keyedTable(`name`id, 1000:0, `name`id`age`department, [STRING,INT,INT,STRING])
insert into kt values(`Tom`Sam`Cindy`Emma`Nick, 1 2 3 4 5, 30 35 32 25 30,
`IT`Finance`HR`HR`IT)
find(kt, (`Emma`Sam, 4 1));
//output
[3, -1]
```

当使用 `find` 函数在一个大向量中搜索另一个大向量时，系统会动态决定是否建立一个字典来优化性能。然而，如果只是用几个值去搜索一个向量，系统可能不会建立字典。因此，如果在一个已经排序的大向量中搜索少量数据时，更推荐使用 `binsrch` 函数进行二分查找，以充分利用性能优势。

```
1..1000 binsrch 23 6 888 1002;
//output
[22, 5, 887, -1]
```

对于一些特殊情况的数据查询，DolphinDB 也提供了多个函数来帮助更快地定位到指定行列的数据。例如，如果需要取出首尾的数据，就可以使用 `head` 或者 `tail` 函数。

```
x = table(1..5 as a, 6..10 as b);
head(x);
//output
a->1
b->6

x.head(2);
```

```
//output
a    b
-- --
1    6
2    7
x.tail(2);
//output
a    b
--  --
4    9
5    10
```

此外，也可以使用 row 或者 col 函数取出指定行列的数据。

```
x.row(2)
//output
b->8
a->3
x.row(0:2)
//output
a    b
--  --
1    6
2    7
x.col(1)
//output
[6, 7, 8, 9, 10]
x.col(0:2)
//output
a    b
--  --
1    6
2    7
3    8
4    9
5    10
```

slice 函数结合了 row 和 col 函数的功能，并返回由指定的行列组成的数据子集。slice 函数有两种用法，分别是 slice(obj, index) 和 slice(obj, rowIndex, [colIndex])。详细的用法可以参考用户手册。下面展示了几种在表格中使用 slice 函数的方法。

```
x.slice(0)
//output
a->1
b->6

x.slice([0])
//output
a    b
-- --
1    6

x.slice(0:2)
//output
a    b
--  --
1    6
2    7

x.slice(0 2)
//output
a    b
```

```
-- --
1   6
3   8

x.slice(0 2,0 1);
//output
a   b
-- --
1   6
3   8
```

✧ 注意：当使用 index、rowIndex 或 colIndex 作为数组向量或矩阵的索引值或索引范围时，若其值不在[0, size(X)-1]范围内，那么超出[0, size(X)-1]的值所对应的位置将返回空值。

除了以上用精准的值来定位下标的函数，DolphinDB 还提供了 `asof(X, Y)` 函数来定位递增数据的值大小。具体来说，对于 *Y* 中的每个元素，`asof` 会寻找 *X* 中不大于该元素的最大序号。例如：

```
asof(1..100, 60 200 -10)
//output
[59, 99, -1]
```

3.7.2 按标签取数

在矩阵中，如果我们不知道具体的行列下标，但希望通过标签查找到所需的数据时，就可以使用 DolphinDB 中的 `loc` 函数。该函数的语法是 `loc(obj, rowFilter, [colFilter], [view = false])`。它能够通过标签或布尔向量获取矩阵中指定行和列的元素，并返回一个原矩阵的副本或视图。在使用布尔向量时，只有对应位置值为 true 的行或列可以被保留。

```
m = rand(15, 3:5)
m.loc(colFilter = [true, true, true, false, false], view = false)
//output
   0   1   2
   --  --  --
0  13  0   3
1  11  9   6
2  0   0   11
```

当 *rowFilter* 和 *colFilter* 为与行列标签类型兼容的标量、向量或数据对时，DolphinDB 中的 `loc` 函数可以用于获取矩阵中指定行和列的元素。

```
m.rename!(`A`A`B, 2022.01.01 + 0..4)
m;
//output
    2022.01.01    2022.01.02    2022.01.03    2022.01.04    2022.01.05
A   5             7             1             9             10
A   3             5             4             1             8
B   11            0             13            1             12
m.loc(rowFilter = `A, colFilter = 2022.01.01);
//output
    2022.01.01
A   5
A   3
```

此外，`loc` 函数中的 *view* 参数可以设置返回的矩阵是原矩阵的深拷贝还是浅拷贝。默认情况下，*view* 参数的值为 false。当 *view* 参数的值为 true 时，如果原矩阵发生变换，那么视图的数据也会相应地发生变化。

3.8 数据的增删改

数据的增删改（增加、删除和修改）操作是构建和维护数据质量的基石。本节将详细介绍如何利用 DolphinDB 的各种内置函数和 SQL 语法灵活地对数据进行操作，包括如何在 DolphinDB 中进行列字段的增删改，以及如何对表格中的数据进行增删改。

3.8.1 列字段的增删改

在已有的库表中，我们经常需要增加一个指标或修改某列的数值甚至数据类型。为了满足这些需求，DolphinDB 提供了丰富的 SQL 语法以及各种适用于表的函数，用于处理不同类型的列字段的增删改操作。对于 DolphinDB SQL 的详细介绍，请参见本书第 6 章。在本节中，将主要介绍 DolphinDB 的内置函数。

- 增加列：对于内存表，可以使用 SQL 的 `update` 语句或者 `addColumn` 函数来增加列，但是给分布式表、维度表或者流数据表增加新列时，只能使用 `addColumn` 函数。

```
//给分布式表增加新列
id = 1..6
value = 1..6\2
t = table(id, value)
db = database("dfs://rangedb", RANGE, 1 4 7)
pt = db.createPartitionedTable(t, `pt, `id)
pt.append!(t)
pt.addColumn("qty",INT)
select * from pt;
//output
id    value    qty
--  --         --
1    0.5
2    1
3    1.5
4    2
5    2.5
6    3
```

- 删除列：对于非共享内存表或者分布式表（仅支持 OLAP），可以使用 `dropColumns!` 函数来删除指定列。需要注意的是，无法使用 `dropColumns!` 函数删除分区列和 SYMBOL 类型的列。

```
t = table(1..5 as a, 6..10 as b, 11..15 as c)
t.dropColumns!(`b`c)
t;
//output
a
--
1
2
3
4
5
```

- 重新排序：`reorderColumns!`函数可以直接调整一个没有被共享的内存表中各列的顺序。

```
t = table(1..5 as a, 6..10 as b, 11..15 as c)
t.reorderColumns!(`c`b`a)
t;
//output
c  b  a
-- -- --
11 6  1
12 7  2
13 8  3
14 9  4
15 10 5
```

- 修改数值或者数据类型：对于非共享内存表和 OLAP 下的分布式表，可以使用`replaceColumn!`函数来替换表中的指定列。替换后，指定列的数据类型与输入向量的数据类型一致。

```
//只改变数据类型
sym = `A`A`A`B`B
id = 1..5
qty = 1 10 100 1000 10000
t = table(sym, id, qty)
//把 sym 列的数据类型修改为 SYMBOL 类型
syms = symbol(exec sym from t)
t.replaceColumn!(`sym, syms)
schema(t).colDefs
//output
  name    typeString    typeInt comment
sym       SYMBOL        17
id        INT           4
qty       INT           4
//修改数值
qtys = 1.1 10.1 100.1 1000.1 10000.1
t.replaceColumn!(`qty, qtys)
schema(t).colDefs
t;
//output
sym   id   qty
--    --   --
A     1    1.1
A     2    10.1
A     3    100.1
B     4    1000.1
B     5    10000.1
```

- 修改名称：对于非共享内存表和 OLAP 下的分布式表，可以使用`rename!`函数直接替换表的列名。

```
t = table(1..5 as a, 6..10 as b, 11..15 as c)
t.rename!(`aa`bb`cc)
t;
//output
aa   bb   cc
1    6    11
2    7    12
3    8    13
4    9    14
5    10    15
t.rename!(`aa`bb, `a`b)
t;
```

```
//output
a    b    cc
1    6    11
2    7    12
3    8    13
4    9    14
5    10    15
```

3.8.2 表格数据的增删改

对于表格数据的增删改，DolphinDB 也提供了几种内置函数。

- 数据增加：append!（push!）和 tableInsert 这两个函数都能对内存表或者分布式表进行数据的增加。
  - append!函数是将一个与原表相同列数的表整体追加到原表中。需要注意的是，append!函数并不会检查两表的列名和顺序。只要两表每列的数据类型一致，即可执行增加操作。此外，append!函数也不会根据列名进行对齐。因此，对数据表使用 append!函数时，用户需要自己检查列名和顺序，以免出错。
  - tableInsert 函数则是提供更加灵活的入参方式。它允许将表、元组或字典加入原表中。但需要注意的是，对于分布式表，tableInsert 函数只支持以表格形式进行数据的增加。

```
//创建一个新的分布式表
n = 1000
t = table(rand(100, n) as id, rand(10.0, n) as value)
db = database("dfs://db1", RANGE, 0 20 50 101)
pt = db.createPartitionedTable(t, "pt", "id").append!(t)
select * from pt limit 10;
//output
id   value
--   --
19   5.086898906156421
10   4.292248925194144
3    9.500460349954665
8    5.104415160603821
2    8.399244425818324
9    5.220793827902526
7    1.9582483172416687
1    7.643196347635239
3    2.134035467170179
15   9.635132160037756

select count(*) from pt;
//output
count
--
1000

//使用 append! 增加数据
tmp = table(rand(100,1000) as id,take(200.0,1000) as val);
pt.append!(tmp)
select count(*) from pt;
//output
count
--
2000

```

```
//使用 tableInsert 增加数据
pt.tableInsert(tmp)
1000
select count(*) from pt;
//output
count
--
3000
```

- 数据删除：
  - SQL 的 delete 语句不仅可用于内存表，也可用于分布式表和维度表，但它和 update 语句一样，仅适用于低频删除任务。当结合使用 map 子句时，delete 语句支持在每个分区分别执行删除操作。
  - 使用 truncate 函数可以删除分布式表中的所有数据，同时保留数据表的结构。这是删除表数据而保留表结构的推荐方法。
  - drop、dropna 和 erase!函数适用于内存表的数据删除。具体的使用案例可以参考用户手册。

```
delete from pt where id < 10;
select count(*) from pt;
//删除分布式表数据中的非重复数据（使用 map）
delete from pt where isDuplicated([id,value]) = false map;
select count(*) from pt;
//删除分布式表中的所有数据
truncate("dfs://db1", `pt)
```

- 数据修改：
  - 对数据表中特定的行和列进行索引并赋予新的值。

```
t = table(take(`a`b`c, 10) as id, 1..10 as val)
//单个元素修改
t[`id, 0] = `d
t;
//output
id   val
d    1
b    2
c    3
a    4
b    5

//整列修改
t[`val] = t[`val] + 10
t;
//output
id   val
d    11
b    12
c    13
a    14
b    15
```

  - 使用 SQL update 子句更新或新增数据。
  - update!函数用于就地更新内存表或者分区的内存表中的列。如果指定的列不存在，update!函数将会创建新列。如果指定了过滤条件，则只有符合过滤条件的记录行会被更新。

- upsert!函数也是用于修改数据的一种函数。若新数据的主键值已存在，则该函数会更新该主键值对应的数据；否则，它将添加数据。因此，upsert!函数更多地用在数据更新中。

```
//计算表 pt 中 value 列的平均值
exec avg(value) from pt;
//output
200

pt = loadTable("dfs://db1", `pt)
update pt set value = value * 2
exec avg(value) from pt;
//output
400

//upsert! 函数更新数据
tmp = table(11 as id, 1 as value)
upsert!(pt, tmp, keyColNames = `id)
select * from pt where id = 11 limit 10;
//output
id    value
--    --
11    1
11    400
11    400
11    400
11    400
11    400
11    400
11    400
11    400
11    400
```

通过上述脚本可以更清晰地理解 upsert!函数在更新数据时的作用。如果指定的键值列有重复值，则 upsert!函数只会更新第一个值所在的行，而不会更新其他具有相同键值的行。

3.9 数据整合

DolphinDB 提供了丰富的工具和函数，以帮助用户有效地合并矩阵、表或时间序列中的数据。本节将详细介绍如何使用 DolphinDB 来进行数据整合，包括矩阵的合并和表的合并等。通过精确的整合方法，我们能够构建出更为全面和精确的数据模型，为后续的数据分析和决策提供坚实的基础。

3.9.1 矩阵的合并

在处理具有相同行数的两个矩阵时，可以通过 join 函数将它们进行合并。如果只需要水平或垂直合并普通矩阵，可以使用 concatMatrix 函数，但需注意入参的对象必须是由矩阵组成的元组。例如，在机器学习的准备阶段，当有些特征来自于矩阵 a，有些特征来自于矩阵 b 时，就可以通过 concatMatrix 函数快速将所需的特征合并到一个矩阵中。

```
a = 1..9$3:3
b = 10..15$2:3
concatMatrix([a, b], false);
//output
     0   1    2
0    1   4    7
1    2   5    8
2    3   6    9
3    10  12   14
4    11  13   15
```

如果需要垂直合并两个列数相同的矩阵或直接通过索引进行合并时，可以使用 DolphinDB 中的 merge 函数快速完成不同的矩阵整合任务。例如，当两个具有相同时间索引但不同数据的矩阵需要合并时，就可以使用 merge 函数来实现。

```
a = indexedSeries(2024.01.01..2024.01.04, 1..4)
b = indexedSeries([2024.01.01, 2024.01.05, 2024.01.06], 5..7)
merge(a,b)
//output
           series1   series2
           --        --
2024.01.01    1      5

merge(a,b,'left')
//output
           series1   series2
           --        --
2024.01.01    1      5
2024.01.02    2
2024.01.03    3
2024.01.04    4
```

通过上述脚本可以发现，merge 函数为索引矩阵提供了一种按照表格连接的方法。用户可以通过修改连接方式获得不同的合并效果。

3.9.2 表的合并

DolphinDB 不仅支持大部分标准 SQL 的 join 写法，也支持函数化的 join 写法。

```
t1 = table(["b", "b", "a", "c", "a", "a", "b"] as key, 0..6 as data1)
t2 = table(["a", "b", "d"] as key, 0..2 as data2)
//SQL 写法
select *
from t1 left join t2
on t1.key = t2.key
//函数写法
lj(t1,t2,"key")
//output
key data1 data2
--- ----- -----
b   0     1
b   1     1
a   2     0
c   3
a   4     0
a   5     0
b   6     1
```

除了不同的 join 写法，DolphinDB 还提供了 unionAll 函数用于合并多个表。当与 Map

Reduce（mr 函数）结合使用时，unionAll 函数可以将多个表追加到指定的表，并返回该表。这一功能通常在 MapReduce 的 finalFunc 阶段使用，以整合分布式计算的结果。

需要注意的是，unionAll 函数的结果默认是分区表，因此直接查看的结果会是空表。为了正确查看结果，需要通过 SQL 的方式进行查看。如果需要直接返回内存表，可以使用 unionAll(tables, partition = false)来实现。

```
def discountPrice(data, off){
    return select *, price * (1-off) as `discountPrice from data
}
n = 100
dates = 2021.01.01..2021.12.31
t = table(take(dates, 365 * n).sort() as `date,
`sym + take(1..n, 365 * n).sort()$STRING as `sym, rand(100, 365 * n) as `price)
db = database("", VALUE, 2021.01.01..2021.12.31)
trade = db.createPartitionedTable(table = t, tableName = "trade",
partitionColumns = `date).append!(t)
db = database("", RANGE, date(month(dates.first()) .. (month(dates.last()) + 1)))
mr(sqlDS(<select * from trade where date between 2021.01.02:2021.01.31>),
discountPrice{,0.2},unionAll{,,false})
```

上述脚本的目的是根据分区表内的数据重新计算，并且得到一个结果表。因此，使用了 mr 函数对分区表内的数据进行计算，然后再用 unionAll 函数合并每个分区的结果。DolphinDB 提供了各式各样的表连接、合并工具，除了对表操作以外，还可以对 DolphinDB 中的向量、元组、矩阵进行操作。

3.10 数据对齐

数据对齐可以确保来自不同源或不同时间点的数据准确匹配，这对于进行有效的分析和决策至关重要。DolphinDB 提供了多种工具和方法来处理和对齐不同形式的数据结构，如矩阵、序列以及表格。本节将详细介绍如何使用 DolphinDB 的索引矩阵和索引序列以及对齐函数来实现数据的精确对齐。

3.10.1 索引矩阵和索引序列

在普通矩阵进行二元运算时，需要按照对应的元素进行计算，并保持维度一致。但是，DolphinDB 提供了一种灵活的矩阵对齐方法，使得矩阵计算不再受维度的限制。用户可以通过索引矩阵和索引序列来支持矩阵的对齐运算。当使用这两种矩阵进行运算时，DolphinDB 会先以“outer join”的方式对齐索引，然后再进行运算。但需要注意的是，它们的标签必须是严格递增的。

索引矩阵和索引序列支持的二元操作包括以下几种。

- 算术运算符和函数：+、-、*、/(整除)、\(比率)、%(模)、pow。
- 逻辑运算符和函数：<、<=、>、>=、==、!=、<>、&&、||、&、|、^。
- 滑动窗口函数：mwavg、mwsum、mbeta、mcorr、mcovar。
- 累计窗口函数：cumwavg、cumwsum、cumbeta、cumcorr、cumcovar。
- 聚合函数：wavg、wsum、beta、corr、covar。

在进行索引序列之间的对齐运算时，首先会根据索引进行对齐，然后再执行计算。

```
s1 = indexedSeries(2020.11.01..2020.11.06, 1..6)
s2 = indexedSeries(2020.11.04..2020.11.09, 4..9)
s1 + s2;
//output
           0
           --
2020.11.01
2020.11.02
2020.11.03
2020.11.04    8
2020.11.05    10
2020.11.06    12
2020.11.07
2020.11.08
2020.11.09
```

索引矩阵之间对齐运算的方法和索引序列的一致。

```
m1 = matrix(1..6, 7..12, 13..18).rename!(2020.11.01..2020.11.06, `a`b`d)
m1.setIndexedMatrix!()
m2 = matrix(4..9, 10..15, 16..21).rename!(2020.11.04..2020.11.09, `a`b`c)
m2.setIndexedMatrix!()
m1 + m2;
//output
            a     b     c     d
2020.11.01
2020.11.02
2020.11.03
2020.11.04    8     20
2020.11.05    10    22
2020.11.06    12    24
2020.11.07
2020.11.08
2020.11.09
```

在进行索引序列和索引矩阵之间的对齐运算时，系统会根据索引进行对齐。具体来说，索引序列会与索引矩阵的每列单独进行计算。

```
s1 = indexedSeries(2020.11.01..2020.11.06, 1..6);
m1 = matrix(1..6, 11..16).rename!(2020.11.04..2020.11.09, `A`B);
m1.setIndexedMatrix!();
m1 + s1;
//output
              A    B
2020.11.01
2020.11.02
2020.11.03
2020.11.04    5    15
2020.11.05    7    17
2020.11.06    9    19
2020.11.07
2020.11.08
2020.11.09
```

3.10.2 对齐函数

在 DolphinDB 的 2.00.8 版本之后，DolphinDB 还提供了用于矩阵对齐的函数 `align`。该函数拓展了标签矩阵的对齐功能，使得矩阵的对齐和运算更加灵活。与之前版本中的

“outer join”方式相比，align 函数具有以下优势。

- 支持普通的标签矩阵对齐，不再要求标签必须严格递增。
- 对齐的方法更加灵活多样。

```
m1 = matrix(1 2 3, 2 3 4, 3 4 5).rename!(`a`a`b,[09:00:00, 09:00:01, 09:00:03])
m2 = matrix(11 12 13, 12 13 14, 13 14 15, 14 15 16).rename!(
       `a`b`b,[09:00:00, 09:00:03, 09:00:03, 09:00:04])
a, b = align(m1, m2, 'ej,aj', false);
a;
//output
  09:00:00 09:00:01 09:00:03
  -------- -------- --------
a|1        2        3
a|2        3        4
b|3        4        5
b;
//output
  09:00:00 09:00:01 09:00:03
  -------- -------- --------
a|11       11       13
b|12       12       14
b|13       13       15
```

需要注意的是，在使用 align 函数进行矩阵对齐时，返回的矩阵不会保留输入矩阵的属性。例如，输入了索引矩阵，返回的可能是非索引矩阵。

在很多场景下，通过结合使用 exec 函数和 pivot by 语句，可以生成一个以 pivot by 指定的列作为标签的新矩阵。然后，可以利用 align 函数来对齐多个矩阵。例如，当有一个价格表 prices 和一个交易量的表 orders，希望计算得到交易金额的矩阵时，就可以采用这样的方法进行操作。

```
timestamp = [09:00:00, 09:00:02, 09:00:03, 09:00:06, 09:00:08]
id = ['st1', 'st2', 'st1', 'st1', 'st2']
price = rand(100.0, 5)
prices = table(timestamp, id, price)
timestamp = [09:00:00, 09:00:01, 09:00:02, 09:00:05, 09:00:08]
id = ['st1', 'st2', 'st2', 'st3', 'st2']
vol = [200, 300, 150, 200, 180]
orders = table(timestamp, id, vol)
//利用 pivot by 获得标签为 timestamp 和 id 的两个矩阵
m1 = exec vol from orders pivot by timestamp, id
m2 = exec price from prices pivot by timestamp, id
m = align(m1, m2, how = 'aj,fj')
m[0] * m[1]
//output
label       st1   st2     st3
09:00:00    39560
09:00:01
09:00:02     39560
09:00:03
09:00:05
09:00:08    35748
```

在金融场景下，经常需要对来自不同数据源的数据进行卖买价格对齐。通过行对齐函数 rowAlign(left , right, how) 可以实现 left 和 right 两个数组的行对齐。参数 *how* 代表的是数据对齐的方式，其可选值如图 3-1 所示。

例如，假设 left 是某个时刻的三档买价，right 是上一时刻的三档买价，并且这两个序列都是严格单调递减的。那么当参数 *how* 为“bid”时，其对齐过程如图 3-2 所示。

how(不区分大小写)	含义	对齐后的最大值	对齐后的最小值
"bid"	表示 left/right 为多档买方报价数据，其数据严格降序排列	max(max(left), max(right))	max(min(left), min(right))
"ask"	表示 left/right 为多档卖方报价数据，其数据严格升序排列	min(max(left), max(right))	min(min(left), min(right))
"allBid"	表示 left/right 为多档买方报价数据，其数据严格降序排列	max(max(left), max(right))	min(min(left), min(right))
"allAsk"	表示 left/right 为多档卖方报价数据，其数据严格升序排列	max(max(left), max(right))	min(min(left), min(right))

图 3-1　rowAlign 函数中参数 how 的可选值

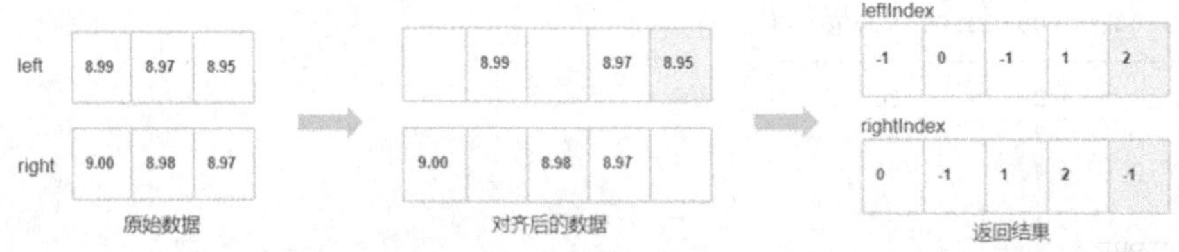

图 3-2　rowAlign 函数中参数 how 为“bid”时的对其过程

根据 how 指定的对齐规则，保留满足条件的数据。当 how 为“bid”时，最大值为 max(max(left), max(right)) = max(8.99, 9.00) = 9.00，最小值为 max(min(left), min(right)) = max(8.91, 8.95) = 8.95。

```
left = array(DOUBLE[], 0).append!(
        [9.00 8.98 8.97 8.96 8.95, 8.99 8.97 8.95 8.93 8.91])
right = prev(left)
/*
left:[[9.00,8.98,8.97,8.96,8.95],[8.99,8.97,8.95,8.93,8.91]]
right:[,[9.00,8.98,8.97,8.96,8.95]]
*/
leftIndex, rightIndex = rowAlign(left, right, how = "bid")
/*
leftIndex:[[0,1,2,3,4],[-1,0,-1,1,-1,2]]
rightIndex:[[-1,-1,-1,-1,-1],[0,-1,1,2,3,4]]
*/
```

rowAlign 函数会返回一个长度为 2 的元组，搭配使用 rowAt 函数可以获得取数结果。

```
leftResult = rowAt(left, leftIndex)
rightResult = rowAt(right, rightIndex)
/*
leftResult:[[9.00,8.98,8.97,8.96,8.95],[,8.99,,8.97,,8.95]]
rightResult:[[,,,,],[9.00,,8.98,8.97,8.96,8.95]]
*/
```

3.11 数据重组

数据重组不仅可以提高数据存储效率，还能优化数据的查询和分析过程。DolphinDB 提供了一套强大的工具来实现从窄表到宽表的转换，以及从宽表到窄表的逆转换，使得数据结构能够更好地适应不同的应用场景。

3.11.1 窄表转换成宽表

宽表是数据处理过程中常用的一种数据组织形式，宽表存储技术是数据仓库中的一项重要建模技术。宽表，从字面意思上来说，就是字段比较多的数据库表。通过关联字段，它将多个相关的数据表合并成一张大表。设计宽表的目的是提高查询的效率，将相关字段都放在同一张数据表中，从而避免在多次查询和关联过程中出现的逻辑错误。DolphinDB 提供了两种方法来实现从窄表到宽表的转换。

- SQL 语句：`pivot by`。
- 向量化函数：`panel` 和 `pivot`。

`pivot by` 是 DolphinDB 的一项独有功能，它扩展了标准 SQL 语句，允许将数据表中的某列内容按照两个维度进行整理，从而产生新的数据表或矩阵。例如，它可以用于对比同一时间段内不同股票的交易价格。

```
sym = `C`C`C`C`MS`MS`MS`IBM`IBM
timestamp = [09:34:57, 09:34:59, 09:35:01, 09:35:02, 09:34:57,
09:34:59, 09:35:01, 09:35:01, 09:35:02]
price= 50.6 50.62 50.63 50.64 29.46 29.48 29.5 174.97 175.02
volume = 2200 1900 2100 3200 6800 5400 1300 2500 8800
t = table(sym, timestamp, price, volume)
t
//output
    sym   timestamp   price    volume
0    C    09:34:57    50.6     2200
1    C    09:34:59    50.62    1900
2    C    09:35:01    50.63    2100
3    C    09:35:02    50.64    3200
4    MS   09:34:57    29.46    6800
5    MS   09:34:59    29.48    5400
6    MS   09:35:01    29.5     1300
7   IBM   09:35:01    174.97   2500
8   IBM   09:35:02    175.02   8800

select price from t pivot by timestamp, sym
//output
    timestamp    C        IBM       MS
0    09:34:57    50.6               29.46
1    09:34:59    50.62              29.48
2    09:35:01    50.63    174.97    29.5
3    09:35:02    50.64    175.02
```

`pivot by` 还可以与聚合函数一起使用。例如，将数据中每分钟的平均收盘价转换为数据表。

```
select avg(price) from t where sym in `C`IBM pivot by minute(timestamp) as minute, sym;
//output
   minute     C                    IBM
0  09:34m     50.61
1  09:35m     50.635000000000005   174.995
```

`pivot` 函数配合其他函数，可以在指定的二维维度上重组数据，最终生成一个矩阵。例如，需要计算每分钟内股价以交易量为权重的加权平均值时，就可以利用 `pivot` 函数来实现。

```
pivot(wavg, [t.price, t.volume], minute(t.timestamp), t.sym)
//output
       C          IBM                  MS
09:34m     50.6092682926829 3         29.468852459016393
09:35m     50.63603773584906          175.00893805309735     29.5
```

在对矩阵的数据进行分析时，可以利用向量化函数 `panel` 将一列或多列数据转换为矩阵形式。例如，将数据表 *t* 中的 price 列转换为一个矩阵，就可以利用 `panel` 函数来实现。

```
price = panel(t.timestamp, t.sym, t.price)
price
//output
         C        IBM      MS
09:34:57     50.6     29.46
09:34:59     50.62    29.48
09:35:01     50.63    174.97    29.5
09:35:02     50.64    175.02
```

panel 函数和 pivot by 语句都能将数据表中的数据按照两个维度进行重新排列，但它们的不同之处在于，在 SQL 中，exec... pivot by...只能指定一个指标列，生成一个矩阵，而 panel 函数可以指定一个或多个指标列，生成一个或多个矩阵。如果需要对面板数据进行进一步的计算和处理，推荐使用矩阵来表示面板数据。这是因为矩阵天然支持向量化操作和二元操作，因此计算效率会更高，代码也会更简洁。

3.11.2 宽表转换成窄表

相比于宽表，窄表所需的存储空间更小，但查询所需要的时间会更长。在金融场景中，经常使用宽表存储所有的字段，但对于那些需要频繁对单个或少量字段进行查询的场景（如实时数据分析和交互式查询等）来说，使用窄表可以提高查询效率，并节省存储空间。当需要将宽表转换成窄表（将多列数据转换为一列）时，可以利用 unpivot 函数来实现。

```
t = table(1..3 as id, 2010.01.01 + 1..3 as time, 4..6 as col1, 7..9 as col2,
`aaa`bbb`ccc as col3, `ddd`eee`fff as col4)
t
     id    time         col1    col2    col3    col4
0    1     2010.01.02   4       7       aaa     ddd
1    2     2010.01.03   5       8       bbb     eee
2    3     2010.01.04   6       9       ccc     fff
//将 col1 和 col2 转换成一列
t.unpivot(keyColNames = `id, valueColNames = `col1`col2);
//output
     id    valueType    value
0    1     col1         4
1    2     col1         5
2    3     col1         6
3    1     col2         7
4    2     col2         8
5    3     col2         9
```

除了使用 unpivot 函数将多列合并成一列，也可以使用自定义函数对列名向量进行操作，以此来修改原表的列名。

```
f = def(x): x.regexReplace("col", "var")
t.unpivot(keyColNames = `id, valueColNames = `col1`col2, func = f);
//output
     id    valueType     value
0    1     var1          4
1    2     var1          5
2    3     var1          6
3    1     var2          7
4    2     var2          8
5    3     var2          9
```

对于面板数据，可以先将其转换成表格，再通过 unpivot 函数实现逆转换。

```
n = 7
label = 2023.01.03 + 0..6
SH600000 = rand(4.0, n)//$DECIMAL64(3)
SH600004 = rand(14.0, n)//$DECIMAL64(3)
SH600006 = rand(114.0, n)//$DECIMAL64(3)
p = matrix(SH600000, SH600004, SH600006)
p.rename!(label, `SH600000`SH600004`SH600006)
//将面板数据矩阵 p 转换成表格
t = table(p.rowNames() as label, p)
//unpivot
f = t.unpivot(`label, `SH600000`SH600006`SH600004, first)
select * from f order by label, valueType
//output
label        valueType   value
2023.01.03   SH600000    0.8435753984376788
2023.01.03   SH600004    1.2712950492277741
2023.01.03   SH600006    100.57424581144005
2023.01.04   SH600000    1.4042324526235461
```

3.12　数据重排列和抽样

数据重排列和抽样在数据分析和机器学习等领域中尤为重要。这些技术能够帮助我们从大量数据中提取出代表性的样本，或者通过随机化过程减小样本间的偏差，从而确保分析结果的可靠性和泛化能力。

3.12.1　数据重排列

在 DolphinDB 中，可以使用 shuffle 函数对数据进行重组，并且返回一个新的向量或矩阵。在模拟数据的时候，可以使用 shuffle 函数获取一个随机排列且不重复的向量。

对向量进行重排列可以参考如下操作。

```
(1..6).shuffle();
//output
[1,6,3,5,4,2]
```

对表格进行重排列可以参考如下操作。

```
t = table(1..3 as id, 4..6 as v1, 7..9 as v2)
t[t.size().til().shuffle()]
```

例如，在机器学习中，当需要将数据集划分训练集和测试集时，可以搭配 shuffle 函数来自定义一个函数。通过这个自定义函数，可以将数据按照自定义比例分为训练集和测试集。

```
def trainTestSplit(x, testRatio) {
    xSize = x.size()
    testSize = xSize * testRatio
    r = xSize.til().shuffle()
    return x[r > testSize], x[r <= testSize]
}
```

3.12.2　数据抽样

对于向量，可以利用 rand 函数随机生成下标，从而实现随机抽样。如果要对表格进行抽样，可以通过索引操作来实现。例如，如果想从表格中每十行选取一行数据，可以选取那些 id%10 为 0 的行。

```
t = table(1..1000 as id, rand(1.0, 1000) as value)
select * from t where rowNo(id) % 10 = 0
```

在 DolphinDB 中，`sample` 函数可以应用在数据库的分区上，并且只能在 where 语句中使用，用于随机抽取分区表中的分区。假设一个数据库有 *N* 个分区，如果 0<size（抽样比例）<1，则该函数会随机抽取 int(*N**size) 个分区；如果 size 是一个正整数，则该函数会随机抽取 size 个分区。简单来说，可以用小数点表示随机抽样的比例，或者用数字表示随机分区的数量。例如，对于一个包含 5 个分区的数据库 pt，如果需要随机抽取两个分区，可以使用以下语句。

```
x = select * from pt where sample(ID, 0.4);
x = select * from pt where sample(ID, 2);
```

更多数据随机抽样的方法可以参考 12.3 节。

3.13 时序数据处理

处理时序数据在许多领域都是至关重要的一个环节。DolphinDB 专为时序数据设计了一套全面的工具，这些工具能够高效地进行时区转换、时间精度转换以及时间计算等多种操作。这些功能确保了数据处理的准确性与实时性。

3.13.1 时区转换

在 DolphinDB 中，存储或导入时间信息不会进行类型转换，或者说没有时区概念。因此，当插入时间数据时，得到的是零时区时间（即格林尼治标准时间），这可能与预期有所不同。例如：

```
timestamp(1656898205942)
//output
timestamp(2022.07.04 01:30:05.942)
```

如果在 DolphinDB 中存入 unix 时间戳 1656898205942，它对应的实际时间是 2022.07.03 21:30:05.942，但是因为 DolphinDB 无时区概念，因此直接转变时间戳后得到的时间是 2022.07.04 01:30:05.942，这与实际不符。这时候，我们就需要利用一些时区转换函数来进行时区的处理。

最常用的函数是 `localtime`，它可以将零时区时间转换成本地时间。

```
localtime(timestamp(1656898205942))
//output
timestamp(2022.07.04 09:30:05.942)
```

此外，也可以利用 `gmtime` 函数将本地时间转换成零时区时间。

```
gmtime(2022.07.03 21:30:05.942)
//output
timestamp(2022.07.03 13:30:05.942)
```

如果需要将时间数据转换成其他时区，可以使用 `convertTZ` 函数来自定义原有数据的时区以及目标时区。

```
convertTZ(2022.07.03 21:30:05.942,"Asia/Shanghai","US/Eastern")
//output
timestamp(2022.07.03 09:30:05.942)
```

DolphinDB 还提供了其他用于时间格式转换的函数，如 transFreq。该函数可以将给定的日期或时间变量转换为指定的时间格式（或对应的交易日）。例如，在处理一些交易数据时，经常需要将时间调整为对应的季度末日期或月末日期等，或者转换成相应的日期、月份或年份。例如，如果想要得到交易时间对应的季度末日期，就可以利用 transFreq 函数来实现。

```
transFreq(2020.08.08 2020.11.18, "Q")
//output
[2020.09.30,2020.12.31]
```

在将日频 K 线数据合并成周频 K 线数据时，可以使用 transFreq 函数来将对应日期转换为其所在的星期或下一个星期中的工作日对应的日期。

```
c = getMarketCalendar("SSE",2023.01.03,2023.01.10)
transFreq(c, "W")
//output
[2023.01.08,2023.01.08,2023.01.08,2023.01.08,2023.01.15,2023.01.15]
```

3.13.2　时间精度转换

DolphinDB 提供了多个时间精度转换的函数，它们可以将时间标量或向量转换成指定的单位时间。这些函数包括 year、month、date、weekday、businessDay、hour、minute、second、microsecond、millisecond 和 nanosecond。在数据导入时，可以利用这些函数对时间戳进行相应的匹配，或者搭配 SQL select 语句中的 where 子句来匹配表中的时间精度。

除了直接使用以上的精度转换函数，还可以将时间精度转换应用于按时间分组的场景中。例如，如果想要按照 3 个月的时间段进行分组，就需要将时间戳转换为对应的月份，并进行分组处理。

```
t = table(take(2018.01.01T01:00:00 + 1..10,10) join take(
2018.02.01T02:00:00 + 1..10,10) join take(2018.03.01T08:00:00 + 1..10,10) join take(
2018.04.01T08:00:00 + 1..10,10) join take(2018.05.01T08:00:00 + 1..10, 10) as time,
rand(1.0, 50) as x)

select max(x) from t group by bar(month(time), 3)
//output
    bar          max_x
0   2018.01M    0.9841377888806164
1   2018.04M    0.928735283901915
```

根据实际需求，可以将 bar(X, interval, [closed = 'left']) 中的 *interval* 参数改成数字和时间单位（区分大小写），包括 w、d、H、m、s、ms、us 和 ns。需要注意的是，由于 *interval* 不支持年和月的时间单位，因此如果需要对 *X* 按年或月进行分组，可以先调用 year 或 month 函数对 *X* 进行转换，然后再指定 *interval* 为整数进行计算。

3.13.3　时间计算

在 DolphinDB 中，对于时间变量的加减，可以直接使用 temporalAdd 函数完成。例如，该函数可以用于计算日期向量减去 *N* 个日期或者减去某个日期。

```
//为 2021.08.06 增加 4 个工作日
temporalAdd(2021.08.06, 4B)
//output
2021.08.12
//按照 CFFEX 的交易日历，为 date 减去 4 个交易日
date = [2023.01.01, 2023.01.02, 2023.01.03, 2023.01.04]
temporalAdd(date, -4, `CFFEX)
//output
[2022.12.27, 2022.12.27, 2022.12.27, 2022.12.28]
```

如果想要计算距离上市日期的交易日数和距离下一个关键日期的交易日数，可以使用自定义函数来实现向量内的日期偏移逻辑。

```
date = getMarketCalendar(`SSE, 2023.01.01, 2023.03.01)
d1 = 2023.02.15
d2 = 2023.02.28
def date_diff(date, d1, d2){
    return binsrch(date, d2) - binsrch(date, d1)
}
date_diff(date, d1, d2)
```

在导入数据时，经常会遇到日期和时间分开存储的情况，如果想将它们合并起来，可以利用 concatDateTime 函数来实现。如果时间是 SECOND 类型，则返回的结果是 DATETIME 类型；如果时间是 TIME 类型，则返回的结果是 TIMESTAMP 类型；如果时间是 NANOTIME 类型，则返回的结果是 NANOTIMESTAMP 类型。

```
n = 3
date = take(2019.11.07 2019.11.08, n)
time = (09:30:00.000 + rand(int(6.5 * 60 * 60 * 1000), n)).sort!()
concatDateTime(date, time)
//output
[2019.11.07 14:45:31.471,2019.11.08 15:36:27.437,2019.11.07 15:57:53.982]
```

当需要对每天导入的数据进行查询，以获取特定时间点的数据时，可以结合 SQL 的 select 语句来实现。

```
n = 3
time = 09:30:00.000 09:31:00.000 09:32:00.000
t = table(concatDateTime(take(today(),3), time) as tradedate, rand(10,n) as val)
select * from t where tradedate = concatDateTime(today(), 09:30:00)
//output
tradedate                  val
2024.04.29 09:30:00.000    6
```

3.13.4 交易日历

交易日历在金融领域起着至关重要的作用，它涵盖了各国的法定节假日、休市日以及交易时间的调整等信息，能够帮助投资者和交易者合理安排交易时间、及时了解市场情况，并提高决策的准确性。DolphinDB 自 2.00.9/1.30.21 版本开始，内置了国内外 50 多个交易所的交易日历，同时也支持用户根据自身需求，对这些内置日历进行个性化定制，如基于交易日历计算日期偏移和基于交易日历获取交易日等。下面将通过一些具体场景来介绍 DolphinDB 中交易日历的使用方法。

场景一. 基于交易日历计算日期偏移。

如须对交易日历进行时间偏移，可以使用 temporalAdd(date, duration, exchangeId) 函数，以获取给定时间偏移后的交易日。以 XNYS 为例，如果想要获取 2023 年 1 月 1 日至 2023 年 1 月 6 日增加 2 个交易日后的日期，可以使用以下脚本来实现。

```
dates = [2023.01.01, 2023.01.02, 2023.01.03, 2023.01.04, 2023.01.05, 2023.01.06]
temporalAdd(dates,2,"XNYS")
//output
[2023.01.04,2023.01.04,2023.01.05,2023.01.06,2023.01.09,2023.01.10]
```

场景二. 基于交易日历获取最近的交易日。

getMarketCalendar 函数可以获取相应时间范围内的交易日，但是如果某天不是交易日，又想获得该日期前最近的一个交易日，则可以使用 transFreq(X,rule) 函数。以纽约证券交易所（XNYS）为例，如果想要获取 2023 年 1 月 1 日至 2023 年 1 月 6 日之间最近的交易日，可以使用以下脚本来实现。

```
dates = [2023.01.01, 2023.01.02, 2023.01.03, 2023.01.04, 2023.01.05, 2023.01.06]
dates.transFreq("XNYS")
//output
[2022.12.30,2022.12.30,2023.01.03,2023.01.04,2023.01.05,2023.01.06]
```

DolphinDB 也支持管理员自定义交易日历，或者对现有的交易日历进行修改和更新。通过 DolphinDB 内置的函数管理员可以轻松地创建和更新交易日历。以下是用于操作交易日历的内置函数。

- addMarketHoliday 函数：该函数用于新建交易日历。
- updateMarketHoliday 函数：该函数用于更新交易日历。

3.13.5　时间校验

DolphinDB 提供了一系列的时间校验函数，以确认每月、每年或者每季度最后一天的数据。这些函数包括 isLeapYear、isMonthStart、isMonthEnd、isQuarterStart、isQuarterEnd、isYearStart 和 isYearEnd。它们可以帮助用户根据特定的日期条件进行筛选和处理。例如，如果想在表中过滤出每月最后一天的数据，可以使用 isMonthEnd 函数来实现。

```
n = 3
time = 09:30:00.000 09:31:00.000 09:32:00.000
t = table(concatDateTime(2024.01.30 2024.01.31 2024.02.01, time) as tradedate,
rand(10,n) as val)
select * from t where isMonthEnd(tradedate) = true;
//output
tradedate               val
2024.01.31 09:31:00.000 8
```

3.13.6　采样和频率变化

resample(X,rule,func) 函数可以在采样的基础上，搭配聚合函数获取想要的交易日数据。以 XNYS 某支股票的收盘价数据为例，查询每日收盘价的脚本如下。

```
timestampv = [2022.12.30T23:00:00.000,2023.01.01T00:00:00.000,
              2023.01.03T00:10:00.000,2023.01.03T00:20:00.000,
              2023.01.04T00:20:00.000,2023.01.04T00:30:00.000,
              2023.01.06T00:40:00.000]
close = [100.10, 100.10, 100.10, 78.89, 88.99, 88.67, 78.78]
s = indexedSeries(timestampv, close)
s.resample("XNYS", last)
//output
           #0
           ------
2022.12.30|100.10
2023.01.03|78.89
2023.01.04|88.67
2023.01.05|
2023.01.06|78.78
```

以 XNYS 的某支股票数据为例，asFreq(X,rule)函数会将数据按照交易日（维度为天）展开。如果某一天有多个交易日数据，则该函数会只取第一个值。如果数据中没有交易日序列中的数据，则该函数会以空值来填充。例如，获取 2022 年 12 月 30 日至 2023 年 01 月 06 日的交易日数据的脚本如下。

```
timestampv = [2022.12.30T23:00:00.000,2023.01.01T00:00:00.000,
              2023.01.03T00:10:00.000,2023.01.03T00:20:00.000,
              2023.01.04T00:20:00.000,2023.01.04T00:30:00.000,
              2023.01.06T00:40:00.000]
close = [100.10, 100.10, 100.10, 78.89, 88.99, 88.67, 78.78]
s = indexedSeries(timestampv, close)
s.asFreq("XNYS")
//output
           #0
           ------
2022.12.30|100.10
2023.01.03|100.10
2023.01.04|88.99
2023.01.05|
2023.01.06|78.78
```

在计算 K 线时，经常需要对数据进行频率更换。这时就可以使用 bar 函数结合 regroup 或 group by 子句来实现。例如，如果不指定 K 线窗口的起始时刻，而是根据数据自动生成 5 分钟 K 线结果的脚本如下。

```
n = 1000000
date = take(2019.11.07 2019.11.08, n)
time = (09:30:00.000 + rand(int(6.5 * 60 * 60 * 1000), n)).sort!()
timestamp = concatDateTime(date, time)
price = 100 + cumsum(rand(0.02, n)-0.01)
volume = rand(1000, n)
symbol = rand(`AAPL`FB`AMZN`MSFT, n)
trade = table(symbol, date, time, timestamp, price, volume).sortBy!(`symbol`timestamp)
undef(`date`time`timestamp`price`volume`symbol)
barMinutes = 5
OHLC = select first(price) as open, max(price) as high,
min(price) as low, last(price) as close, sum(volume) as volume
from trade group by symbol, date, bar(time, barMinutes * 60 * 1000) as barStart
```

3.14 字符串操作

字符串操作是数据处理中不可或缺的环节，尤其在处理文本数据时更是至关重要。

DolphinDB 提供了一系列功能强大的字符串操作工具，这些工具支持大小写转换、字符串重复、查询、拼接、填充补齐、去除、分割、计数以及替换等操作。

3.14.1 大小写转换

当在数据表中搜索字符串时，时常会有大小写不匹配的情况，或者在对两个表进行合并时，合并字段的大小写不符。这时就需要先对字段进行大小写的统一再合并。例如，对股票名称字符串大小写统一的脚本如下。

```
x = `Ibm`C`AapL;
x.lower();
//output
["ibm","c","aapl"]
x.upper();
//output
["IBM","C","AAPL"]
```

3.14.2 字符串重复

DolphinDB 提供了字符串重复函数 repeat，该函数能够返回字符串重复多次后的结果。例如，在打印结果的时候，可以利用 repeat 函数打印出任何长度的分隔符。

```
repeat("-",10);
//output
'----------'
repeat(`ABC`DE,3);
//output
["ABCABCABC","DEDEDE"]
```

3.14.3 查询

在 DolphinDB 中，有 3 种查询字符串的方式。

1. 通过使用 like 函数和 ilike 函数查询。这两个函数的主要区别在于是否区分大小写。例如，如果想在一个表格的字段中搜索包含关键字的数据，就可以利用 ilike 函数来实现。

```
tbIndex = table(`充电桩`电车`充电器 as index_name, rand(10,3) as val)
keywords = ["充电桩", "充电"]
select * from tbIndex
where index_name like ("%" + keywords[0] + "%")
      or index_name like ("%" + keywords[1] + "%")
//output
index_name   val
充电桩       8
充电器       5
```

2. strpos 函数能够检查字符串中是否包含子字符串。如果包含，则返回子字符串在原字符串中的起始位置。这个函数在字符串搜索中十分常用。例如，如果想解析出文件名称的主名部分就可以利用 strpos 函数来实现。

```
f = '603998.csv'
symCode = substr(f, 0, strpos(f,"."))
symCode;
//output
603998
```

3. regexFind 函数能够检查字符串中是否包含正则表达式表示的子字符串。如果包含，则返回子字符串在原字符串中的起始位置。例如，可以使用 regexFind 函数来实现类似于 strpos 函数的功能。

```
substr(f, 0, regexFind(f, ".csv"))
//output
603998
```

与 strpos 函数相比，regexFind 函数可以使用正则表达式，可以包含字面量字符、元字符或者这两者的组合，所以更加灵活。例如，使用 regexFind 函数可以找到任意数字或者字母在字符串中开始的位置。

```
regexFind("1231hsdU777_ DW#122ddd", "[0-9] + ")
//output
0
regexFind("1231hsdU777_ DW#122ddd", "[0-9] + ", 4)
//output
8
regexFind("1231hsdU777_ DW#122ddd", "[a-z] + ")
//output
4
```

除了上述这 3 个搜索位置的函数，DolphinDB 中还有获取字符串中指定位置的字符的函数。

1. charAt 函数可以获取字符串中指定位置的字符。

```
charAt('abc',2)
//output
'c'
charAt(['hello', 'world'], [3, 4])
//output
['l', 'd']
```

2. left 和 right 函数能够分别从字符串的左侧和右侧截取指定长度的字符串。

```
left("hello world", 5)
//output
hello
right("hello world", 5)
//output
world
```

3. substr 和 substru 函数能够指定开始截取的位置和长度。

```
substr("This is a test", 5, 2)
//output
is
```

substr 和 substru 函数之间的区别是 substru 截取的是 Unicode 编码的字符串。

3.14.4 拼接

在 DolphinDB 中，字符拼接可以通过两种方式实现。第一种是直接使用加号（+）操作符。例如，当需要将股票的字母标识与数字编号结合成一个完整的股票代码时，可以直接将两者相加。

```
n = 1000
syms = take(`A`B`C, n)
codes = take(1..1000,n).format('000000')
tb = table(syms + codes as symbol, rand(100.0,n) as price, rand(100,n) as qty)
select * from tb limit 5;
//output
     symbol     price                qty
0    A000001    0.9719231398776174   99
1    B000002    62.13293126784265    10
2    C000003    4.1660146322101355   26
3    A000004    20.335673121735454   15
4    B000005    20.183310681022704   81
```

第二种是使用 concat(X, Y) 函数，其中 X 可以是字符串标量或者向量，而 Y 只能是字符串或者字符。如果 X 为空值，则该函数将会返回一个空字符串。例如，当需要合并字符串向量时，可以使用 concat 函数设置中间的分隔符。

```
x = concat(`IBM`GOOG`APPL, ",")
x
//output
IBM,GOOG,APPL
```

3.14.5　填充补齐

DolphinDB 中的 lpad 和 rpad 函数可以分别从字符串的左侧和右侧填充指定的字符串。如果指定字符串的长度小于原字符串的长度，则 lpad 函数相当于 left 函数，rpad 函数相当于 right 函数。例如，可以使用 lpad 函数补齐股票代码的字母标识部分。

```
codes = (1..5).format('000000')
lpad(codes, 8, `SZ)
//output
[SZ000001,SZ000002,SZ000003,SZ000004,SZ000005]
```

3.14.6　去除

trim 函数能够去除字符串首尾的空格。而 ltrim 和 rtrim 函数能够分别去除字符串左侧和右侧的空格。例如，可以使用 trim 函数删除用户不小心输入的空格字符，以确保数据的准确性。

```
username = "  aa  "
username.trim()
//output
aa
```

此外，还可以使用 strip 函数。该函数不仅能够去除字符串首尾的空格，还能去除字符串首尾的制表符、换行符和回车符。

```
strip("   \t  aa   ");
//output
aa
```

3.14.7 分割

在前面的小节已经介绍过 substr 和 substru 函数。这两个函数主要用于字符串的截取。它们在处理一些问题时非常有用，如股票代码开头的匹配查询。

```
select * from tb where substr(symbol, 0, 2) = 'SZ'
```

在分割字符串时，可以使用 split 函数。该函数最基础的用法如下。

```
split("xyz 1 ABCD 3241.32", " ")
//output
["xyz", "1", "ABCD", "3241.32"]
```

如果想对表格中的列数据进行分割，并返回一个列式元组，可以自定义一个函数来实现这一目标。例如：

```
t = table(1..3 as id, ["a,b,c", "d,e,f", "g,h,i"] as val)
def splitV(sp){
  v = split(sp, ",")
  return v[0], v[1], v[2]
}
select id, splitV(val) as `col1`col2`col3 from t
```

3.14.8 计数

DolphinDB 也提供了一系列用于计算字符串长度的相关函数。

- strlen 函数能够计算字符串的长度。而 strlenu 函数能够计算 Unicode 编码的目标字符串的长度。

```
strlen("Hello World!");
//output
12
strlenu("你好");
//output
2
```

- wc 函数能够计算字符串中的单词数。

```
wc("Hello World!");
//output
2
```

- regexCount 函数能够计算一个子字符串在字符串中出现的次数，并支持使用正则表达式来表示这个字符串。

```
regexCount("this subject has a submarine as subsequence", "\\b(sub)([^ ]*)");
//output
3
```

3.14.9 替换

DolphinDB 提供了 strReplace 和 regexReplace 函数来替换字符串中的内容。这两个函数的主要区别在于，regexReplace 函数支持使用正则表达式表示替换的内容，并且能够指定开始搜索的位置。

```
strReplace("The ball is red.", "red", "green");
//output
The ball is green.
```

例如，在使用 funcByName 函数调用格式相同的函数名时，可以将字符串部分替换为相应的编号。

```
def func100(){
    return 1
}
def func101(){
    return 2
}
funcName = each(regexReplace{"func000", "[0-9] + ",}, ['100','101'])
each(funcByName, funcName)
```

思考题

1. 随机生成一个表格 *t*：

```
t = table(take(`a`b`c, 100) as id, rand(100.0, 100) as val)
```

如何将表格 *t* 中第 10～19 行的 val 列设置为空值，以及如何将这些缺失值全部替换为 1.0？

2. 在写入数据时，用户希望可以去除重复数据，使得键值唯一。假设用户希望以 ID 和 Date 作为键值，并且保留最新的值，那么在 DolphinDB 中怎么操作能满足以上的需求？

3. 假设你有一个包含学生信息的表格，其中包含以下几列。

- name：学生的姓名。
- age：学生的年龄。
- gender：学生的性别。

现在需要进行一些数据修改操作，请编写 DolphinDB 脚本以完成以下任务。

- 将所有男性学生的性别由“男”改为“Male”，将所有女性学生的性别由“女”改为“Female”。
- 将年龄小于 18 岁的学生的年龄改为 18 岁，将年龄大于 60 岁的学生的年龄改为 60 岁。

```
student = table('Student' + string(1..10) as name, 10 10 20 25 50 60 70 44 20 18 as age,
rand(["男","女"], 10) as gender)
```

4. 如果你有一个内存表 *t*，里面有一列名为 val，其当前的数据类型是 STRING，如何用一行代码修改此列的数据类型为 DOUBLE。

5. 假设两个向量等长，那么如何找到向量 *a* 中第一个大于向量 *b* 中相应元素的值及其索引？

6. 假设你有两个矩阵需要根据时间进行合并，如何使用函数按时间列标签进行合并以保证：a.行等值连接；b.列时序连接？

```
x1 = [09:00:00, 09:00:01, 09:00:03]
x2 = [09:00:00, 09:00:02, 09:00:03, 09:00:04]
m1 = matrix(1 2 3, 2 3 4, 3 4 5).rename!(x1)
m2 = matrix(1 2 3, 2 3 4, 3 4 5, 4 5 6).rename!(x2)
```

7. 假设你有一个包含股票信息的表格，其中包含以下几列。

- symbol：股票代码
- time：交易时间
- val：交易价格

```
t = table("sym" + string(1..1000) as symbol, 2022.01M + rand(10, 1000) as time,
rand(100, 1000) as val)
```

现在需要根据 val 列中的每个月份（时间）进行分组。

- 如果想要将 val 列分成大小相等的 5 组，并且返回每一条记录相对应的组别向量，如何在 DolphinDB 中实现？
- 如果需要将已知的范围 0～100 分为 5 组，又该如何实现呢？

8. 假设你有一个表格，其中每行是按时间戳排序的时间点，每列是一只股票。利用 `panel` 函数生成的矩阵，计算每只股票的累积最大股价。

```
syms = "sym" + string(1..2)
dates = 2021.12.07..2021.12.11
t = table(loop(take{, size(syms)}, dates).flatten() as trade_date,
take(syms, size(syms) * size(dates)) as code, rand(1000, (size(syms)*size(dates))) as volume)
```

9. 假设你有一个表示每条记录的时间戳向量 datetime，其格式为 `YYYY-MM-DD HH:MM:SSS`。

```
datetime = ["2018-2-6 13:30:10.001",
            "2018-2-6 15:30:10.001",
            "2018-2-7 13:30:10.001",
            "2018-2-7 15:30:10.001"]
```

编写 DolphinDB 脚本完成以下操作。

- 计算每条记录的日期，并存储在名为 date 的新向量中，日期格式为 `YYYY-MM-DD`。
- 计算每条记录的小时，并存储在名为 time 的新向量中，小时格式为 `HH:MM`。

10. 假设你有一个包含因子信息的表格，其中有一列名为“因子信息”，里面包含了因子 1、因子 2、...、因子 100 等字符串列。

```
factor_tb = table(take('因子', 100) + string(1..100) as id, rand(100.00, 100) as val)
select * from factor_tb limit 5;
     id        val
0    因子1     4.148311913013458
1    因子2     51.7292691860348
2    因子3     50.18481102306396
3    因子4     66.00849288515747
4    因子5     7.048362330533564
```

现在需要你编写 DolphinDB 脚本，将这一列中所有的“因子”替换为“factor”，并将 val 列保留两位小数的数值合并成一个字符串，生成一个向量，向量的格式为“factorXX value: 00.00”。例如，对于因子 1，结果应为“factor1 value: 4.15”。

第 4 章 窗口计算

CHAPTER 4

在时序处理或分析数据时，经常需要使用窗口计算。DolphinDB 提供了一套强大的窗口计算函数，这些函数既可以处理数据表（使用 SQL 语句），又可处理矩阵和向量，甚至在流式计算中也同样适用。在此基础上，DolphinDB 还对窗口计算进行了精心优化，与其他系统相比，它拥有显著的性能优势。本章将系统地介绍 DolphinDB 的窗口计算，内容包括窗口概述、滚动窗口、滑动窗口、其他窗口，以及窗口函数的常见问题等，旨在帮助读者快速掌握和运用 DolphinDB 强大的窗口计算功能。

4.1 窗口概述

窗口计算在各个领域的实时计算和统计分析等场景中都应用广泛。在金融领域，计算 K 线、滑动平均值等需要用到窗口计算；在物联网领域，设备的异常值检测、1 秒内的累计值计算也需要用到窗口计算。DolphinDB 在实时计算和离线分析计算方面，都可以轻松实现高效的窗口计算。在 DolphinDB 中，根据窗口划分的方式，可以将窗口计算大致分为以下 3 类。

- 滚动窗口
- 滑动窗口
- 其他窗口

滚动窗口是窗口计算中最常见的一种类型。这类窗口的大小是固定的，可以是固定的行数或者固定的时间。窗口以固定的尺寸（我们称之为步长）滚动，当步长大于等于窗口大小时，相邻窗口之间的数据将不会重叠，反之将会重叠。在 SQL 中，滚动窗口经常与 group by 子句结合使用。group by 子句通常与 `interval`、`bar` 或 `dailyAlignedBar` 函数搭配使用，以确定时间窗口的大小。例如，有一个包含从 10:00:00 到 10:05:59 时间段的数据表，如果想要每 2 分钟统计一次交易量之和，就可以利用 `bar` 函数来实现。

```
t = table(2021.11.01T10:00:00 .. 2021.11.01T10:05:59 as time, 1..360 as volume)
select sum(volume) from t group by bar(time, 2m)
```

除了 SQL，通过结合一些高阶函数和聚合函数，也可以实现滚动窗口计算。这些高阶函数包括 `groupby`、`rolling`、`aggrTopN`、`resample` 等。

滑动窗口为表中的每一条记录生成一个对应的窗口（按时间或按条数），并在每个窗口上执行计算，以得到一个输出值。因此，在滑动窗口操作中，输入与输出的长度相同。在这一点上，滑动窗口与滚动窗口有很大不同。另外，滚动窗口的大小是固定的，而滑动窗口则不一定。滑动窗口支持使用高阶函数和一系列封装好的函数来进行复杂的数据处理和分析。滑动窗口经常涉及的函数有以下几类。

- 从当前记录回溯固定行数的 m 系列窗口函数，如 `mavg`、`msum` 以及高阶函数 `moving`。
- 从当前记录回溯固定时间的 tm 系列窗口函数，如 `tmavg`、`tmsum` 以及高阶函数 `tmoving`。
- 计算从数据开始到当前记录的累积值的 cum 系列函数，如 `cumavg` 和 `cumsum` 函数。
- 针对前面 3 类滑动窗口函数，如果每个窗口内的数据仍需要排序，并只选择部分数据进行聚合计算，则分别形成 mTopN 系列、tmTopN 系列和 cumTopN 系列窗口函数。
- 如果 start 和 end 被定义为每一个滑动窗口相对于当前记录的相对位置，那么可以用高阶函数 `window`（相对行数）或 `twindow`（相对时间）来表示任意的滑动窗口。在 SQL 中，可以用开窗函数来表示这种任意的滑动窗口。

下面以 `msum` 函数为例，滑动计算窗口大小为 5 行的 vol 值之和。

```
t = table(2021.11.01T10:00:00 + 0 1 2 9 10 17 18 30 as time, 1..8 as vol)
select time, vol, msum(vol,5,1) from t
//output
time                    vol  msum_vol
2021.11.01 10:00:00     1    1
2021.11.01 10:00:01     2    3
2021.11.01 10:00:02     3    6
2021.11.01 10:00:09     4    10
2021.11.01 10:00:10     5    15
2021.11.01 10:00:17     6    20
2021.11.01 10:00:18     7    25
2021.11.01 10:00:30     8    30
```

在面对需要同时处理多个键值的滑动窗口问题时，在 SQL 中，窗口函数经常与 context by 子句搭配使用，而在非 SQL 环境中，窗口函数经常与高阶函数 `contextby` 搭配使用。

除了经常使用的滚动窗口和滑动窗口，**段窗口**（见图 4-1）和**会话窗口**（见图 4-2）也会被使用到。段窗口是按照数据中相邻元素是否相同来划分的窗口。段窗口经常用于事务的状态切换，如一个交易策略从买入转向卖出。

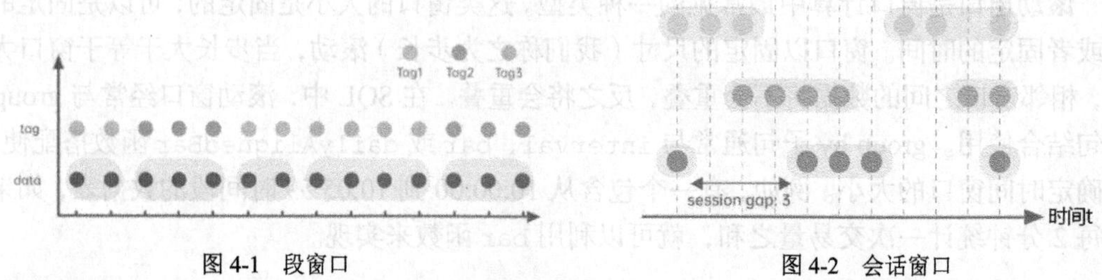

图 4-1　段窗口　　　　图 4-2　会话窗口

会话窗口是按照一个会话的闲置时间是否超过某个设定值来划分的窗口。例如，当需要分析用户访问某一个网站的模式，以及分析两个人之间聊天的模式时，用会话窗口是一种自然且合理的方式。

不论是哪一种窗口，单一窗口内的计算通常都可以转化为聚合计算。DolphinDB 内置的一些常用的聚合函数包括：`count`、`nunique`、`first`、`firstNot`、`last`、`lastNot`、 ifirstNot、ilastNot、imax、imin、imaxLast、iminLast、max、min、avg、sum、sum2、prod、var、varp、std、stdp、skew、kurtosis、med、percentile、mad、covar、corr、wavg、wsum、beta、atImax、atImin、spearmanr、kendall、mutualinfo、euclidean。

按照窗口计量方式的不同，滚动窗口和滑动窗口可以分为事件型窗口和时间型窗口。前者以记录数量来定义窗口或步长的大小，而后者则以时间来定义大小。DolphinDB 定义了一种数据类型 DURATION 来描述时间间隔。一个 DURATION 值包括整数和时间单位两部分，如-3w 和 2d 分别表示往前 3 个星期以及 2 天。DolphinDB 支持的时间间隔单位包括：y、M、w、d、B、H、m、s、ms、us、ns 和交易日历。由于不同的交易所有不同的交易日历，因此 DolphinDB 采用由 4 个大写字母组成的 ISO 编码来代表一个交易所的日历，如 3XNYS 代表纽约证券交易所的 3 个交易日。交易日历的引入，大大方便了金融行业交易数据的处理。

4.2 滚动窗口

按照记录数量滚动的事件型窗口一般适用于整理好的时间序列数据。高阶函数 rolling(func, funcArgs, window, [step = 1])可以用于实现事件型滚动窗口的计算。例如，如果想在已经处理好的 1 秒 K 线的基础上，合成 5 秒的 K 线，那么可以转换为将每 5 条记录作为一个窗口。

```
minBar = 2024.03.08T10:00:00 + 0..9
aaplClose = [170.88,170.88,170.90,171.05,171.18,171.30,171.51,171.49,171.31,171.14]
table(rolling(func = first, funcArgs = minBar, window = 5, step = 5) as time,
      rolling(func = last, funcArgs = aaplClose, window = 5, step = 5) as lastClose)
//output
time                lastClose
------------------- -------------------
2024.03.08T10:00:00 171.18
2024.03.08T10:00:05 171.14
```

如果我们希望每隔 2 秒计算一次过去 5 秒窗口的 K 线，仍然可以使用 rolling 函数，但这次需要把步长改为 2。

```
table(rolling(func = first, funcArgs = minBar, window = 5, step = 2) as time,
      rolling(func = last, funcArgs = aaplClose, window = 5, step = 2) as lastClose)
//output
time                lastClose
------------------- -------------------
2024.03.08T10:00:00 171.18
2024.03.08T10:00:02 171.51
2024.03.08T10:00:04 171.31
```

rolling 函数不仅可以处理单个向量，也可以处理面板数据。在下面的例子中，aapl 和 ibm 的 close 价格序列构成了一个面板数据（矩阵），其中每一列代表一只股票，每一行代表一个时间点，使用 rolling 函数处理后的结果仍然保持面板数据的形式。

```
minBar = 2024.03.08T10:00:00 + 0..9
aaplClose = [170.88,170.88,170.90,171.05,171.18,171.30,171.51,171.49,171.31,171.14]
ibmClose = [150.15,150.18,150.20,150.05,150.18,150.25,150.32,150.30,150.31,150.20]
m = matrix(aaplClose, ibmClose).rename!(minBar, `aapl`ibm)
rolling(func = last, funcArgs = m, window = 5, step = 2)
//output
```

```
                    aapl   ibm
                    ------ ------
2024.03.08T10:00:00|171.18 150.18
2024.03.08T10:00:02|171.51 150.32
2024.03.08T10:00:04|171.31 150.31
```

在 DolphinDB 中，对于时间型的滚动窗口计算，通常使用 SQL 的 group by 子句来实现。在下面的例子中，在 select 语句部分用聚合函数 avg 对 applClose 这个字段进行了计算，再搭配 group by 子句的 `bar` 函数对表中的时间列及其对应的数值列进行了滚动窗口计算。

```
minBar = 2024.03.08T10:00:00 + 0..9
aaplClose = [170.88,170.88,170.90,171.05,171.18,171.30,171.51,171.49,171.31,171.14]
t  = table(minBar, aaplClose)
select avg(aaplClose) as avgClose from t group by bar(minBar, 5s) as min5_Close
//output
min5_Close          avgClose
------------------- ---------
2024.03.08T10:00:00 170.978
2024.03.08T10:00:05 171.350
```

值得一提的是 `bar` 函数。在示例中，`bar` 函数先指定了时间列，即根据哪一个时间戳列来创建滚动窗口。接着，它设定了 5 秒作为滚动窗口的大小，从而划分了窗口。`bar` 函数会将整除的时间戳（即 10:00:00 和 10:00:05 这两个时间戳）作为时间标签，输出到结果中。

此时，用户可能会有一个疑问，如果窗口大小不能被起始时间整除怎么办？为了解决这个问题，DolphinDB 提供了 `dailyAlignedBar` 函数。该函数可以设置每天的起始时间和结束时间，使得时间戳可以根据起始时间进行规整，从而精确地对数据进行分组和聚合。以期货市场为例，如果想要分析国内期货市场的两个交易时段——下午 1:30 至 3:00 和晚上 9:00 至凌晨 2:30，并且计算每个交易时段内每 7 分钟的均价，就可以利用 `dailyAlignedBar` 函数来实现。

```
sessions = 13:30:00 21:00:00
ts = 2021.11.01T13:30:00..2021.11.01T15:00:00 join
2021.11.01T21:00:00..2021.11.02T02:30:00
ts = ts join (ts + 60 * 60 * 24)
t1 = table(ts, rand(10.0, size(ts)) as price)
select avg(price) as price, count(*) as count
from t1 group by dailyAlignedBar(ts, sessions, 7m) as k7
//output
k7                  price   count
------------------- ------- -----
2021.11.01T13:30:00 4.81     420
2021.11.01T13:37:00 5.27     420
2021.11.01T13:44:00 4.98     420
...
2021.11.01T14:47:00 5.03     420
2021.11.01T14:54:00 5.20     361
2021.11.01T21:00:00 4.95     420
...
2021.11.01T23:55:00 5.15     420
2021.11.02T00:02:00 5.09     420
2021.11.02T00:09:00 5.03     420
...
```

在上述脚本中，设置了开始时间为 13:30:00 和 21:00:00。通过使用 `dailyAlignedBar` 函数，确保了这两个时间段的起始时间戳被正确地归为起始位置。同时，这个函数也支持处理隔夜时段。值得注意的是，即使原始时间戳包含了第二天的数据，这些数据也并没有重新开窗口计算，而是归到了前一天的最后一个窗口中，确保了时间的连续性。

如果原始数据有缺失的话，该怎么进行插值呢？例如，期货市场中会有一些不活跃的期货，这些期货可能在一段时间内都没有报价，但是在数据分析的时候需要每 2 秒输出该期货的数据。从 bar 函数的参数来看，bar 函数没有办法实现这个需求，除非先填充缺失值。为实现在滚动窗口中插值，可以使用 interval 函数。在下面的示例中，对 CLF1 这个期货进行了 2 秒的滚动窗口计算。原始数据中，5 秒到 9 秒中的数据是缺失的，在计算滚动窗口的时候，缺失值使用前一个值进行填充。

```
t2 = table(2021.01.01T01:00:00 + (1..5 join 9..11) as time, take(`CLF1, 8) as contract,
    50..57 as price)
t2
//output
time                contract price
------------------- -------- -----
2021.01.01T01:00:01 CLF1     50
2021.01.01T01:00:02 CLF1     51
2021.01.01T01:00:03 CLF1     52
2021.01.01T01:00:04 CLF1     53
2021.01.01T01:00:05 CLF1     54
2021.01.01T01:00:09 CLF1     55
2021.01.01T01:00:10 CLF1     56
2021.01.01T01:00:11 CLF1     57
select last(contract) as contract, last(price) as price
    from t2 group by interval(time, 2s, "prev")
//output
interval_time       contract price
------------------- -------- -----
2021.01.01T01:00:00 CLF1     50
2021.01.01T01:00:02 CLF1     52
2021.01.01T01:00:04 CLF1     54
2021.01.01T01:00:06 CLF1     54
2021.01.01T01:00:08 CLF1     55
2021.01.01T01:00:10 CLF1     57
```

interval 函数是与 SQL 的 group by 子句配合使用的一个哑函数，其功能十分强大。除了上例中展示的缺失值填充功能，该函数还可以指定步长、指定起始时间的计算方式、选择窗口是右闭还是左闭，以及选择窗口标签是使用左值还是右值等。

对于时间型滚动窗口的相关操作，如果不使用 SQL 实现，也可以使用 resample 函数来实现。resample 函数的对象通常是索引矩阵，即那些索引为时间的矩阵。例如，如果需要对日频的数据进行按月降频的操作，可以通过下面的脚本来实现。但是与 interval 函数不同，resample 函数不能指定步长。换句话说，步长必须等于窗口大小。

```
m = matrix(1..5, 1..5)
index = temporalAdd(2000.01.01, [1, 1, 2, 2, 3], "d")
m.rename!(index, `A`B)
m
//output
           A B
           - -
2000.01.02|1 1
2000.01.02|2 2
2000.01.03|3 3
2000.01.03|4 4
2000.01.04|5 5
m.resample(rule = `M, func = sum)
//output
            A  B
           -- --
2000.01.31|15 15
```

上述滚动窗口的例子都使用了内置的聚合函数。事实上，我们也可以根据需求自定义聚合函数。例如，在下面的脚本中，就自定义了几何平均函数。

```
defg geometricMean(x){
    return x.log().avg().exp()
}
select geometricMean(aaplClose) as geometricMeanClose
from t group by bar(minBar,5s) as min5_Close
//output
min5_Close          geometricMeanClose
------------------- -------------------
2024.03.08T10:00:00 170.97795832468472
2024.03.08T10:00:05 171.349945485736384
```

aggrTopN 是一个高阶函数，用于对一组数据集中排序后的前 N 个元素执行聚合操作。例如，要计算每只股票每分钟交易量前 25% 的交易的平均价格，就可以利用 aggrTopN 函数来实现。

```
t4 = table(`A`A`A`B`B`B`B`B`B`B`B as sym,
[09:30:06,09:30:28,09:31:46,09:31:59,09:30:19,09:30:43,09:31:23,09:31:56,
09:30:44,09:31:25,09:31:57] as time, 10 20 10 30 20 40 30 30 30 20 40 as volume,
10.05 10.06 10.07 10.05 20.12 20.13 20.14 20.15 20.12 20.13 20.16 as price)
t4
//output
sym time     volume price
--- -------- ------ ------
A   09:30:06 10     10.05
A   09:30:28 20     10.06
A   09:31:46 10     10.07
B   09:31:59 30     10.05
B   09:30:19 20     20.12
B   09:30:43 40     20.13
B   09:31:23 30     20.14
B   09:31:56 30     20.15
B   09:30:44 30     20.12
B   09:31:25 20     20.13
B   09:31:57 40     20.16
select aggrTopN(func = avg, funcArgs = price, sortingCol = volume, top = 0.25,
ascending = false) from t4 group by sym, minute(time)
//output
sym   minute_time   aggrTopN_avg
---  -----------  ----------
A     09:30m      10.06
A     09:31m      10.07
B     09:30m      20.13
B     09:31m      20.16
```

4.3 滑动窗口

DolphinDB 中的滑动窗口也可以分为事件型和时间型滑动窗口。滑动窗口函数通常搭配 SQL 的 context by 子句或者高阶函数 contextby 使用。

4.3.1 事件型滑动窗口

普通滑动窗口的左右边界在滑动过程中会同时移动。这种窗口的应用非常广泛，在

DolphinDB 中对应的是 m 系列函数，如 mavg 和 msum 等。例如，现有苹果公司一年的日频 K 线数据，如果想要获取股价的 10 日均线，就可以使用 m 系列函数中的 mavg 函数来计算。

```
appl_daily = loadText("<BookDir>/chapter4/AAPL.csv")
avg10 = select Date, Close, mavg(Close,10) as avg10 from appl_daily
```

计算的结果可以通过可视化的方式进行展示，如图 4-3 所示。

```
plot(avg10[`Close`avg10],appl_daily.Date," Apple price with 10-day moving average")
```

图 4-3　苹果公司股价的 10 日均线

上述计算比较简单，因为表中只有苹果公司这一只股票，那假如表中有多只股票想分别进行滑动平均计算呢？普通 SQL 中的 group by 子句只能返回一个标量值，但是无法直接应对滑动平均这种每一组返回一个和组内元素数量相同的向量的场景。为了满足更广泛的数据分析需求，DolphinDB 对 SQL 进行了拓展，引入了 context by 子句。该子句既可以配合聚合函数使用，也可以与滑动窗口函数结合使用。例如，假设数据中有苹果和微软公司两只股票，那么可以通过一条 SQL 语句，利用 context by 子句，同时计算出这两只股票的 10 日滑动平均值。

```
appl_msft= loadText("<BookDir>/chapter4/APPLMSFT.csv")
multiAvg10 = select Date,tickName, Close, mavg(Close,10) as avg10
from appl_msft context by tickName
```

计算的结果可以通过可视化的方式进行展示，如图 4-4 所示。

```
prep = lj((select Close from multiAvg10 pivot by Date, tickName),
    (select avg10 from multiAvg10 pivot by Date, tickName), `Date)
plot(prep[`AAPL`MSFT`multiAvg10_AAPL`multiAvg10_MSFT], prep.Date,
    "Apple & Microsoft price with 10-day moving average")
```

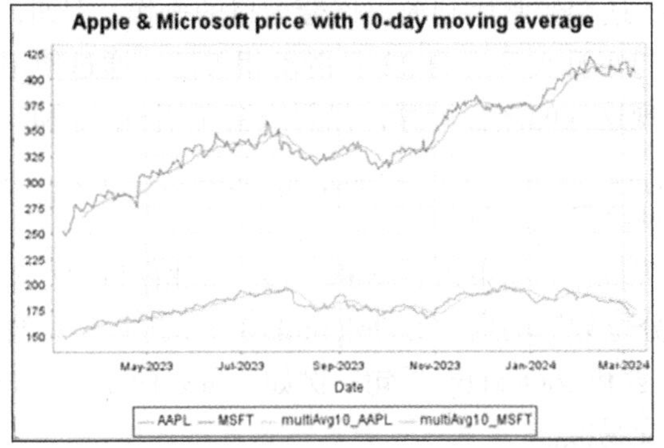

图 4-4　苹果和微软公司股价的 10 日均线

DolphinDB 除了在 SQL 中拓展了类似于 context by 和 pivot by 这样的子句，还封装了大量常用的分析函数，如用于计算滑动平均值的 mavg 函数。那么，有人可能会问，如果要进行的窗口计算很复杂，而内置的滑动窗口函数无法满足需求怎么办？这种情况下，就可以使用 moving 函数嵌套聚合函数来完成滑动计算。moving 是一个处理滑动窗口计算的高阶函数。例如：

```
1  n = 1000000
2  x = norm(0, 1, n);
3  timer mavg(x, 10) //output 3.5ms
4  timer moving(avg, x, 10) //output 976ms
```

虽然，上述脚本中第 3 行和第 4 行的结果是一样的，但是推荐使用内置函数 mavg。内置滑动窗口函数 mavg 的计算耗时是 3.5 毫秒，而 moving 嵌套 avg 函数的计算耗时是 976 毫秒，原因是内置的滑动窗口函数大部分采用了增量算法，这使得它们的效率更高。如果没有符合场景的算子，用户也可以自定义聚合函数（使用 defg 关键词）。例如，想要在每一个窗口内进行几何平均计算，可以按照以下方式编写脚本。

```
defg geometricMean(x){
    return x.log().avg().exp()
}
udfMoving = select Date,tickName, moving(geometricMean, Close, 10) as geometricMean10
from appl_msft context by tickName
```

计算的结果可以通过可视化的方式进行展示，如图 4-5 所示。

```
prep = select geometric Mean 10 from adfMoving pivot by Date,tickName
plot (prep[`AAPL`MSFT],prep. Date,
"Apple price with 10-day moving geometric average")
```

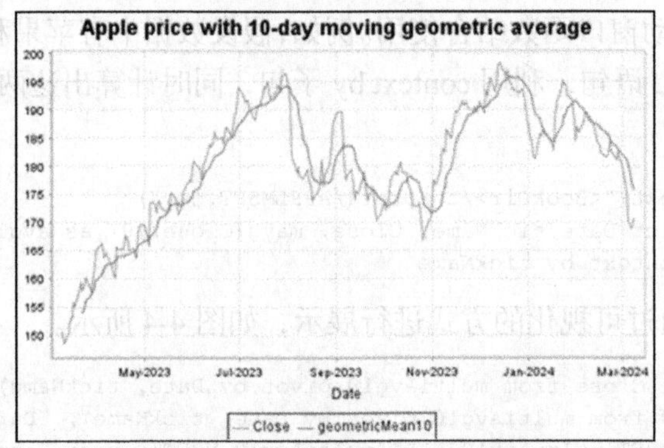

图 4-5　苹果公司的 10 日几何平均值

在数据分析过程中，还会经常用到窗口嵌套窗口的操作。例如，首先计算 5 日平均交易量，然后再计算该指标与每日收盘价的 22 日滑动相关性。通过使用 context by 子句和滑动窗口函数，可以轻松实现这样的嵌套计算，只要嵌套调用 mavg 和 mcorr 函数即可。

```
select Date, tickName, mcorr(mavg(volume, 5), Close, 22) as metric
from appl_msft context by tickName
```

累计窗口的起始边界固定，结束边界不断右移，因此窗口大小不断增加。累计窗口常常用在计算累计值，历史分位数等场景。在 DolphinDB 中，进行累计窗口计算的最常见方法是结合使用 cum 系列的函数和 context by 子句。例如，可以使用 cumsum 函数来计算苹果公司和微软公司一年的累计交易额。

```
cumsumVolume = select Date,tickName, cumsum(Volume) as cumsumVolume
from appl_msft context by tickName
```

计算的结果可以通过可视化的方式进行展示，如图 4-6 所示。

```
prep = select cumsumVolume from cumsumVolume pivot by Date, tickName
plot(prep[`AAPL`MSFT], prep.Date, "Cumulative trading volume")
```

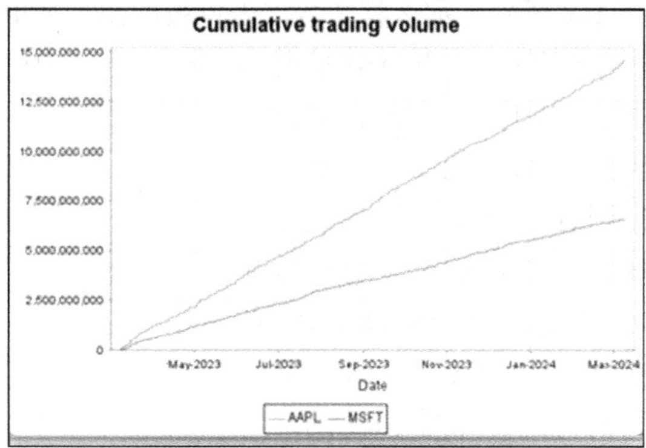

图 4-6 苹果和微软公司的累计交易额

除了普通滑动窗口和累计窗口，DolphinDB 还提供了一个能够更灵活设定左右边界的窗口，该窗口通过 window 函数实现。虽然 window 窗口的左右边界同样是一起滑动的，但是窗口是基于表中指定的记录进行划分的，因此会更灵活一些。普通滑动窗口和累计窗口不能包含当前记录之后的数据，但是 window 的窗口可以基于某条记录的前后数据进行计算。例如，基于前两节的数据，计算苹果和微软公司前后 10 条记录的移动平均值。

```
window20 = select Date,tickName, Close, window(avg, Close,-10:10) as window20
from appl_msft context by tickName
```

计算的结果可以通过可视化的方式进行展示，如图 4-7 所示。

```
prep = lj(cselect Close from window20 pivot by Date,tickName),
(select window20 from window20 pivot by Date,tickName),Date)
plot(prep[`AAPL`MSFT`window20_AAPL`window20_MSFT],prep.Date,
"Apple & M icrosoft price with moving average ten records before and after")
```

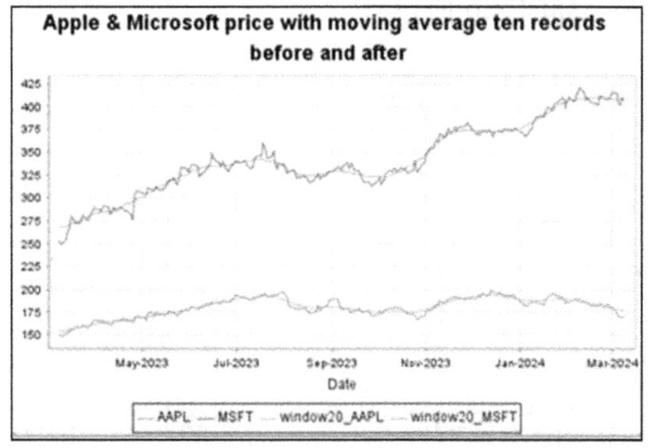

图 4-7 苹果和微软公司前后 10 条记录的移动平均值

提到滑动窗口，熟悉 SQL 的人可能会第一时间想到**开窗函数**。在 SQL 中，开窗函数的用法是函数名（列名）OVER（partition by 列名 order by 列名）。DolphinDB 同样支持这种用法，但它将这类支持的函数命名为分析函数。该函数的具体用法如下，其中 PARTITION BY、ORDER BY 和 window_frame 都是可选的。

```
<analytic_function> OVER (
   PARTITION BY <column>
   ORDER BY <column> ASC|DESC
   <window_frame>) <window_column_alias>
```

PARTITION BY 子句用于将数据表分成多个组，使得分析函数可以独立地应用于每个分组。如果没有 PARTITION BY 子句，那么整个数据表将被视作一个单一的分组。PARTITION BY 的功能与在滑动窗口中介绍的 DolphinDB 扩展的 context by 的功能相同。ORDER BY 子句用于确定每个分组内行的顺序。如果没有指定 ORDER BY 子句，则分组内的行是无序的。如果指定了 ORDER BY 子句，则分组内的数据会先按照 ORDER BY 子句指定的列进行排序后再应用分析函数。这里，ORDER BY 子句的用法与 DolphinDB 扩展的 csort 的功能是一致的。window_frame，即窗口帧，用于定义划分窗口的范围，如图 4-8 所示。

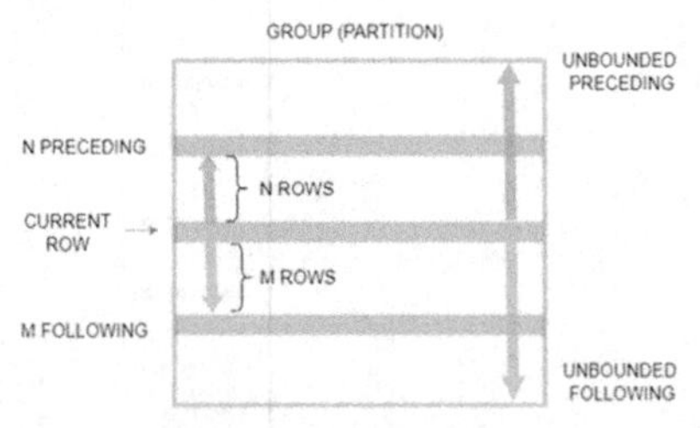

图 4-8　开窗函数的窗口帧

DolphinDB 支持通过 ROWS 和 RANGE 函数定义窗口帧。

```
ROWS|RANGE BETWEEN lower_bound AND upper_bound
```

BETWEEN ... AND ... 用于定义窗口帧的边界，这要求指定一个下限（lower_bound）和一个上限（upper_bound），并且下限必须在上限之前。窗口的边界可以是以下 5 个选项中的任意一个。

- UNBOUNDED PRECEDING：当前行之前的所有行。
- n PRECEDING：当前行之前的 *n* 行，其中 *n* 是一个具体数字，如 5 PRECEDING。
- CURRENT ROW：仅当前行。
- n FOLLOWING：当前行之后的 *n* 行，其中 *n* 是一个具体数字，如 5 FOLLOWING。
- UNBOUNDED FOLLOWING：当前行之后的所有行。

从参数上可以看到，开窗函数对窗口范围的定义很灵活。例如，RANGE BETWEEN 200 PRECEDING AND 100 FOLLOWING 表示当前行的值减 200 和当前行的值加 100 之间的所有行，包括排序值相同的行，如图 4-9 所示。

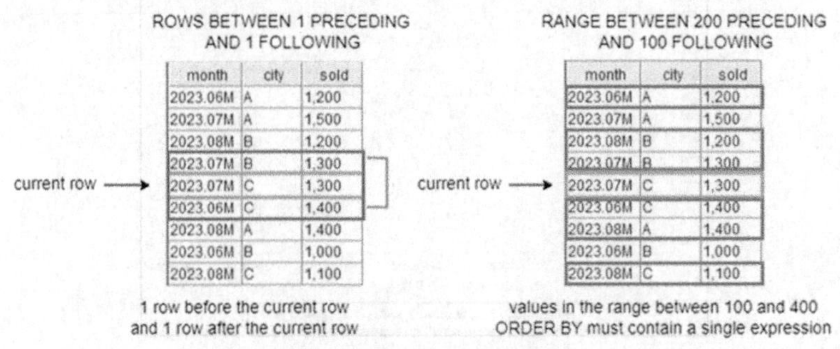

图 4-9　开窗函数的窗口范围

在处理苹果和微软公司股票的日频数据时，如果想得到每只股票按 Volume 降序排序之后，由当前行的前 9 行到当前行组成的窗口内的平均收盘价就可以使用开窗函数或滑动窗口函数来实现。

```
select *,
  avg(Close) OVER(
    partition by tickName
    ORDER BY Volume DESC
    rows 9 preceding)
from appl_msft

//等价于下面的 SQL 语句
select *, mavg(close, 10, 1) from appl_msft context by tickName csort Volume desc
```

从上面这个例子可以看出，context by 子句和分析函数可以实现同样的功能，但是前者在表达上更为简洁。这种简洁性在滑动窗口函数嵌套的场景下更为明显。从下面的例子不难发现，分析函数为了实现窗口嵌套，不得不使用子查询。而 context by 子句则可以直接通过嵌套调用两个滑动窗口函数来解决问题。从本质上来讲，造成这种表达上的差异是因为 context by 子句将窗口定义在整个查询上，这样所有的算子可以共用同一个窗口，而分析函数则是将窗口定义在每一个独立的算子上，无法共用窗口。

```
//context by 的实现
select Date, tickName, mcorr(mavg(volume, 5), Close, 22) as metric
from appl_msft context by tickName

//分析函数的等价实现
select
    Date, tickName, corr(adv5, close) over (partition by tickName rows 21 preceding)
from (select
        Date, tickName,Close,
        avg(volume) over (
            partition by tickName
            rows 4 preceding) as adv5
        from appl_msft)
```

即使划分了窗口，有时候也并不需要将窗口内的所有数据都用来计算，而是只需要让头部的几个值参与计算即可。DolphinDB 中的 **TopN 系列函数**即可解决此类问题。滑动窗口函数也包含了 TopN。例如，如果要得到每只股票每 5 条记录内交易量最大的 3 条记录的平均价格，就可以利用 `mavgTopN` 函数搭配 context by 子句来实现。

```
mavgTopN3 = select Date, tickName, Close,
                   mavgTopN(Close, Volume, 5, 3, false) as mavgTop3Close
            from appl_msft context by tickName
```

计算的结果可以通过可视化的方式进行展示，如图 4-10 所示。

```
prep = lj((select Close from mavgTopN3 pivot by Date, tickName),
    (select mavgTop3Close from mavgTopN3 pivot by Date, tickName), `Date)
plot(prep[`AAPL`MSFT`mavgTopN3_AAPL`mavgTopN3_MSFT], prep.Date,
    "Apple & Microsoft price with top 3 Volumn's moving average")
```

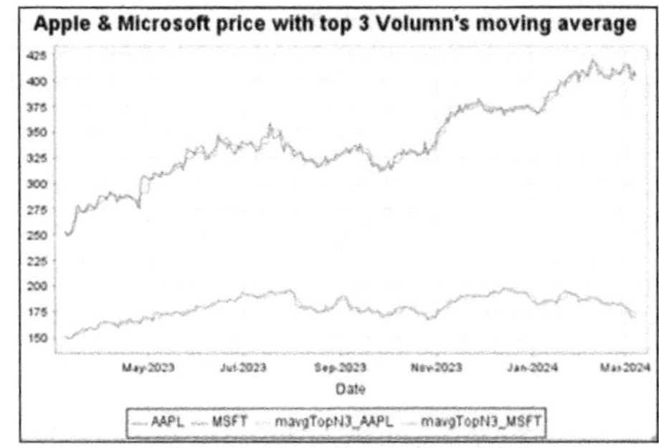

图 4-10　苹果和微软公司每 5 条记录内交易量最大的 3 条记录的平均价格

4.3.2 时间窗口

有些情况下的窗口大小并不能以记录的数量来衡量，而是以时间来衡量，比如窗口大小是 5 分钟，那么这 5 分钟内有多少记录是不确定的，对于不同股票来说，稀疏程度也不同。为此，DolphinDB 提供了 tmoving 系列函数以及 `twindow` 函数。这些函数使得用户能够更方便地定义时间型滑动窗口。例如，如果想要计算苹果和微软公司过去一个月内的日线数据的滑动平均值，由于无法知道数据量，因此可以利用 tm 系列函数来实现。

```
timeAvg1Month = select Date, tickName, Close, tmavg(Date,Close,1M) as timeAvg1Month
from appl_msft context by tickName
```

计算的结果可以通过可视化的方式进行展示，如图 4-11 所示。

```
prep = lj((select Close from timeAvg1Month pivot by Date, tickName),
    (select timeAvg1Month from timeAvg1Month pivot by Date, tickName),`Date)
plot(prep[`AAPL`MSFT`timeAvg1Month_AAPL`timeAvg1Month_MSFT], prep.Date,
    "Apple & Microsoft price with 1 Month moving average")
```

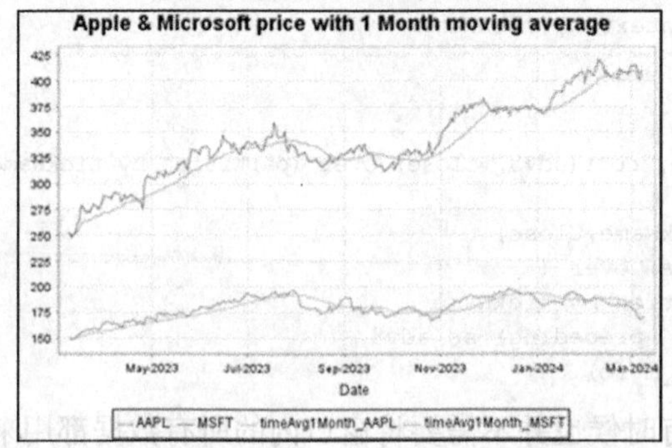

图 4-11　苹果和微软公司一个月内日线数据的滑动平均值

tm 系列的高阶函数为 `tmoving`，其用法与 `moving` 的相似。除了 tm 系列函数，DolphinDB 还提供了 `twindow` 函数，该函数可以对窗口进行更灵活的控制。与 `window` 函数类似，`twindow` 函数可以向前或者向后指定窗口大小。例如，如果想要计算苹果和微软公司的股票价格在前后 10 个自然日的移动平均值，就可以利用 `twindow` 函数来实现。

```
twindow20 = select Date,tickName, Close,
twindow(avg, Close,Date, -10d:10d) as twindow20
from appl_msft context by tickName
```

计算的结果可以通过可视化的方式进行展示，如图 4-12 所示。

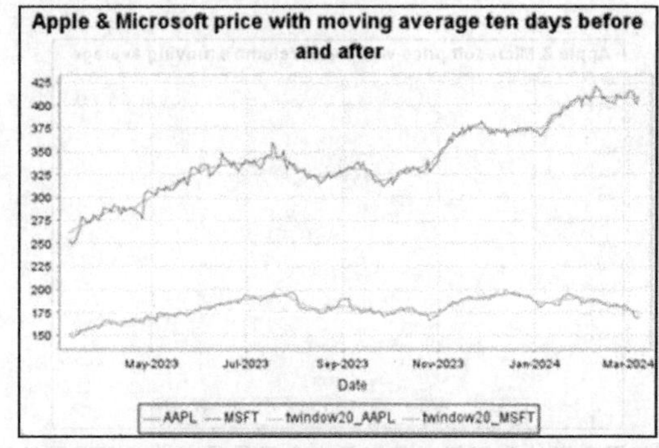

图 4-12　苹果和微软公司的股票价格在前后 10 个自然日的移动平均值

```
prep = lj((select Close from twindow20 pivot by Date, tickName),
    (select twindow20 from twindow20 pivot by Date, tickName), `Date)
plot(prep[`AAPL`MSFT`twindow20_AAPL`twindow20_MSFT], prep.Date,
    "Apple & Microsoft price with moving average ten days before and after")
```

在 DolphinDB 中，可以使用 `bar` 函数搭配 cgroup by 子句来实现基于时间窗口的累计计算。例如，如果想要按照每 3 天的时间窗口对交易量进行累计求和，就可以通过这种方法来实现。

```
timeCum = select sum(Volume) as timeCum3d from appl_msft
cgroup by bar(Date, 3d) as Date, tickName order by Date
timeCum
//output
Date        tickName    timeCum3d
----------  --------    ----------
2023.03.09    MSFT      54,987,300
2023.03.09    AAPL      177,393,300
2023.03.12    MSFT      244,353,300
2023.03.12    AAPL      402,506,300
2023.03.15    MSFT      572,830,500
...
```

4.3.3　窗口连接计算

在 DolphinDB 中，除了常规的窗口计算，还支持窗口连接计算，即在表连接的同时进行窗口计算。这可以通过使用 `wj` 和 `pwj` 函数来实现。窗口连接基于左表每条记录的时间戳来确定一个时间窗口，并计算对应时间窗口内右表的数据。左表每滑动一条记录，都会与右表窗口计算的结果进行连接。由于窗口的左右边界均可以指定，也可以为负数，因此窗口连接非常灵活。关于窗口连接的详细用法，可以参见用户手册中的“`window join`”部分。

```
//data
t1 = table(1 1 2 as sym,09:56:06 09:56:07 09:56:06 as time,10.6 10.7 20.6 as price)
t2 = table(take(1,10) join take(2,10) as sym, take(09:56:00 + 1..10,20) as time,
(10 + (1..10)\10-0.05) join (20 + (1..10)\10-0.05) as bid,
(10 + (1..10)\10 + 0.05) join (20 + (1..10)\10 + 0.05) as offer,
take(100 300 800 200 600, 20) as volume);
//window join
wj(t1, t2, -5s:0s, <avg(bid)>, `sym`time);
//output
sym  time      price  avg_bid
---  --------  -----  -------
1    09:56:06  10.6    10.3
1    09:56:07  10.7    10.4
2    09:56:06  20.6    20.3
```

由于窗口可以灵活设置，因此窗口连接不仅在多表连接的时候会用到，在单表内部进行窗口计算时也会用到。下面的例子可以看作是将 t2 表中的每一条数据进行了一个 `time - 6s` 到 `time + 1s` 的计算。

```
t2 = table(take(1,10) join take(2,10) as sym, take(09:56:00 + 1..10,20) as time,
(10 + (1..10)\10-0.05) join (20 + (1..10)\10-0.05) as bid,
(10 + (1..10)\10 + 0.05) join (20 + (1..10)\10 + 0.05) as offer,
take(100 300 800 200 600, 20) as volume);
wj(t2, t2, -6s:1s, <avg(bid)>, `sym`time);
//output
sym time     bid   offer volume avg_bid
--- -------- ---- ------ ------ --------
1   09:56:01 10.05 10.15 100    10.1
...
```

```
1   09:56:08 10.75 10.85 800    10.5
1   09:56:09 10.85 10.95 200    10.6
1   09:56:10 10.95 11.05 600    10.65
2   09:56:01 20.05 20.15 100    20.1
2   09:56:02 20.15 20.25 300    20.15
...
2   09:56:08 20.75 20.85 800    20.5
2   09:56:09 20.85 20.9  200    20.6
2   09:56:10 20.95 21.05 600    20.65
```

4.4 其他窗口

在 4.2 节和 4.3 节中，我们分别讲述了两种相对标准的窗口类型：滚动窗口和滑动窗口。然而，在实际的应用场景中，还存在很多其他的情况。例如，在实时数据处理的场景中，可能希望在一定时间内没有新的数据输入时就关闭窗口，或者希望窗口是通过相同连续的值，或者按照某一列的累加值的阈值来划分的。本节将详细介绍这些特殊的窗口类型。

4.4.1 会话窗口

会话窗口可以根据间隔时间来切分不同的窗口，即当一个窗口在会话间隔时间内没有接收到新数据时，窗口就会关闭。因此，会话窗口中的窗口大小会根据流入数据的情况发生变化。在 DolphinDB 中，开放了 createSessionWindowEngine 引擎来完成会话窗口的划分。例如，有一个实时传入的数据流，如果相邻两个数据之间的时间差大于 5 毫秒的时间差，那么就关闭当前的会话窗口，并为随后到达的数据开启一个新的会话窗口。

```
share streamTable(1000:0, `time`volume, [TIMESTAMP, INT]) as trades
output1 = keyedTable(`time, 10000:0, `time`sumVolume, [TIMESTAMP, INT])
engine_sw = createSessionWindowEngine(name = "engine_sw", sessionGap = 5,
    metrics = <sum(volume)>, dummyTable = trades, outputTable = output1, timeColumn = `time)
subscribeTable(tableName = "trades", actionName = "append_engine_sw",
    offset = 0, handler = append!{engine_sw}, msgAsTable = true)
n = 5
timev = 2018.10.12T10:01:00.000 + (1..n)
volumev = (1..n)%1000
insert into trades values(timev, volumev)
n = 5
timev = 2018.10.12T10:01:00.010 + (1..n)
volumev = (1..n) % 1000
insert into trades values(timev, volumev)
n = 3
timev = 2018.10.12T10:01:00.020 + (1..n)
volumev = (1..n) % 1000
timev.append!(2018.10.12T10:01:00.027 + (1..n))
volumev.append!((1..n) % 1000)
insert into trades values(timev, volumev)
select * from trades
//传入的数据
//output
 time                    volume
----------------------- ------
2018.10.12T10:01:00.001 1
2018.10.12T10:01:00.002 2
2018.10.12T10:01:00.003 3
```

```
2018.10.12T10:01:00.004 4
2018.10.12T10:01:00.005 5
2018.10.12T10:01:00.011 1
2018.10.12T10:01:00.012 2
2018.10.12T10:01:00.013 3
2018.10.12T10:01:00.014 4
2018.10.12T10:01:00.015 5
2018.10.12T10:01:00.021 1
2018.10.12T10:01:00.022 2
2018.10.12T10:01:00.023 3
2018.10.12T10:01:00.028 1
2018.10.12T10:01:00.029 2
2018.10.12T10:01:00.030 3
//根据会话间隔为 5 毫秒聚合形成的窗口计算结果
//output
select * from output1
time                    sumVolume
----------------------- ---------
2018.10.12T10:01:00.001 15
2018.10.12T10:01:00.011 15
2018.10.12T10:01:00.021 6
//删除 SessionWindowEngine
unsubscribeTable(tableName = "trades", actionName = "append_engine_sw")
dropAggregator(`engine_sw)
undef("trades", SHARED)
```

这个引擎可能涉及流数据的相关知识，比如订阅、创建流引擎等。具体参考第 7 章。在处理历史数据时，会话窗口的计算则更为简单，可以通过使用 sessionWindow 函数来生成窗口标签。历史数据的计算结果中多出的一条记录是因为最后一个窗口 2018.10.12T10:01:00.028 已经关闭，并生成了相应的结果。

```
select sum(volume) as sumVolume from trades group by sessionWindow(time, 5) as time
//output
time                    sumVolume
----------------------- ----------
2018.10.12T10:01:00.001 15
2018.10.12T10:01:00.011 15
2018.10.12T10:01:00.021 6
2018.10.12T10:01:00.028 6
```

当历史数据中包含多个标的的时间序列数据时，对每个标的分别进行会话窗口计算可能需要一些技巧。我们可以先使用高阶函数 contextby 来为每个标的生成会话窗口标签，然后再使用这些标签和标的进行分组计算。

```
time = 2023.06.01T10:00:00.000 + 1 2 3 4 5 6 7 8 9 21 22 23 28 29 30
sym = take(`A`B`C, 15)
volume = [2,1,5,5,2,3,2,3,2,2,5,5,2,7,2]
t = table(time, sym, volume)
select sum(volume) from t group by contextby(sessionWindow{, 5}, time, sym) as time, sym
//output
time                    sym sum_volume
----------------------- --- ----------
2023.06.01T10:00:00.001 A   9
2023.06.01T10:00:00.002 B   6
2023.06.01T10:00:00.003 C   10
2023.06.01T10:00:00.021 A   2
2023.06.01T10:00:00.022 B   5
2023.06.01T10:00:00.023 C   5
2023.06.01T10:00:00.028 A   2
2023.06.01T10:00:00.029 B   7
2023.06.01T10:00:00.030 C   2
```

4.4.2 段窗口和交易量窗口

段窗口指的是将连续相同的值划分在同一窗口。在实际应用场景中，段窗口经常用于处理逐笔数据。下面的例子是根据 order_type 字段中的数据进行的窗口分割，对于连续相同的 order_type，将进行累计成交额计算。

```
vol = 0.1 0.2 0.1 0.2 0.1 0.2 0.1 0.2 0.1 0.2 0.1 0.2
order_type = 0 0 1 1 1 2 2 1 1 3 3 2
t = table(vol, order_type);
select *, cumsum(vol) as cumsum_vol from t context by segment(order_type)
//output
vol order_type cumsum_vol
--- ---------- ----------
0.1 0          0.1
0.2 0          0.3
0.1 1          0.1
0.2 1          0.3
0.1 1          0.4
0.2 2          0.2
0.1 2          0.3
0.2 1          0.2
0.1 1          0.3
0.2 3          0.2
0.1 3          0.3
0.2 2          0.2
```

交易量窗口指的是按照证券交易量的累计值来切分的窗口。在金融交易中，交易量并不是按照时间或交易笔数均匀分布的，因此简单地按照交易时间或交易记录数去进行统计分析，可能不能很好地反映市场的一些特性。这促使交易量窗口应运而生。在这种背景下，DolphinDB 提供 `volumeBar` 函数，它允许用户根据各标的目标列的累计值（累计交易量）进行分组。例如，可以设定每当累计交易量超过 10 亿时，创建一个新的分组，进而计算苹果和微软公司在每一个组中的平均价格。

```
avgByVol = select avg(Close) as avgByVol from appl_msft group by tickName,
contextby(volumeBar{, 1000000000}, Volume, tickName) as cumVol
```

计算的结果可以通过可视化的方式进行展示，如图 4-13 所示。

```
plot(avgByVol.avgByVol as value,avgByVol cumVol$STRING + avgByVol. tickName, avgCloseByVol,
BAR)
```

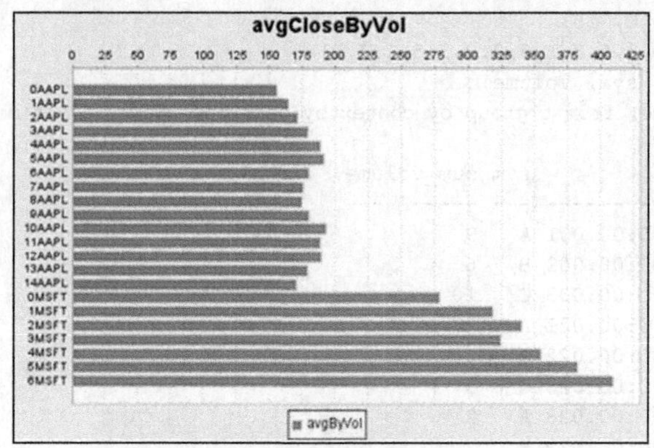

图 4-13　苹果和微软公司按照成交量 10 亿一组的平均价格

4.5　窗口函数的常见问题

4.5.1　计算过程中的空值处理

在 DolphinDB 各类窗口的计算中，凡是涉及聚合函数的计算，系统默认会忽略空值。对于特定的函数，如 mrank、tmrank 以及 cumrank，用户可以通过设定参数 *ignoreNA* = true 来指定是否让空值参与计算。这样的设计确保了其他窗口函数和聚合函数在处理数据时能保持一致，即在计算时自动忽略空值。例如：

```
X = 3 2 4 4 4 NULL 1
mrank(X, ascending = false, window = 3, ignoreNA = true);
//output
[,,0,0,0,,1]
mrank(X, ascending = false, window = 3, ignoreNA = false, tiesMethod = 'max');
//output
[,,0,1,2,2,1]
```

在使用窗口函数进行数据分析时，空值的处理方式会因不同的窗口划分方法而有所不同。当使用 group by、context by 子句或分析函数的 partition by 子句进行数据分组时，所有空值都会被归类到一个空值组；段窗口划分函数 segment 会将空值视为一个正常的状态；交易量窗口划分函数 volumeBar 在处理累计交易量时会忽略空值；会话窗口划分函数 sessionWindow 会将空值放在当前的窗口进行处理。

4.5.2　窗口计算的初始窗口处理

moving 以及大部分 m 系列函数都提供了一个可选参数 *minPeriods*。若没有指定 *minPeriods* 参数，计算结果的前 window - 1 个元素将返回空值；若指定了 *minPeriods* 参数，计算结果的前 *minPeriods - 1* 个元素将返回空值。如果窗口中的值全为空值，则该窗口的计算结果也为空值。默认情况下，*minPeriods* 的值与滑动窗口的大小 window 相等。例如：

```
m = matrix(1..5, 6 7 8 NULL 10)
//当不指定 minPeriods 时，由于 minPeriods 的默认值与 window 相等，所以结果的前两行均为空值
msum(m,3)
 #0 #1
-- --


6  21
9  15
12 18

//当指定 minPeriods = 1 时，结果的前两行不是空值
msum(m,3,1)
 #0 #1
-- --
1  6
3  13
6  21
9  15
12 18
```

与 moving 函数不同的是，rolling 函数不会输出前 window - 1 个元素的空值结果。这可以通过下面的例子来感受。假设 *t* 是一个包含空值的表，我们分别用 rolling 和 moving 函数对 vol 列进行窗口大小为 3 行的求和计算。

```
vol = 1 2 3 4 NULL NULL NULL 6 7 8
t = table(vol)
//使用 rolling 函数进行窗口大小为 3 行的滑动求和计算
rolling(sum, t.vol, 3)
//output
[6, 9, 7, 4, , 6, 13, 21]
//使用 moving 函数进行窗口大小为 3 行的滑动求和计算
moving(sum, t.vol, 3)
//output
[, , 6, 9, 7, 4, , 6, 13, 21]
//使用 rolling 函数进行窗口大小为 3 行、步长为 2 行的窗口计算
rolling(sum, t.vol, 3, 2)
//output
[6, 7, , 13]        //最后的窗口由于没有足够的元素，因此不会输出
```

4.5.3 窗口计算的性能和精度

假设一个向量共有 *n* 个元素，窗口大小为 *m*，那么常用的内置 m 系列、cum 系列、tm 系列以及 topN 系列函数都经过了增量计算优化，其时间复杂度为 O(*n*) 或 O(*n* log *m*)。而 mrank 函数与其他函数有所不同，它的计算速度会比其他函数的慢，原因是其时间复杂度为 O(*mn*)，这意味着其计算时间与向量的大小 *n* 和窗口的大小 *m* 的乘积成正比。此外，每当窗口移动时，mrank 函数都会将结果重置。

moving 和 tmoving 这两个高阶函数的时间复杂度为 O(*mn*)。rolling、window、twindow 这些高阶函数的时间复杂度取决于它们所包含的函数 func。如果 func 是一个可以进行增量优化的内置聚合函数，则这些高阶函数的时间复杂度为 O(*n*) 或 O(*n* log *m*)，否则为 O(*mn*)。通过下面这个例子，可以看出 mavg、rolling(avg) 和 moving(avg) 三者之间的性能差异。

```
n = 1000000
x = norm(0, 1, n);
//moving
timer moving(avg, x, 10);
//output
Time elapsed:  84.768 ms
//rolling
timer rolling(avg, x, 10, 1);
//output
Time elapsed: 11.928 ms
//mavg
timer mavg(x, 10);
//output
Time elapsed: 2.418 ms
```

增量计算在大幅提升窗口函数计算性能的同时，也带来一个副作用，即给浮点数的窗口计算带来精度误差。由于浮点数是对一个数的近似表示，因此不同的计算顺序可能会导致结果存在细微的差异。增量计算和全量计算的顺序不同，这可能造成计算结果上的细微差异。此外，增量计算相比全量计算更容易造成误差累积，从而引发精度问题，尤其是在一个向量中的元素大小差异非常大的情况下。为了解决浮点数在增量计算场景下的精度误差问题，目前主要采取以下几种方法。

- 使用 DECIMAL 类型的数据替代浮点数进行窗口计算。
- 在进行窗口计算前，对异常数据进行预处理，包括 0、极值等。
- 在极端数据情况下，使用 `moving`、`tmoving` 等函数执行全量计算。

思考题

1. 在 DolphinDB 中，如何计算向量中滑动窗口内每个元素的相对排序位置？以向量 *a* = [2, 4, 5, 7, 7, 5, 4, 5]为例，指定滑动窗口大小为 3，要求返回一个向量 *b*，其中包含对于每个滑动窗口，*a* 中对应元素在窗口内排序后的位置。b 应如下所示：*b* = [, , 2, 2, 1, 0, 0, 1]，其中空位代表滑动窗口的起始位置不足以形成一个完整的窗口。

2. 假定有两个向量：一个表示时间，另一个表示相应时间点的开盘价格。请问在 DolphinDB 中，如何将这些 10 秒级别的数据转换为 5 分钟级别的 K 线数据？或者说，如何将连续的 10 秒价格数据聚合为 5 分钟间隔的 K 线数据，包括 5 分钟内的开盘价（第一个数据点）。数据模拟脚本如下。

```
time = 2024.03.15T10:00:00.000 + 10000 * 0..999
price = 100 + rand(20.00, 1000)
```

3. 如何实现一个特定的滚动加权平均计算？考虑一个场景，其中滑动窗口的大小设定为 5，并且在该窗口内，5 个数值的权重分别固定为 1、2、3、4、5。

4. 假设有一个表格，该表格包含 3 个字段：date（交易日期）、Aprice（标的 A 的价格）、Bprice（标的 B 的价格）。请计算每个标的物相对于其他所有标的物，在过去 20 个交易日内的决定系数，也就是 R2。表格模拟脚本如下。

```
t = table(2023.01.01 + 0..99 as date, rand(100.00,100) as Aprice,
rand(100.00,100) as Bprice)
```

5. 假设你正在管理一个投资组合，该组合涉及多种股票（代码为从 A 到 E），你需要关注在特定时间窗口内，这些股票价格的平均变动情况。然而，由于每条数据的时间间隔不相等，你不能确定时间窗口内的数据条数。数据模拟脚本如下。

```
n = 1000
t = select *
from table(rand(2012.06.12T12:00:00.000..2012.06.12T13:00:00.000,n) as time,
rand(`A`B`C`D`E,n) as sym,rand(100.0,n) as x) order by time
select * from t limit 10;
//output
time                     sym  x
2012.06.12 16:03:14.665  A    27.45883190073073
2012.06.12 18:48:11.062  D    11.463393154554069
2012.06.13 01:21:23.561  E    42.300800629891455
2012.06.13 02:17:54.886  D    41.29247083328664
2012.06.13 06:03:47.425  B    79.17824380565435
2012.06.13 16:08:28.107  C    16.374544869177043
2012.06.13 16:25:16.836  E    97.03664993867278
2012.06.13 17:02:06.253  E    7.548413029871881
2012.06.13 17:44:09.016  C    74.49729633517563
2012.06.13 22:20:53.313  A    73.98805122356862
```

请分析在过去 6 分钟内，每种股票的平均交易价格，并将其与当前信息进行比较，以判断股票在过去几分钟内是呈现上涨趋势还是下跌趋势。

6. 分析一个股票交易数据集，该数据集包含每个交易日的收盘价(close)和成交量(vol)。如何在该数据集中找出过去 5 个交易日内，成交量超过同期所有交易日成交量中位数 50% 的那些特定交易日。计算这些筛选出的交易日各自的日收益率，并最终求出这些收益率的总和。数据模拟脚本如下。

```
t = table(rand(100, 20) as `vol, rand(10.0, 20) as `close);
```

7. 假设你有一个记录了设备运行数据的表，该表包含 3 个字段：ts（时间戳，表示数据记录的具体时间）、status（设备状态，其中 0 表示设备处于关闭状态，1 表示设备正在运行），以及 val（表示某一时刻设备的运行时长）。请问，如何计算最大连续运行时长？数据模拟脚本如下。

```
n = 15
ts = now() + 1..n
status = rand(0 1 ,n)
val = rand(100,n)
t = table(ts,status,val)
select * from t order by ts
```

第 8 题和 9 题将会用到的数据由以下脚本模拟。此脚本创建了一个包含模拟股票交易数据的表格 *t* 这个表格包含了交易时间（tradingTime）、股票代码（windCode）、开盘价（open）、最高价（high）、最低价（low）、收盘价（close）和成交量（volume）等信息。

```
n = 5 * 121
timeVector = 2023.04.30T09:30:00.000 + 0..120 * 60000
tradingTime = take(timeVector,n)
windCode = stretch(format(600001..600005, "000000") + ".SH", n)
open = (20.00 + 0.01 * 0..120) join (30.00 - 0.01 * 0..120) join (
40.00 + 0.01 * 0..120) join (50.00 - 0.01 * 0..120) join (60.00 + 0.01 * 0..120)
high = (20.50 + 0.01 * 0..120) join (31.00 - 0.01 * 0..120) join (
40.80 + 0.01 * 0..120) join (50.90 - 0.01 * 0..120) join (60.70 + 0.01 * 0..120)
low = (19.50 + 0.01 * 0..120) join (29.00 - 0.01 * 0..120) join (
39.00 + 0.01 * 0..120) join (48.00 - 0.01 * 0..120) join (59.00 + 0.01 * 0..120)
close = (20.00 + 0.01 * 0..120) join (30.00 - 0.01 * 0..120) join (
40.00 + 0.01 * 0..120) join (50.00 - 0.01 * 0..120) join (60.00 + 0.01 * 0..120)
volume = 10000 + take(-100..100,n)
t = table(tradingTime, windCode, open, high, low, close, volume)
```

8. 计算在 5 分钟窗口期内，所有记录中成交量最大的 20% 的收盘价和成交量之间的相关性。

9. 计算历史上涨幅最大的 3 条记录的交易量总和。

10. 识别并标记一个表格中某一列中的特定数值，这些数值满足以下条件：不仅是它前面 5 个数值中的最低值，同时也是它后面 5 个数值中的最低值。满足条件的数值将被标记为 1，不满足条件的数值被标记为 0。

例如，在提供的表格中，我们将要检查每一行的数值，如果该数值是它前后 5 行内最小的值，则将其标记为 1，将其余数值标记为 0。

```
t = table(rand(`a`b`c, 100) as symbol, rand(100, 100) as value)
```

第 5 章 函数式编程

CHAPTER 5

函数式编程是 DolphinDB 支持的编程范式之一。它是一种声明式编程，主要通过调用在数据结构上定义的一系列映射（数学上的函数概念）来快速实现需求。本章将首先介绍函数式编程的优势和基础概念。其次，重点介绍纯函数、高阶函数以及部分应用在 DolphinDB 中的实现方式。最后，将介绍 DolphinDB 中一些具有特色的函数式编程功能，包括函数元编程以及模块和函数视图等。

5.1 风格和优势

让我们通过一个具体的例子来感受函数式编程的风格和优势。假设有一个数据校验任务，需要找出两个内存表中存在不同之处的所有行号。下面是一个使用 DolphinDB 函数式编程实现的示例脚本。

```
t1 = table(`A`B`C as id, 1000 2000 1000 as qty, 50.5 60.5 100.0 as price)
t2 = table(`A`B`C as id, 1000 2100 1000 as qty, 50.5 60.5 100.0 as price)
byRow(all, byColumn(eq, t1, t2)).not().at()
//输出结果为 1（即第二行）
[1]
```

byColumn 和 byRow 是 DolphinDB 中的两个高阶函数，它们被定义在表、矩阵、元组、数组向量和列式向量这 5 种数据结构上。这两个函数分别对应按列处理和按行处理的数据处理方式。在上面的表达式中，首先通过 byColumn 函数对 t1 和 t2 的每一列进行等值比较（使用 eq 函数），得到一个布尔类型的表。其次，通过 byRow 函数对这个布尔类型的表的每一行进行与运算（使用 all 函数），得到一个布尔类型的向量（其长度等于原表的行数）。再将取反函数（not）作用于布尔向量。最后，通过调用 at 函数来获取布尔向量中所有真值的行号，即两表数据不一致的行号。通过这个例子，我们可以总结出函数式编程的一些特点。

- 代码简洁，通常采用表达式的形式来编写。这与命令式编程中存在大量赋值语句（用于保存中间结果）以及控制语句（如分支和循环语句等）不同。
- 虽然函数的数量有限（学习成本低），但通过不同的函数组合（包括高阶函数和一般函数的组合，以及不同函数先后顺序的组合）展现出了强大的表达能力。这个过程类似于搭积木，通过对数量有限的模块进行组合，构建出各种不同的形状。

- 函数式编程是一种声明式编程，通过对在已知数据结构上定义的已知函数的一系列调用来实现需求，其代码可读性比较好，调试简单，也不容易引入程序 bug。

函数式编程的这些特点，非常符合数据分析场景的需求。在数据分析中，需求往往是即席（ad hoc）的。当分析师有了新的想法或需求时，他们需要用简洁的代码快速实现这些想法或需求。这也是 DolphinDB 引入函数式编程的重要考量。

为增强函数式脚本的可读性，DolphinDB 推荐采用从左到右的链式书写风格。在这种风格下，函数的调用顺序跟代码的书写顺序和阅读顺序完全一致，也同大家熟悉的面向对象编程的调用风格一致。为支持这种链式书写风格，DolphinDB 添加了语法糖 `obj.foo(args...)`，它在功能上等价于 `foo(obj, args...)`。将前面的示例脚本转换为普通的函数调用形式，将得到如下脚本。

```
at(not(byRow(all, byColumn(eq, t1, t2))))
```

由此可见，多层的函数嵌套调用会形成所谓的“括号地狱”，这会大大增加脚本阅读的难度。

高阶函数是函数式编程中的重要概念。高阶函数的第一个参数是函数而非数据对象，因此会使得链式调用难以实现。在上例中，`byRow` 函数不得不将 `byColumn` 的调用结果作为其参数，进行嵌套调用。为解决这个问题，DolphinDB 引入了函数模式。在功能上，一个函数模式等价于一个高阶函数，但是函数模式可修饰一个已知函数，从而形成一个新的函数用于链式调用。函数模式的概念会在 5.4.5 小节中详细介绍。用函数模式将上例中的脚本改为纯链式风格后的脚本如下。

```
eq:V(t1, t2).all:H().not().at()
```

函数模式`:V`和`:H`分别实现了与`byColumn`和`byRow`函数等价的功能。`eq:V`和`all:H`可以被视为两个新函数。改造后的代码，完全遵循从左到右的函数调用顺序，使得可读性更好。

`Lambda` 函数也是在函数式编程中高频使用的函数，而且 DolphinDB 也支持对 `Lambda` 函数进行链式调用。在下面的脚本中，先对表中的数值列进行 `zscore` 处理，再应用多项式 `X*X + X + 1` 进行变换。

```
t = table(1 2.5 1.5 4 3 as v1, 1.5 2 2.5 2 3 as v2)
t.zscore().{x->x * x + x + 1}:V()
```

在 DolphinDB 中，运算符、数据对象的访问和截取、数据的增删改操作，甚至 SQL 查询都可用函数来表示。这种设计使得大部分功能都可以通过从左到右的链式风格来实现。当链式调用过长时，代码可能出现跨行的现象。DolphinDB 推荐在点号（.）处换行，即将点号置于下一行的开头。下面是一个更为复杂的数据清洗的例子，它可以通过 DolphinDB 的链式函数编程简洁地实现。

```
t = table(["090030020", "090031240", "090032002", "090033284"] as time,
          [1.19, , 1.13, 1.14] as v1, [1.41, 1.45, 1.49, 1.5] as v2)

// (1) 将 time 列的数据类型从 STRING 转化为 TIME
// (2) 将 v2 列进行极值掩盖
// (3) 删除任意列出现空值的行
t.replaceColumn!("time", t.time.temporalParse("HHmmssSSS"))
  .update!("v2", t.v2.winsorize(0.3))
```

```
  .at(t.isValid().rowAnd())

//output
  time         v1   v2
------------ ---- ----
09:00:30.020 1.19 1.45
09:00:32.002 1.13 1.49
09:00:33.284 1.14 1.49
```

5.2 基础概念

5.2.1 函数分类

根据输入和输出数据的特点进行分类，DolphinDB 中的内置函数可以分为**聚合函数**、**标量函数**和**向量函数**。聚合函数的特点是输入为一个向量，输出为一个标量。标量函数的输出只依赖于输入的当前元素值，当输入为一个向量时，输出也为一个向量，但每个元素相互独立，输出结果不受其他元素影响，常见的标量函数为 sin 和 cos。向量函数的输入为一个向量，输出也为一个向量，而且元素之间的位置关系会影响输出结果，常见的向量函数为 prev、mavg 和 cumsum。

虽然这 3 种内置函数在定义上主要针对向量操作，但它们在其他数据结构上也有默认的行为模式。当内置的标量函数被应用于标量、向量、数组向量、列式元组、元组、表、矩阵、字典等数据结构时，它们会对每个元素执行计算，并输出一个与输入具有相同结构的结果。对于内置的聚合函数，当它们作用于表和矩阵时，会对每一列进行单独的聚合操作，最终生成一个单行的表和向量。

```
m = matrix(1 2 3 4, 5 6 7 8).rename!(`val1`val2)
m.sum()
//output: [10,26]

m.table().sum()
//output
val1 val2
---- ----
10   26
```

当内置的向量函数被应用于表、矩阵、等长的向量元组或有序字典时，会自动逐列处理，最终生成一个与输入数据结构形状完全相同的结果。

```
m = matrix(1 2 3 4, 5 6 7 8).rename!(`val1`val2)
m.cumsum()
//output
val1 val2
---- ----
1    5
3    11
6    18
10   26

tuple = loop(asis, m)
tuple.cumsum()
//output: ([1,3,6,10],[5,11,18,26])

```

```
d = dict(1 2 3 4, 5 6 7 8, true)
d.cumsum()
//output:
1->5
2->11
3->18
4->26
```

5.2.2 自定义函数

在 DolphinDB 中，除了使用内置函数，也可以通过关键字 def 或 defg 来自定义函数。关于自定义函数的语法请参考 1.5 节。这里简单总结一下。

- def 用于定义非聚合函数，defg 用于定义聚合函数。
- 参数可以设定为默认值，但这些默认值必须是常量，可以是标量、常规数组或空的元组。
- 入参默认不可修改。如果需要修改，必须指定关键字 mutable。
- 入参跟内置函数一样是引用传递，而不是值传递。
- 调用自定义函数时也可以使用关键字参数。

自定义函数不仅性能上与内置函数有差距，而且不具备内置聚合函数、标量函数和向量函数在常用数据结构上的一些默认特性。例如，在上一小节，我们提到当内置的向量函数被应用于表、矩阵、等长的向量元组或有序字典时，会自动逐列处理，但自定义函数不具有这样的特性。在下面的例子中，我们定义了一个名为 myDemean 的向量函数，但将其应用于表时，就会抛出异常，因为它不会像内置函数那样自动对每一列进行操作。

```
def myDemean(x){
  return x - avg(x)
}

t = table(1 2 3 4 as val1, 5 6 7 8 as val2)
myDemean(t)
//output: The shapes of two operands for binary computation are incompatible
```

如果我们希望得到跟内置的 demean 函数一样的结果，就必须使用高阶函数或函数模式来告诉自定义函数该如何处理在表上的行为。关于高阶函数和函数模式，将在 5.4 节详细介绍。

```
demean(t)
//output
val1 val2
---- ----
-1.5 -1.5
-0.5 -0.5
0.5  0.5
1.5  1.5

myDemean:V(t) //或者 byColumn(myDemean, t)
//output
val1 val2
---- ----
-1.5 -1.5
-0.5 -0.5
0.5  0.5
1.5  1.5
```

5.2.3 匿名函数和 lambda 函数

匿名函数是自定义函数的一种特殊形式。它们没有具体的名称，因此通常在定义时就直接使用，而不会被重复引用。在高阶函数中使用匿名函数，是匿名函数最高频的应用场景。例如，当我们想要计算一个矩阵每一列的和，并将这些和平铺到每一列时，就可以使用高阶函数 byColumn 和一个处理矩阵每一列的匿名函数来实现。

```
m = matrix(1 2 3 4, 5 6 7 8).rename!(`val1`val2)
byColumn(def(x){return take(x.sum(), x.size())}, m)
//output
val1 val2
---- ----
10   26
10   26
10   26
10   26
```

在匿名函数中有一个特例，就是函数只包含一个 return 语句。这时我们可以采用一种更为简洁的写法，即去掉关键字 def、花括号{}以及关键字 return。这种简化后的函数被称为 lambda 函数。将上述匿名函数改写为 lambda 函数后，脚本如下。

```
byColumn(x->take(x.sum(), x.size()), m)
```

但这种 Lambda 函数写法，有时候很难与相邻的编程对象区分边界。为此，DolphinDB 推荐使用一对花括号{}来包裹 lambda 写法。在大多数场景下，用花括号包裹的 lambda 写法与正常的自定义命名函数没有区别，它允许执行以下操作。

- 直接进行函数调用。

```
{x->take(x.sum(), x.size())}(m[0])
//output: [10, 10, 10, 10]
```

- 与函数模式结合使用。

```
{x->take(x.sum(), x.size())}:V(m)
```

- 用于链式调用。

```
m.{x->take(x.sum(), x.size())}:V()
```

- 定义多元的 lambda 函数。

```
{x,y->(x-y)\(x + y)}(3, 2)
//output: 0.2
```

- 当作函数运算符使用。

```
//双目 lambda 函数当作运算符使用
3 {x,y->(x-y)\(x + y)} 2
//output: 0.2

//单目 lambda 函数当作运算符使用
{x->take(x.sum(), x.size())} 1 2 3
//output: [6, 6, 6]
```

5.2.4 函数运算符

DolphinDB 中的单目或双目函数，无论是内置函数还是自定义函数，只要不包含 mutable

参数，均可以当作单目或双目运算符使用。下面的 3 个表达式，从语义上看完全等价。

```
1 + 2
1 add 2
1 {x,y->x + y} 2
```

DolphinDB 中的运算符存在优先级，函数运算符在一个表达式中同样存在优先级。对于内置的双目函数来说，如果存在对应的运算符，则该运算符的优先级即为函数运算符的优先级，否则优先级等同于加法运算符的优先级。

```
1 add 2 mul 3
//等价于1 + 2 * 3
//output: 7
```

单目函数运算符的优先级在所有运算符中最低，即最后才执行。需要注意的是，虽然内置的两个单目运算符逻辑取反（!）和取反（-）有非常高的优先级，但它们对应的函数运算符 not 和 neg 却有着最低的优先级。在下面的例子中，第一个表达式的结果和第二个表达式的结果完全不同，原因就在于函数运算符 neg 的优先级和内置取反运算符的优先级不同。

```
- 3 + 5 //等价于 (- 3)  + 5, 结果为2
neg 3 add 5 //等价于neg(3 add 5), 结果为-8
```

在 DolphinDB 中，当优先级相同时，表达式会按照从左到右的顺序执行。然而，对于叠加出现的单目运算符来说，虽然它们的优先级相同，理论上应该从左到右执行，但是由于单目运算符的参数在右侧，必须先执行右侧的函数，才能执行左侧的函数。因此，单目运算符实际的执行顺序是从右到左。以 5.1 节中的例子为基础，如果我们将其从函数链式调用的风格改写为使用函数运算符的风格，就需要考虑单目运算符的实际执行顺序。

```
t1 = table(`A`B`C as id, 1000 2000 1000 as qty, 50.5 60.5 100.0 as price)
t2 = table(`A`B`C as id, 1000 2100 1000 as qty, 50.5 60.5 100.0 as price)
//函数链式调用风格
eq:V(t1, t2).all:H().not().at()
//等价于使用函数运算符的风格
at not all:H t1 eq:V t2
```

5.2.5 函数映射泛化

在 DolphinDB 中，函数可以被理解为一种映射（Map）。此外，DolphinDB 中的字典和其他数据结构也可以被视为一种映射。其中，字典是从 Key 到 Value 的映射，其他数据结构是从 Index 到 Value 的映射。事实上，DolphinDB 提供了两种处理映射关系的机制：eachAt 和 at。例如，如果映射是 f，输入是 index，则当 index 是一个多维度数据（用元组来表示）时，eachAt 将分别对 index 的每一个维度（元组的一个元素）进行处理，而 at 则是将 index 视为整体进行处理。对映射的统一调用方式如下。

```
eachAt(f, index)
f @ index
at(f, index)
f[index]
```

对于 eachAt 来说，如果 index 是一个多维度数据，则 eachAt 会对每一个维度分别进行处理，因此结果必然是一个元组。如果 f 是一个函数，则 f 必须是单目函数。

```
eachAt(neg, (1, 2, 3))
//output:  (-1, -2, -3)

d = dict(1 2 3, [1 2, (1 3 5, 2 4 6), 7 8])
eachAt(d, (2, 1, 1))
//output: (([1,3,5],[2,4,6]),[1,2],[1,2])

v = [1 2, (1 3 5, 2 4 6), 7 8]
eachAt(v , (0, 1))
//output: ([1,2],([1,3,5],[2,4,6]))
```

而对于 at 来说，当 f 是一个函数时，at 相当于高阶函数 unifiedCall，index 相当于函数参数，参数可以有 0 个、1 个或多个。当 f 为字典或其他如向量、矩阵和表等数据结构时，index 可以是一维或多维的下标索引，并且 at 将 index 视为一个整体。

```
at(corr, (1 2 3, 4 5 6))
//output: 1

at(d, (2, 1, 1))
//output: 4

at(v , (0, 1))
//output: 2
```

5.3　纯函数

纯函数是指在函数的执行过程中，不会对程序的状态进行任何改变，也不会对外部环境产生任何副作用，即只依赖于其输入参数，而不依赖于任何外部变量或状态。纯函数可以提高程序的可读性、可维护性和可扩展性。纯函数的特征可以总结为以下几点。

- 相同的输入总是产生相同的输出，即函数的输出只由输入决定，不受任何外部状态或副作用的影响。
- 函数不会改变外部状态，即不会对程序的其他部分产生影响。
- 函数不会修改传入的参数，而是返回一个新的值，保持了输入参数的不可变性。
- 函数的执行过程对于调用者来说是透明的，即调用者不需要了解函数的内部实现细节，只需要关注输入和输出。

DolphinScript 友好地支持了纯函数。在 DolphinScript 中，不支持显式的全局变量，确保了函数的输出仅由输入参数来决定。然而，有两个特例，即共享表（Shared Table）和同步字典（Synchronized Dictionary），它们是定义在内存中的数据结构。开发者可以在自定义函数中直接通过函数 objByName 来获取这两种数据结构。如果在编写函数前，共享表或同步字典已经被定义，则开发者也可以直接通过它们的名称来访问它们。

在 DolphinScript 中，自定义函数的参数默认不可修改。在下面的例子中，我们定义了一个名为 foo 的函数，其中第二行代码试图修改输入参数 *a*，导致解析报语法错误。

```
1 def foo(a, b){
2   a = a + b
3   return cumsum(a)
4 }
5 a = 1 2 3 4 5
6 b = 10
7 foo(a, b)
8 //output: Syntax Error: [line #2] Constant variable [a] can't be modified
```

如果需要修改一个参数的值，必须显式地将该参数指定为 mutable。例如，在下面的脚本中，我们在输入参数 *a* 之前加上了关键字 mutable，这样整段代码就可以通过解析并执行。执行完函数后，如果我们打印 *a* 的结果，会发现它的确被修改了。

```
def foo(mutable a, b){
  a = a + b
  return cumsum(a)
}
a = 1 2 3 4 5
b = 10
foo(a, b)
print a //output: 11 12 13 14 15
```

DolphinScript 中的大部分内置函数的参数默认也是不可修改的。作为一项约定，那些允许修改参数的内置函数会在其名称后加上感叹号（ ! ）。在 DolphinDB 3.00.0.2 版本中，可修改入参的内置函数共有 38 个，append!函数就是其中之一。

```
defs("%!").name.concat(", ")
//output:
append!, appendTuple!, bfill!, cacheDS!, clear!, clearDSCache!, clip!, dictUpdate!,
drop!, dropColumns!, erase!, ffill!, fill!, isort!, join!, lfill!, nullFill!, pop!,
push!, read!, readLines!, readRecord!, removeHead!, removeTail!, rename!, reorderColumns!,
replace!, replaceColumn!, setColumnarTuple!, setIndexedMatrix!, setIndexedSeries!,
shuffle!, sort!, sortBy!, transDS!, update!, upsert!, winsorize!
```

5.4 高阶函数

高阶函数是指可以将函数作为参数的函数。在 DolphinScript 中，函数参数通常是高阶函数的第一个参数。表 5-1 列出了 DolphinDB 中常用的高阶函数，这些高阶函数主要用于以下 3 个场景。

- each 和 loop 等高阶函数允许用户定义内置函数或自定义函数在复杂数据结构上的行为。
- accumulate 和 reduce 等高阶函数允许用户定义数据的迭代模式。
- groupby、contextby 和 segmentby 等高阶函数允许用户定义窗口处理的行为。

此外，高阶函数还被广泛应用于函数的元编程领域。相关的高阶函数包括 partial、call、makeCall、unifiedCall 和 unifiedMakeCall 等。这部分内容会在 5.6 节中涉及。

表 5-1　DolphinDB 中常用的高阶函数及其对应的函数模式和功能

高阶函数	函数模式	功能描述
each(func, args…)	:E	遍历参数的每一个元素
loop(func, args…)	:U	遍历参数的每一个元素，结果为元组
eachRight(func, X, Y, [consistent=false])	:R	遍历右侧参数的每一个元素
eachLeft(func, X, Y, [consistent=false])	:L	遍历左侧参数的每一个元素
cross(func, X, Y)	:C	遍历左右参数的每一个元素的组合
eachPre(func, X, [pre], [consistent=false])	:P	遍历当前元素和它的前一个元素的组合
eachPost(func, X, [post], [consistent=false])	:O	遍历当前元素和后它的一个元素的组合
byRow(func, X, [Y])	:H	按行遍历
byColumn(func, X, [Y])	:V	按列遍历

续表

高阶函数	函数模式	功能描述
accumulate(func, X, [init], [consistent=false])	:A	迭代操作，输出所有中间结果
reduce(func, X, [init], [consistent=false])	:T	迭代操作，输出最终结果
groupby(func, funcArgs, groupingCol)	:G	分组聚合计算
contextby(func, funcArgs, groupingCol, [sortingCol])	:X	分组向量计算
segmentby(func, funcArgs, segment)	—	段窗口计算
rolling(func, funcArgs, window, [step=1])	—	滚动窗口计算
moving(func, funcArgs, window, [minPeriods])	—	事件型滑动窗口计算
tmoving(func, T, funcArgs, window)	—	时间型滑动窗口计算
window(func, funcArgs, range)	—	事件型任意窗口计算
twindow(func, funcArgs, T, range, [prevailing=false])	—	时间型任意窗口计算

5.4.1　基础高阶函数

在复杂的算法实现或数据分析中，开发者可能希望将内置函数按照不同的规则应用到给定的数据结构上，或者希望将自定义函数按照某种规则应用到复杂的数据结构上。这种需求可以使用 DolphinScript 的基础高阶函数，包括 each、loop、eachLeft、eachRight、eachPre、eachPost、cross、byRow 和 byColumn 来实现。

```
//求矩阵每一列的 count
m = matrix(1 2 3, 4 NULL 6)
//采用基础高阶函数 each 的写法
each(count, m) //返回向量 3 2
count(m) //返回标量 5
```

在上面的例子中，我们希望求矩阵每一列的 count。如果直接使用 count 函数，则返回的是整个矩阵中非空元素的个数。因此，我们对内置函数 count 应用了基础高阶函数。each 是最常用的基础高阶函数，它将函数应用到给定输入对象的每一个元素上，最后将所有元素的计算结果汇总。我们再来看一个基础高阶函数 eachLeft 的例子。如果我们想要计算表中每行数据和一个固定的目标向量 benchX 之间的回归残差，就可以利用 eachLeft 函数来实现。

```
t = table(2020.11.01 2020.11.02 as date, `IBM`MSFT as ticker, 1.0 2 as past1,
    2.0 2.5 as past3, 3.5 7 as past5, 4.2 2.4 as past10, 5.0 3.7 as past20,
    5.5 6.2 as past30, 7.0 8.0 as past60)
benchX = 10 15 7 8 9 1 2.0
mt = t[`past1`past3`past5`past10`past20`past30`past60].transpose()
t[`residual] = eachLeft({y, x->ols(y, x, true, 2).ANOVA.SS[1]}, mt, benchX)
```

在这个例子中，首先将表中的数据列转置，得到了一个元组。元组中的每一个元素代表原表中的一行。其次，又定义了一个 lambda 函数，该函数使用 ols 函数来计算回归残差。再次，eachLeft 函数遍历元组的每一个元素，计算回归残差，最后，将所有的回归残差组合成一个向量。

通过这两个例子，我们可以看到基础高阶函数的通用逻辑：先将输入参数拆分成若干个独立的子任务，然后，应用特定的函数到每个子任务上，最后将多个结果合并起来。

数据拆分和结果合并规则

广义的向量（包括元组、列式元组、数组向量）可以拆分成每一个元素。矩阵通常是按列拆分。表格通常是按行拆分，每一行可以被看作一个字典。字典的值是按键拆分的。集合不支持拆分。多个类型相同的标量可以合并成一个常规向量。多个长度和类型相同的向量可以合并成一个矩阵。多个值为标量的字典可以合并成一个表格。字典进行拆分后，仍然合并为字典。其他情况通常会返回一个元组。

loop 函数的合并规则略有不同，不管单个函数返回的结果是什么，loop 函数最终总是将这些结果合并成一个元组。当需要将一个常规的向量转换为元组时，可以使用 loop 函数来实现。此外，将一些中间计算结果表示成元组是一个不错的选择，因为可以避免数据拆分和合并的时间消耗。

```
a = 1 2 3 4 5
loop(asis, a)
//output: (1, 2, 3, 4, 5)
```

在某些情况下，我们可能需要对表格的不同列应用不同的权重，这时直接按行拆分表格可能无法满足需求。为了解决这个问题，我们可以利用 values 函数，将表的全部列转换为一个元组。然后，通过使用高阶函数 each，我们可以针对每一列应用相应的权重，并最终生成一个矩阵。

```
t = table(1 2 3 as v1, 4 5 6 as v2)
w = 0.4 0.6
each(*, t.values(), w)
//output: matrix(0.4 0.8 1.2, 2.4 3.0 3.6)
```

使用 values 函数取出表的值后，表字段信息会丢失。如果希望对表按列进行处理，同时希望结果仍然为表，可以使用 transpose（别名 flip）函数。该函数的作用是将表转换为一个字典（字段名为键值，每个列为对应的值）。然后，我们可以对字典中的每列执行所需的操作。执行完成后，再用 transpose 函数将字典转换回表。

```
each(*, t.flip(), w).flip()
//output a table
v1  v2
--- ---
0.4 2.4
0.8 3
1.2 3.6
```

行为一致性

在执行合并操作时，系统需要检查所有结果的数据类型和数据形式是否一致。如果出现不一致，则结果会被转换为元组；如果一致，则为向量、矩阵或表等数据结构。因此，系统需要缓存所有的中间结果，并在最后进行数据检查和合并，这些都会耗费算力。然而，如果事先知道所有的计算结果都一致，那么可以通过将 eachLeft、eachRight、eachPre、eachPost、accumulate 和 reduce 等函数中的参数 consistent 设置为 true 来优化计算性能。例如，在下面的例子中，将 consistent 参数设为 true 后，耗时从 1800 毫秒降到了 600 毫秒。

```
a = rand(1.0, 10000000)
timer eachLeft(add, a, 1, consistent = true)    //耗时约 600ms
timer eachLeft(add, a, 1, consistent = false)   //耗时约 1800ms
```

当参数 consistent 为 true 时，高阶函数会根据第一个任务的结果来决定最终结果的数据类型和形式。这意味着，如果后续任务返回的结果与第一个任务的结果类型不一致，系统会尝试将这些结果转换成第一个任务的结果类型。如果转换不成功，则系统会抛出异常。

5.4.2　二维数据处理高阶函数

高阶函数 byRow 和 byColumn 允许开发者将函数应用到二维数据的每一行和每一列上。DolphinScript 提供了 5 种数据结构来表示二维数据，分别是表、矩阵、元组、数组向量和列式元组。其中，前 3 种数据结构的存储方式是列优先的，这意味着按列处理（使用 byColumn）非常便捷和高效，但按行处理就比较困难。而后两种数据结构正好相反，它们的存储方式是行优先的，这意味着按行处理（使用 byRow）非常便捷和高效，但按列处理就比较困难。虽然前面提到的 each 函数模式可以很好地处理矩阵和元组按列处理的场景，以及数组向量和列式元组按行处理的场景，但它无法处理其他场景。这也是 DolphinScript 引入 byRow 和 byColumn 这两种新的函数模式的原因。

byRow 和 byColumn 的计算规则

当输入函数是标量函数或向量函数时，输出结果与输入对象的数据结构及维度完全一致。当输入函数为聚合函数时，byRow 的结果始终为向量，而 byColumn 的结果则略有不同。若输入对象是表，则 byColumn 会输出单行表；若输入对象是元组，则 byColumn 会输出元组。其他情况下，byColumn 会输出向量。

数组向量和列式元组采用的是行优先的存储方式。byRow 模式的计算很直接，对每一行分别进行计算即可。而 byColumn 模式将无法直接计算，必须先转置输入对象，然后应用函数到转置后的数据的每一行。如果应用的函数是向量函数，则需要再将结果转置。这样，最终的输出结果就会具有与输入对象相同的结构，但是经过了应用函数的处理。

```
v = [1 2 3, 4 5 6, 7 8 9].setColumnarTuple!(true)
cumsum:V(v)
//输出一个列式元组
([1,2,3],[5,7,9],[12,15,18])
cumsum:U(v.transpose()).transpose()
//得到完全相同的计算结果
([1,2,3],[5,7,9],[12,15,18])
```

矩阵、表和元组采用的是列优先的存储方式。byColumn 模式的计算很直接，对每一列分别计算即可。而 byRow 模式将无法直接计算，必须先转置输入对象，然后应用函数到转置后的数据的每一行，如果是应用的函数是向量函数，则需要再将结果转置。这样最终的输出结果就会具有与输入对象相同的结构，但是经过了应用函数的处理。

```
m = matrix(1 2 3, 4 5 6, 7 8 9)
cumsum:H(m)
//输出一个矩阵
1  5  12
2  7  15
3  9  18
cumsum:E(m.transpose()).transpose()
//得到完全相同的计算结果
1  5  12
2  7  15
3  9  18
```

内置函数的优化

前面我们讲述了 byRow 和 byColumn 两种模式在一般情况下的计算规则，但对于大部分内置聚合函数，DolphinDB 都提供了进一步的优化方法。例如，对矩阵、表和元组的每一行计算均值时，我们可以采用增量算法对多个列进行累加，在累加过程中，记下每一行的累加值和非空元素的个数。这样，在所有列处理完毕后，可以直接计算出每一行的均值。以下面展示的代码为例，我们对一个 1000000 X 10 的双精度浮点数矩阵、表和元组求每一行的均值，优化后的函数性能是常规算法的 8.5 倍。除了 avg 函数，系统对以下内置聚合函数也采用了增量算法进行优化。这些函数包括 sum、sum2、min、max、count、imax、imin、imaxLast、iminLast、prod、std、stdp、var、varp、skew、kurtosis、any、all、corr、covar、wavg、wsum、beta、euclidean、tanimoto 和 dot。

```
//生成一个包含 10 列、每列 1 百万个双精度浮点数的矩阵、表和元组
m = rand(1.0, 1000000:10)
t = table(m)
v = asis:U(m)
//对比常规算法和优化后的算法
timer(10) m.transpose().avg() //耗时约 1700ms
timer(10) avg:H(m) //耗时约 200ms
timer(10) avg:H(t) //耗时约 200ms
timer(10) avg:H(v) //耗时约 200ms
```

在引入 byRow 函数模式之前，DolphinScript 引入了一系列的按行计算函数，如 rowAvg、rowSum、rowStd 等，这些函数都对性能进行了优化。随着 byRow 模式的引入，开发者不再需要记住这些行函数的用法，因为他们可以直接在 byRow 模式下使用基础函数。

5.4.3 迭代处理高阶函数

前面提到的高阶函数有一个共同特点，即拆分后的子任务相互独立。而迭代处理高阶函数则有所不同，其特点是后一个子任务的输入依赖前一个子任务的输出。在 DolphinScript 中，处理迭代计算的两个高阶函数是 accumulate 和 reduce。accumulate 函数的最终结果包含每一步迭代的结果，而 reduce 函数只包含最后的迭代结果。

accumulate(func, X, [init], [consistent = false]) 和 reduce(func, X, [init], [consistent = false]) 都接受一个二元函数 *func* 作为参数。二元函数的第一个参数是初始值 *init* 或上一个任务迭代的结果，第二个参数则是当前任务的新输入。内置函数 cumsum 和 cumprod 实际上也可以用 accumulate 函数来实现。如果 accumulate 和 reduce 函数的可选参数 *init* 为空，则对于 + 和 * 这样的内置函数，默认使用 *X* 的第一个元素作为第一次迭代的结果，而对于其他内置函数，初始值将被设为 NULL。

```
a = 1 2 3 4 5
cumsum(a) //output: [1,3,6,10,15]
accumulate(+, a, 0) //output: [1,3,6,10,15]
accumulate(+, a) //output: [1,3,6,10,15]
cumprod(a) //output: [1,2,6,24,120]
accumulate(*, a, 1) //output: [1,2,6,24,120]
accumulate(*, a) //output: [1,2,6,24,120]
```

迭代函数也适用于一些复杂的数据结构，如元组。在下面的例子中，我们设定了一组存储在元组中的形状相同的矩阵，现在需要计算矩阵中每一个位置的最大值和最小值（忽

略空值）。

```
n1 = matrix(1 1 1, 5 5 5)
n2 = matrix(10 11 12, 00 -5 -5)
n3 = matrix(-1 1 00, -3 00 10)
reduce(maxIgnoreNull, [n1,n2,n3])
reduce(minIgnoreNull, [n1,n2,n3])
```

参数 *func* 也可以是一个三元函数。当使用三元函数时，第一个参数为 *init* 或上一轮迭代的结果，第二和第三个参数则为当前任务的新输入。此时，*X* 必须是一个包含两个元素的元组。

```
reduce({x,y,z->x + y + z}, X = (1 2 3, 10 10 10), init = 5 6)
//output: [41, 42]
```

参数 *func* 也可以是一个一元函数。此时，accumulate 和 reduce 函数的行为取决于 *X* 的取值。

- 如果 *X* 是一个非负整数，则代表迭代次数。下面的例子展示了初始值为 [0, 1] 的 Fibonacci 的前 5 项。

```
accumulate({x->x.join(x.tail(2).sum())}, 5, 0 1)
//output: ([0,1],[0,1,1],[0,1,1,2],[0,1,1,2,3],[0,1,1,2,3,5],[0,1,1,2,3,5,8])
```

- 如果 *X* 是一个一元函数，则将 *init* 或上一个任务迭代的结果传递给这个一元函数。如果结果为 true，则继续迭代；如果结果为 false，则退出迭代。

```
accumulate({x->3 * x}, {x->x<15}, 1)
//output: [1,3,9,27]
```

- 如果 *X* 是空值，则不断地迭代 *func* 参数，直到结果不再变化。

```
list = (1, (2, (3, 4, 5)), (6, 7), 8, [9])
reduce(flatten, init = list)
//output: [1,2,3,4,5,6,7,8,9]
```

5.4.4　窗口处理高阶函数

窗口计算是数据分析中经常使用的一项操作。DolphinDB 提供了 groupby、contextby、segmentby、rolling、moving、tmoving、window 和 twindow 8 个高阶函数来辅助窗口计算。

groupby 和 contextby 函数都是根据分组向量的值来划分窗口的，即会将具有相同值的行划分到同一个窗口。不同的是，前者对窗口内的数据进行聚合计算，即每个窗口输出一条记录；而后者则在窗口内进行向量函数运算，即输出长度与输入长度相同。

```
groupby(sum, 1 2 2 2 3, `A`A`A`B`B as product)
//output
product sum
------- ---
A       5
B       5

t = table(`A`A`A`B`B as product, 1 2 2 2 3 as qty)
select *, qty\contextby(sum, qty, product) as ratio from t
//output
product qty ratio
------- --- -----
A       1   0.2
```

```
A      2   0.4
A      2   0.4
B      2   0.4
B      3   0.6
```

segmentby 是根据相邻数据的值是否相同来划分窗口，在实践中往往用于表示状态切换。下例中，我们计算 1 个向量的累计最大值，在遇到 0 时需要重新开始。这属于典型的状态切换问题，因此使用 segment + cummax 来解决。

```
a = [1,2,2,3,2,0,2,4,5,3,8,5]
segmentby(cummax, a, a == 0)
```

rolling 在 DolphinDB 中用于事件型滚动窗口计算。第一个窗口为[0, window - 1]，第二个窗口为[step, window + step - 1]，依次类推直到最后一个窗口。每一个窗口进行一次聚合计算，输出一个结果。除去 window 为 1 的场景，rolling 输出的向量长度小于输入向量的长度。

moving 和 tmoving 分别用于基于事件或时间的滑动窗口计算。输入向量的长度与输出向量的长度相等。moving 的行为和 msum 等滑动函数完全一致。但是前者是全量计算，后者是增量计算，moving 的性能大幅落后对应的滑动窗口版本函数。因此，高阶函数 moving 通常和无法进行增量计算的聚合算子搭配使用，譬如 mad 函数。tmoving 的行为和 tmsum 等时间窗口滑动函数完全一致，区别也在于是否采用增量计算。tmoving 也通常和无法增量计算的聚合算子搭配使用。rolling，moving 和 tmoving 3 个函数更多的使用方法和特点，请参考第 4 章《窗口计算》。

window 和 twindow 是通用的分别基于事件和时间的滑动窗口计算函数。它们用一个相对于当前行的 PAIR 来表示滑动窗口的开始和结束位置。window(func, funcArgs, range) 的 *range* 参数接受整型 PAIR，根据输入的聚合函数 func 自动选择增量算法或全量算法。因为 window 是一个通用函数，即便采用了增量算法，在某些场景上性能仍与专门实现的增量算法有差距。在下面的例子中，我们给出了滑动求和的 3 种实现，使用 window 函数的性能是 msum 的四分之一左右，但却是全量算法 moving 的 10 倍以上。

```
x = rand(1.0, 10000000)
timer(10) msum(x, 10, minPeriods = 1) //Time elapsed: 329.995 ms
timer(10) window(sum, x, -9:0) //Time elapsed: 1349.2 ms
timer(10) moving(sum, x, 10, minPeriods = 1) //Time elapsed: 16415.3 ms
```

twindow(func, funcArgs, T, range, [prevailing = false]) 的参数 *range* 接受一个 DURATION 类型的 PAIR，根据输入的聚合函数 func 自动选择增量算法或全量算法。twindow 的增量算法实现与 tmsum 等函数的增量实现算法完全一致，因此不存在性能上的差异。

5.4.5 函数模式

在复杂的算法实现或数据分析中，开发者可能希望将内置函数按照不同的规则应用到给定的数据结构上，或者希望将自定义函数按照某种规则应用到复杂的数据结构上。DolphinDB 将这种函数的应用规则称为函数模式，它用一个冒号加一个大写字母来表示，并跟在函数名称后面，如 sum:E 表示 sum 函数使用了 each 函数模式。当一个函数应用了某个函数模式时，它实际上就转变成了一个新的函数。每个函数模式在 DolphinScript 中都有一个对应的高阶函数（见表 5-1）。DolphinScript 目前支持 13 种函数模式。

```
//求矩阵每一列的 count
m = matrix(1 2 3, 4 NULL 6)
count:E(m) //输出向量 3 2
//采用高阶函数 each 的写法
each(count, m) //得到相同的结果 3 2
```

在上面的例子中，我们对内置函数 count 应用了函数模式:E，从而实现了对矩阵的每一列求 count。这种用法等价于高阶函数 each 的用法。

5.4.6 函数模式叠用

例如，给定一组函数 funcs 和参数 *params*，要求两两组合生成所有可能的函数调用元代码，就可以通过函数模式 eachLeft(:L)和 eachRight(:R)的叠用来实现。

```
params =  [10, 20, 500]
funcs = [add{1}, sub{,1}, max{1}, min{1}]
//先按函数排列，再按参数排列
makeCall:L:R(funcs, params).flatten()
//先按参数排列，再按函数排列
makeCall:R:L(funcs, params).flatten()
```

当然，这个问题比较简单。如果先按函数排列，再按参数排列，我们也可以通过高阶函数 cross(:C)来实现。

```
makeCall:C(funcs, params).flatten()
```

接下来，我们看一个更为复杂的问题。假如有两个形状完全相同的矩阵 *v* 和 mask（换成多列的元组也可以），现要求对 *v* 中的每一列根据 mask 中的数据进行分组，并计算每组的均值。对于这个问题，一个比较直接的解决思路是对矩阵的每一列分组并求平均值。但由于内置高阶函数 groupby 可以对向量进行分组计算，因此我们写了一个二元的 lambda 函数，然后使用函数模式:E 来对每一列应用这个 lambda 函数。

```
v = matrix(100 200 100, 200 100 200, 100 200 100)
mask = matrix(1 2 1, 1 1 2, 1 2 1)
{x,y->groupby(avg, x, y).column(1)}:E(v, mask)
//output: matrix(100.0 200.0, 150.0 200.0, 100.0 200.0)
```

虽然上述方法的表达式很简单，但其严重依赖内置高阶函数 groupby。如果没有内置高阶函数 groupby，我们可以通过组合更基础的函数来实现相同的功能吗？答案是肯定的。我们可以使用更基础的 groups、eachAt 和 avg 内置函数，并结合函数模式的叠用来实现算法。这种算法的表达式也极其简单。为了方便理解，我们可以将这个算法拆分成以下 3 个步骤。

（1）使用 groups 函数结合函数模式:L 来获取矩阵每一列的每一个分组的下标索引，结果是一个二维的元组 groupIndex。

（2）使用 eachAt 函数来获取每一列的每一个分组的详细数据。因为 groupIndex 是二维的（第一维度是矩阵的列），所以需要结合函数模式:E 来处理这个结构，从而获得一个二维元组 groupValue。

（3）使用 avg 函数来计算每一个列的每一个分组的均值。因为元组是二维的，所以需要再次使用函数模式:E 来确保每个分组都被正确处理。最终，我们得到一个矩阵。

```
eachAt:E(v, groups:L(mask, 'tuple')).avg:E:E()
//为方便理解，我们将上述表达式拆分成 3 个语句
groupIndex = groups:L(mask, 'tuple') //([0 2, 1],[0 1, 2],[0 2, 1])
groupValue = eachAt:E(v, groupIndex) //([100 100, 200],[200 100, 200],[100 100, 200])
groupValue.avg:E:E() //matrix(100.0 200.0, 150.0 200.0, 100.0 200.0)
```

5.5 部分应用

固定多元函数中的部分参数，并返回一个可以接受剩余参数的函数的过程称为部分应用。在 DolphinScript 中，我们也称这个固定了部分参数的新函数为部分应用。使用部分应用一般出于以下两个目的。

- 通过固定一些重复使用的参数，来增强函数的适应性。例如，有些高阶函数的参数只能是一元或二元函数，这时我们可能通过部分应用来固定一部分参数，以满足这些高阶函数的要求。
- 固定执行环境的上下文，使得原本无状态的函数增加状态。

在 DolphinScript 中，我们使用圆括号表示函数调用，使用花括号表示部分应用。在下面的例子中，我们固定了 add 的第一个参数，形成了一个部分应用，然后将这个部分应用作为高阶函数 each 的参数。这段代码的效果相当于向量 1、2、3 分别与标量 2 和 3 相加，最后得到一个两列的矩阵。

```
each(add{1 2 3}, 2 3)
```

DolphinDB 中的某些高阶函数会限制参数。例如，byRow 函数的 *func* 参数只能是一个一元或二元函数，而且这些函数的参数必须是一个二维对象，如表、矩阵、列式元组、数组向量和元组等。skew 函数可以是一个二元函数，但第二个参数必须是 BOOL 类型的标量。因此，如果希望将 skew 函数应用于高阶函数 byRow，只能使用部分应用。在下面的例子中，我们固定了 skew 的第二个参数，因此逗号前的参数为空。

```
m = rand(1.0, 5:10)
byRow(skew{,false}, m)
```

DolphinDB 中的函数是纯函数，输出完全由输入决定，因此是无状态的。但有时，我们又希望函数有记忆，能保留一些状态。例如，在一个生产环境中，新数据不停地进入，系统希望计算这些数据的累计值。为此，我们定义了一个二元函数 myCumsum，它的第一个参数用于记录累计求和的结果（即状态），然后固定第一个状态参数得到一个新的部分应用 f。通过对 f 进行 3 次调用，可以得到累计和的结果。这里，状态参数之所以选用了数组而不是标量，是因为 DolphinScript 中无法修改标量的值。

```
def myCumsum(mutable state, x){
    state[0] + = x
    return state[0]
}
f = myCumsum{[0]}
f(1) //返回 1
f(2) //返回 3
f(3) //返回 6
```

实际上，上面这个例子的实现方法与面向对象编程（OOP）的原理完全相同。这个可变的状态参数 *state* 相当于 OOP 中的对象，而 `myCumsum` 就是对象的方法。只不过在大部分 OOP 语言中，方法的第一个参数（如 C++ 中的 this 指针）通常被隐藏了。

在 DolphinScript 中，也可以采用 OOP 的写法来实现部分应用。以下是一个示例代码，其中 *obj* 作为部分应用的第一个固定参数。

```
f = [0].myCumsum{} //obj.method{args...}
f(1) //返回 1
f(2) //返回 3
f(3) //返回 6
```

DolphinDB 从 3.0 版本开始支持面向对象编程，即支持类（Class）。在类中，也可以通过花括号`{}`来绑定对象和部分参数，以实现部分应用的效果。

```
class Foo {
    state::DOUBLE
    def Foo(init){
        state = init
    }
    def cumsum(x){
        state = state + x
        return state
    }
}
f = Foo(0.0).cumsum{}
f(1) //返回 1
f(2) //返回 3
f(3) //返回 6
```

使用面向对象的这种方法来表示部分应用，实际上是将对象和方法进行优先绑定，也就是将对象作为方法的第一个参数。但有时候，我们希望将方法和后面的参数优先绑定，生成一个部分应用，而对象作为新生成的部分应用的第一个参数。例如，当我们希望计算一个矩阵每一行的无偏见的偏度时，我们可以使用一对花括号`{}`来包裹方法和第二个参数，以确保它们被优先绑定。

```
m = rand(1.0, 4:5)
m.{skew{,false}}:H()//等价于 skew{,false}:H(m)和 byRow(skew{,false},m)，得到正确的结果
m.skew{,false}:H() //等价于 skew{m,,false}:H()，抛出异常，因为 skew 无法接受 3 个参数
```

部分应用也可以通过高阶函数`partial`来动态实现。`partial`的第一个参数为原函数，后续的参数则为需要固定的参数。

```
def myCumsum(mutable state, x){
    state[0] + = x
    return state[0]
}
f = partial(myCumsum, [0])
f(1) //返回 1
f(2) //返回 3
f(3) //返回 6
```

最后，我们来看一个 DolphinDB 内置函数在部分应用中如何选择默认参数的问题。以内置函数 `rank` 为例，它共有 7 个参数，其中 6 个是可选参数。假设我们需要固定除 *X* 和 *tiesMethod* 两个参数以外的所有参数，并设置 *percent* 为 true，同时让其他参数使用它们的默认值。但在这里，我们遇到了一个问题，即参数 *groupNum* 函数的默认值是空值。在部分应用中，如果不指定 *groupNum*，则其空值状态将被保留；但如果给它赋予某个具体的值，则

又改变了 rank 函数的行为。为了解决这个问题，DolphinDB 引入了常量 DFLT，它在部分应用中表示使用参数的默认值。

```
//rank(X, [ascending = true], [groupNum], [ignoreNA = true], [tiesMethod = 'min'],
//       [percent = false], [precision])
f = rank{ascending = DFLT, groupNum = DFLT, ignoreNA = DFLT, percent = true, precision = DFLT}
f(1 5 3 3) //0.25 1.0 0.5 0.5
f(1 5 3 3, 'average') //0.25 1.0 0.625 0.625
```

5.6 函数元编程

在一些复杂的数据分析场景中，函数定义和参数经常是通过参数传递等手段动态获取的，DolphinDB 提供了相应的方法来进行函数的动态调用，我们将这些方法统称为函数的元编程。

5.6.1 动态获取函数定义

在 DolphinDB 中，函数定义本身被视为一种数据类型——FUNCTIONDEF。通过内置的 funcByName 函数，能够根据输入的函数名称来动态获取相应的函数定义。下面的例子展示了如何从变量 names 中获取 3 个函数的名称，并通过该函数获取对应的函数定义，然后以 *v* 为参数，分别调用这 3 个函数。如果函数定义在某个模块中，可以在名称前加上模块名称并用 namespace 符号 :: 进行分隔。

```
names = `sin`cos`tan
v = 1..10
funcByName:U(names).{call{, v}}:U()
```

如果要为动态获取的函数定义进一步生成部分应用，可以使用 partial 函数。

```
names = `add`sub`mul
v = 1..10
funcByName:U(names).{partial{, v}}:U()
```

在某些场景下，动态获取的函数可能是一个 lambda 函数或匿名函数。此时，可以用字符串传入函数的定义，并通过 parseExpr 函数动态解析函数。parseExpr 函数返回的是一个 DolphinDB 的数据对象 ConstantSP，这个数据对象的类型是 CODE，表示一段可以通过 eval 函数执行的表达式代码。因此，在下面的例子中，需要先对 parseExpr 函数返回的对象执行 eval 函数，以便获取解析后的函数。

```
funcDef = "x->1 + x + x * x"
parseExpr(funcDef).eval().call(2)
//output 7
```

5.6.2 动态函数调用

当获取了动态函数的定义之后，该如何调用此函数呢？上面的例子已经展示了用高阶函数 call 来调用一个函数。而在 DolphinDB 中，还有另外两种方法可以实现动态调用函数。

```
f = parseExpr("{x,y->(x - y)/(x + y)}").eval()
//通过高阶函数 call 来调用变量 f 中存储的函数定义
call(f, 3.0, 2.0)
//直接通过运算符 () 来调用变量 f 中存储的函数定义
f(3.0, 2.0)
//通用函数 at 来调用变量 f 中存储的函数定义
at(f, (3.0, 2.0))
```

这 3 种方法各有不同。但总体上来说，前两种方法比较类似，都要求开发人员在调用时指定参数的个数，使得参数的个数可以灵活变化。而使用 at 函数时，参数个数是明确的，即只有两个参数，第一个是函数定义，第二个是函数定义需要的参数。这种参数个数固定的用法更方便动态调用。因此，如果 f 是一个多元函数，则 at 函数的第二个参数必须是一个元组，元组的每一个元素代表 f 的一个输入参数。考虑一个特殊的用例，f 函数是一个一元函数，可以接受一个元组 *x* 作为输入参数。如下例所示，要正确使用 at 函数，必须使用 enlist 函数，让 *x* 成为一个新元组的唯一一个参数，否则系统会报错：实际输入的参数个数与函数定义不符。*x* 有三个元素，而 f 函数只接受一个参数。

```
f = {x->x.head()\x.tail()}
x = (1,2,3)
//错误用法：参数个数与函数定义不匹配
at(f, x)
//正确用法
at(f, enlist x)
```

5.6.3　动态产生函数调用的代码

上一个小节中的动态函数调用与普通的函数调用一样，都会直接执行函数并返回结果。但有时我们需要用函数调用来表达一种逻辑关系，并在后续的场景中运行。例如，我们需要用函数来表示数据的过滤条件，并作为一个 SQL 查询的 where 子句。在这种情况下，当我们真正执行这个 SQL 语句时，这个函数才会被调用。这种延迟执行的场景要求我们动态生成函数调用的代码。为了应对这种需求，DolphinDB 提供了 makeCall 和 makeUnifiedCall 函数来生成函数调用的代码。这两个函数之间的区别等同于函数 call 和 at 之间的区别，前者需要输入的参数个数取决于对应函数需要的参数个数，而后者只提供一个固定的参数，如果函数需要多个参数，则这些参数会被封装在一个元组中。

```
f = parseExpr("{x,y->(x - y)/(x + y)}").eval()
makeCall(f, sqlCol("qty1"), sqlCol("qty2"))
makeUnifiedCall(f, (sqlCol("qty1"), sqlCol("qty2")))
makeUnifiedCall(f, sqlTuple(`qty1`qty2))
```

在上面的例子中，动态获得的 Lambda 函数包含两个参数 *x* 和 *y*，表中的两列 qty1 和 qty2 作为输入参数。在 makeCall 函数中使用 sqlCol 函数来分别将这两列作为两个参数输入。当使用 makeUnifiedCall 函数时，我们既可以使用 sqlTuple 函数产生多个列组成的元组，也可以手动使用 () 来产生一个元组。

```
f = parseExpr("{x,y->(x-y)/(x + y)}").eval()
t = table(1.0 2.0 3.0 as qty1, 1.0 3.0 7.0 as qty2)
sql(select = makeCall(f, sqlCol("qty1"), sqlCol("qty2")), from = t).eval()
sql(select = makeUnifiedCall(f, (sqlCol("qty1"), sqlCol("qty2"))), from = t).eval()
sql(select = makeUnifiedCall(f, sqlTuple(`qty1`qty2)), from = t).eval()
```

```
//3 个表达式得到相同的结果
_qty1
-----
0
-0.2
-0.4
```

5.7 模块和函数视图

当我们开发了大量的自定义函数后，如何有效地组织和访问这些函数呢？DolphinDB 给出了模块和函数视图两种方法来帮助我们组织和访问自定义函数。

5.7.1 模块

在 DolphinDB 中，模块是指只包含函数定义的代码包。模块文件名的后缀为 .dos（DolphinScript 的缩写）或 .dom（DolphinModule 的缩写）。每个模块文件的第一行必须是模块声明，即关键字 module 加上模块名称。其中，模块名称必须与模块文件的名称（不包括后缀）完全相同。在模块文件中，**除函数定义、模块声明语句和模块导入语句外，其他代码将被忽略**。例如，我们定义了一个名为 *fileLog* 的模块，并在其中添加了一个 `appendLog` 函数。

```
module fileLog

def appendLog(filePath, logText){
    f = file(filePath,"a + ")
    f.writeLine(string(now()) + " : " + logText)
    f.close()
}
```

存储模块文件的模块目录由配置参数 moduleDir 指定，其默认值是相对路径 *modules*。系统首先会到节点的 home 目录中寻找该目录。如果未在 home 目录下找到文件，则会依次在节点的工作目录和可执行文件所在的目录中进行查找。其中，home 目录由系统配置参数 home 决定，可以通过 `getHomeDir` 函数查看。请注意，在单节点模式下，这 3 个目录默认是相同的。如果需要对模块进行分类，可在 *modules* 目录下设置多个子目录，以作为不同模块类别的命名空间（即在 *modules* 目录下的完整路径）。例如，现有两个模块 fileUtil 和 dateUtil，它们分别存储在 modules\system\file\fileUtil.dos 与 modules\system\temporal\dateUtil.dos 中，那么声明语句分别为 `module system::file::fileUtil` 与 `module system::temporal::dateUtil`。

使用 `saveModule` 函数可以将 .dos 模块序列化为扩展名为.dom 的二进制文件。将模块序列化为 .dom 文件能够增强代码的**保密性**和**安全性**。当 .dom 模块被加载到内存后，函数的定义脚本对包括系统管理员和 owner 在内的所有人均不可见。例如，执行 `saveModule("fileLog", overwrite = true)` 会将 *fileLog* 模块序列化为一个 .dom 文件，该 .dom 文件会保存至 .dos 文件所在的目录。如果 .dos 文件的内容发生改变，则需要重新执行 `saveModule` 函数以生成新的 .dom 文件。如果当前模块引用了另一个模块的函数，则在序列化该模块时，只会对其依赖模块的名称进行序列化，而不会序列化依赖函数的定义。因此，在加载或移动 .dom 文件时，需要同时加载或移动其依赖的模块文件。

使用 use 关键字可以在用户会话中导入一个模块。如果导入的模块依赖了其他模块，则系统会自动加载这些依赖的模块。需要注意的是，使用 use 关键字导入的模块是会话隔离的，即仅对当前会话有效。自 2.00.12/3.00.0 版本起，DolphinDB 不仅可以导入后缀为 .dos 的脚本模块文件，而且可以导入后缀为 .dom 的二进制模块文件。导入模块后，可以通过以下两种方式来使用模块内的自定义函数。

- 直接使用模块中的函数

```
use fileLog
appendLog("mylog.txt", "test my log")
```

- 指定模块中函数的命名空间是必要的。若导入的不同模块中含有相同名称的函数，则必须通过此种方式调用此类函数，以避免歧义。

```
use fileLog
fileLog::appendLog("mylog.txt", "test my log")
```

使用关键字 use 导入的模块仅对当前的用户会话可见，这在实际使用中会带来一些不便。为了解决这一问题，DolphinDB 支持通过 `loadModule` 函数或者配置参数 *preloadModules* 将模块定义的函数加载为系统的内置函数，从而使模块对所有会话可见。一旦模块定义的函数被加载为内置函数，用户就无法覆盖这些函数的定义。同时，在 `remoteRun` 或 `rpc` 中使用这些函数时，系统不会将这些函数的定义序列化到远程节点（与内置函数的处理方式相同）。因此，远程节点也必须加载相应的模块，否则系统会抛出无法找到函数的异常。

加载模块时，如果目录中同时包含同名的 .dos 文件和 .dom 文件，则系统只加载.dom 文件。`loadModule` 函数只能在系统的初始化脚本（默认是 dolphindb.dos）中使用，不能在命令行或 GUI 中执行。例如，要加载前文的模块 fileLog，可以在 dolphindb.dos 文件末尾加上 `loadModule("fileLog")`。通过这种方法加载模块后，在调用模块中的函数时，必须指定函数的绝对命名空间。

```
fileLog::appendLog("mylog.txt", "test my log")
```

如果通过配置参数 *preloadModules* 预加载模块，则对于单机版，需要在 dolphindb.cfg 中配置该参数。而对于集群版，controller 和 datanode 必须加载相同的模块，最简单的方法是在 controller.cfg 和 cluster.cfg 中配置 *preloadModules* 参数。如果需要加载多个模块，则模块间使用逗号进行分隔。以下是加载 fileLog 模块的示例。

```
preloadModules = fileLog
```

5.7.2　函数视图

在 5.7.1 小节中，已经展示了模块的强大功能，但是使用模块时还存在一些局限性。

- 模块加载只对当前节点有效，当一个集群包含多个节点时，必须分别在每个节点上加载相同的模块。节点重启后，需要重新加载模块。因此，在集群中使用模块可能会比较烦琐，而且无法保证多个节点上的模块版本一致。
- 对模块的访问不能进行权限管理，因此不能限制某些用户对模块的使用权限。
- 模块中的函数在访问数据库时，要求使用模块的用户具有相应的数据库访问权限。在定义数据访问类接口函数时，这一要求可能会非常麻烦且不安全。有些接口涉及非常多的库表，需要动态筛选涉及的库表，如果为所有用户赋予这些库表的访问权限，则不仅耗费人力，而且容易造成数据泄密。

以上 3 个问题可以通过 DolphinDB 中的函数视图（Function View）来解决。函数视图是封装了访问数据库以及相关计算语句的自定义函数。即使用户不具备读写数据库原始数据的权限，通过执行函数视图，也能间接访问数据库，得到所需的计算结果。函数视图可以持久化地存储在分布式数据库中，一旦添加，便可在任何节点使用。

下面的例子中，我们自定义了一个函数 getSpread，用于计算 dfs://TAQ/quotes 表中指定股票的平均买卖报价差。用户 user1 不具有读取 dfs://TAQ/quotes 表的权限。现在我们把函数 getSpread 定义为函数视图，并赋予用户 user1 执行该视图的权限。虽然用户 user1 不具备读取 dfs://TAQ/quotes 表的权限，但是他仍然可以通过执行 getSpread 函数来利用 dfs://TAQ/quotes 表中的数据进行计算，从而获得指定股票的买卖报价差。由于 dfs://TAQ/quotes 是分布式数据库，以下代码需要由系统管理员在控制节点上执行。用户 user1 可在任意数据节点或计算节点运行 getSpread 函数。此外，用户 user1 也可以通过 DolphinDB 支持的 API（如 Python API）连接到集群节点，并执行该函数。

```
def getSpread(s, d){
    return select avg((ofr-bid)/(ofr + bid) * 2) as spread from loadTable("dfs://TAQ","quotes") where symbol = s, date = d
}
addFunctionView(getSpread)
grant("user1", VIEW_EXEC, "getSpread")
```

即使 DolphinDB 集群重启，之前定义的函数视图也仍然可以使用。但是，DolphinDB 不允许直接修改函数视图中的语句，如果要修改函数视图，需要先使用 dropFunctionView 函数删除函数视图。

```
dropFunctionView("getSpread")
```

从 2.00.11 版本开始，DolphinDB 的函数视图兼具了像模块一样按目录进行管理的能力，这使得管理变得更加方便。这样，我们就可以将整个模块的函数添加为函数视图。在下面的例子中，完整的模块名称（包含全部的命名空间）作为一个字符串参数传递给 addFunctionView 函数，从而将对应模块的全部函数添加为函数视图。

```
addFunctionView("fileLog")
```

一旦将模块添加为函数视图，就必须以模块为单位进行后续的授权或删除操作。

```
grant(user1, VIEW_EXEC, "fileLog::*")
dropFunctionView("fileLog::*");
```

函数视图和模块的应用场景有所不同。函数视图一般用于与数据库相关的数据访问中，而模块中的函数一般是通用的处理逻辑或算法。函数视图可能会调用模块中的函数，但是模块中的函数一般不调用函数视图。

思考题

1. 有一个表 t，第一列是 Id，其余 50 列是数值类型，可能包含空值。如何生成一个新表，只保留 50 列的数值至少有一个不为空的行。

2. DolphinDB 的 `drop` 函数可以删除一个向量的前面或后面 n 行。现在有一个矩阵 m 和行数 n（如果是正数，从头开始删除，如果是负数，从尾部删除），删除 m 的 n 行。请用 4 种方法实现这个需求，并比较各种方法的性能。每一种方法仅限一行表达式。

3. 有一堆不定长的整数向量，存储在元组 a 中，例如 `a = [1..3, 1..5, 1..6]`。请在每个向量的尾部填充空值使得它们全部变成等长。请用一行表达式完成任务。

4. 有一个内存表 t，如果要分别计算列 x 与列 y1，y2，y3 的相关性，可以用代码 `corr:R(table.x, table[`y1`y2`y3])` 来实现。进一步，我们根据 z 列的值来分隔 t 表，并在每个子表内部计算 x 与列 y1，y2，y3 的相关性。

5. 有两个字典 d1 和 d2。d1 的每个 entry 存储了一个表，所有表的 schema 相同，行数相同。d2 的每个 entry 存储了权重。d1 的表第 3 列是数值列，需要乘上对应的权重，然后所有表的第 3 列按行相加，最后返回一个向量。

6. 有一个 n 行的内存表 t，其中有 4 列 p1, p2, p3, p4 是 STRING 类型，且均为空值。现在希望使用 `replaceColumn!` 函数将上述 4 列替换为浮点数类型。请使用高阶函数 `reduce` 在一个表达式中完成任务。

7. 一个年度的动量因子，通常计算某股票除去当月外的前 11 个月的累计收益。如果输入表 t 包含 3 列，SecId, Month 和 Ret，其中 Month 采用 DolphinDB 的 MONTH 类型，例如 2020.03 M，Ret 是对数收益。请完成代码，计算每个股票每个月的动量因子。

8. 有一个因子表 t，前两列分别是 SecId 和 Timestamp，其它列分别代表某一个因子。现在需要编写一个函数 `calcCorrelations` 用于计算指定因子 factor 与其他指定的多个因子 otherFactors 在每一天的相关性。factor 和 otherFactors 存储的是因子的名称（列名），其中 otherFactors 是一个向量。这一步完成之后，我们需要在此基础上找出与指定 factor 在平均意义上最相关的因子。请给出你的完整代码。

```
def calcCorrelations(t, factor, othersFactors){
  // complete your code below
}
```

9. 一个机构内部有很多数据分析人员，他们的日常工作需要用 DolphinDB 脚本编写数据分析函数，并在数据库集群上运行。要求（1）每个分析人员写的代码不会相互干扰，（2）每个人可以调用其他人写的函数，但是不能看到其源码。如果你是 IT 部门的负责人，请给出一个解决方案。

10. 有一个金融机构内部有 4000 余个数据表，包括不同频率和不同金融资产的数据，现在需要为终端客户提供数据访问接口。要求：（1）用户可以使用不同语言的 SDK，如 Python，Java，C++，Go 等来访问数据；（2）每次访问的数据量可以限制；（3）用户不需要了解 4000 多张表的 Schema 细节，以及相互之间的关系；（4）对每一次的访问都有记录；（5）对用户访问有权限控制。如果数据库使用的是 DolphinDB，请给出你的解决方案，并解释选择此方案的理由。

第 6 章 SQL 编程

CHAPTER 6

作为一个高性能时序数据库，DolphinDB 支持 SQL 编程。与其他数据库不同的是，DolphinDB 中的 SQL 编程可以与编程语言无缝衔接，同时还提供了丰富的拓展语法和独特的元编程实现，这使得 DolphinDB 具备处理复杂数据逻辑的能力。在面对复杂的数据分析问题时，DolphinDB 无须将数据从数据库转移到分析系统进行计算。这一特点不仅简化了操作，还大幅提高了数据处理的效率。本章将主要介绍 DolphinDB SQL 的特点、拓展语法、元编程，以及 SQL 引擎。

6.1 DolphinDB SQL 特点

DolphinDB 提供了 SQL 语言以满足用户查询和分析数据的需求，它不仅能在极大程度上兼容标准 SQL，还能够与编程语言无缝衔接。

6.1.1 兼容标准 SQL

下面，我们将通过几个实例来展示 DolphinDB SQL 兼容标准 SQL 的写法。

```
create table t1 (
    ID INT,
    TRADE_DATE DATE,
    VALUE DOUBLE
);
```

上例使用标准的 SQL 写法创建了一个内存表 t1，它等价于函数式写法 `t1 = table(1:0, `ID`TRADE_DATE`VALUE, [INT, DATE, DOUBLE])`。

如果想向该表中写入数据，可以使用 SQL 的 insert into 语句。具体写法如下。

```
insert into t1 values(1, 2024.02.08, 12.34)
```

如果想从表中查询数据，可以使用 SQL 的 select 语句结合 where 子句进行条件筛选。具体写法如下。

```
select * from t1 where ID = 1;
```

除了内存表，分布式表的创建同样支持 SQL 写法。

```
create database "dfs://database1" partitioned by HASH([INT, 10]);
create table "dfs://database1"."pt1" (
    ID INT,
    TRADE_DATE DATE,
    VALUE DOUBLE
)partitioned by ID;
```

如上所示，我们用 SQL 写法创建了一个分布式数据库 database1，并在该库下创建了一个分布式表 pt1，它等价于如下的函数式写法。

```
db = database("dfs://database1", HASH, [INT, 10])
t = table(1:0, `ID`TRADE_DATE`VALUE, [INT, DATE, DOUBLE])
db.createPartitionedTable(t, "pt1", `ID)
```

自 DolphinDB 的 2.00.13/3.00.1 版本开始，insert into 语句也支持向分布式表中写入数据。

```
pt = loadTable("dfs://database1", "pt1")
insert into pt values(1, 2024.04.18, 1.234)
```

需要注意的是，insert into 语句向分布式表中写入数据的性能不高。一般情况下，建议使用 `append!`或 `tableInsert` 函数来进行分布式表的写入操作。

自 3.00 版本开始，DolphinDB 还引入了 Catalog 功能。以下脚本展示了如何创建一个 Catalog，并将前文创建的数据库 database1 加入其中，以便通过 Catalog 的方式访问分布式表。

```
createCatalog("trading")
createSchema("trading", "dfs://database1", "stock")
select * from trading.stock.pt1
```

6.1.2　无缝衔接编程语言

在上一小节的几个例子中，我们展示了 DolphinDB 兼容标准 SQL 的一些简单写法。除此之外，DolphinDB 的 SQL 还能与编程语言融合，从而简化逻辑并完成更加复杂的操作。

DolphinDB 的 SQL 支持使用外部变量，这为复杂的编程场景提供了极大的便利，能够简化 SQL 语句的写法。

```
t1 = table(2024.01.01..2024.01.05 as date, 1.2 7.8 4.6 5.1 9.5 as value)

startDate = 2024.01.01
endDate = 2024.01.01 + 2
select * from t1 where date >= startDate and date <= endDate;
```

在 DolphinDB SQL 中进行分布式库表的查询时，如果没有启用 Catalog，则不能直接引用库表的名称，而是需要使用 `loadTable` 等内置函数来加载库表，将其转换为一个可操作的对象。

```
t = loadTable("dfs://database1","pt1")
select * from t where ID = 1;
```

DolphinDB SQL 也支持直接使用自定义函数。例如，`fundData` 是一个存储了基金日净值信息的表，现在需要计算每只基金的最大回撤率。为了解决这个问题，我们可以直接使用自定义聚合函数 maxDrawdown 计算最大回撤率，这样可以避免复杂的 SQL 语句，并使脚本更易于理解。

```
date = 2024.04.01..2024.04.30
fundID = decimalFormat(1..10, "0000")
fundData = cj(table(date as date), table(fundID as fundID))
update fundData set value = rand(10.0, fundData.size())

defg maxDrawdown(value){
    return max(1.0 - value / value.cummax())
}
select maxDrawdown(value) as mdd from fundData group by fundID
```

此外，DolphinDB SQL 还支持将查询结果赋值给变量，也能够作为函数的返回值或参数。

```
def getAnnualVolatility(originTable){
    return select std(deltas(value) \ prev(value)) * sqrt(252)
    from originTable group by fundID
}
annualVolatility = getAnnualVolatility(select * from fundData)
```

在上面的例子中，我们计算了每只基金的年化波动率。从脚本中可以看到，我们先以 SQL 语句作为函数的参数和返回值，这种写法极大地提高了 SQL 编程的灵活性。

6.2 SQL 拓展语法

DolphinDB SQL 除了兼容标准 SQL 语法，还提供了一些拓展语法，以便用户能够处理更复杂的数据分析场景，尤其是时序分析场景。

6.2.1 时间关联

在表关联场景中，我们常常使用 `left join` 来进行两表的匹配。

```
t1 = table(1 2 3 as id, 7.8 4.6 0.1 as value)
t2 = table(2 3 1 as id, 300 500 800 as qty)
select id, value, qty from t1 left join t2 on t1.id = t2.id
```

基于 id 列关联表 t1 和 t2 的结果如图 6-1 所示。

但当左右表的关联列不完全相同时，`left join` 可能无法完全匹配，如图 6-2 所示。

```
t1 = table(2024.01.01 + (0 31 60 91 121) as date, 1.2 7.8 4.6 5.1 9.5 as value)
t2 = table(2024.02.01 + (0 15 90) as date, 1..3 as qty)
select * from t1 left join t2 on t1.date = t2.date
```

PROBLEMS OUTPUT DEBUG CONSOLE TERMINAL PORTS DOLPHINDB

	id	value	qty
0	1	7.8	800
1	2	4.6	300
2	3	0.1	500

图 6-1 t1 和 t2 可以完全匹配的结果

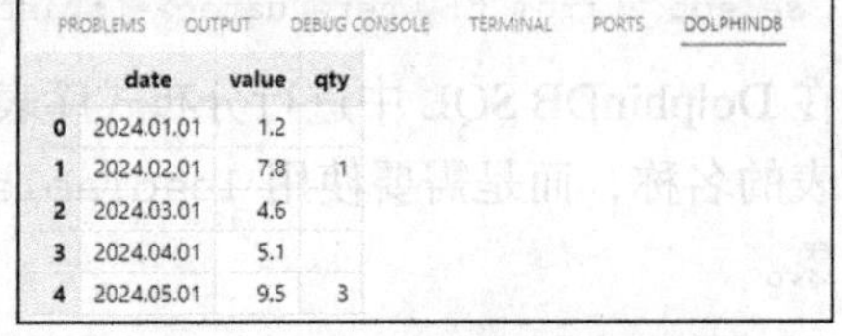

PROBLEMS OUTPUT DEBUG CONSOLE TERMINAL PORTS DOLPHINDB

	date	value	qty
0	2024.01.01	1.2	
1	2024.02.01	7.8	1
2	2024.03.01	4.6	
3	2024.04.01	5.1	
4	2024.05.01	9.5	3

图 6-2 t1 和 t2 无法完全匹配结果

针对这种场景，DolphinDB 提供了 `asof join` 功能。对于左表中的每条记录，`asof join` 会将其与右表中连接列值相同的或之前最近的记录进行匹配。

```
t1 = table(2024.01.01 + (0 31 60 91 121) as date, 1.2 7.8 4.6 5.1 9.5 as value)
t2 = table(2024.02.01 + (0 15 90) as date, 1..3 as qty)
select * from aj(t1, t2, `date)
```

由脚本和图 6-3 可知，对于 t1 的每一条记录，`asof join` 会查找 t2 中 date 一致或之前最近的一条记录进行匹配。

	date	value	t2_date	qty
0	2024.01.01	1.2		
1	2024.02.01	7.8	2024.02.01	1
2	2024.03.01	4.6	2024.02.16	2
3	2024.04.01	5.1	2024.02.16	2
4	2024.05.01	9.5	2024.05.01	3

图 6-3　t1 和 t2 做 `asof join` 的结果

例如，当报价与交易信息处于不同的数据表中时，使用 `asof join` 可以高效地查找每一笔交易的最近一笔报价。

```
trades = table(`600000`600300`600800 as symbol, take(2020.06.01,3) as date,
[14:35:18.000, 14:30:30.000, 14:31:09.000] as time,
[10.63, 3.12, 4.72] as tradePrice)

quotes = table(`600000`600300`600800 as symbol, take(2020.06.01,3) as date,
[14:35:17.000, 14:30:29.000, 14:31:09.000] as time,
[10.62, 3.12, 4.72] as bidPrice1, [10.63, 3.13, 4.73] as askPrice1)

select * from aj(trades, quotes, `symbol`date`time)
```

	symbol	date	time	tradePrice	quotes_time	bidPrice1	askPrice1
0	600000	2020.06.01	14:35:18.000	10.63	14:35:17.000	10.62	10.63
1	600300	2020.06.01	14:30:30.000	3.12	14:30:29.000	3.12	3.13
2	600800	2020.06.01	14:31:09.000	4.72	14:31:09.000	4.72	4.73

图 6-4　使用 `asof join` 关联交易与报价数据

在有些应用场景中，不需要为左表中的每条记录找到右表中与之匹配的单条记录，而是需要在右表中找到一个对应的窗口，并在这个窗口中进行一些计算。为此，DolphinDB 提供了 `window join` 和 `prevailing window join` 来进行窗口连接。在下面的示例中，将 t1 和 t2 使用 `window join` 进行连接，并按 sym 列进行分组，然后对左表的每条记录，在右表中找到 time 处于[t1.time − 5 s, t1.time] 之间的记录，并计算这些记录 bid 列的均值。

```
t1 = table(`A`A`B as sym, 09:56:06 09:56:07 09:56:06 as time, 10.6 10.7 20.6 as price)

t2 = table(take(`A, 10) join take(`B,10) as sym, take(09:56:00 + 1..10,20) as time,
(10 + (1..10) \ 10 - 0.05) join (20 + (1..10) \ 10 - 0.05) as bid,
(10 + (1..10) \ 10 + 0.05) join (20 + (1..10) \ 10 + 0.05) as offer,
take(100 300 800 200 600, 20) as volume);

wj(t1, t2, -5s:0s, <avg(bid)>, `sym`time);
```

由图 6-5 可知，对于左表 t1 的每一条记录，都计算了右表 time 列处于[t1.time −5 s, t1.time] 之间的记录的均值。

	sym	time	price	avg_bid
0	A	09:56:06	10.60	10.30
1	A	09:56:07	10.70	10.40
2	B	09:56:06	20.60	20.30

图 6-5　t1 和 t2 做 window join 的结果

6.2.2 分组计算

在传统的关系型数据库中，通常使用 group by 子句对数据进行分组计算。例如，在下面的脚本中，按照日期进行分组，并计算所有股票每天的订单数量总和。

```
orders = table(`SH0001`SH0001`SH0002`SH0002`SH0002 as code,
2024.03.06 2024.03.07 2024.03.06 2024.03.07 2024.03.08 as date,
13100 15200 3700 4800 3500 as orderQty)

select sum(orderQty) as sum_orderQty from orders group by date
```

由脚本和图 6-6 可知，使用 group by 子句会将每组数据合并为一行。若要保持每组的行数，可以使用 context by 子句为每个组内的每一行数据生成一个值。

PROBLEMS OUTPUT DEBUG CONSOLE TERMINAL PORTS DOLPHINDB

	date	sum_orderQty
0	2024.03.06	16,800
1	2024.03.07	20,000
2	2024.03.08	3,500

图 6-6 按日期分组对订单数量用 group by 求和

以下是使用 context by 子句的脚本。

```
orders = table(`SH0001`SH0001`SH0002`SH0002`SH0002 as code,
2024.03.06 2024.03.07 2024.03.06 2024.03.07 2024.03.08 as date,
13100 15200 3700 4800 3500 as orderQty)

select date, sum(orderQty) as sum_orderQty from orders context by date
```

由脚本和图 6-7 可知，对于原表的每一行，context by 子句都生成了分组内的计算结果。需要注意的是，在使用 group by 子句时，返回的结果中会自动添加分组列，而在使用 context by 子句时，则需要在 select 语句中手动指定分组列。

PROBLEMS OUTPUT DEBUG CONSOLE TERMINAL PORTS DOLPHINDB

	date	sum_orderQty
0	2024.03.06	16,800
1	2024.03.06	16,800
2	2024.03.07	20,000
3	2024.03.07	20,000
4	2024.03.08	3,500

图 6-7 按日期分组对订单数量用 context by 求和

context by 子句的应用场景非常广泛。例如，它可以与滑动窗口系列函数结合使用，按照特定的分组进行滑动计算。下面的示例展示了如何对一个对数字货币的归集交易秒频数据按交易对进行分组，并计算每种交易对在 3 秒、5 秒、10 秒的窗口内的滑动平均价格。

```
aggTradeStream10 = loadText("/<yourPath>/aggTradeStream10.csv")

select tradeTime, code, tmavg(tradeTime, price, 3s) as movingAvg3Sec,
tmavg(tradeTime, price, 5s) as movingAvg5Sec,
tmavg(tradeTime, price, 10s) as movingAvg10Sec
from aggTradeStream10 context by code
```

由脚本和图 6-8 可知，对于原始数据的每一行，context by 子句都计算出了对应窗口内的滑动平均价格。

	tradeTime	code	movingAvg3Sec	movingAvg5Sec	movingAvg10Sec
0	2024.03.15 08:02:13.000	BCHUSDT	412.88	412.88	412.88
1	2024.03.15 08:02:14.000	BCHUSDT	412.86	412.86	412.86
2	2024.03.15 08:02:15.000	BCHUSDT	412.83	412.83	412.83
3	2024.03.15 08:02:16.000	BCHUSDT	412.78	412.81	412.81
4	2024.03.15 08:02:17.000	BCHUSDT	412.72	412.78	412.78
5	2024.03.15 08:02:18.000	BCHUSDT	412.67	412.72	412.75
6	2024.03.15 08:02:19.000	BCHUSDT	412.63	412.68	412.73
7	2024.03.15 08:02:20.000	BCHUSDT	412.63	412.66	412.72
8	2024.03.15 08:02:21.000	BCHUSDT	412.63	412.63	412.71
9	2024.03.15 08:02:22.000	BCHUSDT	412.64	412.63	412.70

图 6-8 使用 context by 计算滑动平均价格

context by 子句的另一个典型应用场景是与 limit 子句一起使用，以获取表中每个分组中的前 *n* 条或最后 *n* 条记录。如果 limit 后面为正数，则表示获取前 *n* 条记录；如果 limit 后面为负数，则表示获取最后 *n* 条记录。例如，如果要获取每只股票的前两条记录，可以通过以下脚本实现。每只股票的前 2 条记录如图 6-9 所示。

```
sym = `C`MS`MS`MS`IBM`IBM`IBM`C`C
price = 49.6 29.46 29.52 30.02 174.97 175.23 50.76 50.32 51.29
qty = 2200 1900 2100 3200 6800 5400 1300 2500 8800
timestamp = [09:34:07, 09:36:42, 09:36:51, 09:36:59, 09:32:47,
09:35:26, 09:34:16, 09:34:26, 09:38:12]

t1 = table(timestamp, sym, qty, price);

select * from t1 context by sym limit 2;
```

如果要筛选每个分组内的最后两条记录，可以通过以下脚本实现。每只股票的最后两条记录如图 6-10 所示。

```
select * from t1 context by sym limit -2;
```

	timestamp	sym	qty	price
0	09:34:07	C	2,200	49.60
1	09:36:42	MS	1,900	29.46
2	09:36:51	MS	2,100	29.52
3	09:32:47	IBM	6,800	174.97
4	09:35:26	IBM	5,400	175.23
5	09:34:26	C	2,500	50.32

图 6-9 获取每只股票的前两条记录

	timestamp	sym	qty	price
0	09:36:51	MS	2,100	29.52
1	09:36:59	MS	3,200	30.02
2	09:35:26	IBM	5,400	175.23
3	09:34:16	IBM	1,300	50.76
4	09:34:26	C	2,500	50.32
5	09:38:12	C	8,800	51.29

图 6-10 获取每只股票的最后两条记录

在使用 context by 子句时，每个分组中记录的顺序都会对最终结果有着直接影响。为此，DolphinDB 提供了 csort 关键字。该关键字可以在 context by 子句后使用，它会在 select 语句的表达式执行之前，对每个组内的数据进行排序。例如，我们可以按交易量在每个组内进行降序排序，然后再取每个组的前两条记录。

```
select * from t1 context by sym csort qty desc limit 2
```

由脚本和图 6-11 可知，结果是按交易量降序排列的。在实际在计算时，也是先在组内进行排序，再通过计算获得结果。

	timestamp	sym	qty	price
0	09:38:12	C	8,800	51.29
1	09:34:26	C	2,500	50.32
2	09:32:47	IBM	6,800	174.97
3	09:35:26	IBM	5,400	175.23
4	09:36:59	MS	3,200	30.02
5	09:36:51	MS	2,100	29.52

图 6-11 获取每只股票按交易量降序排序的前两条记录

虽然 DolphinDB 支持标准 SQL 的开窗函数，并能够实现与 context by 子句相同的功能，但 context by 子句在语法上更为简洁，也更易于理解。例如，对于前面的表 t1，如果要按 sym 进行分组，并计算每个分组中由当前行的前 1 行和后 2 行构成的窗口帧内的 price 的总和，则使用标准 SQL 的开窗函数，写法如下。

```
select
  *,
  sum(price) over (
    partition by sym
    rows between 1 preceding and 2 following)
from
  t1;
```

使用 context by 子句的写法如下。

```
select *, window(sum, price, -1:2) from t1 context by sym
```

context by 子句还可以在 update 语句中使用，用于按分组更新数据。例如，使用 context by 子句计算每只股票平均价格并更新表 t1，脚本如下。平均价格计算结果如图 6-12 所示。

```
update t1 set avgPrice = avg(price) context by sym
t1
```

	timestamp	sym	qty	price	avgPrice
0	09:34:07	C	2,200	49.60	50.40
1	09:36:42	MS	1,900	29.46	29.67
2	09:36:51	MS	2,100	29.52	29.67
3	09:36:59	MS	3,200	30.02	29.67
4	09:32:47	IBM	6,800	174.97	133.65
5	09:35:26	IBM	5,400	175.23	133.65
6	09:34:16	IBM	1,300	50.76	133.65
7	09:34:26	C	2,500	50.32	50.40
8	09:38:12	C	8,800	51.29	50.40

图 6-12　使用 update + context by 计算每只股票的平均价格

6.2.3　累计分组计算

DolphinDB 还提供了 cgroup by 子句来实现累计分组计算，即第二组的记录包含第一组的记录，第三组的记录包含前两组的记录，以此类推。需要注意的是，cgroup by 子句必须与 order by 子句一同使用，以确保在执行累积操作前，数据已经根据某个字段排序。

例如，创建如图 6-13 所示的表 *t*。

	sym	time	volume	price
0	A	09:30:06	10	10.05
1	A	09:30:28	20	10.06
2	A	09:31:46	10	10.07
3	A	09:31:59	30	10.05
4	B	09:30:19	20	20.12
5	B	09:30:43	40	20.13
6	B	09:31:23	30	20.14
7	B	09:31:56	30	20.15

图 6-13　表 *t* 原始数据

```
t = table(`A`A`A`A`B`B`B`B as sym,
    09:30:06 09:30:28 09:31:46 09:31:59 09:30:19 09:30:43 09:31:23 09:31:56 as time,
    10 20 10 30 20 40 30 30 as volume,
    10.05 10.06 10.07 10.05 20.12 20.13 20.14 20.15 as price);
t;
```

接下来，使用 cgroup by 子句和 wavg 函数计算交易量加权平均交易价格。

```
select wavg(price, volume) as vwap from t
where sym = `A cgroup by minute(time) as minute order by minute;
```

通过如图 6-14 所示的计算结果可以看到，09:31 m 的计算结果为 10.0557，这是前两组数据的累积计算结果，即(10.05*10 + 10.06*20 + 10.07*10 + 10.05*30)\(10 + 20 + 10 + 30) ≈ 10.0557。

PROBLEMS　OUTPUT　DEBUG CONSOLE　TERMINAL　PORTS　DOLPHINDB

	minute	vwap
0	09:30m	10.0567
1	09:31m	10.0557

图 6-14　计算交易量加权平均价格

此外，cgroup by 子句还可以与 group by 子句配合使用。

```
select wavg(price, volume) as vwap
from t group by sym cgroup by minute(time) as minute order by minute;
```

由脚本和图 6-15 可知，当 cgroup by 子句与 group by 子句配合使用时，将会在 group by 子句分组内按 cgroup by 子句指定的字段进行再分组，再进行累积计算。

PROBLEMS　OUTPUT　DEBUG CONSOLE　TERMINAL　PORTS　DOLPHINDB

	sym	minute	vwap
0	A	09:30m	10.0567
1	B	09:30m	20.1267
2	A	09:31m	10.0557
3	B	09:31m	20.1358

图 6-15　在股票分组内按分钟再分组，进行累积计算

6.2.4　复合字段

DolphinDB SQL 支持使用复合字段，即一个函数的计算结果可以输出多列。为了指定这些列的名称，可以使用关键词 as 加上多列列名的方式来指定命名。例如，定义一个名为 myOls 的函数，用于计算最小二乘回归的系数，并返回自变量名称、回归系数估计值、回归系数标准误差和 T 统计值等多列结果。

```
def myOls(y, x){
    coef = ols(y, x, true, 2).Coefficient
    return coef[`factor], coef[`beta], coef[`stdError], coef[`tstat]
}
```

在 DolphinDB SQL 中，我们可以使用复合字段的写法来调用 myOls 函数。

```
x1 = 1 3 5 7 11 16 23
x2 = 2 8 11 34 56 54 100
x3 = 8 12 81 223 501 699 521
y = 0.1 4.2 5.6 8.8 22.1 35.6 77.2
t = table(y, x1, x2, x3)
select myOls(y, (x1, x2, x3)) as `factor`beta`stdError`tstat from t
```

由脚本和图 6-16 可知，当 DolphinDB SQL 调用 myOls 函数后，as 指定了各列的对应列名。

PROBLEMS OUTPUT DEBUG CONSOLE TERMINAL PORTS DOLPHINDB

	factor	beta	stdError	tstat
0	intercept	-9.694933	3.236043	-2.995922
1	x1	4.322351	1.260476	3.429142
2	x2	0.072789	0.253810	0.286787
3	x3	-0.040636	0.014872	-2.732409

图 6-16　myOls 计算结果

6.2.5　数组向量操作

DolphinDB 中的数组向量是一种特殊的向量，用于存储可变长度的二维数组，如一段时间内股票的多档报价。这种存储方式可显著简化某些常用的查询与计算。DolphinDB SQL 也提供了多种数组向量的拓展语法。例如，创建一张表来存储股票数据每秒的 5 档买价和卖价，表 quotes 原始结果如图 6-17 所示。

```
syms = "A" + string(1..30)
datetimes = 2019.01.01T00:00:00..2019.01.31T23:59:59
n = 200
quotes = table(take(datetimes, n) as time, take(syms, n) as sym,
    take(500 + rand(10.0, n), n) as bid1,
    take(500 + rand(20.0, n), n) as bid2,
    take(500 + rand(30.0, n), n) as bid3,
    take(500 + rand(40.0, n), n) as bid4,
    take(500 + rand(50.0, n), n) as bid5,
    take(500 - rand(10.0, n), n) as ask1,
    take(500 - rand(20.0, n), n) as ask2,
    take(500 - rand(30.0, n), n) as ask3,
    take(500 - rand(40.0, n), n) as ask4,
    take(500 - rand(50.0, n), n) as ask5)
```

PROBLEMS OUTPUT DEBUG CONSOLE TERMINAL PORTS DOLPHINDB

	time	sym	bid1	bid2	bid3	bid4	bid5	ask1	ask2	ask3	ask4	ask5
0	2019.01.01 00:00:00	A1	505.536209	515.118204	526.879368	523.410393	517.968994	498.817389	494.248880	473.337012	484.871119	477.397277
1	2019.01.01 00:00:01	A2	506.540514	510.275866	506.999957	515.361635	529.880314	499.876311	488.152117	498.944942	495.310658	452.983713
2	2019.01.01 00:00:02	A3	509.482615	512.276605	501.340434	538.856701	521.957486	492.544212	486.237785	495.411800	480.117822	469.292013
3	2019.01.01 00:00:03	A4	502.296202	515.080463	511.032509	503.654484	521.605497	493.806822	498.718864	479.663702	473.266032	479.707422
4	2019.01.01 00:00:04	A5	504.911539	503.604754	513.416178	527.836078	535.177646	494.342993	493.610418	483.330306	497.489819	478.610195
5	2019.01.01 00:00:05	A6	508.225693	502.787626	527.564882	508.957052	549.564522	499.544446	499.728424	491.557908	484.279108	454.595215
6	2019.01.01 00:00:06	A7	504.848990	515.022446	519.748732	500.264033	543.182877	497.747381	494.199664	484.445600	471.821632	459.828522
7	2019.01.01 00:00:07	A8	504.230887	508.000059	503.284099	506.361169	505.135908	497.846265	490.221456	480.357860	466.685906	485.857705
8	2019.01.01 00:00:08	A9	507.265828	517.227603	506.591882	533.672542	516.426382	497.970194	491.149767	497.746619	467.616911	485.165530
9	2019.01.01 00:00:09	A10	508.809570	508.243620	519.018387	511.600154	514.349236	499.497713	491.606070	473.560904	485.972698	492.829196

图 6-17　表 quotes 原始结果

在 DolphinDB SQL 中，使用 `fixedLengthArrayVector` 函数可以将表的多列数据合并成一列数组向量（如图 6-18 所示），从而简化查询和存储过程。

```
select time, sym, fixedLengthArrayVector(bid1, bid2, bid3, bid4, bid5) as bid,
    fixedLengthArrayVector(ask1, ask2, ask3, ask4, ask5) as ask from quotes
```

PROBLEMS OUTPUT DEBUG CONSOLE TERMINAL PORTS DOLPHINDB

	time	sym	bid	ask
0	2019.01.01 00:00:00	A1	[505.536209, 515.118204, 526.879368, 523.410393, 517.968994]	[498.817389, 494.248880, 473.337012, 484.871119, 477.397277]
1	2019.01.01 00:00:01	A2	[506.540514, 510.275866, 506.999957, 515.361635, 529.880314]	[499.876311, 488.152117, 498.944942, 495.310658, 452.983713]
2	2019.01.01 00:00:02	A3	[509.482615, 512.276605, 501.340434, 538.856701, 521.957486]	[492.544212, 486.237785, 495.411800, 480.117822, 469.292013]
3	2019.01.01 00:00:03	A4	[502.296202, 515.080463, 511.032509, 503.654484, 521.605497]	[493.806822, 498.718864, 479.663702, 473.266032, 479.707422]
4	2019.01.01 00:00:04	A5	[504.911539, 503.604754, 513.416178, 527.836078, 535.177646]	[494.342993, 493.610418, 483.330306, 497.489819, 478.610195]
5	2019.01.01 00:00:05	A6	[508.225693, 502.787626, 527.564882, 508.957052, 549.564522]	[499.544446, 499.728424, 491.557908, 484.279108, 454.595215]
6	2019.01.01 00:00:06	A7	[504.848990, 515.022446, 519.748732, 500.264033, 543.182877]	[497.747381, 494.199664, 484.445600, 471.821632, 459.828522]
7	2019.01.01 00:00:07	A8	[504.230887, 508.000059, 503.284099, 506.361169, 505.135908]	[497.846265, 490.221456, 480.357860, 466.685906, 485.857705]
8	2019.01.01 00:00:08	A9	[507.265828, 517.227603, 506.591882, 533.672542, 516.426382]	[497.970194, 491.149767, 497.746619, 467.616911, 485.165530]
9	2019.01.01 00:00:09	A10	[508.809570, 508.243620, 519.018387, 511.600154, 514.349236]	[499.497713, 491.606070, 473.560904, 485.972698, 492.829196]

图 6-18　使用 fixedLengthArrayVector 合并多列数据

在 DolphinDB SQL 中，结合 toArray 函数和 group by 子句可以将 group by 子句分组的数据存储成数组向量的一行，从于有利于用户直接查看该分组下的所有数据，数据转换为数组向量结果如图 6-19 所示。

```
select toArray(ask1) as ask1All,
    toArray(bid1) as bid1All
    from quotes group by sym, bar(time, 1m) as time
```

PROBLEMS　OUTPUT　DEBUG CONSOLE　TERMINAL　PORTS　DOLPHINDB

	sym	time	ask1All	bid1All
0	A1	2019.01.01 00:00:00	[498.817389, 493.592707]	[505.536209, 507.046786]
1	A1	2019.01.01 00:01:00	[499.441239, 494.914225]	[502.911853, 508.970441]
2	A1	2019.01.01 00:02:00	[490.149213, 492.625292]	[504.637501, 507.984277]
3	A1	2019.01.01 00:03:00	[498.754747]	[506.528144]
4	A10	2019.01.01 00:00:00	[499.497713, 498.102509]	[508.809570, 509.849008]
5	A10	2019.01.01 00:01:00	[498.914739, 499.083328]	[503.765593, 501.785204]
6	A10	2019.01.01 00:02:00	[494.208623, 496.233938]	[507.019580, 507.321927]
7	A10	2019.01.01 00:03:00	[492.447778]	[508.318791]
8	A11	2019.01.01 00:00:00	[492.674591, 491.786213]	[508.541094, 508.999161]
9	A11	2019.01.01 00:01:00	[496.079910, 499.733004]	[505.647957, 505.375908]

图 6-19　将分组数据转换为数组向量

通过 DolphinDB SQL 提供的这些方法，用户可以方便地将多列或多行数据按需处理成数组向量，以便进行高效的查询和存储。

6.2.6　维度转换

pivot by 子句是 DolphinDB 对标准 SQL 语句的一个拓展，它将表中的一列或多列内容按照两个维度重新排列，可配合数据类型转换函数或其他自定义函数使用，以对时间序列重采样或对数据进行聚合操作，从而实现数据的汇总与分析。

在金融场景中，因子的存储通常有两种形式：宽表和窄表。下面模拟一个窄表的原始数据，如图 6-20 所示。

```
factorTest = loadText("/<yourPath>/factorTest.csv")

select top 5 * from factorTest
```

PROBLEMS　OUTPUT　DEBUG CONSOLE　TERMINAL　PORTS　DOLPHINDB

	date	code	name	value
0	2021.01.01	600.001	factor0001	2.64
1	2021.01.01	600.002	factor0001	0.93
2	2021.01.01	600.003	factor0001	8.04
3	2021.01.01	600.004	factor0001	3.57
4	2021.01.01	600.005	factor0001	6.30

图 6-20　因子窄表原始数据

通过使用 pivot by 子句，可以将上述窄表转换为宽表，如图 6-21 所示。

```
select value from factorTest
pivot by date, code, name
```

PROBLEMS　OUTPUT　DEBUG CONSOLE　TERMINAL　PORTS　DOLPHINDB

	date	code	factor0001	factor0002	factor0003	factor0004	factor0005	factor0006	factor0007	factor0008	factor0009	factor0010	factor0011	factor0012	factor0013	factor0014	factor0015	fact
0	2021.01.01	600.001	2.64	0.84	3.29	7.00	7.69	2.07	3.12	3.26	9.04	0.57	8.24	3.00	5.04	8.89	3.29	
1	2021.01.01	600.002	0.93	5.41	3.36	6.02	7.16	2.86	7.88	7.97	8.01	9.70	6.67	4.26	1.14	7.63	1.91	
2	2021.01.01	600.003	8.04	3.49	7.52	6.74	7.83	3.97	4.54	1.18	4.99	4.15	6.44	9.55	8.66	3.05	3.76	
3	2021.01.01	600.004	3.57	5.70	5.45	4.61	8.15	9.30	3.16	0.86	9.86	1.16	8.18	2.48	0.47	3.64	1.61	
4	2021.01.01	600.005	6.30	0.22	7.91	9.38	2.94	4.30	5.31	7.45	5.74	0.76	6.02	1.09	6.19	7.32	7.29	
5	2021.01.01	600.006	2.06	3.51	2.81	1.29	8.04	1.54	6.89	5.66	9.72	5.16	2.81	7.25	2.34	2.83	6.58	
6	2021.01.01	600.007	6.15	8.72	3.09	3.53	8.34	3.09	6.95	7.72	0.50	0.27	0.83	8.34	3.53	8.12	4.91	
7	2021.01.01	600.008	6.23	4.12	3.20	8.92	0.15	4.68	2.52	2.65	8.83	7.30	9.53	6.10	6.91	3.30	6.62	
8	2021.01.01	600.009	6.42	4.85	7.93	2.64	8.90	4.63	4.91	7.97	0.08	0.84	7.31	1.90	1.20	8.44	5.76	
9	2021.01.01	600.010	3.94	8.29	5.99	8.64	1.52	3.44	3.32	4.76	4.40	2.18	0.00	5.10	9.77	1.20	3.42	

图 6-21　将因子窄表转换为宽表

pivot by 子句还能够快速汇总和筛选大量数据，并且可以结合函数进行运算，非常适用于前端展示和指标计算等场景。使用 pivot by 子句可以让代码更简洁，运行更高效。例如，在金融场景中，我们经常需要对公司的运营情况进行深入分析。假设我们有一份包含公司几年内的订单情况的数据，如图 6-22 所示，这份数据包括订单号、客户姓名、产品信息、销售额和利润等。

```
performance = loadText("/<yourPath>/performance.csv")

select top 5 * from performance
```

PROBLEMS OUTPUT DEBUG CONSOLE TERMINAL PORTS DOLPHINDB

	Order_ID	Order_Date	Ship_Date	Customer_Name	Region	Product_ID	Category	Sales	Quantity	Discount	Profit
0	CA-2016-152156	2016.11.08	2016.11.11	Claire Gute	South	FUR-BO-10001798	Furniture	261.96	2	0.00	41.91
1	CA-2016-152156	2016.11.08	2016.11.11	Claire Gute	South	FUR-CH-10000454	Furniture	731.94	3	0.00	219.58
2	CA-2016-138688	2016.06.12	2016.06.16	Darrin Van Huff	West	OFF-LA-10000240	Office Supplies	14.62	2	0.00	6.87
3	US-2015-108966	2015.10.11	2015.10.18	Sean O'Donnell	South	FUR-TA-10000577	Furniture	957.58	5	0.45	-383.03
4	US-2015-108966	2015.10.11	2015.10.18	Sean O'Donnell	South	OFF-ST-10000760	Office Supplies	22.37	2	0.20	2.52

图 6-22　订单情况表原始数据

接下来，我们将使用 select 语句和 pivot by 子句，并结合数据类型转换函数 `year`，将该表按订单所在年份和产品类型进行透视，同时使用 `sum` 函数对利润进行求和，以直观地反映公司不同类型的产品在每年的总利润情况，如图 6-23 所示。

```
select sum(Profit) from performance pivot by year(Order_Date), Category
```

在使用 select 语句和 pivot by 子句时，还可以结合使用 `iif` 函数将销售额划分区间，再使用聚合函数 `count` 得到每一年销售额位于不同数量区间的订单数量，如图 6-24 所示。

```
select count(Order_ID) from performance
pivot by iif(Sales < 500, "[0,500)", "[500,)") as Range, year(Order_Date)
```

PROBLEMS OUTPUT DEBUG CONSOLE TERMINAL PORTS DOLPHINDB

	year_Order_Date	Furniture	Office Supplies	Technology
0	2014	884.10	1,873.05	4,185.24
1	2015	-1,261.59	5,073.33	1,335.84
2	2016	31.23	3,482.52	2,455.79
3	2017	-380.05	2,389.96	1,765.90

图 6-23　使用 pivot by 计算不同产品每年的总利润

PROBLEMS OUTPUT DEBUG CONSOLE TERMINAL PORTS DOLPHINDB

	Range	2014	2015	2016	2017
0	[0,500)	186	190	268	273
1	[500,)	36	33	36	28

图 6-24　使用 pivot by 计算每年位于不同销售额区间的订单数量

作为 SQL 语句的一种拓展，pivot by 子句可以简化代码逻辑，用更简洁的语句实现更多样的功能，从而使数据透视操作变得高效。

6.2.7　时间频率转换

在 DolphinDB SQL 中，可以将 `interval`、`bar`、`dailyAlignedBar` 等函数与 group by 子句结合，以实现数据时间频率的转换，即在滚动窗口内进行聚合计算。例如，在期货市场中有一些不活跃的期货，这些期货在一段时间内可能都没有报价，但是在数据分析的时候可能需要每 2 秒就输出该期货的数据。在这种情况下，就需要用到 `interval` 函数进行插值处理。

在下例中，我们需要对原始数据进行 2 秒一次的聚合。如果使用 `bar` 函数，在原始数据缺失的时段将无法输出聚合结果，使用 `bar` 函数的聚合结果如图 6-25 所示。

```
t = table(2021.01.01T01:00:00 + (1..5 join 9..11) as time,
take(`CLF1, 8) as contract, 50..57 as price)

select last(contract) as contract, last(price) as price from t
group by bar(time, 2s)
```

对此，我们可以使用 interval 函数。该函数会将没有数据窗口的缺失值使用前一个值进行填充，如图 6-26 所示。

```
t = table(2021.01.01T01:00:00 + (1..5 join 9..11) as time,
take(`CLF1, 8) as contract, 50..57 as price)

select last(contract) as contract, last(price) as price from t
group by interval(time, 2s, "prev")
```

PROBLEMS　OUTPUT　DEBUG CONSOLE　TERMINAL　PORTS　DOLPHINDB

	bar_time	contract	price
0	2021.01.01 01:00:00	CLF1	50
1	2021.01.01 01:00:02	CLF1	52
2	2021.01.01 01:00:04	CLF1	54
3	2021.01.01 01:00:08	CLF1	55
4	2021.01.01 01:00:10	CLF1	57

图 6-25　使用 bar 函数的聚合结果

PROBLEMS　OUTPUT　DEBUG CONSOLE　TERMINAL　PORTS　DOLPHINDB

	interval_time	contract	price
0	2021.01.01 01:00:00	CLF1	50
1	2021.01.01 01:00:02	CLF1	52
2	2021.01.01 01:00:04	CLF1	54
3	2021.01.01 01:00:06	CLF1	54
4	2021.01.01 01:00:08	CLF1	55
5	2021.01.01 01:00:10	CLF1	57

图 6-26　使用 interval 函数进行填充的聚合结果

6.2.8　滑动时间窗口

在涉及时序数据的窗口计算场景中，往往需要根据时间列来滑动窗口，以进行指标的计算。为此，DolphinDB 引入了 tm 系列函数。tm 系列函数的窗口计算和 m 系列函数的窗口计算类似，但 tm 系列函数不需要基于索引向量或索引矩阵的索引进行滑动，而是可以直接应用在 SQL 中，对数据表的列执行滑动窗口计算。

下面以 tmsum 函数为例，计算滑动窗口长度为 5 秒的成交量之和，如图 6-27 所示。

```
t = table(2021.11.01T10:00:00 + 0 1 2 5 6 9 10 17 18 30 as time,
take(`SH0001, 10) as sym, 300 100 200 400 600 800 200 700 100 200 as qty)

select time, sym, qty, tmsum(time, qty, 5s) as sum_qty from t
```

PROBLEMS　OUTPUT　DEBUG CONSOLE　TERMINAL　PORTS　DOLPHINDB

	time	sym	qty	sum_qty
0	2021.11.01 10:00:00	SH0001	300	300
1	2021.11.01 10:00:01	SH0001	100	400
2	2021.11.01 10:00:02	SH0001	200	600
3	2021.11.01 10:00:05	SH0001	400	700
4	2021.11.01 10:00:06	SH0001	600	1,200
5	2021.11.01 10:00:09	SH0001	800	1,800
6	2021.11.01 10:00:10	SH0001	200	1,600
7	2021.11.01 10:00:17	SH0001	700	700
8	2021.11.01 10:00:18	SH0001	100	800
9	2021.11.01 10:00:30	SH0001	200	200

图 6-27　使用 tmsum 函数进行滑动求和

自 2.00.11.1 版本起，DolphinDB 的 DURATION 类型可以支持交易日历，即可以用正负数字和 4 个大写字母来表示交易所的交易时间。例如，3XNYS 代表纽约证券交易所的 3 个交易日。基于这一特性，tm 系列函数可以根据交易日历进行时序滑动窗口计算。以 tmavg 函数为例，计算 XNYS 的某只股票在每两个交易日（2XNYS）的平均收盘价的脚本如下，计算结果如图 6-28 所示。

```
date = [2022.12.30, 2023.01.03, 2023.01.04, 2023.01.05, 2023.01.06]
symbol = take(`IBM, 5)
close = [100.10, 78.89, 88.99, 88.67, 78.78]
t = table(date, symbol, close)

select date, symbol, close, tmavg(date, close, 2XNYS) as tmavg from t
```

twindow 函数可以将函数或运算符应用到滑动窗口的数据当中。以 XNYS 的某只股票为例，我们可以使用 twindow 函数针对表中的每个日期 T*i*，计算区间[T*i* − 1 个交易日(−1XNYS) ,T*i* + 2 个交易日(+ 2XNYS)]内的平均收盘价，计算结果如图 6-29 所示。

```
date = [2022.12.30, 2023.01.03, 2023.01.04, 2023.01.05, 2023.01.06]
symbol = take(`IBM, 5)
close = [100.10, 78.89, 88.99, 88.67, 78.78]
t = table(date, symbol, close)

select date, symbol, close, twindow(avg, close, date, -1XNYS:2XNYS) from t
```

PROBLEMS OUTPUT DEBUG CONSOLE TERMINAL PORTS DOLPHINDB

	date	symbol	close	tmavg
0	2022.12.30	IBM	100.1000	100.1000
1	2023.01.03	IBM	78.8900	89.4950
2	2023.01.04	IBM	88.9900	83.9400
3	2023.01.05	IBM	88.6700	88.8300
4	2023.01.06	IBM	78.7800	83.7250

图 6-28　使用 tmavg 函数计算平均收盘价

PROBLEMS OUTPUT DEBUG CONSOLE TERMINAL PORTS DOLPHINDB

	date	symbol	close	twindow_avg
0	2022.12.30	IBM	100.1000	89.3267
1	2023.01.03	IBM	78.8900	89.1625
2	2023.01.04	IBM	88.9900	83.8325
3	2023.01.05	IBM	88.6700	85.4800
4	2023.01.06	IBM	78.7800	83.7250

图 6-29　使用 twindow 函数计算平均收盘价

综上所述，DolphinDB SQL 搭配内置函数，在处理时序数据时，展现出了独特的优势。

6.3 元编程

在使用 SQL 的过程中，用户有时候并不能确切地写出语句，而是只有在代码执行时才能动态生成语句。为此，DolphinDB 引入了元编程。SQL 元编程的需求通常源于以下两种场景。

- 处理宽表中的多列或表中的多个相似列时，手动书写 SQL 语句非常耗时且脚本冗长。
- 如果 SQL 中的列名或过滤条件等是动态的，通常需要通过函数参数或变量来传递。

因此，在上述场景中，用户都希望通过程序脚本来动态生成 SQL 代码，并执行，以实现更为灵活和高效的数据处理。

6.3.1 基于函数的元编程

基于函数的元编程实现，是指通过内置元编程函数的组合和调用来生成元代码。DolphinDB 提供了一系列基本函数，用于生成元代码。

- sqlCol：支持为单个或多个字段应用同一个函数的表达式，并允许为这些表达式指定别名。以下是其用法示例。

```
(1) sqlCol("col") --> <col>
(2) sqlCol(["col0", "col1", ..., "colN"]) --> [<col0>, <col1>, ..., <colN>]
(3) sqlCol("col", func = sum, alias = "newCol") --> <sum(col) as newCol>
(4) sqlCol(["col0", "col1"], func = sum, alias = ["newCol0", "newCol1"])
--> [<sum(col0) as newCol0>, <sum(col1) as newCol1>]
```

- sqlColAlias：为复杂的列字段计算元代码指定别名。以下是其用法示例。

```
(1) sqlColAlias(sqlCol("col"), "newCol") --> <col as newCol>
(2) sqlColAlias(makeCall(sum, sqlCol("col")), "newCol")
--> <sum(col) as newCol>
(3) sqlColAlias(makeCall(corr, sqlCol("col0"), sqlCol("col1")), "newCol")
--> <corr(col0, col1) as newCol>
```

  sqlColAlias 函数通常搭配以下函数使用。
  - makeCall、makeUnifiedCall：用于生成形如<func(cols.., args...)>的元代码表达式。
  - expr、unifiedExpr、binaryExpr：用于生成多元算术表达式，如<*a* + *b* + *c*>或<*a*1**b*1 + *a*2 * *b*2 + ... +*an* * *bn*>。
- parseExpr：能够将字符串转换为可执行的元代码。这个功能特别适用于处理拼接的、API 上传的或从脚本中读取的字符串。例如，调用 parseExpr("select * from t")可以生成<select * from t>的元代码；而调用 parseExpr("where vol>1000")则能生成 sql 函数 *where* 参数部分的元代码。

利用 sql 函数，可以将各个元代码组装起来，形成一个完整的元代码语句。以下面的 SQL 脚本为例来说明。

```
select cumsum(price) as cumPrice from t
where time between 09:00:00 and 15:00:00
context by securityID csort time limit -1
```

通过使用上述函数生成各部分的元代码，并通过 sql 函数动态生成 SQL 语句。

```
selectCode = sqlColAlias(makeUnifiedCall(cumsum, sqlCol("price")), "cumPrice")
fromCode = "t"
whereCondition = parseExpr("time between 09:00:00 and 15:00:00")
contextByCol = sqlCol("securityID")
csortCol = sqlCol("time")
limitCount = -1

sql(select = selectCode, from = fromCode,
where = whereCondition, groupby = contextByCol,
groupFlag = 0, csort = csortCol, limit = limitCount)
```

得到的结果如下。

```
< select cumsum(price) as cumPrice from objByName("t")
where time between pair(09:00:00, 15:00:00)
context by securityID csort time asc limit -1 >
```

下面展示一个简单的因子计算场景。假设我们有一份日频数据，现在需要计算多个滑动窗口因子。计算结果如图 6-30 所示。

```
date = 2023.01.01..2023.01.10
code = take(`SH0001,10)
price = rand(10.0,10)
t = table(date, code, price)

select date, code, price, mmax(price,2) as mmax_2d, mmax(price,5) as mmax_5d,
```

```
mmax(price,7) as mmax_7d, mmin(price,2) as mmin_2d, mmin(price,5) as mmin_5d,
mmin(price,7) as mmin_7d, mavg(price,2) as mavg_2d, mavg(price,5) as mavg_5d,
mavg(price,7) as mavg_7d, mstd(price,2) as mstd_2d, mstd(price,5) as mstd_5d,
mstd(price,7) as mstd_7d from t context by code
```

PROBLEMS OUTPUT DEBUG CONSOLE TERMINAL PORTS DOLPHINDB

	date	code	price	mmax_2d	mmax_5d	mmax_7d	mmin_2d	mmin_5d	mmin_7d	mavg_2d	mavg_5d	mavg_7d	mstd_2d	mstd_5d	mstd_7d
0	2023.01.01	SH0001	2.19												
1	2023.01.02	SH0001	6.34	6.34			2.19			4.26			2.94		
2	2023.01.03	SH0001	9.39	9.39			6.34			7.86			2.16		
3	2023.01.04	SH0001	2.37	9.39			2.37			5.88			4.96		
4	2023.01.05	SH0001	6.95	6.95	9.39		2.37	2.19		4.66	5.45		3.23	3.11	
5	2023.01.06	SH0001	5.42	6.95	9.39		5.42	2.37		6.18	6.09		1.08	2.55	
6	2023.01.07	SH0001	6.70	6.70	9.39	9.39	5.42	2.37	2.19	6.06	6.17	5.62	0.91	2.56	2.58
7	2023.01.08	SH0001	1.57	6.70	6.95	9.39	1.57	1.57	1.57	4.14	4.60	5.54	3.63	2.49	2.73
8	2023.01.09	SH0001	1.10	1.57	6.95	9.39	1.10	1.10	1.10	1.34	4.35	4.79	0.34	2.82	3.15
9	2023.01.10	SH0001	7.29	7.29	7.29	7.29	1.10	1.10	1.10	4.19	4.42	4.49	4.38	2.90	2.71

图 6-30　多个滑动窗口因子的计算结果

如上所示，执行 SQL 脚本可以获得预期结果。然而，当因子较多时，手动编写多个表达式的脚本会变得更加复杂，并且容易导致结果不符合预期。为此，我们可以使用元编程来简化脚本逻辑，以保证结果的准确性。

```
factor = `mmax`mmin`mavg`mstd
windowSize = 2 5 7
metrics = [<date>,<code>,<price>]
for(f in factor){
    for (win in windowSize){
        metrics.append!(sqlCol(`price, partial(funcByName(f),,win),
        f + "_" + string(win) + "d"))
    }
}

sql(select = metrics, from = t, groupBy = sqlCol(`code), groupFlag = 0).eval()
```

下例展示了如何使用元编程来计算股票的多档价格。例如，对在 6.2.5 小节中创建的 quotes 表基于 5 档买价按行求和，常规的 SQL 脚本如下，结果如图 6-31 所示。

```
select time, sym, rowSum(bid1, bid2, bid3, bid4, bid5) as bidSum from quotes
```

PROBLEMS OUTPUT DEBUG CONSOLE TERMINAL PORTS DOLPHINDB

	time	sym	bidSum
0	2019.01.01 00:00:00	A1	2.588.913168
1	2019.01.01 00:00:01	A2	2.569.058286
2	2019.01.01 00:00:02	A3	2.583.913841
3	2019.01.01 00:00:03	A4	2.553.669155
4	2019.01.01 00:00:04	A5	2.584.946194
5	2019.01.01 00:00:05	A6	2.597.099775
6	2019.01.01 00:00:06	A7	2.583.067077
7	2019.01.01 00:00:07	A8	2.527.012121
8	2019.01.01 00:00:08	A9	2.581.184237
9	2019.01.01 00:00:09	A10	2.562.020968

图 6-31　5 档买价按行求和的结果

改用基于函数的元编程，脚本如下。

```
colN = `bid + string(1..5)
sql((sqlCol(`time`sym), sqlColAlias(makeUnifiedCall(rowSum, sqlCol(colN)), `bidSum)),
    from = quotes).eval()
```

下面说明如何通过元编程对表中的每行数据动态应用计算规则。例如，图 6-32 中的 rules 列指明了各行的计算规则。

```
a = 1 1.1 1.3 1.4 1.5 1.7
b = 0.2 0.2 0.2 0.2 0.2 0.2
rules = ["iif(a > 1, min(a - 1, b), 0.0)","iif(a > 1, min(a - 2, b), 0.0)",
"iif(a > 1,min(a - 3, b), 0.0)", "iif(a > 1, min(a - 4, b), 0.0)",
"iif(a > 1,min(a - 5, b), 0.0)", "iif(a > 1, min(a - 6, b), 0.0)"]

t = table(a, b, rules)
```

PROBLEMS　OUTPUT　DEBUG CONSOLE　TERMINAL　PORTS　DOLPHINDB

	a	b	rules
0	1.00	0.20	iif(a>1,min(a-1,b),0.0)
1	1.10	0.20	iif(a>1,min(a-2,b),0.0)
2	1.30	0.20	iif(a>1,min(a-3,b),0.0)
3	1.40	0.20	iif(a>1,min(a-4,b),0.0)
4	1.50	0.20	iif(a>1,min(a-5,b),0.0)
5	1.70	0.20	iif(a>1,min(a-6,b),0.0)

图 6-32　表 *t* 的原始数据

下面通过元编程的方式来实现计算规则的动态应用。

```
each(def(mutable d)->parseExpr(d.rules, d).eval(), t)
```

上述脚本将会对表 *t* 的每一行进行处理，并执行 rules 的计算。最终的返回结果是一个向量，其中汇总了每一行的计算结果，如图 6-33 所示。

PROBLEMS　OUTPUT　DEBUG CONSOLE　TERMINAL　PORTS　DOLPHINDB

	0	1	2	3	4	5
0	0.00	-0.90	-1.70	-2.60	-3.50	-4.30

图 6-33　对每行数据动态应用计算规则的计算结果

6.3.2　基于宏变量的元编程

DolphinDB 自 2.00.12 版本起，引入了基于宏变量的 SQL 元编程功能。在早期的版本中，构建一个复杂的 SQL 语句可能需要组合使用多个函数。例如，生成 `nullFill(aaa, quantile(aaa, 0.5)) as aaa` 这样的表达式，需要进行如下编写。

```
colName = `aaa
sqlColAlias(makeCall(nullFill, sqlCol(colName),
makeUnifiedCall(quantile, (sqlCol(colName), 0.5))), colName)
```

DolphinDB 推出了基于宏变量的元编程方法，能够以更直观的形式编写元代码。在编写 select 语句时，可以使用“_$”符号来动态获取由变量指定的列。单列宏变量 `_$name` 表示由变量 name 指定的一列，多列宏变量 `_$$name` 表示由变量 name 指定的多列。其中，name 是一个外部定义的变量，用于存储列名。例如，在上一小节中基于函数的元编程构建多个部分的元代码，并使用 `sql` 函数拼装的例子，可基于宏变量进行如下改写。

```
col = "price"
contextByCol = "securityID"
csortCol = "time"
a = 09:00:00
b = 15:00:00

<select cumsum(_$col) from t where _$csortCol between a and b
  context by _$contextByCol csort _$csortCol limit -1>
```

下面对一个表的多列分别求和，并返回多列的结果，常用的写法如下。

```
x1 = 1 3 5 7 11 16 23
x2 = 2 8 11 34 56 54 100
x3 = 8 12 81 223 501 699 521
y = 0.1 4.2 5.6 8.8 22.1 35.6 77.2;
t = table(y, x1, x2, x3)
name = [`y,`x1]
alias = [`y1, `x11]
sql(select = sqlCol(name, sum, alias), from = t).eval()
```

基于宏变量的写法如下。

```
name = [`y,`x1]
alias = [`y1, `x11]
<select sum:V(_$$name) as _$$alias from t>.eval()
```

由于变量 name 和 alias 都指向了多列，因此脚本中采用了多列宏变量_$$的写法。

6.3.3 基于字段序列的元编程

从 2.00.12 版本起，DolphinDB 还支持了基于字段序列的 SQL 元编程。

在下面的例子中，有一个宽表 *t*，其列字段为 sym、date、col0～col999。

```
sym = `SH0001`SH0002`SH0003
date = take(2024.01.01, 3)
t = table(sym, date)
metrics = [<sym>, <date>]
for(i in 0..999){
    metrics.append!(sqlColAlias(parseExpr(string(i)), "col" + string(i)))
}

t = sql(metrics, t).eval()
```

如果直接编写 SQL 脚本取出 col0～col999 列，脚本将会非常冗长。此时，我们就可以用基于宏变量的元编程来实现。

```
cols = "col" + string(0..999)
<select _$$cols from t>
```

为了进一步简化这个任务，DolphinDB 引入了字段序列的功能，符号为...。通过使用字段序列，可以将上述脚本进行如下改写。

```
<select col0...col999 from t>
```

字段序列必须是“前缀 + 数字”的组合，语法为 colJ...colK。其中 col 是列名的前缀示意，列名需满足至少一个大写或小写字母 + 数字的格式。数字必须是一个连续的整数序列，且这个序列的长度不得超过 32768 个元素。这些数字既可以是连续的整数，如 1、2……10、11……100、101……，也可以是经过格式化的固定位数的整数，如 0001、0002……0010、0011……0100、0101……。重要的是，序列中的数字必须是严格递增且不间断的。例如，像 col1、col2、col3、col5 这样的序列就无法通过字段序列 col1...col5 来表示。

字段序列直接用于 SQL 语句中，作为查询的字段或者别名。

```
select col1 ... coln from t
select col1...col3 as nm1 ... nm3 from t
```

在元编程中，若列名满足特定条件，则可以使用字段序列的写法来替代“_$$names”的写法。

```
names = [col1, col2, ..., coln]
<select _$$names from t>
<select col1 ... coln from t>
```

字段序列还可以作为函数参数。

```
def getFactor(partitialCols, allCols){
    return rowSum(partitialCols) \ rowSum(allCols)
}

select getFactor(col0...col10, col0...col999) from t
```

字段序列非常适合应用在多个相似列的计算场景。例如，通过 `fixedLengthArrayVector` 函数将多个列字段组合成一个数组向量。

```
select fixedLengthArrayVector(ask1...ask10) as askArray from t
```

6.3.4　update 和 delete

DolphinDB 提供了函数 `sqlUpdate` 和 `sqlDelete` 来支持 `update` 和 `delete` 语句的元编程。

例如，对于表 t1，使用 `sqlUpdate` 函数新增一列 vwap，用于保存各个 symbol 对应的成交量加权平均价格。更新结果如图 6-34 所示。

```
t1 = table(`A`A`B`B as symbol,
2021.04.15 2021.04.16 2021.04.15 2021.04.16 as date,
12 13 21 22 as price)

t2 = table(`A`A`B`B as symbol,
2021.04.15 2021.04.16 2021.04.15 2021.04.16 as date,
10 20 30 40 as volume)

sqlUpdate(table = t1, updates = <wavg(price, volume) as vwap>,
from = <lj(t1, t2, `symbol`date)>, contextBy = sqlCol(`symbol)).eval()

t1;
```

对于表 t2，通过 `sqlDelete` 函数删除满足指定条件的记录。删除后的结果如图 6-35 所示。

```
sqlDelete(t2, <symbol = `B>).eval()

t2;
```

PROBLEMS　OUTPUT　DEBUG CONSOLE　TERMINAL　PORTS　DOLPHINDB

	symbol	date	price	vwap
0	A	2021.04.15	12	12.666667
1	A	2021.04.16	13	12.666667
2	B	2021.04.15	21	21.571429
3	B	2021.04.16	22	21.571429

图 6-34　使用 sqlUpdate 更新后的 t1

PROBLEMS　OUTPUT　DEBUG CONSOLE　TERMINAL　PORTS　DOLPHINDB

	symbol	date	volume
0	A	2021.04.15	10
1	A	2021.04.16	20

图 6-35　使用 sqlDelete 删除指定数据后的 t2

6.4　SQL 引擎

了解 DolphinDB SQL 引擎解析和执行 SQL 语句的原理可以帮助我们在编写 SQL 时进

行优化，从而提升查询性能。

6.4.1 执行顺序

DolphinDB SQL 中各部分的执行顺序与其他数据库中的 SQL 执行顺序大致相同。本节将通过示例来重点说明 DolphinDB SQL 执行顺序的一些关键点。

在使用 context by 子句进行分组计算时，为了确保组内数据的排序，通常会与 csort 子句结合使用。这种组合的具体执行顺序如下。

1. 根据 context by 子句指定的列对数据进行分组。
2. 对每个分组内的数据，按照 csort 子句中指定的列进行排序。
3. 执行 select 语句进行计算操作，以得到最终结果。

例如，将一组股票的分钟频累计成交量数据按股票代码进行分组，并在组内按时间进行排序，最后计算组内每分钟的净成交量。该需求的脚本如下，计算结果如图 6-36 所示。

```
timestamp = [09:34:00,09:34:00,09:35:00,09:33:00,
09:33:00,09:35:00,09:34:00,09:33:00,09:35:00]
sym = `C`MS`MS`MS`IBM`IBM`IBM`C`C
cumQty = 2800 1900 3200 2100 2800 5400 3700 2500 4200

t1 = table(timestamp, sym, cumQty)

select timestamp, sym, deltas(cumQty) as qty from t1 context by sym csort timestamp
```

如果同时指定了 limit 子句，则将会在 csort 排序后，先筛选每个组内指定条目的数据，再进行计算，计算结果如图 6-37 所示。

```
select timestamp, sym, deltas(cumQty) as qty from t1
context by sym csort timestamp limit 2
```

	timestamp	sym	qty
0	09:33:00	C	
1	09:34:00	C	300
2	09:35:00	C	1,400
3	09:33:00	IBM	
4	09:34:00	IBM	900
5	09:35:00	IBM	1,700
6	09:33:00	MS	
7	09:34:00	MS	-200
8	09:35:00	MS	1,300

图 6-36 分组后按时间排序，计算每分钟净成交量

	timestamp	sym	qty
0	09:33:00	C	
1	09:34:00	C	300
2	09:33:00	IBM	
3	09:34:00	IBM	900
4	09:33:00	MS	
5	09:34:00	MS	-200

图 6-37 在 csort 排序后，使用 limit 筛选指定条目数据进行计算

如要对查询结果排序，可以在 order by 子句中指定 select 字段。例如，将上例的计算结果按成交量进行排序（如图 6-38 所示），其脚本如下。

```
select timestamp, sym, deltas(cumQty) as qty from t1
context by sym csort timestamp order by qty limit 2
```

	timestamp	sym	qty
0	09:33:00	C	
1	09:33:00	IBM	
2	09:33:00	MS	
3	09:34:00	MS	-200
4	09:34:00	C	300
5	09:34:00	IBM	900

图 6-38 将计算结果按成交量进行排序

✧ 注意：

- 如果指定了 context by 子句，则 limit 子句会先于 order by 子句执行。此时，系统会根据 context by 子句指定的条件对每个分组进行筛选，只保留指定数量的数据，然后再对结果进行排序。
- 如果没有指定 context by 子句，则 limit 子句会在 order by 子句之后执行。此时，系统会先根据 order by 子句指定的列对结果进行排序，然后再从排序后的结果中筛选出指定数量的数据。

```
select timestamp, sym, deltas(cumQty) as qty from t1 order by qty limit 2
```

上述示例中，由于原始表中存在多支股票的数据，因此如果不使用 context by 子句进行分组而直接计算差异值（deltas），将无法得到有意义的结果，如图 6-39 所示。

为了计算有意义的差异值，还可以使用 where 子句来筛选满足指定条件的条目进行计算，如图 6-40 所示。

```
select timestamp, sym, deltas(cumQty) as qty from t1
where sym = `C and timestamp >= 09:34:00
```

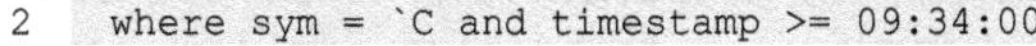

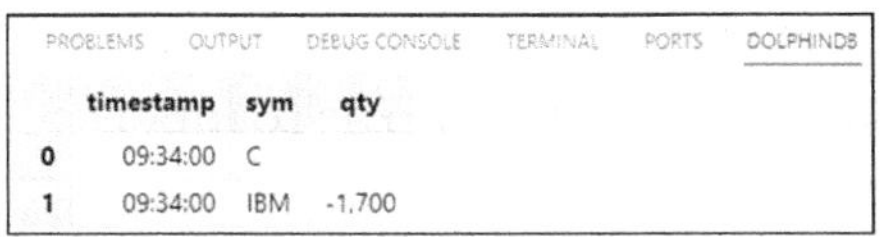

	timestamp	sym	qty
0	09:34:00	C	
1	09:34:00	IBM	-1,700

图 6-39　不使用 context by，直接计算差异值

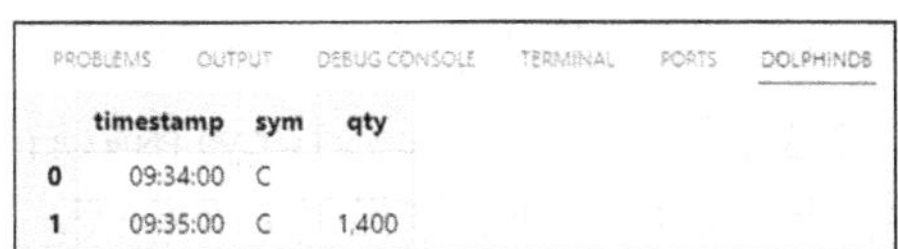

	timestamp	sym	qty
0	09:34:00	C	
1	09:35:00	C	1,400

图 6-40　使用 where 条件筛选数据计算差异值

综上所述，在编写 SQL 语句时，需要注意 SQL 的执行顺序，以确保我们能写出正确的 SQL 语句，并得到预期的结果。

6.4.2　逗号和 and

在 where 子句中，逗号和 and 都表示条件的并列。但并非在所有场景下，逗号和 and 都是等价的。当使用逗号来连接 where 子句中的多个条件时，系统会按照顺序对每个条件进行筛选；相比之下，当使用 and 来连接条件时，系统会对原表中的所有数据同时应用所有条件，并将满足条件的结果取交集。

下面将通过几个示例来比较逗号和 and 在不同场景下进行条件筛选的异同。

在 where 子句中，如果没有涉及与序列相关的条件，即不包含像 deltas、ratios、ffill、move、prev、cumsum 这种会因数据的先后顺序影响计算结果的条件时，使用逗号还是 and 来连接多个条件对查询结果是没有影响的。例如，对于下面的数据，如果我们仅仅筛选几个字段符合特定条件的值进行计算，那么无论我们是使用逗号还是 and 来连接这些条件，所得到的查询结果将是一致的。

```
N = 10
t = table(take(2019.01.01..2019.01.03, N) as date,
          take(`C`MS`MS`MS`IBM`IBM`IBM`C`C$SYMBOL, N) as sym,
          take(49.6 29.46 29.52 30.02 174.97 175.23 50.76 50.32 51.29, N) as price,
          take(2200 1900 2100 3200 6800 5400 1300 2500 8800, N) as qty)
t1 = select * from t where date = 2019.01.01, sym = `C, qty > 1000
t2 = select * from t where date = 2019.01.01 and sym = `C and qty > 1000
```

t1 和 t2 的计算结果均如图 6-41 所示，没有区别。

然而，在 where 子句中，如果涉及与序列相关的条件，即包含像 deltas、ratios、ffill、move、prev、cumsum 这种会因数据的先后顺序影响计算结果的条件时，使用逗号还是 and 来连接多个条件对查询结果是有影响的。对于上面的例子，如果我们用逗号连接 where 子句的条件，则脚本如下。

```
t1 = select * from t where ratios(qty) > 1, date = 2019.01.02, sym = `C
t2 = select * from t where date = 2019.01.02, sym = `C, ratios(qty) > 1
```

执行上述脚本将会看到，t1 的结果如图 6-42 所示。而 t2 的结果是个空表。

PROBLEMS OUTPUT DEBUG CONSOLE TERMINAL PORTS DOLPHINDB

	date	sym	price	qty
0	2019.01.01	C	49.60	2,200
1	2019.01.01	C	49.60	2,200

图 6-41　t1 和 t2 得到相同的查询结果

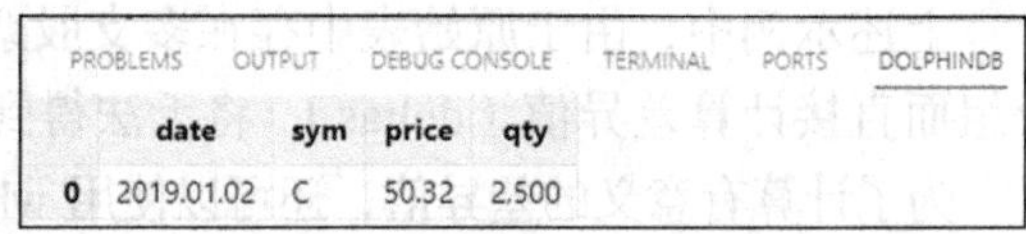
PROBLEMS OUTPUT DEBUG CONSOLE TERMINAL PORTS DOLPHINDB

	date	sym	price	qty
0	2019.01.02	C	50.32	2,500

图 6-42　t1 得到的查询结果

这是因为，当使用逗号来连接 where 子句的条件时，系统会按照条件的先后顺序层层过滤。对于 t1 而言，3 个条件层层过滤下来，将会得到图 6-42 所示的结果；但对于 t2 而言，如图 6-43 所示，前两个条件筛选完后，只剩下了一条数据。

对这条数据应用 `ratio(qty)` 函数后，返回的结果为空，不满足 `ratio(qty) > 1` 的条件，所以最后得到的结果是一个空表。

如果将上述条件用 and 连接，则脚本如下。

```
t3 = select * from t where ratios(qty) > 1 and date = 2019.01.02 and sym = `C
t4 = select * from t where date = 2019.01.02 and sym = `C and ratios(qty) > 1
```

执行上述脚本将会看到，t3 和 t4 的结果均如图 6-44 所示。

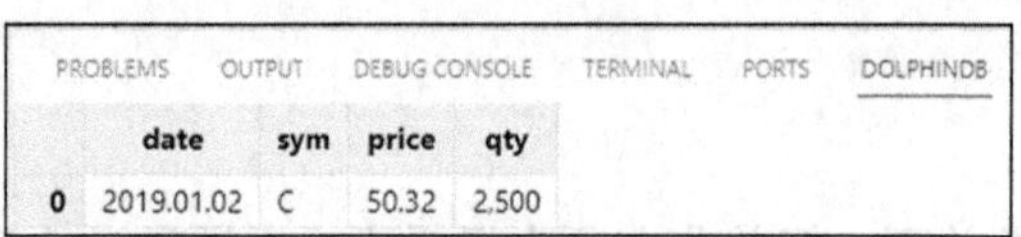
PROBLEMS OUTPUT DEBUG CONSOLE TERMINAL PORTS DOLPHINDB

	date	sym	price	qty
0	2019.01.02	C	50.32	2,500

图 6-43　t2 中前两个条件筛选后的结果

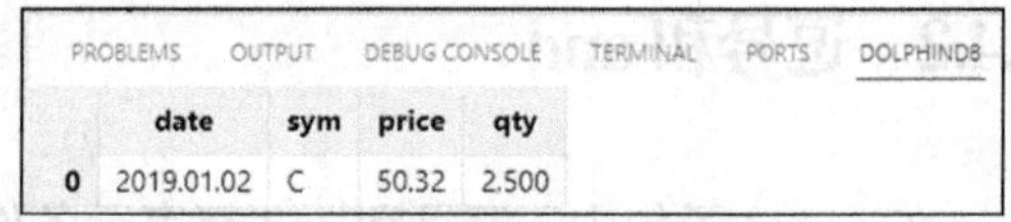
PROBLEMS OUTPUT DEBUG CONSOLE TERMINAL PORTS DOLPHINDB

	date	sym	price	qty
0	2019.01.02	C	50.32	2,500

图 6-44　t3 与 t4 得到相同的查询结果

这是因为，当 where 子句中存在与序列相关的条件时，使用 and 连接条件会在原表内对所有条件分别进行筛选，再将筛选的结果取交集。因此，使用 and 连接时，条件的先后顺序不会影响查询结果。

综上所述，当 where 子句中没有与序列相关的条件时，使用逗号还是 and 连接条件没有区别；但当 where 子句中存在与序列相关的条件时，只有使用 and 来连接条件，才能确保得到正确的查询结果。

6.4.3　执行计划

为了更直观地优化数据查询的性能，DolphinDB 提供了查询 SQL 执行计划的功能，即通过在 select 或 exec 关键字后添加 `[HINT_EXPLAIN]` 来显示 SQL 语句的执行过程，从而方便在 SQL 查询中实时监测查询速度和执行顺序。例如，可以使用 `[HINT_EXPLAIN]` 查看以下查询的执行计划。

```
timestamp = [09:34:00, 09:34:00, 09:35:00, 09:33:00, 09:33:00,
09:35:00, 09:34:00, 09:33:00, 09:35:00]
sym = `C`MS`MS`MS`IBM`IBM`IBM`C`C
cumQty = 2800 1900 3200 2100 2800 5400 3700 2500 4200
t1 = table(timestamp, sym, cumQty)
select [HINT_EXPLAIN] * from t1
```

执行上述脚本将会得到一个 JSON 格式的字符串。

```
{
    "measurement": "microsecond",
    "explain": {
        "from": {
            "cost": 5
        },
        "rows": 9,
        "cost": 13273
    }
}
```

其中，"measurement": "microsecond"表示执行计划中时间开销的单位为微秒，而 explain 结构则详细展示了 SQL 语句的各部分执行计划。由于该例子是对内存表的查询，不涉及分布式查询，因此 explain 中只包含了 from 结构，其中 cost 表示获取数据源信息的耗时，单位为微秒。在 explain 的最后，还会输出一些统计指标，一般包括查询获得的总记录数 rows 与查询总耗时 cost。

对于一些大规模的数据，我们通常会采用分布式库表来存储。如果要查询这些数据，就会涉及更复杂的执行计划。下面的示例展示了如何在一个存储数字货币有限档深度数据的库表中，查询某个交易对 3 天数据的执行计划。

```
select [HINT_EXPLAIN] * from loadTable("dfs://depth", "depth")
where date(eventTime) between 2024.01.23 and 2024.01.25 and code = "BTCUSDT"
```

得到的执行计划如下。

```
{
    "measurement": "microsecond",
    "explain": {
        "from": {
            "cost": 29
        },
        "map": {
            "partitions": {
                "local": 0,
                "remote": 3
            },
            "cost": 6876415,
            "detail": {
                "most": {
                    "sql": "select [245767] type,eventTime, tradeTime, code,
                    firstUpdateNewId, lastUpdateNewId, lastUpdateId, bidPrice,
                    bidVol, askPrice, askVol from depth
                    where date(eventTime) between 2024.01.23 : 2024.01.25,
                    code == \"BTCUSDT\" [partition = /depth/20240125/Key2/hRS]",
                    "explain": {
                        "from": {
                            "cost": 48
                        },
                        "where": {
                            "rows": 685061,
                            "cost": 1392079
```

```
                        },
                        "rows": 685061,
                        "cost": 2759108
                    }
                },
                "least": {
                    "sql": "select [245771] type,eventTime, tradeTime, code,
                    firstUpdateNewId, lastUpdateNewId, lastUpdateId, bidPrice,
                    bidVol, askPrice, askVol from depth
                    where code == \"BTCUSDT\" [partition = /depth/20240123/Key2/hRS]",
                    "explain": {
                        "where": {
                            "rows": 554411,
                            "cost": 1081334
                        },
                        "rows": 554411,
                        "cost": 2155064
                    }
                }
            }
        },
        "merge": {
            "cost": 1247346,
            "rows": 1939415,
            "detail": {
                "most": {
                    "sql": "select [245771] type, eventTime, tradeTime, code,
                    firstUpdateNewId, lastUpdateNewId, lastUpdateId, bidPrice,
                    bidVol, askPrice, askVol from depth
                    where code == \"BTCUSDT\" [partition = /depth/20240124/Key2/hRS]",
                    "explain": {
                        "where": {
                            "rows": 699943,
                            "cost": 1327665
                        },
                        "rows": 699943,
                        "cost": 2464918
                    }
                },
                "least": {
                    "sql": "select [245771] type, eventTime, tradeTime, code,
                    firstUpdateNewId, lastUpdateNewId, lastUpdateId, bidPrice,
                    bidVol, askPrice, askVol from depth
                    where code == \"BTCUSDT\" [partition = /depth/20240123/Key2/hRS]",
                    "explain": {
                        "where": {
                            "rows": 554411,
                            "cost": 1081334
                        },
                        "rows": 554411,
                        "cost": 2155064
                    }
                }
            }
        },
        "rows": 1939415,
        "cost": 8125947
    }
}
```


对于分布式库表，DolphinDB 以分区为单位来存储数据。当 SQL 查询涉及多个分区时，DophinDB 会首先尽可能地对查询进行分区剪枝，然后将查询语句分发到相关分区进行并行查询，最后将结果进行汇总。因此，在上述执行计划中，除了 from 结构和最后的统计信息，我们还可以看到 map 结构和 merge 结构，它们分别对应了将查询任务发送到相关分区的执行情况，以及合并各分区查询结果的执行情况。

6.4.4 HINT 关键字

在上一小节中，我们使用了`[HINT_EXPLAIN]`来查看 SQL 的执行计划。除此之外，DolphinDB 还提供了一系列的 HINT 关键字，这些关键字可以让 SQL 以一些特殊的方式来执行。下面将通过一个例子来展示如何使用 HINT 关键字。假设我们需要按照数据的奇偶顺序对数据进行分组，并在组内进行窗口滑动计算，通常可以按如下脚本编写 SQL。如图 6-45 所示，返回的结果也按奇偶顺序进行了分组并重新排序。

```
t = table(1..10 as id, 1..10 as v)
select id, msum(v, 3) as msum from t context by rowNo(v) % 2
```

PROBLEMS　OUTPUT　DEBUG CONSOLE　TERMINAL　PORTS　DOLPHINDB

	id	msum
0	1	
1	3	
2	5	9
3	7	15
4	9	21
5	2	
6	4	
7	6	12
8	8	18
9	10	24

图 6-45　使用 context by 分组计算的返回结果

如果想要按照原本的数据顺序返回结果，可以使用`[HINT_KEEPORDER]`关键字来保证 context by 子句分组后的查询结果依然按照原本的数据顺序返回，如图 6-46 所示。

```
t = table(1..10 as id, 1..10 as v)
select [HINT_KEEPORDER] id, msum(v, 3) as msum from t context by rowNo(v) % 2
```

PROBLEMS　OUTPUT　DEBUG CONSOLE　TERMINAL　PORTS　DOLPHINDB

	id	msum
0	1	
1	2	
2	3	
3	4	
4	5	9
5	6	12
6	7	15
7	8	18
8	9	21
9	10	24

图 6-46　使用`[HINT_KEEPORDER]`关键字保证 context by 子句分组后的查询结果按照原本的数据顺序返回

6.4.5 SQL Trace

SQL Trace 是 DolphinDB 提供的一套函数工具，它能够通过跟踪 SQL 脚本的执行过程，分析复杂 SQL 查询的内部耗时，以达到定位问题并优化执行的目的。

setTraceMode 函数用于开启或关闭 SQL Trace。一次完整的跟踪流程必须以 setTraceMode(true) 作为开启标识，并以 setTraceMode(false) 作为结束标识。需要注意的是，DolphinDB 从开启跟踪功能后接收到的第一次请求开始跟踪。因此，setTraceMode 命令必须单独执行，而不能和待跟踪的语句放在同一脚本中一起执行。

开启跟踪后，可以通过调用 getTraces() 函数来获取一张包含跟踪信息的表。这张表记录了客户端将脚本发送给服务器的时间戳、客户端发送给服务器端执行的脚本、记录 SQL Trace 信息的 id 和发起 SQL 的会话的 id。

例如，下面的脚本展示了一次完整的 SQL Trace 跟踪流程。

```
setTraceMode(true)
select * from loadTable("dfs://S_SEC_INFO", "S_SEC_INFO")
setTraceMode(false)
```

使用 getTraces() 函数得到的跟踪信息如图 6-47 所示。

PROBLEMS OUTPUT DEBUG CONSOLE TERMINAL PORTS DOLPHINDB

	time	scripts	traceId	sessionId
0	2024.04.22 14:39:03.756773194	objs11	0a108d85-6796-1789-0741-f8e9e969061e	755,146,770
1	2024.04.22 14:30:36.812591954	objs11	566ea0e4-f057-9bbc-424d-7d43ddf263a1	755,146,770
2	2024.04.22 14:30:39.455615932	select * from loadTable("dfs://S_SEC_INFO", "S_SEC_INFO")	2eb58830-90cd-e3b3-4544-429237e80ad8	755,146,770
3	2024.04.22 14:30:39.669899538	objs11	11ec5005-a8d3-558f-5049-866b51189fd3	755,146,770
4	2024.04.22 14:30:41.765848255	getTraces()	3b2ed5a3-1b18-069d-d845-897b673176b3	755,146,770
5	2024.04.22 14:30:41.775546452	objs11	765ddd9c-484b-1aa3-9d47-4f93eb639324	755,146,770
6	2024.04.22 14:38:57.426948279	objs11	e3ef8049-6be0-e4a5-d44c-accfc8101565	755,146,770
7	2024.04.22 14:39:06.181749713	setTraceMode(false)	70c379fb-be3b-37b9-d844-e01a765b9b42	755,146,770
8	2024.04.22 14:39:03.743540875	getTraces()	88dc4ae5-49c1-1980-eb4f-91c21940eaee	755,146,770
9	2024.04.22 14:30:50.047147360	setTraceMode(false)	94e8bf02-9113-e197-f040-6169e577e6bc	755,146,770
10	2024.04.22 14:39:00.010948876	select SEC_ID from loadTable("dfs://S_SEC_INFO", "S_SEC_INFO")	5365fec3-0cb7-969e-c149-96f06439f155	755,146,770
11	2024.04.22 14:39:00.083596855	objs11	29e54ed1-ab7b-6fb3-f84a-89ac7f5d3f41	755,146,770

图 6-47 使用 getTraces() 函数查询跟踪信息

此外，使用 viewTraceInfo(traceId, [isTreeView = true]) 还可以展示某个 traceId 对应脚本的跟踪信息。例如，要查看上面执行的 SQL 脚本的跟踪信息，可以使用以下命令。

```
viewTraceInfo("2eb58830-90cd-e3b3-4544-429237e80ad8")
```

图 6-48 以树状结构清晰地展示了 SQL 的执行流程，并详细列出了每个步骤的脚本执行耗时。

PROBLEMS OUTPUT DEBUG CONSOLE TERMINAL PORTS DOLPHINDB

	tree	script	startTime	timeElapsed	reference	node	thread
0	receiving request		2024.04.22 14:39:00.010948876	96	Root	single7305	3,989
1	└── Worker<0>::run		2024.04.22 14:39:00.011151444	38,978	FollowsFrom	single7305	3,975
2	├── Tokenizer::tokenize		2024.04.22 14:39:00.011332906	36	ChildOf	single7305	3,975
3	├── Parser::parse		2024.04.22 14:39:00.011396233	125	ChildOf	single7305	3,975
4	└── Statement::execute	select SEC_ID from loadTable("dfs://S_SEC_INFO", "S_SEC_INFO")	2024.04.22 14:39:00.011556385	38,418	ChildOf	single7305	3,975
5	└── SQLQueryImp::getReference	select SEC_ID from loadTable("dfs://S_SEC_INFO", "S_SEC_INFO")	2024.04.22 14:39:00.011591017	38,369	ChildOf	single7305	3,975
6	└── SQLQueryImp::getReference	select SEC_ID from S_SEC_INFO	2024.04.22 14:39:00.011823455	38,065	ChildOf	single7305	3,975
7	└── SQLQueryImp::partitionedCall		2024.04.22 14:39:00.011955925	37,926	ChildOf	single7305	3,975
8	└── SQLQueryImp::executeDistributedTasks		2024.04.22 14:39:00.012063082	37,793	ChildOf	single7305	3,975
9	├── StaticStageExecutor::execute		2024.04.22 14:39:00.012094902	33,640	ChildOf	single7305	3,975
10	│ ├── StaticStageExecutor::execute[probing]		2024.04.22 14:39:00.012116593	8	ChildOf	single7305	3,975
11	│ ├── StaticStageExecutor::execute[localWorker]		2024.04.22 14:39:00.012145944	268	ChildOf	single7305	3,975
12	│ ├── StaticStageExecutor::execute[remote]		2024.04.22 14:39:00.012173241	235	ChildOf	single7305	3,975
13	│ └── StaticStageExecutor::execute[local]		2024.04.22 14:39:00.012204036	33,522	ChildOf	single7305	3,975
14	│ ├── SQLQueryImp::getReference	select [147467] SEC_ID from S_SEC_INFO [partition = /S_SEC_INFO/Key0/2L]	2024.04.22 14:39:00.012459630	22,774	ChildOf	single7305	3,975
15	│ │ └── SQLQueryImp::basicCall		2024.04.22 14:39:00.012513071	22,707	ChildOf	single7305	3,975
16	│ └── SQLQueryImp::getReference	select [147467] SEC_ID from S_SEC_INFO [partition = /S_SEC_INFO/Key4/2L]	2024.04.22 14:39:00.035325332	10,363	ChildOf	single7305	3,975
17	│ └── SQLQueryImp::basicCall		2024.04.22 14:39:00.035353502	10,322	ChildOf	single7305	3,975
18	├── SQLQueryImp::executeDistributedTasks[firstNonEmptyTask.getValue]		2024.04.22 14:39:00.045777960	11	ChildOf	single7305	3,975
19	├── SQLQueryImp::executeDistributedTasks[collectFinalColumns]		2024.04.22 14:39:00.045810035	4	ChildOf	single7305	3,975
20	└── SQLQueryImp::executeDistributedTasks[concatenateColumns]		2024.04.22 14:39:00.045837261	4,003	ChildOf	single7305	3,975

图 6-48 查看指定 traceID 对应脚本的跟踪信息

使用 SQL Trace 功能来帮助分析 SQL 的执行流程，可以使我们有效地了解 SQL 的具体执行步骤，从而有利于我们定位各部分的性能瓶颈，帮助优化 SQL。

6.4.6 SQL 优化

下面我们将介绍几个具体的 SQL 优化注意事项，并展示一个综合的 SQL 优化案例。

- 在 where 子句中使用 in 谓词

场景：数据表 t1 包含半天内的股票快照数据，而数据表 t2 则存储了股票的行业信息，现在需要根据股票的行业信息对数据进行过滤。使用以下脚本模拟两张表的数据。

```
date = 2024.03.12
startTime = 09:30:00
securityID = table(format(600001..602000, "000000") + ".SH" as SecurityID)
dateTime = table(concatDateTime(date, startTime + 1..2400 * 3) as DateTime)
t = cj(securityID, dateTime)
size = t.size()
t1 = table(t.securityID as securityID, t.dateTime as dateTime,
rand(100.0, size) as preClosePx, rand(100.0, size) as openPx,
rand(100.0, size) as highPx, rand(100.0, size) as lowPx,
rand(100.0, size) as lastPx, rand(10000, size) as volume,
rand(100000.0, size) as amount, rand(100.0, size) as bidPrice1,
rand(100.0, size) as bidPrice2, rand(100.0, size) as bidPrice3,
rand(100.0, size) as bidPrice4, rand(100.0, size) as bidPrice5,
rand(100000, size) as bidOrderQty1, rand(100000, size) as bidOrderQty2,
rand(100000, size) as bidOrderQty3, rand(100000, size) as bidOrderQty4,
rand(100000, size) as bidOrderQty5, rand(100.0, size) as offerPrice1,
rand(100.0, size) as offerPrice2, rand(100.0, size) as offerPrice3,
rand(100.0, size) as offerPrice4, rand(100.0, size) as offerPrice5,
rand(100000, size) as offerQty1, rand(100000, size) as offerQty2,
rand(100000, size) as offerQty3, rand(100000, size) as offerQty4,
rand(100000, size) as offerQty5)
t2 = table(securityID as securityID, take(`mul`ioT`eco`csm`edu`food,
securityID.size()) as industry)
```

如果我们想要筛选 t1 中特定行业的股票数据，常见的做法是将数据表 t1 与数据表 t2 根据 SecurityID 字段进行左连接，然后使用 where 子句来过滤出特定行业的数据。

```
timer res1 = select securityID, dateTime
             from lj(t1, t2, `securityID)
             where industry = `edu
```

该做法耗时 417.133 毫秒。

优化方案是，先从 t2 中筛选出指定行业的股票，再在 where 子句中使用 in 谓词从 t1 中查询指定的数据。

```
timer{
    industrySecurityID = exec securityID from t2 where industry = "edu"
    res2 = select securityID, dateTime from t1
        where securityID in industrySecurityID
}
```

该做法仅耗时 60.924 毫秒，性能提升了约 7 倍，并且得到的结果和表连接操作得到的结果完全相同。

这是因为在 SQL 语句中，表连接的耗时远高于在 where 条件中使用过滤条件的耗时。

因此，如果能够在 where 子句中使用 in 谓词来过滤数据，就应该尽量避免使用表连接，这样做可以显著提高查询的性能。

- 分区剪枝

虽然分布式 SQL 查询和普通 SQL 查询的语法并无差异，但理解分布式查询的工作原理有助于编写高效的分布式表 SQL 查询语句。

在分布式查询中，系统会首先根据 where 条件来确定查询涉及的分区。然后，它将查询语句分解为多个子查询，并把这些子查询发送到相关分区所在的节点（map）。最后，在发起节点上汇总所有分区的查询结果（merge），并进行进一步的查询（reduce）。像这种在 where 子句中准确地帮助系统筛选出想要查询的分区，减少需要遍历的分区数量就被称为分区剪枝。通过有效的分区剪枝，可以显著提升分布式表 SQL 查询的性能。

例如，我们要查询一个存储数字货币有限档深度数据的库表，以获取特定交易对在特定日期的数据。

```
select * from loadTable("dfs://depth", "depth")
where date(tradeTime) == 2024.01.23 and code = "BTCUSDT"
```

这段查询耗时 2585.994 毫秒。通过查询该分布式表的分区结构，我们可以发现该分布式表的分区列为 eventTime 和 code 列，分别按日期进行值分区和按交易对代码进行哈希分区。因此，上述的写法将会遍历所有日期的 BTCUSDT 分区，无法实现最有效的分区剪枝。使用 sqlDS 函数可以看到，该查询将会扫描多个分区。

```
sqlDS(<select * from loadTable("dfs://depth", "depth")
where date(tradeTime) == 2024.01.23 and code = "BTCUSDT">)
```

如图 6-49 所示，该查询将会扫描 12 个分区。

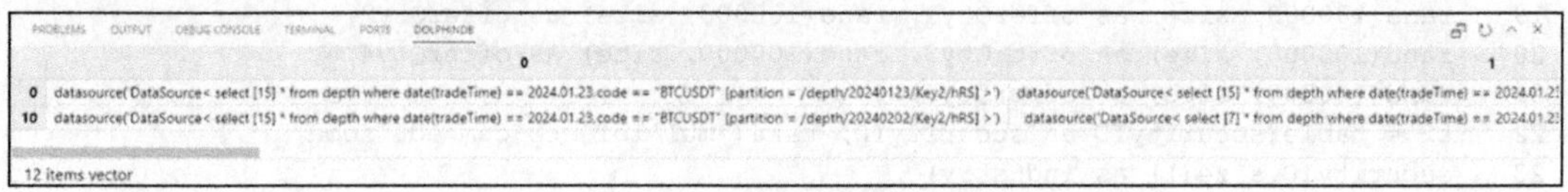

图 6-49　使用 sqlDS 函数查看扫描的多个分区

为了实现最有效的分区剪枝，我们对查询语句进行了如下修改。

```
select * from loadTable("dfs://depth", "depth")
where date(eventTime) == 2024.01.23 and code = "BTCUSDT"
```

这段查询耗时 264.472 毫秒。使用 sqlDS 函数可以看到，该查询只会扫描一个分区。结果如图 6-50 所示。

```
sqlDS(<select * from loadTable("dfs://depth", "depth")
where date(eventTime) == 2024.01.23 and code = "BTCUSDT">)
```

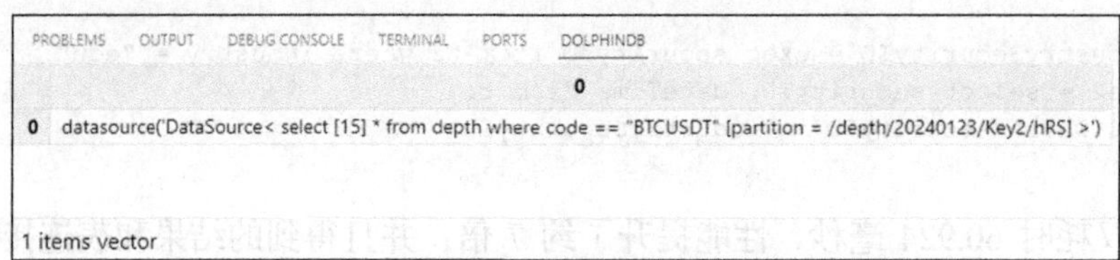

图 6-50　使用 sqlDS 函数查看扫描的一个分区

这是因为在后一个查询中，where 条件实现了精确的分区剪枝，将查询范围限定在了单个分区内，从而显著提升了性能。因此，在编写分布式查询时，应尽量在 where 条件中按分区列筛选数据，以实现最佳的分区剪枝效果。

- 分组查询使用 map 关键字

在分布式 SQL 中，对分组数据进行查询和计算时，通常先在各个分区内单独进行计算，然后将结果进行进一步的计算，以保证最终结果的正确性。如果分区的粒度大于或等于分组的粒度，则可以确保数据的查询和计算不会跨分区进行。在这种情况下，可以通过添加 map 关键字来避免进一步计算的开销，从而提升查询性能。

例如，我们要统计数字货币有限档深度数据中每个交易对每分钟的数据量，可以使用以下查询。

```
select count(*) from loadTable("dfs://depth", "depth") group by code,
bar(eventTime, 60s)
```

这段查询耗时 996.331 毫秒。由于在此场景中，一级分区的粒度为天，大于分组的粒度（分钟），因此每个分组的数据一定都处在同一分区内，不需要进行跨分区计算。通过使用 map 关键字，可以避免对所有分区的结果进行进一步的汇总计算，从而减少计算开销并提升查询性能。

```
select count(*) from loadTable("dfs://depth", "depth") group by code,
bar(eventTime, 60s) map
```

这段查询仅耗时 826.682 毫秒，性能提升了约 10%～20%。

因此，如果我们确保分组查询时不会涉及跨分区的操作，就可以使用 map 关键字来避免对所有分区的结果进行进一步的汇总计算，从而减少计算开销并提升查询性能。

- SQL 优化综合案例

下面将展示一个 SQL 优化的综合案例，并总结出 SQL 优化的常规思路。

本例中使用到的数据是沪深股市的 Level-2 快照数据，时间为一周，数据大小约为 120 GB。为了存储这些数据，我们创建了一个基于 TSDB 引擎的分布式库表，并以 TradeTime 和 SecurityID 作为分区列进行分区。一级分区按照日期进行值分区，二级分区按照股票代码进行哈希分区。

本例的计算逻辑为：首先，从库表中查询数据。其次，执行 move 操作以获取 $t-1$ 时刻的数据。最后，根据 $t-1$ 时刻的数据来计算最终的因子。

```
snapshot = loadTable("dfs://level2", "snapshot")
startDate = 2022.04.11
endDate = 2022.04.17

//获取源数据
tmp1 = select SecurityID, TradeTime,
OfferPrice, OfferOrderQty, OfferPrice[9] as Offer_price, OfferOrderQty[9] as Offer_vol,
BidPrice, BidOrderQty, BidPrice[9] as Bid_price, BidOrderQty[9] as Bid_vol
FROM snapshot
where date(TradeTime) >= startDate
and date(TradeTime) <= endDate
and time(TradeTime) >= 09:30:00.000
and time(TradeTime) <= 15:00:00.000
and cast(substr(SecurityID, 0, 1), int) in [0 3 6 8]
and cast(substr(SecurityID, 0, 2), string) != '01'
and cast(substr(SecurityID, 0, 2), string) != '02'
context by SecurityID, TradeTime

```

```
//获取 t-1 时刻的数据
threl = select SecurityID, TradeTime,
OfferPrice, OfferOrderQty,
nullFill(move(Offer_price, 1), Offer_price) as thre_Offer,
nullFill(move(Offer_vol, 1), 0) as Offer_vol,
BidPrice, BidOrderQty,
nullFill(move(Bid_price, 1), Bid_price) as thre_Bid,
nullFill(move(Bid_vol, 1), 0) as Bid_vol
from tmp1 context by SecurityID, date(TradeTime)

//计算最终的因子
res = select SecurityID, TradeTime,
nullFill(sum(OfferOrderQty[OfferPrice< = thre_Offer]) - Offer_vol, 0) as Offer_vol_diff,
nullFill(sum(BidOrderQty[BidPrice > = thre_Bid])-Bid_vol, 0) as Bid_vol_diff
from threl context by SecurityID,TradeTime
```

上述计算共耗时 180 秒。可以看到，在该例子中，我们采用了 3 个 SQL 语句分阶段处理数据，这种方式不仅占用内存，而且非常耗时。

根据上述脚本的代码逻辑，第一步只需从库表中提取数据，不需要进行分组处理；第二步需要按天和股票执行 `move` 操作；第三步可以调整求和方式，按天和股票对成交量进行求和。我们可以将这 3 次查询合并为一个 SQL 查询，通过一次查询完成数据处理，并且按天和股票进行分组。

第三条 SQL 查询原本是按照股票和时间戳进行的分组，处理效率较低。为了提高处理效率，可以改为按天和股票进行分组，这样每个分组就代表了一只股票在一天内的快照数据。随后，我们可以使用 `rowSum` 函数对每一条快照数据的成交量进行求和，这种方法与原逻辑一致。

此外，原代码中使用了 `cast` 和 `substr` 的组合来处理字符串，其效率低下。为了提高效率，可以改用 `like` 进行直接模式匹配，这样可以避免不必要的转换，从而提升性能。

综上所述，优化后的 SQL 如下。

```
res = select SecurityID, TradeTime,
nullFill(rowSum(BidOrderQty[BidPrice >= nullFill(move(BidPrice[9], 1),BidPrice[9])])
- nullFill(move(BidOrderQty[9], 1), 0), 0) as Bid_vol_diff,
nullFill(rowSum(OfferOrderQty[OfferPrice <= nullFill(move(OfferPrice[9], 1),
OfferPrice[9])]) - nullFill(move(OfferOrderQty[9], 1), 0), 0) as Offer_vol_diff
from snapshot
where date(TradeTime) >= startDate
and date(TradeTime) <= endDate
and time(TradeTime) >= 09:30:00.000
and time(TradeTime) <= 15:00:00.000
and (SecurityID like "0%" or SecurityID like "3%"
or SecurityID like "6%" or SecurityID like "8%")
and (SecurityID not like "01%" and SecurityID not like "02%")
context by SecurityID, date(TradeTime)
```

我们合并了优化前的 3 个 SQL，使用 `rowSum` 函数进行了行计算，并使用 like 匹配 SecurityID 的方式来代替额外的字符串处理，最终得到了优化后的 SQL。经过这些改进，执行时间从最初的 180 秒减少到了 12 秒，性能提升了约 15 倍。

总的来说，在处理类似的多个分步 SQL 查询时，我们可以分析这些查询是否可以合并成单个查询，检查分组逻辑是否合理，并尽量避免不必要的数据处理操作。通过这样的分析和调整，我们可以优化 SQL 查询，使其更加高效。

思考题

1. 有这样一张表：

```
code = `SH0001`SH0002`SH0003
tradeTime = 2024.03.25T09:30:01..2024.03.25T11:30:00
t = table(code).cj(table(tradeTime))
update t set close = rand(30.0, t.size())
```

若要计算未来 5 分钟的 twap（时间加权平均价格）数据，下面的写法存在什么问题？

```
wj(t, t, 0:4, <avg(close)>, `code`tradeTime);
```

2. 有这样一张表：

```
tradeTime = 2024.03.25T09:30:01..2024.03.25T11:30:00
bv = rand(100.0, tradeTime.size())
ap = take(1..20, tradeTime.size()).sort()
t = table(tradeTime, bv, ap)
```

若要根据 ap 列的变动情况来分组，即将连续相同的 ap 值视为一组，并计算分组内 bv 列的累计最小值，应该怎么编写 SQL 查询？

3. 有这样一张表：

```
id = 1 1 2 2 3 3 4 4
part = `a`b`a`b`a`b`a`b
val =  4 3 6 2 8 4 5 3
t = table(id, part, val)
```

在 id 相同的每组数据中，part 列必有一对 *a* 和 *b*。若要计算每组数据中 part 列为 *a* 的 val 值与 part 列为 *b* 的 val 值之差，怎么编写脚本比较简单？

4. 有这样一张表：

```
t = table(2021.01.01T01:00:00 + (1..5 join 9..11) as time,
    take(`CLF1, 8) as contract,
    50..57 as price)
```

如果使用下面的 group by 和 interval 语句对该表进行窗口大小为 2 秒的聚合，将会得到如图 6-51 所示的结果。

```
select last(contract) as contract,
    last(price) as price from t
    group by interval(time, 2s,"prev")
```

PROBLEMS　OUTPUT　DEBUG CONSOLE　TERMINAL　PORTS　DOLPHINDB

	interval_time	contract	price
0	2021.01.01 01:00:00	CLF1	50
1	2021.01.01 01:00:02	CLF1	52
2	2021.01.01 01:00:04	CLF1	54
3	2021.01.01 01:00:06	CLF1	54
4	2021.01.01 01:00:08	CLF1	55
5	2021.01.01 01:00:10	CLF1	57

图 6-51　使用 group by + interval 的聚合结果

从图中可以看到，窗口是从 01:00:00 开始的，而不是从原始数据的起始时间 01:00:01 开始，这是为什么呢？我们应该如何调整语句，使窗口从原始数据的第一条记录开始呢？

5. 有这样一张表：

```
id1 = 2 2 3 2 2
id2 = 2 2 2 3 3
close1 = 1.0 0.3 0.4 0.1 0.8
close2 = 3 5 8 9 2
time = 2022.11.10T09:30:00..2022.11.10T09:30:04
t = table(time, id1, id2, close1, close2)
```

若要根据 id 列的数值，计算对应 close 的变长 mfirst，即对于 id1 和 close1，需要计算 mfirst(close1, 2)、mfirst(close1, 2)、mfirst(close1, 3)…，应该怎么做呢？

6. 有这样一张宽表：

```
date = 2024.03.01..2024.03.31
code = `SH + format(1..4000,"0000")
t = table(date).cj(table(code))
update t set value = rand(10.0, t.size())
t = select value from t pivot by date, code
```

如果我们想查询除了指定列（如 SH0001 和 SH0010）以外的所有列，应该如何编写元编程代码呢？

7. 下面这段代码试图删除一张表中指定日期的数据。

```
t = table(2020.01.01..2020.01.05 as Date)
date = 2020.01.01
delete from t where Date = date
```

这段代码有什么问题？

8. 下面的代码期望对函数内部的变量进行计算。

```
a = 1
b = 2
def funcA(a, b){
    B = a + 1
    C = b + 2
    funcExpr = "B + C"
    return parseExpr(funcExpr).eval()
}
funcA(a, b)
```

这段代码有什么问题？

9. 有这样一张表：

```
n = 20
sym = take(`600000.SH, n)
tradingDate = take(2024.01.06, n)
tradingTime = 09:30:03 + 0..(n-1)
volume = rand(10000000, n)
price = rand(1000.0, n)
t = table(sym, tradingDate, tradingTime, volume, price)
```

如果想要将每只股票每天累计成交量大于等于 1000 万股的数据分为一组，并计算该分组的最后成交时间、分组内的平均价格和总成交量，应该如何计算？

10. 下面封装的 SQL Trace 函数是否正确？如果不正确，它存在什么问题？

```
n = 20
sym = take(`600000.SH, n)
tradingDate = take(2024.01.06, n)
tradingTime = 09:30:03 + 0..(n-1)
volume = rand(10000000, n)
price = rand(1000.0, n)
share table(sym, tradingDate, tradingTime, volume, price) as t

def makeSQLTrace(code){
    setTraceMode(true)
    res = code.eval()
    setTraceMode(false)
    return res
}

makeSQLTrace(<select sym, tradingDate, tradingTime, volume from t>)
```

第 7 章

CHAPTER 7

流计算

DolphinDB 不仅支持历史数据的批计算，也支持对实时数据的流计算。例如，根据过去两个月的交易数据，可以使用批量计算获得这两个月内每只股票的最高成交价格。然而，考虑到交易持续进行并不断产生新的成交价格，为了及时掌握市场变化，用户希望用流计算来尽快获得过去一段时间内的最高成交价。实时流计算的输入是一个不断增长的无界数据流，通常要求低延迟的计算响应。本章首先介绍与流计算相关的基础概念，然后介绍如何使用 DolphinDB 的流计算引擎、数据回放、流批一体等重要功能来高效实现实时的流计算任务。最后，将对 DolphinDB 的流计算框架与其他的流计算框架进行一个简单的比较。

7.1 流计算基础概念

流计算与批计算处理的数据范围和要求的响应时延均有不同。本节，我们将首先通过与批计算的比较来帮助大家理解流计算的概念。接着，将通过 3 个具体的案例来介绍流计算面临的难点以及 DophinDB 对应的解决方案。

7.1.1 流计算是什么

流数据是基于事件持续生成的时间序列数据。与静态有界的历史数据不同，流数据具有以下特点。

- **动态**：流数据是持续动态生成的，流的结束没有明确定义，数据的大小与结构也没有固定限制。
- **有序**：每条流数据记录都具有时间戳或者序列号，标识了数据在流中的位置与顺序。
- **大规模**：流数据通常以高速率生成，数据规模庞大，对处理引擎的并行处理性能和可扩展性有更高的要求。
- **强时效**：流数据的强时效性要求极低延迟的读取和处理能力，以最大化数据的价值，并能支持实时的业务决策。

流数据处理是指在实时数据流上进行实时计算和分析的过程，也称为流计算。与批计算不同，流计算无须等待所有数据全部到位，即可按照时间顺序对数据进行增量处理。这种实时的处理方式能够高效利用存储与计算资源，适用于那些需要快速响应和及时决策的应用场景。批计算与流计算的对比如表 7-1 所示。

表 7-1　批计算与流计算的对比

计算方式	批计算	流计算
数据范围	对数据集中的所有或大部分数据进行查询或处理	对时间窗口内的数据或最近的数据记录进行查询或处理
数据大小	大批量数据	单条记录或包含几条记录的小批量数据
性能	几分钟至几小时的延迟	亚毫秒级的延迟

7.1.2　流计算入门示例：实时计算买卖价差

下面将通过一个简单的例子来演示如何实现实时的流计算。在这个例子中，我们将使用股票行情快照数据作为输入的数据流，并对每一笔快照数据进行实时处理，以计算并输出买卖价差这一高频因子。

- 买卖价差计算逻辑

行情数据中包含了买卖双方的多档量价信息，其中买卖价差的定义为卖一价与买一价之差与均价之比，其计算公式如下。

$$\text{priceSpread} = \frac{(\text{offerPrice0} - \text{bidPrice0}) * 2}{\text{offerPrice0} + \text{bidPrice0}}$$

其中，offerPrice0 和 bidPrice0 分别表示卖一价与买一价。输入的行情数据示例如图 7-1 所示。

securityID	dateTime	bidPrice0	bidOrderQty0	offerPrice0	offerOrderQty0
000001	2023.01.01T09:30:00.000	19.980000	100	19.990000	120
000001	2023.01.01T09:30:03.000	19.960000	130	19.990000	120
000001	2023.01.01T09:30:06.000	19.900000	120	20.000000	130

图 7-1　行情数据示例

- 批计算 SQL 实现

首先，将通过一个批计算脚本来介绍买卖价差因子的计算。根据上文提供的公式，可以很容易地编写出计算逻辑。以下脚本将一次性对 3 条输入数据进行全量计算，计算结果如图 7-2 所示。

securityID	dateTime	factor
000001	2023.01.01T09:30:00.000	0.00050037
000001	2023.01.01T09:30:03.000	0.00150187
000001	2023.01.01T09:30:06.000	0.00501253

图 7-2　批计算的结果

```
//构造输入数据
tick = table(1:0, `securityID`dateTime`bidPrice0`bidOrderQty0`offerPrice0`offerOrderQty0,
[SYMBOL, TIMESTAMP, DOUBLE, LONG, DOUBLE, LONG])
insert into tick values(`000001, 2023.01.01T09:30:00.000, 19.98, 100, 19.99, 120)
insert into tick values(`000001, 2023.01.01T09:30:03.000, 19.96, 130, 19.99, 120)
insert into tick values(`000001, 2023.01.01T09:30:06.000, 19.90, 120, 20.00, 130)
//批计算买卖价差
select securityID, dateTime, (offerPrice0-bidPrice0) * 2\(offerPrice0 + bidPrice0) as factor
from tick
```

- 实时流计算实现

与批计算不同，流计算的输入数据是持续增长的。当新的输入数据到达时，应立即计算相应的因子，也就是说计算不是一次性完成的，而是可能被多次触发的。为此，我们引入了两个新的概念。

（1）流数据表：用于存储和发布不断增长的数据流，向流数据表中插入若干条记录等于发布这些新的记录。

（2）订阅与消费：订阅某个数据流意味着当该数据流发布新的记录时，系统会立刻收到通知并触发相应的数据处理，而“消费”则定义了在收到新的记录时应对这一批新记录执行什么操作。

```
//创建作为输入的流数据表
share(table = streamTable(1:0,
`securityID`dateTime`bidPrice0`bidOrderQty0`offerPrice0`offerOrderQty0,
[SYMBOL,TIMESTAMP,DOUBLE,LONG,DOUBLE,LONG]), sharedName = `tick)
//创建作为输出的流数据表
share(table = streamTable(1:0, [`securityID`dateTime`factor],
[SYMBOL, TIMESTAMP, DOUBLE]), sharedName = `resultTable)
go
//定义处理函数
def factorCalFunc(msg){
    tmp = select
        securityID, dateTime, (offerPrice0 - bidPrice0) * 2\(offerPrice0 + bidPrice0) as factor
        from msg
    objByName("resultTable").append!(tmp)
}
//订阅流数据表
subscribeTable(tableName = "tick", actionName = "factorCal", offset = -1,
handler = factorCalFunc, msgAsTable = true)
```

`streamTable` 函数创建了流数据表 tick，`subscribeTable` 函数提交了对流数据表 tick 的订阅，并指定调用自定义函数 `factorCalFunc` 来处理收到的订阅数据。在 `factorCalFunc` 函数内部，计算了买卖价差因子，并将计算结果写入了结果表中。

以上脚本创建了一个流计算任务，每当 tick 表中有输入时，就会触发计算和输出。我们可以通过向流数据表中注入数据，来观察订阅消费的效果。具体来说，每插入一条记录都会输出一条结果。

```
insert into tick values(`000001, 2023.01.01T09:30:00.000, 19.98, 100, 19.99, 120)
insert into tick values(`000001, 2023.01.01T09:30:03.000, 19.96, 130, 19.99, 120)
insert into tick values(`000001, 2023.01.01T09:30:06.000, 19.90, 120, 20.00, 130)
```

7.1.3 增量计算与有状态计算：实时计算过去 5 分钟的主动成交量占比

在 7.1.2 小节中，我们计算的买卖价差因子仅依赖于单条输入数据。接下来，我们将介绍一个更为复杂的因子，以帮助大家理解流计算中的一个重要概念——状态。在本例中，我们将以股票逐笔成交数据作为输入，对每一笔成交数据都进行实时响应，以计算并输出过去 5 分钟内主动成交量占比这一高频因子。

- 主动成交量占比计算逻辑

主动成交占比是指主动成交量占总成交量的比例，其计算公式如下。

$$\mathrm{actVolume}_t = \sum_{i=t-\mathrm{window}}^{t} \mathrm{tradeQty}_i * I_{\mathrm{buyNo} > \mathrm{sellNo}}$$

$$\mathrm{totalVolume}_t = \sum_{i=t-\mathrm{window}}^{t} \mathrm{tradeQty}_i$$

$$\mathrm{actVolumePercent}_t = \frac{\mathrm{actVolume}_t}{\mathrm{totalVolume}_t}$$

其中，$actVolume_t$ 表示 $t-window$ 时刻到 t 时刻的主动成交量；$totalVolume_t$ 表示 $t-window$ 时刻到 t 时刻的总成交量。指示函数 I 的含义如下。

$$I_{buyNo>sellNo}=\begin{cases}1, buyNo_t > sellNo_t \\ 0, others\end{cases}$$

输入的逐笔成交数据示例如图 7-3 所示。

- 实时流计算实现

对任何一条逐笔成交数据计算过去 5 分钟的主动成交量占比因子，是指基于当前数据回溯一个 5 分钟的时间窗口，并对该窗口内的数据进行聚合计算。随着输入数据流的不断增长，我们实际上是在进行实时的滑动窗口计算。与买卖价差因子的计算不同，本例中的因子计算不仅需要最新的输入数据，还需要过去一段时间内的数据。为此，我们引入了 3 个新的概念。

securityID	tradeTime	tradePrice	tradeQty	tradeAmount	buyNo	sellNo
000155	2020.01.01T09:30:00.000	30.85	100	3085.00	4,951	0
000155	2020.01.01T09:31:00.000	30.86	100	3086.00	4,952	1
000155	2020.01.01T09:32:00.000	30.85	200	6170.00	5,001	5,100
000155	2020.01.01T09:33:00.000	30.83	100	3083.00	5,202	5,204
000155	2020.01.01T09:34:00.000	30.82	300	9246.00	5,506	5,300
000155	2020.01.01T09:35:00.000	30.82	500	15410.00	5,510	5,600
000155	2020.01.01T09:36:00.000	30.87	800	24696.00	5,700	5,600

图 7-3　逐笔成交数据示例

（1）增量计算：为了计算过去 5 分钟的总成交量，我们可以基于过去 5 分钟内的全部成交数据进行一次聚合计算，这称为全量计算。而为了提升计算效率，在流计算中通常会采用增量计算，计算公式为：最新的一条成交对应的过去 5 分钟的总成交量 = 上一条成交对应的过去 5 分钟的总成交量 + 最新的一条成交量 − 属于上一个 5 分钟窗口但是不属于当前 5 分钟窗口的成交量。

（2）有状态计算：过去 5 分钟的主动成交量占比因子的计算在流计算中被称为有状态计算，因为其输出结果不仅与当前的记录有关，还与历史记录有关。与之对应的，7.1.2 小节中的买卖价差计算被称为无状态计算。无状态计算每次仅对最新的一条输入记录做转换，即可得到计算结果。在上一段给出的增量计算公式中，我们明确了需要用到的历史计算结果和历史输入数据。这些结果和数据在流计算过程中需要被缓存起来，以便在后续的计算中使用。这些被缓存的数据就是我们所说的“状态”。

（3）DolphinDB 流计算引擎：从前文中可以看到，过去 5 分钟的主动成交量占比因子的流式计算需要考虑增量计算和状态缓存。为了简化这一过程，DolphinDB 提供了流计算引擎。该引擎的设计让用户能够直接根据原有的数学公式定义计算逻辑，而无须关心增量算法优化和状态管理问题。这些复杂的任务都由引擎内部自动完成。

```
//创建作为输入的流数据表
share(table = streamTable(1:0,
`securityID`tradeTime`tradePrice`tradeQty`tradeAmount`buyNo`sellNo,
[SYMBOL, TIMESTAMP, DOUBLE, INT, DOUBLE, LONG, LONG]), sharedName = `trade)
//创建作为输出的流数据表
share(table = streamTable(1:0, ["securityID", "tradeTime", "factor"],
[SYMBOL, TIMESTAMP, DOUBLE]), sharedName = `resultTable)
go
//定义处理函数
createReactiveStateEngine(name = "reactiveDemo",
metrics = <[tradeTime, tmsum(tradeTime, iif(buyNo>sellNo, tradeQty, 0),
5m)\tmsum(tradeTime, tradeQty, 5m)]>, dummyTable = trade, outputTable = resultTable,
keyColumn = "securityID")
//订阅流数据表
subscribeTable(tableName = "trade", actionName = "factorCal", offset = -1,
handler = getStreamEngine("reactiveDemo"), msgAsTable = true)
```

以上脚本创建了一个流计算任务。streamTable 函数创建了流数据表 trade，

subscribeTable 函数提交了对流数据表 trade 的订阅，并指定将订阅到的数据注入响应式状态引擎来进行处理。在引擎配置中，*metrics* 参数指定了过去 5 分钟总成交量因子的计算逻辑，具体来说，使用了 tmsum 函数来实现基于时间的滑动窗口计算。最后，*outputTable* 参数，指定了输出的结果表。

流计算引擎可以被视为一个封装好的独立计算“黑盒”。用户可以简单地通过向这个引擎写入数据来触发计算过程，计算结果将被输出到目标表中。在引擎的内部，缓存了必要的历史数据或中间计算结果（也称为状态）。针对不同的场景，可以选择不同的流计算引擎。在本例中，由于需要对数据进行逐条处理，并且要求计算后立即响应并输出结果，因此应该用响应式状态引擎。

每当 trade 表中有输入时，就会触发计算和输出。我们可以通过流数据表中注入数据，来观察订阅消费的效果。具体来说，每插入一条记录都会输出一条结果。

```
insert into trade values(`000155, 2020.01.01T09:30:00.000, 30.85, 100, 3085, 4951, 0)
insert into trade values(`000155, 2020.01.01T09:31:00.000, 30.86, 100, 3086, 4952, 1)
insert into trade values(`000155, 2020.01.01T09:32:00.000, 30.85, 200, 6170, 5001, 5100)
insert into trade values(`000155, 2020.01.01T09:33:00.000, 30.83, 100, 3083, 5202, 5204)
insert into trade values(`000155, 2020.01.01T09:34:00.000, 30.82, 300, 9246, 5506, 5300)
insert into trade values(`000155, 2020.01.01T09:35:00.000, 30.82, 500, 15410, 5510, 5600)
insert into trade values(`000155, 2020.01.01T09:36:00.000, 30.87, 800, 24696, 5700, 5600)
```

在插入若干条数据到表 trade 中后，就可以查看结果表 resultTable 中的内容（如图 7-4 所示）。

securityID	tradeTime	factor
000155	2020.01.01T09:30:00.000	1.00000000
000155	2020.01.01T09:31:00.000	1.00000000
000155	2020.01.01T09:32:00.000	0.50000000
000155	2020.01.01T09:33:00.000	0.40000000
000155	2020.01.01T09:34:00.000	0.62500000
000155	2020.01.01T09:35:00.000	0.33333333
000155	2020.01.01T09:36:00.000	0.57894736

图 7-4　结果表 resultTable

至此，我们已经初步了解了如何在 DolphinDB 中通过流计算引擎实现有状态因子的流计算。但目前为止的计算都是事件驱动的，即每条记录到来都会触发计算。如果希望按一定的时间间隔触发计算，在流计算场景中又该如何实现呢？

7.1.4　流计算中的时间概念：实时计算分钟 K 线

本小节将介绍实时的滚动时间窗口聚合计算，帮助大家理解流计算中的另一个重要概念——时间。在下面的例子中，我们将以股票的逐笔成交数据作为输入，根据输入数据中的时间字段来划分出一分钟的时间窗口，并在每个窗口内进行实时聚合计算，以得出该窗口内的第一笔成交价、最高成交价、最低成交价以及最后一笔成交价等指标。这些指标在金融行业中常被统称为 K 线。

- 实时流计算实现

分钟 K 线计算属于滚动窗口计算，它与上一小节中的计算的不同之处在于，并不是每一条输入都对应一条输出记录，而是需要将一段时间内的数据聚合计算成一条结果后输出。流计算处理的是不断增长的无界数据流，面对源源不断的输入数据，如何正确且及时地划分窗口成为了 K 线实时计算的难点。为此，我们引入了 3 个新的概念。

（1）系统时间（System Time）：正在执行流数据处理所在的服务器上的本地时钟时间。当流数据处理依据系统时间进行时，所有基于时间的操作（如划分时间窗口）都将以运行程序所在机器的本地时钟为准。

（2）事件时间（Event Time）：事件实际发生的时间。这个时间通常在数据进入流数据处理系统之前就被标记到了数据中。每条数据都有对应的事件时间，比如在逐笔成交数据中的“成交时间”字段就代表了交易发生的时刻。

由于数据达到计算服务器的延时等因素的影响，系统时间和事件时间之间往往存在一定的偏差。在实际应用中，需要根据业务场景进行合理选择。使用系统时间能够提供最快的响应速度，而使用事件时间则可以保证结果可预测，即不论数据接收是否存在延迟，对于同样的输入，都能得到相同的结果。

（3）DolphinDB 流计算引擎中的时间概念：DolphinDB 流计算引擎通过参数 *useSystemTime* 来决定是使用数据注入引擎时的系统时间，还是数据中保存的事件时间进行计算。当选择使用事件时间时，判断一个窗口内的数据是否已经全部到达成为了一个难点。为了解决这个难点，引擎内部默认当一条事件时间为 t1 的记录到达时，所有事件时间早于 t1 的记录都已经全部达到。不论以哪种时间进行处理，流计算引擎内部都会自动判断窗口关闭的时刻，并维护窗口内的状态，而数据分析师仍然只需要专注于定义具体的指标计算函数。

```
//创建作为输入的流数据表
share(table = streamTable(1:0, `securityID`tradeTime`price`qty,
[SYMBOL,TIMESTAMP,DOUBLE,INT]), sharedName = `trade)
//创建作为输出的流数据表
share(table = streamTable(1:0, `tradeTime`securityID`open`high`low`close,
[TIMESTAMP,SYMBOL,DOUBLE,DOUBLE,DOUBLE,DOUBLE]), sharedName = `OHLC)
go
//定义处理函数
createTimeSeriesEngine(name = "timeSeriesDemo", windowSize = 60000, step = 60000,
metrics = <[first(price),max(price),min(price),last(price)]>, dummyTable = trade,
outputTable = OHLC, timeColumn = `tradeTime, useSystemTime = false, keyColumn = `securityID)
//订阅流数据表
subscribeTable(tableName = "trade", actionName = "OHLCCal", offset = -1,
handler = getStreamEngine("timeSeriesDemo"), msgAsTable = true)
```

以上脚本创建了一个流计算任务。`streamTable` 函数创建了流数据表 trade。`subscribeTable` 函数提交了对流数据表 trade 的订阅，并指定将订阅到的数据注入时序聚合引擎来进行处理。在引擎的配置中，*metrics* 参数指定了 4 个价格指标的计算逻辑，这些逻辑通过系统函数 `first`、`max`、`min` 和 `last` 来表达。需要注意的是，这些系统函数作为时序聚合引擎的 metrics 时，已经内置实现了增量算法。此外，*timeColumn* 和 *useSystemTime* 参数指定了按事件时间来划分窗口，*outputTable* 参数指定了输出的结果表。

每当 trade 表中有输入时，都会触发引擎进行增量计算，直到 trade 表中有跨过整分钟的记录到达引擎，才会触发输出。我们可以通过向流数据表中注入数据，来观察订阅消费的效果。

```
insert into trade values(`000155, 2020.01.01T09:30:10.000, 9.76, 100)
insert into trade values(`000155, 2020.01.01T09:30:40.000, 9.73, 100)
insert into trade values(`000155, 2020.01.01T09:31:00.000, 9.74, 100)
insert into trade values(`000155, 2020.01.01T09:31:10.000, 9.80, 200)
insert into trade values(`000155, 2020.01.01T09:31:20.000, 9.83, 100)
insert into trade values(`000155, 2020.01.01T09:32:10.000, 10.02, 500)
```

在插入若干条数据到表 trade 中后，就可以查看结果表 OHLC 中的内容（如图 7-5 所示）。

tradeTime	securityID	open	high	low	close
2020.01.01T09:31:00.000	000155	9.76	9.76	9.73	9.73
2020.01.01T09:32:00.000	000155	9.74	9.83	9.74	9.83

图 7-5　结果表 OHLC

7.2 流计算引擎

DolphinDB 研发了适合流式处理的计算引擎，该引擎在系统内部采用了增量计算技术，显著提升了实时计算的性能。为了满足多样化的应用场景，DolphinDB 系统内置了十余种流数据计算引擎。

7.2.1 流计算引擎的分类

DolphinDB 的流计算引擎提供了灵活的计算方式和丰富的计算功能，以满足多样化的实时数据处理需求。根据参与计算的表数量和类型，流计算引擎可以分为单表计算、多表连接和复杂事件处理 3 种类型，如图 7-6 所示。

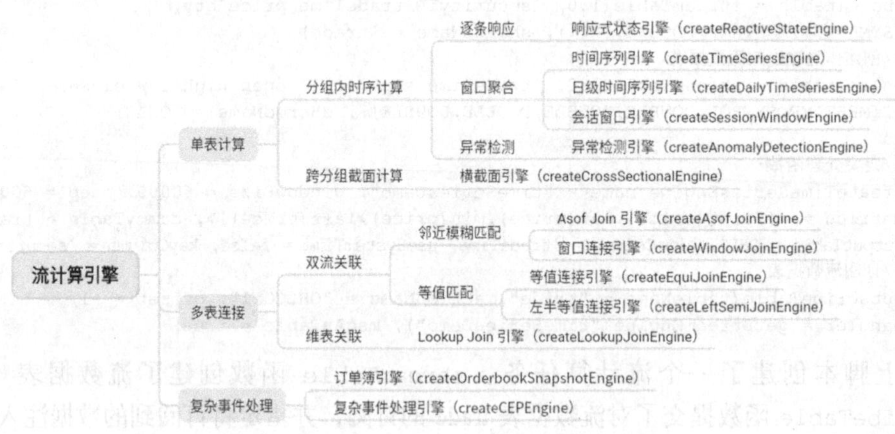

图 7-6　流计算引擎分类

单表计算引擎主要应用于单个流数据表，可以执行以下两种主要的计算方式。

- 分组内时序计算：对数据进行分组，在组内进行逐条计算、窗口聚合或异常检测。
- 跨分组截面计算：对数据进行分组，选取每组的最新数据进行截面计算。

多表连接类似于 SQL 中的表连接(join)操作，用于实时地关联两张表。在连接引擎中，左表始终是流数据表。根据右表的不同类型，多表连接可以分为以下两种类型。

- 双流关联（右表是流数据表）：根据数据的时序关系进行等值或模糊匹配。
- 维表关联（右表可以是流数据表，也可以是静态维度表）：流数据表实时关联到右表的快照。

此外，DolphinDB 还提供了以下两种用于处理复杂事件流的引擎。

- 订单簿引擎：基于逐笔成交和逐笔委托数据合成订单簿。它内置了多个交易所和多种证券类型的复杂合成规则。
- 复杂事件处理引擎：允许用户描述并实现复杂的事件处理程序。它包含复杂事件规则的定义、实时的规则匹配，以及事件触发行动等功能。

7.2.2 窗口聚合计算：分钟资金流

本小节以及接下来的两个小节将通过 3 个典型的场景来介绍对单个数据流进行转换处理的流计算实现。这 3 个场景分别是滚动窗口与滑动窗口计算、累计窗口与时序计算、截面计算。

下面的例子将计算一分钟内滚动窗口的资金流指标，输入数据为股票逐笔成交数据，包含交易时间（tradeTime）、股票代码（securityID）、成交价格（price）、成交量（qty）、买单号（buyNo）以及卖单号（sellNo）等字段，资金流指标的定义如表 7-2 所示。

表 7-2　资金流指标的定义

名称	含义
买单小单总金额（BuySmallAmount）	过去 1 分钟内，买方小单的成交额，成交股数小于等于 50000 股
买单大单总金额（BuyBigAmount）	过去 1 分钟内，买方大单的成交额，成交股数大于 50000 股
卖单小单总金额（SellSmallAmount）	过去 1 分钟内，卖方小单的成交额，成交股数小于等于 50000 股
卖单大单总金额（SellBigAmount）	过去 1 分钟内，卖方大单的成交额，成交股数大于 50000 股

在 DolphinDB 中，我们可以用如下表达式来定义资金流因子。

```
defg calCapitalFlow(buyNo, sellNo, qty, price){
    smallBigBoundary = 50000
    tempTable1 = select buyNo, sellNo, qty, price,
        iif(buyNo>sellNo, `B, `S) as BSFlag, iif(buyNo>sellNo, `B, `S) as orderNo
        from table(buyNo as `buyNo, sellNo as `sellNo, qty as `qty, price as `price)
    tempTable2 = select sum(qty) as qty, sum(qty * price) as tradeAmount
        from tempTable1 group by orderNo, BSFlag
    buySmallAmount = exec sum(tradeAmount)
        from tempTable2 where qty< = smallBigBoundary && BSFlag == `B
    buyBigAmount = exec sum(tradeAmount)
        from tempTable2 where qty>smallBigBoundary && BSFlag == `B
    sellSmallAmount = exec sum(tradeAmount)
        from tempTable2 where qty< = smallBigBoundary && BSFlag == `S
    sellBigAmount = exec sum(tradeAmount)
        from tempTable2 where qty>smallBigBoundary && BSFlag == `S
    return nullFill([buySmallAmount, buyBigAmount, sellSmallAmount, sellBigAmount], 0)
}
```

上述用户自定义函数与批计算中的实现类似，将其作为时序聚合引擎的 *metrics* 参数即可实现流计算。引擎指定了 securityID 作为分组列，这可以理解为对每只股票分别计算资金流。引擎的 *metrics* 参数表示对一个窗口内的全部输入数据进行何种聚合处理，而 *windowSize*、*step*、*useSystemTime*、*timeColumn* 等参数共同决定了如何划分窗口。引擎创建后，随着时间的推移和输入数据的到来，它会自动判断窗口关闭的信号，并立刻根据 *metrics* 的定义进行计算并输出。以下脚本说明了如何按照事件时间 tradeTime 来计算每分钟的资金流，也就是进行滚动窗口计算。

```
//创建作为输入输出的流数据表
share(table = streamTable(1:0, `tradeTime`securityID`price`qty`buyNo`sellNo,
[TIMESTAMP, SYMBOL, DOUBLE, LONG, LONG, LONG]), sharedName = `trade)
share(table = streamTable(1:0,
`tradeTime`securityID`buySmallAmount`buyBigAmount`sellSmallAmount`sellBigAmount,
[TIMESTAMP,SYMBOL,DOUBLE,DOUBLE,DOUBLE,DOUBLE]), sharedName = `capitalFlow)
go
//定义处理函数
createTimeSeriesEngine(name = "tradeTSAggr", windowSize = 60000, step = 60000,
```

```
metrics = [<calCapitalFlow(buyNo, sellNo, qty, price)>], dummyTable = trade,
outputTable = capitalFlow, timeColumn = "tradeTime", useSystemTime = false, keyColumn = 
`securityID)
//订阅流数据表
subscribeTable(tableName = "trade", actionName = "tradeTSAggr", offset = -1,
handler = getStreamEngine("tradeTSAggr"), msgAsTable = true)
```

时序聚合引擎也可以实现滑动窗口计算。以下脚本说明了如何按照事件时间 tradeTime 来每半分钟计算一次一分钟资金流。

```
createTimeSeriesEngine(name = "tradeTSAggr", windowSize = 60000, step = 30000,
metrics = [<calCapitalFlow(buyNo, sellNo, qty, price)>], dummyTable = trade,
outputTable = capitalFlow, timeColumn = "tradeTime", useSystemTime = false, keyColumn = 
`securityID)
```

此外，也可以根据机器时间进行窗口划分。以下脚本说明了如何在机器时间每一分钟计算一次一分钟资金流。

```
createTimeSeriesEngine(name = "tradeTSAggr", windowSize = 60000, step = 60000,
metrics = [<calCapitalFlow(buyNo, sellNo, qty, price)>], dummyTable = trade,
outputTable = capitalFlow, useSystemTime = true, keyColumn = `securityID)
```

7.2.3 窗口与序列相关计算：涨幅

在 7.1.3 小节中，我们已经用响应式状态引擎和 tmsum 函数计算了成交量占比。本小节我们将以涨幅为例再次介绍如何用响应式状态引擎进行有状态计算。在股票市场中，涨幅是指最新成交价格与之前某一刻的成交价格的价差与旧价的比值，即涨幅 =（新价 − 旧价）/旧价）。假设我们的输入数据为股票行情快照数据，每只股票每 3 秒会有一条最新的行情数据，包括股票代码（securityID）、时间戳（datetime）、最新成交价格（lastPrice）等字段。在 DolphinDB 中，我们可以使用如下表达式来描述涨幅因子。

```
@state
def priceChange(datetime, lastPrice, duration){
    return lastPrice \ tmove(datetime, lastPrice, duration) - 1
}
```

使用 tmove 函数可以指定在当前时刻之前 duration 长度的历史成交价格。例如，如果 duration 设置为 10 m，则表示 10 分钟前的成交价格。

```
//创建输入输出的流数据表
share(table = streamTable(1:0, `securityID`datetime`lastPrice`openPrice,
[SYMBOL,TIMESTAMP,DOUBLE,DOUBLE]), sharedName = `tick)
share(table = streamTable(10000:0, `securityID`datetime`factor,
[SYMBOL, TIMESTAMP, DOUBLE]), sharedName = `resultTable)
go
//定义处理函数
createReactiveStateEngine(name = "reactiveDemo",
metrics  = <[datetime, priceChange(datetime, lastPrice, 2m)]>,
dummyTable = tick, outputTable = resultTable, keyColumn = "securityID")
//订阅流数据表
subscribeTable(tableName = "tick", actionName = "reactiveDemo",
handler = getStreamEngine(`reactiveDemo), msgAsTable = true, offset = -1)
```

在创建响应式状态引擎时，指定 securityID 作为分组列，即计算每只股票各自的价格涨幅。输入引擎的消息格式与表 inputTable 的相同，结果将输出到内存表 resultTable 中。我们需要计算的指标定义在 *metrics* 中，在这里，我们对每条输入记录都计算过去两分钟的价格涨幅。需要注意的是，这里对时间跨度的判断是基于事件时间 datetime，而不是基于机器时间上两分钟以前进入引擎的价格作为比较的历史价格。

tmove 函数是响应式状态引擎中实现了增量优化的滑动窗口函数之一，它可以灵活地选取某一个时刻的历史数据。此外，在具体的分析场景中，涨幅的定义在细节上也可能不同。例如，如果将涨幅定义为当前这条行情快照的最新价格与上一条行情快照的最新价格的比值，那么可以用如下表达式来描述涨幅因子。其中，prev 函数是响应式状态引擎中实现了增量优化的序列相关窗口函数之一，通常用来取前一个值。

```
@state
def priceChange(lastPrice){
    return lastPrice \ prev(lastPrice) - 1
}
```

此外，也可以用 ratios 函数来直接计算当前值与前一个值的比值，ratios 函数在引擎内同样是增量实现的。

```
@state
def priceChange(lastPrice){
    return ratios(lastPrice) - 1
}
```

如果将涨幅定义为当前时刻的最新价与当日开盘价的比值，那么可以用如下表达式来描述。其中，cumfirstNot 函数是响应式状态引擎中实现了增量优化的累计窗口函数之一，通常用来取第一个值。

```
@state
def priceChange(lastPrice, openPrice){
    return lastPrice \ cumfirstNot(openPrice) - 1
}
```

7.2.4　截面计算：涨幅榜

当计算出每只股票的涨幅后，往往还会对其进行排序，以便通过横向的比较分析出更受市场青睐的个股。下面的例子订阅了 7.2.3 小节中的涨幅因子结果表 resultTable，并使用横截面引擎对整个市场的股票在某个特定时刻的涨幅进行排序。

```
//定义输入输出的表结构
share(table = streamTable(10000:0, ["securityID", "datetime", "factor"],
[SYMBOL, TIMESTAMP, DOUBLE]), sharedName = `resultTable)
share(table = streamTable(1:0, `datetime`securityID`factor`rank,
[TIMESTAMP, SYMBOL, DOUBLE, LONG]), sharedName = `rankTable)
go
//定义处理函数
createCrossSectionalEngine(name = "crossSectionalEngine",
metrics = <[securityID, factor, rank(factor, ascending = false) + 1]>,
dummyTable = resultTable, outputTable = rankTable, keyColumn = `securityID,
triggeringPattern = 'perBatch', useSystemTime = false, timeColumn = `datetime)
//订阅流数据表
subscribeTable(tableName = "resultTable", actionName = "crossSectionalDemo",
handler = getStreamEngine(`crossSectionalEngine), msgAsTable = true, offset = -1)
```

横截面引擎在内部会按照 securityID 进行分组，并对每只股票缓存一条最新的输入数据。在本例中，*timeColumn* 和 *useSystemTime* 的配置表明，我们以事件时间 datetime 为依据来判断是否是最新的一条输入记录。截面计算的指标定义在 *metrics* 中，并用系统函数 rank 进行排序。触发计算的规则设置为 *triggeringPattern = 'perBatch'*，即每插入一次数据就会触发一次对截面的排名统计。

7.2.5 引擎流水线处理：涨幅榜优化

从前面两个小节可以看到，涨幅榜这个因子的计算涉及时间序列和横截面两个维度。在前述实现中，我们将响应式状态引擎的结果输出到流数据表，再订阅该表，并将数据写入横截面引擎，以完成最终的截面排序计算。涨幅榜并不是个例，对于简单的业务场景，可能只需使用单一引擎即可解决问题，但对于一些复杂任务，往往需要将计算过程分解成多个阶段，并将多个流计算引擎串联成一个复杂的数据流拓扑，共同完成计算任务。

DolphinDB 内置的流计算引擎均实现了数据表（table）的接口，因此多个引擎流水线处理只要将后一个引擎作为前一个引擎的输出即可，省略掉了中间过程的流数据表，如前一小节中的涨幅因子表 resultTable。涨幅榜流水线的实现脚本如下。

```
//定义输入输出的表结构
share(table = streamTable(1:0, `securityID`datetime`lastPrice,
[SYMBOL,TIMESTAMP,DOUBLE]), sharedName = `tick)
share(table = streamTable(10000:0, ["securityID", "datetime", "factor"],
[SYMBOL, TIMESTAMP, DOUBLE]), sharedName = `resultTable)
share(table = streamTable(1:0, `datetime`securityID`factor`rank,
[TIMESTAMP, SYMBOL, DOUBLE, LONG]), sharedName = `rankTable)
go
//定义处理函数
createCrossSectionalEngine(name = "crossSectionalEngine",
metrics = <[securityID, factor, rank(factor, ascending = false) + 1]>,
dummyTable = resultTable, outputTable = rankTable, keyColumn = `securityID,
triggeringPattern = 'perBatch', useSystemTime = false, timeColumn = `datetime)
@state
def priceChange(datetime, lastPrice, duration){
    return lastPrice \ tmove(datetime, lastPrice, duration) - 1
}
createReactiveStateEngine(name = "reactiveDemo",
metrics  = <[datetime, priceChange(datetime, lastPrice, 2m)]>,
dummyTable = tick, outputTable = getStreamEngine(`crossSectionalEngine) ,
keyColumn = "securityID")
//订阅流数据表
subscribeTable(tableName = "tick", actionName = "reactiveDemo",
handler = getStreamEngine(`reactiveDemo), msgAsTable = true, offset = -1)
```

在上述脚本中，首先创建了横截面引擎，然后创建了一个响应式状态引擎，此时将横截面引擎作为状态引擎的输出，也就是指定参数 *outputTable = getStreamEngine(`crossSectionalEngine)*。这样配置之后，只需要订阅流数据表 tick，当 tick 中有新的记录写入时，涨幅榜结果表 rankTable 中就会被自动写入数据。注意，涨幅因子表 resultTable 始终不会被写入数据，因为它只是用于在创建横截面引擎时，提供状态引擎的输出消息的结构信息。

流水线处理（也称为引擎多级级联）和多个中间的级联流数据表的处理都可以完成相同的任务，但是后者涉及多个流数据表与多次订阅，而前者实际上只有一次订阅，并且所有的计算均在同一个线程中依照顺序完成。由于省去了多次写流数据表以及发布订阅的开销，因此流水线处理通常会有更好的性能。

7.2.6　双流等值匹配：成交数据关联下单时间

上述流式计算示例都是针对单个数据流的转换。通常，单个数据流包含特定领域的信息，但在一些复杂的计算场景中，可能需要同时使用多个领域的信息，这就要求我们将不同的数据流连接起来。在接下来的两小节中，我们将介绍如何使用 DolphinDB 实现数据流的实时关联。

在逐笔成交数据中，包含了买卖双方的原始委托订单号。下面的例子将通过股票代码和订单号去关联逐笔委托数据，从而在成交数据的基础上丰富其原始委托信息。对于每条逐笔成交记录，我们都应该找到对应的委托单，确保输出与原始输入中的逐笔成交记录一一对应。在找到对应的委托单之前，该条逐笔成交记录将暂时不被输出。

以下脚本展示了如何使用两个 Left Semi Join 引擎级联的方式，依次对成交表 trades 中的卖方委托单和买方委托单进行关联。

```
//创建表
share(table = streamTable(1:0, `Sym`BuyNo`SellNo`TradePrice`TradeQty`TradeTime,
[SYMBOL, LONG, LONG, DOUBLE, LONG, TIME]), sharedName = `trades)
share(table = streamTable(1:0, `Sym`OrderNo`Side`OrderQty`OrderPrice`OrderTime,
[SYMBOL, LONG, INT, LONG, DOUBLE, TIME]), sharedName = `orders)
share(table = streamTable(1:0,
`Sym`SellNo`BuyNo`TradePrice`TradeQty`TradeTime`BuyOrderQty`BuyOrderPrice`BuyOrderTime,
[SYMBOL, LONG, LONG, DOUBLE, LONG, TIME, LONG, DOUBLE, TIME]), sharedName = `outputTemp)
colNames = ["Sym", "BuyNo", "SellNo", "TradePrice", "TradeQty", "TradeTime",
"BuyOrderQty", "BuyOrderPrice", "BuyOrderTime", "SellOrderQty",
"SellOrderPrice", "SellOrderTime"]
colTypes = [SYMBOL, LONG, LONG, DOUBLE, LONG, TIME, LONG, DOUBLE, TIME, LONG, DOUBLE, TIME]
share(table = streamTable(1:0, colNames, colTypes), sharedName = `output)
go
//创建引擎: left join buy order
ljEngineBuy = createLeftSemiJoinEngine(name = "leftJoinBuy", leftTable = outputTemp,
rightTable = orders, outputTable = output,
metrics = <[SellNo, TradePrice, TradeQty, TradeTime, BuyOrderQty, BuyOrderPrice,
BuyOrderTime, OrderQty, OrderPrice, OrderTime]>,
matchingColumn = [`Sym`BuyNo, `Sym`OrderNo])
//创建引擎: left join sell order
ljEngineSell = createLeftSemiJoinEngine(name = "leftJoinSell", leftTable = trades,
rightTable = orders, outputTable = getLeftStream(ljEngineBuy),
metrics = <[BuyNo, TradePrice, TradeQty, TradeTime, OrderQty, OrderPrice, OrderTime]>,
matchingColumn = [`Sym`SellNo, `Sym`OrderNo])
//订阅相关主题
subscribeTable(tableName = "trades", actionName = "appendLeftStream",
handler = getLeftStream(ljEngineSell), msgAsTable = true, offset = -1)
subscribeTable(tableName = "orders", actionName = "appendRightStreamForSell",
handler = getRightStream(ljEngineSell), msgAsTable = true, offset = -1)
subscribeTable(tableName = "orders", actionName = "appendRightStreamForBuy",
handler = getRightStream(ljEngineBuy), msgAsTable = true, offset = -1)
```

首先，将 trades 和 orders 分为作为左、右表注入引擎 leftJoinSell 中，这次关联是基于 trades 数据中的卖单号与 orders 中的对应订单进行的。之后，将上述引擎的输出作为左表直接注入引擎 leftJoinBuy 中，该引擎的右表仍然设置为 orders，这次关联是基于 trades 数据中的买单号与 orders 中的对应订单进行的。

```
//生成逐笔成交数据表：trade
t1 = table(`A`B`B`A as Sym, [2, 5, 5, 6] as BuyNo, [4, 1, 3, 4] as SellNo,
[7.6, 3.5, 3.5, 7.6]as TradePrice, [10, 100, 20, 50]as TradeQty,
10:00:00.000 + (400 500 500 600) as TradeTime)
//生成逐笔委托数据表：order
t2 = table(`B`A`B`A`B`A as Sym, 1..6 as OrderNo, [2, 1, 2, 2, 1, 1] as Side,
[100, 10, 20, 100, 350, 50] as OrderQty, [7.6, 3.5, 7.6, 3.5, 7.6, 3.5] as OrderPrice,
10:00:00.000 + (1..6) * 100 as OrderTime)
//将数据输入到相应的表中
orders.append!(t2)
trades.append!(t1)
```

输入数据及其关联关系如图 7-7 所示。

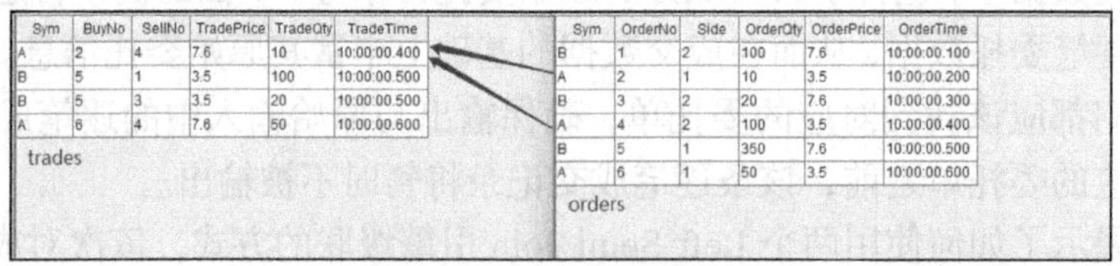

Sym	BuyNo	SellNo	TradePrice	TradeQty	TradeTime
A	2	4	7.6	10	10:00:00.400
B	5	1	3.5	100	10:00:00.500
B	5	3	3.5	20	10:00:00.500
A	6	4	7.6	50	10:00:00.600

trades

Sym	OrderNo	Side	OrderQty	OrderPrice	OrderTime
B	1	2	100	7.6	10:00:00.100
A	2	1	10	3.5	10:00:00.200
B	3	2	20	7.6	10:00:00.300
A	4	2	100	3.5	10:00:00.400
B	5	1	350	7.6	10:00:00.500
A	6	1	50	3.5	10:00:00.600

orders

图 7-7　输入数据及其关联关系

通过使用两个 Left Semi Join 引擎，我们能够将 trades 数据流中的每一条记录分别与 orders 数据流中的两条记录进行关联，进而获取 orders 中的委托量、价格、时间等字段。经过这样的处理后，得到的关联结果表 output 如图 7-8 所示。

Sym	BuyNo	SellNo	TradePrice	TradeQty	TradeTime	BuyOrderQty	BuyOrderPrice	BuyOrderTime	SellOrderQty	SellOrderPrice	SellOrderTime
A	2	4	7.6	10	10:00:00.400	100	3.5	10:00:00.400	10	3.5	10:00:00.200
A	6	4	7.6	50	10:00:00.600	100	3.5	10:00:00.400	50	3.5	10:00:00.600
B	5	1	3.5	100	10:00:00.500	100	7.6	10:00:00.100	350	7.6	10:00:00.500
B	5	3	3.5	20	10:00:00.500	20	7.6	10:00:00.300	350	7.6	10:00:00.500

图 7-8　结果表 output

7.2.7　双流邻近模糊匹配：行情快照关联成交明细

行情快照和逐笔成交数据包含着不同的信息，很多高频因子的计算同时依赖行情快照和成交数据。下面的例子将在行情快照数据的基础上，融合前后两个快照之间的逐笔成交数据。融合后的数据可以更方便地作为后续复杂因子计算的输入。

这个场景的特征是，每条行情快照记录匹配一个时间窗口内的全部逐笔成交记录的聚合值，这个时间窗口的上下界是由两条行情快照数据的时刻决定的，输出与原始的每一条行情快照记录一一对应。对于一个窗口中的逐笔成交记录，既需要计算交易量总和这样的聚合值，也希望以一个字段保留窗口内的全部逐笔成交明细。以下脚本用 Window Join 引擎的特殊窗口来实现此场景。

```
//创建表
share(table = streamTable(1:0, `Sym`TradeTime`Side`TradeQty,
[SYMBOL, TIME, INT, LONG]), sharedName = `trades)
share(table = streamTable(1:0, `Sym`Time`Open`High`Low`Close,
[SYMBOL, TIME, DOUBLE, DOUBLE, DOUBLE, DOUBLE]), sharedName = `snapshot)
colNames = `Time`Sym`Open`High`Low`Close`BuyQty`SellQty`TradeQtyList`TradeTimeList
colTypes = [TIME, SYMBOL, DOUBLE, DOUBLE, DOUBLE, DOUBLE, LONG, LONG, LONG[], TIME[]]
share(table = streamTable(1:0, colNames, colTypes), sharedName = `output)
go
//创建引擎
wjMetrics = <[Open, High, Low, Close, sum(iif(Side == 1, TradeQty, 0)),
sum(iif(Side == 2, TradeQty, 0)), TradeQty, TradeTime]>
```

```
fillArray = [00:00:00.000, "", 0, 0, 0, 0, 0, 0, [], []]
wjEngine = createWindowJoinEngine(name = "windowJoin", leftTable = snapshot,
rightTable = trades, outputTable = output, window = 0:0, metrics = wjMetrics,
matchingColumn = `Sym, timeColumn = `Time`TradeTime, useSystemTime = false, nullFill = fillArray)
//订阅相关主题
subscribeTable(tableName = "snapshot", actionName = "appendLeftStream",
handler = getLeftStream(wjEngine), msgAsTable = true, offset = -1, hash = 0)
subscribeTable(tableName = "trades", actionName = "appendRightStream",
handler = getRightStream(wjEngine), msgAsTable = true, offset = -1, hash = 1)
```

- 行情快照数据 snapshot 被注入引擎的左表，逐笔成交数据 trades 被注入引擎的右表。
- 引擎参数 *useSystemTime = false* 表示通过数据中的时间列（左表为 Time 字段，右表为 TradeTime 字段）来判断左右表中记录的时序关系。
- 引擎参数 *window = 0:0* 表示右表 trades 的计算窗口将由左表 snapshot 当前和其上一条数据的时间戳划定。
- 引擎参数 *metrics* 表示计算指标，如 Open 表示取左表 snapshot 中的 Open 字段；而 `sum(iif(Side == 1, TradeQty, 0))` 表示对右表 trades 在窗口内的数据进行聚合计算。注意，TradeQty 是右表 trades 中的字段，并且如果此处对 TradeQty 没有使用聚合函数，则表示对右表 trades 在窗口内的全部 TradeQty 值保留明细，对应的输出为一个数据类型为 array vector 的字段。
- 引擎参数 *nullFill* 为可选参数，表示如何填充输出表中的空值。在本例中，结合实际场景为表示价格的字段，如 Open 等都指定了将空值填充为 0。注意，*nullFill* 为元组，必须与输出表的列字段等长且类型一一对应。

构造数据并将其写入作为原始输入的两个流数据表中，先写入右表，再写入左表。

```
//生成行情快照数据表：snapshot
t1 = table(`A`B`A`B`A`B as Sym, 10:00:00.000 + (3 3 6 6 9 9) * 1000 as Time,
(NULL NULL 3.5 7.6 3.5 7.6) as Open, (3.5 7.6 3.6 7.6 3.6 7.6) as High,
(3.5 7.6 3.5 7.6 3.4 7.5) as Low, (3.5 7.6 3.5 7.6 3.6 7.5) as Close)
//生成逐笔成交数据表：trade
t2 = table(`A`A`B`A`B`B`A`B`A`A as Sym, 10:00:02.000 + (1..10) * 700 as TradeTime,
(1 2 1 1 1 1 2 1 2 2) as Side, (1..10) * 10 as TradeQty)
//将数据输入到相应的表中
trades.append!(t2)
snapshot.append!(t1)
```

输入数据及其关联关系如图 7-9 所示。

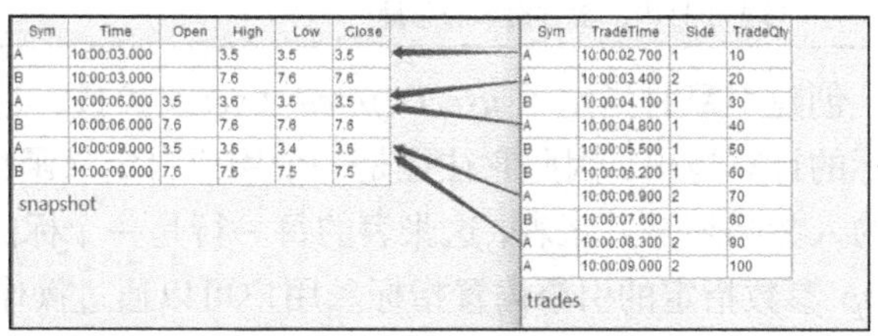

Sym	Time	Open	High	Low	Close
A	10:00:03.000		3.5	3.5	3.5
B	10:00:03.000		7.6	7.6	7.6
A	10:00:06.000	3.5	3.6	3.5	3.5
B	10:00:06.000	7.6	7.6	7.6	7.6
A	10:00:09.000	3.5	3.6	3.4	3.6
B	10:00:09.000	7.6	7.6	7.5	7.5

snapshot

Sym	TradeTime	Side	TradeQty
A	10:00:02.700	1	10
A	10:00:03.400	2	20
B	10:00:04.100	1	30
A	10:00:04.800	1	40
B	10:00:05.500	1	50
B	10:00:06.200	1	60
A	10:00:06.900	2	70
B	10:00:07.600	1	80
A	10:00:08.300	2	90
A	10:00:09.000	2	100

trades

图 7-9 输入数据及其关联关系

关联得到的结果表 output 如图 7-10 所示，其中最后两列为数组向量，分别记录了窗口中全部成交记录的 TradeQty 字段明细和 TradeTime 字段明细。

注意，输出表 output 比左表 snapshot 少一条数据，即左表 sanpshot 中分组 B 内时间戳为 10:00:09.000 的数据没有输出，这是因为右表 trades 中分组 B 内没有等于或大于 10:00:09.000 的数据来关闭窗口。在实际应用中，当接入实时数据时，若需要左表 snapshot

一旦达到便立即输出，则建议将参数设置为 *useSystemTime = true*，即用系统时间作为时间戳。这时，对于任意一条左表记录，关联的窗口数据是从前一条左表记录到达引擎到本条记录到达之间，进入引擎的全部右表数据。

Time	Sym	Open	High	Low	Close	BuyQty	SellQty	TradeQtyList	TradeTimeList
10:00:03.000	A	0	3.5	3.5	3.5	10	0	[10]	[10:00:02.700]
10:00:06.000	A	3.5	3.6	3.5	3.5	40	20	[20,40]	[10:00:03.400,10:00:04.800]
10:00:09.000	A	3.5	3.6	3.4	3.6	0	160	[70,90]	[10:00:06.900,10:00:08.300]
10:00:03.000	B	0	7.6	7.6	7.6	0	0	[]	[]
10:00:06.000	B	7.6	7.6	7.6	7.6	80	0	[30,50]	[10:00:04.100,10:00:05.500]

图 7-10　结果表 output

7.2.8 订单簿合成：包含自定义衍生指标的订单簿

订单簿是交易市场上买卖双方正在报价的不同价格的列表。订单簿快照反应了特定时刻市场上的交易意图，比如交易活跃的证券标的往往有着密集的订单簿。订单簿快照是一种典型的流数据，以沪深两市的股票为例，在实盘中，交易所会以 3 秒为间隔对外发布最新的 10 档订单簿，也称为 Level-2 行情快照，该行情快照中，除订单簿以外还包括最新成交价等成交信息。

更高频、更丰富的行情快照信息可以帮助量化团队在实盘中更快地掌握最新的市场变化。逐笔数据（包含逐笔成交与逐笔委托）提供了最完整的交易信息，并可以用于生成任意频率的订单簿。但是，考虑到交易规则的复杂度和逐笔数据的巨大流量，实时合成高频订单簿在正确性和性能上都面临着重大的挑战。为了解决上述难点，DolphinDB 内置了一个经过正确性校验的高性能订单簿引擎。用户只需要通过 `createOrderbookSnapshotEngine` 函数即可定义订单簿引擎，并向引擎输入符合预定格式的逐笔成交和逐笔委托数据，以合成订单簿。此外，订单簿引擎还支持用户定义自定义指标，以便实现个性化的行情快照。

接下来，我们将基于逐笔数据合成 1 秒频率的行情快照。每条快照包含基础指标、20 档订单簿以及用户自定义的衍生指标。这些衍生指标的定义如表 7-3 所示。

表 7-3　衍生指标的定义

指标名称	含义
AvgBuyDuration	过去 1 秒内，成交订单中买方的平均挂单时长
AvgSellDuration	过去 1 秒内，成交订单中卖方的平均挂单时长
BuyWithdrawQty	过去 1 秒内，买方撤单的总量
SellWithdrawQty	过去 1 秒内，卖方撤单的总量

在下面的例子中，创建引擎时指定了 *userDefinedMetrics* 参数，它是一个一元函数，用于定义用户自定义指标的计算逻辑，因此它往往是一个用户自定义函数。该函数（即本例中的 *userDefinedFunc*）的入参必须是一张表，这张表的每一行是一个标的的快照，而快照的每一列是由 *outputColMap* 参数指定的引擎内置指标。用户可以通过操作这些引擎内置的指标来实现自定义指标的计算。在本小节中，我们利用引擎提供的、在两笔订单簿快照之间的逐笔成交明细和撤单明细，计算了这个窗口内的挂单时长和撤单量等指标。

```
//定义订单簿深度等
depth = 20
orderBookAsArray = true
outputColMap = genOutputColumnsForOBSnapshotEngine(basic = true, time = false,
depth = (depth, orderBookAsArray), tradeDetail = true, orderDetail = false, withdrawDetail = true,
orderBookDetailDepth=0, prevDetail=false)[0]
```

```
//定义引擎参数 dummyTable，即指定输入表的表结构
colNames = ["SecurityID", "Date", "Time", "SourceType", "Type", "Price",
"Qty", "BSFlag", "BuyNo", "SellNo", "ApplSeqNum", "ChannelNo"]
colTypes = [SYMBOL, DATE, TIME, INT, INT, LONG, LONG, INT, LONG, LONG, LONG, INT]
dummyOrderTrans = table(1:0, colNames, colTypes)
//定义引擎参数 inputColMap，即指定输入表各字段的含义
key = ["codeColumn", "timeColumn", "typeColumn", "priceColumn", "qtyColumn",
"buyOrderColumn", "sellOrderColumn", "sideColumn", "msgTypeColumn", "seqColumn"]
val = ["SecurityID", "Time", "Type", "Price", "Qty", "BuyNo", "SellNo", "BSFlag",
"SourceType", "ApplSeqNum"]
inputColMap = dict(key, val)
//定义引擎参数 prevClose，即昨日收盘价。prevClose 不影响最终输出结果中除昨日收盘价以外的其他字段
prevClose = dict(STRING, DOUBLE)
//定义用户自定义因子
def userDefinedFunc(t){
        AvgBuyDuration = rowAvg(t.TradeMDTimeList-t.TradeOrderBuyNoTimeList).int()
        AvgSellDuration = rowAvg(t.TradeMDTimeList-t.TradeOrderSellNoTimeList).int()
        BuyWithdrawQty = rowSum(t.WithdrawBuyQtyList)
        SellWithdrawQty = rowSum(t.WithdrawSellQtyList)
        return (AvgBuyDuration, AvgSellDuration, BuyWithdrawQty, SellWithdrawQty)
}
//定义订单簿引擎的输出表
outputTableSch = genOutputColumnsForOBSnapshotEngine(basic = true, time = false,
depth = (depth, orderBookAsArray), tradeDetail = false, orderDetail = false, withdrawDetail =
false,
orderBookDetailDepth = 0, prevDetail = false)[1]
colNames = join(outputTableSch.schema().colDefs.name,
`AvgBuyDuration`AvgSellDuration`BuyWithdrawQty`SellWithdrawQty)
colTypes = join(outputTableSch.schema().colDefs.typeString, `INT`INT`INT`INT)
outTable = table(1:0, colNames, colTypes)
//创建引擎，以确保每 1 秒计算并输出深圳证券交易所股票的 20 档订单簿
engine = createOrderBookSnapshotEngine(name = "orderbookDemo", exchange = "XSHE",
orderbookDepth = depth, intervalInMilli = 1000, date = 2022.01.10, startTime = 09:30:00.000,
prevClose = prevClose, dummyTable = dummyOrderTrans, inputColMap = inputColMap,
outputTable = outTable, outputColMap = outputColMap, orderBookAsArray = orderBookAsArray,
userDefinedMetrics = userDefinedFunc)
```

以下代码展示了如何向引擎中注入一整天的逐笔数据。输入样例数据可以在官网订单簿教程中下载。

```
t = select * from loadText(".yourSampleDataPath/orderTrans.csv") order by ApplSeqNum
getStreamEngine("orderbookDemo").append!(t)
```

输出结果表 outTable 如图 7-11 所示（这里仅展示了部分输出结果）。

code	timestamp	asksPriceList	AvgBuyDuration	AvgSellDuration	BuyWithdrawQty	SellWithdrawQty
300122.SZ	2022.01.10T09:30:01.000	[86.990000,87.000000,87.010000...	153,458	4,165	8,500	28,300
300274.SZ	2022.01.10T09:30:01.000	[79.310000,79.500000,79.510000...	47,722	5,048	9,200	40,000
300918.SZ	2022.01.10T09:30:01.000	[8.170000,8.180000,8.190000,8.2...	64,296	24,003		1,400
300288.SZ	2022.01.10T09:30:01.000	[9.770000,9.780000,9.790000,9.8...	126,524	56,520	5,000	19,100
000400.SZ	2022.01.10T09:30:02.000	[19.150000,19.160000,19.170000...	92,780	390	1,200	26,600
300122.SZ	2022.01.10T09:30:02.000	[86.890000,86.900000,86.930000...	117	524	300	6,200
300274.SZ	2022.01.10T09:30:02.000	[79.320000,79.500000,79.510000...	10,332	310	1,200	6,600
300918.SZ	2022.01.10T09:30:02.000	[8.170000,8.180000,8.190000,8.2...	485	0		
300288.SZ	2022.01.10T09:30:02.000	[9.770000,9.780000,9.790000,9.8...	912	0		100
000400.SZ	2022.01.10T09:30:03.000	[19.170000,19.180000,19.190000...	13,226	501	2,500	9,300

图 7-11　结果表 outTable

7.2.9　复杂事件处理：交易策略

前文提到的所有流计算引擎都主要侧重于计算。不论是对单一数据进行计算，还是对两路数据进行关联，大体上都遵循着输入数据、对数据进行数值计算、输出数据这样的流程。现在来考虑如何用代码实现一个基于股票逐笔成交数据的事件驱动策略。该策略的核心逻辑

是依据每只股票的最新成交价涨幅和累计成交量来判断是否执行下单操作。

- 根据每一笔成交数据，触发计算两个实时因子：最新成交价相对于 15 秒内最低成交价的涨幅（R）和过去 1 分钟内的累计成交量（V）。
- 在策略启动时，设定每只股票的两个因子的阈值（R_0 和 V_0）。每当实时因子值更新后，判断是否 $R>R_0$ 且 $V>V_0$，若是，则触发下单。
- 下单后 1 分钟内仍未成交，则触发对应的撤单。

实时因子计算可以用响应式状态引擎来实现。但是，触发下单和超时撤单等操作却很难用前文的流计算引擎来定义。在这种情况下，我们可以采用流计算中的另一个重要概念：复杂事件处理（Complex Event Processing，CEP）来构建编程模型。我们将每一次成交视为一个成交事件，一连串的成交事件组成了事件流。复杂事件处理的流程为输入事件流、实时匹配特定规则、立刻采取行动。其中，特定规则是指发生的因子值超过阈值或者订单在 1 分钟内未成交等情况，立刻采取行动是指这里的下单或者撤单等操作。

DolphinDB 内置了复杂事件处理引擎（`createCEPEngine`）来帮助用户以低代码的方式描述复杂事件处理过程，上述策略的完整代码请参考官网中的复杂事件处理引擎使用教程。这里介绍一个简单的使用场景，来帮助大家了解复杂事件处理引擎的代码风格。在下面的例子中展示了监听逐笔成交事件，每当交易发生时，便在日志中输出提示信息。

```
class StockTick {
    name :: STRING
    price :: FLOAT
    def StockTick(name_, price_){
        name = name_
        price = price_
    }
}
class SimpleShareSearch {
    newTick :: StockTick  //缓存最新的 StockTick 事件
    def SimpleShareSearch(){
        newTick = StockTick("", 0.0)
    }
    def processTick(stockTickEvent)
    def onload() {
        //监听 StockTick 事件
        addEventListener(handler = processTick, eventType = "StockTick", times="all")
    }
    def processTick(stockTickEvent) {
        newTick = stockTickEvent
        str = "StockTick event received name = " + newTick.name +
            " Price = " + newTick.price.string()
        writeLog(str)
    }
}
dummy = table(array(STRING, 0) as eventType, array(BLOB, 0) as blobs)
createCEPEngine(name = "simpleMonitor", monitors = <SimpleShareSearch()>,
dummyTable = dummy, eventSchema = [StockTick])
```

- 定义 StockTick 事件：包含属性（如 name）以及事件的构造函数（与事件同名）。其中，构造函数用于通过属性值创建具体的事件。
- 定义 SimpleShareSearch 监视器：在创建复杂事件引擎时指定该监视器作为 *monitors* 参数。监视器的定义包含监听什么事件、匹配什么规则以及采取怎样的行动。
    - `onload` 函数可以理解为监视器的入口。在创建引擎之后，系统会自动构造 SimpleShareSearch 类对象并调用 `onload` 函数。`addEventListener` 函数为系统内置函数，用于定义事件的监听器，事件监听器包括匹配规则和处理方式。其中，处理方式通过自定义函数 processTick 来定义，本例中的操作为输出日志。
- 监视器中的变量 newTick 缓存了收到的最新交易事件。

在此基础上，我们可以定义更多不同类型的事件、设计不同匹配规则的事件监听器，以及利用内部变量等来实现各类业务场景，如交易策略（如算法交易策略、组合交易、套利交易）、交易风控（如风险控制、实时熔断）、交易监控（如可视化监控）等。

7.3 数据回放

在前两节中，我们通过使用 insert into 语句将构造的数据逐条插入流数据表，实现了对实时数据流的简单模拟。但是，在量化金融的回测等场景中，通常需要将静态的真实历史数据按照事件的时间顺序，分多个批次，并以一定的速度连续写入流计算系统中，这种使用历史数据模拟动态数据流的过程被称为回放。如果使用 insert into 语句来实现历史数据的回放，需要大量的开发工作，而 DolphinDB 原生支持了回放功能。replay 函数可以将内存表或分布式数据库表回放到流数据表中，以供后续的流计算处理。在本小节的示例代码中，可能需要用到 3 个分布式表，分别是数据库 dfs://trade 的 trade 表、数据库 dfs://order 的 order 表，以及数据库 dfs://snapshot 的 snapshot 表。如果这 3 个表尚未创建，可以参考配套网页中第 7 章的脚本进行创建。

7.3.1 用数据回放模拟实时 K 线计算

我们以历史数据回放的方式来模拟实时的 K 线计算。首先，需要创建输入表、输出表、流计算引擎以及提交订阅关系。以下流计算脚本的介绍见 7.1.4 小节。

```
//创建作为输入的流数据表
share(table = streamTable(1:0, `securityID`tradeTime`price`qty,
[SYMBOL,TIMESTAMP,DOUBLE,INT]), sharedName = `trade)
//创建作为输出的流数据表
share(table = streamTable(100:0, `tradeTime`securityID`open`high`low`close,
[TIMESTAMP,SYMBOL,DOUBLE,DOUBLE,DOUBLE,DOUBLE]), sharedName = `OHLC)
go
//定义处理函数
createTimeSeriesEngine(name = "timeSeriesDemo", windowSize = 60000, step = 60000,
metrics = <[first(price),max(price),min(price),last(price)]>, dummyTable = trade,
outputTable = OHLC, timeColumn = `tradeTime, useSystemTime = false, keyColumn = `securityID)
//订阅流数据表
subscribeTable(tableName = "trade", actionName = "OHLCCal", offset = -1,
handler = getStreamEngine("timeSeriesDemo"), msgAsTable = true)
```

构造一批输入数据，并将其存储在一张名为 tradeData 的内存表中。

```
n = 100000
securityID = rand(`000001`000002`600800`300100, n)
tradeTime = concatDateTime(take(2019.11.07 2019.11.08, n),
(09:30:00.000 + rand(int(6.5 * 60 * 60 * 1000), n)).sort!())
price = 10 + cumsum(rand(0.02, n)-0.01)
qty = rand(1000, n)
tradeData = table(securityID, tradeTime, price, qty).sortBy!(`tradeTime)
```

DolphinDB 的历史数据回放功能是通过 replay 函数实现的。replay 函数的作用是将内存表或数据库表中的记录以一定的速率写入目标表中，从而模拟实时注入的数据流。

```
replay(inputTables = tradeData, outputTables = trade, dateColumn = `tradeTime,
timeColumn = `tradeTime, replayRate = 100, absoluteRate = true)
```

通过使用 replay 函数，可以将内存表 tradeData 中的数据以每秒 100 条的速度回放到流数据表 trade 中。replay 函数会等到 tradeData 表中的所有数据都被写入 trade 表中才会返回。这个过程的耗时会根据回放速度的不同而有所不同。为了观察回放过程以及流计算的结果，我们可以打开另一个客户端不断地刷新流数据表 trade 和计算结果表 OHLC，观察到不断有新数据写入。

根据输入表到输出表的映射（mapping），DolphinDB 支持 1 对 1、N 对 N、N 对 1 3 种回放形式。在本例中，我们采用的是 1 对 1 的回放形式。在接下来的内容中，我们将通过对数据库表的回放来详细介绍这 3 种不同的回放形式及其对应的使用场景。

7.3.2 1 对 1 单表回放

根据输入表的数量，可以将回放分为单表回放和多表回放。其中，单表回放是最基础的回放模式，即将一个输入表的数据回放至一个具有相同表结构的目标表中。下面是一个不包括建表语句的单表回放示例。

```
sqlObj = <select * from loadTable("dfs://trade", "trade") where Date = 2020.12.31>
tradeDS = replayDS(sqlObj = sqlObj, dateColumn = `Date, timeColumn = `Time)
replay(inputTables = tradeDS, outputTables = tradeStream, dateColumn = `Date,
timeColumn = `Time, replayRate = 10000, absoluteRate = true)
```

以上脚本将数据库 dfs://trade 的 trade 表中的 2020 年 12 月 31 日的数据以每秒 1 万条的速度注入目标表 tradeStream 中。

然而，单表回放并不能满足所有的回放要求。在实际的业务场景中，一个领域问题往往需要多个不同类型的消息共同协作。例如，金融领域的行情数据包括逐笔委托、逐笔成交、快照等多种类型。为了更好地模拟实际交易中的实时数据流，通常需要将以上这 3 类数据同时进行回放，这时便有了多表回放的概念。

7.3.3 N 对 N 多表回放

类似于单表回放的原理，replay 函数提供了 N 对 N 模式的多表回放功能，即将多个输入表的数据回放至多个目标表中，实现输入表与目标表之间的一一对应关系。下面是 N 对 N 模式的多表回放的示例。

```
sqlObj = <select * from loadTable("dfs://order", "order") where Date = 2020.12.31>
orderDS = replayDS(sqlObj = sqlObj, dateColumn = `Date, timeColumn = `Time)
sqlObj = <select * from loadTable("dfs://trade", "trade") where Date = 2020.12.31>
tradeDS = replayDS(sqlObj = sqlObj, dateColumn = `Date, timeColumn = `Time)
sqlObj = <select * from loadTable("dfs://snapshot", "snapshot") where Date = 2020.12.31>
snapshotDS = replayDS(sqlObj = sqlObj, dateColumn = `Date, timeColumn = `Time)
replay(inputTables = [orderDS, tradeDS, snapshotDS],
outputTables = [orderStream, tradeStream, snapshotStream],
dateColumn = `Date, timeColumn = `Time, replayRate = 10000, absoluteRate = true)
```

以上脚本将 3 个数据库表中的历史数据分别注入 3 个目标表中。在 N 对 N 的模式中，同一秒内不同表的两条数据写入目标表的顺序可能和数据中时间字段的先后顺序不一致。此外，如果下游有 3 个处理线程分别对这 3 个目标表进行订阅与消费，也很难保证表与表之间的数据处理顺序。因此，N 对 N 回放不能保证整体上最严格的时序。

在实践中，一个领域中不同类型的消息是有先后顺序的，比如股票的逐笔成交和逐笔委托。因此，在对多个数据源进行回放时，要求每条数据都严格按照时间顺序注入目标表中。为此，我们需要解决以下问题。

- 不同结构的数据如何统一进行排序和注入，以保证整体的顺序？
- 如何保证对多表回放结果的实时消费也是严格按照时序进行的？

7.3.4　N 对 1 多表回放

为了解决上述多表回放的难点，DolphinDB 进一步增加了异构模式的多表回放。这种模式支持将多个不同表结构的数据表写入同一张异构流数据表中，从而实现了严格按时间顺序的多表回放。以下是异构模式多表回放的一个示例。

```
sqlObj = <select * from loadTable("dfs://order", "order") where Date = 2020.12.31>
orderDS = replayDS(sqlObj = sqlObj, dateColumn = `Date, timeColumn = `Time)
sqlObj = <select * from loadTable("dfs://trade", "trade") where Date = 2020.12.31>
tradeDS = replayDS(sqlObj = sqlObj, dateColumn = `Date, timeColumn = `Time)
sqlObj = <select * from loadTable("dfs://snapshot", "snapshot") where Date  = 2020.12.31>
snapshotDS = replayDS(sqlObj = sqlObj, dateColumn = `Date, timeColumn = `Time)
inputDict = dict(["order", "trade", "snapshot"], [orderDS, tradeDS, snapshotDS])
replay(inputTables = inputDict, outputTables = messageStream, dateColumn = `Date,
timeColumn = `Time, replayRate = 10000, absoluteRate = true)
```

在执行异构回放时，需要将 `replay` 函数的 *inputTables* 参数指定为字典，并将 *outputTables* 参数指定为异构流数据表。*inputTables* 参数指定多个结构不同的数据源。字典的 key 是用户自定义的字符串，作为数据源的唯一标识，它将对应于 *outputTables* 参数指定的表的第二列。字典的 value 是通过 `replayDS` 函数定义的数据源或者表。

上述脚本中的输出表 messageStream 为异构流数据表，其表结构如表 7-4 所示。

表 7-4　messageStream 的表结构

列名	类型	注释
msgTime	TIMESTAMP	消息时间
msgType	SYMBOL	数据源标识：order、trade、snapshot
msgBody	BLOB	消息内容，以二进制格式存储

在执行异构回放时，*outputTables* 参数指定的表至少需要包含以上 3 列。此外，还可以指定各输入表的公共列（列名和类型一致的列）。回放完成后，表 messageStream 的数据预览如图 7-12 所示。

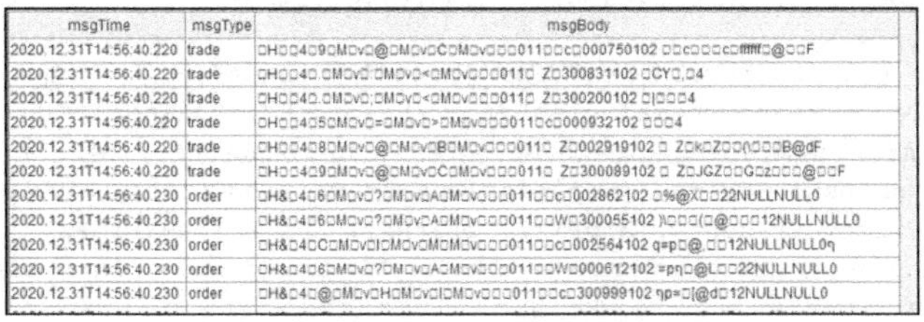

msgTime	msgType	msgBody
2020.12.31T14:56:40.220	trade	□H□□4□9□M□v□@□M□v□C□M□v□□□011□□c□000750102 □□c□□□c□ffffff□@□□F
2020.12.31T14:56:40.220	trade	□H□□4□.□M□v□:□M□v□<□M□v□□□011□ Z□300831102 □CY□,□4
2020.12.31T14:56:40.220	trade	□H□□4□.□M□v□;□M□v□<□M□v□□□011□ Z□300200102 □|□□□4
2020.12.31T14:56:40.220	trade	□H□□4□5□M□v□=□M□v□>□M□v□□□011□c□000932102 □□□4
2020.12.31T14:56:40.220	trade	□H□□4□8□M□v□@□M□v□B□M□v□□□011□ Z□002919102 □ Z□k□Z□□(\□□□B@dF
2020.12.31T14:56:40.220	trade	□H□□4□9□M□v□@□M□v□C□M□v□□□011□ Z□300089102 □ Z□JGZ□□G□z□□□@□□F
2020.12.31T14:56:40.230	order	□H&□4□6□M□v□?□M□v□A□M□v□□□011□□c□002862102 □%@X□□22NULLNULL0
2020.12.31T14:56:40.230	order	□H&□4□6□M□v□?□M□v□A□M□v□□□011□□W□300055102)\□□□(□@□□□12NULLNULL0
2020.12.31T14:56:40.230	order	□H&□4□C□M□v□I□M□v□M□M□v□□□011□□c□002564102 q=p□@.□□12NULLNULL0η
2020.12.31T14:56:40.230	order	□H&□4□6□M□v□?□M□v□A□M□v□□□011□□W□000612102 =pη□@L□□22NULLNULL0
2020.12.31T14:56:40.230	order	□H&□4□@□M□v□H□M□v□I□M□v□□□011□□c□300999102 ηp=□[@d□12NULLNULL0

图 7-12　表 messageStream 的数据

表中的每行记录都对应于输入表中的一行记录，msgTime 字段是输入表中的时间列，msgType 字段用来区分消息来自哪张输入表，msgBody 字段以二进制格式存储了输入表中的记录内容。在回放的过程中，通过使用异构流数据表这样的数据结构，可以对多个数据源进行全局排序，从而保证了多个数据源之间的严格时间顺序。同时，异构流数据表和普通的流数据表一样可以被订阅，即多种类型的数据可以在同一张表中被发布，并被同一个线程实时处理，从而也保证了消费的严格时序性。

若要对异构流数据表进行数据处理操作，如指标计算等，则需要将二进制格式的消息内容反序列化为原始结构的一行记录。DolphinDB 在脚本语言以及 API 中均支持了对异构流数据表的解析功能。在脚本层面，DolphinDB 支持流数据分发引擎 `streamFilter` 对异构流数据表进行反序列化，并对反序列化后的结果进行进一步的数据处理。同时，DolphinDB 各类 API 在支持流数据订阅功能的基础上，扩展了在订阅时对异构流数据表进行反序列化的能力。

7.3.5 N 对 1 多表回放应用案例：计算个股交易成本

在实际的数据分析应用中，通常需要多种不同类型的消息协同工作。以量化策略的研发为例，生产环境中的实时数据处理通常是由事件驱动的。而为了更好地在研发环境中模拟实际交易中的实时数据流，可能需要同时回放逐笔委托、逐笔成交、快照等行情数据，以便进行关联分析。异构多表回放是准确模拟实盘环境的关键手段，它保证了不同类型数据的绝对时序，从而使策略开发测试中的行为能够完全复现实盘交易中的处理逻辑。

下面的例子结合股票行情回放展示了异构多表回放功能在实际场景中的应用。在脚本中，逐笔成交数据和快照数据被回放至一个异构流数据表中，并通过 `streamFilter` 函数反序列化、筛选并分发数据。最后，利用 Asof Join 引擎实时关联数据，并计算个股的交易成本。

```
//创建异构流数据表 messageStream
colName = `timestamp`source`msg
colType = [TIMESTAMP,SYMBOL,BLOB]
enableTableShareAndPersistence(table = streamTable(1:0, colName, colType),
tableName = "messageStream", asynWrite = true, compress = true, cacheSize = 1000000,
retentionMinutes = 1440, flushMode = 0, preCache = 10000)
//创建计算结果输出表 prevailingQuotes
colName = `TradeTime`SecurityID`Price`TradeQty`BidPX1`OfferPX1`TradeCost`SnapshotTime
colType = [TIME, SYMBOL, DOUBLE, INT, DOUBLE, DOUBLE, DOUBLE, TIME]
enableTableShareAndPersistence(table = streamTable(1:0, colName, colType),
tableName = "prevailingQuotes", asynWrite = true, compress = true, cacheSize = 1000000,
retentionMinutes = 1440, flushMode = 0, preCache = 10000)
go
//创建连接引擎
def createSchemaTable(dbName, tableName){
    schema = loadTable(dbName, tableName).schema().colDefs
    return table(1:0, schema.name, schema.typeString)
}
tradeSchema = createSchemaTable("dfs://trade", "trade")
snapshotSchema = createSchemaTable("dfs://snapshot", "snapshot")
joinEngine = createAsofJoinEngine(name = "tradeJoinSnapshot", leftTable = tradeSchema,
rightTable = snapshotSchema, outputTable = prevailingQuotes,
metrics = <[Price, TradeQty, BidPX1, OfferPX1, abs(Price-(BidPX1 + OfferPX1)/2),
snapshotSchema.Time]>, matchingColumn = `SecurityID, timeColumn = `Time, useSystemTime = false,
delayedTime = 1)
//创建流计算过滤与分发引擎
```

```
def filterAndParseStreamFunc(tradeSchema, snapshotSchema){
    filter1 = dict(STRING,ANY)
    filter1["condition"] = "trade"
    filter1["handler"] = getLeftStream(getStreamEngine(`tradeJoinSnapshot))
    filter2 = dict(STRING,ANY)
    filter2["condition"] = "snapshot"
    filter2["handler"] = getRightStream(getStreamEngine(`tradeJoinSnapshot))
    schema = dict(["trade", "snapshot"], [tradeSchema, snapshotSchema])
    engine = streamFilter(name = "streamFilter", dummyTable = messageStream,
    filter = [filter1, filter2], msgSchema = schema)
    subscribeTable(tableName = "messageStream", actionName = "tradeJoinSnapshot",
    offset = -1, handler = engine, msgAsTable = true, reconnect = true)
}
filterAndParseStreamFunc(tradeSchema, snapshotSchema)
//回放历史数据
def replayStockMarketData(){
    timeRS = cutPoints(09:15:00.000..15:00:00.000, 100)
    sqlObj = <select * from loadTable("dfs://trade", "trade") where Date = 2020.12.31>
    tradeDS = replayDS(sqlObj = sqlObj, dateColumn = `Date, timeColumn = `Time,
    timeRepartitionSchema = timeRS)
    sqlObj = <select * from loadTable("dfs://snapshot", "snapshot") where Date = 2020.12.31>
    snapshotDS = replayDS(sqlObj = sqlObj, dateColumn = `Date, timeColumn = `Time,
    timeRepartitionSchema = timeRS)
    inputDict = dict(["trade", "snapshot"], [tradeDS, snapshotDS])
    submitJob("replay", "replay for factor calculation", replay,
    inputDict, messageStream, `Date, `Time, 100000, true, 2)
}
replayStockMarketData()
```

上述脚本从数据库中读取结构不同的数据表，并进行全速的异构回放。回放通过 `submitJob` 函数提交后台作业来执行的。对于回放生成的流数据表 messageStream，首先通过 `streamFilter` 函数进行反序列化，并根据过滤条件处理订阅的数据。经过筛选处理后，符合条件的交易数据被注入 Asof Join 引擎的左表，而快照数据则被注入到引擎的右表，从而实现了数据关联。

7.4 流批一体

流计算和批计算在作用的数据范围以及底层实现上有诸多不同。例如，在金融投资领域，投研环境可用批计算实现，交易环境可用流计算实现。为此，可以选择不同的计算引擎（如 Hive 和 Flink）来分别完成批计算和流计算。但是，这样的解决方案需要两套系统和两套代码，这不仅会带来两倍的开发工作量，也使得运维工作更为复杂。此外，验证批计算结果与流计算结果的一致性也往往需要耗费大量的时间和人力。为了解决这个问题，DolphinDB 的流计算框架提供了流批一体的机制。通过这种机制，用户可以编写一套核心代码，将其同时用于批计算（投研）和流计算（交易），并保证两者的结果一致。

DolphinDB 中的流批一体有两种实现方案：

- 回放历史数据以模拟实时数据流入，并通过使用流计算引擎来完成对历史数据的投研计算。这种方案对应图 7-2 中右侧的解决方案。在该方案中，投研和交易完全使用同一套系统，但它的缺点是在执行基于历史数据的投研计算时，其性能上不如采用批计算方案的性能。

- 使用一套核心函数定义或表达式，并代入不同的计算引擎，从而分别实现历史数据的批计算（投研）和实时数据的流计算（交易）。这种方案对应图 7-13 中左侧的解决方案。虽然只须编写一份核心代码，但是投研和交易仍然需要维护两套系统。它的优点是投研的批计算和交易的流计算都能达到最佳性能。

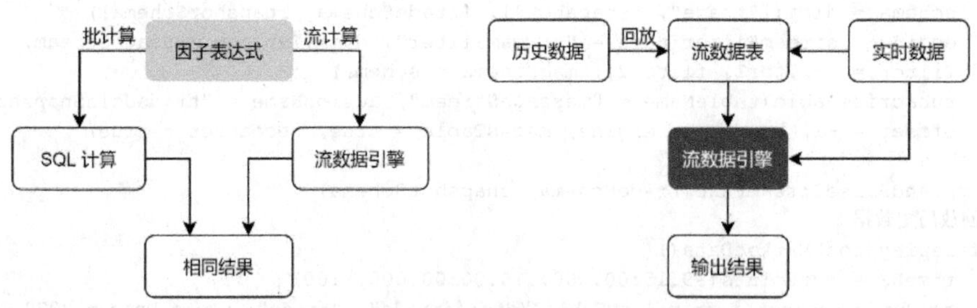

图 7-13　DolphinDB 实现流批一体的两种方案

7.4.1　基于数据回放实现流批一体

在数据回放的章节中，我们介绍了如何通过回放工具将静态的历史数据模拟成不断增长的动态数据流。对于后续进行计算的流计算引擎来说，它并不感知输入的数据流是实时数据还是回放的历史数据。因此，流计算引擎不仅可以在生产环境完成实时计算，也可以通过将历史数据严格按照事件发生的时间顺序进行回放并注入流计算引擎，来完成对历史数据的计算。

下面的例子展示了如何通过用户的自定义函数 sum_diff 与内置函数 ema 来计算高频因子 factor1。

```
def sum_diff(x, y){
 return (x - y)/(x + y)
}
factor1 = <ema(1000 * sum_diff(ema(price, 20),
ema(price, 40)),10) -  ema(1000 * sum_diff(ema(price, 20), ema(price, 40)), 20)>
// 定义响应式状态引擎实现因子流式计算
share(table = streamTable(1:0, `SecurityID`Date`Time`Price,
[STRING,DATE,TIME,DOUBLE]), sharedName = `tickStream)
result = table(1:0, `SecurityID`Factor1, [STRING,DOUBLE])
go
rse = createReactiveStateEngine(name = "reactiveDemo", metrics = factor1,
dummyTable = tickStream, outputTable = result, keyColumn = "SecurityID")
subscribeTable(tableName = `tickStream, actionName = "factors", handler = tableInsert{rse})
```

回放历史数据以模拟实时数据的注入，并触发引擎进行计算。

```
// 从 trades 表中加载一天的数据，回放到流数据表 tickStream 中
sqlObj = <select SecurityID, Date, Time, Price
from loadTable("dfs://trade", "trade") where Date = 2021.03.08>
inputDS = replayDS(sqlObj, `Date, `Time, 08:00:00.000 + (1..10) * 3600000)
replay(inputDS, tickStream, `Date, `Time, 1000, true, 2)
```

使用这种方法的好处是研发和生产可以使用完全相同的一套代码，唯一的区别是写入流计算系统的数据流是真实的实时数据还是回放的历史数据。

此外，也可以通过向引擎中批量注入历史数据来实现批计算，从而节省发布订阅的开销。以下代码展示了如何向引擎中注入一天的逐笔成交数据。

```
tmp = select SecurityID, Date, Time, Price
from loadTable("dfs://trade", "trade") where Date = 2021.03.08
getStreamEngine("reactiveDemo").append!(tmp)
```

7.4.2 基于表达式与 SQL 引擎实现流批一体

接下来，我们将介绍基于 SQL 引擎的批计算实现。在计算历史数据的因子值时，其效率会略优于 7.4.1 小节介绍的基于流计算引擎的历史因子值计算。流计算引擎可以直接重用批计算（研发阶段）中基于历史数据编写的表达式或函数，这样可以避免在生产环境中重写代码，从而降低了维护研发和生产两套代码的负担。DolphinDB 脚本语言的表达式实际上是对因子语义的描述，而因子计算的具体实现则交由相应的计算引擎完成，同样的表达式或函数可以被代入不同的计算引擎进行历史数据或流数据的计算：代入 SQL 引擎，可以实现对历史数据的计算；代入流计算引擎，可以实现对流数据的计算。此外，DolphinDB 确保了流计算的结果与批计算的结果完全一致。在实际应用中，在投研批计算阶段定义的因子表达式无须修改，在生产阶段只需创建流式计算引擎并指定该指标即可实现增量流计算。

例如，为了计算每天主买成交量占全部成交量的比例，可以自定义一个函数 `buyTradeRatio`。

```
@state
def buyTradeRatio(buyNo, sellNo, tradeQty){
    return cumsum(iif(buyNo>sellNo, tradeQty, 0))\cumsum(tradeQty)
}
```

在批计算模式下，可以使用 SQL 查询的强大功能，并发挥数据库内并行计算的优势。具体操作时，可以使用 csort 语句对组内的数据按照时间顺序进行排序。

```
factor = select SecurityID, Time, buyTradeRatio(BuyNo, SellNo, TradeQty) as Factor
from loadTable("dfs://trade","trade")
where Date = 2020.01.31 and Time> = 09:30:00.000
context by SecurityID csort Time
```

在流计算模式下，可以将自定义函数 `buyTradeRatio` 设置为响应式状态引擎的 *metrics* 来实现增量计算。在批计算中定义的因子函数 `buyTradeRatio`，只需增加 @state 标识，声明其为状态函数即可在流计算中复用。通过以下代码创建响应式状态引擎 demo，以 SecurityID 作为分组键，输入的消息格式与内存表 tickStream 的相同。

```
tickStream = table(1:0, `SecurityID`Time`Price`TradeQty`BuyNo`SellNo,
[SYMBOL,TIME,DOUBLE,INT,LONG,LONG])
result = table(1:0, `SecurityID`Time`Factor, [SYMBOL,TIME,DOUBLE])
factors = <[Time, buyTradeRatio(BuyNo, SellNo, TradeQty)]>
demoEngine = createReactiveStateEngine(name = "demo", metrics = factors,
dummyTable = tickStream, outputTable = result, keyColumn = "SecurityID")
```

7.5 与其他流计算框架的比较

本节我们将通过与其他流计算框架（如 Flink 和实时物化视图）的比较（见图 7-14），来帮助大家进一步理解 DolphinDB 是以算子、流计算引擎、Flow 解析引擎这种开箱即用的方式来解决复杂的流计算问题的。

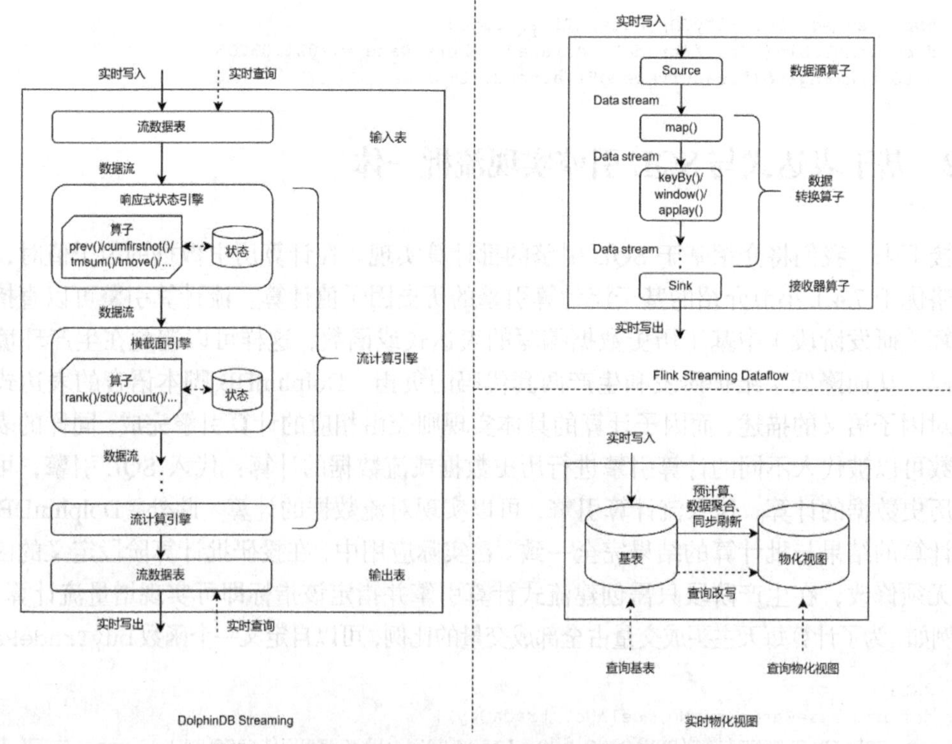

图 7-14 DolphinDB 流计算框架与其他计算框架的比较

DolphinDB Streaming

在 DolphinDB 流计算框架中，实时数据被写入流数据表。这些流数据表具备数据存储、发布与订阅的能力，通过订阅流数据表，可以将数据不断地增量写入流计算引擎中。流计算引擎是封装好的独立计算模块，通过向其写入数据触发计算，而计算结果将被输出到目标表。

DolphinDB 提供了大量内置的优化过的算子（如 `prev`、`tmsum`、`tmove`、`rank` 等），用户可以利用这些算子方便地以接近数学公式的表达式来描述因子。因子计算的具体实现则交由相应的计算引擎完成，这些算子在引擎内实现了有状态的增量计算。复杂的因子计算可以被分解成多个阶段，每一个阶段都由一个特定的计算引擎来完成，多个引擎之间通过流水线级联。因此，通过类似于搭积木的方式组合引擎和算子，即可完成对数据流转换的定义。而不断输入的增量数据会触发计算，并实时输出结果。

Flink Streaming Dataflow

在 Flink 实时数据流框架中，DataStream 类用于表示 Flink 程序中的流数据集合。Flink 的算子（operator）能将一个或多个 DataStream 实例转换成新的 DataStream。在应用程序中，可以将多个数据转换算子组合成一个复杂的数据流拓扑，以实现复杂的流式计算。

用户需要通过数据源算子、数据转换算子、接收器算子来完成对数据流的处理。数据源算子定义了 Flink 程序加载的数据来源，数据转换算子（如 `Map`、`keyBy`、`window` 等）定义了进行数据转换的规则，接收器算子定义了计算结果输出到哪里。数据转换算子表示了对数据进行过滤、分组、窗口计算等操作，具体的指标计算逻辑需要用户实现特定的数据处理类，比如使用 window 算子时需要用户通过实现 window function 类来定义如何处理窗口中的数据。

实时物化视图

在实时物化视图框架中，被实时写入的表称为基表。基表通常存储的是明细数据，用户的插入、更新、删除等操作都是针对基表进行的。同时，物化视图包含了对于基表进行聚合或者关联的规则定义，以及规则应用后产生的计算结果。当基表发生变更时，变更会实时同步到物化视图中。

用户首先需要定义基表和物化视图。之后，通过 SQL 语句向基表或者物化视图发起查询时，系统会自动判断是否可以复用物化视图中的预计算结果来处理查询。如果可以复用，系统会直接从相关的物化视图中读取预计算结果，以避免重复计算，从而节约系统资源和时间。

思考题

1. 请列出流计算与批计算的不同点。
2. 现给出以下标准差公式，请推导出其增量算法的计算公式。

$$\mathrm{std}(x)=\sqrt{\frac{1}{n-1}\sum_{i=1}^{n}(x_i-\overline{x})^2}$$

3. 请比较在流式窗口计算中，使用系统时间和使用事件时间各自的优缺点。
4. 假设股票逐笔成交数据包含以下字段。请创建一个名为 tradeStream 的表，用于存储和发布逐笔成交数据流。

表 7-5　股票逐笔成交数据表

字段	类型	说明
SecurityID	STRING	证券代码，如 000001.SZ
MDDate	DATE	行情日期，如 2024.01.01
MDTime	TIME	行情时间，如 09:45:00.000
Price	DOUBLE	成交价格
Qty	INT	成交数量

5. 假设有题目 4 中的逐笔成交数据表 tradeStream，请对其进行流式处理，并将处理结果实时写入另一个表 tradeProcessStream 中。表 tradeProcessStream 也需要具备发布数据的功能。除了包含 tradeStream 表中的全部字段，tradeProcessStream 表中还需增加一个成交金额字段。该字段的值为成交价格与成交量的乘积。
6. 假设有题目 4 中的逐笔成交数据表 tradeStream，请对其进行流式处理，并将处理结果实时写入另一个表 tradeProcessStream 中。表 tradeProcessStream 也需要具备发布数据的功能。除了像题目 5 一样需要包含成交金额字段，还要求 tradeProcessStream 表中仅包含连续竞价阶段的交易数据。假设连续竞价的交易时间段为 09:30:00 至 11:30:00 和 13:00:00 至 14:57:00（均包含起止时刻）。
7. 请使用响应式状态引擎，基于行情快照数据计算过去多行的移动平均买卖压力指标。指标的定义如下。

$$\mathrm{WAP}=\frac{\mathrm{BidPrice}_0*\mathrm{BidOrderQty}_0+\mathrm{OfferOrderQty}_0*\mathrm{OfferPrice}_0}{\mathrm{BidOrderQty}_0+\mathrm{OfferOrderQty}_0}$$

$$w_i=\frac{\mathrm{WAP}\div(\mathrm{Price}_i-\mathrm{WAP})}{\sum_{j=0}^{9}\mathrm{WAP}\div(\mathrm{Price}_j-\mathrm{WAP})}$$

$$\text{BidPress} = \sum_{j=0}^{9} \text{BidOrderQty}_j \cdot w_j$$

$$\text{AskPress} = \sum_{j=0}^{9} \text{OfferOrderQty}_j \cdot w_j$$

$$\text{Press} = \log(\text{BidPress}) - \log(\text{AskPress})$$

作为输入的行情快照表结构如表 7-6 所示。

表 7-6　作为输入的行情快照表结构

字段	类型	说明
securityID	SYMBOL	证券代码，如 000001.SZ
dateTime	TIMESTAMP	行情时间，如 2024.01.01T09:45:00.000
bidPrice	DOUBLE[]	10 档买入价格队列
bidOrderQty	INT[]	10 档买入数量队列
offerPrice	DOUBLE[]	10 档卖出价格队列
offerOrderQty	INT[]	10 档卖出数量队列

8. 在著名论文 *101 Formulaic Alphas* 中，作者给出了世界顶级量化对冲基金 World Quant 所使用的 101 个因子公式。请通过流水线级联流式实现其中 1 号因子的计算。因子的定义如下。

```
Alpha#001 公式：rank(Ts_ArgMax(SignedPower((returns<0?stddev(returns,20):close), 2), 5))-0.5
```

输入数据和输出数据的定义如下。

```
input = table(1:0, `sym`time`close, [SYMBOL, TIMESTAMP, DOUBLE])
resultTable = streamTable(10000:0, `time`sym`factor1, [TIMESTAMP, SYMBOL, DOUBLE])
```

9. 一个订单到来时的市场价格和订单的执行价格通常会有差异，这个差异通常被称为交易成本。为了计算股票的交易成本，我们需要找到一个基准价格，通常会把与实际交易最近的一次报价的中间价作为基准价。这意味着我们需要对交易记录表和买卖报价表进行连接操作。但是，由于成交和买卖报价的发生时间不可能完全一致，因此不能使用常用的等值连接（equal join）。假设有逐笔成交和报价数据流，请使用 Asof Join 引擎（createAsofJoinEngine）来计算个股的交易成本。

逐笔成交、报价数据以及计算结果的建表语句如下。

```
share(streamTable(1:0, `Sym`TradeTime`TradePrice, [SYMBOL, TIME, DOUBLE]), `trades)
share(streamTable(1:0, `Sym`Time`Bid1Price`Ask1Price,
[SYMBOL, TIME, DOUBLE, DOUBLE]), `snapshot)
share(streamTable(1:0, `TradeTime`Sym`TradePrice`TradeCost`SnapshotTime,
[TIME, SYMBOL, DOUBLE, DOUBLE, TIME]), `output)
```

10. 请使用订单簿引擎实现以下自定义衍生指标（见表 7-7），处理的证券类型为深圳证券交易所的股票，订单簿频率为 3 秒，订单簿深度为 10 档。

表 7-7　自定义衍生指标

序号	指标名称	含义
1	DelayedBuyOrderQty	在当前周期内，买方延时成交订单量（延时成交指下单后超过 1 分钟才发生成交，下同）
2	DelayedSellOrderQty	在当前周期内，卖方延时成交订单量
3	DelayedBuyOrderNum	在当前周期内，买方延时成交订单笔数
4	DelayedSellOrderNum	在当前周期内，卖方延时成交订单笔数

第 8 章 数据可视化

CHAPTER 8

DolphinDB 存储了海量的时序数据。通过数据可视化，我们可以从这些数据中提取有用的信息，如趋势、模式、关联、异常等，从而为业务的决策和优化提供支持和依据。

基于 DolphinDB 进行数据可视化有以下几个优势。

- **高效性**：DolphinDB 可以在 PB 级数据上实现毫秒级的查询响应，与传统数据库相比它的读写速度提升了百倍以上。这意味着用户可以在更短的时间内处理计算大量的数据，得到数据特征，用于实现数据可视化。
- **流畅性**：DolphinDB 支持流计算，提供了多种流数据计算引擎，可以组合完成复杂的实时计算任务。用户可以订阅实时计算结果，对流数据进行实时的值监控和趋势监控。
- **多样性**：DolphinDB 提供了多种可视化工具，包括 VSCode 插件、GUI、Dashboard 等，可满足不同的数据可视化需求。
- **交互性**：DolphinDB 支持用户与数据进行互动，包括筛选、搜索、缩放、平移等功能，用户可以动态修改条件，深入挖掘数据的细节和信息。
- **安全性**：DolphinDB 提供了强大的数据安全性和权限管理功能，以确保只有授权用户可以访问敏感信息。用户可以通过设置密码、加密信息、授权访问和操作等方式，保护数据的安全和隐私。用户也可以通过分配不同的角色和权限，控制不同的用户可以访问和操作的数据和图表。

本章通过实际案例，详细介绍了如何利用 DolphinDB 提供的工具（包括 VS Code 插件、Java GUI 和 Dashboard 等），在各种场景下进行数据可视化。同时，探讨了如何将 DolphinDB 作为数据源，通过 API 提供数据，实现与第三方数据可视化平台的对接，从而扩展数据可视化的应用领域。

8.1 集成开发环境

DolphinDB 开发了专门用于 DolphinDB 数据库脚本语言开发的 VSCode 插件，可以让用户方便快捷地使用 VS Code 编辑器进行脚本开发与数据查看。另外，DolphinDB 也提供了一个基于 Java 的集成开发环境。两者都可以使用内置函数 `plot` 进行画图。

8.1.1 VSCode 插件和 Java GUI

DolphinDB 的 VSCode 插件提供了以下功能：

- 代码高亮显示
- 关键字、常量、内置函数的代码补全
- 内置函数的文档提示、参数提示
- 终端可以展示代码执行结果以及 `print` 函数输出的消息
- 终端展示 `plot` 函数的绘制结果
- 在底栏中展示执行状态，点击后可取消作业
- 底部面板以表格的形式展示数据结构向量、矩阵等
- 在侧边面板中管理多个数据库连接，展示会话变量
- 在浏览器弹窗中显示表格

在数据可视化方面，可以直接使用 DolphinDB 的 `plot` 函数绘制图表。执行函数后，图表会自动在 VSCode 底部区域展示，无须切换到其他工具或环境。`plot` 函数支持多种图表类型，比如线性图、饼图、柱状图、条形图、面积图和散点图，可以根据数据的特点选择合适的图表类型。此外，`plot` 函数还支持各种自定义选项，例如自定义图表的标题、系列名称、数据标签等，以满足个性化的需求；也可以设置高级选项，如堆叠属性、多个 *Y* 轴等，以满足复杂的绘图需求。

安装 DolphinDB 的 VSCode 插件首先需要确保 VSCode 处于最新版本。在 VSCode 插件面板中搜索 DolphinDB，点击 install 进行安装，如遇网络问题也可手动下载离线包。安装完成后重启 VSCode 编辑器即可利用插件进行 DolphinDB 脚本的编写以及数据的可视化。

利用 VSCode 插件进行图表绘制主要分为以下几个步骤。

1. **准备数据**：准备要绘制的数据。数据可以是向量、矩阵、表格等形式，具体取决于要绘制的图表类型和数据结构。

2. **调用 `plot` 函数**：在 DolphinDB 的客户端环境中，可以调用 `plot` 函数，并将准备好的数据作为参数传递给它：还可以选择性地提供其他参数，如标题、系列名称等，用以自定义图表的外观。

3. **生成图表**：`plot` 函数会生成一个图表对象，并将其返回。这个图表对象可以在客户端环境中进行进一步的操作和展示。

使用 DolphinDB VSCode 插件进行图片绘制具有方便、灵活、高度集成的特点，使您能够快速生成、定制和分析图表，从而更好地理解和展示数据。

另一个可以用来进行数据可视化的客户端是 DolphinDB 开发的 Java GUI。DolphinDB GUI 客户端是基于 Java 的图形化编程与数据浏览界面，可在任何支持 Java 的操作系统上使用，如 Windows、Linux、mac OS。该客户端运行速度快，功能齐全，用户友好，适用于管理和开发 DolphinDB 脚本、模块，实现数据库交互，查看运行结果等。

在 DolphinDB 官网即可下载到最新版本的 Java GUI。在启动 GUI 前，需要确保已安装 64 位的 Java 8 或以上版本且已将 JRE（Java Runtime Environment）添加至系统路径中。DolphinDB GUI 在 Windows 环境下，双击 gui.bat 即可直接运行，在 Linux 和 mac OS 环境下，在 Terminal 中使用 `cd` 命令前往 GUI 压缩包解压后的目录后输入：`./gui.sh`。

在数据可视化方面，Java GUI 的使用方法和呈现形式与 VSCode 插件一致。

8.1.2　plot 函数

本节对绘图用到的 plot 函数进行详细说明。

函数签名

plot 的函数签名如下：

```
plot(data, [labels], [title], [chartType = LINE], [stacking = false], [extras])
```

- **data** 是绘制时用到的数据，可以是向量、元组、矩阵或表。
- **labels** 是每个数据点的标签。所有系列的图表共享相同的数据标签。如果输入的是矩阵，则可以将矩阵的行标签设置为数据点标签。否则，必须在此指定数据点标签。
- **title** 可以是字符串标量或字符串向量。如果（**title**）（标题）是标量，则它是图表标题；如果是矢量，该矢量的第一个元素是图表标题，第二个是 *X* 轴标题，第三个是 *Y* 轴标题。
- **chartType** 表示图表类型，默认值是线性图（LINE），其他类型还有柱形图（COLUMN）（如示例一所示）、饼图（PIE）（如示例二所示）、条形图（BAR）、面积图（AREA）和散点图（SCATTER）。
- **stacking** 表示图表是否堆叠。当 *chartType* 设置为 LINE、BAR 或 AREA 时，该参数才有效。
- **extras** 为可选参数，用于扩展 plot 函数的属性。*extras* 必须是字典，它的值（key）必须是字符串类型。（注：该参数目前仅支持 multiYAxes 属性：{multiYAxes: true}。设置为 true 表示支持多个 *Y* 轴，设置为 false 表示共享一个 *Y* 轴，且 chartType=LINE 时，必须设置该参数的 multiYAxes 属性。若需要使用 *extras* 添加新的属性名称和类型，请联系我们进行报备。）

绘图示例

下面是使用 plot 函数进行绘图的示例。请注意，这些示例中使用的数据仅用于展示 plot 函数的绘图效果，没有实际含义。图 8-1 所示的柱形图由下面的脚本绘制而成。

```
plot(
    data = 99 128 196 210 312 as sales,
    labels = `IBM`MSFT`GOOG`XOM`C,
    title = `sales,
    chartType =  COLUMN
)
```

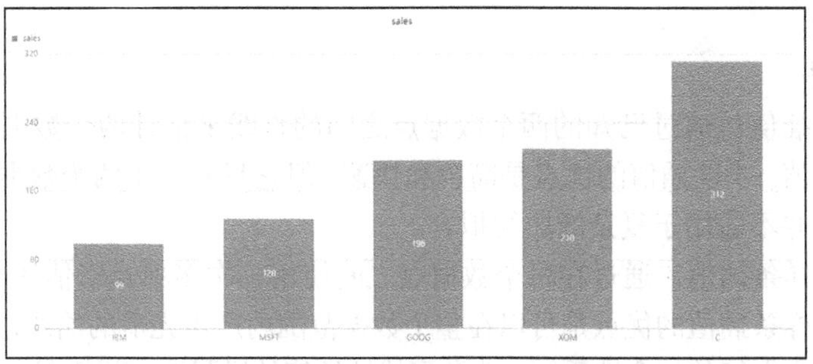

图 8-1　柱形图示例图

如图 8-2 所示的饼图由下面的脚本绘制而成。

```
plot(
    data = 99 128 196 210 312 as sales,
    labels = `IBM`MSFT`GOOG`XOM`C,
    title = `sales,
    chartType = PIE
)
```

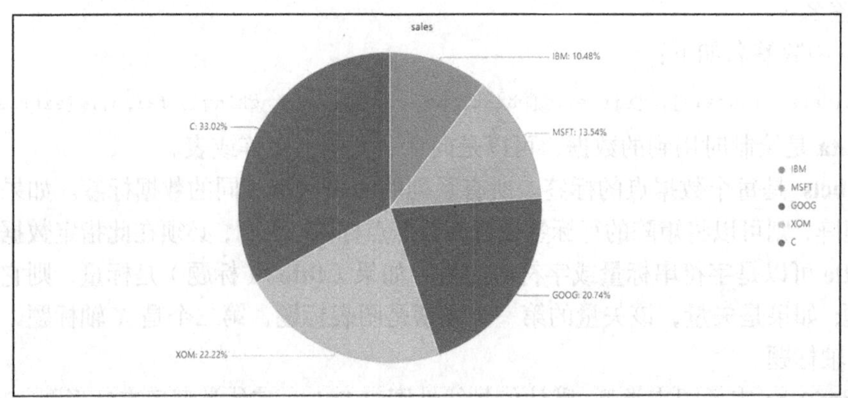

图 8-2　饼图示例图

8.1.3　实践应用

本节将以债券收益率曲线的构建为例在 VSCode 插件上就 `plot` 函数的实际应用进行介绍。

背景介绍

债券收益率曲线是衡量债券市场利率水平和预期收益率的重要工具。它展示了债券在不同到期期限下的收益率以及收益率之间的关系。债券收益率曲线的构建和使用在金融领域有广泛的应用，如市场分析和预测、债券定价和评估、利率风险管理、货币政策分析和债务融资决策，等等。根据不同的曲线类型和插值方法，可以构建出不同的债券收益率曲线，以下是一些常见的曲线类型和插值方法。

- 曲线类型
    - 国债收益率曲线：是一种以国债的收益率为基础构建的曲线。国债是由中国政府发行的债券，也称为主权债券。
    - FR007 曲线：是一种以 FR007 债券的收益率为基础构建的曲线。FR007 债券是中国债券市场中的一种固定利率债券，也称为国债回购交易中心发行的 7 天期国债。
- 插值方法
    - 线性插值：通过已知的两个数据点之间的直线来估计两个数据点之间的任意位置的值。线性插值的优点是简单和快速，但它只考虑了两个数据点之间的线性关系，并不适用于复杂的曲线拟合。
    - 三次样条插值：通过在每个数据点之间使用三次多项式来估计未知数据点的值。三次样条插值的优点是可以在整个数据范围内产生光滑的曲线，并且在插值节点处具有良好的拟合性质。它避免了线性插值的局限性，可适用于更复杂的数据集。

- 多项式拟合：通过使用多项式函数来适应已知数据点，从而估计未知数据点的值。多项式拟合可以使用不同次数的多项式，例如一次、二次、三次等。较低阶的多项式更简单，但可能无法适应复杂的数据模式，较高阶的多项式可以更好地拟合数据，但可能容易过度拟合。

数据介绍

本节所用数据由中国外汇交易中心（CFETS）的原始数据经整理计算后保存至 *interestRateCurve.csv*，包含 9 个字段，数据字段类型说明如表 8-1 所示。

表 8-1　字段类型说明表

字段名称	数据类型	说明
dtime	DATE	行情日期
sym	STRING	曲线类型
time_day	DOUBLE	到期时间
cubic_bid	DOUBLE	使用三次样条插值法计算得出的买入价格
cubic_ask	DOUBLE	使用三次样条插值法计算得出的卖出价格
poly_bid	DOUBLE	使用多项式拟合方法计算得出的买入价格
poly_ask	DOUBLE	使用多项式拟合方法计算得出的卖出价格
linear_bid	DOUBLE	使用线性插值法计算得出的买入价格
linear_ask	DOUBLE	使用线性插值法计算得出的卖出价格

脚本介绍

本节示例使用的绘图脚本如下。示例选用的行情日期为 2023.10.10，曲线类型为国债利率，插值方法为三次样条插值，可根据实际需要替换相关字段。

```
table = select *
        from loadText("<DataDir>/interestRateCurve.csv")
        where sym == '国债利率' and dtime == 2023.10.10 and time_day <= 0.5
        order by time_day
plot(
    data =
      select
          cubic_bid as bid,
          cubic_ask as ask,
          (cubic_ask + cubic_bid)\2 as 中间价
      from table,
    labels = table.time_day,
    title = "曲线构建",
    extras = {multiYAxes: false}
)
```

上述示例脚本的绘制结果如图 8-3 所示。

可视化结果分析

借助收益率曲线构建的结果图，我们能够清晰地观察到债券收益率随到期时间产生的变化，并直观地感受到变化率的变动。这样的图表使我们更好地了解债券市场的情况，提供关于债券市场预期和风险的见解，为制定投资策略提供指导。同时，我们也能感受到通过 VSCode 插件进行数据可视化的局限性。由于 plot 函数的配置选项有限，生成的图表比较单调。例如，在图 8-3 中，我们无法选择 *Y* 轴是否强制包含零刻度，导致图表底部出现大片空白。又如，VSCode 插件生成的图表的 *X* 轴只能为类目轴，导致 *X* 轴标签的可读性较差。

这些都影响了图表的观赏性。

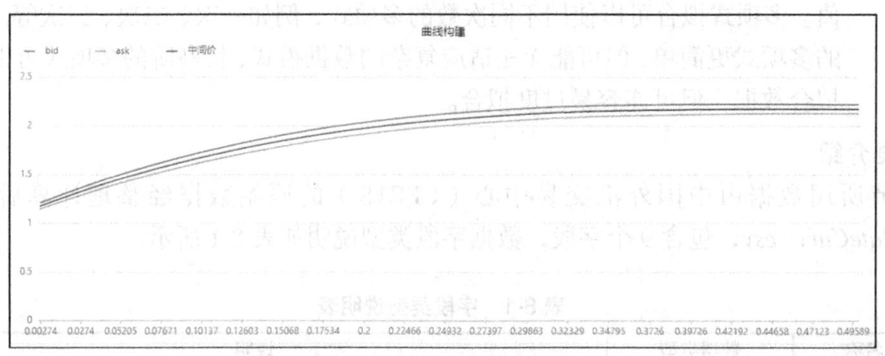

图 8-3　收益率曲线构建结果图

8.2 Dashboard

Dashboard（数据面板）是一种用于汇总、监控和展示数据和关键性能指标（KPI）的数据可视化分析工具，通常以图表、表格、富文本等可视化元素呈现信息，旨在帮助用户快速理解数据的状态、趋势和关联关系。其主要优势在于提供数据的即时可视化，帮助用户深入了解业务或监控资源，以支持决策和业务运营。为帮助用户更好地理解与运用数据，DolphinDB 设计了一套以自研数据库作为数据来源（包括数据库查询与流数据表推送）的 Dashboard。

DolphinDB Dashboard 内置十余种图表类型，旨在满足用户和不同行业的需求，同时提供了强大的数据安全性和权限管理功能，以确保只有授权用户可以访问敏感信息。自 2.00.11 版本起，以内置的 Web 组件形式为用户提供服务。版本低于 2.00.11 的用户如需在不更新 server 的情况下使用，需要下载最新版的安装包，用 server/web 目录替换原有的 web 目录，如果 server 是以集群模式部署，需要将每个节点的 web 目录一一替换，替换之后无须重启集群。仅数据节点与计算节点支持 Dashboard 功能。首次使用时，管理员 admin 需要在数据节点初始化，按照以下 3 个步骤操作。

步骤 1：以 admin 身份登录 Web 界面后，点击右侧菜单栏的【数据面板】进入 Dashboard 页面，之后点击界面中的【初始化】按钮。

步骤 2：2.00.11 及之后的 server 版本，需要修改节点的配置文件，之后重启集群即可完成初始化。

1. 如果是单节点模式部署，配置文件为 dolphindb.cfg；
2. 如果是集群模式部署，配置文件为 controller.cfg；
3. 如果是高可用集群模式部署，需要在 Web 的集群总览界面修改 Controller Config。

```
thirdPartyCreateUserCallback = dashboard_grant_functionviews
thirdPartyDeleteUserCallback = dashboard_delete_user
```

步骤 3：2.00.11 之前的 server 版本，不需要其他初始化步骤，但完成初始化之后创建的用户，需要以管理员（admin）权限手动调用以下命令，为其赋予 Dashboard 使用权限。未来 server 完成升级之后，需要再次执行步骤 2。

```
dashboard_grant_functionviews(<newUserName>, NULL, false)
```

与内置的 plot 函数相比，Dashboard 具备更全面的优势，如：可视化、实时更新、交互性和综合决策支持，等等。它提供了一个集中管理和分析数据的平台，可帮助用户更好地理解数据、做出决策，并推动业务的发展。下面来看它的一些具体优势。

- 综合性：Dashboard 可以在一个视图内同时展示多个图表，并进行综合分析和数据比较，它有助于用户更全面地了解数据的状态、趋势以及关联关系；并且 Dashboard 具有存储功能，而 plot 函数只能当次使用。
- 可视化效果：相较 plot 函数，Dashboard 通过多样的可视化元素和丰富的自定义配置能力（配色、布局以及字体设置等）来增强可视化效果，使数据更具吸引力和可阅读性，从而帮助用户更直观地理解数据。
- 实时更新：Dashboard 可以与数据源实时连接，通过轮询与流数据推送等方式自动更新数据，而 plot 函数则需要手动执行脚本语句完成更新。
- 综合决策支持：Dashboard 支持从多个角度和维度分析数据，快速识别趋势、问题和机会，并基于这些信息做出决策；Dashboard 还可以集成警报和提醒功能，及时通知用户关键指标的变化（如达到特定的阈值）。

8.2.1 Dashboard 各模块介绍

Dashboard 的主要模块包括操作界面、数据源和变量。

操作界面

Dashboard 操作界面主要分为管理页面与编辑页面，其中管理页面以列表形式展示当前登录用户创建的所有 Dashboard，并提供创建、删除、导入导出以及分享等功能，如图 8-4 所示。点击某个 Dashboard 操作列中的编辑按钮可进入该 Dashboard 的编辑面板。如图 8-5 所示，该界面主要由操作区域、图表菜单、搭建区域和配置区域四部分组成。

图 8-4 Dashboard 管理界面

- 操作区域：提供 Dashboard 切换、新建、删除、保存、导入导出、修改名称等功能。此外，还提供了变量与数据源创建入口。
- 图表菜单：展示可选用的所有图表。需要使用某类图表时，将其拖曳至搭建区域即可。
- 搭建区域：用于编排图表的区域。在此区域可以更改图表大小和排列。

- 配置区域：当某项图表被选中时，可在此区域中查看该图表的配置表单，并配置图表的可视化属性。

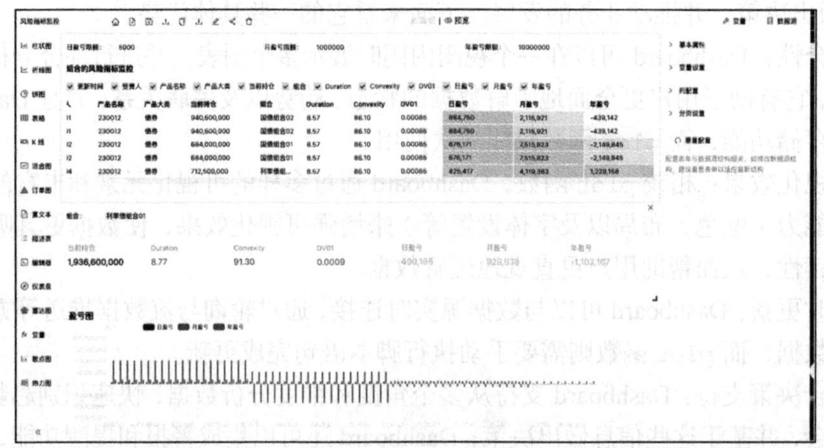

图 8-5　Dashboard 编辑界面

数据源

DolphinDB Dashboard 主要提供了两类数据源：数据库查询和流数据源。其中，数据库查询通过 DolphinScript 直连数据库提取数据，而流数据源则通过订阅流数据表获取实时数据。下面，分别介绍两类数据源的应用场景。

- 数据库查询应用场景
  - 综合数据分析：聚合与关联各种数据，生成综合性的报表、图表和指标，帮助用户深入分析数据。
  - 历史数据分析：基于历史数据进行趋势分析、模式识别和异常检测等。例如，可以获取特定时间段内的数据，并进行分析和可视化，用以了解过去的业务表现、行为模式和趋势，为未来的决策提供依据。
  - 数据挖掘和探索：帮助用户发现数据的潜在模式、规律和关联。例如，可以应用数据挖掘算法、统计分析等技术，对数据进行深入探索，发现隐藏的洞察力，并支持业务决策和战略规划。
- 流数据源场景
  - 实时数据监控：用于获取实时的数据流，如传感器数据、实时交易数据、网络日志等。通过连接流数据表，可以实时监控数据流，提供实时的仪表盘和指标，帮助用户实时了解当前状态、趋势和事件，做出即时的决策和响应。
  - 实时预警和异常检测：用户可以设置预警规则和阈值，监控实时流数据的变化和异常情况，在出现异常时立即发出警报或触发相应的自动化流程，帮助用户及时识别和解决问题。

变量

变量指的是可以在图表中动态改变值的参数或标识符。它可以提高仪表板的灵活性、增强交互性，让用户能够根据不同的情景和需求动态改变仪表板的内容和展示。此外，它还可以增强仪表板的适应性和可定制性，满足用户的个性化分析和决策需求。

DolphinDB Dashboard 变量可与数据源绑定，通过动态更改数据库查询条件或者流数据的表达式过滤条件达到图表展示更新内容的目的。以下是变量类型和用途介绍。

- 时间范围变量：支持日期类型的变量控件，允许用户选择不同的时间段来查看仪表板中的数据。用户可以选择查看过去一天、一周、一个月或自定义时间范围内的数据，以便进行与时间相关的分析和比较。
- 枚举变量：支持单选和多选的变量控件，允许用户根据特定的枚举条件过滤仪表板中的数据。例如，用户可以根据地区、产品类别或客户类型等条件筛选数据，以便更深入地分析和对比特定子集的数据。
- 文本变量：支持自由文本类型的变量控件，允许用户自定义输入。

8.2.2　实践应用

当涉及到综合风险监控时，可以考虑以不同的维度对组合、账户和受责人进行风险指标分析，通过分析这些维度的风险指标，投资者可以更全面地了解组合、账户和受责人的风险状况，监控不同维度的风险，并采取相应的风险管理措施，适时进行调整和优化投资组合的配置和策略。下面将基于 Dashboard 进行综合风险监控指标分析，数据来源于银行间市场 X-Bond 深度行情，原始数据存储在流数据表 riskcontrolPorts，将此数据按产品分组得到流数据表 riskcontrolproduct。以这两类数据为基础，结合如表 8-2 所示的组合、产品指标、日盈亏、月盈亏和年盈亏进行分析，得到不同组合和产品指标下的盈亏趋势，并从盈亏限额层面筛选出符合要求的数据并展示。

表 8-2　字段类型说明表

字段名称	数据类型
更新时间	TIMESTAMP
受责人	SYMBOL
产品名称	SYMBOL
产品大类	SYMBOL
当前持仓	DOUBLE
组合	DOUBLE
Duration	DOUBLE
Convexity	DOUBLE
DV01	DOUBLE
日盈亏	DOUBLE
月盈亏	DOUBLE
年盈亏	DOUBLE

基于上述背景，将在 Dashboard 搭建 3 类图表支持以下 3 种场景：深度行情数据总览、特殊产品指标分析与盈亏趋势分析。

场景 1. 深度行情数据总览

期望效果：根据日盈亏限额、月盈亏限额和年盈亏限额进行筛选并展示数据，具体步骤如下。

- 变量配置：需要根据日盈亏、月盈亏和年盈亏筛选限额数据，因此需要新建 3 个变量，将显示名称分别设置为日盈亏限额、月盈亏限额和年盈亏限额，变量类型设置为自由文本，并填入初始值，设置完成保存变量，如图 8-6 所示。

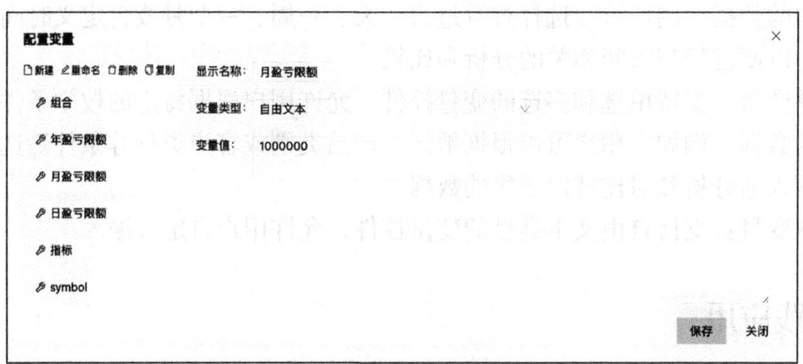

图 8-6　盈亏限额变量配置

- 数据源配置：新建名为“组合的风险指标监控”的数据源，切换标签页至“流数据表”，选择流表“riskcontrolPorts”。如图 8-7 所示，选中流表之后在右侧可预览流表列名，配置列过滤和表达式过滤，在本场景中需要对“日盈亏”“月盈亏”和“年盈亏”进行数据过滤，我们可通过表达式过滤，表达式内容如下。

```
日盈亏< = {{日盈亏限额}} or 月盈亏< = {{月盈亏限额}} or 年盈亏< = {{年盈亏限额}}
```

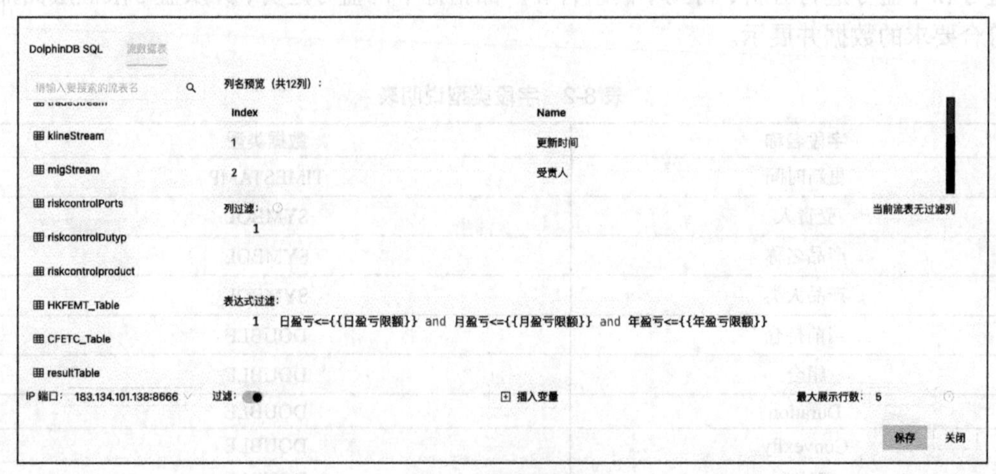

图 8-7　数据源配置

- 图表配置：选择左侧图表菜单中的表格项，拖曳至搭建区域的空白处，点击“点击填充数据源”，选择上一步配置的“组合的风险指标监控”数据源。选中图表后，在界面右侧配置表格的各项属性，配置表单如图 8-8 和图 8-9 所示。最终展示效果如图 8-10 所示。
    - 基本属性：将标题配置为组合的风险指标监控。
    - 变量设置：选择之前设置的“日盈亏限额”“月盈亏限额”和“年盈亏限额”作为关联变量，将每行变量数选择为 3，并设置查询按钮。
    - 列配置：为对比盈亏数据，将“日盈亏”“月盈亏”以及“年盈亏”设置阈值为 0，高于 0 的单元行背景色为渐变红，低于 0 的单元行背景色为渐变绿。

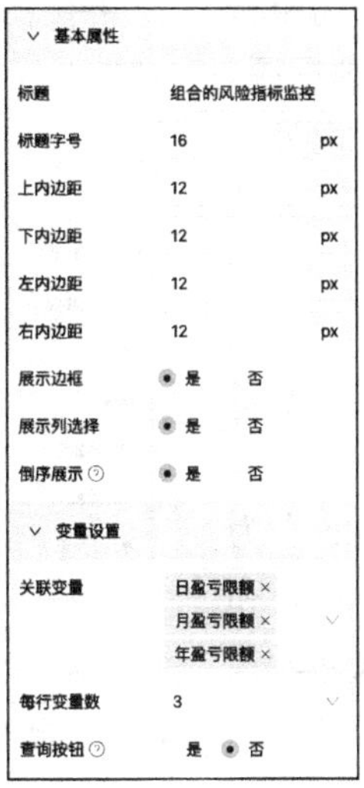

基本属性

标题　组合的风险指标监控

标题字号　16　px

上内边距　12　px

下内边距　12　px

左内边距　12　px

右内边距　12　px

展示边框　是　否

展示列选择　是　否

倒序展示　是　否

变量设置

关联变量　日盈亏限额 × 月盈亏限额 × 年盈亏限额 ×

每行变量数　3

查询按钮　是　否

图 8-8　表格配置表单 1

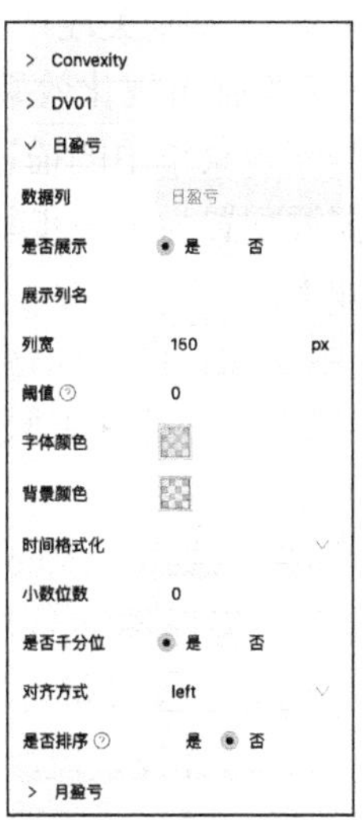

图 8-9　表格配置表单 2

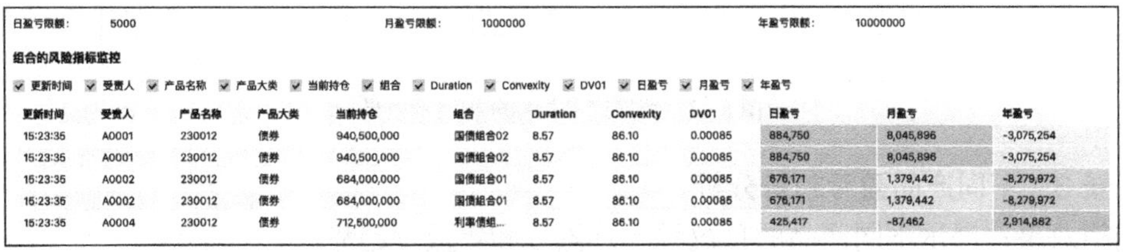

日盈亏限额：5000　月盈亏限额：1000000　年盈亏限额：10000000

组合的风险指标监控

更新时间　受责人　产品名称　产品大类　当前持仓　组合　Duration　Convexity　DV01　日盈亏　月盈亏　年盈亏

更新时间	受责人	产品名称	产品大类	当前持仓	组合	Duration	Convexity	DV01	日盈亏	月盈亏	年盈亏
15:23:35	A0001	230012	债券	940,500,000	国债组合02	8.57	86.10	0.00085	884,750	8,045,896	-3,075,254
15:23:35	A0001	230012	债券	940,500,000	国债组合02	8.57	86.10	0.00085	884,750	8,045,896	-3,075,254
15:23:35	A0002	230012	债券	684,000,000	国债组合01	8.57	86.10	0.00085	676,171	1,379,442	-8,279,972
15:23:35	A0002	230012	债券	684,000,000	国债组合01	8.57	86.10	0.00085	676,171	1,379,442	-8,279,972
15:23:35	A0004	230012	债券	712,500,000	利率债组...	8.57	86.10	0.00085	425,417	-87,462	2,914,882

图 8-10　深度行情数据总览展示效果

场景 2. 特殊产品指标分析

期望效果：筛选不同组合的最新指标数据。

具体步骤如下。

- 变量配置：需要根据“组合”进行数据筛选，新建名为“组合”的变量，显示名称设置为“组合”，变量类型设置为“自由文本”，并填入初始值“利率债组合 01”。
- 数据源配置：新建名为“特别关注产品指标”的数据源，编写 DolphinDBScript 从 riskcontrolproduct 流表中筛选出特定组合的最新数据，并开启自动刷新功能，每隔 1 秒查询最新数据。脚本代码如下，具体配置如图 8-11 所示。

```
a = select * from riskcontrolproduct where   组合 == '{{组合}}' context by 组合 limit -1
a.unpivot(, `当前持仓`Duration`Convexity`DV01`日盈亏`月盈亏`年盈亏)
```

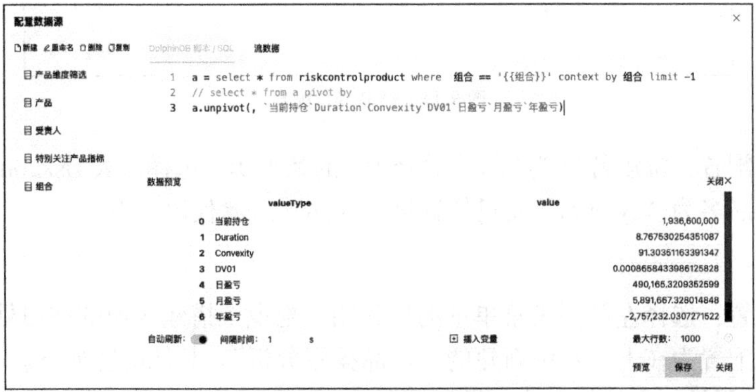

图 8-11　特殊产品指标分析数据源配置

- 图表配置：“特别关注产品指标”数据源返回的数据为单行表格，为增强可视化效果，采用描述表组件展示此数据源。将左侧图表菜单中的描述表项拖曳至搭建区域的空白处，将数据源配置为上一步新建的“特别关注产品指标”，其他配置如下。
  - 基本属性：设置标题为空。
  - 关联变量：选择关联变量为“组合”，并设置每行变量为 4。
  - 列属性：选择“valueType”为标签列，选择“value”为值列，将标签字号与值字号分别设置为“18 px”和“15 px”，设置每行展示数量为“7”，为每列数据设置千分位。并设置值颜色。具体配置项如图 8-12 所示。

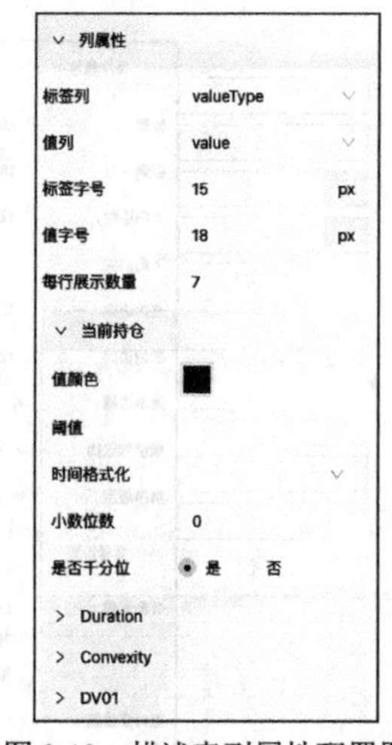

图 8-12 描述表列属性配置图

最终展示效果如图 8-13 所示。

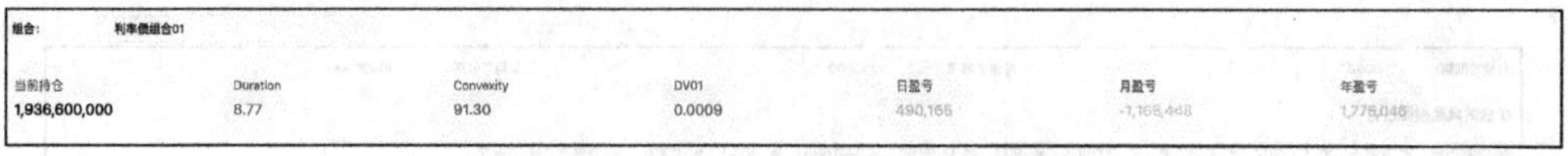

组合：利率债组合01

当前持仓	Duration	Convexity	DV01	日盈亏	月盈亏	年盈亏
1,936,600,000	8.77	91.30	0.0009	490,165	-1,166,468	1,778,048

图 8-13 特殊产品指标分析展示效果

场景 3. 不同产品盈亏趋势分析

期望效果：展示不同产品的日盈亏、月盈亏和年盈亏趋势。

具体步骤如下：

- 变量配置：需要根据“产品”进行数据筛选，新建名为“symbol”的变量，显示名称设置为“产品”，变量类型设置为“单选”，根据产品列的枚举值配置选项，并选择初始始值为“230012”。具体配置项如图 8-14 所示。

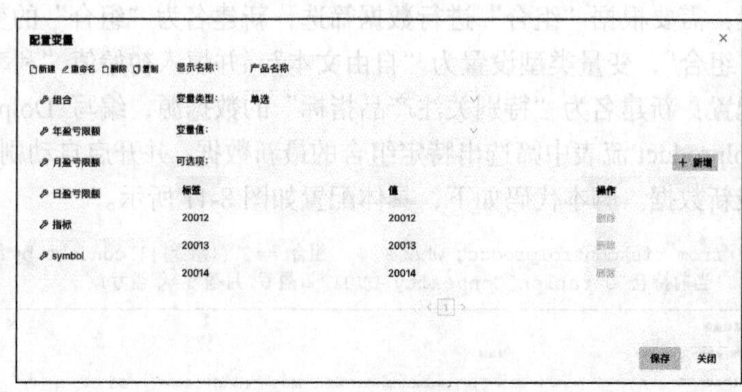

图 8-14 产品变量配置

- 数据源配置：新建名为“产品盈亏分析”的数据源，选择流表 riskcontrolproduct，过滤出产品名为“symbol”变量的数据，表达式过滤代码如下。

```
产品名称 == '{{symbol}}'
```

- 图表配置：选择左侧图表菜单中的柱状图，拖曳至搭建区域的空白处，将此图表的数据源配置为在上一步中新建的“产品盈亏分析”。其他配置如下。
  - 基本属性：配置标题为“盈亏图”。

- ○ 变量设置：选择关联变量为“symbol”，并设置每行展示 3 个变量。
- ○ *X* 轴属性：选择类型为“类目轴”，名称设置为“时间”，将 *X* 轴坐标列设置为“更新时间”，并选择时间格式化为“HH:mm:ss”。
- ○ *Y* 轴属性：配置单 *Y* 轴，类型设置为“数据轴”，名称设置为“盈亏”，其余设置保持默认设置。
- ○ 数据列：配置 3 项数据列，分别对应日盈亏、月盈亏和年盈亏，将不同的数据列（和对应名称），分别设置为“日盈亏”“月盈亏”和“年盈亏”，并为它们设置不同颜色，将 3 个数据列的关联 *Y* 轴设置为上一步设置的 *Y* 轴。具体设置如图 8-15 所示。

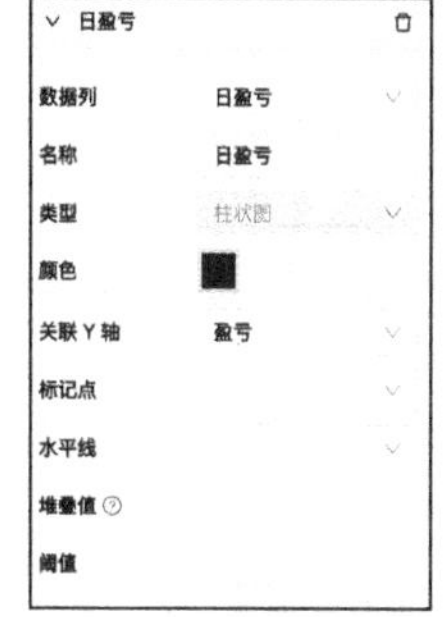

图 8-15 柱状图数据列设置

最终展示效果如图 8-16 所示。

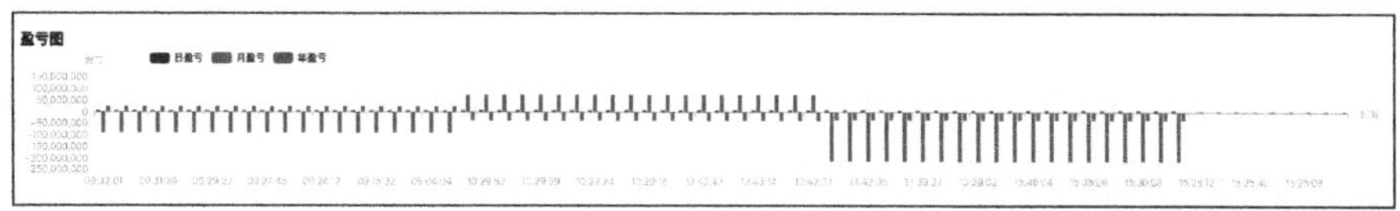

图 8-16 不同产品盈亏趋势分析图

8.3 第三方平台

除了 DolphinDB 官方提供的 VSCode 插件、GUI、Dashboard，DolphinDB 还支持扩展性的插件和 API。这些插件和 API 可以让 DolphinDB 作为数据源为外部的可视化平台提供数据。以下是 DolphinDB 与多个第三方可视化平台的集成方法简介。

- Grafana 插件
- 帆软插件
- Redash
- GP 插件
- Altair Panopticon
- JavaScript API

这些集成选项使得 DolphinDB 数据能够在各种流行的可视化平台上进行展示和分析。

8.3.1 Grafana 插件

Grafana 是一款用 Go 语言开发的开源数据可视化工具，常用来做数据监控和数据统计。DolphinDB 为 Grafana 提供了官方支持的插件，下面我们就来学习如何使用这个插件。

首先我们需要在 Grafana 中安装 dolphindb-datasource 插件，如果你的 Grafana 安装在本地，需要提前进行 Grafana 和插件的下载和安装。

完成 Grafana 的和插件的安装后，我们进入 Grafana 默认的服务地址 *http://localhost:3000*，使用默认账号和密码 admin 登录，接下来选择侧边栏中的“Connections”→“Add new connection”，如图 8-17 所示，在 Data sources 列表中找到 DolphinDB 插件。

点击插件，进入插件详情页，再点击“Add new data source”，便会创建一个 DolphinDB 的数据源，进入 dolphindb-datasource 的配置界面，如图 8-18 所示。

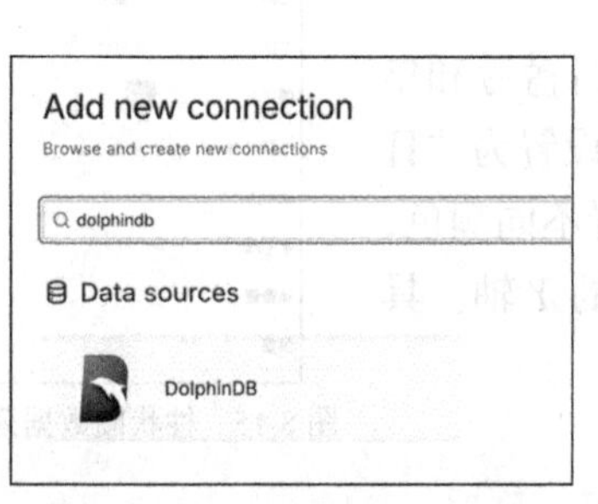

图 8-17　grafana datasource 列表

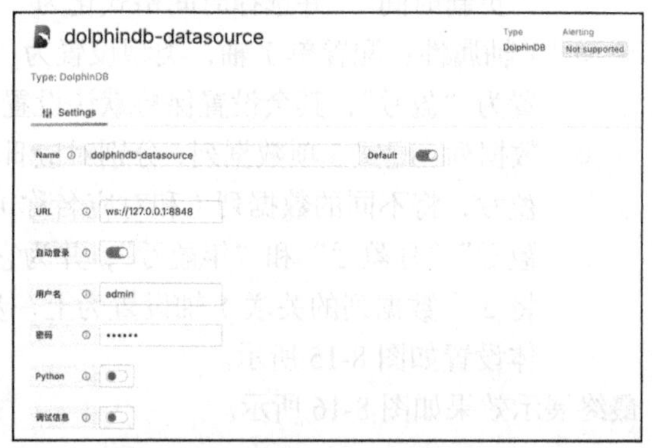

图 8-18　grafana datasource 配置界面

填写完连接配置信息后，可以点击“Save & Test”按钮检测连接是否正常，确认无误后，我们开始下一步——创建数据面板。

选择侧边栏中的“Dashboard”，我们进入到 Dashboard 列表页面，再继续点击页面中的“Create Dashboard”和“Add Visualization”，我们会进入可视化面板的配置页，这里点击“dolphindb-datasource”数据源，如图 8-19 所示，将查询数据源设置为我们刚才创建好的数据源。

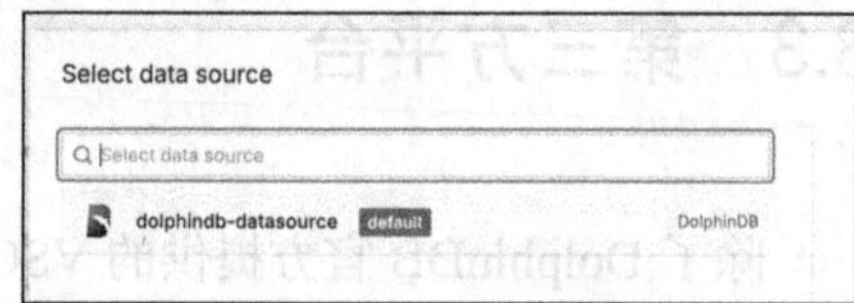

图 8-19　选择数据源

接下来我们来看可视化配置页的结构，如图 8-20 所示，页面上半部分是 Grafana 的面板配置和预览，下半部分是数据源、数据转换和报警相关的配置。

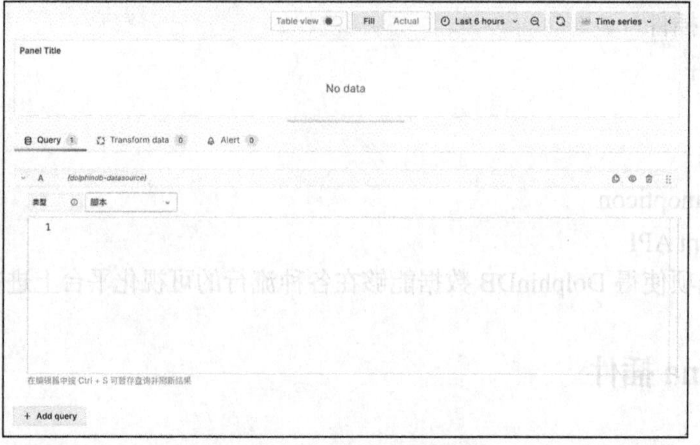

图 8-20　Grafana 可视化配置页面

这里我们只关注数据源部分，dolphindb-datasource 提供了“脚本”和“流数据表”两种数据源，“脚本”数据源会通过定时执行一段用户编写的脚本获取展示需要的数据；“流数据表”数据源则会订阅某张指定的 dolphindb 流表，通过 dolphindb 服务器推送过来的数据完成数据更新。

我们先来看下脚本数据源。假设我们有一个监控系统，用来监控 5 台机器的运行情况，收集到的信息中 device 表示机器名称，timestamp 表示信息获取时间戳，value 表示机器运行情况，value 的取值范围是 0～4，分别表示设备的 5 种状态（0 表示待运行、1 表示运行、2 表示节能、3 表示阻塞、4 表示过载）。这里我们使用一段脚本来模拟这个监控系统。

```
//生成模拟数据
devices = ["machine1", "machine2", "machine3", "machine4", "machine5"]
pt = table(5:0, `device`timestamp`value, [STRING,TIMESTAMP,INT])
for (i in 0..4) {
    data = table(devices[i] as device, now() as timestamp, rand(5, 1) as value)
    pt.append!(data)
}
//查询数据
select * from pt
```

将这段脚本填入 datasource 的脚本编辑器中，点击预览工具栏中的刷新按钮，并切换到表格视图（table view），这样可以看到 Grafana 预览面板中已经出现了脚本执行生成的数据，如图 8-21 所示。

device	timestamp	value
machine1	2024-03-08 11:46:06.332	3
machine2	2024-03-08 11:46:06.332	1
machine3	2024-03-08 11:46:06.332	3
machine4	2024-03-08 11:46:06.332	2
machine5	2024-03-08 11:46:06.332	1

图 8-21　模拟脚本查询预览结果 1

然后进行美化。

1. Grafana 的可视化类型调整为 Table。
2. cell type 修改为“Colored background”。
3. Color Schema 修改“Single color”，并修改颜色为“transparent”。
4. Value mappings 中，value 值配置不同的文本和颜色映射，如图 8-22 所示。

Condition		Display text	Color
Value	0	待启动	
Value	1	运行中	
Value	2	节能	
Value	3	阻塞	
Value	4	过载	

图 8-22　模拟脚本配置文本和颜色映射

这样我们就完成了一个使用 DolphinDB 脚本在 Grafana 中查询数据和可视化数据的面板，如图 8-23 所示。

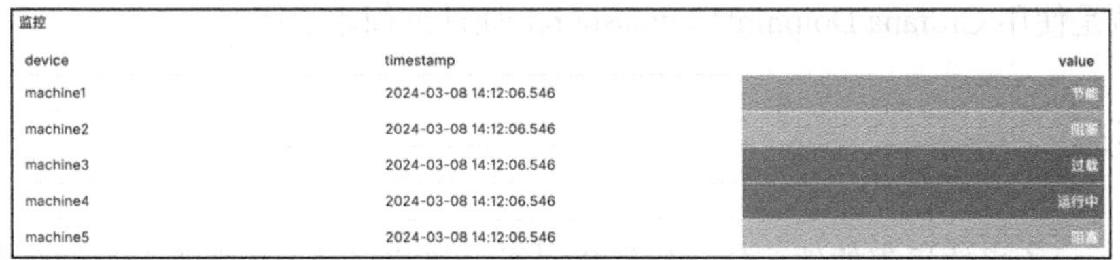
监控

device	timestamp	value
machine1	2024-03-08 14:12:06.546	节能
machine2	2024-03-08 14:12:06.546	阻塞
machine3	2024-03-08 14:12:06.546	过载
machine4	2024-03-08 14:12:06.546	运行中
machine5	2024-03-08 14:12:06.546	阻塞

图 8-23　模拟脚本查询预览结果 2

为了能及时获取新的数据，我们还需要在 Dashboard 设置中调节自动刷新时间为 5 秒，如图 8-24 所示。这样每隔 5 秒，就会重新执行一遍我们的脚本，获得新的查询数据。

如果想查看全部的记录，又不想每次都重新查询整张表，该怎么办呢？

刚刚我们还提到过，dolphindb-datasource 提供了“流数据表”这种类型的数据源，“流数据表”就更适合用来处理这一问题。配置步骤如下。

步骤 1：在服务器上创建一个流表。

```
share streamTable(10:0, `device`timestamp`value, [STRING,TIMESTAMP,INT]) as outputTable;
```

步骤 2：将 dolphindb datasource 的类型配置改为“流数据表”，如图 8-25 所示，填入我们要订阅的表名“outputTable”，并点击暂存。

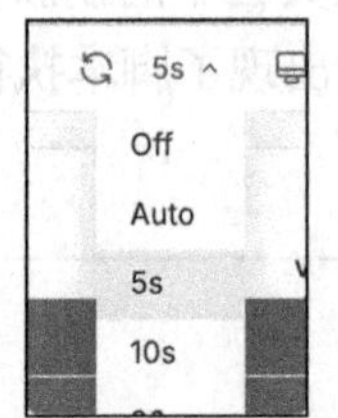

图 8-24　配置自动刷新时间

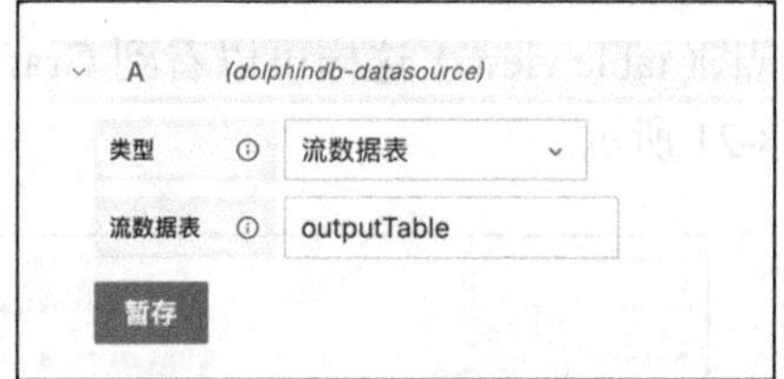

图 8-25　Grafana 配置流数据表

如果此时 Grafana 面板的标题旁出现一个绿色的圆点，则表示已经正常订阅了流数据表，接着我们到服务器上运行一段代码，插入一些新数据。

```
def insertData(n) {
    newData = table(
        format(rand(10, n) + 1, "machine00") as device,
        take(now(), n) as timestamp,
        rand(4, n) as value
    )
    outputTable.append!(newData)
}
insertData(5);
```

步骤 3：回到 Grafana 面板，如图 8-26 所示，可以看到我们刚刚创建的数据已经显示出来了。

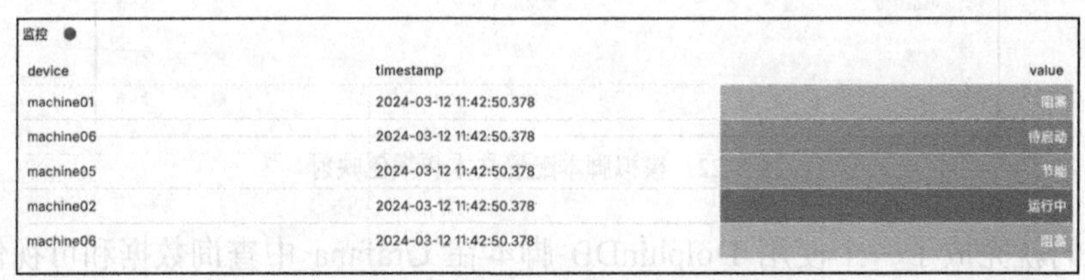

图 8-26　Grafana 流数据表效果

以上就是使用 Grafana DolphinDB datasource 插件的简单说明。

8.3.2　帆软

FineReport（帆软报表软件）是一款集数据展示和数据录入功能于一身的企业级工具，具有专业、简捷、灵活的特点，仅须简单的拖曳操作便可以设计复杂的报表或搭建数据决策分析系统，目前广泛应用于各行各业。

DolphinDB 用于海量时序数据的存取和分析，支持关系模型，兼容宽列数据库与关系数据库的功能，并且像传统的关系数据库一样易于使用。DolphinDB 支持 SQL 查询，提供了 JDBC / ODBC 接口，因此与现有的第三方分析可视化系统如帆软、Grafana 与 redash 等可轻松实现集成与对接。下面详细介绍在 FineReport 中配置 JDBC 连接，及在 DolphinDB 中查询并展示数据的步骤。

步骤 1：下载 DolphinDB JDBC 接口压缩包。

步骤 2：解压下载的 JDBC 压缩包，将 ~/jdbc/bin/ 目录下的 dolphindb_jdbc.jar 和~/jdbc/lib/目录下的 dolphindb.jar 复制到帆软安装目录 FineReport_10.0\webapps\webroot\WEB-INF\lib 下。

步骤 3：启动帆软报表（若帆软已打开，需要重启），在菜单中选择“服务器/定义数据集连接”，弹出对话框如图 8-27 所示。

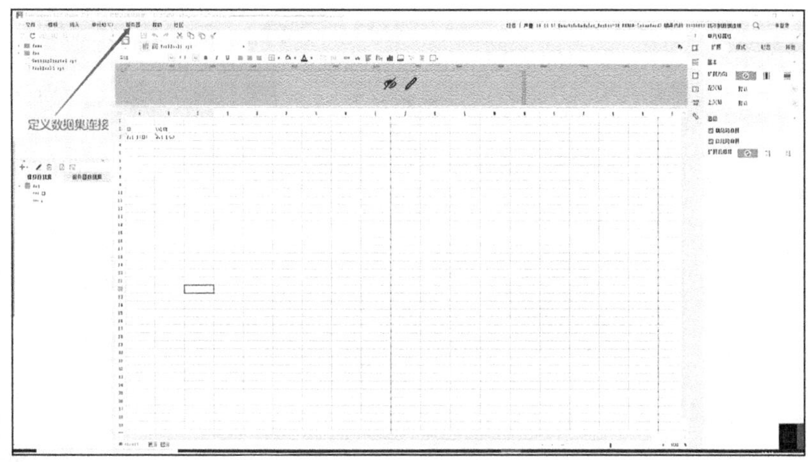

图 8-27　帆软定义数据集连接

步骤 4：点击左上角的 + 按钮，选择添加 JDBC 连接，在右边属性页中数据库选默认的“Others”，手工填写驱动器和 URL，输入访问 DolphinDB 节点的用户名和密码。点击“测试连接”，若连接成功，则证明配置无误。注意图 8-28 中的 URL 115.239.209.19:24216 是 DolphinDB 节点的 IP 地址和端口号，请根据实际情况修改。

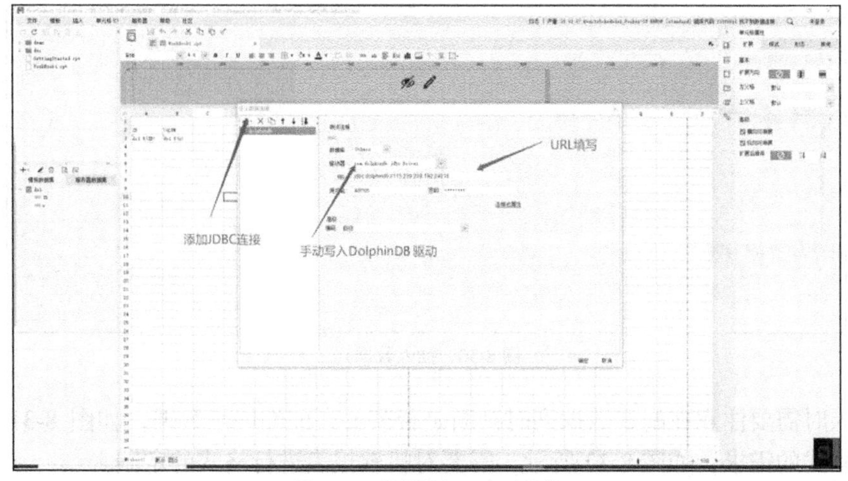

图 8-28　帆软添加 JDBC 连接

步骤 5：在帆软报表软件中查询并展示数据。在 DolphinDB 中创建一个库表 dfs://rangedb/pt，并插入两列数据 ID 和 x。

```
n = 100
ID = rand(10, n)
x = rand(1.0, n)
t = table(ID, x)
db = database("dfs://rangedb", VALUE,  1..10)
pt = db.createPartitionedTable(t, `pt, `ID)
pt.append!(t)
```

定义数据库查询和创建表格

先定义一个数据库查询。再选择菜单“服务器/数据集”，在弹出的对话框中点击左上角“+”按钮（或者如图 8-29 中第一步点击“+”按钮），选择数据库查询，然后如图 8-29 中的第二步所示，选择前面一节刚定义的 JDBC 连接。

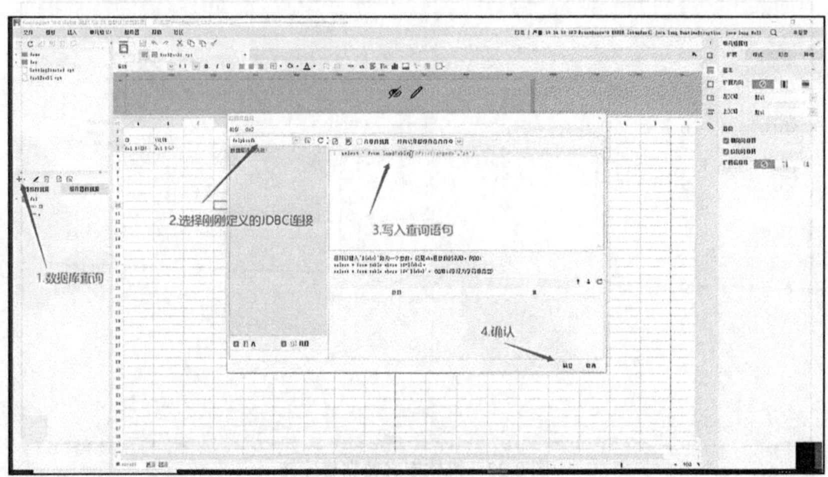

图 8-29　定义数据库查询

在 SQL 编辑框中输入下列语句。

```
select * from loadTable("dfs://rangedb","pt")
```

最后，点击“确认”按钮即可完成操作，将数据列插入表格中，如图 8-30 所示。

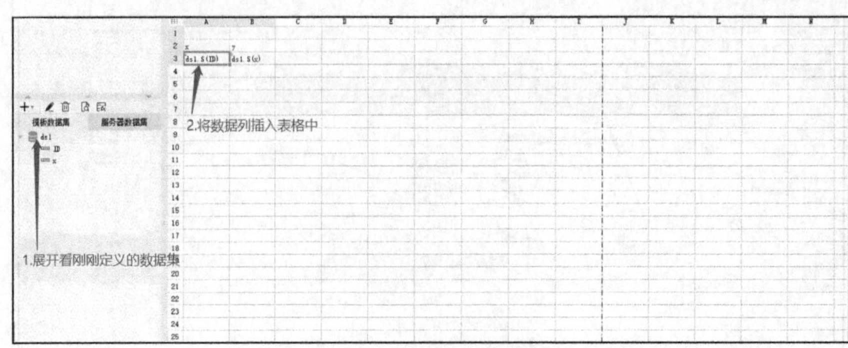

图 8-30　插入数据列

在插入时需要注意在配置数据列时判断是否需要在前端展示数据，如图 8-31 所示。如果有展示样式的需求，如图 8-32 所示，需要对帆软报表进行格式的定制。

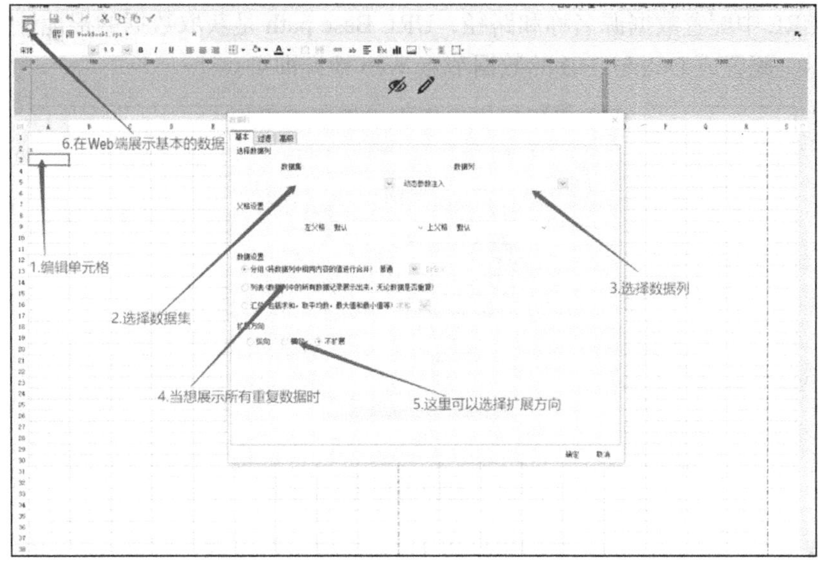

图 8-31　数据列配置

图 8-32　帆软报表展示结果

8.3.3 Redash

Redash 是一款开源的 BI 工具，提供了基于 Web 的数据库查询和数据可视化功能。DolphinDB database 支持 HTTP 的 `POST` 和 `GET` 接口获取数据，可以使用 redash 中的 `URL` 数据源来连接 DolphinDB。下面详细介绍在 redash 中配置数据源及查询 DolphinDB 中的数据的步骤。

- 在数据源选择时选择 URL 类型数据源，如图 8-33 所示。

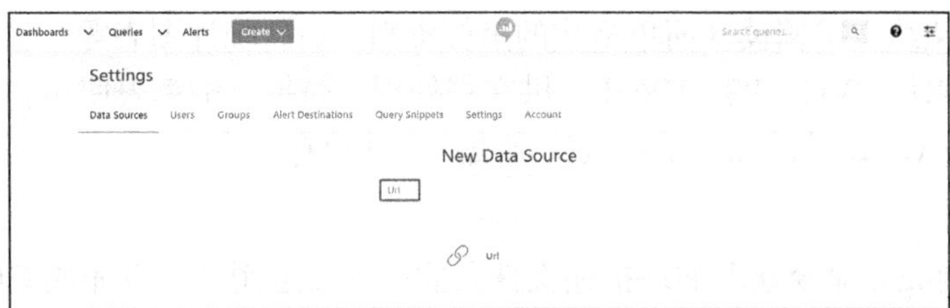

图 8-33　使用 URL 数据源连接 DolphinDB

- 在 URL 中配置数据源名称和路径，URL Base path 是获取数据的根地址，如图 8-34 所示，配置成 DolphinDB 的数据节点 Web 地址即可。

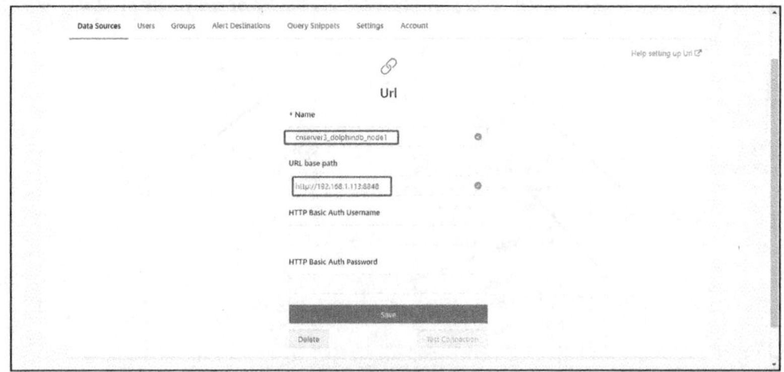

图 8-34　配置数据源名称和路径

- 创建一个 `new query`，在编辑区以 URL 参数字符串的形式输入查询内容，查询内容格式上有如下要求。
  - 子路径必须为/json
  - query 参数必须包含 `client` 和 `queries` 两个 key，其中 `client` 指定固定值为 `redash`
  - 完整的 query 内容示例如下。

```
/json?client = redash&queries = select * from typeTable where id between (1..10)
```

- 注意事项

由于 redash 对 url 方式的参数要进行编码校验，所以一些特殊字符需要手工做 url 编码才能通过校验，比如 query 中出现：//、+、&这些字符，需要替换为`%3a%2f%2f`、`%2b`、`%26`才能通过校验。举个例子：DolphinDB 中的分布式数据库路径 dfs://dbpath，需要用 url 编码替换为 `dfs%3a%2f%2fdbpath` 才能通过 redash 的校验，实际代码如下。

  - 需要提交的 query:

```
/json?client = redash&queries = login('admin','123456');select avg(ofr-bid) from loadTable
('dfs://TAQ','quotes') group by minute(time) as minute
```

  - 实际写到 redash 的编辑器中的编码：

```
/json?client = redash&queries = login('admin','123456');select avg(ofr-bid) from loadTable
('dfs%3a%2f%2fTAQ','quotes') group by minute(time) as minute
```

8.3.4　GP 插件

GP（Gnuplot）是一套跨平台的数学绘图自由软件。使用命令列界面，可以绘制数学函数图形，也可以从纯文字档读入简单格式的坐标资料，绘制统计图表等。它可以提供多种输出格式，例如 PNG、SVG、PS、HPGL，供文书处理、简报、试算表使用。可以使用该插件将 DolphinDB 的 vector 和 table 中的数据画成图，并保存到本地。

安装

使用 installPlugin 命令获取插件描述文件及插件的二进制文件以完成 GP 插件安装。

```
installPlugin("gp")
```

使用 loadPlugin 命令加载插件。

```
loadPlugin("gp")
```

函数签名

gp::plot 的函数签名如下。

```
gp::plot(data, style, path, [props])
```

函数将 DolphinDB 中的数据画成图，并以 eps 的文件格式保存到本地，其中参数的含义如下。

- data：画图数据。1 个向量、由向量组成的 tuple 或表。若为表，则用其第一列和第二列分别表示 *x* 轴、*y* 轴数据。
- style：字符串，表示画图的样式。包含以下值：line、point、linesoint、impulses、dots、step、errorbars、histogram、boxes、boxerrorbars、ellipses、circles。
- path：字符串，表示保存图片的路径。
- props：字典，表示画图特性。一些常用键如下。
    - title：字符串标量或向量，表示每个数据组的标识。
    - xRange：数值型向量，表示图片的 *X* 轴范围。
    - yRange：图片的 *Y* 轴范围。为数值类型的向量，包含两个元素。
    - xLabel：字符串，表示 *X* 轴标签。
    - yLabel：字符串，表示 *Y* 轴标签。
    - size：图片比例，1 为初始长度。为数值类型的向量，包含两个元素，表示长和宽的比列。

例如：

```
data= (sin(0..9),cos(0..9),(0..9)/10.0,(9..0)/10.0,(0..9)/20.0)
prop = dict(STRING,ANY)
prop[`lineColor] = ["black", "red", "green", "blue", "cyan"]
prop["xTics"] = 2
prop["yTics"] = 2
prop["title"] = "line-" + string(1..5)
re = gp::plot(data,"line",WORK_DIR + "/test.eps",prop)
re = gp::plot(data,"line",WORK_DIR + "/test.png",prop)
re = gp::plot(data,"line",WORK_DIR + "/test.jpeg",prop)
```

通过以上的画图脚本可以得到绘图结果，如图 8-35 所示。

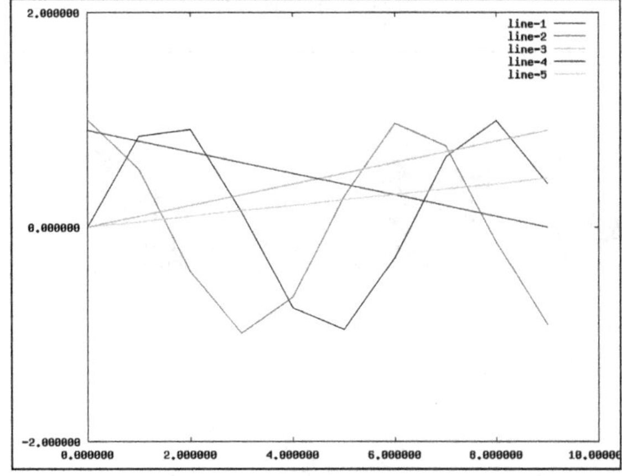

图 8-35　Gnuplot 绘图结果

8.3.5 Altair Panopticon

由 DolphinDB 和 Altair Panopticon 共同搭建的高性能时序数据分析平台提供 SQL 查询和流数据表订阅两种数据接口，通过接口，用户能够访问并分析实时流数据、日内累计数据和历史数据，并实时地将接收到的数据可视化，如图 8-36 所示。直观易懂的操作流程让用户可以快速地掌握使用方法，在几分钟内连接到数据源，设计并发布一个可自动刷新的可交互仪表盘，以供交易、分析、监控等相关人员使用。

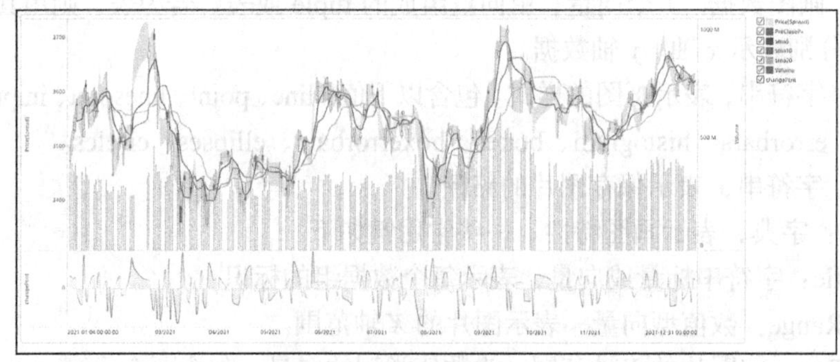

图 8-36 日频交易数据分析

例如，使用 DolphinDB 流计算引擎搭配 Panopticon 可视化应用搭建的价格分析仪表盘，可以将 K 线、移动平均指数、交易量等信息组合在一张图中的快速查看市场整体趋势和关键指标，如图 8-37 和图 8-38 所示。

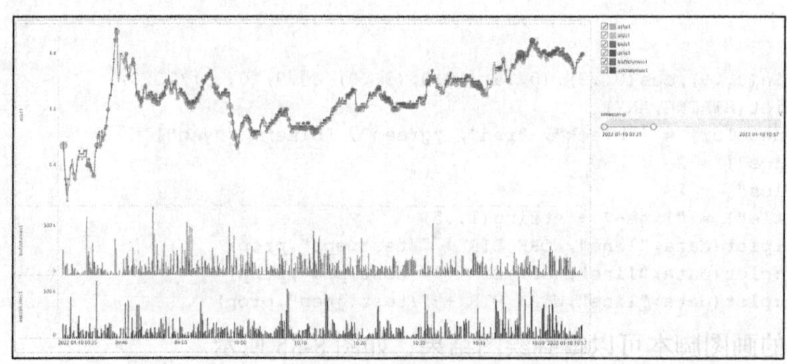

图 8-37 订单簿分析

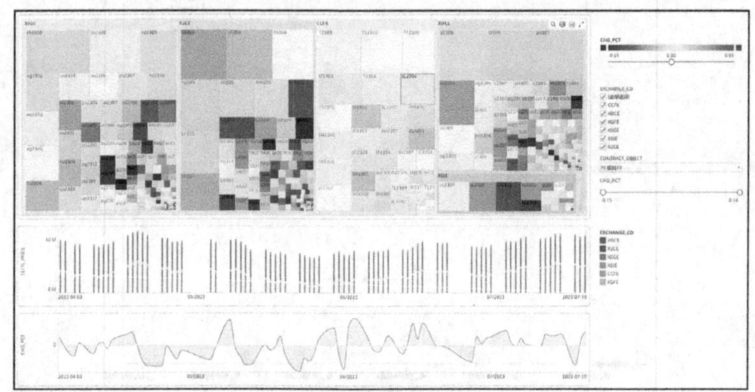

图 8-38 期货行情分析

DolphinDB 和 Panopticon 的流数据引擎支持实时流数据分析或历史数据回放，用户可以选择实时监控或回放任意频率、任意时间段的交易活动。

实时流数据分析流程

DolphinDB + Panopticon 实时流数据分析流程如图 8-39 所示。

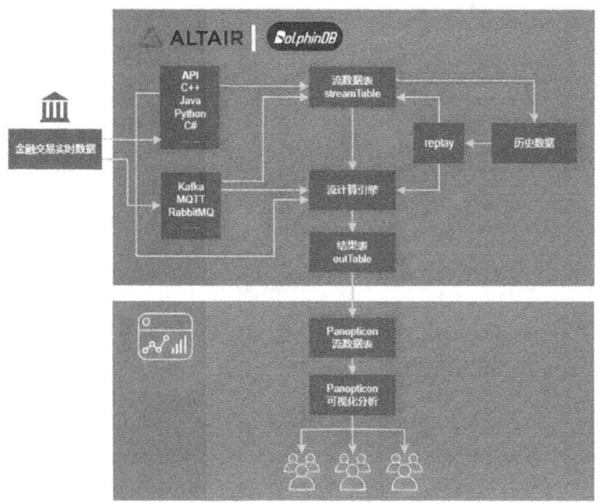

图 8-39　流数据处理流程图

下面简单解说一下流程图。

- DolphinDB 订阅源数据并进行数据预处理。
- 预处理后的数据接入流数据引擎进行计算分析，DolphinDB 针对不同场景提供了多种流计算引擎，用户可以根据需要选择引擎或组合使用多种引擎共同完成计算任务。
- 计算完成的流数据表会被发布供消费端进行订阅和消费。
- 通过 Panopticon 流数据订阅接口接收 DolphinDB 发送的数据，并按业务需求制作仪表盘，供交易、分析、监控等相关人员使用。Panopticon 内置的聚合引擎、计算引擎和警报引擎可以满足不同类型的图表制作以及完整性校验需求。
- 迭代、扩展和部署流处理计算系统。
- 迭代、扩展和部署可视化分析仪表盘。

下面简单介绍 Altair 与 DolphinDB 连接并使用的方法。

1. 进入 Altair，取消之前 Altair 的订阅记录（不然可能会导致之前订阅到的历史数据不能立即自动清除），如图 8-40 所示，点击上方导航栏—系统—订阅—全部取消。

2. 点击上方导航栏—工作簿—组织—实时计算可视化。

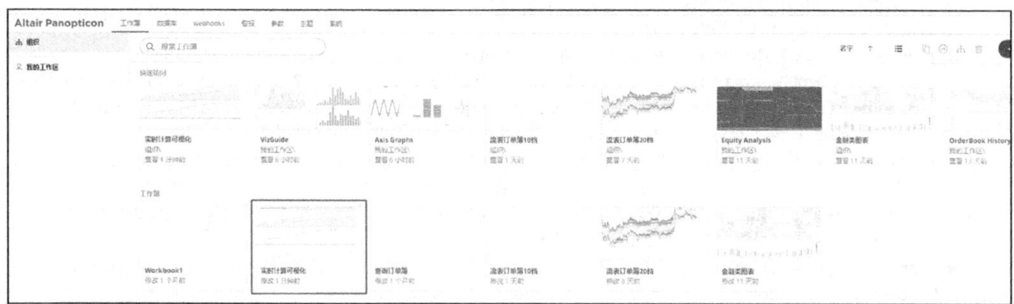

图 8-40　Altair 工作簿

3. 进入 DolphinDB 环境，依次运行环境代码和 1 秒频快照代码。

环境代码如下。

```
use EasyTool::ClearAllSubscriptions
use EasyTool::DropAllEngines
use EasyTool::ClearAllSharedTables
use EasyTool::util
use EasyTool::cancelAllBatchJob
```

1 秒频快照代码如下。

```
//档位深度
depth = 10
//快照频率（ms）
interval = 1000
//输出的第一条快照
startTime = 09:25:00.000
//回放速率（条/s）
replayRate = 500
//创建引擎参数 outputTable，即指定输出表
suffix = string(1..depth)
colNames = ['SecurityID', 'timestamp', 'lastAppSeqNum', 'tradingPhaseCode', 'modified',
    'turnover', 'volume', 'tradeNum', 'totalTurnover', 'totalVolume', 'totalTradeNum',
    'lastPx', 'highPx', 'lowPx', 'ask', 'bid', 'askVol', 'bidVol', 'preClosePx', 'invalid'] join
    ("bids" + suffix) join ("bidVolumes" + suffix) join
    ("bidOrderNums" + suffix) join ("asks" + suffix) join
    ("askVolumes" + suffix) join ("askOrderNums" + suffix)
colTypes = [SYMBOL,TIMESTAMP,LONG,INT,BOOL,DOUBLE,LONG,INT,DOUBLE,
    LONG,INT,DOUBLE,DOUBLE,DOUBLE,DOUBLE,DOUBLE,LONG,LONG,DOUBLE,BOOL] join
    take(DOUBLE, depth) join take(LONG, depth) join take(INT, depth) join
    take(DOUBLE, depth) join take(LONG, depth) join take(INT, depth)
share streamTable(10000000:0, colNames, colTypes) as outTable
//创建引擎参数 dummyTable，即指定输入表的表结构
colNames = ['SecurityID', 'Date', 'Time', 'SecurityIDSource', 'SecurityType',
  'Index', 'SourceType', 'Type', 'Price', 'Qty', 'BSFlag', 'BuyNo', 'SellNo',
  'ApplSeqNum', 'ChannelNo']

colTypes = [SYMBOL, DATE, TIME, SYMBOL, SYMBOL, LONG, INT, INT, LONG,
    LONG, INT, LONG, LONG, LONG, INT]
share streamTable(1:0, colNames, colTypes) as orderTradeStream
//创建引擎参数 inputColMap，即指定输入表各字段的含义
inputColMap = dict(['codeColumn', 'timeColumn', 'typeColumn', 'priceColumn', 'qtyColumn',
     'buyOrderColumn', 'sellOrderColumn', 'sideColumn', 'msgTypeColumn', 'seqColumn'],
    `SecurityID`Time`Type`Price`Qty`BuyNo`SellNo`BSFlag`SourceType`ApplSeqNum)
//创建引擎参数 prevClose，即昨日收盘价，
//prevClose 不影响最终的输出结果中除昨日收盘价以外的其他字段
prevClose = dict(['000587.SZ', '002694.SZ', '002822.SZ', '000683.SZ',
  '301063.SZ', '300459.SZ', '300057.SZ', '300593.SZ', '301035.SZ', '300765.SZ'],
    [1.66, 6.56, 6.10, 8.47, 38.10, 5.34, 9.14, 48.81, 60.04, 16.52])
//定义引擎，每 1s 计算输出深交所股票 10 档买卖盘口
outputCodeMap = [`000683.SZ]
engine = createOrderBookSnapshotEngine(name = "demo", exchange = "XSHE",
    orderbookDepth = depth, intervalInMilli = interval, date = 2022.01.10, startTime = startTime,
    prevClose = prevClose, dummyTable = orderTradeStream, outputTable = outTable,
    inputColMap = inputColMap, outputCodeMap = outputCodeMap)
subscribeTable(tableName = "orderTradeStream", actionName = "appendOrderbookSnapshot",
    offset = -1, handler = engine, msgAsTable = true, reconnect = true)
//从 server 目录下的 csv 文件加载输入数据至内存，输入数据为逐笔成交和逐笔委托数据合成的一张表
filePath = "./orderbookDemoInput.csv"
colNames = ['SecurityID', 'Date', 'Time', 'SecurityIDSource', 'SecurityType',
  'Index', 'SourceType', 'Type', 'Price', 'Qty', 'BSFlag', 'BuyNo',
  'SellNo', 'ApplSeqNum', 'ChannelNo']

```

```
colTypes = [SYMBOL, DATE, TIME, SYMBOL, SYMBOL, LONG, INT, INT, LONG,
    LONG, INT, LONG, LONG, LONG, INT]
orderTrade = table(1:0, colNames, colTypes)
orderTrade.append!(select * from loadText(filePath) order by Time)
//1 支股票的逐笔数据回放注入快照合成引擎
submitJob("replay", "replay order and trade", replay, orderTrade,
    orderTradeStream, `Date, `Time, replayRate, true)
```

4. 刷新 Altair 页面，等待一会开始出现数据，等回放完成后可以看到如图 8-41 所示页面。

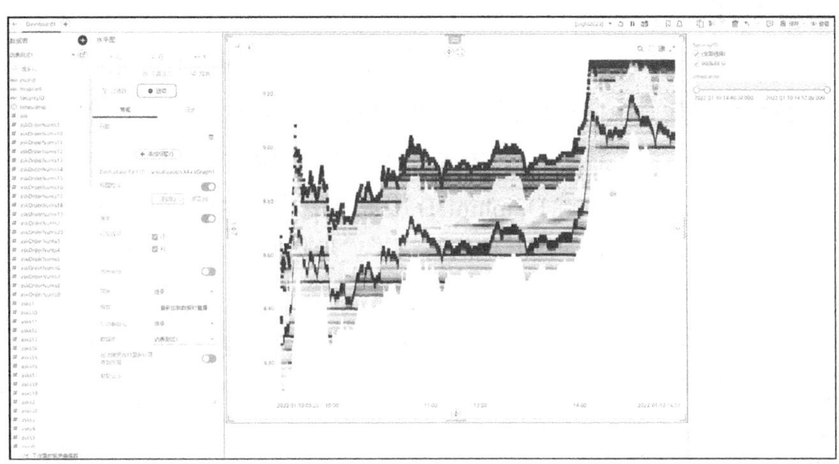

图 8-41　回放结果图

8.3.6 JavaScript API

如果你使用的平台官方没有提供插件，需要自己开发，或者你想要自己搭建一个数据平台，DolphinDB 官方也提供了各种常用语言的 SDK 来满足各种场景需求，这里以 JavaScript API 为例，介绍如何使用 SDK 获取数据。

在项目中安装 dolphindb。

```
npm install dolphindb
```

通过 new DDB 对象的方式来建立一个连接。

```
import { DDB } from 'dolphindb';
//在浏览器中使用时，需要改成从 'dolphindb/browser.js' 引入
//import { DDB } from 'dolphindb/browser.js'
//创建连接
const ddb = new DDB('ws://192.168.0.48:8848', {
    autologin: true,
    username: 'admin',
    password: '123456',
});
ddb.connect();
```

ddb 对象提供了 eval 和 call 两个不同的方法来向服务器发送命令。

- eval 直接发送一段脚本字符串让服务器执行。

```
const result = await ddb.eval('1 + 1');
```

- call 指定一个函数和函数的参数，让服务器执行一次函数的调用。

```
//需要手动声明参数在 DolphinDB 中的数据类型
const result = await ddb.call('add', [new DdbInt(1), new DdbInt(1)]);
```

对比两种方法，eval 可以传递任意数量语句的脚本，使用更简单灵活；而 call 虽然需要手动创建对应的数据对象，使用起来比较繁琐，但数据在传输时将会更加高效。具体使用哪种请根据实际情况来选择，不管是 eval 还是 call，我们得到的运行结果都是一个 DdbObj 对象，这个对象描述了运行结果在 DolphinDB 中的数据形式（form）、数据类型（type）以及对应的值（value），value 会根据 form 和 type 的不同，变成不同的数据类型。由于种类比较多，这里不展开来讲。为了方便做数据展示，可以通过包内提供的 format 方法将各种 DdbObj 对象格式化成字符串。

```
console.log(format(result.type, result.value, result.le)) //'2'
```

如果一个执行结果是一个向量值，你可以使用 formati 来格式化某个指定位置元素的值。

```
console.log(formati(result, 0)) //获取格式化后第 0 个元素的值
```

以上是使用 JavaScript API 与 DolphinDB 服务器完成基本数据交互的方式，但如果你想要订阅一个流数据表，就需要使用其他的写法了。步骤如下。我们先在服务器上创建一个流表。

```
share streamTable(10:0, `name`value, [STRING,INT]) as outputTable;
```

再创建一个新的 DDB 对象。

```
const ddb = new DDB('ws://192.168.0.43:8800', {
    autologin: true,
    username: 'admin',
    password: '123456',
    streaming: {
        table: 'outputTable',
        handler (message) {
            console.log(message)
        }
    }
})
await ddb.connect()
```

在运行这段 JavaScript 代码的同时，我们在服务器上执行下面的命令。

```
n = 3
newData = table(
    format(rand(10, n) + 1, "SYMBOL00") as name,
    rand(10, n) as value
)
outputTable.append!(newData)
```

现在我们可以看到运行 JavaScript 代码的控制台中打印出来了一条新的信息，如图 8-42 所示，包括了我们这次运行 DolphinDB 脚本代码插入 outputTable 的新数据。

```
(node:94150) ExperimentalWarning: Use `importAttributes` instead of `importAssertions`
(Use `node --trace-warnings ...` to show where the warning was created)
ws://192.168.0.48:8848/ (streaming) connected
session id changed from 0 to 2882591513
subscribed to streaming table, colnames: [ 'name', 'value' ]
{
  table: 'outputTable',
  handler: [Function: handler],
  action: 'api_js_1710150149634',
  id: 2n,
  time: 1710150153669447580n,
  rows: 3,
  topic: 'localhost:8848:local8848/outputTable/api_js_1710150149634',
  colnames: [ 'name', 'value' ],
  schema: table[0r][2c]([ string[0]('name', []), int[0]('value', []) ]),
  data: any[2]([string[3](['SYMBOL05', 'SYMBOL01', 'SYMBOL03']), int[3]([1, 4, 4])]),
  window: {
    offset: 0,
    rows: 3,
    segments: [
      any[2]([string[3](['SYMBOL05', 'SYMBOL01', 'SYMBOL03']), int[3]([1, 4, 4])])
    ]
  }
}
```

图 8-42　JavaScript API 订阅流表结果

✧ 注意：由于订阅流数据表会占用整个连接，因此订阅了流数据表的 DDB 对象实例将无法执行 call 和 eval 两个方法，需要另外新建一个与服务器的连接。

思考题

1. 在 `plot` 函数中 *extras* 参数的 multiYAxes 属性表示什么含义，在什么情况下必须设置？
2. 在 `plot` 函数中 *stacking* 参数有什么含义，在什么情况下该参数才有效？
3. 在 `plot` 函数中，如何配置图表标题、*X* 轴标题和 *Y* 轴标题？
4. DolphinDB Dashboard 支持哪几种数据源，区别是什么？
5. DolphinDB Dashboard 变量用于什么场景？
6. DolphinDB Dashboard 变量有哪几种控件？
7. Dashboard 相比 `plot` 函数有哪些优势？
8. 如何在 grafana 插件创建多个查询，在一张图中显示多条曲线？
9. JavaScript API 中 ddb.call 和 ddb.eval 方法返回的结果是怎样的对象？
10. 如何格式化 JavaScript API 返回的时间类型对象为字符串，比如 timestamp 类型的对象？

第 9 章 分布式计算

CHAPTER 9

前面的章节讨论了 DolphinDB 最基本的数据分析能力。不过，数据分析也可能非常复杂：它会提交很多计算任务，需要多个节点、多个处理器来协同处理——我们称之为分布式计算。本章从单节点单作业的子任务并行计算开始讲起，逐步扩展到单节点多作业的管理和调度，接着讨论分布式计算的基础设施远程过程调用，然后介绍最常用的分布式计算场景——分布式存储和查询，最后详解 DolphinDB 的通用分布式计算框架。

9.1 并行计算

我们从最简单的场景——单个节点单个作业的子任务并行计算开始讲 DolphinDB 的分布式计算，并探讨与之相关的重要概念和最佳实践。

9.1.1 peach 和 ploop

在 5.4 高阶函数这一小节中，我们着重提到了 each 和 loop 这两个高阶函数。它们都会拆分输入参数，然后执行多个子任务，最后合并计算结果。唯一的区别是，loop 函数不做实质性的合并，只是将子任务的计算结果作为一个元素简单写入元组中。peach 和 ploop 分别对 each 和 loop 进行并行计算，即多个子任务的执行过程是并行的，但是参数拆分和结果合并仍然是单线程的。因此，并行计算对计算性能的提升效果有多少，除了要考虑用于并行计算的 CPU 核个数，也要斟酌子任务执行所需时间在整个函数计算过程中的耗时占比，如果参数拆分和计算结果合并的耗时占比较大，则并行计算的提效有限。

下例中，随机产生一个 20000 行 5000 列的双精度浮点数矩阵，并求每一列的窗口大小 22 的移动偏度。直接使用 mskew 或者 each + mskew，耗时约 17 秒。使用 peach + mskew 进行并行计算，总共产生 5000 个子任务（矩阵按列遍历），总耗时减少到 3.4 秒左右，约为单线程计算的五分之一。其中实验的计算机提供四个物理 CPU 核（8 个逻辑核），并行计算的耗时之所以没有降到单线程计算的八分之一，是因为参数拆分和计算结果合并是单线程操作，也需耗时，同时多个子任务切换是有时间开销的。

```
m = rand(1.0, 20000:5000)
timer peach(mskew{,22},m)
//output: Time elapsed: 3434.71 ms

timer each(mskew{,22}, m)
//output: Time elapsed: 17510.4 ms

timer mskew(m, 22)
//output: Time elapsed: 17199.2 ms
```

我们再来看一组对比实验。将上例中的 mskew 换成 msum，使用 each + msum 的单线程计算耗时约 260 毫秒，耗时很小。而在 peach + msum 的多线程并行计算中，耗时几乎相同。原因就是前面提及的，子任务的计算耗时在整个任务时间中没有占据非常高的比重，同时伴有多任务切换的时间开销。

```
timer peach(msum{,22}, m)
//output: Time elapsed: 242.9ms

timer each(msum{,22}, m)
//output: Time elapsed: 259.6ms
```

通过以上两组实验，我们不难得出结论：要想并行计算产生更明显的提速效果，需要尽可能减少拆分参数和合并计算结果的时间，即让计算任务在总任务中的耗时占比足够高。以股票量化投研为例，我们通常以一组日期、一组股票代码或一组因子代码作为输入参数，将每个子任务的计算结果直接写入数据库，不需要合并。这样一来，拆分参数和合并计算结果的时间几乎可以忽略。

9.1.2 线程安全

DolphinDB 的并行计算采用了**线程池**模型。子任务在不同的线程中并发运行，因此必须要注意线程间共享数据的安全问题。如果忽视这个问题，可能会导致系统崩溃或计算结果不正确。DolphinDB 会为每一个用户连接创建一个会话对象，并存储用户信息和本地变量等数据。多线程运行时，潜在的共享数据包括会话对象以及内存数据对象，如表、字典、集合、向量、元组、矩阵、标量等。

用户的会话对象在多任务并行时，会自我复制除本地变量以外的信息，所以在并行计算时不会产生安全问题。

内存中的数据对象，如果只是被多个线程同时读取，也不会产生任何安全问题；只有在被两个或两个以上线程并发读写或并发写入时，才会产生安全问题。下例中，多个线程通过 peach 同时往内存表 t 写入数据，直接导致 DolphinDB 进程崩溃。

```
def writeTable(mutable t, id, n){
  newData = table(take(id, n) as id, rand(1.0, n) as val)
  t.append!(newData)
  return n
}

t = table(array(INT, 0) as id, array(DOUBLE, 0) as val)
insertedRows = peach(writeTable{t}, 1..8, 10 * 1..8).sum()
assert insertedRows == t.size()
//output: 直接导致进程崩溃
```

我们将上述代码稍作修改，将 t 定义为一个共享内存表，允许两个或更多进程同时访问和修改它就可实现对 t 的并行操作。程序正常运行，总共写入 360 条记录。

```
share table(array(INT, 0) as id, array(DOUBLE, 0) as val) as t
insertedRows = peach(writeTable{t}, 1..8, 10 * 1..8 ).sum()
assert insertedRows == t.size()
print t.size()
//output: 360
```

DolphinDB 中的分布式表包括分区表和维度表，两者的设计都支持多个线程同时读写是安全的。但内存表默认不是线程安全的，如果需要跨线程并发读写，必须通过 share 语句或 share 函数进行共享。内存表一旦共享，就会自动加锁以实现线程安全。DolphinDB 中除了表以外，还有字典可以共享。字典的共享请参阅官方文档中的 syncDict 函数。其他数据结构均不允许共享。

函数式编程和纯函数对线程安全来说都十分重要。函数式编程通常不赋值，而是通过计算复制一份数据，这样就不容易出现并发读写的问题。不支持全局变量也减少了数据被多线程共享的可能性。函数参数默认不能修改，大大减少了数据被修改导致线程不安全的场景。

9.2 作业管理

作业（job）是 DolphinDB 中最基本的执行单位，可以简单理解为一段 DolphinDB 脚本代码在系统中的一次执行。上一节提到 DolphinDB 中单个作业的多个子任务可以并行计算。事实上，DolphinDB 中的多个作业也可以并行计算。作业的并行计算方式不同，可能产生阻塞，也可能不产生阻塞，作业根据阻塞与否可分为同步作业和异步作业。

9.2.1 同步作业

同步作业会阻塞客户端当前的连接。在当前的同步作业返回之前，客户端不能再发送新的作业，所以用户能同时发送的同步作业的数量取决于当前节点的最大连接数（通过配置项 *maxConnections* 设置最大连接数）。同步作业也称为交互式作业（interactive job），主要通过以下方式提交。

- DolphinDB GUI
- DolphinDB Console（命令行）界面
- DolphinDB Terminal
- Visual Studio Code VS Code 插件
- DolphinDB 提供的各个编程语言 API 接口
- Web Notebook

创建同步作业案例：

我们在 DolphinDB GUI 中输入下面的代码，并点击执行菜单选项或图标，就生成了一个同步作业。这个作业用随机数来估算 Pi 的大小。

```
def calcPi(sampleCount){
    x = rand(1.0, sampleCount)
    y = rand(1.0, sampleCount)
    return 4 * sum(x * x + y * y < = 1) \ sampleCount
}
calcPi(100000000)
```

同步作业创建后，可以使用 getConsoleJobs 查看作业信息。示例如下。

```
getConsoleJobs()
//output
node   userID  rootJobId  jobType  desc  priority  parallelism receiveTime  sessionId
------ ----    ---------  ------   ----  --------  ----------- -----------  --------
NODE_1 admin  b4ff7490-9a... unknown unknown  0  1  2020.03.07T20:42:04.903  323,818,682
NODE_1 guest  12c0be95-e1...  unknown unknown  4  2  2020.03.07T20:42:06.319  1,076,727,822
```

上述结果中 node 是作业所在节点名。userID 是作业创建者，用户可以根据 userID 找到自己创建的作业。rootJobId 是作业编号。priority 是优先级。parallelism 是并行度。receiveTime 是系统接收到作业的时间。sessionId 是会话编号。

✧ 注意：同步作业会独占前台界面，用户可以另起一个会话（例如开启另一个 GUI）来连接当前节点，并运行 getConsoleJobs。

用户还可以在 Web 集群管理器上查看作业。从 1.30.16 版本起，DolphinDB 在 Web 集群管理界面上增加了作业管理功能，支持查看和取消作业。如图 9-1 所示，点击左侧边栏中的作业管理后，右边界面会显示运行中的同步作业、已提交的批处理作业和定时作业。点击同步作业的+，可显示同步作业的详细信息，点击停止，可取消作业。

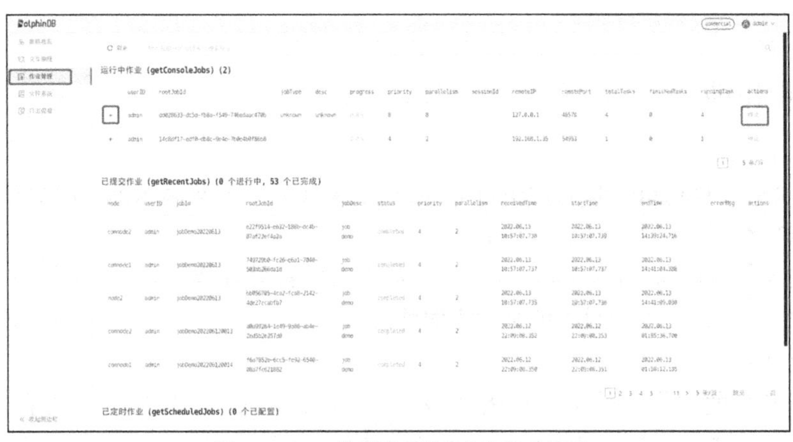

图 9-1　Web 集群管理器的作业管理界面

取消同步作业可用 cancelConsoleJob 函数。在 DolphinDB 系统中，每个作业都有唯一的编号，即 rootJobId，当作业有很多子任务时，每个子任务的 rootJobId 跟父作业的 rootJobId 都是一致的；依据作业的唯一编号（rootJobId），即可准确取消作业。作业编号需用 getConsoleJobs 函数获取。

运行 getConsoleJobs 和 cancelConsoleJob 都需要另起一个会话。为方便用户，DolphinDB GUI 提供了一个"取消作业"按钮，点击该按钮即可直接取消当前作业。而当作业正在运行时，若强制关闭 GUI，GUI 会发送一个取消作业的命令，以取消已提交的作业。若想取消集群中其他节点上的同步作业可借助 rpc 或 pnodeRun 函数。下例中的脚本定义了一个取消节点上所有同步作业的函数，并用 pnodeRun 提交到所有数据节点、计算节点执行。

```
def cancelAllConsoleJobs(){
    cancelConsoleJob(getConsoleJobs()[`rootJobid])
}
pnodeRun(cancelAllConsoleJob)
```

这里需要注意的是：

- 首先，DolphinDB 的作业是基于线程的，线程不能被直接取消，所以 DolphinDB 通过设置 Cancel 标志的方法来实现作业取消。系统在收到取消作业的命令后，设置一个 Cancel 标志，然后在执行作业的某些阶段（例如开始某个子任务或开始每一轮循环前），去检测是否设置了 Cancel 标志；若设置了 Cancel 标志，则取消作业。因此取消作业不是马上生效，可能存在些许延迟。
- 其次，如果一个节点的连接数已经用完，则可能无法发送取消作业的命令。发生这种情况时，若 DolphinDB 节点是前端交互模式启动，可以在 DolphinDB console 中执行取消。若部署模式是集群模式，且有任意两个节点之间已经建立了一些连接，因为这些连接一般是不会释放的，所以可以尝试从其他节点删除指定的作业。由于 DolphinDB 是一个分布式系统，因此无论从哪个节点删除一个作业，该节点都会将任务广播到其他节点。
- 最后，若节点的作业队列中有大量的作业在排队，则无法立即执行 `cancelConsoleJob` 或 `getConsoleJobs`。解决此问题的方法有 2 个，一是用 GUI 中的“取消作业”按钮，点击这个按钮意味着在发送任务时会以紧急方式发送，即按照最高优先级处理；二是从其他节点删除指定的作业，取消子任务的任务在发送时也会按最高优先级处理。

9.2.2 异步作业

异步作业是在 DolphinDB 后台执行的作业，这类任务一般对结果的实时反馈要求较低，且需要长期执行，任务包括以下 3 种形式。

- 通过 `submitJob` 或 `submitJobEx` 函数提交的**批处理作业**。
- 通过 `scheduleJob` 函数提交的**定时作业**。
- 流数据作业。

批处理作业通过 `submitJob` 函数或 `submitJobEx` 函数创建。两者的区别是，`submitJobEx` 函数可以指定作业的 priority（优先级）和 parallelism（并行度）。对某些比较耗时的工作，如历史数据写入分布式数据库、即席查询等，我们可以把它封装成一个函数，然后创建为批处理作业。批处理作业与常规交互作业分离，在独立工作线程池中执行。在系统中，批处理作业工作线程数的上限是由配置参数 *maxBatchJobWorker* 设置的。如果批处理作业的数量超过了限制，新的批处理作业将会进入队列等待。参考下例，创建一个批处理作业。

```
def demoJob(n){
    s = 0
    for (x in 1 : n) {
        s + = sum(sin rand(1.0, 100000000)-0.5)
    }
    return s
}
submitJob("demoJob", "a demo job", demoJob, 1000)
```

节点上所有批处理作业的信息，可以用 `getRecentJobs` 函数查看。示例如下：

```
getRecentJobs(4);
node userID jobId jobDesc priority parallelism receivedTime startTime endTime errorMsg
---- ----- ----- ----- ------- ----------- ------------ --------- ------- --------
NODE_0 admin  write  write   4       2  2020.03.08T16:09:16.795
NODE_0 admin  write  check   4       2  2020.01.08T16:09:16.795   2020.01.08T
16:09:16.797
NODE_0 guest  query  query   0       1  2020.01.10T21:44:16.122   2020.01.10T
21:44:16.123   2020.01.10T21:44:16.123  Not granted to read table dfs://FuturesContract/
NODE_0 admin  test   foo     8      64  2020.02.25T01:30:23.458   2020.02.25T
01:30:23.460   2020.02.25T01:30:23.460
```

在作业状态信息列表中，

- 若 startTime 为空，如上述第一个作业，表示作业还在排队等待执行。
- 若 endTime 为空，如上述第二个作业，这意味着作业还在执行中。
- 若 errorMsg 非空，如上述第三个作业，表示作业有错误。

getRecentJobs 函数可查看多个作业状态信息，若只需查一个特定的作业状态信息，可用 getJobStatus 函数。

✧ 注意：getRecentJobs 只返回当前节点在本次启动后提交作业的信息，不包括重启之前提交的作业。若要查看重启前的任务信息，则要查看磁盘文件。

DolphinDB 系统把批处理作业的输出结果保存到磁盘文件。保存文件的路径由配置参数 *batchJobDir* 指定，默认路径是 *<HomeDir>/batchJobs*。每个批处理作业产生 2 个文件：*<job_id>.msg* 和*<Job_id>.obj*，分别用来存储中间消息和返回对象。另外，当系统接收、开始和完成批处理作业时，每个批处理作业会向*<BatchJobDir>/batchJob.log* 添加一条信息。DolphinDB 提供了 getJobMessage 和 getJobReturn 函数分别用于取得批处理作业返回的中间消息和对象。

cancelJob 命令可取消已经提交但尚未完成的批处理作业。与同步作业一样，因为系统通过设置 Cancel 标志的方法来取消作业，因此取消作业不能立即生效。若需取消其他节点上的批处理作业，可调用 rpc 或 pnodeRun 函数，例如下面的脚本可取消所有数据节点/计算节点上未完成的批处理作业。

```
def cancelAllBatchJob(){
    jobids = exec jobid from getRecentJobs() where endTime = NULL
    cancelJob(jobids)
}
pnodeRun(cancelAllBatchJob)
```

9.2.3　线程池和作业调度

如前所述，DolphinDB 采用线程模型、而不是进程模型，来实现作业或作业的子任务的并行计算。DolphinDB 根据系统配置参数 *workerNum* 来创建一个线程池，以供作业执行和调度使用。采用线程池，需要避免因饥饿导致的死锁问题。譬如，线程池大小为 2，现在有 2 个作业已经占用了这两个线程，如果每个作业又产生 2 个子任务，则会因为没有多余的线程可以用来执行子任务，导致每个作业都无法完成任务，即发生死锁。为避免这样的死锁，DolphinDB 引入了层次型的线程池，它最多有 5 层。每一层中的任务产生的子任务会到下一层的线程池执行。虽然这个方法避免了死锁，但是在极端情况下可能会限制层次特别深的作业。

当有多个作业时，DolphinDB 按照作业的优先级来调度子任务，优先级高且并行度高的作业会分到更多的计算资源。为了防止处于低优先级的作业长时间等待，DolphinDB 会适当降低运行中的作业的优先级。具体的做法是，当一个作业的时间片被执行完毕后，如果存在比其低优先级的作业，那么将会自动降低一级优先级。当优先级到达最低点后，又回到初始的优先级。因此低优先级的任务迟早会被调度到。

DolphinDB 支持定时作业（scheduled job），即系统在规定时间以指定频率自动执行作业。该功能广泛应用于数据库定时计算分析（如每日休市后分钟级的 K 线计算、每月统计报表生成）、数据库管理（如数据库备份、数据同步）、操作系统管理（如删除过期日志文件）等场景。以下脚本展示了如何在每周一到每周五的 15 点计算分钟级的 K 线。要保证定时作业能够正确运行，必须先创建两张数据表 trades 和 OHLC。定时作业不能定义复杂的作业依赖关系。如果读者有这方面的需求，请在 DolphinDB 官网查询 AirFlow 和 DolphinScheduler 的教程。

```
def computeOHLC(){
    barMinutes = 7
    sessionsStart = 09:30:00.000 13:00:00.000
    OHLC =  select first(price) as open, max(price) as high, min(price) as low,
                last(price) as close, sum(volume) as volume
        from loadTable("dfs://stock", "trades")
        where time > today() and time < now()
        group by symbol, dailyAlignedBar(timestamp, sessionsStart,
                                barMinutes * 60 * 1000) as barStart
    append!(loadTable("dfs://stock","OHLC"), OHLC)
}
scheduleJob(“kJob”, "7 Minutes", computeOHLC, 15:00m, today(),
    datetimeAdd(today(), 1y), 'W', [1,2,3,4,5])
```

9.3 远程过程执行

并行计算和作业管理实际上都是单个节点上的计算，而分布式计算会涉及多个节点之间的计算，其基础是远程过程执行。DolphinDB Server 中的分布式数据库、分布式 SQL 查询、分布式机器学习的实现，都用到了远程过程执行。本小节介绍 DolphinDB 中远程过程执行实现的两种方法 `remoteRun` 和 `rpc`。掌握了这两种方法，对数据分析也大有裨益。

9.3.1 remoteRun

`remoteRun(conn, script, args...)` 函数用于在远程节点（参数 *conn* 所指向的节点）上执行一段脚本或一个函数，并返回结果到当前节点。如果 *script* 是字符串，则在远程节点上执行这段脚本或远程节点上定义过的函数。参考下例。

```
//连接到指定的远程节点。需要根据实际情况调整节点名称或地址，端口号，用户名和密码
conn = xdb("192.168.1.2", 8848, "admin", "123456")

//在远程节点上执行一段脚本
remoteRun(conn, "1 + 2")
//output: 3

```

```
//执行远程节点上的一个函数（部分应用），参数通过本地节点上传
remoteRun(conn, "add{, 1 2 3}", matrix(1 2 3, 4 5 6))
//output:
#0 #1
-- --
2  5
4  7
6  9
```

如果*script*是一个函数定义，则系统会把本地的函数定义和参数一起序列化到远程节点，并执行这个函数。用户无须先将本地的函数定义复制到远程节点上。参考下例。

```
def getServerInfo() {
    return dict(`version`timestamp, [version(), now()], true)
}
remoteRun(conn, getServerInfo)
//output:
version->3.00.0 2024.03.31
timestamp->2024.05.21T23:52:46.133
```

使用 `remoteRun` 函数，可以让一个 DolphinDB Server 作为另一个 DolphinDB Server 的客户端。`remoteRun` 客户端在性能上类似于 C++ API 客户端，但是操作更方便，因为可以通过脚本代替 C++。

下例中，我们使用 `remoteRun` 函数来测试 DolphinDB Server 的并发查询性能。首先，我们需要在远程集群上创建一个 Level 2 快照数据的分布式数据表 snapshot，然后，我们在本地节点创建 10 个到远程节点的 xdb 连接，自定义函数 `testSQLQuery`，并调用 *peach* 来实现并发查询。在自定义函数 `testSQLQuery` 中，我们定义一个匿名函数返回 SQL 查询结果，接着做 100 次远程函数调用，最后返回以毫秒为单位的总耗时。

```
def testSQLQuery(conn){
    queryFunc = def(secDate, secId){
        return select * from loadTable("dfs://snapshot", "snapshot")
            where date = secDate, securityID = secId
    }
    secIds = format(1..100, "000000")
    startTime = now()
    for(secId in secIds){
        remoteRun(conn, queryFunc, 2020.12.31, secId)
    }
    return now() - startTime
}

conns = loop(xdb, "192.168.1.2", take(8848, 10), "admin", "123456")
peach(testSQLQuery, conns)
//返回一个长度为 10 的向量，记录每一个客户端连接完成 100 个查询的时间。
```

DolphinDB 中还有另一个函数 `remoteRunWithCompression`，接口与 `remoteRun` 函数完全一致。唯一不同点是前者会对发送和接收的数据对象进行压缩以减少网络传输。

9.3.2 rpc

`rpc` 函数用于在指定的远程节点上调用本地函数，并把结果返回到本地节点。这个函数可以是内置函数或调用节点上的用户自定义函数。`rpc` 函数跟 `remoteRun` 函数的区别包括以下几点。

- rpc 只能用于同一个集群中的不同节点，remoteRun 不受此限。
- rpc 只能用于函数调用，remoteRun 可以调用函数或脚本。
- rpc 的用户权限等同于本地节点上当前用户的权限，remoteRun 的权限由创建连接时的用户名决定。
- rpc 无须用户创建新连接（复用两个节点之间的已有连接），remoteRun 需要用 *xdb* 显式创建连接。
- rpc 的两次调用的用户会话是完全独立的，remoteRun 只要使用同一个连接，使用的就是一个会话。

下面的例子中，我们定义了一个自定义函数 jobDemo，然后使用 rpc 函数和 submitJob 函数把作业提交到集群中的另一个节点 DFS_NODE2 上执行，返回一个 jobId。紧接着，继续使用 rpc 函数和 getJobReturn 函数获取前面提交的作业的结果。

```
def jobDemo(n){
    s = 0
    for (x in 1 : n) {
        s + = x
    }
    return s
}
//假设属于同一个集群的远程节点的别名是 DFS_NODE2
node = "DFS_NODE2"
jobId = rpc(node, submitJob, "jobDemo3", "job demo", jobDemo, 10)
rpc(node, getJobReturn, jobId)
//output: 45
```

传统的远程过程调用，函数要定义在远程节点上，需要通过序列化把本地的参数发送到远程节点上。而在 DolphinDB 中，无论是 rpc 函数还是 remoteRun 函数，都可以将本地的自定义函数和参数，序列化到远程节点上执行，这大大增强了客户端的灵活性。

9.4 分布式存储和查询

作为一个分布式数据库，DolphinDB 支持分布式存储和查询。当我们用 SQL 语句和 append!函数往一个分布式表查询和写入数据时，该行为看似与查询和写入一个内存表无异，背后实则启用了更为复杂的分布式计算。

9.4.1 数据分区与分布式数据库

分区是进行数据管理和提高分布式存储性能的重要手段之一，通过分区可实现对大型表的有效管理。一个合理的分区策略能够仅读取查询所需的数据，以减少扫描的数据量，进而降低系统响应延迟。

DolphinDB 支持最多 3 个维度的分区，能满足单表百万甚至千万级的分区需求。为了保证每个分区的大小平衡，系统提供了值（VALUE）、范围（RANGE）、哈希（HASH）和列表（LIST）等多种分区方式供用户选择。对于数据量庞大且经常涉及多列的 SQL 查询，DolphinDB 还提供了组合分区，用户可使用 2 个或 3 个分区列，（每个分区列都支持值、范围、哈希或列表分区）。

分区的元数据存储在控制节点，副本数据存储在各个数据节点。分布式文件系统统一管理各个节点的存储空间，分区的规则与分区的存储位置解耦：多个列构成的组合分区，在实现上并没有层次关系，而是进行全局优化。这样一来，分区的粒度更细更均匀，在计算时能充分地利用集群的所有计算资源。DolphinDB 的分区机制具有以下 3 个优点。

- 系统能够充分利用所有资源。通过选择合适的分区方案，并结合并行计算和分布式计算，系统可以充分利用所有节点来完成通常要在一个节点上完成的任务。若一个任务可以拆分成几个子任务，每个子任务访问不同的分区，可以显著提升执行任务的效率。
- 提高了系统的可用性。由于分区的副本通常存储在不同的物理节点上，一旦某个分区不可用，系统依然可以调用其他副本分区来确保任务的正常运行。
- 多表可以共享同一个分区机制，在物理存储时实现 Co-location，从而具有非常高的连接（Join）效率。

9.4.2　分布式写入

使用 append!函数、tableInsert 函数，或者 insert into 语句往分布式表写入数据时，实际上有一个非常复杂的过程。首先将要写入的数据，按照表的分区机制分成若干份，然后将每一份数据分别插入对应的分区，最后进行汇总。譬如，根据每个分区分别写入了多少条数据从而得到写入数据总条数。这个过程本质上使用了 9.5.2 小节中提到的 Map-Reduce 计算框架。当然，因为 DolphinDB 支持事务机制，实际写入过程更为复杂。

当我们了解了分布式表的写入机制后，就会理解为什么只有批量写入才能提升分布式表的写入性能。因为即便只在分布式表中写入一条数据，也要走完一个复杂的分布式计算流程。所以从性能角度出发，DolphinDB 不推荐使用 insert into 语句写入数据。2.00.13/3.00.1 版本的 DolphinDB 新增配置项 enableInsertStatementForDFSTable 用于设置是否允许用 insert into 语句向分布式表中写入数据。

提升写入性能，不仅需要批量写入，而且尽可能使写入数据对分区友好，即一个批次的写入数据不要包含过多的分区。我们以一个股票的数据表为例，分别使用 2 种写入方式并对比其差别。有一个股票的数据表，以日期为分区，每天一个分区。现在写入 4000 条数据。第一个批次的数据，包含同一天的 4000 只股票的数据，因为表按照日期分区，这些数据实际上写入同一个分区。第二个批次的数据，包含同一只股票 4000 天的数据，实际上要写入 4000 个分区。如下可见，两个同样大小的数据，写入时间相差了 70 倍（前者 89 毫秒，后者 6315 毫秒）。

```
login("admin", "123456")
//创建数据库和表
db = database("dfs://writedemo", VALUE, 2020.01.01 .. 2024.05.01)
dummy = table(1:0, `securityId`date`time`open`high`low`close`volume, [SYMBOL,DATE,TIME,
DOUBLE,DOUBLE,DOUBLE,DOUBLE,INT])
t = db.createPartitionedTable(dummy, `stock, `date)

//写入第一个批次，同一天 4000 个股票的数据
n = 4000
data = table("S" + string(1..n) as sym, take(2024.04.18, n) as date,
        take(09:30:00.000, n) as time,
        10.0 + rand(1.0, n) as open,  11.0 + rand(1.0, n) as high,
```

```
            10.0 + rand(1.0, n) as low, 10.0 + rand(1.0, n) as close,
            rand(1000, n) as volume)
timer t.append!(data)
//output: 89 ms

//写入第二个批次，同一个股票 4000 天的数据
data = table(take("S1", n) as sym, 2020.04.18 + til(4000) as date,
            take(09:30:00.000, n) as time,
            10.0 + rand(1.0, n) as open,  11.0 + rand(1.0, n) as high,
            10.0 + rand(1.0, n) as low, 10.0 + rand(1.0, n) as close,
            rand(1000, n) as volume)
timer t.append!(data)
//output: 6315 ms
```

9.4.3 分布式查询

用 SQL 语句对一个或多个分布式表进行查询时，其实也是应用了分布式计算的方法。SQL 引擎首先会根据 where 子句过滤数据，即决定哪些分区需要参与计算。这个过滤分区的过程，我们称之为分区剪枝（Partition Pruning）。涉及的分区越少，计算越快。当 where 子句中的表达式非常复杂时（例如在分区字段上应用了函数），可能会影响引擎的判断，使得本该修剪掉的分区没有被修剪，进而导致查询变慢。我们在写分布式 SQL 时要注意这一点，确保分区剪枝顺利进行。

当完成分区剪枝后，如果不涉及分组计算（group by、context by 或 pivot by）或多表关联，可以简单地为每一个分区创建一个子任务，然后再汇总结果。这个过程本质上也是 9.5.2 小节中提到的 Map-Reduce 过程。如果涉及分组计算或多表关联，而且分区字段与分组字段或关联字段不一致，往往需要进行数据重分区。对于 group by 分组计算，如果使用一些常用的聚合函数包括 sum、avg、max、min、std、var、skew、kurtosis、wavg、corr、covar、beta 等，可以通过查询和改写来避免重分区。重分区会比较耗时，特别是当数据量较大，不得不将重分区后的数据溢出到磁盘时。在实践中，重分区难以被彻底避免。但是在数据库设计时，根据最常用的查询语句，合理地选择分区字段，可以大幅减少重分区的几率。

有些业务比较复杂，SQL 开发人员可能会将逻辑分解成几个步骤，显式的生成中间结果表。在 DolphinDB 中，中间结果表通常是不分区的内存表。如果中间内存表的数据量特别大，那么无论直接用单线程处理（不使用分布式计算），还是将内存表拆分成分布式表再进行分布式计算，都会比较耗时。这一情况需要 SQL 开发人员特别注意。

分布式 SQL 的优化，虽然很复杂，但是如果我们掌握了**分区剪枝、避免或减少重分区、避免大数据量的中间结果**这 3 个基本原则，就能写出性能不错的分布式 SQL 语句。关于分布式 SQL 的优化，可参考 6.5 小节中的 SQL 优化相关内容。

9.5 通用分布式计算

DolphinDB 不仅可以分布式地存储和查询数据，还友好支持通用的分布式计算。在 DolphinDB 中，用户可以用系统提供的通用分布式计算框架 mr 和 imr，以及内置脚本来实现高效的分布式算法，而无须关注具体的底层实现。本节将对通用计算框架中的重要概念和

相关函数作出详细解释，并提供具体的使用场景和例子。

9.5.1　数据源 DataSource

数据源（DataSource）是 DolphinDB 的通用计算框架中的基本概念。它是一种特殊类型的数据对象，是对数据的元描述。通过执行数据源，用户可以获得诸如表、矩阵、向量等数据实体。在 DolphinDB 的分布式计算框架中，轻量级的数据源对象代替庞大的数据实体被传输到远程节点，以用于后续的计算，这大大减少了网络流量。

DolphinDB 的分布式表是最常用的数据源。`sqlDS` 函数可以基于一个 SQL 表达式产生数据源。这个函数并不直接对表进行查询，而是返回一个或多个 SQL 子查询的元语句，即数据源。子查询的划分标准就是分布式表原始的数据分区，一个分区对应一个数据源。`repartitionDS` 函数也是根据 DolphinDB 的分布式表来产生数据源，但是不再按照数据库原有的分区方案来产生数据源，而是根据指定的字段来重新划分。

数据源也可以从外部文件或外部数据库产生。这意味着 DolphinDB 的通用分布式计算可以应用到 DolphinDB 数据库以外的数据。`textChunkDS` 函数可以将一个数据量很大的文本文件分成若干个数据源，以便对一个文本文件所表示的数据执行并行或分布式计算。一些加载了第三方数据的插件也提供了产生数据源的接口。用户可以直接对它们返回的数据源执行分布式算法，而无须先将第三方数据导入内存或保存为分布式表。例如 DolphinDB 的 HDF5 插件提供了 `hdf5DS` 函数，用户可以通过设置其 `dsNum` 参数，指定需要生成的数据源个数。

DolphinDB 的数据源创建之后，可以定义一个或多个转换函数对数据源进行清洗。`transDS!`函数有转换数据源的功能。例如，执行迭代机器学习 `randomForestRegressor` 函数之前，用户可能需要手动填充数据的缺失值（当然，DolphinDB 的随机森林算法已经内置了缺失值处理）。此时，可以用 `transDS!`函数对数据源进行如下处理：用每一个特征列的平均值填充缺失值。假设表中的列 x0、x1、x2、x3 为自变量，列 y 为因变量，以下是实现脚本。

```
ds = sqlDS(<select x0, x1, x2, x3, y from t>)
ds.transDS!(def (mutable t) {
    update t set x0 = nullFill(x0, avg(x0)), x1 = nullFill(x1, avg(x1)),
          x2 = nullFill(x2, avg(x2)), x3 = nullFill(x3, avg(x3))
    return t
})

randomForestRegressor(ds, `y, `x0`x1`x2`x3)
```

用户可以指示系统对数据源进行缓存或清理缓存。对于迭代计算算法（例如机器学习算法），数据缓存可以大大提升计算性能。当系统内存不足时，缓存数据将被清除。如果发生这种情况，系统可以恢复数据，因为数据源包含所有元描述和数据转换函数。和数据源缓存相关的函数有以下两个。

- `cacheDS!`：指示系统缓存数据源。
- `cacheDSNow`：立即执行并缓存数据源，并返回缓存行的总数。

9.5.2　分布式计算框架 Map-Reduce

DolphinDB 的分布式计算框架 Map-Reduce 对应的实现函数是 `mr`。它的语法是 mr(ds,

mapFunc, [reduceFunc], [finalFunc], [parallel = true])，可接受一组数据源和一个 *mapFunc* 函数作为参数。可选参数 *reduceFunc* 会将 mapFunc 的返回值依次进行合并。如果有 M 个 map 调用，reduce 函数将被调用 M-1 次。可选参数 *finalFunc* 对 reduceFunc 的返回值做进一步处理。mr 函数在分布式 SQL 查询的实现中广泛使用。

下面的例子将一个巨大的 HDF5 文件分成了 10 个数据源，然后通过 mr 函数计算第 1 列数据的样本方差。因为 hdf5 文件不支持并行读取，我们可将参数 *parallel* 设置为 false。

```
//如果尚未安装和加载 hdf5 插件，请先完成这一步，再运行下面的代码
ds = hdf5::hdf5DS("large_file.h5", "large_table", , 10)

def varMap(t) {
    column = t.col(0)
    return [column.sum(), column.sum2(), column.count()]
}

def varFinal(result) {
    sum, sum2, count = result
    mu = sum \ count
    populationVar = sum2 \ count - mu * mu
    return populationVar * count \ (count - 1)
}

mr(ds, varMap, reduceFunc = + , finalFunc = varFinal, parallel = false)
```

我们再举一个 repartitionDS 函数和 mr 函数结合使用的例子。分布式表有字段 deviceId、time 和 temperature，数据类型分别为 SYMBOL、DATETIME 和 DOUBLE。数据库采用双层分区，第一层对 time 字段按 VALUE 分区，一天一个分区；第二层对 deviceId 按 HASH 分成 20 个区。现需 deviceId 字段聚合查询 95 百分位[1]的 temperature。如果直接写查询 select percentile(temperature, 95) from t group by deviceId，由于 percentile 函数没有 Map-Reduce 实现，这个查询将无法完成。一个方案是将所需字段全部加载到本地，计算 95 百分位，但当数据量过大时，计算资源可能不足。repartitionDS 函数提供了一个解决方案：首先，将表基于 deviceId 按其原有分区方案重新进行 HASH 分区，使每个新的分区对应原始表中一个 HASH 分区的所有数据；其次通过 mr 函数在每个新的分区中计算 95 百分位的 temperature；最后，将结果合并汇总。

```
//创建数据库
deviceId = "device" + string(1..100000)
db1 = database("", VALUE, 2019.06.01..2019.06.30)
db2 = database("", HASH, SYMBOL:20)
db = database("dfs://repartitionExample", COMPO, [db1, db2])

//创建 DFS 表
dummy = table(100000:0, `deviceId`time`temperature, [SYMBOL,DATETIME,DOUBLE])
t = db.createPartitionedTable(dummy, `tb, `time`deviceId)
n = 3000000
data = table(rand(deviceId, n) as deviceId,
            2019.06.01T00:00:00 + rand(86400 * 10, n) as time,
            60 + norm(0.0, 5.0, n) as temperature)
```

1 百分位数的计算步骤为①将数据集按升序排序。使用公式索引=（百分位/100）*数据点的数量来确定值的索引。如果索引是整数，则百分位数是索引与索引+1 位置的值加和的平均值；如果索引不是整数，则将其向上取到最接近的整数，百分位数是该位置的值。

```
t.append!(data)

//重新分区
ds = repartitionDS(<select deviceId, temperature from t>, `deviceId)
//执行计算
mr(ds, mapFunc = {t->select percentile(temperature, 95) from t group by deviceId},
      finalFunc = unionAll{, false})
```

9.5.3　分布式计算框架 Iterative Map-Reduce

DolphinDB 提供了基于 Map-Reduce 方法的迭代计算函数 `imr`。相比 `mr` 函数，它能支持迭代计算，每次迭代使用上一次迭代的结果和输入数据集，因而能支持更多复杂算法的实现。DolphinDB 内置的分布式机器学习算法均基于此框架开发。

`imr` 函数的语法是 `imr(ds, initValue, mapFunc, [reduceFunc], [finalFunc], terminateFunc, [carryover])`，对各参数的说明如下。

- `initValue` 是第一次迭代的初值。
- `mapFunc` 是一个函数，接受的参数包括数据源实体和前一次迭代中最终函数的输出，在第一次迭代中，它是用户给出的初始值。
- `finalFunc` 函数接受两个参数，第一个参数是前一次迭代中最终函数的输出，在第一次迭代中，它是用户给出的初始值；第二个参数是调用 `reduceFunc` 函数后的输出。
- `terminateFunc` 用于判断迭代是否中止，它接受两个参数：第一个是前一次迭代中 `reduceFunc` 函数的输出，第二个是当前迭代中 `reduceFunc` 函数的输出。`terminateFunc` 如果返回 true，迭代将会中止。
- `carryover` 表示 `mapFunc` 调用是否生成一个传递给下一次 `mapFunc` 调用的对象。如果 `carryover` 为 true，那么 `mapFunc` 有 3 个参数并且最后一个参数为携带的对象，同时 `mapFunc` 的输出结果是一个元组，最后一个元素为携带的对象。在第一次迭代中，携带的对象为空值。

我们给出一个分布式计算中位数的例子来演示如何使用 `imr` 函数。算法的基本思想是：

- 给定一个范围，将范围内的数据等分成 1024（用户可以自行修改等分数量值）的 bucket，加上范围之外的 2 个 bucket，总共 1026 个 bucket；
- 定义一个 map 函数用于计算每个 bucket 中的数据个数。
- 定义一个 final 函数，找出中位数所在的 bucket，从而缩小搜索范围。
- 当 bucket 的范围小于给定的精度时，迭代结束。

```
def medMap(data, range, colName){
    return bucketCount(data[colName], double(range), 1024, true)
}

def medFinal(range, result){
    x= result.cumsum()
    index = x.asof(x[1025]/2.0)
    ranges = range[1] - range[0]
    if(index == -1)
        return (range[0] - ranges * 32):range[1]
    else if(index == 1024)
        return range[0]:(range[1] + ranges * 32)
    else{
        interval = ranges / 1024.0
```

```
            startValue = range[0] + (index - 1) * interval
            return startValue : (startValue + interval)
        }
}

def medEx(ds, colName, range, precision){
    termFunc = {prev, cur->cur[1] - cur[0] <= precision}
    return imr(ds, initValue = range, mapFunc = medMap{,,colName},
        reduceFunc = +, finalFunc = medFinal, terminateFunc = termFunc).avg()
}

//用 9.5.2 中的例子的数据集来测试 medEx 函数，计算所有设备测量的温度的中位数。
ds = sqlDS(<select temperature from loadTable("dfs://repartitionExample", "tb")>)
medEx(ds, "temperature", 50.0 : 70.0, 0.1)
```

imr 函数的典型应用场景是机器学习。我们下面提供一个用牛顿法实现逻辑回归（Logistic Regression）的参数估计的例子。这个例子中，map 函数 myLrMap 计算在当前系数下的梯度向量和 Hessian 矩阵；reduce 函数 add(+)将 map 函数的结果相加，相当于求出整个数据集的梯度向量和 Hessian 矩阵；final 函数 myLrFinal 通过最终的梯度向量和 Hessian 矩阵对系数进行优化，完成一轮迭代；terminate 函数 myLrTerm 的判断标准是本轮迭代中梯度向量中最大分量的绝对值是否大于参数 *tol*。

```
def myLrMap(t, lastFinal, yColName, xColNames, intercept) {
    placeholder, placeholder, theta = lastFinal
    if (intercept)
        x = matrix(t[xColNames], take(1.0, t.rows()))
    else
        x = matrix(t[xColNames])
    xt = x.transpose()
    y = t[yColName]
    scores = dot(x, theta)
    p = 1.0 \ (1.0 + exp(-scores))
    err = y - p
    w = p * (1.0 - p)
    logLik = (y * log(p) + (1.0 - y) * log(1.0 - p)).flatten().sum()
    grad = xt.dot(err) //计算梯度向量
    wx = each(mul{w}, x)
    hessian = xt.dot(wx) //计算 Hessian 矩阵
    return [logLik, grad, hessian]
}

def myLrFinal(lastFinal, reduceRes) {
    placeholder, placeholder, theta = lastFinal
    logLik, grad, hessian = reduceRes
    //deltaTheta 等于 hessian^-1 * grad，相当于解方程 hessian * deltaTheta = grad
    deltaTheta = solve(hessian, grad)
    return [logLik, grad, theta + deltaTheta]
}

def myLrTerm(prev, curr, tol) {
    placeholder, grad, placeholder = curr
    return grad.flatten().abs().max() <= tol
}

def myLr(ds, yColName, xColNames, intercept, initTheta, tol) {
    logLik, grad, theta = imr(ds, initValue = [0, 0, initTheta],
        mapFunc = myLrMap{, , yColName, xColNames, intercept},
        reduceFunc = +, finalFunc = myLrFinal, terminateFunc = myLrTerm{, , tol})
    return theta
}
```

9.5.4　计算节点和存算分离

当我们引入了抽象的数据源 DataSource 这个概念后，存储和计算已经在 DolphinDB 系统中开始分离。首先，DataSource 屏蔽了数据的具体位置。它可以是远程的数据，也可以是本地的数据；可以是内存中的数据，也可以是磁盘上的数据。其次，DataSource 屏蔽了数据在具体系统中的物理存储格式：它可以是 DolphinDB 的分布式表，也可以是 Oracle 的一张关系表，甚至是某个文件系统上的一个 Parquet 格式文件。DataSource 保证返回的数据是一个二维表、矩阵、向量或其他 DolphinDB 可以识别的数据结构。DataSource 使得分布式计算可以聚焦于计算，而不用考虑数据的具体来源与格式，也就是说在程序逻辑上，计算与存储得以分离。

分布式计算，除了依赖操作的数据对象，还依赖算力。在 1.30.14/2.00.1 版本之前，DolphinDB 的集群只包含控制节点和数据节点。数据节点既能存储计算，也能进行计算。分布式计算必须在数据节点上完成。从 1.30.14/2.00.1 版本开始，如图 9-2 所示，DolphinDB 集群引入了计算节点。

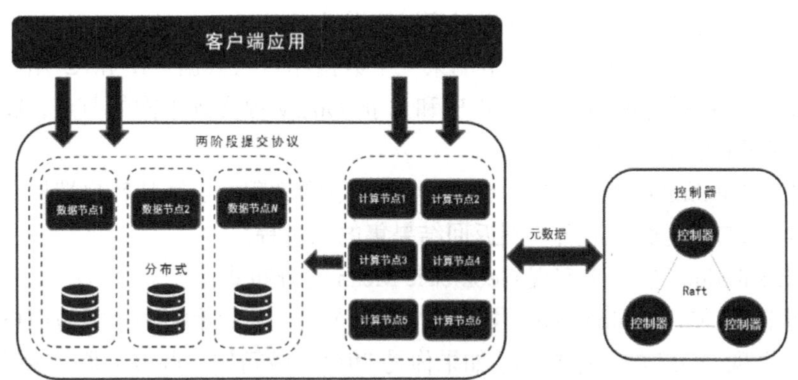

图 9-2　DolphinDB 从 1.30.14/2.00.1 版本开始的集群网络架构

计算节点只用于数据的查询和计算，一般应用于计算密集型的操作，包括流计算、分布式关联、机器学习、数据分析等场景。数据节点可以同时承担计算任务和数据读写任务的执行，对于一些计算任务不重的场景来说，数据节点可以兼任计算任务，但是对于计算逻辑较复杂、并发度较高的重计算场景下，可能会对数据写入和数据读取有影响。

- 对于数据写入的影响：重计算任务会大量消耗 CPU 和内存资源，而数据写入时需要 CPU 来进行数据的预处理和压缩，所以对于数据写入性能会有影响。尤其对于 TSDB 引擎的库，因为在数据入库时要做排序索引等预处理，对 CPU 资源需求更大，所以在 CPU 资源不足时对 TSDB 的写入性能影响较大。
- 对于数据读取的影响：若大量内存被计算任务占用，那么读取数据时，可能因内存不足导致 OOM 异常。所以重计算情况下，建议通过计算节点来隔离计算任务和数据读写任务的资源。

计算节点不存储数据，但可以加载分布式数据库的数据进行计算。通过在集群中配置计算节点，将写入任务提交到数据节点，所有计算任务被提交到计算节点，系统实现了存储和计算在算力层面的分离。

思考题

1. 请列举使用 ploop 和 submitJob 实现多任务并行的不同点（3 个以上）。两者能达到的最大并行度分别是由哪些配置参数决定的？

2. 某用户不小心通过 DolphinDB GUI 提交了一个复杂的 SQL 查询，占用了太多的资源。如果希望通过脚本立刻取消该查询，请写出操作步骤和相应的脚本代码。如果该查询是通过 submitJob 函数提交的，又该如何取消？

3. A 和 B 同时通过 rpc 函数到集群中的同一个节点 *N* 上执行本地的一个自定义函数 foo。A 和 B 的自定义函数 foo 虽然名称相同，但函数实现完全不一样，请问在 *N* 节点上执行时，是否会相互干扰？请说出你的理由并通过实验来验证。

4. A 和 B 往一个单节点的 DolphinDB 数据库服务器提交了两个基本的数据查询任务，A 略微先提交。A 的查询涉及 100 个数据分区，优先级为 6；B 的查询涉及 1 个分区，优先级为 4。如果服务器的 workerNum 设为 8，每个分区的数据大小完全一致，请问是 A 还是 B 先完成查询任务，请说出你的理由并通过实验来验证。

5. A 系统正在往 DolphinDB 集群的某一个数据库写入数据。B 和 C 用户使用同一个 SQL Query 查询正在写入的数据，如果 B 和 C 把 Query 提交到不同的节点，DolphinDB 保证 B 和 C 得到相同的结果吗？

6. 请阅读 DolphinDB 官方文档上的相关知识点和教程，了解从客户端提交一个分布式的查询给 DolphinDB 集群到最后收到返回结果集的全过程。

7. 用 Map-Reduce 框架来实现 Geometric Mean 的分布式计算。

8. 大量用户在使用 DolphinDB 集群进行各种分布式查询和计算。因为用户提交的作业比较多，目前出现 OOM 的几率较高。如果你是 DBA，请问如何调整集群的参数配置（不能改变现有的硬件配置和数量）降低 OOM 的概率。

9. 一个机构使用 DolphinDB 集群作为结构化数据的存储和计算。每年新增的数据量不超过历史数据的 5%，但是近几年使用 DolphinDB 集群用于数据分析和机器学习的员工数量在不停地增加，请推荐一个 DolphinDB 集群的扩容方案。

10. 分布式文件系统上存储了大量结构化的数据文件，偶尔会被用于数据分析。因为数据量很大，但使用频率不高，DBA 不希望将全部数据导入到 DolphinDB 分布式数据库。你有什么方案可以推荐给 DBA？

第 10 章

CHAPTER 10

数据导入导出

DolphinDB 针对各种类型的数据文件和数据源提供了便捷的导入/导出工具，利用这些工具，可以完成即时或定时的数据加载、清洗和导入/导出任务。本章第 1 至 4 节介绍了各种文件型数据源的导入和导出，这类工具主要是通过 DolphinDB 内置函数或插件函数方式提供。通过这些工具可以直接载入和导出 DolphinDB 服务器本地的文件数据集。第 5 和 6 节分别以 MySQL 和 Oracle 为例，介绍了 DolphinDB 与常见数据库的对接工具，其中一些通用的接口工具也适配其他的数据库，可以自行扩展使用。本章第 7 节介绍了 DolphinDB 是如何与消息中间件的数据对接，并以 Kafka 为例，演示了 DolphinDB 的插件与消息中间件的连接、订阅和发布数据的方法。

10.1 文本文件

DolphinDB 内置 `loadText`、`pLoadText`、`loadTextEx`、`textChunkDS` 四个函数，用于导入文本文件数据。这些导入函数的一个共性要求是需要指定列分隔符，例如 csv 文件常用的逗号。对于没有固定分隔符的文件（比如按照每列的约定长度截取内容的文件类型），需要通过 API 读取或者开发对应的插件进行导入。本节将以一系列 csv 文件导入为案例，介绍文本文件的各种导入方法及各类常见问题的处理方法。

10.1.1 内置文本文件加载函数介绍

目前 DolphinDB 支持 `loadText`、`pLoadText`、`loadTextEx`、`textChunkDS` 四个导入函数。

- `loadText`：将文本文件导入为内存表，可在内存中对导入数据进行处理、分析。
- `ploadText`：将文本文件并行导入为分区内存表，与 `loadText` 函数相比速度更快。
- `loadTextEx`：将文本文件直接导入数据库中，包括分布式数据库和内存数据库。
- `textChunkDS`：将文本文件划分为多个小数据源，可搭配 `mr` 函数进行灵活的数据处理。

通用参数详解见表 10-1。

表 10-1　文本导入函数通用参数列表

参数	说明
filename	字符串，表示数据文件的路径。
delimiter	字符串标量，表示数据文件中各列的分隔符。分隔符可以是一个或多个字符，默认是逗号（","）。
schema	表对象，用于指定各字段的数据类型。它可以包含以下四列（其中，name 和 type 这两列是必需的）： • name：字符串，表示列名。 • type：字符串，表示各列的数据类型。 • format：字符串，表示数据文件中日期或时间列的格式。 • col：整型，表示要加载的列的下标。该列的值必须是升序。
skipRows	0 到 1024 之间的整数，表示从文件起始位置开始忽略的行数，默认值为 0。
arrayDelimiter	数据文件中数组向量列的分隔符。默认是逗号。配置该参数时，必须同步修改 schema 的 type 列修为数组向量类型。
containHeader	布尔值，表示数据文件是否包含标题行，默认为空。若不设置，则系统将会分析第一行数据以确定其是否为标题行。

只要是 DolphinDB Server 能够访问的磁盘，就能够通过内置函数来加载文件。用户们的数据集，通常是以压缩包的格式保存在本地磁盘上。那么首先要做的是将文件传到 DolphinDB 所在的服务器上，并将其解压好。这一部分可以通过 linux 的 scp，unzip 工具来解决，不展开介绍。

10.1.2　加载到内存表清洗和导入

其他大多数系统导入文本数据时，需要由用户指定数据的格式。DolphinDB 在导入数据时，能够自动识别数据格式，为用户提供了方便。自动识别数据格式包括两部分：字段名称识别和数据类型识别。如果文件的第一行没有任何一列以数字开头，那么系统默认第一行是文件头，包含了字段名称。DolphinDB 会抽取部分数据作为样本，并自动推断各列的数据类型。因为是基于部分数据进行推断，所以某些列的数据类型可能会被识别错误。但是对于大多数文本文件，无须手动指定各列的字段名称和数据类型，就能被正确地导入到 DolphinDB 中。

数据加载

首先我们查看一个以逗号分隔的 CSV 文本文件 *demo1.csv*，其中 time、customerId、temp、amp 分别为时间戳、设备 id、温度信息以及电流信息。

```
time,customerId,temp,amp
2024.01.01T00:00:01.000,DFXS001,49,20.017752074636518
2024.01.01T00:00:02.000,DFXS001,8,91.442090226337313
2024.01.01T00:00:03.000,DFXS001,16,23.859648313373327
2024.01.01T00:00:04.000,DFXS001,98,78.651371388696134
2024.01.01T00:00:05.000,DFXS001,14,24.103266675956547
```

由于该文件以逗号分隔，我们可以直接使用 loadText 函数将数据导入 DolphinDB 内存表。

```
dataFilePath = "./testData/demo1.csv"
loadText(filename = dataFilePath)
```

当然我们也可以通过 delimiter 参数指定分隔符。

```
tmpTB = loadText(filename = dataFilePath, delimiter = ",")
```

查看导入的数据。

```
select * from tmpTB;
```

调用 schema 函数查看表结构（字段名称、数据类型等信息）。

```
tmpTB.schema().colDefs;
```

	time	customerId	temp	amp
0	2024.01.01 00:00:01.000	DFXS001	49	20.01775207463652
1	2024.01.01 00:00:02.000	DFXS001	8	91.44209022633731
2	2024.01.01 00:00:03.000	DFXS001	16	23.859648313373327
3	2024.01.01 00:00:04.000	DFXS001	98	78.65137138869613
4	2024.01.01 00:00:05.000	DFXS001	14	24.103266675956547

图 10-1　demo1 数据导入

	name	typeString	typeInt	extra	comment
0	time	TIMESTAMP	12		
1	customerId	SYMBOL	17		
2	temp	INT	4		
3	amp	DOUBLE	16		

图 10-2　tmpTB 表结构

当然并不是所有文件都有标题行。比如下面这个文件 *demo2.csv*。

```
2024.01.01T00:00:01.000,DFXS001,49,20.017752074636518
2024.01.01T00:00:02.000,DFXS001,8,91.442090226337313
2024.01.01T00:00:03.000,DFXS001,16,23.859648313373327
2024.01.01T00:00:04.000,DFXS001,98,78.651371388696134
2024.01.01T00:00:05.000,DFXS001,14,24.103266675956547
```

列名的处理有以下两种方法。让 DolphinDB 为其分配默认列名或自定义列名。

方法一是分配默认列名，导入格式如图 10-3 所示。

```
dataFilePath = "./testData/demo2.csv"
loadText(filename = dataFilePath, containHeader = false)
```

方法二是自定义列名，导入格式如图 10-4 所示。

```
schemaTB = extractTextSchema(dataFilePath)
update schemaTB set name = ["time","customerId","temp","amp"]
loadText(filename = dataFilePath, schema = schemaTB, containHeader = false);
```

	col0	col1	col2	col3
0	2024.01.01 00:00:01.000	DFXS001	49	20.01775207463652
1	2024.01.01 00:00:02.000	DFXS001	8	91.44209022633731
2	2024.01.01 00:00:03.000	DFXS001	16	23.859648313373327
3	2024.01.01 00:00:04.000	DFXS001	98	78.65137138869613
4	2024.01.01 00:00:05.000	DFXS001	14	24.103266675956547

图 10-3　分配默认列名导入

	time	customerId	temp	amp
0	2024.01.01 00:00:01.000	DFXS001	49	20.01775207463652
1	2024.01.01 00:00:02.000	DFXS001	8	91.44209022633731
2	2024.01.01 00:00:03.000	DFXS001	16	23.859648313373327
3	2024.01.01 00:00:04.000	DFXS001	98	78.65137138869613
4	2024.01.01 00:00:05.000	DFXS001	14	24.103266675956547

图 10-4　自定义列名导入

假如我们在进行数据分析时，只需要 amp 列的数据，而不需要 temp 列数据，可以明确表示只需要加载 time、customerId、amp 列，如图 10-5 所示。

```
update schemaTB set col = rowNo(name)
schemaTB = select * from schemaTB where name in ["time","customerId","amp"]
loadText(filename = dataFilePath, schema = schemaTB);
```

	time	customerId	amp
0	2024.01.01 00:00:01.000	DFXS001	20.01775207463652
1	2024.01.01 00:00:02.000	DFXS001	91.44209022633731
2	2024.01.01 00:00:03.000	DFXS001	23.859648313373327
3	2024.01.01 00:00:04.000	DFXS001	78.65137138869613
4	2024.01.01 00:00:05.000	DFXS001	24.103266675956547

图 10-5　自定义导入列

除了这些参数以外，还有许多参数可以帮助你处理各种各样的异形文件格式。

✧ 内存表的数据清洗操作，见本书第 3 章数据清洗。此外，数据更新、数据删除等操作也可以在数据清洗阶段进行。本节不再赘述。

数据入库

数据入库仅需要将数据通过 `tableInsert` 或 `append!` 函数入到分布式库即可，前提是系统中已经创建了对应的分布式表。建库和建表的脚本如下。

```
create database "dfs://demoDB" partitioned by VALUE([2024.03.06])
create table "dfs://demoDB"."data"(
    time TIMESTAMP,
    customerId SYMBOL,
    temp INT,
    amp DOUBLE
)
partitioned by time
```

使用如下脚本完成数据入库。

```
dfsTable = loadTable("dfs://demoDB", "data")
tmpTB = loadText(filename = dataFilePath)
tableInsert(dfsTable, tmpTB)
```

10.1.3 通过 `loadTextEx` 方法直接清洗入库

除了通过显式构建内存表入库的方法，DolphinDB 还提供了 `loadTextEx` 方法，可以将数据加载、清洗、入库一次性完成。这种方法的好处是可以通过 pipeline 机制将多个处理步骤串联起来，从而实现数据的流式处理。pipeline 能够让数据在各个步骤之间流动，并且每个步骤可以独立地处理数据，例如数据过滤、转换、聚合等。这样不仅可以极大地简化数据处理的流程，提高处理效率，还可以降低代码的复杂度。

数据加载入库

使用 `loadTextEx` 函数需要先在系统中创建对应的分布式库表。我们以 10.1.2 小节的样例数据为例，通过一个简单案例介绍 `loadTextEx` 的使用。首先调用 `truncate` 函数清除分布式库中的数据，便于我们观察 `loadTextEx` 函数的导入情况：

```
truncate("dfs://demoDB","data")
```

使用 `loadTextEx` 函数将 *demo1.csv* 数据直接导入 demoDB 库中（如图 10-6 所示），观察导入情况：

终端　问题　输出　端口　DOLPHINDB　调试控制台

	time	customerId	temp	amp
0	2024.01.01 00:00:01.000	DFXS001	49	20.01775207463652
1	2024.01.01 00:00:02.000	DFXS001	8	91.44209022633731
2	2024.01.01 00:00:03.000	DFXS001	16	23.859648313373327
3	2024.01.01 00:00:04.000	DFXS001	98	78.65137138869613
4	2024.01.01 00:00:05.000	DFXS001	14	24.103266675956547

图 10-6　loadTextEx 入库数据

```
dataFilePath = "./testData/demo1.csv"
loadTextEx(dbHandle = database("dfs://demoDB"), tableName = "data",
partitionColumns = ["time"], filename = dataFilePath);
pt = loadTable("dfs://demoDB","data")
select * from pt
```

可以看出 `loadTextEx` 函数与 `loadText` 函数的区别在于使用 `loadTextEx` 函数时需要指定库表信息，库表信息主要包括分布式库名、表名及分区列等。同时 `loadTextEx` 函数也有 *delimiter*、*schema*、*containeHeader* 等参数，用法与前文一致，此处不再赘述。

本节我们主要介绍如何使用 `loadTextEx` 函数的特有参数 *transform*。*transform* 必须是一元函数，且该函数接受的参数必须是一个表。它的功能是在我们使用 `loadTextEx` 函数将数据入库时，对数据进行清洗、处理等操作。当我们指定了 *tansform* 参数时，系统会对数据文件中的数据执行 *transform* 参数指定的函数，再将得到的结果保存到数据库中。

tranfrom 函数的写法与我们进行数据清洗、处理的方法一致，只需要将我们进行数据处理的逻辑封装为一个一元函数，其参数为我们导入的内存表即可。下面我们通过两个例子，介绍 *transform* 的使用方法。

例 1：将 amp 的小数保留为 4 位

首先我们定义 `roundAmp` 函数。

```
def roundAmp(mutable t){
    update t set amp = round(amp,4)
    return t
}
```

函数的参数为我们导入的数据表，函数体则是我们要进行的数据处理操作——对 amp 保留 4 位小数，函数的返回值则是经过处理后的数据表，也就是我们最终入库的数据。

下面我们再将 *transform* 参数设置为 `roundAmp` 函数，最后将样例数据导入分布式库表，如图 10-7 所示。

```
truncate("dfs://demoDB","data")
loadTextEx(dbHandle = database("dfs://demoDB"), tableName = "data",
partitionColumns = ["time"], filename = dataFilePath,transform = roundAmp);
select * from pt
```

例 2：以数组向量存储多列

数组向量在存储中的一个典型应用场景就是存储快照 10 档行情数据，level 2 的快照数据包含买卖 10 档价格、10 档实际总委托笔数等多种多档数据，并且后续也常常需要整体计算处理这些数据，所以多档数据很适合作为整体存储为一列。这样存储不仅可以简化某些查询与计算的代码，还可以在不同列中含有大量重复数据的情况下，提高数据压缩比，提升查询速度。

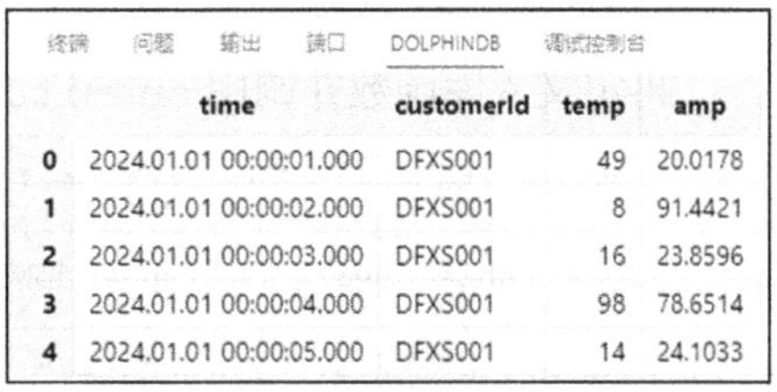

	time	customerId	temp	amp
0	2024.01.01 00:00:01.000	DFXS001	49	20.0178
1	2024.01.01 00:00:02.000	DFXS001	8	91.4421
2	2024.01.01 00:00:03.000	DFXS001	16	23.8596
3	2024.01.01 00:00:04.000	DFXS001	98	78.6514
4	2024.01.01 00:00:05.000	DFXS001	14	24.1033

图 10-7　loadTextEx 保留四位小数清洗入库

首先创建一个分布式库表用于存储数组向量格式数据。

```
create database "dfs://demoDB_array" partitioned by VALUE([2024.03.06]),engine = `TSDB
create table "dfs://demoDB_array"."data"(
    time TIMESTAMP,
    customerId SYMBOL,
    value DOUBLE[]
)
partitioned by time,
sortColumns = [`customerId,`time]
```

再定义一个 valueToArray 函数。

```
def valueToArray(mutable t){
    tmp = select time,customerId,fixedLengthArrayVector([temp,amp]) from t
    return tmp
}
```

最后将 *transform* 参数设置为 valueToArray 函数，导入数据如图 10-8 所示。

```
loadTextEx(dbHandle = database("dfs://demoDB_array"), tableName = "data",
partitionColumns = ["time"], filename = dataFilePath, transform = valueToArray);
pt = loadTable("dfs://demoDB_array","data")
select * from pt
```

终端 问题 输出 端口 DOLPHINDB 调试控制台

	time	customerId	value
0	2024.01.01 00:00:01.000	DFXS001	[49, 20.01775207463652]
1	2024.01.01 00:00:02.000	DFXS001	[8, 91.44209022633731]
2	2024.01.01 00:00:03.000	DFXS001	[16, 23.859648313373327]
3	2024.01.01 00:00:04.000	DFXS001	[98, 78.65137138869613]
4	2024.01.01 00:00:05.000	DFXS001	[14, 24.103266675956547]

图 10-8　数组向量存储数据

多文件并行导入

在大数据应用领域，数据导入往往不是只导入一个或两个文件，而是批量导入数十个甚至数百个大型文件。由于 DolphinDB 的分区表支持并发读写，因此可以支持多线程导入数据。为了达到更好的导入性能，我们建议尽量以并行方式批量导入数据文件。下例展示如何将磁盘上的多个文件批量写入到 DolphinDB 分区表中。

首先创建数据库和表。

```
create database "dfs://demoDB_muti" partitioned by VALUE([2024.03.06]),atomic = "CHUNK"
create table "dfs://demoDB_muti"."data"(
    time TIMESTAMP,
    customerId SYMBOL,
    temp INT,
    amp DOUBLE
)
partitioned by time
```

再定义入库函数并调用 submitJob 函数，为每个文件分配一个线程，后台批量导入数据。

```
def writeData(dbName,tbName,file){
    t = loadText(filename = file)
    tableInsert(loadTable(dbName,tbName), t)
}
dataFilePath = "./testData/"
dataFiles = dataFilePath + files(dataFilePath).filename
dbName = "dfs://demoDB_muti"
tbName = "data"
for(dataFile in dataFiles){
    submitJob("loadData","loadData",writeData{dbName,tbName},dataFile)
};
```

最后使用 select 语句计算并行导入批量文件所需时间。

```
select max(endTime) - min(startTime) from getRecentJobs(2)
```

单个大文件的导入

如图 10-9 所示，在导入大文件时，如果数据大小大于可用内存的大小，那么就会出现内存溢出的问题（Out Of Memory）。此时可使用 textChunkDS 函数将大文件切分为多个小的数据源后，再导入，就可避免内存不足的问题。

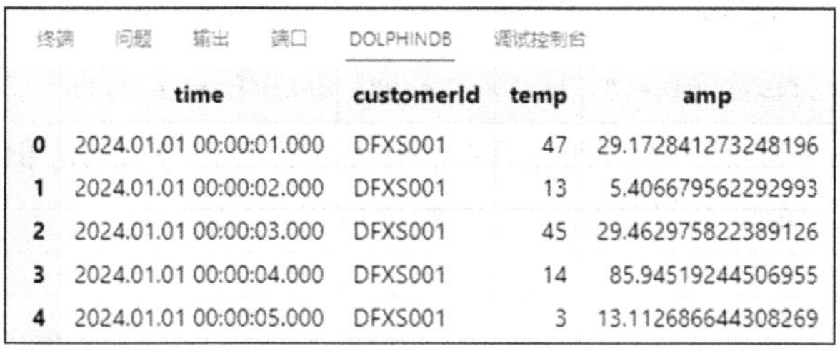

终端　问题　输出　端口　DOLPHINDB　调试控制台

	time	customerId	temp	amp
0	2024.01.01 00:00:01.000	DFXS001	47	29.172841273248196
1	2024.01.01 00:00:02.000	DFXS001	13	5.406679562292993
2	2024.01.01 00:00:03.000	DFXS001	45	29.462975822389126
3	2024.01.01 00:00:04.000	DFXS001	14	85.94519244506955
4	2024.01.01 00:00:05.000	DFXS001	3	13.112686644308269

图 10-9　大文件导入

首先可通过如下脚本模拟一个 5 GB 大小、一亿行数据的测试文件。

```
n = 100000000
t = table(2024.01.01T00:00:00.000 + (1..n) * long(1000) as time,take(`DFXS001,n) as customerId,
rand(100,n) as temp,rand(100.0,n) as amp)
saveText(obj = t, filename = "./testData/bigDemo.csv")
```

再将测试数据切分为多个 500 MB 大小的数据源。

```
dataFilePath = "./testData/bigDemo.csv"
chunkDS = textChunkDS(filename = dataFilePath, chunkSize = 500)
```

然后调用 mr 函数写入到数据库中。

```
truncate("dfs://demoDB","data")
pt = loadTable("dfs://demoDB","data")
mr(ds = chunkDS, mapFunc = append!{pt}, parallel = false)
select top 5* from pt
```

10.1.4　数据导出

将数据导出为文本文件也是常见的数据分析需求，为此 DolphinDB 提供了 saveText 函数及 saveTextFile 函数，以便用户将数据保存为磁盘上的文本文件。

- saveTextFile：通过追加或覆盖将字符串保存到文本文件中。
- saveText：可以将任意变量或表对象保存为文本文件。

saveTextFile 函数的保存对象只能为字符串，我们使用 saveTextFile 函数向 demo1.csv 中写入一行新的数据。

```
text = "2024.01.01T00:00:06.000,DFXS002,14,24.103266675956547\n"
saveTextFile(content = text,filename = "./testData/demo1.csv", append = true)
```

查看 *demo1.csv* 文件，刚添加的一行已经追加到 demo1.csv 文件末尾。

```
time,customerId,temp,amp
2024.01.01T00:00:01.000,DFXS001,49,20.017752074636518
2024.01.01T00:00:02.000,DFXS001,8,91.442090226337313
2024.01.01T00:00:03.000,DFXS001,16,23.859648313373327
2024.01.01T00:00:04.000,DFXS001,98,78.651371388696134
2024.01.01T00:00:05.000,DFXS001,14,24.103266675956547
2024.01.01T00:00:06.000,DFXS002,14,24.103266675956547
```

saveTextFile 函数只能保存字符串对象，而 savaText 函数可以将任意的变量或表对象保存为文本文件，也是我们最常用的文本文件导出函数。

下例中调用 savaText 函数将一个表对象导出为文本文件。

```
pt = loadTable("dfs://demoDB","data")
t = select top 5* from pt
saveText(obj = t,filename = "./ownTest.csv", delimiter = ',')
```

虽然其中 *delimiter* 为自定义的列分隔符，可以为任意的字符串，但需要注意避免其与数据中存在的字符冲突，否则会导致后续文件的读取出现问题。

10.2 HDF5

HDF5（Hierarchical Data Format version 5）是一种用于存储和组织大型和复杂数据集的文件格式。它是一种灵活的数据存储格式，旨在支持各种类型的数据，包括数字图像、时间序列数据、科学模拟数据等。HDF5 文件可以容纳多种数据对象，如数据集（Dataset）、组（Group）、数据类型（Datatype）等，同时支持多种压缩技术和数据加密。HDF5 文件具有层次结构，可以以树状方式组织数据，使得数据的存储和检索更加灵活和高效。DolphinDB 开发了 HDF5 插件用于将 HDF5 文件导入 DolphinDB，并支持进行数据类型转换。本节将介绍如何使用 HDF5 插件导入 HDF5 文件。

10.2.1 HDF5 插件安装

与内置函数不同，插件函数需要先安装插件才能使用，用户可通过一行指令从 DolphinDB 插件市场下载安装 HDF5 插件，如下所示。

```
installPlugin("hdf5")
```

插件下载好后，用户通过 loadPlugins 函数加载 HDF5 插件。

```
loadPlugin("hdf5")
```

10.2.2 HDF5 文件加载函数介绍

DolphinDB HDF5 插件支持 loadHDF5、loadPandasHDF5、loadHDF5Ex、HDF5DS 四个导入函数。各导入函数的使用场景及区别如下：

- loadHDF5：将 HDF5 文件中指定数据集加载为内存表，可在内存中对导入数据进行处理、分析。
- loadPandasHDF5：将由 Pandas 保存的 HDF5 文件中的指定数据集加载为 DolphinDB 数据库的内存表。
- loadHDF5Ex：将 HDF5 文件中的数据集直接导入数据库中，包括分布式数据库和内存数据库。
- HDF5DS：将 HDF5 文件中的指定数据集划分为多个小数据源，可搭配 mr 函数进行灵活的数据处理。

表 10-2　HDF5 文件导入函数通用参数列表

参数	说明
filename	字符串，表示数据文件的路径。
datasetName	字符串，表示 HDF5 文件中的 dataset 名称，即表名。
schema	表对象，用于指定各字段的数据类型。它包含以下两列： • name：字符串，表示列名； • type：字符串，表示各列的数据类型。
startRow	整数，指定从哪一行开始读取 HDF5 数据集；若不指定，默认从数据集起始位置读取。
rowNum	整数，指定读取 HDF5 数据集的行数；若不指定，默认读到数据集的结尾。

10.2.3　加载到内存表清洗和导入

HDF5 插件在导入数据时，会通过文件属性自动获取数据类型，并将其转换为 DolphinDB 对应的数据类型。支持的 HDF5 数据类型和数据转化规则见附录。

数据加载

`loadHDF5` 函数用于将数据导入 DolphinDB 内存表，其用法与 `loadText` 基本一致，区别在于导入 HDF5 文件中的数据还需要指定需要导入的数据集名称。下例调用 `loadHDF5` 函数导入如图 10-10 所示的 `demo1.h5` 文件中的 data 数据集，并查看生成的数据表的结构。

```
dataFilePath = "./hdf5file/demo1.h5"
tmpTB = hdf5::loadHDF5(dataFilePath, "data");
select * from tmpTB
```

调用 `schema` 函数查看表结构（字段名称、数据类型等信息），表结构如图 10-11 所示。

```
tmpTB.schema().colDefs;
```

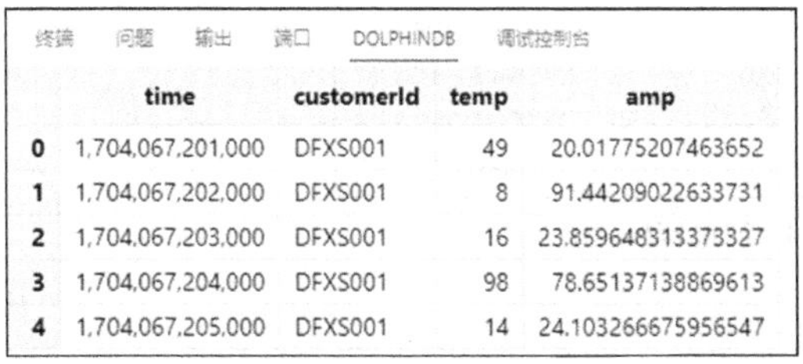

终端　问题　输出　端口　DOLPHINDB　调试控制台

	time	customerId	temp	amp
0	1,704,067,201,000	DFXS001	49	20.01775207463652
1	1,704,067,202,000	DFXS001	8	91.44209022633731
2	1,704,067,203,000	DFXS001	16	23.859648313373327
3	1,704,067,204,000	DFXS001	98	78.65137138869613
4	1,704,067,205,000	DFXS001	14	24.103266675956547

图 10-10　HDF5 文件导入

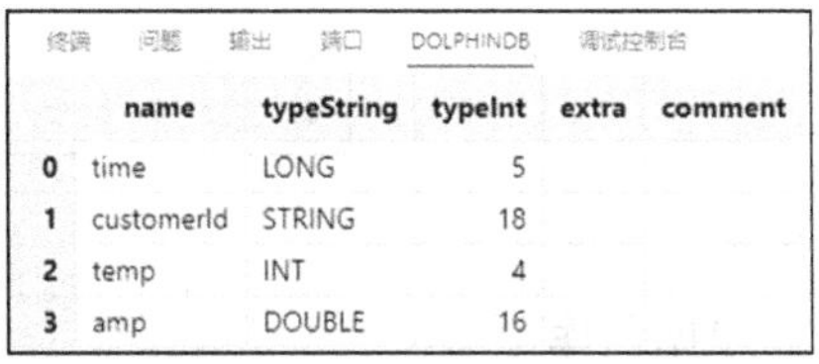

终端　问题　输出　端口　DOLPHINDB　调试控制台

	name	typeString	typeInt	extra	comment
0	time	LONG	5		
1	customerId	STRING	18		
2	temp	INT	4		
3	amp	DOUBLE	16		

图 10-11　HDF5 数据的表结构

✧ 注：如果 HDF5 文件是通过 Pandas 保存的，那么则需要使用 `loadPandasHDF5` 函数来加载。

原始数据中的 time 列是以 LONG 类型保存的时间戳，在此处我们期望的 time 列类型为 TIMESTAMP，此时可以通过转换内存表来实现数据类型的转换，或指定 *schema* 参数，修改 time 列的数据类型。

转换内存表实现类型转换方法如下，替换内存表中的数据类型如图 10-12 所示。

```
replaceColumn!(table = tmpTB, colName = "time", newCol = timestamp(tmpTB.time))
tmpTB
```

修改 *schema* 中 type 类型方法如下，指定数据加载类型如图 10-13 所示。

```
dataFilePath = "./hdf5file/demo1.h5"
schemaTB = hdf5::extractHDF5Schema(dataFilePath, "data");
update schemaTB set type = "TIMESTAMP" where name = "time";
tmpTB = hdf5::loadHDF5(dataFilePath, "data", schemaTB);
```

终端 问题 输出 端口 DOLPHINDB 调试控制台

	time	customerId	temp	amp
0	2024.01.01 00:00:01.000	DFXS001	49	20.01775207463652
1	2024.01.01 00:00:02.000	DFXS001	8	91.44209022633731
2	2024.01.01 00:00:03.000	DFXS001	16	23.859648313373327
3	2024.01.01 00:00:04.000	DFXS001	98	78.65137138869613
4	2024.01.01 00:00:05.000	DFXS001	14	24.103266675956547

图 10-12　替换内存表中的数据类型

终端 问题 输出 端口 DOLPHINDB 调试控制台

	time	customerId	temp	amp
0	2024.01.01 00:00:01.000	DFXS001	49	20.01775207463652
1	2024.01.01 00:00:02.000	DFXS001	8	91.44209022633731
2	2024.01.01 00:00:03.000	DFXS001	16	23.859648313373327
3	2024.01.01 00:00:04.000	DFXS001	98	78.65137138869613
4	2024.01.01 00:00:05.000	DFXS001	14	24.103266675956547

图 10-13　指定数据加载类型

✧　注：文本文件中 LONG 类型的转换只能使用第一种方案，修改 *schema*，会导致该列为空。

DolphinDB 将时间转换为本地时间戳直接存储，不会单独存储时区信息，因此将长整型导入 DolphinDB 进行转换时，会被视为零时区数据处理，这可能导致结果与预期不符。可以使用 DolphinDB 内置时区转换 `convertTZ` 函数，完成两个指定时区之间的转换。

```
replaceColumn!(table = tmpTB,colName = "time",
newCol = convertTZ(obj = timestamp(tmpTB.time), srcTZ = "UTC", destTZ = "Asia/Shanghai"))
tmpTB
```

时区转换结果如图 10-14 所示。

终端 问题 输出 端口 DOLPHINDB 调试控制台

	time	customerId	temp	amp
0	2024.01.01 08:00:01.000	DFXS001	49	20.01775207463652
1	2024.01.01 08:00:02.000	DFXS001	8	91.44209022633731
2	2024.01.01 08:00:03.000	DFXS001	16	23.859648313373327
3	2024.01.01 08:00:04.000	DFXS001	98	78.65137138869613
4	2024.01.01 08:00:05.000	DFXS001	14	24.103266675956547

图 10-14　时区转换

数据入库

将 HDF5 文件中的数据加载为内存表对象后，则与文件一致，可直接通过 `tableInsert` 函数将数据写入分布式库中，此处我们复用 demoDB 数据库。

```
truncate("dfs://demoDB", "data")
dfsTable = loadTable("dfs://demoDB", "data")
tableInsert(dfsTable, tmpTB)
```

10.2.4　通过 loadHDF5Ex 函数清洗入库

HDF5 插件的 `loadHDF5Ex` 函数可以将 HDF5 文件的数据加载、清洗、入库一次性完成。上文中通过 `loadHDF5` 函数直接加载的 time 数据类型不正确，因而本节也无法通过默认参数设置将数据加载入库。我们可以通过两种方法将数据入库：一是修改 *schema* 参数；二是

指定 *transform* 参数。修改 *schema* 的方式与 `loadHDF5` 函数中的方式一致，本节重点介绍如何通过 *transform* 参数进行数据处理。首先定义数据转换 `transformTime` 函数。函数体与上文中我们通过内存表进行类型转换是一致的，只是将其封装为一个处理函数。

```
def transformTime(mutable t){
    replaceColumn!(table = t, colName = "time", newCol = timestamp(t.time));
    return t;
}
```

清理库表中数据便于观察。

```
truncate(dbUrl = "dfs://demoDB", tableName = "data")
```

加载数据。

```
hdf5::loadHDF5Ex(database("dfs://demoDB"), "data", "time", dataFilePath,
"data", , , , transformTime)
pt = loadTable("dfs://demoDB", "data")
select * from pt
```

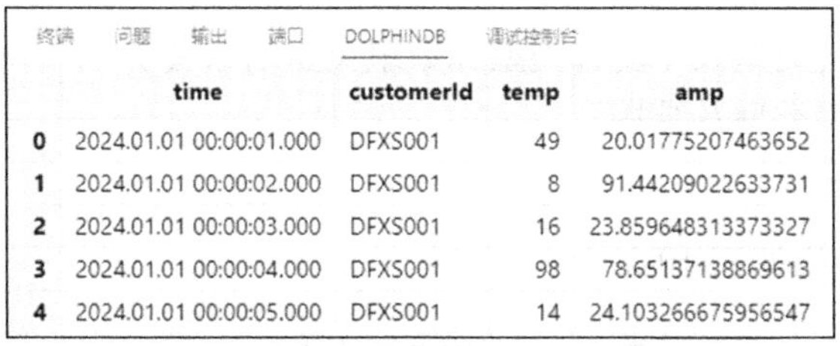

终端 问题 输出 端口 DOLPHINDB 调试控制台

	time	customerId	temp	amp
0	2024.01.01 00:00:01.000	DFXS001	49	20.01775207463652
1	2024.01.01 00:00:02.000	DFXS001	8	91.44209022633731
2	2024.01.01 00:00:03.000	DFXS001	16	23.859648313373327
3	2024.01.01 00:00:04.000	DFXS001	98	78.65137138869613
4	2024.01.01 00:00:05.000	DFXS001	14	24.103266675956547

图 10-15 loadHDF5Ex 导入数据并清洗入库

HDF5 文件也可通过调用 `submitJob` 函数，在后台并行导入数据。由于一个 HDF5 文件中可能包含多个数据集，因此 HDF5 文件的并行导入分为两个部分：一是多文件的并行导入，二是多数据集的并行导入。多文件的并行导入可参考文本文件的并行导入。下面我们介绍多数据集如何并行导入。

首先使用 `lsTable` 函数获取文件中的所有数据集。

```
dataFilePath = "./hdf5file/demo1.h5"
datasets = hdf5::lsTable(dataFilePath).tableName
```

再定义入库函数，并调用 `submitJob` 函数提交后台任务，后台并行写入。

```
def writeData(dbName,tbName,file,datasetName){   //将数据写入数据库中
    t = hdf5::loadHDF5(file,datasetName)
    replaceColumn!(table = t, colName = `time, newCol = timestamp(t.time)) //转换时间类型
    tableInsert(loadTable(dbName,tbName), t)
}
dbName = "dfs://demoDB_multi"
tbName = "data"
for(datasetName in datasets){
    jobName = "loadHDF5" + datasetName
    submitJob(jobName, jobName, writeData{dbName, tbName}, dataFilePath, datasetName)
}
```

最后使用 select 语句计算并行导入批量文件所需时间。

```
select max(endTime) - min(startTime) from getRecentJobs(2);
```

HDF5 插件也支持 `HDF5DS` 函数，用于将大文件切分为多个小的数据源，分成多个数据源导入，以避免内存不足的问题。与 `textChunkDS` 函数不同的是：`textChunkDS` 函数根据

数据块的大小切分数据源，而 HDF5DS 函数则是预先指定需要切分的数据源数据量，将整个表均分。下例展示了导入一个大文件的流程。

首先将 *dsNum* 参数指定为 2，将样例数据均分为 2 份。

```
dataFilePath = "./hdf5file/demo1.h5"
datasetName = "data"
ds = hdf5::HDF5DS(dataFilePath, datasetName, , 2)
```

然后调用 mr 函数写入到数据库中。

```
truncate(dbUrl = "dfs://demoDB",tableName = "data")
pt = loadTable("dfs://demoDB", "data")
mr(ds = ds, mapFunc = append!{pt}, parallel = false)
```

10.2.5 复杂类型的解析

HDF5 文件中的复杂类型表通常包括复合类型表（H5T_COMPOUND）、数组类型表（H5T_ARRAY）及嵌套类型表（复合类型和数组类型的嵌套）。下面举例介绍复杂类型表导入 DolphinDB 后的数据类型及结构。

复合类型表

HDF5 中的数据结构如表 10-3 所示。

表 10-3　HDF5 文件数据示例

	1	2
1	struct{a:1 b:2 c:3.7}	struct{a:12 b:22 c:32.7}
2	struct{a:11 b:21 c:31.7}	struct{a:13 b:23 c:33.7}

在导入 DolphinDB 后，每个元素都会被解析为一行数据，复合类型的 key 被解析为列名，value 则被解析为数据值。每行的数据类型根据数据转换规则确定。

导入 DolphinDB 后的结构如表 10-4 所示。

表 10-4　DolphinDB 数据表

a	b	c
1	2	3.7
11	21	31.7
12	22	32.7
13	23	33.7

数组类型表

HDF5 中数据结构如表 10-5 所示。

表 10-5　HDF5 文件数据样例

	1	2
1	array(1,2,3)	array(4,5,6)
2	array(8,9,10)	array(15,16,17)

在导入 DolphinDB 时，每一个数组也会被解析为一列，字段名为"array_数据索引"。导入 DolphinDB 后的表结构如表 10-6 所示。

表 10-6　DolphinDB 数据表

array_1	array_2	array_3
1	2	3
4	5	6
8	9	10
15	16	17

嵌套类型表

嵌套类型是指 HDF5 表中含有复合类型表，复合类型表中的每一个元素中还包括了复合类型或数组类型数据。HDF5 中的结构如表 10-7 所示。

表 10-7　HDF5 文件数据样例

	1	2
1	struct{a:array(1,2,3) b:2 c:struct{d:"abc"}}	struct{a:array(7,8,9) b:5 c:struct{d:"def"}}
2	struct{a:array(11,21,31) b:0 c:struct{d:"opq"}}	struct{a:array(51,52,53) b:24 c:struct{d:"hjk"}}

如嵌套了复合类型，则在结果中会以'A'前缀代表数组，以'C'前缀代表复合类型。元素内部复合类型和数组类型的解析和上述非嵌套结构相同。最终导入 DolphinDB 的结构如表 10-8 所示。

表 10-8　DolphinDB 数据表

Aa_1	Aa_2	Aa_3	b	Cc_d
1	2	3	2	abc
7	8	9	5	def
11	21	31	0	opq
51	52	53	24	hjk

10.2.6　数据导出

HDF5 插件提供的数据导出函数是 saveHDF5，用于将 DolphinDB 的内存表保存到 HDF5 文件中的指定数据集。下面我们将调用 saveHDF5 将一个内存表转存为 HDF5 文件。

```
dataFilePath = "./hdf5file/saveTest.h5"
tmpTB = select * from loadTable("dfs://demoDB","data")
hdf5::saveHDF5(tmpTB, dataFilePath, "test", false, 16)
```

上述代码会将内存表保存到 saveTest.h5 中的 test 数据集中。*append* 参数决定数据是否追加到已存在的 dataset 中，*stringMaxLength* 参数指定数据中 STRING 和 SYMBOL 类型的最大长度。如果数据中存在长度超出该参数的字符串数据，那么保存数据就会失败，这时修改 *stringMaxLength* 参数即可。

通过 saveHDF5 函数保存的 HDF5 文件中，空值会根据各数据的默认类型存入 HDF5 文件中。首先，我们读取 demo1.h5 中的数据，并将其中一个 temp 值修改为空值。

```
dataFilePath = "./hdf5file/demo1.h5"
tmpTB = hdf5::loadHDF5(dataFilePath, "data");
update tmpTB set temp = NULL where time = 2024.01.01 00:00:01.000
```

将数据保存为 HDF5 文件，并读取查看数据，发现空值已被填充为 INT 类型的默认值 0（如图 10-16 所示）。

```
dataFilePath = "./hdf5file/nullTest.h5"
hdf5::saveHDF5(tmpTB, dataFilePath, "test")
schemaTB = hdf5::extractHDF5Schema(dataFilePath, "test");
update schemaTB set type = "TIMESTAMP" where name = "time";
nullTest =  hdf5::loadHDF5(dataFilePath, "test", schemaTB);
select * from nullTest
```

终端　问题　输出　端口　DOLPHINDB　调试控制台

	time	customerId	temp	amp
0	2024.01.01 00:00:01.000	DFXS001	0	20.01775207463652
1	2024.01.01 00:00:02.000	DFXS001	8	91.44209022633731
2	2024.01.01 00:00:03.000	DFXS001	16	23.859648313373327
3	2024.01.01 00:00:04.000	DFXS001	98	78.65137138869613
4	2024.01.01 00:00:05.000	DFXS001	14	24.103266675956547

图 10-16　空值填充

✧　注：若需通过 Python 读取由 HDF5 插件生成的 h5 文件，需要使用通过 h5py 库进行读取。

10.3　Parquet

Apache Parquet 文件采用列式存储格式，可用于高效存储与提取数据。DolphinDB 提供的 Parquet 插件支持将 Parquet 文件导入和导出 DolphinDB，并进行数据类型转换。本节将介绍如何使用 Parquet 插件导入 Parquet 文件。

10.3.1　Parquet 插件安装

用户可通过 DolphinDB 插件市场一键下载安装 Parquet 插件，如下。

```
installPlugin("parquet")
```

插件下载好后，用户通过 loadPlugins 函数加载 Parquet 插件。

```
loadPlugin("parquet")
```

10.3.2　Parquet 文件加载函数介绍

DolphinDB HDF5 插件支持 loadParquet、loadParquetEx、ParquetDS 这 3 个导入函数。各导入函数的使用场景及区别如下：

- loadParquet：将 Parquet 文件中指定数据集加载为内存表，可在内存中对导入数据进行处理、分析。
- loadParquetEx：将 Parquet 文件中的数据集直接导入数据库中，包括分布式数据库和内存数据库。
- ParquetDS：将 Parquet 文件中的指定数据集划分为多个小数据源，可搭配 mr 函数进行灵活的数据处理。

上述方法在使用时需要配置相应的参数，见表 10-9。

表 10-9　Parquet 文件导入通用参数列表

参数	说明
filename	字符串，表示数据文件的路径。
schema	表对象，用于指定各字段的数据类型。它包含以下两列。 • name：字符串，表示列名。 • type：字符串，表示各列的数据类型。
column	整数向量，表示要读取的列索引。若不指定，读取所有列。
rowGroupStart	非负整数，从哪一个 row group 开始读取 Parquet 文件。若不指定，默认从文件起始位置读取。
rowGroupNum	整数，指定读取 row group 的数量。若不指定，默认读到文件的结尾。

10.3.3　加载到内存表清洗和导入

DolphinDB 在导入 Parquet 数据时，优先按照源文件中定义的数据逻辑类型（LogicalType）转换相应的数据类型。如果没有定义 LogicalType 或 ConvertedType，则只根据原始数据类型（physical type）转换。支持的 Parquet 数据类型及数据转化规则见书后附录 2。

`loadParquet` 函数用于将数据导入 DolphinDB 内存表，其用法与 `loadText` 函数一致。下例调用 `loadParquet` 函数导入如图 10-17 所示的 `demo1.parquet` 文件，并查看生成的数据表的结构。

```
dataFile = "./parquetFile/demo1.parquet"
tmpTB = parquet::loadParquet(dataFile)
```

查看数据表。

```
select * from tmpTB;
```

调用 `schema` 函数查看表结构（字段名称、数据类型等信息），表结构如图 10-18 所示。

```
tmpTB.schema().colDefs;
```

	time	customerId	temp	amp
0	2024.01.01 00:00:01.000	DFXS001	49	7.460959115996957
1	2024.01.01 00:00:02.000	DFXS001		93.93374300561845
2	2024.01.01 00:00:03.000	DFXS001	16	7.735519576817751
3	2024.01.01 00:00:04.000	DFXS001	98	91.86186401639134
4	2024.01.01 00:00:05.000	DFXS001	14	80.12180742807686

图 10-17　Parquet 文件导入

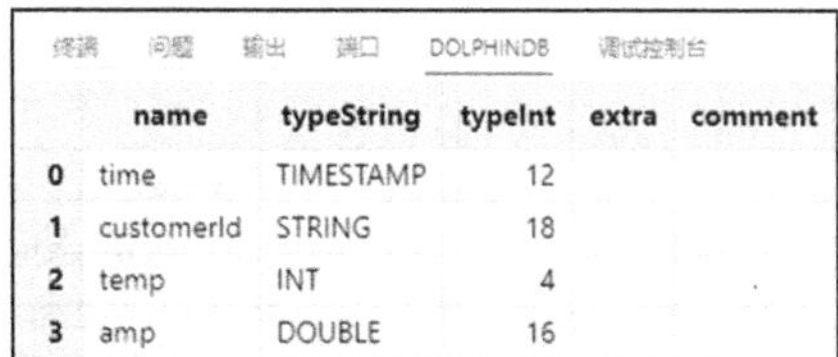

	name	typeString	typeInt	extra	comment
0	time	TIMESTAMP	12		
1	customerId	STRING	18		
2	temp	INT	4		
3	amp	DOUBLE	16		

图 10-18　Parquet 文件的表结构

上述样例数据中的 temp 列存在缺失值。在实际数据处理中，我们通常需要进行缺值处理，如缺值删除、填充等。在 DolphinDB 中内置了 `bfill`、`ffill`、`interpolate`、`nullFill` 等函数用来填充空值。使用这些函数可快速填补表中的缺失值，如图 10-19 所示。

```
//向后填充
bfill!(obj = tmpTB)
tmpTB
```

如图 10-20 所示，Parquet 插件也支持导入特定列，但与文本文件在 *schema* 中指定导入列不同的是，Parquet 通过 *column* 参数指定导入列：

```
parquet::loadParquet(dataFile, , [0,1,3])
```

	time	customerId	temp	amp
0	2024.01.01 00:00:01.000	DFXS001	49	7.460959115996957
1	2024.01.01 00:00:02.000	DFXS001	16	93.93374300561845
2	2024.01.01 00:00:03.000	DFXS001	16	7.735519576817751
3	2024.01.01 00:00:04.000	DFXS001	98	91.86186401639134
4	2024.01.01 00:00:05.000	DFXS001	14	80.12180742807686

图 10-19　向后填充空值

	time	customerId	amp
0	2024.01.01 00:00:01.000	DFXS001	7.460959115996957
1	2024.01.01 00:00:02.000	DFXS001	93.93374300561845
2	2024.01.01 00:00:03.000	DFXS001	7.735519576817751
3	2024.01.01 00:00:04.000	DFXS001	91.86186401639134
4	2024.01.01 00:00:05.000	DFXS001	80.12180742807686

图 10-20　导入 Parquet 文件中的指定列

将 Parquet 文件中的数据加载为内存表对像后，则与文件一致，可直接通过 `tableInsert` 函数将数据写入分布式库中，此处我们复用 demoDB 数据库。

```
dfsTable = loadTable("dfs://demoDB", "data")
tableInsert(dfsTable, tmpTB)
```

10.3.4　通过 loadParquetEx 函数清洗入库

Parquet 插件的 `loadParquetEx` 函数可以将 Parquet 文件的数据加载、清洗、入库一次性完成。上文中，样例数据中存在缺失值，我们通过 *transform* 参数在入库前填补缺失值。首先，我们定义缺失值填充 `fillData` 函数。

```
def fillData(mutable t){
    bfill!(t)
    return t
}
```

加载数据并入库。

```
truncate(dbUrl = "dfs://demoDB", tableName = "data")
parquet::loadParquetEx(database("dfs://demoDB"), "data", ["time"],
dataFilePath, , , , , fillData)
pt = loadTable("dfs://demoDB", "data")
select * from pt
```

	time	customerId	temp	amp
0	2024.01.01 00:00:01.000	DFXS001	49	20.01775207463652
1	2024.01.01 00:00:02.000	DFXS001	8	91.44209022633731
2	2024.01.01 00:00:03.000	DFXS001	16	23.859648313373327
3	2024.01.01 00:00:04.000	DFXS001	98	78.65137138869613
4	2024.01.01 00:00:05.000	DFXS001	14	24.103266675956547

图 10-21　loadParquetEx 导入 Parquet 文件

我们可以通过调用 `submitJob` 函数，实现多 Parquet 文件的并行导入。

首先定义写入函数。

```
def writeData(dbName, tbName, file){   //将数据写入数据库中
    t = parquet::loadParquet(file)
    bfill!(t)   //缺失值填充
    tableInsert(loadTable(dbName, tbName), t)
}
```

再调用 submitJob 函数，后台多线程写入，批量导入数据。

```
dataDir = "./parquetFile/"
filePaths = dataDir + files(dataDir).filename
dbName = "dfs://demoDB_multi"
tbName = "data"
for(file in filePaths){
    jobName = "loadParquet"
    submitJob(jobName, jobName, writeData, dbName, tbName, file)
}
```

最后使用 select 语句计算并行导入批量文件所需时间。

```
select max(endTime) - min(startTime) from getRecentJobs(2);
```

parquetDS 函数用于切分原始文件，生成多个数据源，从而避免内存不足的问题。但 parquetDS 在切分文件时，是自动将文件中的每个 row group 切分为一个数据源，即生成的数据源数量等于 row group 的数量。在导入大文件时，首先使用 parquetDS 函数将数据切分为多个小的数据源。

```
dataFilePath = "./parquetFile/demo1.parquet"
ds = parquet::parquetDS(dataFilePath)
ds.size()
```

我们的样例中只切分了一份数据源，然后调用 mr 函数写入到数据库中。

```
pt = loadTable("dfs://demoDB","data")
mr(ds = ds, mapFunc = append!{pt}, parallel = false)
select * from pt
```

10.3.5 数据导出

Parquet 插件提供了数据导出 saveParquet 函数，可以将 DolphinDB 的内存表保存为 Parquet 文件。下面我们调用 saveParquet 函数将一个内存表转存为 Parquet 文件。

```
dataFilePath = "./parquetFile/saveTest.h5"
tmpTB = select * from loadTable("dfs://demoDB", "data")
parquet::saveParquet(tmpTB, dataFilePath)
```

saveParquet 函数在保存数据时可以通过指定参数 *compression* 来指定数据的压缩方式。目前该参数支持 snappy, gzip, zstd 三种压缩方式，默认为不压缩。使用示例如下。

```
dataFilePath = "./parquetFile/saveCompressTest.h5"
parquet::saveParquet(tmpTB, dataFilePath, gzip)
```

10.4 二进制记录

与其他数据格式相比，二进制记录文件可以更有效地存储和传输数据，保留数据的结构与格式。由于二进制文件是人类不可读的字符，具有更高的安全性，因此，当我们面临较大数据量的传输且需要保护数据安全时，可以使用二进制文件来导入和导出数据。本节将介绍如何使用 DolphinDB 导入和导出二进制文件。

10.4.1 数据准备

导入二进制记录文件必须预先了解数据的格式，文件中的每行记录要包含相同的数据类型和固定的长度才能进行解析。DolphinDB 提供了 writeRecord 函数，可用于将数据转换为特定格式的二进制文件。

首先，生成模拟数据表。

```
id = [1,2,3,4,5]
date = take(20240310,5)
time = take(130000000,5)
value = rand(10,5)\5
tmp = table(id,date,time,value)
```

再使用 writeRecord 函数将数据转为二进制文件。

```
dataFilePath = "./binaryFile/demo1.bin"
f = file(dataFilePath,"w")
writeRecord(handle = f, object = tmp)
f.close()
```

✧ 注：写入的二进制文件必须事先创建，writeRecord 函数写入的数据必须具有固定长度，否则无法写入字符串数据。

10.4.2 导入内存清洗并入库

DolphinDB 内置了 loadRecord 函数和 readRecord 函数用于加载二进制文件，其区别如下。

- readRecord：将二进制文件转换为 DolphinDB 数据对象，但不可包含字符串类型。
- loadRecord：将每个字段长度固定的行式二进制文件加载到内存中，可包含字符串类型。

readRecord 函数在读取二进制文件时，如图 10-22 所示，需要提前指定用于保存读取数据的变量，故需要先创建对应表用于存储数据。

```
tmpTB = table(1:0,["id","date","time","value"],[INT,INT,INT,DOUBLE])
```

在导入数据前，需要先使用 file 函数以可读的模式打开二进制文件。

```
dataFilePath = "./binaryFile/demo1.bin"
f = file(dataFilePath)
```

最后使用 readRecord 函数导入数据并关闭文件。

```
readRecord!(f, tmpTB)
f.close()
tmpTB
```

上述文件中，我们是以 INT 类型保存的日期数据。如果直接将 tmpTB 中的类型转换为时间类型读取数据，如图 10-23 所示，读取的数据会是错误的：

```
tmpTB1 = table(1:0,["id","date","time","value"],[INT,DATE,TIME,DOUBLE])
f = file(dataFilePath)
readRecord!(f, tmpTB1)
f.close()
tmpTB1
```

终端　问题　输出　端口　DOLPHINDB　调试控制台

	id	date	time	value
0	1	20,240,310	130,000,000	0.4
1	2	20,240,310	130,000,000	1.4
2	3	20,240,310	130,000,000	1.4
3	4	20,240,310	130,000,000	1
4	5	20,240,310	130,000,000	0.8

图 10-22　读取二进制文件

终端　问题　输出　端口　DOLPHINDB　调试控制台

	id	date	time	value
0	1	57386.02.01	12:06:40.000	0.4
1	2	57386.02.01	12:06:40.000	1.4
2	3	57386.02.01	12:06:40.000	1.4
3	4	57386.02.01	12:06:40.000	1
4	5	57386.02.01	12:06:40.000	0.8

图 10-23　指定时间类型读取二进制文件

如发生这种情况，我们可以先将以 INT 类型读取的数据中的时间字段转为字符串类型，再使用 `temporalParse` 函数进行日期和时间类型数据的格式转换，如图 10-24 所示。

```
replaceColumn!(table = tmpTB, colName = "date",
newCol = tmpTB.date.format("00000000").temporalParse("yyyyMMdd"))
replaceColumn!(table = tmpTB, colName = "time",
newCol = tmpTB.time.format("000000000").temporalParse("HHmmssSSS"))
tmpTB
```

使用 `loadRecord` 函数导入二进制文件与加载文本文件类似，指定文件路径与包含数据类型的参数（*schema*）即可，不需要预先创建存储的变量或打开文件。因为二进制文件无法自动识别数据类型，所以必须先指定 *schema* 才可读取数据。`loadRecord` 的 *schema* 参数为一个元组，组中的每个向量表示一个列的名称、数据类型。如果该列是字符串，还需指定字符串长度。示例如下。

终端　问题　输出　端口　DOLPHINDB　调试控制台

	id	date	time	value
0	1	2024.03.10	13:00:00.000	0.4
1	2	2024.03.10	13:00:00.000	1.4
2	3	2024.03.10	13:00:00.000	1.4
3	4	2024.03.10	13:00:00.000	1
4	5	2024.03.10	13:00:00.000	0.8

图 10-24　内存表转换时间类型

```
dataFilePath = "./binaryFile/demo1.bin"
schema = [("id",INT),("date",INT),("time",INT),("value",DOUBLE)]
loadRecord(dataFilePath, schema)
```

10.5　MySQL

将数据从 MySQL 导出到 DolphinDB，或从 DolphinDB 导出数据到 MySQL，有多种实现方法，常用的方法如图 10-25 所示。

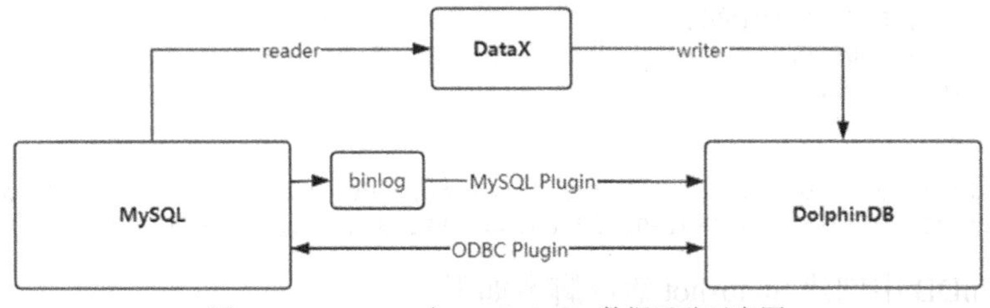

图 10-25　MySQL 与 DolphinDB 数据迁移示意图

本节会介绍其中最常用的两种实现数据的导入和导出的方法：通过 MySQL 插件或 ODBC 插件。

✧ 另外一种通用的导入和导出方法是使用 DataX 中间件，该方法将在 10.6 Oracle 导入数据节详细介绍。

DolphinDB 提供了 2 个插件用于 MySQL 和 DolphinDB 之间进行即时数据交互，ODBC 插件与 MySQL 插件的差异如表 10-10 所示。其中 MySQL 插件是专门针对 MySQL 的 Binlog 机制而设计的专用高速读取插件，它支持高效地将 MySQL 的数据同步到 DolphinDB 中。MySQL 插件加载数据的方式有 2 种，一种是通过 `load` 方法将 MySQL 的数据加载到 DolphinDB 内存表中，这通常用于数据量不大（如 1 GB 以内）时快速读取数据的场景；另一种是通过 `loadEx` 方法，支持以分布式的方式将数据加载、清洗、入库一次性完成，这通常用于海量数据迁移的场景。而 ODBC 插件是针对所有支持 ODBC 访问协议的数据库设计，它能够让 DolphinDB 访问任何支持 ODBC 协议的数据库（包括 MySQL 数据库），并且该插件支持从源库读取和回写数据到源库。

表 10-10　ODBC 插件与 MySQL 插件的差异

插件名称	使用场景	性能
ODBC	读取，回写	中
MySQL	读取	高

10.5.1　MySQL 插件安装

首先要在 DolphinDB 中加载 MySQL 插件。本章涉及的 2 个插件 MySQL 和 ODBC 插件，都是默认安装的，只需要执行如下脚本即可加载插件。

加载 MySQL 插件。

```
loadPlugin("mysql")
```

加载 ODBC 插件。

```
loadPlugin("odbc")
```

本节的脚本演示将以 Snapshot 表为例，在 MySQL 中创建 Snapshot 表的脚本如下。

```
//在 MySQL 中执行
create database mysqldb;
create table mysqldb.snapshot(
    Dates VARCHAR(10),
    DateTime TIMESTAMP,
    SecurityID VARCHAR(50),
    BidPrice DOUBLE,
    PreClosePx DOUBLE
);

insert into mysqldb.snapshot (Dates,DateTime,SecurityID,bidPrice,PreClosePx)
values('2024-01-01','2024-01-01 12:00:00','SID001',1.2345,6.789);
```

在 DolphinDB 中创建 Snapshot 表的脚本如下。

```
//在 DolphinDB 中执行
create database "dfs://Level2DB" partitioned by VALUE([2024.01.01]),HASH([SYMBOL,20]),
engine = 'TSDB'
create table "dfs://Level2DB"."snapshot" (
    Dates DATE,
    DateTime TIMESTAMP,
    SecurityID SYMBOL,
    BidPrice DOUBLE[],
    PreClosePx DOUBLE
)
partitioned by DateTime,SecurityID
sortColumns = ["SecurityID","DateTime"],
keepDuplicates = ALL
```

10.5.2　使用 MySQL 插件的 `load` 方法加载数据

以从 MySQL 的快照行情数据集 Snapshot 导入 DolphinDB 为例，本小节将通过 MySQL 插件，将数据导入内存表后进行清洗入库。

- 通过 MySQL 插件加载数据

  MySQL 插件支持以 DolphinDB 数据节点作为客户端，向 MySQL 发起 SQL 查询，然后将查询获取的数据，转换成 DolphinDB 的内存表。在数据加载过程中，MySQL 的数据类型会自动匹配和转化成 DolphinDB 的内置数据类型（详见表 10-12）。以上导入流程通过插件提供的 `load` 方法来实现，示例代码如下。

```
conn = mysql::connect(`127.0.0.1, 3306, `root, `root, `mysqldb)
tb = mysql::load(conn, "SELECT * FROM snapshot WHERE DATES = '2024-01-01'")
tb.schema()
```

- 数据清洗

  在将数据从 MySQL 导入到 DolphinDB 内存表，并保存到分布式数据库中时，除了自动识别和匹配数据类型外，还可以做数据清洗和数据转换工作。以下将通过 DolphinDB 的脚本，实现 3 种常见的数据转换方式，案例中使用的 `replaceColumn!` 函数可用于转换内存表列类型，它在数据处理过程中很常用。

  - 时间类型适配转换

    MySQL 中的时间类型和 DolphinDB 中的时间类型并不是一一对应的，很多用户将时间类型以字符串的形式存储在 MySQL 中，在这些情况下，`load` 函数无法自动匹配，需要用户通过脚本来显式指定转换。

```
tb.replaceColumn!("DATES",tb["DATES"].string().temporalParse('yyyy-MM-dd'))
```

  - 字符串类型枚举优化

    SYMBOL 是 DolphinDB 专有的数据类型，是带有枚举属性的特殊字符串类型，可以将具备标签属性的字符串（如股票代码、设备编号等）保存成 DolphinDB 的 SYMBOL 类型。数据在 DolphinDB 系统内部会被存储为整数，这会使数据排序和比较更有效率，可以提升数据存取和压缩的性能。脚本如下。

```
tb.replaceColumn!("SecurityID",tb["SecurityID"].symbol())
```

  - 将多个字段组合成数组向量

    可将表的多个字段数据拼接为一个数组向量，如把多档数据或设备振动监测数据存储为 DOUBLE 类型的数组向量，极大的提升数据分析与计算的效率。脚本如下。

```
tb.replaceColumn!("bidPrice",fixedLengthArrayVector(tb["bidPrice"]))
```

- 数据持久化

  将内存表中的数据持久化保存到 DFS 分布式文件系统中，仅需要通过 `tableInsert` 函数写入到分布式表。该操作的前提是系统中已经创建了对应的分布式表，完成了分区规划。使用如下脚本完成数据入库。

```
dfsTable = loadTable("dfs://Level2DB", "snapshot")
tableInsert(dfsTable, tb)
```

10.5.3 使用 MySQL 插件的 loadEx 函数导入数据

除了通过显式构建内存表入库的方法，MySQL 插件还提供了 `loadEx` 函数，可以将数据加载、清洗、入库一次性完成。这种方法的好处是可以通过 pipeline 机制将多个处理步骤串联起来，实现数据的分段流式处理。pipeline 能够让数据在各个步骤之间流动，并且提供回调转换函数。读者可以方便地指定数据清洗处理逻辑，例如数据过滤、转换、聚合等操作。这样一来，可以大大简化数据处理的流程，提高处理效率，同时降低代码的复杂度。以下通过 3 个案例，展示如何使用 `loadEx` 函数将 MySQL 数据直接导入分布式表。

直接原表导入

当 MySQL 的表结构与 DolphinDB 的分布式表结构完全匹配，并且无须数据清洗时，可以用简单的脚本实现表对表的全量数据导入。创建与 MySQL 字段类型相同的表。

```
create table "dfs://Level2DB"."snapshot_same" (
Dates STRING,
DateTime TIMESTAMP,
SecurityID STRING,
BidPrice DOUBLE,
PreClosePx DOUBLE
)
partitioned by _"DateTime",_"SecurityID"
sortColumns = ["SecurityID","DateTime"],
keepDuplicates = ALL
```

直接表对表全量数据导入。

```
db = database("dfs://Level2DB")
mysql::loadEx(conn, db,"snapshot_same", `DateTime`SecurityID, `snapshot)
select * from loadTable("dfs://Level2DB", "snapshot_same")
```

通过 SQL 导入

当需要选取部分导入数据时，可以通过 SQL 语句筛选 MySQL 数据。通过构造 SQL 脚本的方式实现数据字段选取、时间范围选取、数据过滤、转换、聚合等功能。

```
db = database("dfs://Level2DB")
mysql::loadEx(conn, db,"snapshot_same", `DateTime`SecurityID, "SELECT * FROM snapshot LIMIT 1")
select * from loadTable("dfs://Level2DB", "snapshot_same")
```

- 导入前对 MySQL 表进行转换

在 MySQL 数据写入 DolphinDB 分布式表前，如需要对加载的数据进行二次处理，可以在 `loadEx` 函数的传入参数中指定处理加载数据的函数。以下脚本构建了一个自定义函数 `replaceTable`，将数据处理的脚本统一封装到函数中，以自定义编码方式进行二次数据处理。

```
db = database("dfs://Level2DB")
def replaceTable(mutable t){
    t.replaceColumn!("DATES",t["DATES"].string().temporalParse('yyyy-MM-dd'))
    t.replaceColumn!("SecurityID",t["SecurityID"].symbol())
    t.replaceColumn!("bidPrice",fixedLengthArrayVector(t["bidPrice"]))
    return t
}
t = mysql::loadEx(conn, db, "snapshot",`DateTime`SecurityID, 'select * from snapshot limit 1 ',,,,replaceTable)
```

10.5.4　使用 ODBC 插件导入数据

通过 ODBC 插件，可以连接 MySQL 或其他数据源，将数据导入到 DolphinDB 数据库，或将 DolphinDB 内存表导出到 MySQL 或其他数据库。

您可以通过使用语句 `use odbc` 导入 ODBC 模块名称空间来省略前缀 “odbc ::”。但是，如果函数名称与其他模块中的函数名称冲突，则需要在函数名称中添加前缀 `odbc ::`。

```
use odbc;
```

以导入快照行情数据集 Snapshot 为例，通过 ODBC 插件，将数据导入到内存表中，并清洗入库。

- 通过 ODBC 插件连接 MySQL 数据库。

```
conn1 = odbc::connect("Dsn = mysqlOdbcDsn") //mysqlOdbcDsn is the name of data source name
conn2 = odbc::connect("Driver = {MySQL ODBC 8.0 UNICODE Driver};Server = 127.0.0.1;Database = Level2DB;User = user;Password = pwd;Option = 3;")
```

- 通过 ODBC 插件加载数据并导入分布式表中。

ODBC 插件支持以 DolphinDB 数据节点作为客户端，向 MySQL 发起查询请求，然后将查询获取的数据，转化成 DolphinDB 的内存表的格式。上述操作通过插件提供的 query 方法完成，示例代码如下。

```
tb = odbc::query(conn1,"SELECT * FROM mysqldb.snapshot WHERE Dates = '2024-01-01'")
dfsTable = loadTable("dfs://Level2DB", "snapshot_same")
tableInsert(dfsTable, tb)
odbc::close(conn1)
```

ODBC 插件与 DolphinDB 的数据结构自动转换表可参考表 10-13。

10.5.5　将 DolphinDB 数据导出到 MySQL

将 DolphinDB 数据导出到 MySQL 有以下 3 种方式。

- 通过 ODBC 插件，导出数据到 MySQL。
- 通过第三方工具（如 DataX），导出数据到 MySQL。
- 通过 CSV 文件导出 DolphinDB 离线数据，再导入到 MySQL。

本节介绍第一种方式——通过 ODBC 插件导出的方式。通过第三方工具 DataX 导出数据的具体操作可参考 10.6 Oracle 这一节中数据导入和导出部分的内容，通过文件方式导出数据的具体操作可参考 10.1 文本文件节中的导入和导出部分的内容。

- 通过 ODBC 插件将数据写入 MySQL。

可通过 ODBC 插件的 `append` 函数，向 MySQL 或其他数据库写入数据。下例将展示如何将 DolphinDB 的一张内存表中的数据写入到 MySQL 中，创建新表，并且不插入重复数据。

```
t = table(1..10 as id,take(now(),10) as time,rand(1..100,10) as value)
odbc::append(conn1, t,"ddbtable", true)
```

10.5.6 并行导入大数据量的 MySQL 数据

MySQL 插件的 loadEx 函数支持分布式的导入。可以通过 SQL 语句将 MySQL 的海量数据切分成合适大小（如 100 M 左右），再将数据并行导入。这样既可以利用 DolphinDB 的分布式特性，又可以避免因一次性导入数据量过大而引起的查询进程堵塞、内存资源不足等问题。具体执行时，应按照 DolphinDB 分布式表的分区字段（如日期、股票代码、设备编号等）进行切分规则的设计，这样可以避免多个进程同时写入一个分区时出现分区冲突。

以下通过一个案例脚本，将 MySQL 保存的海量数据按分区字段切分，并导入 DolphinDB。本案例中 MySQL 和 DolphinDB 的表结构如表 10-11 所示。

表 10-11　并行导入示例 MySQL 与 DolphinDB 数据结构对应表

数据库	数据库名	表名	主要字段描述
MySQL	demo	sample	ts（时间戳）,id（STRING 类型）,val（值）
DolphinDB	dfs://demo	sample	ts（时间戳）,id（SYMBOL 类型）,val（值）

MySQL 的建表语句如下。

```
//在 MySQL 中执行
create database demo;
create table demo.sample(
    ts VARCHAR(20),
    id VARCHAR(10),
    val DOUBLE
   );
insert into demo.sample (ts,id,val) values('2024-01-01 12:00:00','SID001',1.2);
insert into demo.sample (ts,id,val) values('2024-01-01 12:00:00','SID002',2.3);
insert into demo.sample (ts,id,val) values('2024-01-01 12:00:00','SID003',3.4);
insert into demo.sample (ts,id,val) values('2024-01-01 12:00:00','SID004',4.5);
insert into demo.sample (ts,id,val) values('2024-01-01 12:00:00','SID005',5.6);
insert into demo.sample (ts,id,val) values('2024-01-02 12:00:00','SID001',6.7);
insert into demo.sample (ts,id,val) values('2024-01-02 12:00:00','SID002',7.8);
insert into demo.sample (ts,id,val) values('2024-01-02 12:00:00','SID003',8.9);
insert into demo.sample (ts,id,val) values('2024-01-02 12:00:00','SID004',9.1);
insert into demo.sample (ts,id,val) values('2024-01-02 12:00:00','SID005',1.2);
```

DolphinDB 分布式表的分区方式为二级分区：一级分区是 ts 字段按天分区，二级分区是 id 字段按哈希分区。

```
//在 DolphinDB 中执行
create database "dfs://demo" partitioned by VALUE([2024.01.01]),HASH([SYMBOL,10]),
engine = 'TSDB'
create table "dfs://demo"."sample" (
    ts DATETIME,
    id SYMBOL,
    val DOUBLE
    )
partitioned by _"ts",_"id"
sortColumns = ["id","ts"],
keepDuplicates = ALL
```

循环导入的脚本如下所示。

```
//按日期循环
dates = 2024.01.01 .. 2024.01.02
//按 ID 编号循环
IDs = `SID001`SID002`SID003`SID004`SID005
//数据字段转换（ETL）
def replaceTable(mutable t){
    t.replaceColumn!("ts",t["ts"].string().temporalParse('yyyy-MM-dd HH:mm:ss')) //替换表中字段类型以及值
    t.replaceColumn!("id",t["id"].symbol())    //替换表中字段类型以及值
    return t    //返回修改后的表
}
//循环导入
for(d in dates){
    for(id in IDs){
        strSQL = "select * from demo.sample where id = '" + string(id) + "' and date(ts) = date('" + datetimeFormat(d,"yyyy-MM-dd") + "') "
        dbName = "dfs://demo"
        tableName = "sample"
        partitionSchema = `ts`id
        mysql::loadEx(conn,database(dbName),tableName,partitionSchema,strSQL,,,,replaceTable)
    }
}
//检查导入结果
select * from loadTable("dfs://demo","sample")
```

实际应用时，应注意合理规划循环次数和 SQL 语句所筛选的数据量。过高的并发量可能会影响 MySQL 的正常使用，该方案的性能瓶颈通常会出现在 MySQL 的读取效率上。如需降低 MySQL 和查询服务器的负载，可在循环中使用 `sleep` 函数（暂停函数）控制并发处理量；如需自动持续迁移数据，可结合 `submitJob` 函数（批处理作业函数）编写自动运行的脚本。

10.5.7　如何同步 MySQL 基础信息数据

我们通常会将业务的一些基础信息和配置参数保存在 MySQL 上，当业务系统与 DolphinDB 大数据平台融合时，会产生基础信息同步的需求。同步到 DolphinDB 的基础信息表可直接与时序数据关联，方便进行数据的查询与分析。本节通过 DolphinDB 的 `cachedTable` 函数，实现在 DolphinDB 中缓存并定时同步 MySQL 基础信息数据的功能。

```
//在 MySQL 中执行
use mysqldb;
create table mysqldb.configDB(id int,val float);
INSERT INTO configDB(id,val) VALUES(1,RAND());
```

以下脚本实现了 DolphinDB 每分钟同步 MySQL 中的配置信息表（configDB.config）的功能。

```
login("admin","123456")
//加载 MySQL 插件
loadPlugin("MySQL")
use mysql
//自定义数据同步函数
def syncFunc(){
    //获取 MySQL 数据
    conn = mysql::connect("127.0.0.1",3306,"root","123456","mysqldb")
```

```
    t = load(conn,"configDB")
    //返回表
    return t
}
config = cachedTable(syncFunc,60)
select * from config
```

同步的配置信息保存在维度表 config 中。可以在脚本中直接使用 config 表，无须关注同步过程，这极大地简化了开发结构。需要注意的是，该方法使用的是定时同步机制，并不适用于对同步实时性要求高的业务数据。

10.5.8 注意事项与常见问题

MySQL 插件数据类型转化说明。

- DolphinDB 中数值类型均为有符号类型。为了防止溢出，所有无符号类型会被转化为高一阶的有符号类型。例如，无符号 CHAR 转化为有符号 SHORT，无符号 SHORT 转化为有符号 INT，等等。64 位无符号类型不予支持。
- DolphinDB 不支持 unsigned long long 类型。若 MySQL 中的类型为 bigint unsigned, 可在 `load` 函数或者 `loadEx` 函数的 *schema* 参数中设置为 DOUBLE 或者 FLOAT。
- DolphinDB 中各类整型的最小值为空值，如 CHAR 的-128，SHORT 的-32,768，INT 的-2,147,483,648 以及 LONG 的-9,223,372,036,854,775,808。
- IEEE754 浮点数类型皆为有符号数。
- 浮点类型 float 和 double 可转化为 DolphinDB 中的数值相关类型 (BOOL、CHAR、SHORT、INT、LONG、FLOAT、DOUBLE)。
- newdecimal/decimal 类型目前仅可转化为 DOUBLE。
- 长度不超过 10 的 char 和 varchar 将被转化为 SYMBOL 类型，其余转化为 STRING 类型。string 类型可以转化为 DolphinDB 中的字符串相关类型（STRING、SYMBOL）。
- enum 类型默认转化为 SYMBOL 类型，可以转化为 DolphinDB 中的字符串相关类型（STRING、SYMBOL）。

10.6 Oracle

本节将介绍如何通过 DataX 插件 DolphinDBWriter 来实现 Oracle 到 DolphinDB 的数据导入过程。

10.6.1 概述

如图 10-26 所示，将数据从 Oracle 导入到 DolphinDB 有多种方法，本章会介绍其中最常用的方法，即通过第三方工具 DataX 导入。

✧ 除 DataX 外，DolphinDB 还支持通过 ODBC 等其他方式导入外部数据。ODBC 导入数据的详细介绍，请参考 10.5 节 MySQL 导入数据部分的内容。

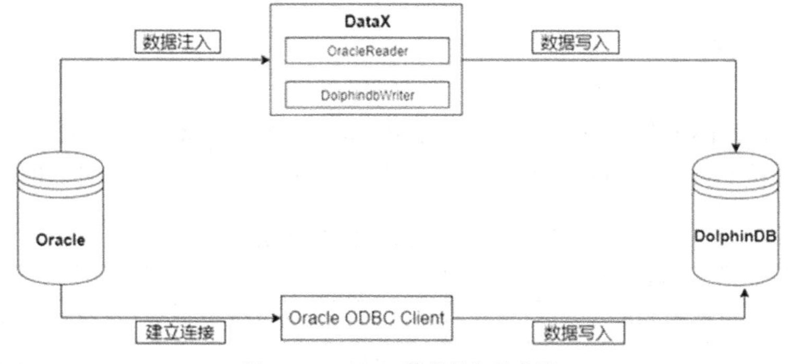

图 10-26 Oracle 数据导入示意图

DataX 是阿里巴巴集团内部广泛使用的离线数据同步工具，可实现包括 MySQL、Oracle、SqlServer、Postgre、HDFS、Hive、ADS、HBase、TableStore(OTS)、MaxCompute(ODPS)、DRDS 等各种异构数据源之间高效的数据同步功能。DataX 采用 Framework + plugin 架构构建，将数据源读取和写入抽象成为 Reader/Writer 插件：Reader 为数据采集模块，负责采集数据源的数据，将数据发送给 Framework；Writer 为数据写入模块，负责不断向 Framework 取数据，并将数据写入到目的端。

10.6.2 DataX 使用说明

DataX 部署

步骤 1：在 DataX 官方开源网站的 Quick Start 板块中下载 DataX。

步骤 2：在 DolphinDB-DataX-Writer 开源网站的克隆/下载板块中下载 DolphinDBWriter 插件。

步骤 3：将 dolphindbwriter 插件移动至 DataX 对应目录下。

通过步骤 2 下载的压缩包中，将 *datax-writer-main/dist/*中的 *dolphindbwriter/*文件夹移动至 *datax/plugin/writer/*文件夹中。

DataX 使用方式

DataX 通过以下方式启动。

```
//YOUR_DATAX_PATH 为解压 datax 文件的路径
cd YOUR_DATAX_PATH/datax/bin/
//执行 DataX 任务
python datax.py ../job/YOUR_RUN_JOB.json
```

DataX 任务配置主要通过一个 JSON 文件来定义，该文件包含了数据源、目标库以及并发度、速度等参数的设置。充分理解并正确配置 JSON 文件是使用 DataX 的关键。一个典型的 DataX JSON 配置文件由以下 3 部分组成。

- setting：设置传输相关的参数，如速度、并发度和批大小等；
- reader：设置源数据库（本节中为 Oracle）的相关配置参数；
- writer：设置目标数据库（本节中为 DolphinDB）的相关配置参数。

以下章节将详细介绍如何通过配置 reader、writer 和 setting 实现高效地将数据从 Oracle 导入到 DolphinDB 中。

10.6.3 数据导入

本节以一个具体的例子来说明如何使用 DataX 将 Oracle 数据库中的数据导入到 DolphinDB。假设 Oracle 的 demo 库中有一张名为 test 的数据表，其结构如表 10-12 所示。

表 10-12 test 数据表字段说明

字段名称	Oracle 数据类型	数据示例	是否主键
time	TIMESTAMP	2023.01.01T00:00:00.000	否
customerId	VARCHAR	DFXS001	是
temp	INT	67	否
amp	BINARY_FLOAT	35.37	否

✧ 通过 DataX 迁移数据时，需注意 Oracle 与 DataX、DataX 与 DolphinDB 之间数据类型的映射关系。

我们的目标是将 Oracle 的 demo 库中 test 表的数据导入到 DolphinDB，如图 10-27 所示：

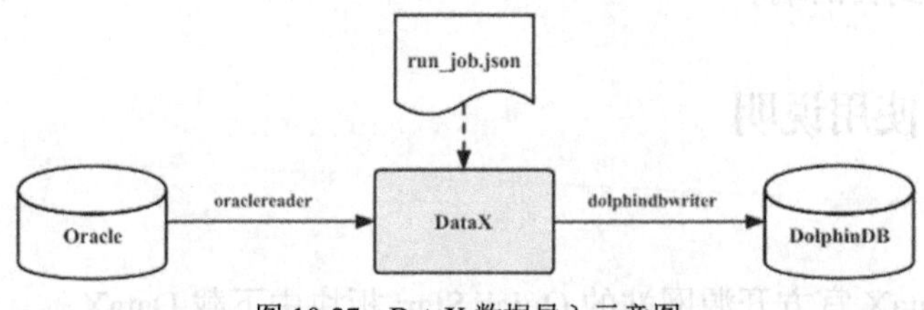

图 10-27 DataX 数据导入示意图

首先，在 DolphinDB 中创建对应的数据库和表。

```
//创建数据库
create database "dfs://demo" partitioned by VALUE([2023.01.01,2023.01.02]),
        VALUE(["DFXS001","DFXS002"]),engine = "TSDB"
//创建表
create table "dfs://demo"."test"(
        time TIMESTAMP [compress = "delta"],customerId SYMBOL,temp INT,amp FLOAT
)
partitioned by time,customerId,
sortColumns = ["customerId","time"]
```

✧ 关于 DolphinDB 创建数据库和分区表的详细语法说明，请参考相关文档。

接下来，我们需要配置 DataX 的 JSON 文件，Jason 文件主要包括 reader、writer 和 setting 3 个部分。

reader 相关配置参数

脚本如下。

```
"reader":{
  "name": "oraclereader",
  "username":"admin",
  "password":"123456",
  "parameter": {
    "column": ["*"],
    "splitPk": "customerId",
```

```
        "connection":[
            {
                "jdbcUrl": ["jdbc:oracle:thin:@127.0.0.1:8808:demo"],
                "table": ["test"]
            }
        ],
        "password": "123456",
        "username": "admin"
    }
}
```

- username：Oracle 数据库用户名。
- password：用户密码。
- column：表中需要导入的列名集合，用*代表默认导出表的所有列。
- splitPk：使用 splitPk 参数代表的字段进行数据分片，DataX 会启动并发任务进行数据同步，这样可以极大地提高数据导出的性能。
- jdbcUrl：Oracle jdbc 连接相关配置。其固定格式为：`"jdbc:oracle:thin:@[HOST_NAME]:PORT:[DATABASE_NAME]"`。本节中，Oracle 数据库的地址为 127.0.0.1:8808，数据表位于 demo 库中。
- table：需要导出的表。本节中，需要导出的表为 test。

writer 相关配置参数

脚本如下。

```
"writer": {
  "name": "dolphindbwriter",
  "parameter": {
      "userId": "admin",
      "pwd": "123456",
      "host": "127.0.0.1",
      "port": 8848,
      "dbPath": "dfs://demo",
      "tableName": "test",
      "batchSize": 10000,
      "table": [
            {"type":"DT_TIMESTAMP","name":"time"},
            {"type":"DT_SYMBOL","name":"customerId"},
            {"type":"DT_INT","name":"temp"},
            {"type":"DT_FLOAT","name":"amp"}
        ]
    }
}
```

- userId：DolphinDB 用户名。
- pwd：DolphinDB 用户密码。
- host：DolphinDB Server host。
- port：DolphinDB Server port。
- dbPath：需要写入的目标分布式库名称。
- tableName：目标数据表名称。
- batchSize：DataX 每次写入 DolphinDB 的记录数。
- table：写入目标数据表的字段集合。

需要注意的是，*batchSize* 的设置对导入速度有显著影响。过小的 *batchSize* 会降低导入速度，而过大的 *batchSize* 则可能会引起内存溢出，因此在实际使用过程中需要根据数据量、机器内存等条件设置一个合理的值。

setting 相关配置参数

脚本如下。

```
"setting": {
    "speed": {
        "channel": 16,
        "byte":-1
    }
}
```

- channel：并发任务数上限；
- bytes：限制单个任务传输记录个数，-1 表示不限制。

如果没有设置 *splitPk* 参数的情况下，*channel* 参数不会生效。

启动 DataX 数据导入任务

最后，我们将 setting、reader、witer 组装成一个完整的 json 配置文件：

```
{
  "job": {
    "setting": {......},
    "content": [{
        "reader": {......},
        "writer": {......}
      }]
  }
}
```

将 json 配置保存在 *job* 目录下，命名为 OracleToDolphinDB.json，进入 DataX 的 bin 目录，执行以下脚本便可开始数据导入任务。

```
python datax.py ../job/OracleToDolphinDB.json
```

任务开始后，在命令行终端可以看到以下形式的输出。

```
2023-01-01 14:09:22.333 [job-0] INFO  JobContainer -
任务启动时刻                    : 2023-01-01 13:56:30
任务结束时刻                    : 2023-01-01 14:09:22
任务总计耗时                    :                771s
任务平均流量                    :            3.00MB/s
记录写入速度                    :          19018rec/s
读出记录总数                    :            14644278
读写失败总数                    :                   0
```

数据导入完成后，我们可以在 DolphinDB 中查看导入的数据。

```
select * from loadTable("dfs://demo","test") limit 5
//output
time     customerId     temp     amp
2024.01.01 00:00:01.000    DFXS001     10     87.38
2024.01.01 00:00:02.000    DFXS001     32     5.70
2024.01.01 00:00:03.000    DFXS001     18     59.47
2024.01.01 00:00:04.000    DFXS001     77     74.41
2024.01.01 00:00:05.000    DFXS001     44     50.43
```

以上就是使用 DataX 将 Oracle 数据导入到 DolphinDB 的完整步骤。通过合理配置 DataX 的 JSON 文件，我们可以更高效地实现异构数据库之间的数据迁移。

10.6.4 数据清洗与预处理

在某些场景下，数据导入到 DolphinDB 之前需要做数据清洗，如缺失值处理、异常值处理、类型转换等操作。dolphindbwriter 插件支持通过自定义函数的形式在导入前对数据进行清洗。以 10.6.3 小节的 test 表为例，假设数据入库存储前需要进行以下操作。

- 缺失值填充：对于每一个缺失值，用该缺失值的前一个非空值来填充。
- 计算：求 temp 和 amp 的差。
- 数据分类：根据 temp 和 amp 的差对数据进行分类，大于 50 为 good，小于等于 50 为 bad。

可通过以下自定义函数实现入库前的数据清洗。

```
def dataClear(dbPath,tableName,mutable data){
  login(userId = 'admin', password = '123456')
  //使用 NULL 值前的非空元素来填充 NULL 值
  data.fill!()
  //求 temp 和 amp 的差
  data['diffrence'] = abs(data['temp']-data['amp'])
  //根据差值对客户进行分类
  data['customerType'] = iif(data['diffrence']>50,'good','bad')
  //数据入库
  pt = loadTable(database = dbPath, tableName = tableName)
  pt.append!(data)
}
```

在 writer 中配置 *saveFunctionDef* 和 *saveFunctionName*，如下。

```
"writer": {
  "name": "dolphindbwriter",
  "parameter": {
      ......
      "saveFunctionDef": "def dataClear(dbPath, tableName, mutable data) {login('admin',
'123456');data.ffill!();data['diffrence'] = abs(data['temp']-data['amp']);data[
      "saveFunctionName":"dataClear",
      ......
    }
}
```

需要注意的是，如果数据清洗过程中新增了数据列，则 DolphinDB 中需要建立对应的库表。数据导入任务完成后，观察 DolphinDB 中的数据。

```
select * from loadTable(database = "dfs://demo", tableName = "test") limit 5
//output
time    customerId  temp    amp     diffrence    customerType
2024.01.01 00:00:01.000    DFXS001  10  87.38    77.38   good
2024.01.01 00:00:02.000    DFXS001  32  5.70    26.29    bad
2024.01.01 00:00:03.000    DFXS001  18  59.47    41.472  bad
2024.01.01 00:00:04.000    DFXS001  77  74.41    2.58    bad
2024.01.01 00:00:05.000    DFXS001  44  50.43    6.43    bad
```

数据的更新和删除等操作，也可以在自定义函数中进行。比如，为了删除 amp 字段为空的数据，可在自定义函数中增加以下语句。

```
delete from data where amp = NULL;
```

此外，若导入的数据需要和其他已存在 DolphinDB 中的数据表做关联查询，也可在自定义函数中实现。

仍以 10.6.3 小节 test 数据表为例，假设 test 表中的 temp 值需要乘以一个倍率值才能得到真实的数值，该倍率值存储在 DolphinDB demo 库的 info 表中，表字段说明如表 10-13 所示。

表 10-13 info 数据表字段说明

字段名称	DolphinDB 数据类型	含义
customerId	SYMBOL	客户 Id
province	SYMBOL	省份
city	SYMBOL	城市
t_factor	FLOAT	倍率

可以通过以下自定义函数在数据导入阶段进行关联查询。

```
def dataClear(dbPath,tableName,mutable data){
  login(userId = 'admin', password = '123456')
  info = loadTable(database = "dfs://demo", tableName = "info")
  pt = loadTable(database = dbPath, tableName = tableName)
  //表关联
  data = select time,customerId,temp*t_factor as temp,amp from info join pt
         on info.customerId = pt.customerId
  //数据入库存储
  pt.append!(data)
}
```

10.6.5 注意事项与常见问题

DolphinDB 数据分区列取值不能为空。如果 Oracle 中该分区列取值为空，会导致导入失败。当出现分区列为空时，需通过自定义函数处理这些空值以保证正常写入。常用的方法是给这些空值一个特殊标记值。以 10.6.3 小节 test 表 为例，假设在 Oracle 中，customerId 字段存在空值，那么自定义函数的写法如下。

```
def dataClear(dbPath,tableName,mutable data){
  update data set customerId = "missing" where customerId = NULL
  pt = loadTable(database = dbPath, tableName = tableName)
  pt.append!(data)
}
```

10.7 Message Queue

消息中间件作为一种异步通信工具，广泛应用于分布式系统中，能够有效地解耦系统组件，提高系统的可扩展性和可靠性。在数据分析领域，消息中间件可以帮助我们将不同来源、不同格式的数据汇集到一起，以便后续进行数据处理和分析。DolphinDB 提供了 Kafka、Plusar、ActiveMQ、ZeroMQ 等消息中间件的插件，通过这些插件，用户可以直接将消息中间件中的数据，导入到 DolphinDB 中，以便进行高效的数据分析和处理。本节将以 Kafka 为例，介绍如何将消息中间件中的数据导入到 DolphinDB 中，包括：Kafka 插件安装、消费者创建、主题订阅、数据消费等方面的内容。通过掌握这些技能，用户将能够高效地将 Kafka 中的数据导入到 DolphinDB 中，借助 DolphinDB 强大的数据分析工具进行数据分析。

10.7.1 Kafka 相关概念介绍

Kafka 是一个开源流处理平台。它能够高效地处理大量的数据流，并支持数据的实时传输和存储，常用于构建高性能、可扩展的数据管道，以及开发实时流处理应用程序。Kafka 的发布/订阅模式如图 10-28 所示。

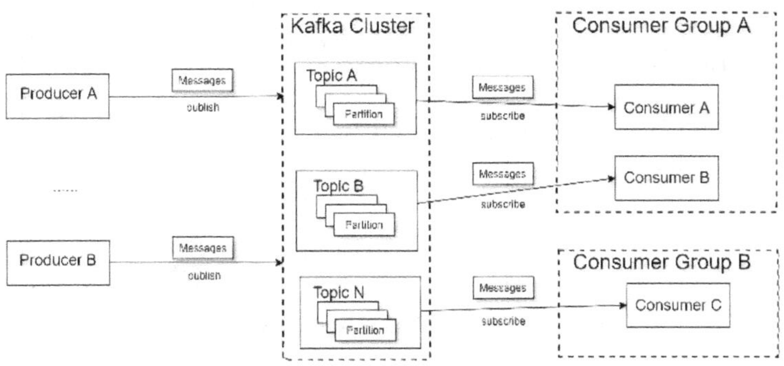

图 10-28　Kafka 发布/订阅架构图

Topic、Producer 和 Consumer 是 Kafka 的三大核心概念。Topic 是消息的逻辑分类，类似于数据库中的表，起到管理数据的作用；Producer 是消息的发布者，它们将消息发送到 Kafka 的 Topic 中；Consumer 是消息的读取和消费者，订阅消费 kafka Topic 中的消息。DolphinDB Kafka 插件支持生产者、消费者的创建。用户可通过 Kafka 插件，在 DolphinDB 中创建生产者，往 Kafka 的 Topic 中发布消息；也可以在 DolphinDB 中创建消费者，消费 Kafka Topic 中的消息。

Kafka 插件下载

用户可通过 DolphinDB 插件市场一键下载安装 Kafka 插件，如下所示。

```
installPlugin("kafka")
```

✧ 通过 DolphinDB 插件市场下载 Kafka 插件需要联网环境。

通过 `loadPlugin` 函数加载 Kafka 插件。

```
loadPlugin("kafka")
//output
0   functiondef<SystemFunc>('kafka::producer')
1    functiondef<SystemFunc>('kafka::getJobStat')
2    functiondef<SystemFunc>('kafka::getProducerTime')
......
```

加载了 Kafka 插件之后，用户便可以在 DolphinDB 中使用插件提供的一些函数。此外，当插件加载过一次后，在 DolphinDB 重启前，都不需要再进行加载。

10.7.2　数据导入

以 10.6.3 小节的 test 数据为例。假设 test 数据存储在 Kafka 的 demo 主题中，其消息样式如下所示。

```
{"time": "2024.01.01 00:00:00.000","customerId": "DFXS001","temp": 69,"amp": 58.37},
{"time": "2024.01.01 00:00:01.000","customerId": "DFXS001","temp": 68,"amp": 65.29},
{"time": "2024.01.01 00:00:02.000","customerId": "DFXS001","temp": 67,"amp": 54.69},
```

我们的目标是先将 Kafka 中的上述样式的数据解析成结构化数据，再写入到 DolphinDB 中。采用如图 10-29 所示的架构，首先建立消费者，订阅 demo 主题，通过 DolphinDB 自定义函数将消息解析成结构化的数据，然后将数据写入 DolphinDB 流数据表，最后订阅

DolphinDB 流数据表，实现入库存储。

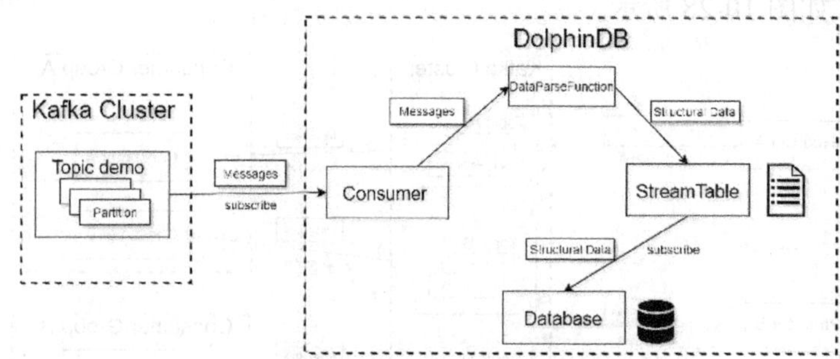

图 10-29　DolphinDB 消费 Kafka 数据示意图

首先在 DolphinDB 中创建共享流数据表。

```
share streamTable(100:0, `time`customerId`temp`amp, `TIMESTAMP`SYMBOL`INT`DOUBLE) as st
```

✧ DolphinDB 流数据表类似于消息队列的概念，支持发布/订阅。

创建消费者

通过以下脚本创建消费者。

```
config = dict(STRING, ANY)
config["metadata.broker.list"] = "127.0.0.1:9092"
config["group.id"] = "kafkaDemo"
consumer = kafka::consumer(config)
```

消费者相关配置参数中，*metadata.broker.list* 和 *group.id* 是两个比较重要的参数。*metadata.broker.list* 表示 Kafka Server 的 ip；*group.id* 表示消费者所在的消费者组。由于在 Kafka 中，一旦一条消息被消费者组中的某个消费者消费了，其他消费者就接收不到该条消息了，因此，若希望某个消费者消费的数据完整，应确保该消费者所处的消费者组中只有它自己，没有其他消费者。

订阅主题

通过以下脚本订阅 demo 主题。

```
kafka::subscribe(consumer, ["demo"])
```

kafka::subscribe(consumer,topic)函数接收两个参数。其中，*consumer* 是创建的消费者；*topic* 是该消费者所订阅的主题，本例中消费者订阅的是 demo 主题。

创建消费线程

通过以下脚本创建消费线程，多线程轮询消费 demo 主题的消息。

```
def kafkaJsonParse1(msg,key,topic){
  return parseJsonTable(msg)
}
conn = kafka::createSubJob(consumer,st,kafkaJsonParse1,"kafka1Structural")
```

kafka::createSubJob(consumer, table, parser, description)函数接收 4 个必选参数。其中，*consumer* 是创建的消费者；*table* 是存储经过解析后的数据的表，在本例中，解析后的数据存储在 st 流数据表中；*parser* 是消息的解析函数，在本例中，消息解析函数为 kafkaJsonParse1()，主要利用了 DolphinDB 的内置函数 parseJsonTable，该函数能将一维标准 json 解析成结构化的表；*description* 是对解析任务的描述。

消费线程创建好后，DolphinDB 中创建的消费者便开始订阅消费 demo 主题中的消息。此时，数据已经写入 st 流表。

```
select * from st limit 5
//output
time      customerId      temp      amp
2024.01.01 00:00:01.000     DFXS001     10     87.38
2024.01.01 00:00:02.000     DFXS001     32     5.70
2024.01.01 00:00:03.000     DFXS001     18     59.47
2024.01.01 00:00:04.000     DFXS001     77     74.41
2024.01.01 00:00:05.000     DFXS001     44     50.43
```

订阅入库

数据写入 st 流表后，通过 `subscribeTable()` 函数开启订阅，将数据入库存储。

```
subscribeTable(tableName = `st,actionName = `demo,
                offset = 0,handler = loadTable("dfs://demo","test"),
                msgAsTable = true,batchSize = 1024)
```

`subscribeTable()` 函数的 *handler* 参数是一个回调函数，用于处理订阅数据，本节中的回调函数是 `loadTable()`。

订阅后，查看分布式表中的数据，如下所示。

```
select * from loadTable("dfs://demo","test") limit 5
//output
time      customerId      temp      amp
2024.01.01 00:00:01.000     DFXS001     10     87.38
2024.01.01 00:00:02.000     DFXS001     32     5.70
2024.01.01 00:00:03.000     DFXS001     18     59.47
2024.01.01 00:00:04.000     DFXS001     77     74.41
2024.01.01 00:00:05.000     DFXS001     44     50.43
```

嵌套 json 数据解析

由于 `parseJsonTable()` 函数只能将一维标准 json 解析成结构化数据，因此当 Kafka 中的数据为嵌套 json 格式时，则需要通过自定义函数来解析。

假设，Kafka demo 主题中的消息样式为如下所示的嵌套 json 格式。

```
{"time": "2024.01.01 00:00:00.000","customerId": "DFXS001","va":{"temp": 69,"amp": 58.37}},
{"time": "2024.01.01 00:00:01.000","customerId": "DFXS001","va":{"temp": 57,"amp": 55.37}}
```

对于上述类型的 json 数据，需要通过以下自定义函数解析。

```
def kafkaJsonParse2(msg,key,topic){
  //json 解析成字典
  tmp = msg.parseExpr().eval()
  //转换成时间类型
  time,temp = [temporalParse(tmp["time"],"yyyy.MM.dd HH:mm:ss.SSS")],[temp["va"]["temp"]]
  customerId,amp = tmp["customerId"],tmp["va"]["amp"]
  return table(time,customerId,temp,amp)
}
```

上述自定义解析函数中的重点是 `parseExpr` 函数和 `eval` 函数。`parseExpr` 函数把字符串转换为元代码，`eval` 函数执行 `parseExpr` 函数生成的元代码。

将 `kafka::createSubJob` 函数中的 *parse* 参数的值由 `kafkaJsonParse1` 替换成 kafkaJsonParse2，便能实现对嵌套 json 数据的解析。

10.7.3 数据清洗与预处理

与 10.6.4 小节类似的是从 Kafka 将数据导入 DolphinDB 时也可以进行数据清洗与预处理。而不同的是，10.6.4 小节是在导入前做数据清洗，本小节介绍如何在数据导入后做清洗，即在流数据订阅的回调函数中进行数据清洗与预处理。

假设数据入库存储前，同样需要进行以下操作。

- 缺失值填充：对于每一个缺失值，用该缺失值的前一个非空值来填充。
- 计算：求 temp 和 amp 的差。
- 数据分类：根据 temp 和 amp 的差对数据进行分类，大于 50 为 good，小于等于 50 为 bad。

可以通过定义以下回调函数来进行数据清洗。

```
def dataClear(data, dbPath, tbName){
  //使用 NULL 值前的非空元素来填充 NULL 值
  t = select time,customerId,ffill(temp) as temp,ffill(amp) as amp,
          (ffill(temp)-ffill(amp)) as difference,
          iif((ffill(temp)-ffill(amp))>50,"good","bad") from data
  //数据入库
  pt = loadTable(database = dbPath, tableName = tbName)
  pt.append!(t)
}
subscribeTable(tableName = `st,actionName = `demo,
               offset = 0,handler = dataClear,
               msgAsTable = true,batchSize = 1024)
```

Kafka 数据导入也可以在导入前进行清洗和预处理，它主要是通过 `kafka::createSubJob()` 函数的 *parse* 参数进行的。用户可自定义 *parse* 处理函数中实现数据清洗和预处理的逻辑。但是，导入前清洗的效率比回调函数要低很多。这是因为，导入前的数据清洗是逐条进行的，类似于 for 循环的方式；而回调函数是批量处理，效率上要更高一些。此外，部分数据清洗的逻辑在导入前做会失去意义，比如缺失值填充和计算等。

思考题

1. 不加载数据的情况下，如何获取文本数据的数据信息？
2. DolphinDB 的并行导入方法，受到哪些资源的约束？
3. 如何一次性导入按规范存储的大量文本文件？
4. 对于本章未详述的数据源，比如 SQL SERVER 数据库，DolphinDB 提供了哪些工具可以用于导入数据？
5. 使用 loadEx 方法如何在数据入库前对数据进行清洗处理？
6. 导入 CSV 文件时，有哪些性能优化策略？
7. 如何导入超出可用内存大小的数据集？
8. 如何将数据导出为 CSV 文件？
9. 使用 DataX 导入数据时，如何提高导入的效率？
10. 如何导入 JSON 格式的文本文件数据？

第 11 章 即时编译

CHAPTER 11

DolphinScript 是解释执行的编程语言。由于解释脚本有时会严重影响程序的执行速度，因此 DolphinDB 引入了即时编译（JIT）的优化技术。它能够解决相同代码块重复解释的问题，从而有效提高程序的执行速度。本章将详细介绍 DolphinDB 中 JIT 的概念和原理，以及 JIT 的使用方式、支持语法、适用场景等，帮助用户学会使用 JIT 函数进行程序优化，提高数据分析的效率。

11.1 JIT 在 DolphinScript 中的应用

通常程序有两种运行方式：编译执行和解释执行。编译执行是指将整个程序全部翻译为机器码后再执行，其特点是运行效率较高，以 C/C++ 为代表。解释执行是指由解释器对程序逐句解释并执行，其特点是灵活性较强，以 Python 为代表。即时编译（Just-in-time compilation, JIT），是动态编译的一种形式，它在运行时将指定的代码段翻译为机器码。即时编译融合了编译执行和解释执行两种方式的优点，可以达到与静态编译语言相近的执行效率。

DolphinDB 以函数为最小单位进行即时编译优化。JIT 函数根据各个参数的类型确定函数签名，例如：f(INT, INT)是一个函数签名；f(INT, DOUBLE) 是另一个函数签名。对于同一个签名，DolphinDB 只会编译一次，并缓存编译结果。

当函数内部存在需要用循环实现的计算逻辑，或者运行时间远超编译耗时的计算任务时，适合使用 JIT 进行优化。比如机器学习算法，在每次训练后会根据前一次的结果不断迭代和优化，直到满足指定的结束条件。因为非 JIT 函数调用 JIT 函数，或者 JIT 函数内部调用系统部分内置函数时，会产生接口转换的额外开销，所以 JIT 函数不适合被外部程序反复调用。综上所述，对于外部调用较少但内部计算密集的函数，DolphinDB 中的即时编译功能可以显著提高运行速度。

✧ 注意：如要使用 JIT，必须在官网上下载支持 JIT 的 DolphinDB 版本。

11.1.1 JIT 使用方式

本章节主要通过 3 个数值计算的例子简单介绍一下 JIT 函数的使用方式。

- 如何定义 JIT 函数。
- 如何调用 JIT 函数。
- 如何基于 JIT 函数，通过部分应用和匿名函数的方式快速固定参数生成新的 JIT 函数。
- 如何在 `integral` 等高阶函数中使用 JIT 函数完成复杂运算。

例 1：无穷级数求和

以数列 λ 为例，其表达式如下。

$$\tilde{\lambda}_k = \left(\frac{\tilde{\mu}^2}{\sigma^2} + \frac{k^2\pi^2\sigma^2}{h_2^2}\right)/2$$

通过一个 JIT 函数来表示这个数列。

```
@jit
def calculateLambdaKTilde(muTilde, sigma2, h2, k){
    return (muTilde * muTilde\sigma2 + square(k * pi\h2) * sigma2)\2
}
```

通过上面的例子可以发现，在 DolphinDB 中，用户可以通过在自定义函数前面添加 @jit 修饰符来定义一个 JIT 函数。用户还可以在 JIT 函数中使用各种内置函数进行计算，比如上例中的用 `square` 函数求平方。

对于两个更复杂的数列 A 和数列 B，它们依赖上面的数列 λ，表达式如下。

$$A_k = \frac{\exp\left(-\tilde{\lambda}_k\left(T-\tau_{\text{reset}}\right)\right)}{\tilde{\lambda}_k} k\pi\sin\left(k\pi\frac{h_2^r - X^r_{\tau^r_{\text{reset}}}}{h_2^r}\right)$$

$$B_k = \exp\left(-\tilde{\lambda}_k\left(\tau_{\text{reset}} - t\right)\right)k\pi\sin\left(k\pi\frac{X_t}{h_2}\right)$$

同理，对于这两个复杂数列，可以分别通过一个 JIT 函数来表示。

```
/* Ak 数列 */
@jit
def calculateAK(muTilde, sigma2, h2, h2r, xTauResetR, T, tauReset, k){
    lambdaKTilde = calculateLambdaKTilde(muTilde, sigma2, h2, k)
    return exp(-lambdaKTilde *(T-tauReset))\lambdaKTilde*k*pi*sin(k*pi*(h2r-xTauResetR)\h2r)
}
/* Bk 数列 */
@jit
def calculateBK(muTilde, sigma2, h2, xt, t, tauReset, k){
    lambdaKTilde = calculateLambdaKTilde(muTilde, sigma2, h2, k)
    return exp(-lambdaKTilde * (tauReset-t)) * k * pi * sin(k * pi * xt\h2)
}
```

需要注意的是，h2r 是一个变量，不是 h2 的 r 次方。

通过上面的例子可以发现，在 JIT 函数内，既可以使用内置函数，又可以调用其他自定义的 JIT 函数。这样做能够有效避免重复编写程序段。下面对已有的数列 A 和数列 B 进行无穷级数求和。

$$sum_{inf} = \sum_{k=1}^{\infty} func(k)$$

虽然表示两个数列的函数定义不同，但是对其求和的逻辑是一致的。因此，我们可以将表示数列的函数作为参数传入一个通用的求和函数，从而实现对指定数列求和的功能。为了保证计算结果的收敛性和精确性，我们可以设置一个很小的误差控制项 eps；通过循环不断增加级数的项数直至相邻两个结果之差小于误差控制项。同时，为了确保程序在任何情况下

（例如级数不收敛）都能正常结束，还需要设置一个最大迭代次数 maxIter。即不管结果是否收敛，最多执行 maxIter 次循环就会结束。下面定义了一个通用的求和函数，能对 func 表示的数列进行无穷级数求和。

```
@jit
def calculateSumInf(func, maxIter, eps){
    sumInf = 0.0
    k = 1
    do{
        delta = func(k)
        sumInf + = delta
        k + = 1
    }while(abs(delta) > eps && k <= maxIter)
    return sumInf
}
```

使用自定义函数对数列 A 和数列 B 进行求和。

```
/* 数列 A 无穷级数求和 */
@jit
def calculateSumA(muTilde, sigma2, h2, h2r, tauReset, T, xTauResetR, maxIter, eps){
    aKFunc = calculateAK{muTilde, sigma2, h2, h2r, xTauResetR, T, tauReset}
    return calculateSumInf(aKFunc, maxIter, eps)
}
/* 数列 B 无穷级数求和 */
@jit
def calculateSumB(muTilde, sigma2, h2, tauReset, t, xt, maxIter, eps){
    bkFunc = def(k):calculateBK(muTilde, sigma2, h2, xt, t, tauReset, k)
    return calculateSumInf(bkFunc, maxIter, eps)
}
```

通过上面的例子可以发现，JIT 函数的输入参数可以是另一个 JIT 函数。此外，还支持通过部分应用（`calculateAK{}`）或者匿名函数（`def(k):calculateBK()`）的方式，快速固定指定参数生成一个新的 JIT 函数。

例 2：定积分计算

与无穷级数求和不同，微积分的计算很难通过一个简单的循环实现。在这种更复杂的数值计算场景中，我们可以利用 DolphinDB 丰富的内置函数实现。假设有一个复杂的函数，公式如下，其中函数 A 和函数 B 的表达式与上述无穷级数求和例子中的公式一致。

$$f(\tau_{\text{reset}})=\frac{\sigma^2}{h_2^2}\exp\left(\frac{\bar{\mu}\left(h_2^r-X_{\tau_{\text{rest}}}^r-X_t\right)}{\sigma^2}\right)\left(-\frac{\sigma^2}{h_2^{r2}}\sum_{k=1}^{\infty}A\left(k,\tau_{\text{reset}}\right)+\frac{\sinh\left(X_{\tau_{\text{rest}}}^r\tilde{\mu}/\sigma^2\right)}{\sinh\left(h_2^r\tilde{\mu}/\sigma^2\right)}\right)\left(\sum_{k=1}^{\infty}B\left(k,\tau_{\text{reset}}\right)\right)$$

该数学函数可以用一个 JIT 函数表示。

```
@jit
def calculateFunctionF(muBar, muTilde, sigma2, h2, h2r, xt, xTauResetR, T, t,
                       maxIter, eps, tauReset){
    coef1 = sigma2\(h2 * h2) * exp(muBar * (h2r-xTauResetR-xt)\sigma2)
    coef2 = -sigma2\(h2r * h2r)
    coef3 = sinh(xTauResetR * muTilde\sigma2) \ sinh(h2r * muTilde\sigma2)
    num = tauReset.size()
    result = array(DOUBLE, num)
    for(i in 0:num){
        tau = tauReset[i]
        sumInfA = calculateSumA(muTilde, sigma2, h2, h2r, tau, T, xTauResetR, maxIter, eps)
        sumInfB = calculateSumB(muTilde, sigma2, h2, tau, t, xt, maxIter, eps)
        result[i] = coef1 * (coef2 * sumInfA + coef3) * sumInfB
    }
    return result
}
```

为了使 `calculateFunctionF` 函数支持 *tauReset* 参数为向量，JIT 函数中采用 for 循环对向量中每个元素进行函数计算。现在对该公式求[t, T]上的定积分。

$$E_3 = \int_t^T f(\tau_{\text{reset}}) d\tau_{\text{reset}}$$

通过 DolphinDB 内置的 `integral` 函数计算。

```
def calculateIntegralF(muBar, muTilde, sigma2, h2, h2r, xt, xTauResetR, T, t, maxIter, eps){
    f = calculateFunctionF{muBar, muTilde, sigma2, h2, h2r, xt, xTauResetR, T, t,maxIter, eps}
    return integral(f, t, T)
}
```

例 3：可转债 RCB 理论定价模型

接下来将融合上面的两个例子，展示如何在真实的复杂计算场景中运用 JIT 函数。基于《含转股价格向下修正条款的可转换债券定价和套利策略研究》一文中的可转债 RCB 理论定价模型，可以得出以下的 RCB 价值计算公式。

$$\begin{aligned}\text{RCBs价值}(V_{RCBs}) &= \text{普通债券价值}(V_{bond}) + \text{内嵌期权价值}(V_{options}) \\ &= \text{面值}(V_{face}) + \text{券息价值}(V_{coupon}) \\ &\quad + \text{内嵌期权价值之和}(\textstyle\sum_{i=1}^{n} V_{ex\_option}^{i}).\end{aligned}$$

该模型的计算公式组成较为复杂，具体公式可以参考原文，这里仅展示其中一部分。某一种股价路径的内嵌期权价值的计算公式为。

$$V_{ex\_option}^{3,t} = \left[\max\left(\frac{F}{\theta K} P_{call}^{r}, B_{call}\right) - F\right] E_3$$

通过以下函数计算内嵌期权价值。

```
def rcbValue(st,K,bCall,theta,pCall,pPut,pReset,F,T,t,sigma,r,maxIter,eps){
    sigma2 = sigma * sigma
    pPutR = theta * pPut
    pCallR = theta * pCall
    xt = log(st\pReset)
    xTauResetR = log(pReset\pPutR)
    h2 = log(pCall\pReset)
    h2r = log(pCallR\pPutR)
    muBar = r-sigma2\2
    muTilde = sqrt(muBar * muBar + 2 * sigma2 * r)
    f = calculateFunctionF{muBar,muTilde,sigma2,h2,h2r,xt,xTauResetR,T,t,maxIter,eps}
    e3 = integral(f,t,T)
    v3 = (max(F/theta/K * pCallR,bCall)-F) * e3
    return v3
}
```

其中 S_t 表示标的股价，K 表示初始转股价格，B_{call} 表示赎回价格，θ 表示向下修正比例，P_{call} 表示初始赎回触发价格，P_{put} 表示初始回售触发价格，P_{reset} 表示向下修正触发价格，F 表示债券面值，T 表示到期日，t 表示支付券息的初始时间，σ 表示股价波动率，r 表示无风险利率。

自定义函数 `rcbValue` 中的 `calculateFunctionF` 函数是示例 2 中的 JIT 函数，f 是通过部分应用生成的 JIT 函数，并使用高阶函数 `integral` 对 JIT 函数进行调用。

调用上述自定义函数，即可计算出指定的内嵌期权价值。

```
res = rcbValue(st = 100,K = 100,bCall = 130,theta = 0.7,pCall = 130,pPut = 70,pReset = 80,
              F = 100,T = 6,t = 0,sigma = 0.3,r = 0.03,maxIter = 10000,eps = 1e - 5)
```

11.1.2　JIT 支持范围

和 DolphinScript 的解释执行不同，JIT 函数运行时使用 LLVM 编译器并将函数翻译为机器码，这也导致 JIT 函数中部分数据类型、基本语句和内置函数暂时无法被推导和解析。针对这个特点，本节详细列出了 JIT 函数的支持范围，包括支持的数据类型、基本语句和内置函数。

支持的数据类型

支持标量（scalar）、向量（vector）、数组向量（arrayVector）、矩阵（matrix）、数据对（pair）、字典（dict）和字符串（string）等形式的参数。

暂不支持表（table）、集合（set）等数据形式。

支持的基本语句

- 支持赋值语句，例如 `x = 1, y = x + 2`。
- 支持 return 语句，例如 `return 0`。
- 支持 if-else 语句，如下。

```
@jit
def myAbs(x) {
  if(x > 0) return x
  else return -x
}
```

- 支持 do-while 语句，如下。

```
@jit
def mySqrt(x) {
    guess = 1.0
    guess = (x / guess + guess) / 2.0
    do {
        guess = (x / guess + guess) / 2.0
    } while(abs(guess * guess - x) >= 1e-7)
    return guess
}
```

- 支持 for 循环语句，如下。

```
@jit
def mySum(vec) {
  s = 0.0
  for(i in vec) {
    s + = i
  }
  return s
}
```

- 支持 break 和 continue 语句，如下。

```
@jit
def mySum(vec) {
  s = 0.0
  for (i in vec) {
    if(i % 2 == 0) continue
    s + = i
  }
  return s
}
```

支持的内置函数

目前 DolphinDB 支持在 JIT 中使用以下内置函数。

- 支持的运算符：add(+)、sub(-)、multiply(*)、divide(/)、and(&&)、or(||)、bitand(&)、bitor(|)、bitxor(^)、eq(==)、neq(!=)、ge(>=)、gt(>)、le(<=)、lt(<)、neg(-)、mod(%)、seq(..)、at([])。
    - 需要注意，at(X, [index])里的 index 必须是标量或者向量，不能是数据对。
- 支持的数学函数：exp、log、sin、asin、cos、acos、tan、atan、abs、ceil、floor、sqrt，cdfNormal、cdfBeta、cdfBinomial、cdfChiSquare、cdfExp、cdfF、cdfGamma、cdfKolmogorov、cdfcdfLogistic、cdfNormal、cdfUniform、cdfWeibull、cdfZipf、invBeta、invBinomial、invChiSquare、invExp、invF、invGamma、invLogistic、invNormal、invPoisson、invStudent、invUniform、invWeibull、cbrt、deg2rad、rad2deg、det、dot、sum、avg、min、max。
- 支持的基础函数：take、seq、array、count、size、isValid、rand、flatten、iif、round。
    - 需要注意，array 函数的第一个参数必须直接指定具体的数据类型，不能通过变量传递指定。
    - 需要注意，round 函数在使用时必须指定第二个参数，且该参数须大于 0。
- 支持的 cum 系列函数：cummax、cummin、cummed、cumfirstNot、cumlastNot、cumrank、cumcount、cumpercentile、cumstd、cumstdp、cumvar、cumvarp、cumsum、cumsum2、cumsum3、cumsum4、cumavg、cumprod、cumPositiveStreak、cumbeta、cumwsum、cumwavg、cumcovar、cumcorr。
    - 需要注意，目前仅支持输入类型为 vector。

其他注意事项

- JIT 函数内不可以调用非 JIT 的用户自定义函数，否则无法进行类型推导。
- 对于 JIT 函数内的变量，必须保证其类型在函数定义和使用时都保持一致。

比如自定义函数对向量求和：

```
@jit
def mySum(vec) {
  s = 0
  for(i in vec) {
    s + = i
  }
  return s
}
mySum([0.1, 0.2, 0.3])
```

其中 s = 0 确定变量 s 为 INT 类型。当变量 i 为 DOUBLE 类型时，s + = i 会使得变量 s 为 DOUBLE 类型。导致执行 mySum([0.1, 0.2, 0.3])时报错：Can't determine type of variable: s, two possibilities: SCALAR&INT, SCALAR&DOUBLE。为了变量类型的统一，需要将 s = 0 改为 s = 0.0。

- JIT 函数根据各个参数的类型确定函数签名。由于编译实现的限制，当同一个函数在一个 JIT 函数中有多种签名，执行时会报异常。

如下例，在 JIT 函数 f1 中，f 同时拥有 f(INT, INT) 和 f(DOUBLE, INT) 两种签名，导

致执行报错。

```
@jit
def foo(x,y){return x + y}

@jit
def f1(f){return f(1,2) + f(1.0,2)}

@jit
def f2(){return f1(foo)}

f2()
//抛出异常: Dynamic Function :f having more than one signature inside single jit function
```

11.2　迭代计算

迭代计算是一种不断重复指定操作的方法，每次操作的结果都作为下次操作的初始值。在数据分析的过程中，会涉及各种迭代计算。常见计算包括通过迭代算法不断逼近问题的解，比如用最速下降法求解线性方程组；根据递推公式求指标，比如对时序数据计算指数移动平均（Exponential Moving Average）。迭代计算的场景中，因为每一步的结果是下一步计算的初始值，所以计算有先后关系，无法使用向量化运算。这种需要通过循环不断更新计算结果的场景，在 DolphinDB 中可以使用 JIT 来提升计算性能。

11.2.1　JIT 在迭代算法中的应用

迭代算法在优化问题求解、数值计算、机器学习等计算机科学和数学领域中都有着广泛的应用。期权的隐含波动率可以反应市场对未来的预期。下面将以二分法计算期权的隐含波动率为例，来展示 JIT 在迭代算法中的应用。BSM 期权估价模型公式如下。

$$C = S_0 N(d_1) - Ke^{-rT} N(d_2)$$

$$P = -S_0 N(-d_1) + Ke^{-rT} N(-d_2)$$

$$d_1 = \frac{\ln(S_0 / K) + (r + \sigma^2 / 2)T}{\sigma\sqrt{T}}$$

$$d_2 = d_1 - \sigma\sqrt{T}$$

其中 C 表示看涨期权价格；P 表示看跌期权价格；S_0 表示期权现价；K 表示期权的执行价格；r 表示连续复利无风险利率；T 表示期权的剩余到期时间；σ 表示期权的隐含波动率；N(*) 表示标准正态分布函数中的累积概率。公式中的 C、S_0、K、r、T 都是已知变量，但是因为期权定价的公式比较复杂，使用解析法求出隐含波动率 σ 的难度比较大。因此选择二分法来求解。

求解的大致思路是：在 BSM 期权估价模型中，传入不同的 σ 数值；当计算得到期权价格等于实际市价时，对应的波动率即为该期权当前的隐含波动率；否则根据计算得到的期权价格和实际市价的大小关系，更新 σ 数值。图 11-1 展示了使用二分法计算隐含波动率的流程。

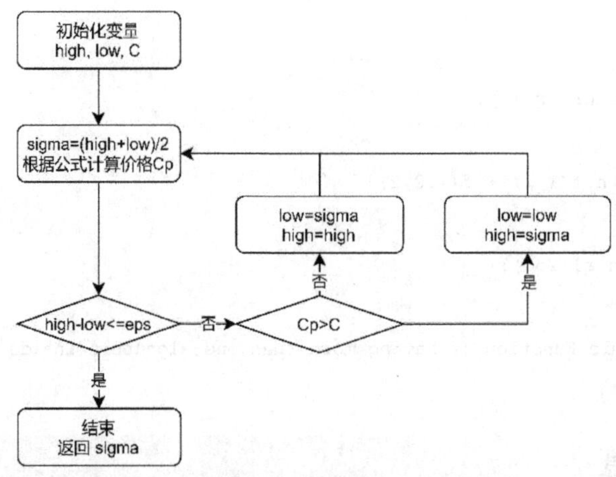

图 11-1　使用二分法计算隐含波动率的流程

根据 BSM 期权估价模型公式，可以通过一个 JIT 函数进行估价计算。其中 cpMode 表示期权类型，1 表示看涨期权；-1 表示看跌期权。

```
@jit
def calculateBSMPrice(S0, K, r, T, sigma, cpMode){
    d1 = (log(S0\K) + (r + 0.5 * sigma * sigma) * T) \ (sigma * sqrt(T))
    d2 = d1 - sigma * sqrt(T)
    C = cpMode * (S0 * cdfNormal(0, 1, cpMode * d1) - K * exp(-r * T) * cdfNormal
(0, 1, cpMode * d2))
    return C
}
```

根据二分法求解流程，实现以下的求解框架。其中 eps 表示误差控制项。

```
@jit
def calOneCodeImpv(C, S0, K, r, T, cpMode, eps){
    high = 2.0
    low = 0.0
    do{
        if ((high - low) <= eps){ break }
        sigma = (high + low) / 2.0
        Cp = calculateBSMPrice(S0, K, r, T, sigma, cpMode)
        if(Cp > C){ high = sigma}
        else { low = sigma}
    }while(true)
    return (high + low) / 2.0
}
```

通过以上代码可以计算 1 只期权的隐含波动率。在此基础上，可以使用循环的方式计算出多只期权的隐含波动率。

```
@jit
def calculateImpv(C, S0, K, r, T, cpMode, eps){
    n = size(C)
    impv = array(DOUBLE, n)
    for(i in 0:n){
        impv[i] = calOneCodeImpv(C[i], S0[i], K[i], r[i], T[i], cpMode[i], eps)
    }
    return impv
}
```

下面将构造模拟数据对自定义的 JIT 函数进行性能测试。

```
//构造模拟数据
n = 20000
C = rand(0.5, n)
S0 = 2 + rand(0.5, n)
K = 2 + rand(0.5, n)
r = rand(0.01, n)
T = rand(0.1, n)
cpMode = rand([1, -1], n)
//调用自定义函数
timer{
    impv = calculateImpv(C, S0, K, r, T, cpMode, eps = 1e - 5)
}
```

将上述代码中所有的 @jit 修饰符注释后，再执行上述代码，得到如表 11-1 所示的性能对比。可以发现，在计算期权隐含波动率的场景里，JIT 能有效提升计算性能，且随着数据量的增加，提升效果会更明显。

表 11-1　使用 JIT 计算隐含波动率的性能对比

测试行数 n	1 K	1 W	10 W	100 W
未优化的计算用时（ms）	146	1,257	13,427	138,803
JIT 优化后的计算用时（ms）	47	70	284	2,494
性能提升倍数	3.11	17.96	47.28	55.65

11.2.2　JIT 在递推算法中的应用

递推算法是一种特殊形式的迭代算法，它通过定义初始条件和递推关系来生成序列中的每一项。递推算法通常用于生成数列、计算数学函数、解决递推关系等问题。经典例子包括斐波那契数列、阶乘函数等。下面将以计算股票平均持仓成本为例，展示 JIT 在递推算法中的应用。

平均持仓成本是指投资者在一段时间内通过多次买入同一个金融资产而形成的平均购买价格。平均持仓成本可以帮助投资者评估自己的投资绩效，并作为决定是否继续持有该资产或者增加/减少仓位的依据。计算平均持仓成本主要遵循以下两个规则：

- 平均持仓成本 = 所有购买股票的成本之和 ÷ 购买数量。
- 当买入股票时，更新平均持仓成本；当卖出股票时，平均持仓成本不变；当股票全部卖出即空仓后，持仓成本清零，重新计算。

假设 price 是成交金额，amount 是成交数量，amount > 0 表示买入股票，amount < 0 表示卖出股票。根据以上规则，可以用以下脚本计算持仓成本。

```
@jit
def holdingCost(price, amount){
    holding = 0.0
    cost = 0.0
    n = size(price)
    avgPrices = array(DOUBLE, n)
    for (i in 0:n){
        holding + = amount[i]
        cost + = amount[i] * price[i]
        if(holding = = 0){
            cost = 0.0
            avgPrices[i] = 0.0
        }else if (amount[i] > 0){
```

```
            avgPrices[i] = cost\holding
        }else{
            avgPrices[i] = avgPrices[i-1]
        }
    }
    return avgPrices
}
```

使用以下脚本构造 10 只股票，每只股票 n 行的模拟数据，如图 11-2 所示。

```
def genOneCodeData(code, n){
    id = take(code, n)
    price = round(rand(10.0, 1)[0] + 0.01 * cumsum(norm(0, 1, n)), 2)
    amount = rand(1000, n)
    amount = amount[0] <- deltas(amount).dropna()
    return table(id, price, amount)
}
code = lpad(string(1..10), 6, "0")
n = 1000
testData = each(genOneCodeData{,n}, code).unionAll(false)
```

	id	price	amount
0	000001	6.59	849
1	000001	6.59	-740
2	000001	6.59	703
3	000001	6.59	-343
4	000001	6.58	408
5	000001	6.57	103

图 11-2　10 只股票的模拟数据

调用自定义函数进行测试。

```
timer{
    res  =  select *, holdingCost(price, amount) as avgPrice
            from testData
            context by id
}
```

将上述脚本中所有的 @jit 修饰符注释，再执行上述脚本，得到如表 11-2 所示的性能对比。可以发现，在计算平均持仓成本的场景里，JIT 能有效提升计算性能，且随着数据量的增加，提升效果会更明显。

表 11-2　使用 JIT 计算持仓成本的性能对比

每只股票的行数 n	5 K	1 W	10 W	100 W
未优化的计算用时（ms）	118	223	2242	22688
JIT 优化后的计算用时（ms）	38	44	145	1370
性能提升倍数	3.11	5.07	15.46	16.56

11.3　流计算

在流计算场景中，用户往往关心数据处理的延时，即从收到数据，到计算完毕输出数据间的耗时。当数据处理的逻辑很复杂时，单条/单批次数据的处理耗时可能会不达预期，甚至因为数据接收速度大于数据消费速度，而产生消费队列堆积的情况。所以，如何能提升数据消费速度，成为了流计算场景中的重点。当数据处理逻辑比较复杂时，比如需要使用很多循环语句，可以利用 DolphinDB 的 JIT 功能，以提升数据处理的性能，达到降低流数据处理延时的目的。

11.3.1 JIT 在回调函数中的应用

DolphinDB 支持使用 `subscribeTable` 函数实现对流数据的订阅，并在回调函数中指定消费逻辑。下面将以计算一个复杂高频因子为例，说明 JIT 对订阅中回调函数的性能提升。假设订阅了股票的 Level-2 快照数据，即每 3 秒能收到股票当前的最新价、10 档买方最优委托量价、10 档卖方最优委托量价等数据。基于这些数据实时计算出一个复杂的因子，并对后续的下单策略做出指导。因子的计算公式如下。

$$mp = (bp_1 + ap_1)/2$$

$$jump = \lceil mp[0]*0.15 \rceil / 100$$

$$wavol = \sum_{i=1}^{5}(av_i * \exp(-0.6*(ap_i - mp)/jump))$$

$$wbvol = \sum_{i=1}^{5}(bv_i * \exp(-0.6*(mp - bp_i)/jump))$$

$$factor = \begin{cases} (wbvol*1.1 - wavol)/(wbvol*1.1 + wavol), & mp > MA(mp,5) \\ (wbvol - wavol*1.1)/(wbvol + wavol*1.1), & others \end{cases}$$

在公式中，ap_i 表示卖方第 i 档价格；av_i 表示卖方第 i 档委托量；bp_i 表示买方第 i 档价格；bv_i 表示买方第 i 档委托量；mp[0] 表示 t = 0 时刻的平均价格；MA(mp, 5) 表示最近 5 个平均价格的滑动平均值。

定义输入和输出的表，并利用两个字典分别存储初始平均价格（key 为股票代码；value 为初始平均价格）和历史平均价格（key 为股票代码；value 为一个包含最近 5 个历史平均价格的向量）。得到下列脚本。

```
//定义输入流表
colName = ["id","time", "bp0","bp1","bp2","bp3","bp4","bp5","bp6","bp7","bp8","bp9",
                        "bv0","bv1","bv2","bv3","bv4","bv5","bv6","bv7","bv8","bv9",
                        "ap0","ap1","ap2","ap3","ap4","ap5","ap6","ap7","ap8","ap9",
                        "av0","av1","av2","av3","av4","av5","av6","av7","av8","av9"]
colType = ["SYMBOL", "TIMESTAMP"] <- take("DOUBLE", 10) <- take("LONG", 10) <-
        take("DOUBLE", 10) <- take("LONG", 10)
try{unsubscribeTable(,"snapshotStreamTable", "actFactor")}catch(ex){print(ex)}
share(streamTable(1:0, colName, colType), "snapshotStreamTable")
//定义输出流表
colName = ["id", "time", "factor", "batch", "startTime", "endTime"]
colType = [SYMBOL, TIMESTAMP, DOUBLE, INT, TIMESTAMP, TIMESTAMP]
share(table(1:0, colName, colType), "factorTable")
//定义字典，并初始化
n = 100
codeList = lpad(string(1..n), 6, "0")
syncDict(SYMBOL, ANY, `hisMpDict)
syncDict(SYMBOL, DOUBLE, `initMpDict)
go
for(code in codeList){
    hisMpDict[code]= take(double(NULL), 5)
    initMpDict[code]= 0.0
}
```

根据上面的公式计算因子。

```
@jit
def sumDiff(x, y){
    return (x - y) \ (x + y)
}

@jit
def wvol(price, volume, midPrice, jump) {
    return exp(-0.6 * abs(price-midPrice)/jump) * volume
}

@jit
def caculateOneCodeFactor(bp0, bp1, bp2, bp3, bp4, bv0, bv1, bv2, bv3, bv4,
                          ap0, ap1, ap2, ap3, ap4, av0, av1, av2, av3, av4, id){
    hisMidPrice = objByName(`hisMpDict)
    initMidPrice = objByName(`initMpDict)
    mp = (bp1 + ap1)\2
    //对每一行进行计算
    n = size(bp0)
    factor = array(DOUBLE, n)
    for(i in 0:n){
        code = id[i]
        //更新初始平均价格：initMpDict
        initMp = double(initMidPrice[code])
        if(initMp == 0.0){
            initMidPrice[code] = mp[i]
            initMp = mp[i]
        }
        //更新历史平均价格序列：hisMpDict
        hisMpVector = hisMidPrice[code][1:5]
        hisMpVector.append!(mp[i])
        hisMidPrice[code] = hisMpVector
        delta = mp[i] - avg(hisMpVector)
        jump = ceil(initMp * 0.15) / 100.0
        wavol = wvol(ap0[i], av0[i], mp[i], jump) + wvol(ap1[i], av1[i], mp[i], jump) +
                wvol(ap2[i], av2[i], mp[i], jump) + wvol(ap3[i], av3[i], mp[i], jump) +
                wvol(ap4[i], av4[i], mp[i], jump)
        wbvol = wvol(bp0[i], bv0[i], mp[i], jump) + wvol(bp1[i], bv1[i], mp[i], jump) +
                wvol(bp2[i], bv2[i], mp[i], jump) + wvol(bp3[i], bv3[i], mp[i], jump) +
                wvol(bp4[i], bv4[i], mp[i], jump)
        if(delta>0){  factor[i] = sumDiff(wbvol * 1.1, wavol) }
        else{         factor[i] = sumDiff(wbvol, wavol * 1.1) }
    }
    return factor
}
```

定义一个回调函数，将因子计算结果写入指定的结果表中。

```
def factorHandler(msg){
    start = now(true)
    n = size(msg)
    factor = caculateOneCodeFactor(msg.bp0, msg.bp1, msg.bp2, msg.bp3, msg.bp4,
                                   msg.bv0, msg.bv1, msg.bv2, msg.bv3, msg.bv4,
                                   msg.ap0, msg.ap1, msg.ap2, msg.ap3, msg.ap4,
                                   msg.av0, msg.av1, msg.av2, msg.av3, msg.av4, msg.id)
    //计算结果输出到结果表
    objByName(`factorTable).tableInsert(
            msg.id, msg.time, factor, take(n, n), take(start,n), take(now(true), n))
}
```

模拟数据，并建立订阅。

```
//构造模拟数据
def genTestData(code){
    time = (09:30:00.000 + 0..2400 * 3000) <- (13:00:00.000 + 0..2400 * 3000)
    time = concatDateTime(2024.01.01, time)
    n = size(time)
    id = take(code, n)
    bp0 = round(rand(10.0, 1)[0] + 0.01 * cumsum(norm(0, 1, n)), 2)
    bp1, bp2, bp3, bp4 = bp0-0.01, bp0-0.02, bp0-0.03, bp0-0.04
    bp5, bp6, bp7, bp8, bp9 = bp0-0.05, bp0-0.06, bp0-0.07, bp0-0.08, bp0-0.09
    ap0, ap1, ap2, ap3, ap4 = bp0 + 0.01, bp0 + 0.02, bp0 + 0.03, bp0 + 0.04, bp0 + 0.05
    ap5, ap6, ap7, ap8, ap9 = bp0 + 0.06, bp0 + 0.07, bp0 + 0.08, bp0 + 0.09, bp0 + 0.10
    bv0, bv1, bv2, bv3 = rand(1000, n), rand(1000, n), rand(1000, n), rand(1000, n)
    bv4, bv5, bv6, bv7 = rand(1000, n), rand(1000, n), rand(1000, n), rand(1000, n)
    bv8, bv9, av0, av1 = rand(1000, n), rand(1000, n), rand(1000, n), rand(1000, n)
    av2, av3, av4, av5 = rand(1000, n), rand(1000, n), rand(1000, n), rand(1000, n)
    av6, av7, av8, av9 = rand(1000, n), rand(1000, n), rand(1000, n), rand(1000, n)
    return table(id, time, bp0, bp1, bp2, bp3, bp4, bp5, bp6, bp7, bp8, bp9,
                        bv0, bv1, bv2, bv3, bv4, bv5, bv6, bv7, bv8, bv9,
                        ap0, ap1, ap2, ap3, ap4, ap5, ap6, ap7, ap8, ap9,
                        av0, av1, av2, av3, av4, av5, av6, av7, av8, av9)
}

testData = select * from each(genTestData, codeList).unionAll() order by time

//建立订阅关系
subscribeTable(tableName = "snapshotStreamTable", actionName = "actFactor", offset = -1,
              handler = factorHandler, msgAsTable = true)
//回放数据，进行测试
replay(inputTables = testData, outputTables = snapshotStreamTable,
        dateColumn = `time, timeColumn = `time)
```

统计流数据处理的平均延时。

```
select avg((endTime-startTime)\batch) as cost from factorTable
```

将上述脚本中所有的 @jit 修饰符注释，再执行上述脚本，得到如表 11-3 所示的性能对比。可以发现，在实时计算高频因子的场景里，JIT 能有效降低计算时延。

表 11-3 使用 JIT 计算因子的性能对比

测试数据量	100 只票，共 48.02 W 行数据
未优化的单条计算平均耗时（us）	21.17
JIT 优化后的单条计算平均耗时（us）	2.11
性能提升倍数	10.03

11.3.2 JIT 在流计算引擎中的应用

针对不同业务逻辑，DolphinDB 还开发了不同的流计算引擎来帮助用户轻松应对各种流计算场景，快速实现各种流计算的需求。

下面将以一个复杂高频因子的计算过程为例，说明 JIT 对引擎中计算函数的性能提升。

假设订阅了股票的 Level-2 快照数据，即每 3 秒能收到股票当前的最新价、10 档买方最优委托量价、10 档卖方最优委托量价等数据。基于这些数据，实时计算出一个复杂的因子，并对后续的下单策略做出指导。因子的计算逻辑如下。

步骤 1：计算买卖压力指标。

$$w_i = \frac{WAP \div (Price_i - WAP)}{\sum_{j=0}^{9} WAP \div (Price_j - WAP)}$$

$$BidPress = \sum_{j=0}^{9} BidOrderQty \cdot w_j$$

$$AskPress = \sum_{j=0}^{9} OfferOrderQty_j \cdot w_j$$

$$Press = \log(BidPress) - \log(AskPress)$$

步骤 2：计算过去 lag 行的移动平均买卖压力指标。(press[i-lag + 1] + … + press[i]) / lag

首先，根据 step1 中的计算公式，开发一个计算买卖压力的函数。其中，bp 表示买方价格；bv 表示买方委托量；ap 表示卖方价格；av 表示卖方委托量。得到下列脚本：

```
@jit
def calPressJIT(bp0, bp1, bp2, bp3, bp4, bp5, bp6, bp7, bp8, bp9,
                bv0, bv1, bv2, bv3, bv4, bv5, bv6, bv7, bv8, bv9,
                ap0, ap1, ap2, ap3, ap4, ap5, ap6, ap7, ap8, ap9,
                av0, av1, av2, av3, av4, av5, av6, av7, av8, av9){
    bp = [bp0, bp1, bp2, bp3, bp4, bp5, bp6, bp7, bp8, bp9]
    bv = [bv0, bv1, bv2, bv3, bv4, bv5, bv6, bv7, bv8, bv9]
    ap = [ap0, ap1, ap2, ap3, ap4, ap5, ap6, ap7, ap8, ap9]
    av = [av0, av1, av2, av3, av4, av5, av6, av7, av8, av9]
    wap = (bp0 * bv0 + ap0 * av0) \ (av0 + bv0)
    bidPress = 0.0
    bidWeightSum = 0.0
    askPress = 0.0
    askWeightSum = 0.0
    for(i in 0:10){
        if(bp[i] > 0){
            weight = wap \ (bp[i] - wap)
            bidWeightSum + = weight
            bidPress + = bv[i] * weight
        }
        if(ap[i] > 0){
            weight = wap \ (ap[i] - wap)
            askWeightSum + = weight
            askPress + = av[i] * weight
        }
    }
    bidPress = bidPress \ bidWeightSum
    askPress = askPress \ askWeightSum
    press = log(bidPress \ askPress)
    return press
}
```

使用 mavg 函数，求滑动平均买卖压力。

```
@state
def averagePressJIT(bp0, bp1, bp2, bp3, bp4, bp5, bp6, bp7, bp8, bp9,
                    bv0, bv1, bv2, bv3, bv4, bv5, bv6, bv7, bv8, bv9,
                    ap0, ap1, ap2, ap3, ap4, ap5, ap6, ap7, ap8, ap9,
                    av0, av1, av2, av3, av4, av5, av6, av7, av8, av9, lag){
    press = each(calPressJIT, bp0, bp1, bp2, bp3, bp4, bp5, bp6, bp7, bp8, bp9,
                        bv0, bv1, bv2, bv3, bv4, bv5, bv6, bv7, bv8, bv9,
                        ap0, ap1, ap2, ap3, ap4, ap5, ap6, ap7, ap8, ap9,
                        av0, av1, av2, av3, av4, av5, av6, av7, av8, av9)
    return mavg(press.nullFill(0.0), lag, 1)
}
```

创建响应式状态引擎，计算因子。

```
colName = ["id","time", "bp0","bp1","bp2","bp3","bp4","bp5","bp6","bp7","bp8","bp9",
                        "bv0","bv1","bv2","bv3","bv4","bv5","bv6","bv7","bv8","bv9",
                        "ap0","ap1","ap2","ap3","ap4","ap5","ap6","ap7","ap8","ap9",
                        "av0","av1","av2","av3","av4","av5","av6","av7","av8","av9"]
colType = ["SYMBOL", "TIMESTAMP"] <- take("DOUBLE", 10) <- take("LONG", 10) <-
                                    take("DOUBLE", 10) <- take("LONG", 10)
inputTable = table(1:0, colName, colType)
resultTable = table(10000:0, ["id", "time", "factor"], [SYMBOL, TIMESTAMP, DOUBLE])
//创建响应式状态引擎
try{ dropStreamEngine("reactiveDemo")} catch(ex){ print(ex) }
metrics = [<time>, <averagePressJIT(bp0, bp1, bp2, bp3, bp4, bp5, bp6, bp7, bp8, bp9,
                                bv0, bv1, bv2, bv3, bv4, bv5, bv6, bv7, bv8, bv9,
                                ap0, ap1, ap2, ap3, ap4, ap5, ap6, ap7, ap8, ap9,
                                av0, av1, av2, av3, av4, av5, av6, av7, av8, av9, lag = 60)>]
rse = createReactiveStateEngine(name = "reactiveDemo", metrics = metrics,
                                dummyTable = inputTable, outputTable = resultTable,
                                keyColumn = "id", keepOrder = true)
```

构造模拟数据。

```
def genTestData(code){
    time = (09:30:00.000 + 0..2400 * 3000) <- (13:00:00.000 + 0..2400 * 3000)
    time = concatDateTime(2024.01.01, time)
    n = size(time)
    id = take(code, n)
    bp0 = round(rand(10.0, 1)[0] + 0.01 * cumsum(norm(0, 1, n)), 2)
    bp1, bp2, bp3, bp4 = bp0-0.01, bp0-0.02, bp0-0.03, bp0-0.04
    bp5, bp6, bp7, bp8, bp9 = bp0 - 0.05, bp0 - 0.06, bp0 - 0.07, bp0 - 0.08, bp0 - 0.09
    ap0, ap1, ap2, ap3, ap4 = bp0 + 0.01, bp0 + 0.02, bp0 + 0.03, bp0 + 0.04, bp0 + 0.05
    ap5, ap6, ap7, ap8, ap9 = bp0 + 0.06, bp0 + 0.07, bp0 + 0.08, bp0 + 0.09, bp0 + 0.10
    bv0, bv1, bv2, bv3 = rand(1000, n), rand(1000, n), rand(1000, n), rand(1000, n)
    bv4, bv5, bv6, bv7 = rand(1000, n), rand(1000, n), rand(1000, n), rand(1000, n)
    bv8, bv9, av0, av1 = rand(1000, n), rand(1000, n), rand(1000, n), rand(1000, n)
    av2, av3, av4, av5 = rand(1000, n), rand(1000, n), rand(1000, n), rand(1000, n)
    av6, av7, av8, av9 = rand(1000, n), rand(1000, n), rand(1000, n), rand(1000, n)
    return table(id, time, bp0, bp1, bp2, bp3, bp4, bp5, bp6, bp7, bp8, bp9,
                         bv0, bv1, bv2, bv3, bv4, bv5, bv6, bv7, bv8, bv9,
                         ap0, ap1, ap2, ap3, ap4, ap5, ap6, ap7, ap8, ap9,
                         av0, av1, av2, av3, av4, av5, av6, av7, av8, av9)
}

n = 100
code = lpad(string(1..n), 6, "0")
testData = select * from each(genTestData, code).unionAll() order by time
```

向响应式状态引擎里输入数据，使用 `timer` 函数统计计算总耗时。

```
timer getStreamEngine("reactiveDemo").append!(testData)
```

将上述代码中所有的 @jit 修饰符注释，再执行上述代码，得到如表 11-4 所示的性能对比。可见，在流计算引擎中使用 JIT 可以显著提升函数的计算性能。

表 11-4　流计算引擎使用 JIT 的性能对比

测试数据量	100 只票，共 48.02 W 行数据
未优化的计算用时（s）	21.06
JIT 优化后的计算用时（s）	1.47
性能提升倍数	14.33

11.4 高阶函数

在 11.2 节中已经介绍了 JIT 在迭代计算中的一些基础应用，本节将在此基础上，介绍迭代计算中的进阶用法——用高阶函数实现 JIT 的迭代计算。在 DolphinScript 中，高阶函数是指使用函数作为参数的函数，其中 accumulate 和 reduce 等高阶函数定义了数据迭代模式。

11.4.1 reduce

reduce 函数是一个用于迭代计算的高阶函数，其语法是 reduce(func, X, [init])。当 *func* 是一个二元函数的时候，reduce 函数的计算逻辑如下：

```
//初始化
result = func(init, X[0])
//迭代计算
for(i in 1:size(X)){
  result = func(result, X[i])
}
return result
```

下面将以计算指数移动平均（Exponential Moving Average）为例，介绍如何将 reduce 函数和 JIT 功能相结合。指数移动平均的递推公式如下。

$$EMA_k = \frac{2}{N+1}X_k + \left(1-\frac{2}{N+1}\right)EMA_{k-1}$$

使用以下 JIT 函数表示递推公式。

```
@jit
def myEma(preEma, x,N){
    coef = 2 \ (N + 1)
    return coef * x + (1-coef) * preEma
}
```

假设 $EMA_0 = X_0$，确定初始化条件和递推公式之后，可以用 reduce 函数快速实现一个迭代计算。

```
X = [1.2, 2.1, 1.8, 1.7, 1.3, 2.2, 2.3, 1.9, 2.0, 1.0]
N = 3
emaValue = reduce(myEma{N = N}, X[1:], X[0])
//emaValue: 1.4971
```

使用以下的代码，快速构造指定数据量的测试数据。

```
n = 1000
X = rand(2.0, n)
```

将上述代码中所有的 @jit 修饰符注释，再执行上述代码，得到如表 11-5 所示的性能对比。可见，JIT 可以显著提升高阶函数 reduce 使用自定义函数时的性能。

表 11-5　高阶函数 reduce 使用 JIT 的性能对比

数据量 n	5 K	1 W	10 W	100 W
未优化的计算用时（ms）	10.48	17.86	148.25	1418.48
JIT 优化后的计算用时（ms）	0.19	0.31	2.78	21.59
性能提升倍数	55.15	57.61	53.32	65.70

11.4.2　accumulate

accumulate 函数是 1 个用于迭代计算的高阶函数，其语法是 accumulate(func, X, [init])。accumulate 函数和 reduce 函数的区别是：reduce 函数只会返回最后的结果；而 accumulate 函数会输出所有中间结果。当 *func* 是 1 个二元函数的时候，accumulate 函数的计算逻辑如下。

```
//初始化
result[0] = func(init, X[0])
//迭代计算
for(i in 1:size(X)){
  result[i] = func(result[i-1], X[i])
}
return result
```

下面将以统计股票连续上涨/连续下跌天数为例，介绍如何将 accumulate 函数和 JIT 功能相结合。假设 ret 是一个股票收益率序列，up 是股票连续上涨天数的统计值，递推公式如下。

$$up_k = \begin{cases} up_{k-1}+1, & up_{k-1}>0 \; and \quad ret_k >= 0 \\ -1, & up_{k-1}>0 \; and \quad ret_k < 0 \\ up_{k-1}-1, & up_{k-1}<0 \; and \quad ret_k <= 0 \\ 1, & up_{k-1}<0 \; and \quad ret_k > 0 \end{cases}$$

使用以下 JIT 函数表示递推公式。

```
@jit
def upDays(preUp, ret){
    if(preUp > 0){
        if(ret >= 0)    return preUp + 1
        else            return -1
    }else{
        if(ret <= 0)    return preUp-1
        else            return 1
    }
}
```

假设 $up_0 = 0$，确定初始化条件和递推公式之后，可以用 accumulate 函数快速实现一个迭代计算。

```
ret = [0.2, 0.3, 0.1, -0.1, -0.3, 0.1, 0.2, 0.1, 0.2, -0.3]
up = accumulate(upDays, ret, 0)
//up: [1, 2, 3, -1, -2, 1, 2, 3, 4, -1]
```

使用以下脚本，快速构造指定数据量的测试数据。

```
n = 1000
ret = rand(2.0, n) - 1.0
```

将上述脚本中所有的 @jit 修饰符注释，再执行上述代码，得到如表 11-6 所示的性能对比。可见，JIT 可以显著提升高阶函数 accumulate 使用自定义函数时的性能。

表 11-6　高阶函数 accumulate 使用 JIT 的性能对比

数据量 n	5 K	1 W	10 W	100 W
未优化的计算用时（ms）	7.70	9.53	75.99	649.48
JIT 优化后的计算用时（ms）	0.37	0.59	4.95	50.80
性能提升倍数	20.81	16.15	15.35	12.78

思考题

1. 分析为什么 JIT 没有对以下代码的执行性能有优化？

```
@jit
def mySum(x){
    return sum(x)
}

n = 1000
timer res = mySum(1..n)
//Time elapsed: 3.89 ms

timer res = sum(1..n)
//Time elapsed: 0.011 ms
```

2. 有一个自定义 JIT 函数如下。

```
@jit
def myFunc(a, b){
    x = 1..10
    return a * x + b
}
```

当依次执行以下代码时，程序会对 myFunc 函数编译几次？

```
y1 = myFunc(1, 1)
y2 = myFunc(2, 3)
y3 = myFunc(2.0, 3)
y4 = myFunc(1, 2)
```

3. 以下 JIT 函数执行时会报错，可以如何解决？

```
@jit
def mySliceVecor(x, start, end){
    return x[start:end]
}

x = 1..10
mySliceVecor(x, start = 2, end = 5)
```

报错：JITUDF::compile => UserDefinedFunctionImpCodegen: mySliceVecor return x[start : end] => does not support pair-indexed access to vector

4. 以下 JIT 函数执行时会报错，可以如何解决？

```
@jit
def myNullFill(x, fillVal){
    return iif(x == NULL, fillVal, x)
}

x = [NULL, 1, 2, 3, NULL, 4]
myNullFill(x, fillVal = 0)
```

报错：JITUDF::compile => UserDefinedFunctionImpCodegen: myNullFill return iif(x == NULL, fillVal, x) => codegen of object data type VOID not supported. Statement: NULL, enclosing statement: return iif(x == NULL, fillVal, x)

5. 如何利用 JIT 函数实现分组计算：计算各个成交方向上的成交量总和。

成交量序列：

1, 2, 2, 3, 2, 10, 2, 4, 5, 3, 8, 5

买卖方向序列：

1, 2, 2, 1, 1, 1, 2, 1, 2, 2, 1, 2

计算结果：

1->28

2->19

6. 如何使用 JIT 函数实现斐波那契数列？

斐波那契数列计算公式如下：

$F_1 = 1$

$F_2 = 1$

$F_n = F_{n-1} + F_{n-2}$

7. 如何使用 JIT 函数计算累积最大值？

附加条件：当序列出现 0 时，需要重新计算累积最大值。

样本序列：

1, 2, 2, 3, 2, 0, 2, 4, 5, 3, 8, 5

计算结果：

1, 2, 2, 3, 3, 0, 2, 4, 5, 5, 8, 8

8. 求出以下线性方程组的解 x_1, x_2, x_3, x_4。

$10x_1 - x_2 + 2x_3 = 6$

$-x_1 + 11x_2 - x_3 + 3x_4 = 25$

$2x_1 - x_2 + 10x_3 - x_4 = -11$

$3x_2 - x_3 + 8x_4 = 15$

✧ 提示：

对于一般的线性方程组，公式如下。

$$\begin{cases} a_{11}x_1 + a_{12}x_2 + \ldots + a_{1n}x_n = b_1 \\ a_{21}x_1 + a_{22}x_2 + \ldots + a_{2n}x_n = b_2 \\ \ldots \\ a_{n1}x_1 + a_{n2}x_2 + \ldots + a_{nn}x_n = b_n \end{cases}$$

Jacobi 迭代法求解的迭代公式如下。

$$x^{(0)} = (x_1^{(0)}, x_2^{(0)}, \ldots, x_n^{(0)})$$

$$x_i^{(k+1)} = \frac{1}{a_{ii}}\left(b_i - \sum_{\substack{j=1 \\ j \neq i}}^{n} a_{ij}x_j^{(k)}\right)$$

其中 $x^{(0)}$表示初始解；$x_i^{(k)}$表示第 k 次迭代后的变量 x_i 的值。

如果迭代结果收敛，即 $x^{(k+1)}-x^{(k)} < eps$（eps 是误差控制项），则认为得到方程组的解，计算结束。

9. 利用 JIT 函数求解。

有一个容量为 5 的背包和以下 3 种物品。在不超过背包容量的基础上，问能装的物品总价值的最大值。

物品序号	0	1	2
物品重量	1	2	3
物品价值	6	10	12

✧ 提示：

假设有序号为 0 到 n 的物品，w_i 表示物品 i 的重量，v_i 表示物品 i 的价值。设 $dp(i, j)$ 表示序号 0 到 i 的物品放进容量为 j 的背包使得物品总价值最大值。状态转移方程如下。

$$dp(i,j)=\begin{cases}\max\left(dp(i-1,j),dp\left(i-1,j-w_i\right)+v_i\right) & 0<w_j\leqslant j\\ dp(i-1,j) & w_j>j\end{cases}$$

10. 利用 JIT 函数计算逐笔成交因子：当日主动买入均价。

buyNo 表示成交的买方委托单号；sellNo 表示成交的卖方委托单号；tradePrice 表示成交价格；tradeQty 表示成交量。用以下脚本可以构造测试数据。

```
def genTestData(code){
    time = (09:30:00.000 + 0..2400 * 3000) <- (13:00:00.000 + 0..2400 * 3000)
    time = concatDateTime(2024.01.01, time)
    n = size(time)
    id = take(code, n)
    buyNo = rand(100000, n)
    sellNo = rand(100000, n)
    tradePrice = round(rand(10.0, 1)[0] + 0.01 * cumsum(norm(0, 1, n)), 2)
    tradeQty = rand(1000, n)
    return table(id, time, tradePrice, tradeQty, buyNo, sellNo)
}
n = 10
code = lpad(string(1..n), 6, "0")
testData = select * from each(genTestData, code).unionAll() order by time
```

因子计算步骤如下。

步骤 1：判断是否是主动买入订单。

当 buyNo > sellNo 时，表示主动买入订单，对应的 tradePrice 和 tradeQty 参与后续计算。

步骤 2：根据 buyNo 分组计算每笔买入订单的平均主动买入价格。

步骤 3：对所有 buyNo 对应的平均主动买入价格求平均值。

✧ 提示：计算当日主动买入均价，需要根据订单号进行聚合，分组聚合的方法可以参考题目 5 实现的思路。

第 12 章 统计分析和优化

CHAPTER 12

DolphinDB 作为一款强大的时序数据库，内置了丰富的统计分析函数。它为用户在金融风险管理、风险评估、物联网异常检测等统计分析场景中提供了全面的支持。用户可以轻松地利用 DolphinDB 的统计分析能力，解决各种复杂的数据分析难题，提高决策的效率和分析精度。

本章节将从概率统计、概率分布、随机数生成、回归分析、假设检验、优化器等维度入手，介绍 DolphinDB 在概率统计与分析方面的应用场景和解决方案。

12.1 概率统计

DolphinDB 支持的单变量及多变量概率统计函数分别如表 12-1 和表 12-2 所示。本节将着重介绍 mad、kurtosis、skew 等复杂的单变量的统计特征，还会介绍协方差、相关系数等重要的多变量的统计特征的实现方法和使用方法，最后介绍如何基于上述方法实现简单的投资组合评价。

表 12-1 单变量概率统计函数表

统计特征	函数名
最小值	min
最大值	max
均值	mean、avg
无偏样本方差	var
总体方差	varp
无偏样本标准差	std
总体标准差	stdp
中位数	med
分位数	percentile
平均绝对离差	mad(X, useMedian=false)
绝对中位差	mad(X, useMedian=true)
峰度	kurtosis
倾斜度	skew

表 12-2　多变量概率统计函数表

多变量统计特征	函数名
协方差	covar
协方差矩阵	covarMatrix
Pearson 相关系数	corr
Pearson 相关矩阵	corrMatrix
Spearman 等级相关系数	spearmanr
kendall 相关性系数	kendall

12.1.1　单变量概率统计

平均绝对离差

平均绝对离差（mean absolute deviation）作为散布特征（Dispersion Characteristics），其含义直观且便于理解，然而在统计推断领域，相较于标准差，平均离差的统计性质有局限性，因此平均离差的使用频率较低。mad 函数默认计算平均绝对离差，计算公式如下。

$$MAD = mean(|X - mean(X)|)$$

```
m = rand(100, 1000000)
m1 = mad(m)
m2 = mean(abs(m - mean(m)))
eqObj(m1, m2)
//Output: true
```

绝对中位差

与传统的平均绝对离差相比，绝对中位差（median absolute deviation）更具有稳健性，不会被极端异常值影响，是对减均值后绝对离差处理的改进方法，计算公式如下。

$$MAD = median(|X - median(X)|)$$

若需要计算绝对中位差，则需要在 mad 函数指定 useMedian = true。

```
m = rand(100, 1000000)
m1 = mad(m, true)
m2 = median(abs(m - median(m)))
eqObj(m1, m2)
//Output: true
```

一般而言，可以基于绝对中位差做异常值识别，具体实现步骤如下。

步骤 1：基于 mad 函数计算数据集的中位数（Median）作为数据的中心位置。

步骤 2：对每个数据点，基于 mad 函数计算 Median Absolute Deviation。

步骤 3：确定离群值的阈值。通常离群值被定义为与中位数的偏差超过一定倍数（如 3 倍）的 *MAD* 的数据点。

$$\sigma = \frac{1}{\Phi^{-1}\left(\frac{3}{4}\right)} * MAD \approx 1.4826 * MAD$$

步骤 4：鉴定离群值。对于超过阈值的数据点，可以将其标记为离群值或进行进一步的分析。

$$median(X) \pm 3\sigma$$

基于绝对中位差进行去极值处理的具体示例如下所示。

```
/* Identifying outliers based on MAD
   Input : original data
   Output : indexes of outliers
 */
def winsorized(X){
    //step1, calculate the median and mad
    medianX = median(X)
    madX = mad(X, true)
    sigma = 1.4826 * madX

    //step2, calculate the lower and upper limits
    lowerLimit = medianX - 3 * sigma
    upperLimit = medianX + 3 * sigma

    //step3, winsorize the data
    indexes = 0..(X.size()-1)
    return indexes.at(X < lowerLimit || X > upperLimit)
}
X = [-5.8, 2, 3, 4, 5, 6, 7, 8, 9, 18]
winsorized(X)
//Output: [0, 9]
```

偏度

偏度（skewness）用于衡量随机变量概率分布的不对称性。它是相对于平均值的不对称分布长度的度量。当偏度为负时，表示概率密度函数左侧的尾部比右侧更长，即长尾在左侧；当偏度为正时，则长尾在右侧；偏度为零则表示数值相对均匀分布在平均值两侧，但不一定意味着分布是对称的。通过 skew 函数计算偏度的样本估计值（样本容量 n >= 3），令 $\overline{x}$ 为样本的均值，s 为样本的标准差，m_3 为样本的三阶中心距，计算公式如下。

$$b_1 = \frac{m_3}{s^3} = \frac{\frac{1}{n}\sum_{i=1}^{n}(x_i - \overline{x})^3}{\left(\sqrt{\frac{1}{n}\sum_{i=1}^{n}(x_i - \overline{x})^2}\right)^3}$$

以上计算得到的结果与 Python、Excel 计算的结果不同，因为后两者计算得到的偏度为调整后的 Fisher-Pearson 标准化矩 G_1，计算公式如下。

$$G_1 = \frac{\sqrt{n(n-1)}}{n-2} b_1$$

若需要计算 Fisher-Pearson 标准化矩 G_1，可以参考如下脚本。

```
x = norm(0, 1, 1000000)
n = long(x.size())
sqrt(n * (n - 1)) \ (n - 2) * skew(x).abs() < 0.01
//Output true
```

峰度

峰度（kurtosis）用于衡量随机变量概率分布的峰态。峰度较高则意味着方差的增大是由低频度的极端值（大于或小于平均值）所引起的。在 DolphinDB 中，kurtosis 函数计算结果为四阶中心矩的估计结果，结果减 3 后和 Python 一致。

- 默认 biased = true，计算样本峰度，得到的结果是有偏估计。令 $\overline{x}$ 为样本的均值，s 为样本的标准差，m_4 为样本的四阶中心距，则计算公式如下。

$$g_2 = \frac{m_4}{s^2} = \frac{\frac{1}{n}\sum_{i=1}^{n}(x_i - \overline{x})^4}{\left(\frac{1}{n}\sum_{i=1}^{n}(x_i - \overline{x})^2\right)^2}$$

- 若指定 biased = false，计算总体峰度，对于正态分布而言，结果是无偏估计。计算公式如下。

$$G_2 = \frac{k_4}{k_2} = \frac{(n-1)}{(n-2)(n+3)}((n+1)g_2 - 3(n-1)) + 3$$

下面的脚本使用了 norm 函数生成正态分布数据，计算其峰度，得到结果为 3.0036，与预期较为接近。

```
setRandomSeed(123)
x = norm(0, 1, 1000000)
kurtosis(x)
//Output: 3.0036
```

12.1.2 多变量概率统计

协方差及协方差矩阵

协方差衡量 2 个随机变量在 1 个总体中共同变化的程度。当总体包含更高维度或更多随机变量时，可以使用矩阵来描述不同维度之间的关系。**协方差矩阵**提供了一种更容易理解的方式，它将整个维度中的关系定义为每 2 个随机变量之间的关系。在 DolphinDB 中，可以通过计算 2 个向量 X 和 Y 的协方差来得到样本协方差，计算公式如下。

$$cov(X,Y) = \frac{1}{n-1}\sum_{i=1}^{n}(x_i - \overline{x})(y_i - \overline{y})$$

DolphinDB 也支持通过 covarMatrix 计算多维向量的协方差矩阵，计算公式如下。

$$covarMatrix([X_1, X_2, \ldots\ldots, X_n]) = \begin{bmatrix} cov(X_1,X_1) & cov(X_1,X_2) & \cdots & cov(X_1,X_n) \\ cov(X_2,X_1) & cov(X_2,X_2) & \cdots & cov(X_2,X_n) \\ \vdots & \vdots & \ddots & \vdots \\ cov(X_n,X_1) & cov(X_n,X_2) & \cdots & cov(X_n,X_n) \end{bmatrix}$$

在风险管理和投资组合优化场景中，协方差矩阵是一个重要的概念。下面通过一个简单的案例，来说明如何通过 DolphinDB 构建一个风险矩阵。

```
returns_a = [0.01, 0.02, -0.03, 0.01, 0.02]
returns_b = [-0.02, 0.01, 0.03, -0.02, -0.01]
returns_c = [0.03, -0.01, -0.02, 0.02, 0.01]
m = matrix(returns_a, returns_b, returns_c).rename!(`a`b`c)
covariance_matrix = covarMatrix(m)
//Output:
     a    b    c
a    0.0004300000    -0.0003100000    0.0002300000
b    -0.0003100000    0.0004700000    -0.0004350000
c    0.0002300000    -0.0004350000    0.0004300000
```

Pearson 相关系数及相关矩阵

Pearson 相关系数，又称积差相关系数，是表达两变量线性相关程度及方向的统计指标。在 DolphinDB 中，使用 corr 函数计算相关系数，其计算公式如下。

$$corr(X,Y)=\frac{cov(X,Y)}{\sigma_x\sigma_y}$$

在风险管理和投资组合优化场景中，相关性矩阵是一个较为重要的概念。DolphinDB 支持通过 corrMatrix 计算多维向量的相关性矩阵，计算公式如下。

$$corrMatrix([X_1,X_2,\cdots\cdots,X_n])=\begin{bmatrix}corr(X_1,X_1) & corr(X_1,X_2) & \dots & corr(X_1,X_n)\\ corr(X_2,X_1) & corr(X_2,X_2) & \dots & corr(X_2,X_n)\\ \vdots & \vdots & \ddots & \vdots\\ corr(X_n,X_1) & corr(X_n,X_2) & \dots & corr(X_n,X_n)\end{bmatrix}$$

金融市场中的指数（如股票市场指数）通常用于衡量市场整体表现，通过计算市场指数与个别股票的 Pearson 相关系数，可以评估该股票与市场整体之间的相关性。如下是计算市场指数和个股收益率序列的相关系数的简单案例。

```
//市场指数数据
market_index = [100, 110, 120, 130, 140]
//个别股票收益率数据
stock_returns = [0.01, 0.02, 0.03, -0.01, 0.02]
corr(market_index, stock_returns)
//Output: -0.1042572070
```

此外，在投资组合优化中，投资者可以先通过构建相关性矩阵，了解不同资产之间的关联性，从而在投资组合中选择具有低相关性的资产，以实现更好的分散风险的效果。假设投资者有 10 只股票的收益率数据，则可以通过如下脚本筛选与其他资产相关性较低的资产。

```
m = rand(10.0, 100)$10:10
c= corrMatrix(m)
result = table(1..10 as stock_code, c[c<0.5].abs().sum() as corr_sum).sortBy!(`corr_sum)
```

Spearman 相关系数

斯皮尔曼相关系数（Spearman's rank correlation coefficient）是一种非参数的秩相关（rank correlation）度量方法，本质上是等级变量之间的皮尔逊（Pearson）相关系数。在 DolphinDB 中，可以使用 spearmanr 函数来计算斯皮尔曼相关系数，其公式如下。

$$corr_{spearman}(X,Y)=corr(rank(X),rank(Y))$$

在量化投资中，信息系数（Information Coefficient, IC）可表示因子对下期收益率的预测与实际收益率之间的相关性，通常用于评价预测能力或选股能力。spearmanr 函数是计算 Rank IC 值的常用方法。spearmanr 函数的结果与计算 rank 函数的 corr 函数的结果一致。

```
setRandomSeed(123)
predicted_returns = rand(1.0, 100)
actual_returns = rand(1.0, 100)

r1 = spearmanr(predicted_returns, actual_returns)
r2 = corr(rank(predicted_returns) + 1, rank(actual_returns) + 1)
eqObj(r1, r2)
//Output: true
```

12.1.3 投资组合评价

1952 年哈里·马克维茨在金融期刊上发表了 *Portfolio Selection* 一文，其中提到“现代投资组合理论”（MPT）。本小节以随机生成的股票价格数据为例，介绍如何基于 DolphinDB 实现投资组合评价。先定义 generate_stock_data 函数，生成随机的股票价格数据，函数内部先基于 rand 函数生成每只股票的收益率序列（服从均匀分布）如图 12-1 所示，再通过 cumprod 函数根据收益率序列计算出对应股票价格的数据。

```
/*  随机生成股票价格数据
    Input:
        num_stocks (int): 股票数量
        num_periods (int): 交易日天数
        start_price (float): 起始价格
        min_return (float): 最小收益率
        max_return (float): 最大收益率
    Output
        stock_data(In Memory Table): 包含生成的股票数据的数据框
*/
def generate_stock_data(num_stocks, num_periods, start_price, min_return, max_return){
    //设置随机种子以确保可复现性
    setRandomSeed(703)
    //生成随机收益率
    returns = min_return + rand(double(max_return-min_return), num_periods:num_stocks)
    //计算股票价格
    prices = cumprod(1 + returns) * start_price
    //创建日期索引
    dates = 2022.01.01..(2022.01.01 + num_periods - 1)
    //创建股票代码
    codes = "code" + string(1..num_stocks)
    //创建数据框
    return table(dates as date, prices).rename!("col" + string(1..num_stocks), codes)
}
```

使用 generate_stock_data 函数，生成 3 只股票，2 年的股票价格数据。

```
num_stocks = 3
num_periods = 252 * 2
risk_free_rate = 0.02
start_price = 100.0
min_return = -0.05
max_return = 0.05

stock_data = generate_stock_data(num_stocks, num_periods, start_price,
                                 min_return, max_return)

plot(stock_data[,1:], labels = stock_data["date"], title = "Stock Prices")
```

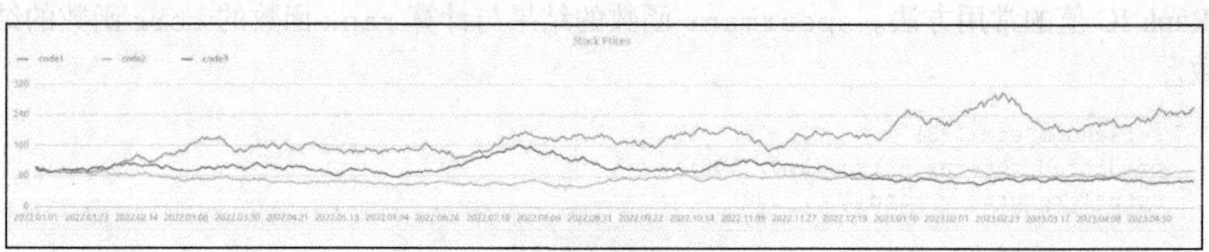

图 12-1　模拟股票收益率时序图

一般来说，风险与收益的关系成正比，高风险通常意味着高回报，而低风险通常带来低回报。投资组合的年化投资收益率，是指每个交易日累计投资收益率的年化收益。本小节首先基于每只股票的平均收益率 r_i 求得投资组合的平均收益 r_p。本小节统一将每年的交易日设定为 252 天，因此投资组合的年化收益率可以表达为如下公式。

$$r_{year} = 252 \times E(r_p) = 252 \times \sum w_i r_i$$

根据马科维茨投资组合理论，投资组合的投资风险 σ_p^2 取决于投资组合中每只股票的收益率的协方差矩阵以及资产的权重。

$$\sigma_p^2 = \sum \sum w_i w_j cov(r_i, r_j) = WCovW^T$$

公式中的 Cov 为投资组合的协方差矩阵，W 为以投资组合中每只股票的权重向量为对角线的对角矩阵。

$$Cov = \begin{bmatrix} \sigma_1^2 & \sigma_2\sigma_1 & \cdots & \sigma_N\sigma_1 \\ \sigma_1\sigma_2 & \sigma_2^2 & \cdots & \sigma_N\sigma_2 \\ \vdots & \vdots & \ddots & \vdots \\ \sigma_1\sigma_N & \sigma_2\sigma_1 & \cdots & \sigma_N^2 \end{bmatrix}$$

由于波动率（标准差）近似遵循平方根法则，因此在得到日收益波动率的基础上，可以进一步计算得到投资组合的年收益波动率，公式如下。

$$\sigma_{year} = \sqrt{252\sigma_p} = \sqrt{252 \times \sum \sum w_i w_j cov(r_i, r_j)}$$

本小节首先将股票价格数据 *stock_data* 通过 DolphinDB 的 `ratios` 函数进行计算，算出每只股票的收益率，再分别基于 `mean`、`covarMatrix` 计算投资组合中每只股票的平均收益以及协方差矩阵。

```
/* 计算年化收益率和年化波动性（一年以 252 个交易日计算）
    Input:
        weights(Vector): 每只股票在投资组合中的权重向量
        mean_returns(Vector): 每只股票的平均收益率
        cov_matrix(Matrix): 协方差矩阵
    Output
        std(float): 年化波动率
        returns(float): 年化收益率
*/
def portfolio_annualised_performance(weights, mean_returns, cov_matrix){
    returns = sum(mean_returns * weights) * 252
    std = sqrt(dot(weights, dot(cov_matrix, weights))) * sqrt(252)
    return std, returns
}

//基于股票数据计算收益率
returns =  (matrix(stock_data[,1:]).ratios() - 1).dropna()
//计算每只股票收益率的均值
mean_returns = returns.mean()
//计算协方差矩阵
cov_matrix = covarMatrix(returns)

//随机生成权重向量
//设置随机种子以确保可复现性
setRandomSeed(42)
weights = rand(1.0, num_stocks)
weights /= sum(weights)
//计算投资组合的年化标准差和年化收益率
portfolio_std_dev, portfolio_return = portfolio_annualised_performance(weights,
                                      mean_returns, cov_matrix)
```

根据现代投资组合理论中的假设，若投资者是中风险型的，这意味着投资者会根据风险回报率来构建投资组合，即投资者们会倾向于风险更低的投资组合，或者在风险相同时回报更高的投资组合。表示风险调整回报率的方式有很多，夏普比率是这些方式中常用的一种。

$$sharpeRatio = \frac{\overline{r}_p - r_f}{\sigma_p}$$

基于 DolphinDB 求得投资组合的年化标准差和年化收益率后可求得夏普比率如下。

```
//计算夏普比率
portfolio_sharpe_ratio = (portfolio_return - risk_free_rate) / portfolio_std_dev
```

12.2 概率分布

由于 DolphinDB 支持离散分布及连续分布等多种概率密度函数，如表 12-3 所示，因此它可以满足在不同概率分布情况下的统计分析需求。本节将着重介绍 DolphinDB 在泊松分布和二项分布等离散分布、以及正态分布、t 分布、F 分布和卡方分布等连续分布下的应用。

表 12-3 DolphinDB 支持的不同概率分布函数列表

分布名称	累计概率密度	累计密度函数的逆函数值	随机数生成
正态分布	cdfNormal	invNormal	randNormal
二项分布	cdfBinomial	invBinomial	randBinomial
泊松分布	cdfPoisson	invPoisson	randPoisson
Zipf 分布	cdfZipf		
t 分布	cdfStudent	invStudent	randStudent
F 分布	cdfChiSquare	invChiSquare	randChiSquare
卡方分布	cdfF	invF	randF
指数分布	cdfExp	invExp	randExp
Gamma 分布	cdfGamma	invGamma	randGamma
Logistic 分布	cdfLogistic	invLogistic	randLogistic
均匀分布	cdfUniform	invUniform	randUniform
Weibull 分布	cdfWeibull	invWeibull	randWeibull
Kolmogorov 分布	cdfKolmogorov		
Beta 分布	cdfBeta	invBeta	randBeta

12.2.1 离散分布

伯努利分布（0-1 分布）

伯努利分布（0-1 分布）是最简单的单变量分布，也是二项分布的基础。假设有一个投资策略，每天的收益情况是一个二元随机变量，可能是正收益（1）或负收益（0），不存在既不亏损也不盈利的情况，因此满足如下公式。

$$p_{win} + p_{lose} = 1$$

正收益（1）的概率 p_{win} 就决定了伯努利分布的所有。若假设正收益（1）的概率 $p_{win} = 0.5$，则在 DolphinDB 中，可以通过 pmfBernoulli 函数计算对应 0-1 分布的概率质量函数（possibility mass function，PMF）。

```
def pmfBernoulli(p){
   cdf = cdfBinomial(1, p, [0,1])
   pmf = table([0,1] as X, cdf - prev(cdf).nullFill(0) as P).sortBy!(`X)
   return pmf
}
p = 0.5
pmfBernoulli(p)
//Output:
    X    P
0   0    0.5
1   1    0.5
```

在 DolphinDB 中，确定 0-1 事件的概率 p_{win} 和试验次数 N 后，可通过 randBernoulli 函数进行伯努利试验。假设每一期正收益对应的对数收益率统一为 10%，每一期负收益对应的对数收益率为−10%，需要按照上述投资策略进行 N 期的投资。通过 randBernoulli 函数确定每一期是否盈利后，可通过累加对数收益率确定最终收益率。由下方脚本中的结果可知，在上述投资策略投资 10 期后盈利 22%。

```
setRandomSeed(40393)
def randBernoulli(p, n){
   return randBinomial(1, p, n)
}
x = randBernoulli(0.5,10)
//假设每一期对数收益率固定为 0.1
log_return = 0.1
exp(sum(log_return * iif(x == 0, -1, x))) - 1

//0.2214
```

二项分布

如果进行多期投资，则需要关注盈利的概率以及正收益发生的次数，这涉及到了二项分布。如果一个随机变量 X 服从参数是 0-1 事件概率 p 及试验次数 n 下的二项分布，则可写为 $X \in B(n,p)$。在 $X=k$ 处的概率质量函数取值可由下面的公式得出。

$$p(X=k)=\begin{cases}\binom{n}{k}p^k(1-p)^{n-k} & \text{if } 0 \leqslant k \leqslant n \\ 0 & \text{其他}\end{cases}$$

在 DolphinDB 中，可通过 pmfBinomial 函数计算概率质量函数。通过分析如下脚本和表 12-4 中的结果发现 10 期投资后，有 5 期达到正收益的概率约为 24.61%。

```
//二项分布
def pmfBinomial(trials, p){
    X = 0..trials
    cdf = cdfBinomial(trials, p, X)
    return table(X, cdf - prev(cdf).nullFill(0) as P).sortBy!(`X)
}
pmfBinomial(10, 0.5)
```

表 12-4　二项分布测试结果

	X	P
0	0	0.0009765625
1	1	0.0097656250

续表

	X	P
2	2	0.0439453125
3	3	0.1171875000
4	4	0.2050781250
5	5	0.2460937500
6	6	0.2050781250
7	7	0.1171875000
8	8	0.0439453125
9	9	0.0097656250
10	10	0.0009765625

基于 pmfBinomial 函数绘制不同 0-1 事件概率 *p* 及试验次数 *n* 下的二项分布结果，如图 12-2 所示。注意只有整数的 X 才是合法的取值。

```
plot([pmfBinomial(20,0.5)["P"] <- take(double(),20) as "p = 0.5,n = 20",
      pmfBinomial(20,0.7)["P"] <- take(double(),20) as "p = 0.7,n = 20",
      pmfBinomial(40,0.5)["P"] as "p = 0.5,n = 40"],0..40,"不同参数 p 和 n 的二项分布")
```

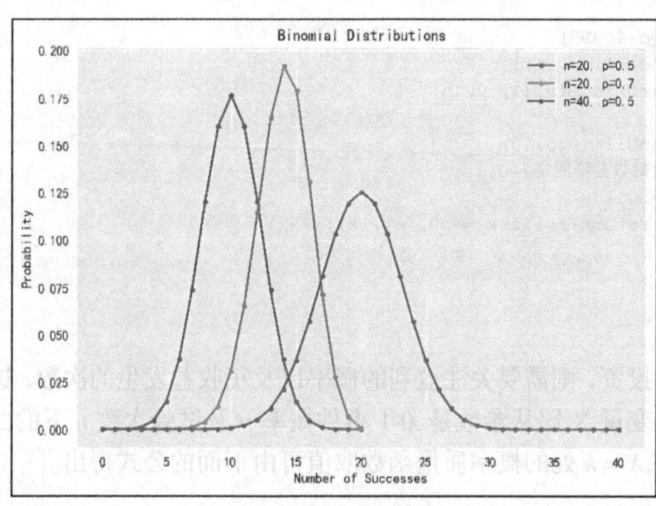

图 12-2　二项分布

泊松分布

泊松分布与二项分布非常相似，均研究 1 个事件发生的次数。二项分布主要关注在固定次数的试验中成功的次数，而泊松分布策略则更多地考虑在连续的空间或时间内离散时间发生的次数。泊松分布的概率质量函数可由下式计算。

$$p(X=k)=\frac{e^{-\lambda}\lambda^{k}}{k!}$$

在 DolphinDB 中，可通过 pmfPoisson 函数计算泊松分布的概率质量函数值。概率分布图如图 12-3 所示。只有整数 X 才合法，两者之间的连线仅便于将值分组。

```
def pmfPoisson(mean, upper = 20){
    x = 0..upper
    cdf = cdfPoisson(mean, x)
    pmf = table(x as X, cdf - prev(cdf).nullFill(0) as P).sortBy!(`X)
    return pmf
}
```

```
plot([pmfPoisson(1)["P"] as "λ = 1",
      pmfPoisson(4)["P"] as "λ = 4",
      pmfPoisson(10)["P"] as "λ = 10"],
      0..20,"不同参数 λ 的泊松分布")
```

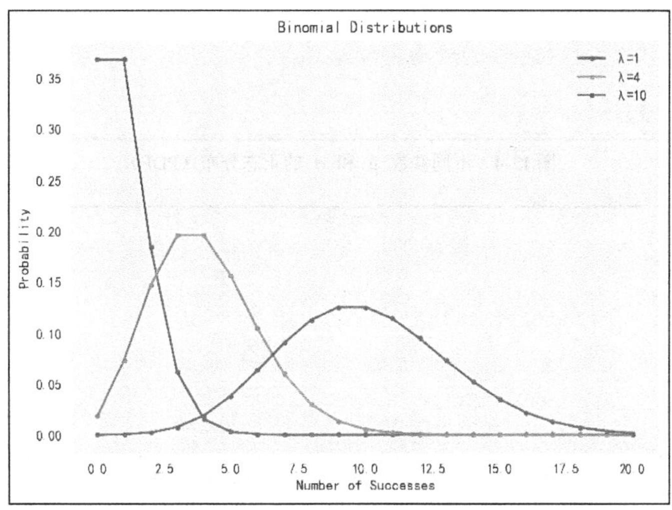

图 12-3　泊松分布

12.2.2　正态分布

正态分布（又名高斯分布）是所有分布函数中最重要的，这是因为当样本数足够大的时候，所有分布函数的平均值都趋向正态分布。数学上正态分布的特征由平均值μ和标准差σ决定。

$$f_{\mu,\sigma}=\frac{1}{\sigma\sqrt{2\pi}}e^{-(x-\mu)^2/2\sigma^2}$$

DolphinDB 中可通过 norm 函数生成对应服从$X\in N(\mu,\sigma)$的分布，返回一个长度（维度）为指定数量的向量（矩阵）。脚本如下。

```
setRandomSeed(123)
X = norm(2.0, 0.1, 1000);

print mean X;
//Output:  2.003

print std X;
//Output:  0.102
```

通过 pdfNormal 函数绘制出不同平均值μ和标准差σ下的正态分布的概率密度函数（PDF），如图 12-4 所示；通过 cdfNormal 函数绘制不同平均值μ和标准差σ化正态分布的累计概率分布函数（CDF），如图 12-5 所示，其中$-\infty < x < \infty$，脚本如下。

```
x = 0.1 * (-100..100)
plot([pdfNormal(0,1.0,x) as "μ = 0,σ = 1.0", pdfNormal(0,0.4,x) as "μ = 0,σ = 0.4",
     pdfNormal(0,2.2,x) as "μ = 0,σ = 2.2", pdfNormal(-2,0.7,x) as "μ = -2,σ = 0.7"],
     x, "不同参数 μ 和 σ 的正态分布")
plot([cdfNormal(0,1.0,x) as "μ = 0,σ = 1.0", cdfNormal(0,0.4,x) as "μ = 0,σ = 0.4",
     cdfNormal(0,2.2,x) as "μ = 0,σ = 2.2", cdfNormal(-2,0.7,x) as "μ = -2,σ = 0.7"],
     x, "不同参数 μ 和 σ 的正态分布")
```

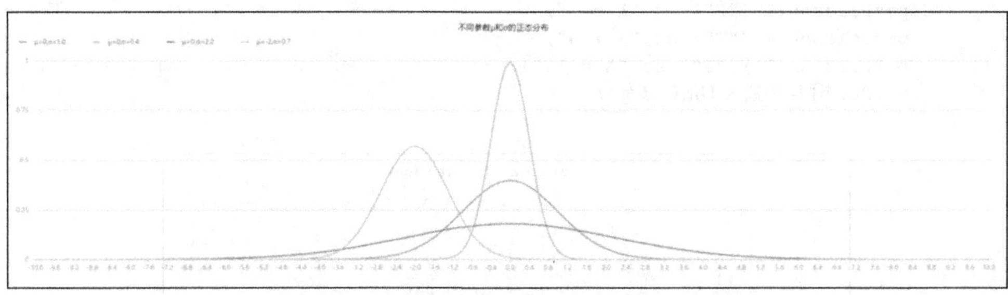

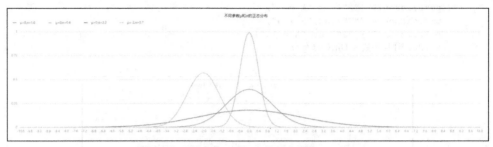

图 12-4　不同参数 μ 和 σ 的正态分布（PDF）

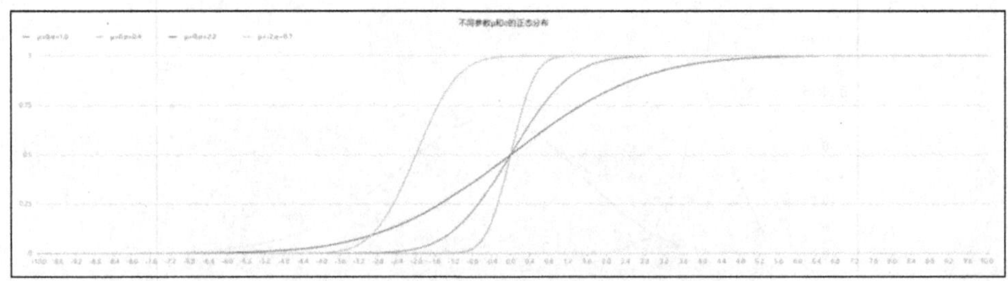

图 12-5　不同参数 μ 和 σ 的正态分布（CDF）

对于更小的样本量，样本分布的变异程度较大。比如，观察从标准正态分布 $X \in N(0,1)$ 中随机抽取的 100 个样本的 10 个分布，可以发现样本的均值服从正态分布，但是每个样本本身不一定服从标准的正态分布。在 DolphinDB 中，通过 randNormal 函数生成了 20 组各自包含 100 个样本点的随机分布，如图 12-6 所示。

```
//run 20times
plot(randNormal(0.0, 1.0, 100), , "hist", HISTOGRAM)
plot(norm(0.0, 1.0, 100), , "hist", HISTOGRAM)
```

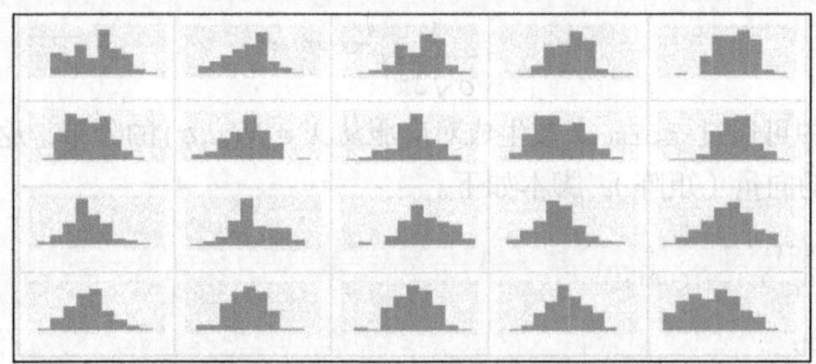

图 12-6　生成的 20 个含有 100 个样本点的分布，来自标准正态分布

中心极限定理

中心极限定理表明，多个独立同样服从正态分布随机向量 $X_1, X_2, \ldots, X_n \in N(\mu, \sigma^2)$ 的和（或差）。$\sum_{i=1}^{n} X_i$ 同样服从正态分布 $N(n\mu, n^2\sigma^2)$，即：

$$\sum_{i=1}^{n} X_i \in N(n\mu, n^2\sigma^2)$$

而对于独立的随机变量序列 $\{X_i\}$，即使数据分布不是正态分布。只要他们独立同分布，那么当 n 充分大时，这些随机变量之和 $\sum_{i=1}^{n} X_i$ 近似服从正态分布 $N(n\mu, n^2\sigma^2)$。在 DolphinDB

中，对多个服从均匀分布的数据极限平均化处理，由图 12-7、图 12-8 和图 12-9 可以发现，随着构建的分布数量增加，这些随机变量的均值逐渐呈现出平滑且近似正态的分布形态。

```
def meanUniform(left, right, n, samples){
   setRandomSeed(123)
   result = []
   for (i in 0 : samples){
      result.append!(randUniform(left, right, n))
   }
   return matrix(result).transpose().mean()
}
x = randUniform(-1.0, 1.0, 1000000)
plot(x, , "hist", HISTOGRAM)

x = meanUniform(-1.0, 1.0, 1000000, 2)
plot(x, , "hist", HISTOGRAM)

x = meanUniform(-1.0,1.0,1000000, 10)
plot(x, , "hist", HISTOGRAM)
```

图 12-7　随机数据

图 12-8　两个数据的均值

图 12-9　十个数据的均值

正态分布的应用-对数正态分布

在中国证券市场实测，股票的长期对数收益率（年收益率或月收益率）呈现正态分布。在 DolphinDB 中，通过 norm 函数模拟对数收益率，并比较对数收益率和正常收益率，如图 12-10 所示，可以观察到两者在−10%～+10%的区域内基本重合，这说明这区间内两者的差异不大。然而，随着收益率的绝对值增大，正常收益率会逐渐趋于稳定，而对数收益率则继续保持其正态分布的特性。

```
logreturns = norm(0, 1, 1000).sort()
returns = exp(logreturns).sub(1).sort()
t = select * from table(logreturns, returns) where returns<0.5 and returns>-0.5
plot([t.logreturns, t.returns], t.returns)
```

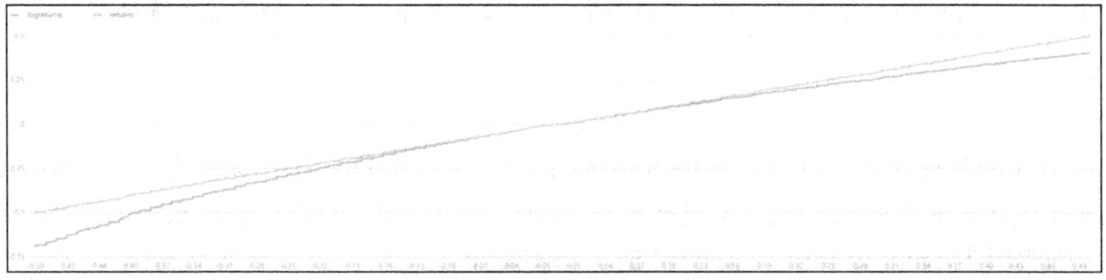

图 12-10　对数收益率和常规收益率

在实际应用中，对数收益率的最大优势在于其可加性。把单期的对数收益率相加即可得到整体的对数收益率。由中心极限定理可知，若假设不同期的对数收益率独立分布，则可以推断 $\frac{1}{T}ln\left(\frac{X_T}{X_0}\right)$ 随着 T 的增大会逐步收敛于期望。

$$ln\left(\frac{X_T}{X_0}\right)=ln\left(\frac{X_1}{X_0}\times\frac{X_2}{X_1}\times\ldots\times\frac{X_T}{X_{T-1}}\right)$$

$$=ln\left(\frac{X_1}{X_0}\right)+ln\left(\frac{X_2}{X_1}\right)+\ldots+ln\left(\frac{X_T}{X_{T-1}}\right)$$

绘制 T 期的对数收益率曲线如图 12-11 所示，可以发现随着 T 增加，对数收益率逐渐收敛，但收敛的收益率 $E\left(ln\left(\frac{X_T}{X_0}\right)\right)$ 并不固定。因此若以初始资金 X_0 进行一个长线投资，希望最后一期的收益率 $ln\left(\frac{X_T}{X_0}\right)$ 越大越好。由于未来会收敛的收益率是未知的，为了使得收益率最大化，需要一方面确保投资的时间期限 T 需要足够长；另一方面，可参考业界的凯利公式，尽可能最大化收敛的期望值 $E\left(ln\left(\frac{X_T}{X_0}\right)\right)$。

```
dates = getMarketCalendar("CFFEX", 2010.01.01, 2023.12.31)
logreturns = norm(0, 1, dates.size()).sort()
plot(logreturns, dates)
```

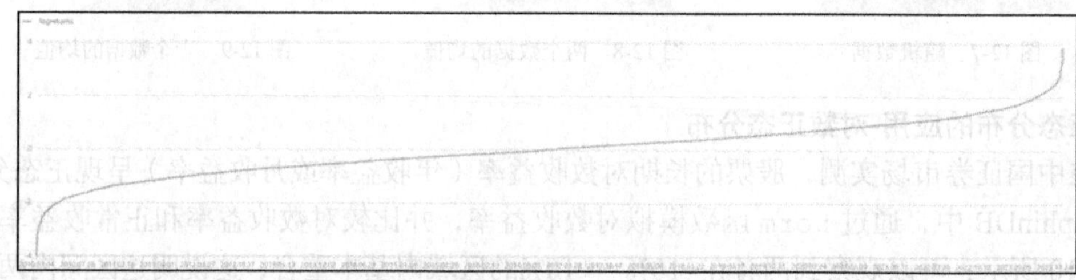

图 12-11　对数收益率分布

12.2.3　来自正态分布的其他连续型分布

t 分布

由于在大多数情况下，总体的均值和方差是未知的，因此当分析样本数据时，我们通常基于 t 分布进行推断。如果 $\overline{x}$ 是样本的均值，s 是样本的标准差，最终的 t 统计量是

$$t=\frac{\overline{x}-\mu}{s/\sqrt{n}}=\frac{\overline{x}-\mu}{SE}$$

同分布的常见应用是计算均值的置信区间。在 DolphinDB 中可以通过 `invStudent` 函数求解 t 统计量的对应临界值。假设样本数 n=20，则 df=19，假设显著性水平为 95%，则对应 $t_{\alpha/2}$ 临界值为 `invStudent(19,0.975)`，脚本如下。

```
x = randNormal(-100, 1000, 10000)
n = x.size()
df = n-1
rt = invStudent(df, 0.975)
//1.9602012636
```

卡方分布

如果一个随机变量 $X\in N(\mu,\sigma)$，那么 $X^2\in\chi_1^2$。独立的标准正态随机变量的平方和有 n

个自由度，公式如下。

$$\sum_{i=1}^{n} X_i^2 \in \chi_n^2$$

当样本不大时，总体样本未知，样本标准差 S^2 与总体标准差σ^2的比值也服从卡方分布，公式如下。

$$\frac{(n-1)S^2}{\sigma^2} \in \chi_{n-1}^2$$

如下假设有一批股票的收益率序列，限定其波动率$\sigma^2 = 0.05$，为了分析其标准差是否高于准许值，可以基于 DolphinDB 的 `invChiSquare` 计算卡方统计量的临界值。由于经过分析发现卡方统计量并未大于 95%显著性水平的卡方统计量，因此并不能拒绝原假设$S^2 \leqslant \sigma^2$，即初步推断样本的收益率波动值在规定的范围内。

```
setRandomSeed(123)
x = randUniform(-0.1, 0.1, 100)
test = (x.size() - 1) * pow(x.std(), 2) \ 0.05
test > invChiSquare(x.size() - 1, 0.95)
//false
```

F 分布

F 分布以 Ronald Fisher 先生的名字命名，他发明了 F 分布来决定 ANOVA 中的关键值。通过下方的公式计算两组投资组合的方差的比值，来对比两个投资组合是否具有相同的风险水平。

$$F = \frac{S_x^2}{S_y^2}$$

以上S_x^2和S_y^2分别是来自两个投资组合的股票收益率的样本标准差，其比值的分布即为 F 分布。在 ANOVA 应用中，通过 ANOVA 分子、分母的自由度、显著性水平计算得到 F 分布的临界值，公式如下。

$$F(df_1, df_2) = \frac{\chi_1^2 / df_1}{\chi_2^2 / df_2}$$

在 DolphinDB 中，可通过 `invF` 函数来计算 F 分布的临界值，假设两个投资组合来自不同的高斯分布，其中后者的标准差要高于前者。通过 `compareTwoSamples` 函数发现 F 检验通过，即拒绝$\sigma_1 = \sigma_2$的原假设，即最终结果符合预期。

```
setRandomSeed(1)
x1 = randNormal(0, 1, 20)
x2 = randNormal(0, 5, 30)

def compareTwoSamples(x1, x2, alpha){
   test = (pow(x1.std(), 2)\(x1.size()-1))\(pow(x2.std(), 2)\(x2.size()-1))
   return test > invF(x1.size()-1, x2.size()-1, 1-alpha\2) ||
          test < invF(x1.size()-1, x2.size()-1, alpha\2)
}

compareTwoSamples(x1, x2, 0.05)
//true
```

12.3 随机数生成

DolphinDB 不仅支持通过 rand 函数生成随机数，也支持生成指定概率分布下的随机数，表 12-5 中的函数是常用的生成随机数的函数。本节着重介绍基于如下函数生成特定随机分布下的随机数，并介绍如何实现随机抽样。

表 12-5 DolphinDB 支持的不同的随机数生成函数

函数名	用法	返回值
rand	rand(X, count)	返回从 *X* 中随机选取元素所得的向量。
randDiscrete	randDiscrete(v, p, count)	根据给定的分布概率 p，生成向量 v 的随机样本
randUniform	randUniform(lower, upper, count)	生成指定个数的均匀分布随机数。
randNormal	randNormal(mean, stdev, count)	生成指定个数的正态分布随机数。
randBeta	randBeta(alpha, beta, count)	生成指定个数的 Beta 分布随机数。
randBinomial	randBinomial(trials, p, count)	生成指定个数的二项分布随机数。
randChiSquare	randChiSquare(df, count)	生成指定个数的卡方分布随机数。
randExp	randExp(mean, count)	生成指定个数的指数分布随机数。
randF	randF(numeratorDF, denominatorDF, count)	生成指定个数的 F 分布随机数。
randGamma	randGamma(shape, scale, count)	生成指定个数的 Gamma 分布随机数。
randLogistic	randLogistic(mean, s, count)	生成指定个数的 Logistic 分布随机数。
randMultivariateNormal	randMultivariateNormal(mean, covar, count, [sampleAsRow=true])	生成服从多元正态分布的随机数。返回的结果是一个矩阵。
randPoisson	randPoisson(mean, count)	生成指定个数的泊松分布随机数。
randStudent	randStudent(df, count)	生成指定个数的 t 分布随机数。
randWeibull	randWeibull(alpha, beta, count)	生成指定个数的 Weibull 分布随机数。

12.3.1 生成特定分布下的随机数

生成随机数向量/矩阵

在 DolphinDB 中可通过 rand 函数生成随机数向量。若指定的 *X* 为标量，则会生成不超过 *X* 的随机数，且随机数服从均匀分布。

```
rand(1.0, 10)
```

若需要生成随机矩阵，则可指定 count 为数据对。如下会生成 2 * 2 维度的随机矩阵。

```
rand(1.0, 2:2)
```

生成符合特定分布的随机数

目前 DolphinDB 支持通过 rand 加概率分布名的方式生成遵循特定概率分布的随机数。例如，若需要生成服从高斯分布的随机数，则可通过 randNormal 的方式生成。

```
fmean, fstd = 0, 1
random_normal_vector = randNormal(fmean, fstd, 10)
random_normal_vector
```

12.3.2 随机抽样

重复抽样

rand 函数支持从向量 *X* 中随机重复抽样，例如从 *X* 中抽取 5 个样本。

```
//随机抽样
setRandomSeed(123)
x = 1..10
sample1 = rand(x, 5)
sample1
//[7, 8, 3, 5, 3]
```

不放回抽样

shuffle 函数支持对向量 *X* 随机打乱，可以基于 shuffle 函数实现不重复抽样。下方脚本可基于自定义函数 sampleWithoutReplacement 从 *X* 中不重复抽样。

```
//不放回抽样
def sampleWithoutReplacement(x,n){
    return x.shuffle()[:n]
}
x = 1..10
sample2 = sampleWithoutReplacement(x, 5)
sample2
```

概率抽样

此外，DolphinDB 支持通过在 randDiscrete 函数指定总体中每个元素的抽样概率 *p*，即可生成指定概率分布下的随机样本。

```
//概率抽样
X = `A`B`C`E`F
p = [0.2, 0.3, 0.5, 0.2, 0.2]
randDiscrete(X, p, 5)
```

12.3.3 基于蒙特卡罗模拟的标的价格走势

假设标的满足对数正态分布的条件，将微分方程引入 BSM 模型（Black-Scholes-Merton 模型），可以推导出与雪球产品挂钩的标的资产相应的定价公式。

$$S_T = S_t * e^{(r-q-\frac{\sigma^2}{2})\Delta t+\sigma\sqrt{\Delta t}\epsilon}$$

其中 Δt 表示时期增量，S_T 和 S_t 分别表示 T 期和 t 期的标的价格，r 表示无风险利率，σ表示波动率，ϵ 表示服从满足标准正态分布的一个随机数。

在 DolphinDB 中定义上述参数后，通过 norm(0, 1, Tdays * N)模拟 Tdays * N个来自标准正态分布的随机数，并通过 cumsum 函数对随机数继续累计求和，最后绘制得到 128 只标的价格的走势，如图 12-12 所示。

```
//%模拟次数参数
N = 1000000
//底层资产参数
vol = 0.13
S0  = 1
r   = 0.03
q   = 0.08
//%日期参数
days_in_year = 240 //一年交易日
dt    = 1\days_in_year //每日
all_t = dt + dt * (0..(T * days_in_year - 1))
Tdays = int(T * days_in_year) //期限，按交易日

//假定初期标的价格为 1
St = 1
S = St * exp( (r - q - vol * vol/2) * repmat(matrix(all_t),1,N) +
    vol * sqrt(dt) * cumsum(norm(0, 1, Tdays * N)$Tdays:N))
//绘制模拟股价价格走势
plot(S[,:128].rename!(1..128), 1..(T * days_in_year), "模拟股票价格走势")
```

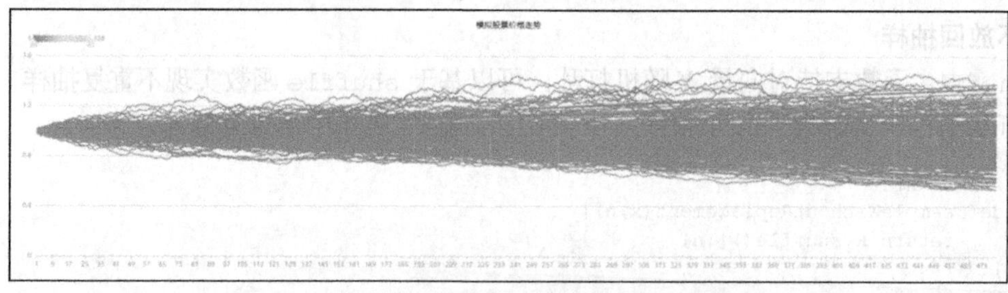

图 12-12　基于蒙特卡罗方法模拟的股票价格走势

12.4　回归

针对回归分析问题，DolphinDB 提供丰富的函数可供选择，如表 12-6 所示。本节将详细介绍 ols、wls 等简单回归分析，其他回归分析方法可参考第 13 章。

表 12-6　DolphinDB 支持的不同回归函数

函数	回归分析类别	使用场景
ols	普通最小二乘回归	适用于处理线性回归问题。
olsEx	普通最小二乘回归	在 ols 基础上可基于分区表做分布式计算。
wls	加权最小二乘回归	适用于处理存在异方差性（误差方差不恒定）的回归问题。
logisticRegression	逻辑回归	适用于处理分类问题，特别是二分类问题。常用于预测概率和分类概率边界。
randomForestRegressor	随机森林回归	适用于处理回归问题，特别是在面对高维数据和复杂关系时。
adaBoostRegressor	集成学习	适用于处理回归问题，特别是在面对线性和非线性关系、异常值等情况时。
lasso	lasso 回归	适用于具有大量特征的数据集，并且想要进行特征选择以减少模型的复杂度。
ridge	ridge 回归	适用于处理多重共线性（自变量之间存在高度相关性）问题。
elasticNet	弹性网络回归	适用于处理具有高度相关预测变量的回归问题，同时想要减少模型中不相关变量的影响。
glm	广义线性回归	适用于处理因变量不符合正态分布或存在离散分布的情况。

12.4.1 构建 BARRA 多因子回归模型

以 BARRA CNE6 模型为例（详细应用见用户文档->教程->模块->基于 DolphinDB 的 Barra 多因子风险模型实践），本小节介绍基于 DolphinDB 通过多因子回归来研究股票的 BARRA 多因子对股票收益率的影响，并评估回归模型的拟合程度和显著性。

$$r = Xf + u$$

其中 r 为 N 个个股收益率的向量（N * 1 维），X 为当期因子暴露矩阵（N * k 维，k 为因子个数），f 为 k 个因子的收益率向量（k * 1 维），u 为 N 个个股的特异性收益率的向量（N * 1 维）。

模拟股票数据

假设暂时不考虑行业因子对个股收益率的影响，在 DolphinDB 中通过 getAllFactorTable 函数模拟得到 100 只股票、在 1 年内的因子数据，绘制其价格走势如图 12-13 所示，发现股票收益率随着时间增长，收益率在 0 上下自由波动，近似服从正态分布，脚本如下。

```
def getAllFactorTable(N, T){
    dates = take(getMarketCalendar("SZSE",2020.01.01,today()),T).distinct()
    stock_code = symbol(string(600001..(600001 + N - 1)));
    weights = []
    for (i in 0..(T-1)){
        tmpw = rand(1.0, N)
        tmpw = tmpw/tmpw.sum()
        weights.append!(tmpw)
    }
    facTable = cj(table(dates as record_date),
                table(stock_code as stock_code)).sortBy!(`record_date)
    facTable["weights"] = weights.flatten()
    factorNames = `Quality`Value`Growth`Liquidity`Volatility
                 `Size`Momentum`Dividend`Yield`Sentiment
    for (factor in factorNames){
        facTable[factor] = norm(0, 1, N * T)
    }
    return_day = []
    //假设 1 年交易日为 240 天，且 CNE6 中各因子对股票数据存在一定影响，收益率均基于模拟因子暴露值得到
    for (i in 0..(T-1)){//i = 0
        x = (select * from facTable where record_date = dates[i])[,3:]
        randBeta = norm(0, 1, factorNames.size())
        return_day.append!((matrix(x) ** matrix(randBeta) + pow(matrix(x), 2) **
                          matrix(randBeta) + pow(norm(0, 1, N), 2)).flatten())
    }
    facTable["return_day"] = return_day.flatten()
    facTable.reorderColumns!(`record_date`stock_code`weights`return_day<-factorNames)
    return facTable
}
setRandomSeed(6905)
facTable = getAllFactorTable(100,240)
tmp = select return_day from facTable pivot by record_date, stock_code
plot(tmp[,1:], tmp["record_date"])
```

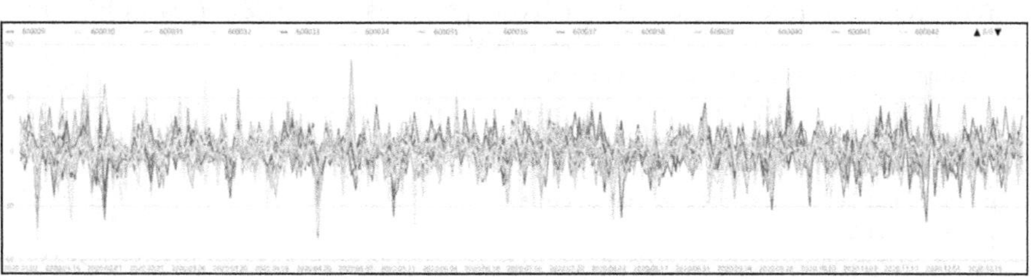

图 12-13　模拟得到的 100 只股票的个股收益率时序图

在如下脚本中，在 getFactorsRet 函数中传入 *weighted* 参数可选择是否采用加权最小二乘回归（Weighted Least Squares，WLS）进行拟合，若 *weighted* 参数被设置为 true，则函数会执行加权最小二乘回归；若未设置或设置为 false，则采用普通最小二乘回归（Ordinary Least Squares，OLS）进行拟合。函数内部通过对每一天的 100 只股票进行线性回归，返回每一截面回归的模型结果，模型评估指标如表 12-7 所示。

表 12-7　模型评估指标

模型指标	指标意义	指标解读
beta	回归系数	因子收益率
residuals	残差	个股特异性收益率
tstat	T 统计值，衡量系数的统计显著性。	绝对值越大，可反映因子对收益率产生统计上的影响越显著
R2	R2 决定系数，描述回归曲线对真实数据点拟合程度的统计量。	范围在[0,1]之间，越接近 1，说明整个多因子回归模型的拟合程度

```
defg getAllFactorValidate(y, x, w = NULL){
    if (isNull(NULL)){
        tmp = ols(y, x, 1, 2)
        tmp2 = select * from tmp.RegressionStat
              where item = "R2" or item = "AdjustedR2"
    }
    else{
        tmp = wls(y, x, w, 1, 2)
        tmp2 = select * from tmp.RegressionStat
               where item = "R2" or item = "AdjustedR2"
    }
    //此处 concat 脚本在同一行
    return concat(blob(concat("beta" <- tmp.Coefficient.beta,',')) <- ","
           <- blob(concat("tstat" <-tmp.Coefficient.tstat,','))  <- ","
           <-blob(concat("Residual" <- tmp.Residual,","))<- ","
           <-blob(concat("R2" <- tmp2.statistics,",")))
}

def getFactorsRet(facTable, weighted = true){
    rd = exec distinct record_date from facTable
    d = nunique(facTable.stock_code)
    xColNames = concat(facTable.colNames()[4:],",")
    colName = facTable.colNames()[4:]
    n = colName.size()
    cnt = facTable.size()
    if (weighted){
        code = parseExpr("getAllFactorValidate" + "(return_day,
                        ["+  xColNames + "],weights)")
    }
    else{
        code = parseExpr("getAllFactorValidate" + "(return_day,["+  xColNames + "])")
    }
    factorState = sql(select = (sqlCol(`record_date),sqlColAlias(code,'Reg_stat')),
                      from = facTable,groupBy = sqlCol(`record_date)).eval()
    factorState = makeUnifiedCall(unpivot,[factorState,`record_date,
                                  'Reg_stat']).eval()
    //beta coefficient -> factor return
    beta = transpose(matrix(double(split(split(factorState.value,'tstat')[0],
                    ',')))[1:(n + 2),:])
    beta.rename!(`market_factor join colName)
    beta = table(rd as record_date,beta)
    //t-statistic
    tstat = transpose(matrix(double(split(split(factorState.value,'tstat')[1],
                  ',')))[1:(n + 2),:])
```

```
    tstat.rename!(`market_factor join colName)
    tstat = table(rd as record_date, tstat)
    //R2
    R2 = transpose(matrix(double(split(split(factorState.value,'R2')[1], ",")[1:3])))
    R2.rename!(`R2`AdjustedR2)
    R = table(rd as record_date, R2)
    //residuals
    residuals = pow(table(matrix(double(split(split(split(factorState.value,
                'Residual')[1], 'R2')[0],',')))[1:(d + 1),:].reshape(cnt:1)),2)
    residuals.rename!("All" + "_residual2")
    residuals = table(facTable.record_date, facTable.stock_code, residuals)
    result =  dict(STRING, ANY)
    result["beta"] = beta
    result["tstat"] = tstat
    result["R2"] = R
    result["residuals"] = residuals
    return result
}
result = getFactorsRet(facTable, false)
```

12.4.2　模型评估

因子有效性检验

通过绘制各因子每期截面下的 t 统计量的绝对值，我们会发现：其中市场因子每一期 T 统计量的均值最高，说明需要考虑纳入部分行业因子以构建 BARRA 多因子模型。此外，各类风险因子中，VALUE、Liquidity、Yield 因子的 T 统计量的均值小于 2，说明该部分因子对个股收益率未产生显著影响。脚本如下，结果如图 12-14 所示。

```
plot(result.tstat[,1:].abs().avg().round(2).matrix().transpose().flatten(),
     result.tstat[,1:].columnNames(), "根据 T 统计量归因", COLUMN)
```

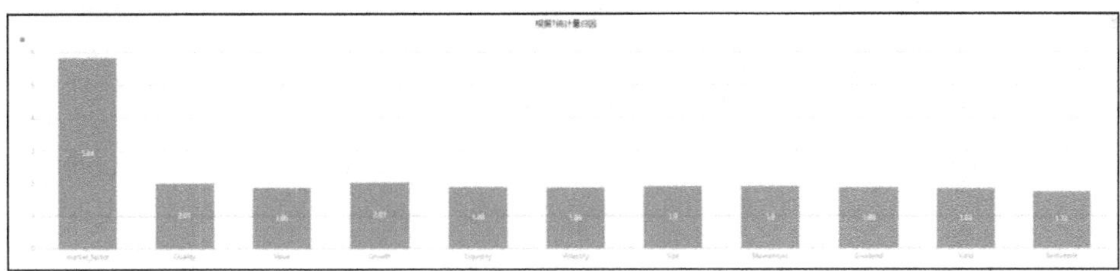

图 12-14　根据 T 统计量归因

因子收益率分析

在上述有效性因子检验的基础上，根据每一期截面回归所得到的 beta 估计值，绘制各因子的收益率的时序图，如图 12-15 所示。由于在图中可观察到市场因子的收益率相比其他风险因子较高，因此在后续建模过程中，需要考虑纳入行业因子。

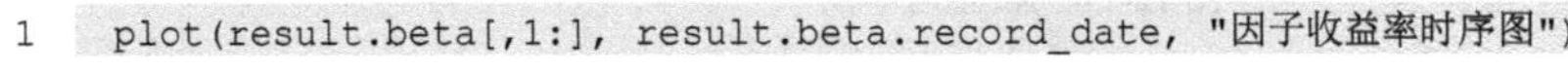

```
plot(result.beta[,1:], result.beta.record_date, "因子收益率时序图")
```

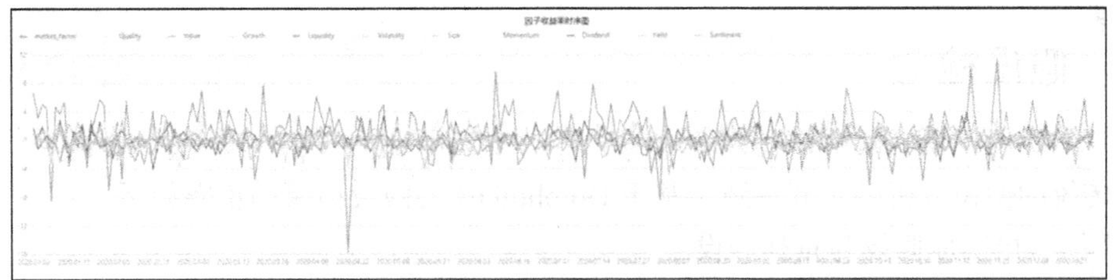

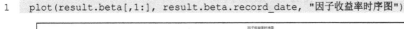

图 12-15　因子收益率时序图

拟合优度分析

假设不增删因子，绘制模型的 R2 和 adjusted R2 的时序图如图 12-16 所示。分析图中信息可发现模型的拟合优度整体处在 20%～60%，这表明模型整体的拟合优度较高，基于普通最小二乘回归的模型预测准确度也较高。

```
plot(result.R2[,1:], result.record_date, "R2 值时序图")
```

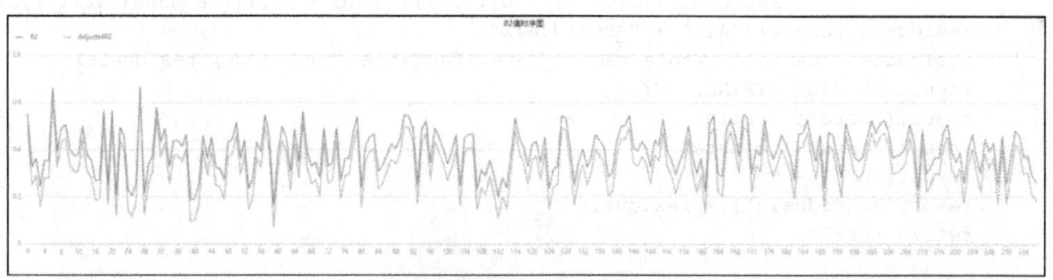

图 12-16　R2 值时序图

模型敏感性分析

通过 norm 函数新增 10 个标准化后的行业因子，并绘制增加行业因子前后模型的 R2 时序图如图 12-17 所示。分析图中信息可发现在引入新的行业因子后，模型的 R2 整体有所提高，但是 adjusted R2 整体和 R2 维持在相同水平，这说明模型在验证数据集上的性能与整体表现一致，因此模型具备较高的泛化能力和稳定性。

```
//增加行业哑变量因子
industryFactors = "industry" + string(1..10)
newFacTable = facTable
for (industryFactor in industryFactors){
    newFacTable[industryFactor] = norm(0,1,newFacTable.size())
}
result2 = getFactorsRet(newFacTable)
plot([result.R2["R2"] as `R2,
        result.R2["AdjustedR2"] as `AdjustedR2,
        result2.R2["R2"] as `newR2,
        result2.R2["AdjustedR2"] as `newAdjustedR2],result2.record_date,"R2 值时序图")
```

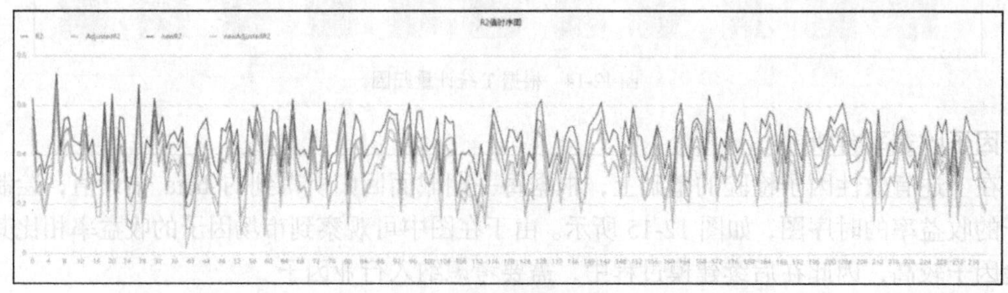

图 12-17　R2 值时序图

12.5　假设检验

与传统的假设分析的步骤一致，基于 DolphinDB 的假设检验的步骤如下。

步骤 1：声明原假设与备择假设。

步骤 2：确定合适的检验统计量与分布，确保如平稳性、正态性等假设条件都能满足，进而选择合适的 DolphinDB 的假设检验函数。

步骤 3：在 DolphinDB 假设检验函数中指定置信水平（confLevel）α。

步骤 4：根据 α 和分布，基于 DolphinDB 不同分布下的 invcdf 函数计算临界值。

步骤 5：收集数据，基于 DolphinDB 的假设检验函数计算检验统计量。

步骤 6：比较检验统计量与临界值，确定是能否拒绝原假设，最终得到结论。

针对假设检验问题，DolphinDB 提供丰富的函数可供选择，如表 12-8 所示。本节将详细介绍 tTest 、fTest 等常用假设检验函数。

表 12-8　DolphinDB 支持的不同假设检验函数

假设检验函数	对应假设检验名称	假设检验类别	适用场景
tTest	t 检验	参数检验	用于比较两个样本均值是否存在显著差异。适用于样本服从正态分布且方差未知的情况。
zTest	z 检验	参数检验	用于比较两个样本均值是否存在显著差异。适用于样本服从正态分布且方差已知的情况，或大样本情况。
fTest	F 检验	方差分析	用于比较两个或多个样本方差是否存在显著差异。适用于样本服从正态分布的情况。
chiSquareTest	卡方检验	拟合优度检验或独立性检验	用于检验观察频数与期望频数之间的差异。拟合优度检验用于比较观察频数与理论分布的拟合程度，独立性检验用于检验两个变量之间是否独立。
mannWhitneyUTest	Mann-Whitney U 检验	非参数检验	用于比较两个独立样本的中位数是否存在显著差异。适用于样本不满足正态分布假设的情况。
shapiroTest	Shapiro-Wilk 检验	正态性检验	用于检验 1 个样本是否服从正态分布。适用于样本量较小的情况。
ksTest	Kolmogorov-Smirnov 检验	正态性检验或分布拟合检验	用于检验 1 个样本是否服从某个指定的分布，或比较两个样本是否来自同一分布。适用于样本量较大的情况。

12.5.1　均值的假设检验

z 检验

以 12.4 中的数据为例，绘制 600001、600002 两只股票的股票收益率时序图如图 12-18 所示。

```
setRandomSeed(123)
facTable = getAllFactorTable(2, 240)
tmp = select return_day from facTable pivot by record_date, stock_code
plot(tmp[,1:], tmp["record_date"])
```

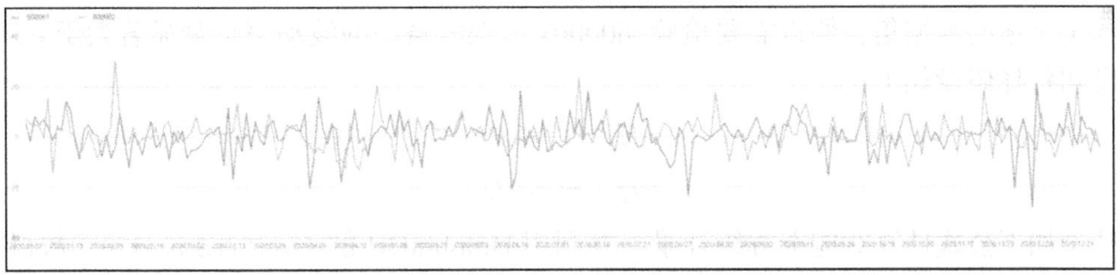

图 12-18　600001、600002 两只股票的股票收益率时序图

从图中可知，两者收益率时序图基本吻合，可初步推断具有相同的均值。接下来需要使用假设检验来验证这个假设，即：

$$H_0: \mu_1 - \mu 2 = 0$$
$$H_1: \mu_1 - \mu 2 \neq 0$$

假设两个股票收益率样本服从正态分布且方差已知，两只股票收益率的标准差均为 6。此时因为基于 DolphinDB 的 `zTest` 函数进行 z 检验，输出结果如下。计算得到最终 z 统计量的 P 值为 0.68 > 0.05，所以无法拒绝原假设，即认为两者收益率均值实际相同。

```
zTest(tmp["600001"], tmp["600002"], 0, 6, 6)
//Output
method: 'Two sample z-test'
zValue: 0.4050744166
confLevel: 0.9500000000
stat:
alternativeHypothesis         pValue         lowerBound     upperBound
0    difference of mean is not equal to 0    0.6854233525   -0.8516480908   1.2953848817
1    difference of mean is less than   0    0.6572883237   -∞        1.1227918307
2    difference of mean is greater than 0    0.3427116763   -0.6790550398     ∞
```

t 检验

但在实际应用中，股票收益率的波动率未知，且实际样本数并不大，此时 z 检验并不适用，需要使用 t 检验。基于 `tTest` 函数进行 t 检验，输出结果如下，可知最终 t 统计量的 P 值为 0.13 > 0.05，所以无法拒绝原假设，即认为两者收益率均值实际相同。

```
tTest(tmp["600001"], tmp["600002"], 0)
//Output
method: 'Welch two sample t-test'
tValue: -0.6868291027
df: 473.7980010389
confLevel: 0.9500000000
stat:
    alternativeHypothesis         pValue      lowerBound     upperBound
0    difference of mean is not equal to 0     0.1314       -2.0292       0.2651
1    difference of mean is less than 0     0.0657       -∞     0.0801
2    difference of mean is greater than 0     0.9342       -1.8441      ∞
```

12.5.2 方差的假设检验

在金融领域中，方差、标准差是衡量风险的关键指标，对方差的检验尤为重要和常见。虽然此时无法使用 z 分布和 t 分布进行方差检验，但可以采用卡方分布、F 分布来进行方差的假设检验。

卡方检验

基于上述的数据集，假设需要检验 600001 股票收益率的波动率是否显著大于 6，此时原假设和备择假设如下：

$$H_0: \sigma^2 \leqslant 36$$
$$H_1: \sigma^2 > 36$$

基于如下公式计算对应卡方统计量，并利用 DolphinDB 的 `invChiSquare` 函数得到 95 显著性水平下对应的临界值，分析结果发现卡方统计量小于临界值，故认为 600001 股票的波动率不大于 6。

$$\chi^2 = \frac{(n-1)s^2}{\sigma^2}$$

```
test_statistic = (size(tmp)-1) * tmp["600001"].var()/36
print(stringFormat("chi-squre test statistic:%.2F",test_statistic))
chi_statistic = invChiSquare(size(tmp)-1,0.95)
print(stringFormat("chi-squre test statistic:%.2F",chi_statistic))
//Output
chi-squre test statistic:233.59
ci-squre test statistic:276.06
```

F 检验

若需要比较两只股票的收益率的波动是否一致，则需要使用 F 检验来处理。此时原假设和备择假设如下。

$$H_0: \sigma_1^2 = \sigma_2^2$$

$$H_1: \sigma_1^2 \neq \sigma_2^2$$

基于 `fTest` 函数进行 F 检验，输出结果如下。因为根据结果分析得到最终 t 统计量为 0.79，在 F 分布左临界值和右临界值之间，所以无法拒绝原假设，即认为两者收益率的方差实际相同。

```
fTest(tmp["600001"], tmp["600002"])
//Output
method: 'F test to compare two variances'
fValue: 0.7907099827
numeratorDf: 239
denominatorDf: 239
confLevel: 0.9500000000
stat:
    alternativeHypothesis      pValue      lowerBound      upperBound
0    ratio of variances is not equal to 1  0.0701139943  0.6132461206  1.0195291184
1    ratio of variances is less than    1  0.0350569972  0.0000000000  0.9786251182
2    ratio of variances is greater than 1  0.9649430028  0.6388782232  ∞
```

12.6　优化器

为了满足不同场景的需要，针对实际应用中不同的目标函数和约束条件，如线性规划（LP）、二次规划（QP）、带约束的二次规划（QCLP）、二阶锥规划（SOCP）等四类基本问题，DolphinDB 提供了多个优化函数，如表 12-9 所示。

表 12-9　DolphinDB 支持的不同优化函数

优化函数	优化函数分类	适用场景
linprog	线性规划	求解线性目标函数在线性约束条件下的极值
quadprog	二次优化	求解二次目标函数在线性约束条件下的极值
qclp	二次规划	求解线性目标函数在二次约束条件下的极值
socp	二阶锥规划	求解二阶锥规划（SOCP, Second Order Cone Programming）问题

绘制各投资组合的均值-方差的散点图，如图 12-19 所示，观察发现收益率的均值越高，收益率的方差越高。本节接下来以投资组合最优化为案例，详细介绍如何通过优化 `linprog`、 quadprog 等函数，求得最大投资组合收益、最小投资组合风险等问题的最优解。

```
/* 随机生成投资组合，并评价投资组合
    Input:
        num_portfolios(int): 投资组合数量
        stock_data(tb): 生成的股票数据
        risk_free_rate(float):无风险收益率
    Output
        std(float):年化波动率
        returns(float):年化收益率
 */
def random_portfolios(num_portfolios, stock_data, risk_free_rate = 0.02){
    //基于股票数据计算收益率
    returns =  (matrix(stock_data[,1:]).ratios()-1).dropna()
    //计算每只股票收益率的均值
    mean_returns = returns.mean()
    //计算协方差矩阵
    cov_matrix = covarMatrix(returns)
    //创建一个数据框，用于存储投资组合的评价结果
    results = table(1:0,
`weights`portfolio_annual_return`portfolio_annual_volatility`portfolio_sharpe_ratio,
["DOUBLE[]","DOUBLE","DOUBLE","DOUBLE"])
    num_stocks = returns.columns()
    for (i in 1..num_portfolios){
        //随机生成权重向量
        weights = rand(1.0, num_stocks)
        //归一化权重
        weights /= sum(weights)
        //计算投资组合的年化标准差和年化收益率
        portfolio_std_dev, portfolio_return = portfolio_annualised_performance(
                                              weights,mean_returns, cov_matrix)
        //计算夏普比率
        portfolio_sharpe_ratio = (portfolio_return - risk_free_rate)/
                                 portfolio_std_dev
        //保存结果
        results.append!(table(array(DOUBLE[], 0, 3).append!(
                        [weights]) as `portfolio_weight,
                        portfolio_return as `portfolio_return,
                        portfolio_std_dev as `portfolio_std_dev,
                        portfolio_sharpe_ratio as `portfolio_sharpe_ratio))
    }
    return results
}
```

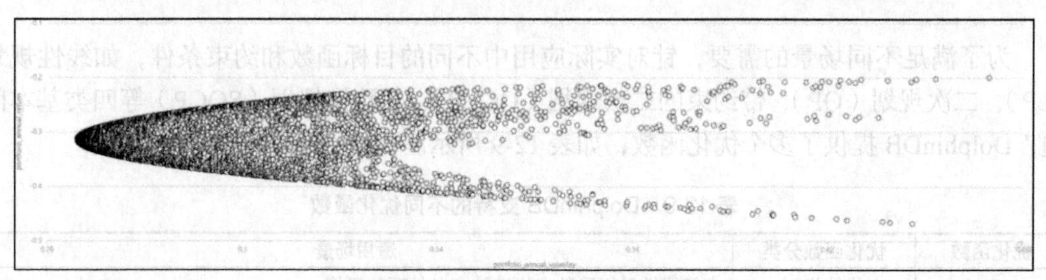

图 12-19　投资组合的均值-方差的散点图

除此之外，DolphinDB 提供了 Gurobi 插件。Gurobi 是一个性能优异、求解问题类型丰富的优化器，在国内外市场有着众多成熟的案例与客户。该插件遵循了原用户的使用习惯，方便用户将基于 Gurobi 构建的应用与 DolphinDB 进行集成。

12.6.1　基于 linprog 的线性规划求解

`linprog` 完整名称为 Linear Programming，即线性规划，用于求解线性目标函数在线性约束条件下的极值。

数学模型

$$
\begin{aligned}
\text{Min} \quad & f^T x \\
\text{s.t.} \quad & Ax \leqslant b \\
& Aeq \cdot x = beq \\
& lb \leqslant x \leqslant ub
\end{aligned}
$$

在上面的公式中，x 是未知变量，在优化问题中我们一般也称之为决策变量，Min 表示求极小化，s.t.的式子表示相应的等式约束和不等式约束。对于极大化问题，我们仅需在目标函数前面添加负号即可转换成极小化问题。函数变量名与数学模型的变量名一致，在 `linprog` 函数中只须指定对应参数即可。

应用场景-最大化投资组合期望收益

在处理股票组合优化问题时，需要综合考虑多种约束条件来求解最优的股票投资组合，以实现最大收益。这些约束条件包括：风格约束、行业约束以及个股权重上下限约束条件。

假设股票池中有 10 只股票，分别属于属于消费、金融和科技 3 个行业，预测它们未来的收益率分别为 `0.1,0.02,0.01,0.05,0.17,0.01,0.07,0.08,0.09,0.10`，且假设存在 3 个风格因子，希望在这些因子的暴露不超过 8%。基于 `lineprog` 函数可求得最优权重以及最大期望收益如下。

```
f = -1 * [0.1, 0.02, 0.01, 0.05, 0.17, 0.01, 0.07, 0.08, 0.09, 0.10]
//假设因子暴露服从均匀分布
//A = rand(1.0,3:6).transpose()
A = ([1,1,1,0,0,0,0,0,0,0,0,0,0,1,1,1,0,0,0,0,0,0,0,0,0,0,1,1,1,1,-1,-1,-1,
    0,0,0,0,0,0,0,0,0,0,-1,-1,-1,0,0,0,0,0,0,0,0,0,-1,-1,-1,-1]$10:6).transpose()
//每个因子的暴露度
b = [0.3, 0.4, 0.3]
exposure = 0.08
b = (b + exposure) join(exposure - b)
//表示权重和为 1
Aeq = matrix(take(1, size(f))).transpose()
beq = array(DOUBLE).append!(1)
//指定 lb 为 0，表示控制变量的下界
res = linprog(f, A ,b, Aeq, beq, 0, 0.15)
//Output
max_return = -res[0]
//0.0861
weights = res[1]
//[0.15,0.15,0,0.15,0.15,0.02,0,0.08,0.15,0.15]
```

12.6.2　基于 quadprog 的二次优化求解

`quadprog` 完整名称为 Quadratic Programming，即二次优化，用于求解二次目标函数在线性约束条件下的极值。

数学模型

$$
\begin{aligned}
\text{Min} \quad & \frac{1}{2}x^T Hx + f^T x \\
\text{s.t.} \quad & Ax \leqslant b \\
& Aeq \cdot x = beq
\end{aligned}
$$

在上面的公式中，x 是未知变量，在优化问题中我们一般也称之为决策变量；min 表示求极小化；s.t.的式子表示相应的等式约束和不等式约束。与线性规划问题相比，该模型中的目标函数多了一个二项式。对于极大化问题，我们仅需在目标函数前面添加负号转换成极小化问题去处理。与数学模型的变量名一致，在 `quadprog` 函数中只需指定对应参数即可。

应用案例-最小化投资组合风险

在处理股票组合优化问题时，需要考虑行业中性、风格因子中性、现金中性等约束条件，并且需要控制最低的投资组合收益，以求解股票投资组合的最大收益，公式如下。

$$
\begin{aligned}
\text{Min} \quad & w^T (X\mathbf{V}_\mathbf{f} X^T + \Delta) w \\
\text{s.t.} \quad & \forall k' (w^T - {w_{\text{bench}}}^T) X_{k'} = 0 \\
& w^T H = h^T \\
& w^T r \geqslant r_{min} \\
& w \geqslant 0 \\
& \sum_{i=1}^{N} w_i = 1
\end{aligned}
$$

根据最优化目标函数，二次项矩阵 H 可表示为如下公式，可分解为 BARRA 多因子的风险矩阵做风险矩阵和模型的特异性风险矩阵。其中，假设不对 BARRA 多因子的风险矩阵做风险矩阵调整，则通过 `covarMatrix` 对历史数据预测得到的因子收益率即可求得风险矩阵 V_f，特异性风险矩阵对模型的残差求方差，最后通过 `diag` 函数即可构建得到。

$$H = XV_f X^T + \Delta$$

此外，根据行业中性、风格因子中性、现金中性等约束条件可推出线性等式约束的系数矩阵 Aeq 和线性等式约束的右端向量 beq；根据个股的权重上下限问题，可推出线性不等式约束的系数矩阵 A 和线性不等式约束的右端向量 b。准备预备数据集，以 12.4 节的 BARRA 多因子模型结果为例，假设以 2020.12.28 日的数据为基准，使用 BARRA 多因子回归模型预测上一个交易日的历史数据的收益率，将该预测收益率作为期望收益率 r，并通过 `rand` 函数随机得到行业基准的权重 w_{bench}，其中风格因子和行业因子的因子暴露矩阵均以 2020.12.28 日的因子暴露值为准。

```
//预测
def getPredictRet(facTable, result, predate){//predate = 2020.12.28
    predate1 = facTable.record_date[facTable.record_date<predate].max()
    //取上一个交易日的因子暴露作为风险因子
    tmp = select * from facTable where record_date == predate1
    tbName = select 1 as marketFactor, * from tmp[,4:]
    //取最后一天的因子收益率作为预测
    ret = select * from result.beta where record_date == predate1
    ret = matrix(ret[,1:]).transpose()
    residual = exec All_residual2 from result.residuals where record_date == predate1
    return matrix(tbName) ** ret + matrix(residual)
}
I = 6905
```

```
setRandomSeed(I)
facTable = getAllFactorTable(100,240)
industryFactors = "industry" + string(1..10)
for (industryFactor in industryFactors){
    facTable[industryFactor] = norm(0, 1, facTable.size())
}
//假设不对风险矩阵做调整
result = getFactorsRet(facTable, false)
betas = matrix(result.beta[,1:])
covf = covarMatrix(betas)
residuals = select var(All_residual2) from result.residuals group by stock_code
delta = diag(residuals.var_All_residual2)
//取上一个交易日的因子暴露作为风险因子
tmp = select * from facTable where record_date == 2020.12.28
tbName = select 1 as marketFactor,* from tmp[,4:]
//以 2020.12.28 的收益率预测作为期望收益率
ret = getPredictRet(facTable, result, 2020.12.28)
xStyle = select value from
unpivot(facTable,`record_date`stock_code`weights`return_day,facTable.columnNames()[4:])
where record_date == 2020.12.28 and !(valueType like "industry%") pivot by stock_code,valueType
xStyle = matrix(xStyle[,1:])
xIndustry = select value from
unpivot(facTable,`record_date`stock_code`weights`return_day,facTable.columnNames()[4:])
            where record_date == 2020.12.28 and valueType like "industry%"
            pivot by stock_code,valueType
xIndustry = matrix(xIndustry[,1:])
//行业基准的权重，例如沪深 300 指数中对应的权重
w = rand(1.0,xIndustry.shape()[0])
```

最终基于 quadprog 函数，可以求得投资组合的最小风险组合。

```
def minPortfoliosRisk(covf, delta, ret, r, tbName,
                      deIndustry, xIndustry, deStyle, xStyle, w = NULL){
    X = transpose(matrix(tbName))
    H = transpose(X) ** matrix(covf) ** X + matrix(delta) //objective function
    n = (shape delta)[0]
    //w> = 0,wr> = rmin
    A = transpose(matrix(-eye(n), -ret))
    b = (take(double(0), n) <- -r).reshape((n + 1):1) //base rate of return
    //\sum w = 1
    Aeq = take(1,n).reshape(1:n)
    beq = matrix([1])
    if(deIndustry){
        Aeq = concatMatrix([Aeq,transpose(xIndustry)], false)
        beq = concatMatrix([beq,transpose(xIndustry) ** w], false)
    }
    if(deStyle){
        Aeq = concatMatrix([Aeq, transpose(xStyle)], false)
        beq = concatMatrix([beq, transpose(xStyle) ** w], false)
    }
    f = take(0, n)
    return quadprog(H, f, A, b, Aeq, beq)
}
minPortfoliosRisk(covf, delta, ret, 0.05, tbName, false, xIndustry, false, xStyle, w)
```

12.6.3　基于 qclp 的二次约束线性规划问题

qclp 全称为 Quadratically Constrained Linear Programming，即二次约束线性规划，用于求解线性目标函数在包含二次约束条件下的极值。

数学模型

$$\begin{aligned} \text{Min} \quad & r^T x \\ \text{s.t.} \quad & x^T V x \leqslant k \\ & Ax \leqslant b \\ & Aeq \cdot x = beq \\ & |x - x_0| \leqslant c \end{aligned}$$

可以观察到与线性规划问题相比，该模型中增加了非线性不等式约束和向量绝对值不等式约束。

应用案例-带有收益率波动约束的投资组合问题

有三只股票，根据每只股票的预期收益与收益率协方差矩阵，决定最优投资组合。约束条件如下。

1. 投资组合的收益率的波动率不超过 11%。
2. 每只股票的权重在 10%到 50%之间。

```
r = 0.18 0.25 0.36
V = 0.0225 -0.003 -0.01125 -0.003 0.04 0.025 -0.01125 0.025 0.0625 $ 3:3
k = pow(0.11, 2)
A = (eye(3) join (-1 * eye(3))).transpose()
b = 0.5 0.5 0.5 -0.1 -0.1 -0.1
Aeq = (1 1 1)$1:3
beq = [1]

res = qclp(-r, V, k, A, b, Aeq, beq)
//输出结果
max_return = res[0]
//max_return = 0.2281
weights = res[1]
//weights = [0.50, 0.381, 0.119]
```

12.6.4 基于 socp 的二阶锥规划问题

socp 函数全称为 Second Order Cone Programming，即二阶锥规划，用于求解二阶锥规划问题，其数学模型具有更强的普遍性，有很广泛的适用场景。socp 和 Python 的 cvxpy 库中的 ecos 求解方法是同种算法。

数学算法

k 维标准锥形式的定义：$\mathcal{C}_k = (u,t) \mid u \in \mathcal{R}^{k-1}, t \in \mathbb{R}, \|u\| \leqslant t$。二阶锥里面用到的是二范数：$\|Ax+b\|_2 \leqslant c^T x + d \Leftrightarrow (Ax+b, c^T x + d) \in \mathcal{C}_k$。

SOCP 问题的锥表述形式如下。

$$\begin{aligned} \text{Min} \quad & f^T x \\ \text{s.t.} \quad & Gx + s = h, s \in \mathcal{C}_k \\ & Aeq \cdot x = beq \end{aligned}$$

其中 C_k 为锥，s 为松弛变量，在实际 socp 函数参数中无对应项，其值在优化过程中会被确定。

SOCP 问题的标准形式如下。

$$\begin{aligned} \text{Min} \quad & f^T x \\ \text{s.t.} \quad & \| A_i x + b_i \|_2 \leqslant c_i^T x + d_i, i = 1,\dots,m \\ & Aeq \cdot x = beq \end{aligned}$$

其中，$\| A_i x + b_i \|_2 \leqslant c_i^T x + d_i$ 为锥约束。

应用案例-带有换手率约束的投资组合问题

假设有 2457 只股票，其投资组合收益率的协方差矩阵是一个单位矩阵，我们引入换手率约束。在投资组合问题中，换手率即为当前股票权重与初始股票权重的绝对值之和，衡量了股票的流通性大小。过高的换手率意味着较大的交易成本，本例中我们设置所有股票换手率之和不大于 1，求解使投资组合达到最大收益率时的权重分配。

```

baseDir = "/home/data/""
f = dropna(flatten(float(matrix(select col1, col2, col3, col4, col5, col6, col7,
col8, col9, col10 from loadText(baseDir + "C.csv") where rowNo(col1) > 0)).transpose()))
N = f.size()

//Ax <= b
A = matrix(select * from loadText(baseDir + "A_ub.csv"))
x = sum(A[0,])
sum(x);

b =
[0.025876723,   0.092515275,   0.035133942,   0.053184884,   0.067410565,
0.009709433,    0.04668745,    0.00636804,    0.022258664,   0.11027537,
0.018488302,    0.027417204,   0.028585,      0.017228214,   0.008055527,
0.015727843,    0.026132369,   0.013646113,   0.066000808,   0.043606587,
0.048325258,    0.033868626,   0.010790603,   0.017737391,   0.03252374,
0.039329965,    0.040665779,   0.010868773,   0.006819891,   0.015879314,
0.008882335,   -0.025876723,  -0.092515275,  -0.035133942,  -0.053184884,
-0.067410565,  -0.009709433,  -0.04668745,   -0.00636804,   -0.022258664,
-0.110275379,  -0.018488302,  -0.027417204,  -0.028585,     -0.017228214,
-0.008055527,  -0.015727843,  -0.026132369,  -0.013646113,  -0.066000808,
-0.043606587,  -0.048325258,  -0.033868626,  -0.010790603,  -0.017737391,
-0.03252374,   -0.039329965,  -0.040665779,  -0.010868773,  -0.006819891,
-0.015879314,  -0.008882335]

x0 = exec w0 from  loadText(baseDir + "w0.csv")


//minimize f^T * x + 0 * u , c = [f, 0] 引入新的求解变量
c = -f //f^T * x,
c.append!(take(0, N)) //0 * u
c;

//根据二阶锥的锥形式与标准形式对应关系设置矩阵 G
E = eye(N)
zeros = matrix(DOUBLE, N, N, ,0)

G = concatMatrix([-E,zeros]) //-x <= -lb
G = concatMatrix([G, concatMatrix([E,zeros])], false) //x <= ub
G = concatMatrix([G, concatMatrix([E,-E])], false) //x_i -u_i <= x`_i
G = concatMatrix([G, concatMatrix([-E,-E])], false) //-x_i-u_i <= -x`_i

G = concatMatrix([G, concatMatrix([matrix(DOUBLE,1,N,,0), matrix(DOUBLE,1,N,,1)])], false)
 //sum(u) = c
G = concatMatrix([G, concatMatrix([A, matrix(DOUBLE,b.size(), N,,0)])], false)
//A * x <= b

```

```
//根据二阶锥的锥形式与标准形式对应关系设置向量 h
h = array(DOUBLE).append!(take(0, N)) //-x <= -lb
h.append!(take(0.3, N)) //x <= ub
h.append!(x0) //x_i -u_i <= x`_i
h.append!(-x0) //-x_i-u_i <= -x`_i
h.append!(1) //sum(u)< = c 换手率约束
h.append!(b) //A * x <= b

//l, q
l = 9891 //所有约束都是线性的
q = []

//Aeq, beq
Aeq = concatMatrix([matrix(DOUBLE, 1, N, ,1), matrix(DOUBLE, 1, N, ,0)])
beq = array(DOUBLE).append!(1)

res = socp(c, G, h, l, q, Aeq, beq);
print(res)
//Output >
//("Problem solved to optimality",
 [-2.528956172215509E-13,-1.261589736110446E-12,2.458970756242725E-12,
   6.669724450418554E-12,2.907779293735869E-13,-1.393966383241571E-12,
   0.000299999998996,4.179511886815991E-12,-9.63082910768365E-13,
   0.000799999998921,1.086891248651509E-12,1.500489700284466E-11,
   -9.362359690227918E-14,-1.954124434983969E-13,4.093124662318056E-12,
   1.748644334534132E-12,7.278850309281372E-12,0.00129999999763,
   4.436561560889085E-13,7.309842125898107E-13,5.209752633760319E-12,
   1.048363294628428E-11,5.110799315228064E-12,0.015985000175177,
   0.000700000000027,5.248607542284868E-12,1.55984302165709E-12,
   5.095351536084028E-12,-5.815228897191106E-13,2.146532115273092E-12...],0.964278013056192)
```

思考题

1. 5%临界值下，请问如何基于置信区间异常值识别的方法，标记异常值？

```
/* Identifying outliers based on MAD
   Input : original data
   Output : indexes of outliers
 */
def winsorized(X){
    //step1, calculate the avg and mad
    avgX = avg(X)
    stdX = std(X)
    //step2, calculate the lower and upper limits
    lowerLimit = avgX- invNormal(0,1,0.975) * stdX
    upperLimit = avgX+ invNormal(0,1,0.975) * stdX
    //step3, winsorize the data
    indexes = 0..(X.size()-1)
    return indexes.at(X < lowerLimit || X > upperLimit)
}
X = [-78,2,3,4,5,6,7,8,9,78]
winsorized(X)
//Output: [0,9]
```

2. 基于 DolphinDB 绘制不同参数下的卡方分布。

```
X = 0.1 * (-100..100)
plot([pdfChiSquare(10, X) as "df = 10",pdfChiSquare(20, X) as "df = 20",
      pdfChiSquare(20, X) as "df = 30",pdfChiSquare(20, X) as "df = 40"],
      X,"不同参数的卡方分布")
```

3. 基于 DolphinDB 绘制不同参数下的 F 分布。

```
X = 0.1 * (-100..100)
plot([pdfF(10,10, X) as "df1 = 10,df2 = 10",pdfF(20,10, X) as "df1 = 20,df2 = 10",
      pdfF(10,20, X) as "df1 = 10,df2 = 20",pdfF(20,20, X) as "df1 = 20,df2 = 20"],
      X, "不同参数的 F 分布")
```

4. DolphinDB 和 Python 计算偏度的区别？

```
x = norm(0, 1, 1000000)
n = long(x.size())
//DolphinDB
skew(x)
//Python
G1 = sqrt(n * (n - 1))\(n - 2) * skew(x)
```

5. DolphinDB 和 Python 计算峰度的区别？

```
x = norm(0, 1, 1000000);
//DolphinDB
kurtosis(x)
//Python
kurtosis(x) - 3
```

6. 假设投资者有一组资产，如何基于 DolphinDB 筛选出相关性较高的资产？

```
m = rand(10.0, 100)$10:10
result = table(1..10 as stock_code,
         corrMatrix(m)[corrMatrix(m)>0.8].abs().sum() as corr_sum).sortBy!(`corr_sum)
result
```

7. 基于 DolphinDB 计算 IC、rankIC 值。

```
setRandomSeed(123)
predicted_returns = rand(1.0, 100)
actual_returns = rand(1.0, 100)
r1 = corr(predicted_returns,actual_returns)
r2 = spearmanr(predicted_returns,actual_returns)
eqObj(r1, r2)
//False
```

8. 请给出给定每层样本数、总体分布情况下的随机分层抽样的具体示例。

```
def stratified_sampling(populations, strata_sizes){
    sample = []
    for (stratum_size in strata_sizes){
        //在每个层次中进行简单随机抽样
        sample.append!(rand(populations,stratum_size))
    }
    return sample
}
populations = 1..1000
//每个层次的样本大小
strata_sizes = 10 20 30 40
//进行分层抽样
sample = stratified_sampling(populations, strata_sizes)
print("抽样结果:", sample)
```

9. 如何基于 DolphinDB 的假设检验方法比对两个样本服从相同分布？

```
x = norm(0.0, 1.0, 50)
y = norm(0.0, 1.0, 20)
ksTest(x, y);x = norm(0.0, 1.0, 50)
y = norm(0.0, 1.0, 20)
ksTest(x, y);
```

10. 如何基于 DolphinDB 普通 WLS 方法构建多因子模型？

```
defg getAllFactorValidate(y, x, w = NULL){
    if (isNull(NULL)){
        tmp = ols(y, x, 1, 2)
        tmp2 = select * from tmp.RegressionStat where item = "R2"
                                        or item = "AdjustedR2"
    }
    else{
        tmp = wls(y, x, w, 1, 2)
        tmp2 = select * from tmp.RegressionStat where item = "R2"
                                        or item = "AdjustedR2"
    }
    return concat(blob(concat("beta" <- tmp.Coefficient.beta,',')) <- ","
              <- blob(concat("tstat" <-tmp.Coefficient.tstat,','))  <- ","
              <-blob(concat("Residual" <- tmp.Residual,","))<- ","
              <-blob(concat("R2" <- tmp2.statistics,",")))
}
def getFactorsRet(facTable, weighted = true){
    rd = exec distinct record_date from facTable
    d = nunique(facTable.stock_code)
    xColNames = concat(facTable.colNames()[4:],",")
    colName = facTable.colNames()[4:]
    n = colName.size()
    cnt = facTable.size()
    if (weighted){
        code = parseExpr("getAllFactorValidate" + "(return_day,
                          [" + xColNames + "],weights)")
    }
    else{
        code = parseExpr("getAllFactorValidate" + "(return_day,
                          ["+  xColNames + "])")
    }
    factorState = sql(select = (sqlCol(`record_date),sqlColAlias(code,'Reg_stat')),
                  from = facTable,groupBy = sqlCol(`record_date)).eval()
    factorState = makeUnifiedCall(unpivot,[factorState,`record_date,
                  'Reg_stat']).eval()
    //beta coefficient -> factor return
    beta = transpose(matrix(double(split(split(factorState.value,
                'tstat')[0],',')))[1:(n + 2),:])
    beta.rename!(`market_factor join colName)
    beta = table(rd as record_date, beta)
    //t-statistic
    tstat = transpose(matrix(double(split(split(factorState.value,'tstat')[1],
                ',')))[1:(n + 2),:])
    tstat.rename!(`market_factor join colName)
    tstat = table(rd as record_date, tstat)
    //R2
    R2 = transpose(matrix(double(split(split(factorState.value,'R2')[1],",")[1:3])))
    R2.rename!(`R2`AdjustedR2)
    R = table(rd as record_date, R2)
    //residuals
    residuals = pow(table(matrix(double(split(split(split(factorState.value,
                'Residual')[1],'R2')[0],',')))[1:(d + 1),:].reshape(cnt:1)),2)
    residuals.rename!("All" + "_residual2")
    residuals = table(facTable.record_date, facTable.stock_code, residuals)
    result =  dict(STRING, ANY)
    result["beta"] = beta
    result["tstat"] = tstat
    result["R2"] = R
    result["residuals"] = residuals
    return result
}
result = getFactorsRet(facTable, true)
```

第 13 章

CHAPTER 13

机器学习和 AI

当前，在数据分析领域中，机器学习方法被广泛应用。从经典的线性回归、支持向量机、随机森林等算法，到更复杂的 CNN、RNN、LSTM 等深度学习算法，再到现在大显身手的 AI 大模型，机器学习不断拓宽数据分析的可能性。而与之相应的，GPU 以其良好的并行计算性能，及对机器学习的优异支持，也成为数据分析领域不可或缺的生产力工具。

DolphinDB 对机器学习方法有良好的支持：DolphinDB 内置多种经典机器学习算法，且支持将数据处理成 PyTorch 或 TensorFlow 等深度学习框架支持的数据格式后直接传入。同时，DolphinDB 开发了异构计算平台 Shark，能利用 GPU 的优秀性能加速计算以及因子挖掘。

13.1 机器学习

我们首先用一个简单的例子，来介绍在 DolphinDB 中如何实现机器学习。本例中使用 UCI Machine Learning Repository 上的 wine 数据，完成一个随机森林分类模型的训练。整个过程包括 4 个步骤。

步骤 1：下载数据到本地后存储在文件*<BookDir>/chapter13/wine.data* 中，用 `loadText` 函数导入 DolphinDB。

```
wineSchema = table(
    ["Label","Alcohol","MalicAcid","Ash","AlcalinityOfAsh","Magnesium","TotalPhenols",
    "Flavanoids","NonflavanoidPhenols","Proanthocyanins","ColorIntensity","Hue",
    "OD280_OD315","Proline"] as name,
    ["INT","DOUBLE","DOUBLE","DOUBLE","DOUBLE","DOUBLE","DOUBLE","DOUBLE","DOUBLE","DOUBLE",
    "DOUBLE","DOUBLE","DOUBLE","DOUBLE"] as type
)
wine = loadText("<BookDir>/chapter13/wine.data", schema = wineSchema)
```

步骤 2：对下载的数据进行预处理，包括标签处理和数据集划分。DolphinDB 的 `randomForestClassifier` 函数要求分类的标签的取值是 [0, classNum) 之间的整数。下载得到的 wine 数据的分类标签为 1, 2, 3，需要更新为 0, 1, 2。

```
update wine set Label = Label - 1
```

将数据按 7:3 分为训练集和测试集。为了便于划分本例编写了一个 `trainTestSplit` 函数。

```
def trainTestSplit(x, testRatio) {
    xSize = x.size()
    testSize = xSize * testRatio
    r = (0..(xSize-1)).shuffle()
    return x[r > testSize], x[r <= testSize]
}
wineTrain, wineTest = trainTestSplit(wine, 0.3)
wineTrain.size()    //124
wineTest.size()     //54
```

步骤 3：使用 randomForestClassifier 函数进行随机森林分类。对训练集调用 randomForestClassifier 函数进行随机森林分类。该函数有以下四个必选参数。

- ds：输入的数据源，本例中用 sqlDS 函数生成。
- yColName：数据源中因变量的列名。
- xColNames：数据源中自变量的列名。
- numClasses：分类的个数。

脚本如下。

```
model = randomForestClassifier(
    sqlDS(<select * from wineTrain>),
    yColName = `Label,
    xColNames = ["Alcohol","MalicAcid","Ash","AlcalinityOfAsh","Magnesium","TotalPhenols",
                 "Flavanoids","NonflavanoidPhenols","Proanthocyanins","ColorIntensity","Hue",
                 "OD280_OD315","Proline"],
    numClasses = 3
)
```

步骤 4：对测试集进行预测，并持久化模型。

```
predicted = model.predict(wineTest)
//观察预测正确率
sum(predicted == wineTest.Label) \ wineTest.size();
//持久化模型到本地磁盘
modelPath = "<BookDir>/chapter13/wineModel.bin"
model.saveModel(modelPath)
//持久化后，模型可以从本地磁盘中加载
model = loadModel(modelPath)
```

通过这个例子，我们可以总结出在 DolphinDB 中进行机器学习的步骤为：数据处理、建立模型、数据预测和保存模型。

机器学习任务可以粗略分为监督学习和无监督学习两种。

- 在监督学习中，模型通过使用已知输入和相应的标签或输出之间的关系进行训练。目标是使模型能够根据新的输入数据预测相应的标签或输出。常见的监督学习算法包括线性回归、逻辑回归、决策树、支持向量机和神经网络。
- 在无监督学习中，模型从未标记的数据中学习隐藏的结构或模式，而无须标签或输出的指导。常见的无监督学习算法：聚类（如 K 均值聚类和层次聚类）、降维（如主成分分析（Principal Component Analysis，简称 PCA）和因子分析。

接下来，我们会根据机器学习任务的分类，分别举例来深入介绍在 DolphinDB 中实现机器学习任务。

13.1.1 监督学习在 DolphinDB 中的实现

本小节中，我们将以 XGBoost（eXtreme Gradient Boosting）为例，介绍如何在 DolphinDB

中完成监督学习任务。同时，我们也会介绍如何使用 DolphinDB 提供的插件进行机器学习。

XGBoost 是一种强大且受欢迎的机器学习算法，它结合了梯度提升决策树（Gradient Boosting Decision Trees）和正则化技术，以提高预测性能和模型的鲁棒性。XGBoost 的核心思想是通过迭代训练一系列决策树模型，每棵树都是基于之前树的预测结果来减少模型的残差。这种迭代的方式可以有效地捕捉复杂的数据关系，并逐步改进模型的预测能力。在每次迭代中，XGBoost 通过计算损失函数的梯度和二阶导数，使用梯度提升算法来优化决策树的结构和参数。XGBoost 的使用广泛涵盖了各种机器学习任务，包括分类、回归、排序、推荐系统等。它在许多实际应用中取得了显著的成功，成为数据科学领域的重要工具之一。通过其高性能、可解释性和良好的泛化能力，XGBoost 为解决复杂的实际问题提供了一个强大的机器学习框架。

那么，如何在 DolphinDB 中使用 XGBoost 算法训练模型呢？除了内置的经典机器学习算法，DolphinDB 还提供了一些插件。利用这些插件，我们可以方便地使用 DolphinDB 的脚本语言调用第三方库进行机器学习。本小节中我们就将使用 XGBoost 插件，介绍机器学习的方法。

我们需要先加载插件。

```
listRemotePlugins() //查询有哪些插件
//下载 xgboost 插件，会返回一个 string，代表文件的路径，这个路径就是之后加载 xgboost 插件所需的参数
pluginPath = installPlugin("xgboost")
loadPlugin(pluginPath) //加载 xgboost 插件
```

我们在本例中还会用到之前加载的 wine 数据。XGBoost 插件的训练函数 `xgboost::train` 的语法为 `xgboost::train(Y, X, [params], [numBoostRound = 10], [xgbModel])`，我们将训练数据 wineTrain 的 Label 列单独取出来作为输入的 Y，将其他列保留作为输入的 X。

```
Y = exec Label from wineTrain
X = select
      Alcohol, MalicAcid, Ash, AlcalinityOfAsh, Magnesium, TotalPhenols, Flavanoids,
      NonflavanoidPhenols, Proanthocyanins, ColorIntensity, Hue, OD280_OD315, Proline
   from wineTrain
```

训练前需要设置参数 *params* 字典。我们将训练一个多分类模型，故将 *params* 中的 objective 设为"multi:softmax"，将分类的类别数 num_class 设为 3。其他常见的参数如下。

- booster：可以取"gbtree"或"gblinear"。gbtree 采用基于树的模型进行提升计算，gblinear 采用线性模型。
- eta：步长收缩值。每一步提升，会按 eta 收缩特征的权重，以防止过拟合。取值范围是 [0,1]，默认值是 0.3。
- gamma：最小的损失减少值，仅当分裂树节点产生的损失减小大于 gamma 时才会分裂。取值范围是 [0,∞]，默认值是 0。
- max_depth：树的最大深度。取值范围是 [0,∞]，默认值是 6。
- subsample：采样的比例。减少这个参数的值可以避免过拟合。取值范围是（0,1]，默认值是 1。
- lambda：L2 正则的惩罚系数。默认值是 0。
- alpha：L1 正则的惩罚系数。默认值是 0。
- seed：随机数种子。默认值是 0。

在本例中，我们将设置 *objective, num_class, max_depth, eta, subsample* 这些参数。

```
params = {
    objective: "multi:softmax",
    num_class: 3,
    max_depth: 5,
    eta: 0.1,
    subsample: 0.9
}
```

训练模型，预测并计算分类准确率。

```
model = xgboost::train(Y, X, params)
testX = select
        Alcohol, MalicAcid, Ash, AlcalinityOfAsh, Magnesium, TotalPhenols, Flavanoids,
        NonflavanoidPhenols, Proanthocyanins, ColorIntensity, Hue, OD280_OD315, Proline
      from wineTest
predicted = xgboost::predict(model, testX)
sum(predicted == wineTest.Label) \ wineTest.size()      //0.981481
```

13.1.2 无监督学习在 DolphinDB 中的实现

我们以主成分分析为例，介绍如何在 DolphinDB 中完成无监督学习任务。主成分分析是机器学习中的常用分析。如果数据的维度太高，学习算法的效率可能很低下。通过主成分分析，将高维数据映射到低维空间，同时尽可能最小化信息损失，可以解决维度过多的问题。主成分分析的另一个应用是数据可视化，因为二维或三维的数据能便于用户理解。

还是以对 wine 进行分类为例，输入的数据集有 13 个因变量，对数据源调用 `pca` 函数，观察各主成分的方差权重。将 *normalize* 参数设为 true，以对数据进行归一化处理。

```
xColNames = ["Alcohol","MalicAcid","Ash","AlcalinityOfAsh","Magnesium","TotalPhenols",
             "Flavanoids","NonflavanoidPhenols","Proanthocyanins","ColorIntensity",
             "Hue","OD280_OD315","Proline"]
pcaRes = pca(
    sqlDS(<select * from wineTrain>),
    colNames = xColNames,
    normalize = true
)
```

返回值是 1 个字典，观察其中的 explainedVarianceRatio，会发现压缩后的前 3 个维度的方差权重已经非常大，压缩为 3 个维度足够用于训练。

```
pcaRes.explainedVarianceRatio
//如下向量为返回值
[0.36323402857152510000,0.18771848509508074000,0.12316385915570298000,
 0.07144252356377070000,0.06326142019821392000,0.05028921085649680000,
 0.04013132045524557500,0.02834181334036972200,0.01921589662106918500,
 0.01712296710066611700,0.01626262987589351800,0.01216671308985361300,
 0.00764913207611210000]
```

只保留前 3 个主成分。

```
components = pcaRes.components.transpose()[:3]
```

将主成分分析矩阵应用于输入的数据集，并调用 `randomForestClassifier` 进行训练。

```
def principalComponents(t, components, yColName, xColNames) {
    res = matrix(t[xColNames]).dot(components).table()
    res[yColName] = t[yColName]
    return res
```

```
}
ds = sqlDS(<select * from wineTrain>)
ds.transDS!(principalComponents{, components, `Label, xColNames})
model = randomForestClassifier(ds, yColName = `Label, xColNames = `col0`col1`col2,
numClasses = 3)
```

对测试集进行预测时，也需要提取测试集的主成分。

```
model.predict(wineTest.principalComponents(components, `Label, xColNames))
```

13.1.3　分布式机器学习

上面的例子仅使用了小数据集作为示范。与常见的机器学习库不同，DolphinDB 是为分布式环境设计的，许多内置的机器学习算法对分布式环境有良好的支持。本小节将介绍如何在 DolphinDB 分布式数据库上，用逻辑回归算法完成分类模型的训练。现有 1 个 DolphinDB 分布式数据库，按股票名分区，存储了各股票在 2010 年到 2018 年的每日开盘-最高-最低-收盘（Open-High-Low-Close，数据 OHLC）。建库建表以及模拟数据的脚本如下。

```
tickerNo = 3
dateNo = 3287
n = tickerNo * dateNo
ticker = `GOOG`AAPL`MSFT
dates = 2010.01.01..2018.12.31
open = rand(100.0,n)
high = rand(100.0,n)
low = rand(100.0,n)
close = rand(100.0,n)
tickers = take(ticker,n)
dates = stretch(dates,n)
t = table(tickers,dates,open,high,low,close)

dbName = "dfs://trades"
tbName = "ohlc"
db = database(dbName,VALUE,`GOOG`AAPL`MSFT, engine = 'TSDB')
pt = db.createPartitionedTable(t, "ohlc", "tickers", , `tickers`dates)
pt.append!(t)
```

使用以下 9 个变量作为预测的指标：开盘价、最高价、最低价、收盘价、当天开盘价与前一天收盘价的差、当天开盘价与前一天开盘价的差、10 天的移动平均值、相关系数、相对强弱指标（Relative Strength Index, RSI）。我们用第二天的收盘价是否大于当天的收盘价作为预测的目标。

首先，我们需要对数据进行预处理。在本例中，原始数据中的空值，可以通过 `ffill` 函数填充；对原始数据求 10 天移动平均值和 RSI 后，结果的前 10 行将会是空值，需要去除。我们将用 `transDS!` 函数对原始数据应用预处理步骤。本例中，计算指标 RSI 用到了 DolphinDB 的 ta 模块。

```
use ta
def preprocess(t) {
    ohlc = select
            ffill(Open) as Open, ffill(High) as High, ffill(Low) as Low,
            ffill(Close) as Close
          from t
    update ohlc set
      OpenClose = Open - prev(Close), OpenOpen = Open - prev(Open),
```

```
        S_10 = mavg(Close, 10), RSI = ta::rsi(Close, 10),
        Target = iif(next(Close) > Close, 1, 0)
    update ohlc set Corr = mcorr(Close, S_10, 10)
    return ohlc[10:]
}
```

其次，在加载数据后，通过 `sqlDS` 函数生成数据源，并通过 `transDS!` 函数用预处理函数转化数据源。

```
ohlc = database("dfs://trades").loadTable("ohlc")
ds = sqlDS(<select * from ohlc>).transDS!(preprocess)
```

接下来，我们将调用 DolphinDB 内置的 `logisticRegression` 函数进行训练。该函数有 3 个必选参数。

- ds：输入的数据源。
- yColName：数据源中因变量的列名。
- xColNames：数据源中自变量的列名。

```
model = logisticRegression(ds,`Target,`Open`High`Low`Close`OpenClose`OpenOpen`S_10`RSI`Corr)
```

用训练的模型对 1 只股票的数据进行预测。

```
aapl = preprocess(select * from ohlc where tickers = `AAPL)
predicted = model.predict(aapl)
```

表 13-1 中列出了 DolphinDB 内置机器学习函数及对分布式的支持情况。

表 13-1　DolphinDB 机器学习函数汇总表

函数名	类别	说明	是否支持分布式
adaBoostClassifier	分类	AdaBoost 分类	支持
adaBoostRegressor	回归	AdaBoost 回归	支持
elasticNet	回归	ElasticNet 回归	不支持
gaussianNB	分类	高斯朴素贝叶斯	不支持
glm	分类/回归	广义线性模型	支持
kmeans	聚类	K-均值	不支持
knn	分类	K-近邻	不支持
lasso	回归	Lasso 回归	不支持
logisticRegression	分类	逻辑回归	支持
multinomialNB	分类	多项式朴素贝叶斯	不支持
ols	回归	最小二乘线性回归	不支持
olsEx	回归	最小二乘线性回归	支持
pca	降维	主成分分析	支持
randomForestClassifier	分类	随机森林分类	支持
randomForestRegressor	回归	随机森林回归	支持
ridge	回归	Ridge 回归	支持

13.1.4　金融案例：价格波动率预测

上面几个小节通过一些简单的数据集，介绍了 DolphinDB 机器学习函数及插件的使用方法。本节我们将通过一个金融行业的场景，讲解 DolphinDB 机器学习的全流程。

波动率是衡量价格在给定时间内上下波动的程度。在股指期货实时交易的场景中，如果能够快速、准确地预测未来一段时间的波动率，对交易者及时采取有效的风险防范和监控手段具有重要意义。本例受 Kaggle 的 Optiver Realized Volatility Prediction 竞赛项目（k Optiver Realized Volatility Prediction）的启发，完全基于 DolphinDB，实现了中国股市全市场高频快照数据的存储、数据预处理、模型构建和实时波动率预测的应用场景开发。

本例使用上证 50 成分股 2019 年上半年的 Level-2 快照数据，构建频率为 10 分钟的高频交易特征（价差、深度不平衡指标、加权平均价格、买卖压力指标、实际波动率）作为模型输入，将未来 10 分钟的波动率作为模型输出，利用 DolphinDB 内置机器学习框架中支持分布式计算的 adaBoostRegressor 算法构建回归模型，使用均方根百分比误差（Root Mean Square Percentage Error, RMSPE）作为评价指标，最终实现了测试集 RMSPE = 1.729 的拟合效果。

本例中，我们首先对原始数据集进行特征工程及预处理，将结果存入一个新的分布式表 *sz50VolatilityDataSet* 中。然后使用加工过的数据进行机器学习的训练，对波动率进行预测。本例中，我们用到的特征如下。

- **Bid Ask Spread(BAS)**（用于衡量买单价和卖单价的价差）：

$$BAS = \frac{AskPrice_1}{BidPrice_1} - 1$$

- **Weighted Averaged Price(WAP)**（加权平均价格）：

$$WAP = \frac{BidPrice_1 * AskVolume_1 + AskPrice_1 * BidVolume_1}{BidVolume_1 + AskVolume_1}$$

- **Depth Imbalance(DI)**（深度不平衡）：

$$DI_j = \frac{BidVolume_j - AskVolume_j}{BidVolume_j + AskVolume_j}, j = 1..10$$

- **Press**（买卖压力指标）：

$$w_i = \frac{WAP \div (Price_i - WAP)}{\sum_{j=1}^{10} WAP \div (Price_j - WAP)}$$

$$BidPress = \sum_{j=1}^{10} BidVolume_j \cdot w_j$$

$$AskPress = \sum_{j=1}^{10} AskVolume_j \cdot w_j$$

$$Press = \log(BidPress) - \log(AskPress))$$

收集这些指标之后，我们利用 `group by SecurityID, interval(TradeTime, 10 m, "none")` 方法对其进行重采样（采样窗口为 10 分钟）。而我们要预测的目标：实际波动率（Realized Volatility, RV）定义为对数收益率的标准差。对数收益率公式如下。

$$Press = \log(BidPress) - \log(AskPress))$$

其中，S 为股票价格。由于股票的价格始终是处于买单价和卖单价之间，因此本项目用加权平均价格来代替股价进行计算。标准差计算公式如下。

$$\sigma = \sqrt{\frac{\sum_{t}(r_{t1,t2} - \overline{r})^2}{n-1}}$$

由于日常用法为年化的股票波动率，因此需要对其进行年化，得到年化实际波动率。

$$RV = \sigma * \sqrt{252 \times 4 \times 6 \times n}$$

使用的数据频率是快照级别，其年化方法需要将标准差乘以全年的快照数的平方根。

快照数据的建库建表脚本，模拟数据（如果没有真实数据）生成的脚本，以及数据预处理的脚本请参见本书的配套网。数据加工完毕之后，总共得到 125350 条数据。我们用以下脚本将数据分为训练集和测试集，得到 87744 条训练数据和 37606 条测试数据。

```
login("admin", "123456")
dbName = "dfs://sz50VolatilityDataSet"
tbName = "sz50VolatilityDataSet"
dataset = select * from loadTable(dbName, tbName)
        where date(TradeTime) between 2019.01.01 : 2019.06.30
def trainTestSplit(x, testRatio) {
    xSize = x.size()
    testSize = int(xSize * (1-testRatio))
    return x[0 : testSize], x[testSize : xSize]
}
Train, Test = trainTestSplit(dataset, 0.3)
```

接下来，我们将定义评价指标，并开始训练。本例使用的评价指标为均方根百分比误差。

$$RMSPE = \sqrt{\frac{1}{n}\sum_{i=1}^{n}\frac{(y_i - \widehat{y_i})^2}{y_i^2}}$$

定义指标及训练的脚本如下。

```
def RMSPE(a,b){
    return sqrt(sum2(1 - b\a)\a.size())
}

model = adaBoostRegressor(sqlDS(<select * from Train>), yColName = `targetRV,
    xColNames = `BAS`DI0`DI1`DI2`DI3`DI4`Press`RV, numTrees = 30, maxDepth = 16, loss = `square)
predicted = model.predict(Test)
Test[`predict] = predicted
print("RMSPE = " + RMSPE(Test.targetRV, predicted))
```

其中 *numTrees* 为生成树的数量，*maxDepth* 为每个树的最大深度，*loss* 为提升迭代时，更新样本权重时所用的损失函数。*adaboostRegressor* 还有其他的参数可供选择，比如 *learningRate*, *maxFeatures* 等。运行结果如下。

```
RMSPE = 1.729
模型训练耗时：8.6s
```

我们以海尔智家[600690]这支股票为例，展示其在 2019.06.25～2019.06.30 期间波动率的预测情况。

```
stock_id = `600690
plot((select  targetRV,predict from Test
        where SecurityID = stock_id, date(TradeTime) between 2019.06.25 : 2019.06.30),
    title = "The realized volatility of " + stock_id,extras = {multiYAxes: false})
```

两条线分别为真实值和预测值。图 13-1 为海尔智家[600690]部分实际波动率预测结果。

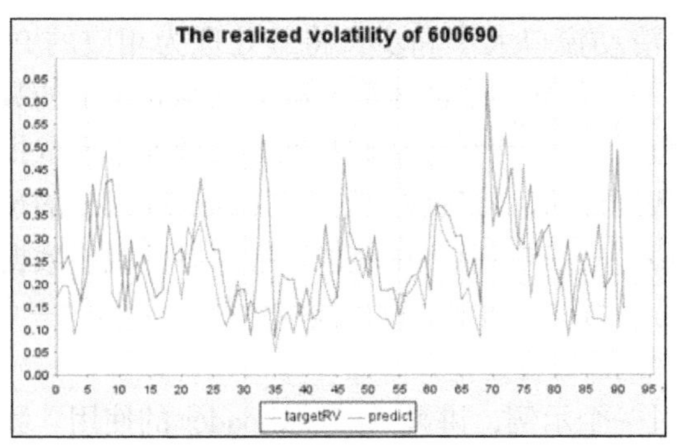

图 13-1 海尔智家波动率预测与实际波动率对比图

13.2 深度学习

深度学习模型有能力发现数据中隐藏的复杂关系和模式。通常这些关系和模式不容易通过传统方法或人工观察发现，这使得深度学习在挖掘新的因子和洞察方面具有优势。DolphinDB 提供了 AI DataLoader，使深度学习用户能高效地从 DolphinDB 中获取数据，合成训练样本，提供给 PyTorch 或 TensorFlow 进行训练。DolphinDB 支持对接 PyTorch 和 TensorFlow，只是为了实例的统一性，本书之后都将使用 PyTorch 作为深度学习的训练框架。

在传统的量化策略开发流程中，通常会使用 Python 或第三方工具生成因子，并将其存储为文件。这些因子是构建深度学习模型的基础输入，包括技术指标、波动性指标和市场情绪指标等。随着证券交易规模不断扩大以及因子数据量的激增，传统的文件存储因子作为深度学习模型的输入，面临以下 2 个问题。

- 因子数据过大，内存带宽与存储空间瓶颈；
- 因子数据与深度学习模型集成工程化与成本问题。

为了应对这些挑战，DolphinDB 将数据库与深度学习相结合，开发了 AI DataLoader。该工具旨在提高因子数据的效率和管理，并简化与深度学习模型的交互。具体而言，`DDBDataLoader` 类用于因子数据的管理和深度学习模型的集成，达到更贴近功能实现的目的。使用 AI DataLoader 将 DolphinDB 中的数据传入 PyTorch 训练的流程如图 13-2 所示。

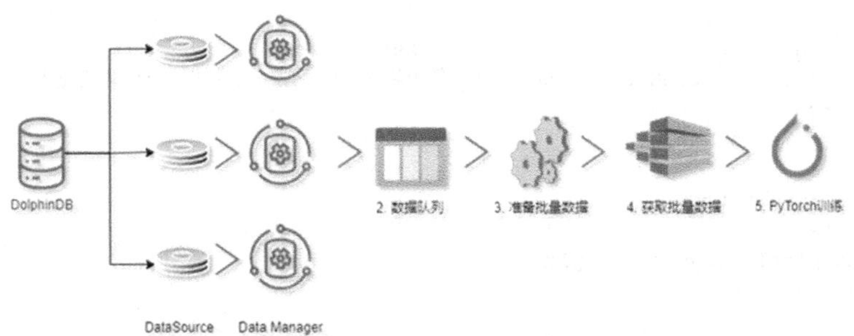

图 13-2 AI DataLoader 获取数据传入 PyTorch 流程图

简单来说，这里的每个 DataSource，可视为一个分区的元数据。DataSource 通过传入的 Session 会话从 DolphinDB 服务端获取一个分区的数据，并将该分区的数据放入一个预载队列中。DataManager 则根据选取数据的顺序从 DataSource 产生的预载队列中获取预载的分区粒度数据，并根据滑动窗口大小和步长将其处理为相应的 PyTorch 的 Tensor 格式。`DDBDataLoader` 维护了一个包含多个数据管理器 DataManager 的数据池，数据池的大小由参数 *groupPoolSize* 控制。后台工作线程从这些数据管理器中提取批量数据，并将其组装成用于训练的数据格式和数据形状，然后放入整个 AI DataLoader 的预准备队列中。最后，在迭代时，`DDBDataLoader` 从预准备队列中获取已准备好的批量数据，传递给客户端，以供神经网络训练使用。正是因为这个机制，每次读取数据只会读取一个或几个分区，大大减轻了内存占用的压力。

接下来，我们将通过一个示例，讲解 AI DataLoader 的使用。我们将继续使用 13.1.4 中的数据，获取海尔智家（600690）2019 年 1～5 月的分钟频高开低收信息，用 10 分钟的高开低收信息去预测后一分钟的收盘价。海尔智家 2019 年 6 月的分钟频高开低收信息将作为测试集，验证训练结果。首先，我们对数据进行预处理，得到分钟频的高开低收信息并存入 DolphinDB 分布式表。表的 schema 如图 13-3 所示。

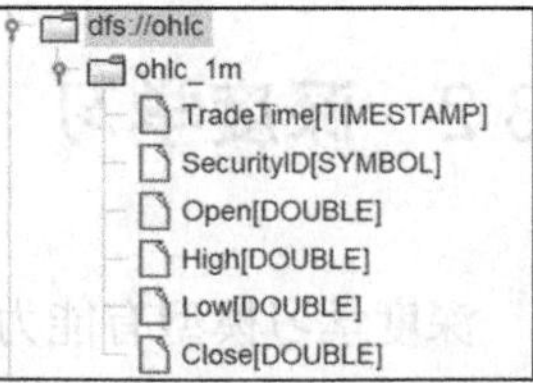

图 13-3　分钟频数据结构图

分钟频数据的建库建表语句以及从原始数据加工出分钟频数据的脚本如下。

```
data = select TradeTime, SecurityID, first((AskPrice1 + BidPrice1)\2) as Open,
        max((AskPrice1 + BidPrice1)\2) as High, min((AskPrice1 + BidPrice1)\2) as Low,
        last((AskPrice1 + BidPrice1)\2) as Close
      from loadTable("dfs://TL_Level2_Snapshot", "SH")
      where date(TradeTime) between 2019.01.01 : 2019.06.30,
          (time(TradeTime) between 09:30:00.000 : 11:29:59.999)  or
          (time(TradeTime) between 13:00:00.000 : 14:56:59.999)
      group by SecurityID, interval(TradeTime, 1m, "none") as TradeTime map
data = data[data.isValid().rowAnd()]
dbName = "dfs://ohlc"
db1 = database("", RANGE, date(2000.01M + til(40) * 12))
db2 = database("", HASH, [SYMBOL, 20])
db = database(dbName, COMPO, [db1,db2], engine = 'TSDB')
pt = db.createPartitionedTable(table = data, tableName = "ohlc_1m",
    partitionColumns = `TradeTime`SecurityID, sortColumns = `SecurityID`TradeTime)
pt.append!(data)
```

接着，我们用 DolphinDB 提供的 PythonAPI 连接 DolphinDB 并构建出读取数据的 SQL 语句，脚本如下。

```
import dolphindb as ddb
from dolphindb_tools.dataloader import DDBDataLoader
from net import SimpleNet //从 net.py 文件中导入 SimpleNet 模型，具体定义见下文
import torch
import torch.nn as nn
import time
from tqdm import tqdm
import datetime
import matplotlib.pyplot as plt
import numpy as np

//连接 DolphinDB
sess = ddb.Session()
sess.connect(ip, port, user, password) //填入 DolphinDB 连接信息
//定义数据库表名称
dbPath = "dfs://ohlc"
tbName = "ohlc_1m"
//定义 2023 年的起始日期和结束日期
start_date = datetime.date(2019, 1, 1)
```

```
end_date = datetime.date(2019, 5, 31)
//生成日期列表
date_list = [start_date + datetime.timedelta(days = x)
             for x in range((end_date - start_date).days + 1)]
//格式化日期列表
times = [date.strftime("%Y.%m.%d") for date in date_list]
symbols = ["`600690"]
sql = f"""select * from loadTable("{dbPath}", "{tbName}")
            where date(TradeTime) <= 2019.05.31"""
```

接下来是使用 AI DataLoader 中最关键的一步：生成一个 DataLoader 对象。脚本如下。

```
DataLoader = DDBDataLoader(
    sess, sql, targetCol = ["Close"], batchSize = 64, shuffle = True,
    windowSize = [10, 1], windowStride = [1, 1],
    offset = 10,
    repartitionCol = "date(TradeTime)", repartitionScheme = times,
    groupCol = "SecurityID", groupScheme = symbols,
    inputCol = ["Open", "High", "Low", "Close"],
)
```

下面将介绍 9 个关键参数。

- **targetCol(List[str])**：必填参数，字符串或者字符串列表。表示迭代中 y 对应的列名。
    - 如果指定了 *inputCol*，特征矩阵的数据为 *inputCol* 对应的列名，标签的数据为 *targetCol* 对应的列名，*excludeCol* 不生效；
    - 不指定 *inputCol*，指定 *excludeCol*：特征矩阵的数据为 所有列 - *excludeCol* 指定的列名，标签的数据为 *targetCol* 对应的列名；
    - 不指定 *inputCol*，也不指定 *excludeCol*：特征矩阵的数据为所有列，标签的数据为 *targetCol* 对应的列名。
- **inputCol**：字符串或者字符串列表。表示迭代中 x 对应的列名，如果不指定则表示所有列。
- **batchSize**：批次大小，指定每个批次数据中样本数量。
- **shuffle**：是否对数据进行随机打乱。默认值为 False，表示不对数据进行打乱。需要注意的是，AI DataLoader 实现的 *shuffle* 和传统的 DataLoader 实现的 *shuffle* 会有一些区别。具体地说，传统的 *shuffle* 是将数据进行完全随机地打乱，但这样会引入大量的随机 IO（输入输出），使得效率偏低。而 AI DataLoader 使用的 *shuffle* 方式，则是先随机地选取一个数据的分区并读取，随后在这个分区内部进行 *shuffle*。使用这种方式，可以最大化地减少随机的 IO，以提升整个训练过程的效率。
- **WindowSize**：用于指定滑动窗口的大小，默认值为 None。
    - 如果不指定该参数，表示不使用滑动窗口。
    - 如果传入一个整数值（int），例如 windowSize = 3，表示特征矩阵的滑动窗口大小为 3，标签的滑动窗口大小为 1。
    - 如果传入两个整数值的列表，例如 windowSize = [4, 2]，表示特征矩阵的滑动窗口大小为 4，标签的滑动窗口大小为 2。
- **windowStride**：用于指定滑动窗口在数据上滑动的步长，默认值为 None。
    - 不指定 *windowSize* 时，该参数无效。
    - 如果传入一个整数值（int），例如 windowStride = 2，那么表示特征矩阵的滑动窗口步长为 2，而标签的滑动窗口步长为 1。

  - 如果传入两个整数值的列表，例如 windowStride = [3, 1]，那么表示特征矩阵的滑动窗口步长为 3，而标签的滑动窗口步长为 1。
- **offset**：标签相对于特征矩阵偏移的行数（非负数）。不启用滑动窗口时，默认训练数据都在同一行中。指定滑动窗口时，该参数应设置为 x 对应滑动窗口的大小。
- **groupCol**：用于将查询划分成组的列，这样一份训练样本中将只包含一个 *groupCol* 列的值的数据。例如，一种典型的情况是表里的数据包含了全部的股票，而我们在训练模型的时候希望每支股票仅利用自己的历史数据来对未来进行预测，（当然，实际情况远比这复杂）。在这种情况下，我们需要将 *groupCol* 设置为股票标的列，将 *groupScheme* 设置为所有的股票标的，也即每一个组是一支股票的交易数据。本例中，我们的 *groupScheme* 设置为 600690，即只取海尔智家的数据。
- **repartitionCol**：用于进一步拆分分组查询为子查询的列。可用于解决单个分区数据较多，无法直接进行全量运算的情况。通过将数据根据 *repartitionScheme* 的值进行筛选，可以将数据分割成多个子分区，每个子分区将按照 repartitionScheme 中的顺序排列。例如，如果 *repartitionCol* 为 `date(TradeTime)`，*repartitionScheme* 为 `["2019.01.01", "2019.01.02", "2019.01.03"]`，则数据将被细分为 3 个分区，每个分区对应一个日期值。本例中 *repartitionScheme* 传入的值为 2019 年 1～5 月所有交易日的值。

本例使用了一个简单的神经网络作为训练模型，包含 2 个卷积层和 2 个全连接层，具体网络定义的脚本如下。

```
import torch
import torch.nn as nn

class SimpleNet(nn.Module):
    def __init__(self) -> None:
        super(SimpleNet, self).__init__()
        self.channels = [10, 10, 5]
        self.features_in = 20
        self.features_out = 1
        self.conv1d_1 = nn.Conv1d(self.channels[0], self.channels[1], 2, 1, 0)
        self.conv1d_2 = nn.Conv1d(self.channels[1], self.channels[2], 2, 1, 0)
        self.fc1 = nn.Linear(self.channels[2] * 2, self.features_in)
        self.fc2 = nn.Linear(self.features_in, self.features_out)
        self.relu = nn.ReLU()

    def forward(self, x: torch.Tensor):
        x = self.conv1d_1(x)
        x = self.relu(x)
        x = self.conv1d_2(x)
        x = self.relu(x)
        x = x.flatten(start_dim = 1)
        x = self.fc1(x)
        x = self.relu(x)
        x = self.fc2(x)
        x = x.reshape([-1, 1, self.features_out])
        return x
```

在配置好深度学习网络之后，就可以开始训练了，调用数据的脚本如下。

```
//配置运行设备
if torch.cuda.is_available():
    device = torch.device("cuda")
    print("GPU is available!")
else:
```

```
    device = torch.device("cpu")
    print("GPU is not available. Using CPU instead.")

model = SimpleNet()
model.to(device)
//损失函数
loss_fn = nn.MSELoss()
loss_fn.to(device)
//优化器
optimizer = torch.optim.Adam(model.parameters(), lr = 0.0001)
//epoch 数量
num_epochs = 100

//开始训练
model.train()
for epoch in range(num_epochs):
    print("epoch " + str(epoch) + " starts: ")
    begin = time.time()
    for X, y in tqdm(DataLoader):
        y_pred = model(X.to(device).float())
        loss = loss_fn(y_pred, y.to(device).float())
        //print(loss)
        optimizer.zero_grad()
        loss.backward()
        optimizer.step()
    end = time.time()
    print ("epoch " + str(epoch) + " ends, this epoch takes "+
           "{:.2f}".format((end - begin) / 60.0) + " minutes")
```

接下来我们使用如下脚本将得到的模型在测试集上进行预测，并将预测结果绘制成散点图，如图 13-4 所示。

```
symbols = ["`600690"]
sql = f"""select * from loadTable("{dbPath}", "{tbName}") where month(TradeTime)= 2019.06M"""

//定义 2023 年的起始日期和结束日期
start_date = datetime.date(2019, 6, 1)
end_date = datetime.date(2019, 6, 30)

//生成日期列表
date_list = [start_date + datetime.timedelta(days = x) for x in range((end_date - start_
date).days + 1)]

//格式化日期列表
times = [date.strftime("%Y.%m.%d") for date in date_list]

//配置 AI DataLoader
dataloader = DDBDataLoader(
    sess, sql, targetCol = ["Close"], batchSize = 128, shuffle = True,
    windowSize = [10, 1], windowStride = [1, 1],
    offset = 10,
    repartitionCol = "date(TradeTime)", repartitionScheme = times,
    groupCol = "SecurityID", groupScheme = symbols,
    inputCol = ["Open", "High", "Low", "Close"],
)

//在测试集上进行预测
test_outputs = []
test_targets = []
for inputs, targets in dataloader:

    outputs = model(inputs.float())
    test_outputs.append(outputs.cpu().detach().squeeze(dim = 1).numpy())
```

```
        test_targets.append(targets.cpu().squeeze(dim = 1).numpy())

test_outputs = np.concatenate(test_outputs, axis = 0)
test_targets = np.concatenate(test_targets, axis = 0)

//可视化预测结果和真实值
plt.figure(figsize = (8, 6))
plt.scatter(test_targets, test_outputs, alpha = 0.5)
plt.plot(test_targets, test_targets, color = 'red', linestyle = '--')
plt.xlabel('True Values')
plt.ylabel('Predictions')
plt.title('True Values vs Predictions')
plt.grid(True)
plt.show()
```

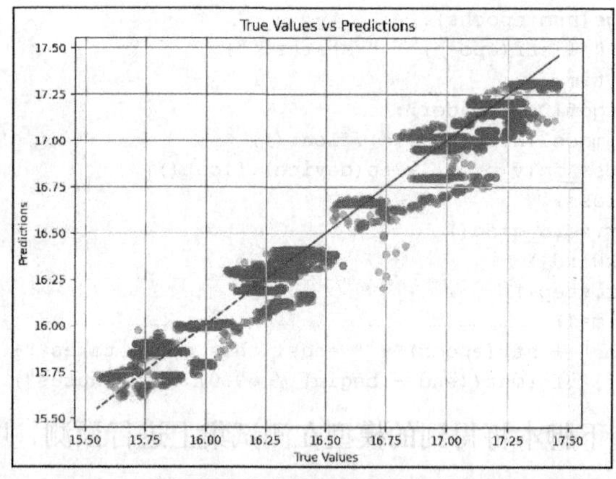

图 13-4　海尔智家收盘价预测与实际收盘价对比图

除了通过 AI Dataloader 支持深度学习的训练，DolphinDB 还提供了数据结构 Tensor 和深度学习模型插件，可在 DolphinDB 中加载已经训练好的深度学习模型，并进行预测。

13.3 GPU 支持

与 CPU 相比，由于 GPU 具有更多的计算单元，能够同时执行大量的计算任务，因此它在处理计算密集型任务时，能够显著降低处理时延，提高计算效率。Shark 是基于 DolphinDB 的异构计算平台，能够利用 GPU 加速大规模的指标计算。指标在这里特指用 DolphinScript 编写的算子表达式，或包含多个算子表达式的自定义函数。通过 Shark，用户无须接触底层的 GPU 编程接口如 NVIDIA 的 CUDA，使用 DolphinDB 脚本就可以快速开发基于 GPU 的计算代码。在此，我们介绍 Shark 在量化金融的 2 个应用场景：交易因子计算以及基于遗传算法的自动因子挖掘。

13.3.1 Shark 因子计算加速

在一些金融分析场景中，用户首先会利用数据计算出一些因子，比如技术指标、波动性指标和市场情绪指标等，然后对这些因子进行一些后续处理。随着交易数据规模的不断扩大以及因子数据量的激增，利用 CPU 进行因子计算的效率已经不能满足用户的需求。

为了应对这一挑战，DolphinDB 提供了 Shark 异构计算平台，用户可以定义 DeviceEngine。每当有新的数据注入 DeviceEngine，就会触发 1 次计算，并将计算结果输出至结果表。在 DeviceEngine 中，Shark 会利用 GPU 加速 DolphinDB 的一些内置函数（滑动窗口函数、累积函数和序列相关函数等）的计算。

我们将结合 Alpha101 中的 Alpha6，介绍 DeviceEngine 的使用方法。Alpha101 是世界顶级量化对冲基金之一的 WorldQuant 发布的 101 个 Alpha 因子公式，其中 Alpha 6 是 Alpha101 中的第 6 个因子。我们需要先生成模拟数据，模拟数据为 1 只股票从 2017.01.01 到 2023.12.31 的日频 K 线数据，然后将模拟数据 *inputTable* 作为发布表。另外定义 *resTable* 为结果表，存储股票 ID 与 *alpha6* 的计算数据。

```
//生成模拟数据
dayTime = seq(2017.01.01, 2023.12.31)
days = dayTime.size()
inputTable = table(1:0, `securityid`tradetime`open`close`high`low`volume`val`vwap,
  [SYMBOL,TIMESTAMP,DOUBLE,DOUBLE,DOUBLE,DOUBLE,INT,DOUBLE,DOUBLE])

inputTable = select take("000001",days) as securityid,
             dayTime as tradetime, rand(100.0, days) as open, rand(100.0, days) as close,
             rand(100.0, days) as high, rand(100.0, days) as low,
             long(rand(100.0, days)) as volume, rand(100.0, days) as val,
             rand(100.0, days) as Vwap from inputTable

//定义发布表与结果输出表
resTable = table(1:0, [`SecurityID, `alpha6], [SYMBOL, DOUBLE])
```

在这之后，我们需要定义计算图。在 DolphinDB 中，并不需要显式地构建出计算图，只需要利用 DolphinDB 的元编程，定义每一个输出列的因子，DeviceEngine 会自动将元代码解析为计算图。

```
//定义计算函数 alpha6
metrics = array(ANY, 1)
metrics[0] = <-1 * mcorr(open, volume, 10)>
```

紧接着，我们创建 DeviceEngine。

```
//定义 DeviceEngine
engine = createDeviceEngine(name = "alpha6", metrics = metrics,
                            dummyTable = inputTable, outputTable = resTable,
                            keyColumn = "SecurityID", keepOrder = false)
```

下面将介绍 6 个关键参数。

- **name**：必填参数，字符串。表示 DeviceEngine 的名称，作为其在一个数据节点/计算节点的唯一标识。
- **metrics**：必填参数，以元代码的形式表示的计算公式。
- **dummyTable**：必填参数，表对象。其为输入数据的 schema，可以含有数据，亦可以为空表。
- **outputTable**：必填参数，表对象。DeviceEngine 将定义的计算公式在 GPU 完成运算后，结果会被输出至 *outputTable*。
- **keyColum**：必填参数，字符串标量或向量表示分组列名。计算会在各个分组内进行。
- **keepOrder**：选填参数，布尔类型的标量。因为计算会在各个分组内进行，会导致计算结果的分组列的顺序与输入数据不一致，如果为真，那么计算结果的输出顺序会严格与输入顺序保持一致。

最后，将发布表的数据导入 DeviceEngine 计算因子，结果会被存储至 *resTable*。

```
//执行计算
engine.append!(inputTable)
```

利用 DeviceEngine 计算得到的部分因子值如图 13-5 所示。

	SecurityID	alpha6
10	000001	0.11521991278659856
11	000001	0.14169798448594367
12	000001	0.05562087925350954
13	000001	0.15061499064917805
14	000001	0.28526891855753517
15	000001	0.40898727056060447
16	000001	0.5111149723913275
17	000001	0.7621560745152923
18	000001	0.7433980587640995
19	000001	0.5951634433525648

图 13-5　使用 DeviceEngine 计算得到 alpha6 因子的部分结果

13.3.2　Shark 自动挖掘因子

在一些金融分析场景中，用户会分析大量数据，识别影响资产价格变动的关键因素，并将其称为因子。传统的因子挖掘方法主要基于统计分析和经济理论，从而发现影响资产回报的关键因素。用户一般通过回归分析、因子载荷分析和投资组合构建等方法来识别和利用这些因子，然后构建因子模型。传统的因子挖掘方法依赖于人工设计和选择特征工程方法，这导致传统方法难以有效地处理复杂的非线性关系和高维数据，从而无法充分挖掘数据中的潜在信息。

基于这一挑战，目前一些用户开始使用遗传算法挖掘因子，遗传算法的优势在于它能够全面、系统地搜索因子空间，发现隐藏的、难以通过传统方法构建的因子。遗传算法最初由美国密歇根大学的 J.Holland 提出，它是一种通过模拟自然界生物进化过程而得到的最优解的算法。对于一个最优化的问题，遗传算法借鉴了生物学中的“物竞天择，适者生存”的思想，使一定数量的初始解按照适应度的方向进化为更优的解。进化过程从完全随机生成的个体种群开始，一代代进化。每一代中，会基于个体的适应度筛选出较优个体，并在个体中发生变异、进化，进而生成新的种群，新种群则继续进行迭代，直至生成最优（适应度最高）种群。

但是遗传算法在挖掘因子的过程中，需要进行大量启发式搜索，如果利用 CPU 来进行搜索过程中的计算，会严重降低因子挖掘的速度。为了应对这一挑战，Shark 通过 GPU 加速遗传算法 gplearn，接下来，我们将通过一个示例，讲解如何利用 Shark 加速因子挖掘。

首先创建分布式库表，用于存储股票数据。

```
dbName = "dfs://stockDayK"
tbName = "stockDayK"
//创建数据库
db = database(dbName, RANGE, date(1980.01M + 0..80 * 12))
//创建分布式表
colNames = `DateTime`SecurityID`Open`High`Low`Close`Volume`Amount`Vwap
colTypes = [DATE, SYMBOL, DOUBLE, DOUBLE, DOUBLE, DOUBLE, LONG, DOUBLE, DOUBLE]
kLineSchema = table(1:0, colNames, colTypes)
createPartitionedTable(dbHandle = database(dbName), table = kLineSchema,
                       tableName = tbName, partitionColumns = 'DateTime')
```

然后导入股票数据。

```
fileDir = "<BookDir>/chapter13/dayK.csv"
dbName = "dfs://stockDayK"
tbName = 'stockDayK'

//导入数据
def loadCsvData(fileDir, dbName, tbName){
    colNames = `DateTime`SecurityID`Open`High`Low`Close`Volume`Amount`Vwap
    colTypes = [`DATE, `SYMBOL, `DOUBLE, `DOUBLE, `DOUBLE, `DOUBLE, `LONG, `DOUBLE, `DOUBLE]
    loadTextEx(database(dbName), tbName, `DateTime, fileDir, schema = table(colNames, colTypes))
}
loadCsvData(fileDir, dbName, tbName)
```

数据导入完成后，对数据进行预处理。在本例中使用 `context by` 语句实现了分组计算；使用 `percentChange` 函数实现了日收益率的计算；使用 `move` 函数实现数据偏移，以此获取 20 个交易日后的收益率。除此之外，GPLearnEngine 的输入数据必须全部列为 FLOAT 类型或者全部列为 DOUBLE 类型。因为原始数据中成交量（volume）列是整型，所以需要进行类型转化。用 `double(testData)` 的方式将表里所有数值类型的列转化为 DOUBLE 类型。

```
def processData(dbName, tbName){
    //选取 ["0", "3", "6"] 开头的 A 股数据
    idList = (select count(*) from loadTable(dbName, tbName) group by SecurityID).SecurityID
    idList = idList[left(idList, 1) in ["0", "3", "6"]]
    //计算日频收益率
    testData =  select  SecurityID, DateTime, percentChange(close) as ret, open, close,
                    high, low, volume, vwap
                from loadTable(dbName, tbName)
                where SecurityID in idList
                context by SecurityID
    //计算 20 日后的收益率
    testData = select *, move(ret, 20) as ret20 from testData context by SecurityID
    //删除空值
    testData = select * from testData where ret20 != NULL
    return double(testData)
}

dbName = "dfs://stockDayK"
tbName = "stockDayK"
testData = processData(dbName, tbName)
```

紧接着开始训练模型。

```
def gpModel(testData, xCols, yCol, groupCol){
    //输入数据
    trainX = sql(select = sqlCol(xCols<-groupCol), from = testData).eval()
    //预测目标
    targetY = testData[yCol]
    //定义基础算子库
    functionSet = [ 'add','sub','mul','div','sqrt','log','abs','reciprocal', "mcorr",
                    "mcovar","mstd","mmax","mmin","msum","mavg","mbeta","mprod","mvarp",
                    "mstdp", "mwsum","mwavg"]
    //创建 GPLearnEngine 引擎
    engine = createGPLearnEngine(trainX, targetY, groupCol = groupCol,
                functionSet = functionSet, populationSize = 1000, generations = 4,
                tournamentSize = 20, initDepth = [1, 4], constRange = 0,
                crossoverMutationProb = 0.9, subtreeMutationProb = 0.02,
                hoistMutationProb = 0.02, pointMutationProb = 0.02, minimize = false)
    //自定义适应度函数
    myFitness = {x,y->spearmanr(zscore(clip(x, med(x) - 5 * mad(x,true),
```

```
                          med(x) + 5 * mad(x,true))), y)}
    setGpFitnessFunc(engine, myFitness)
    return engine
}

xCols = ["ret", "open", "close", "high", "low", "volume", "vwap"]
yCol = "ret20"
groupCol = "SecurityID"
engine = gpModel(testData, xCols, yCol, groupCol)
res = engine.gpFit(10, true)
}
```

下面将详细介绍模型训练时关键代码。

- 使用 `sql` 函数动态生成 SQL 语句，查询指定列的数据作为模型输入数据。
- 可以通过 *functionSet* 参数指定生成公式的算子库。
- 除了基础的数学公式，Shark 还实现了 m 系列的滑动窗口函数。配合 *groupCol* 参数，可以实现分组计算时序因子。比如本例中，按照股票代码分组，计算每只股票的滑动聚合值。
- Shark 支持自定义适应度函数。适应度函数有两种设置方式：
    - `createGPLearnEngine` 函数中，通过 *fitnessFunc* 参数选择内置的适应度函数。比如 `fitnessFunc="rmse"`，表示使用均方根误差。目前能支持的内置适应度函数可以参考：Dolphin GPLearn 用户手册。
    - 使用用户自定义函数：将已经实现的运算函数，自由组合生成自定义的适应度函数，再通过 `setGpFitnessFunc` 函数，重置引擎的适应度函数。比如上述的例子中，通过 `abs`、`spearmanr`、`zscore`、`clip`、`mad`、`med` 6 个函数的组合生成了一个自定义适应度函数。其中变量 *x* 表示根据生成的公式计算获得的因子值；变量 *y* 表示目标数据的真实值；`clip(x, med(x) - 5 * mad(x,true), med(x) + 5 * mad(x,true))` 表示利用中位数去除极值；`zscore` 函数表示对数据计算标准分数；`spearmanr` 函数表示计算两个向量的 Spearmanr 相关系数。
- 使用 *minimize* 参数控制适应度进化方向，当 `minimize` 为 false 时，Shark 的优化目标是最大化适应度评分。
    - 对于 `mse` 均方误差等计算误差的适应度函数，优化目标应该是最小化。
    - 对于 `pearson` 皮尔逊矩阵相关系数等计算相关系数的适应度函数，优化目标是最大化。
- `createGPLearnEngine` 函数只是初始化并设置模型，只有执行 `gpFit` 时，模型才开始真正的训练。上例中 `gpFit(10)` 表示挑选最优的 10 个因子。通过修改对应参数，可以通过 Shark 快速挖掘出大量的因子。

本示例挖掘出的因子公式如图 13-6 所示。

	program
0	msum(deltas(msum(log(high), 21)), 21)
1	msum(mrank(mwsum(vwap, close, 2), true, 21), 21)
2	msum(ret, 21)
3	msum(mwavg(ret, mul(vwap, high), 10), 21)
4	msum(mwavg(ret, high, 10), 21)
5	msum(mmax(mrank(mwsum(vwap, close, 2), true, 21), 8), 20)
6	msum(mwavg(ret, log(volume), 10), 21)
7	msum(mmax(mrank(open, true, 21), 8), 20)
8	msum(mmax(mrank(vwap, true, 21), 8), 20)
9	msum(msum(deltas(sqrt(low)), 21), 21)

图 13-6　自动挖掘的因子

通过 Shark 可以快速挖掘出大量的因子公式，但并不是所有的因子都是有效的。在因子正式被使用前，往往需要经过单因子评价、多因子回测等等步骤。本例主要使用 IC 值分析法进行简单的单因子评价。某一期的因子 IC 值是指该期因子的暴露值和股票下期的实际回报值在横截面上的相关系数。

- **因子的暴露值**：可以是原始因子值，也可以是经过中性化等处理后的因子值。为了方便，本例中使用原始因子值。
- **实际回报值**：收益率，收益率=当前价格/前一天价格-1。
- **相关系数**：可以是 Pearson 相关系数，也可以是 Spearmanr 相关系数。其中使用 Spearmanr 相关系数计算得到的 IC 值一般称为 Rank IC。
- **因子评价**：对于时间区间内的每一期数据都可以获得一个 IC 值，因此对于每一个因子可以获得一个 IC 值序列。对于该序列，可以进行如下简单分析：
    - 计算 Rank IC 序列的均值——因子显著性。
    - 计算 Rank IC 序列的标准差——因子稳定性。
    - 计算 Rank IC 序列均值与标准差的比值——因子有效性。

脚本如下。

```
def calculateRankIC(predictY, trueY, dateValue){
    //计算一个因子的 Rank IC 序列
    calRankIC = def(x, y, groupCol){
        n = ifirstHit(!=, x, 0.0)
        return groupby(spearmanr, [x[n:], y[n:]], groupCol[n:]).values()[1]
    }
    //计算所有因子的 Rank IC 序列
    return byColumn(calRankIC{,trueY, dateValue}, predictY)
}

def statRankIC(rankIC){
    //计算 Rank IC 序列的均值 ——— 因子显著性
    avgIC = rankIC.avg().abs().values().flatten().decimal32(4)
    //计算 Rank IC 序列的标准差 ——— 因子稳定性
    stdIC = rankIC.stdp().values().flatten().decimal32(4)
    //计算 Rank IC 序列均值与标准差的比值 ——— 因子有效性
    ir = decimal32(avgIC\stdIC, 4)
    return table(rankIC.colNames() as factor, avgIC, stdIC, ir)
}

//调用自定义函数对批量获得的因子进行 IC 值分析
trainData = sql(select = sqlCol(xCols<-groupCol), from = testData).eval()
predictY = engine.gpPredict(trainData, 10, groupCol = "SecurityID")
dateValue = testData["DateTime"]
trueY = next(testData["ret"])
rankIC = calculateRankIC(predictY, trueY, dateValue)
resIC = statRankIC(rankIC)
```

下面将详细介绍因子评价部分的关键脚本。

- 对于 Shark 挖掘出来的大量因子，可以通过 `gpPredict` 函数进行计算。函数的返回结果是一个表，表中的每一列是因子值，列名是因子公式。
- 通过匿名函数的方式，定义了一个对向量 *x* 和向量 *y* 按 *groupCol* 分组计算 Spearmanr 相关系数的函数，即可以计算一个因子每天的 Rank IC 值，获得 Rank IC 序列。
- 通过 `byColumn` 高阶函数的方式，将上述匿名函数作用到表中的每一列，即计算所有因子的 Rank IC 序列。

如图 13-7 所示，就是本例挖出的因子的 IC 值。

	factor	avgIC	stdIC	ir
0	msum(mmax(mrank(open, true, 21), 8), 20)	0.0163	0.1324	0.1234
1	msum(mmax(mrank(mwsum(vwap, close, 2), true, 21), 8), 20)	0.0165	0.1321	0.1251
2	msum(mmax(mrank(vwap, true, 21), 8), 20)	0.0172	0.1325	0.1297
3	msum(msum(deltas(sqrt(low)), 21), 21)	0.0195	0.1416	0.1377
4	msum(deltas(msum(log(high), 21)), 21)	0.0206	0.1409	0.1461
5	msum(mrank(mwsum(vwap, close, 2), true, 21), 21)	0.0217	0.1380	0.1571
6	msum(mwavg(ret, log(volume), 10), 21)	0.0270	0.1453	0.1859
7	msum(mwavg(ret, high, 10), 21)	0.0271	0.1456	0.1862
8	msum(mwavg(ret, mul(vwap, high), 10), 21)	0.0280	0.1453	0.1929
9	msum(ret, 21)	0.0360	0.1476	0.2440

图 13-7　挖掘出的因子的 IC 值

DolphinDB 对 GPU 和 Shark 平台的支持才刚刚开始。后续的发展包括 3 个方面。一是更多的 DolphinDB 基础算子可以在 GPU 设备上使用。二是 Shark 平台将兼容更多的国产 GPU 设备。三是 Shark 将在更多的场景上发挥 GPU 的作用。请读者关注我们的发布信息，了解这方面的最新进展。

思考题

1. 使用 DolphinDB 中的 SVM 插件，对 wine 数据进行分类。
2. 使用 DolphinDB 中的 `logisticRegression` 方法，对 wine 数据进行分类。
3. 将数据存入 DolphinDB 的分布式数据库中，再使用随机森林算法实现分类任务。
4. 将数据存入 DolphinDB 的分布式数据库中，再使用 DolphinDB 提供的机器学习算法实现回归任务。
5. 将数据存入 DolphinDB 的分布式数据库中，并在 Python 中使用 AI DataLoader，将数据直接从 DolphinDB 读出并传入 PyTorch 进行训练。
6. 如何利用 DolphinDB 的分布式存储的优势，进行机器学习训练？
7. DolphinDB 中有哪些机器学习的函数，有哪些机器学习算法的插件？
8. AI Dataloader 相比于传统的将数据取到 Python 里转换成 Tensor 并传入深度学习框架，有什么优势？
9. 利用 GPU 计算因子一定会比 CPU 快吗？为什么？
10. 遗传算法相比传统的因子挖掘方法有哪些优势。

第 14 章 DolphinDB 与 Excel 和 Python 交互

CHAPTER 14

DolphinDB 通过插件和 SDK，可方便地与其他数据分析工具交互。本章主要介绍与 Microsoft Excel 进行集成的 Excel 插件、与 Python 生态相集成的 Python API 和 Py 插件，以及 Python Parser（它兼容了 Python 语法，为基于 Python 语言编写的脚本提供了执行环境）。

14.1 Excel 插件

Excel 被广泛用于表格与数据的处理，是数据分析的常用工具。它的数据透视表很适合用于计算、汇总和分析数据。丰富的公式和图表能够帮助用户快速比较数据、查看模式和趋势；而通过 VBA 编写代码，Excel 也能支持复杂的数学和统计运算。

然而，在处理大数据以及对多个表格进行深入的数据挖掘时，Excel 的管理能力和性能会面临挑战。这时，与 DolphinDB 集成，可以解决 Excel 在这些方面的劣势。DolphinDB 提供了能够直接连接 DolphinDB 数据库的 Excel 插件。Excel 插件可以让用户在 DolphinDB 中进行高性能的计算与分析的同时，使用熟悉的 Excel 工具进行数据分析和可视化。这种集成为用户提供了更强大的分析和处理能力，可以更灵活地应对复杂、大规模的数据场景。

14.1.1 安装与使用

读者可以从码云（Gitee）网站上下载 Excel 插件的安装文件，并按照文档中说明的方式进行安装。

连接登录

在 Excel 工具栏中进入 DolphinDB 模块，然后点击 server 按钮进行连接。首先弹出的是登录框。在其中填入需要连接的 DolphinDB Server 地址、Username 和 Password，接着填写正确的账号密码，登陆成功后，即可进入 Excel DolphinDB 插件界面，可以在其中编写、执行脚本以及查看数据。

Excel 插件界面介绍

Excel 插件的界面如图 14-1 所示，主要有工具栏、导航栏、代码编辑栏以及结果显示栏组成。最上侧的工具栏由左至右的功能为：刷新导航栏、收起展开目录、执行代码，以及直接输出语句结果到 Excel 中。左侧导航栏包括了 DolphinDB 当前连接中的本地变量和共享变量，导航栏中的数据表也可以输出到 Excel 表格中。右侧上部是代码编辑栏，右侧下部为脚本的执行结果显示栏。可以通过点选最上面的绿色箭头运行代码编辑区内的脚本。

运行、加载 DolphinDB 的运算数据

这里以一个简单的例子进行说明。在代码编辑栏中输入以下脚本。

```
t = table(`a`b`c as col1, [1, 2, 3] as col2);
```

然后点选 Excel 插件的界面最上面的绿色箭头运行，得到 1 个本地内存表 t，可以在左侧导航栏 Local Vaiables 的 Table 子目录中看到 t 这个变量。在 Excel 表格中点击某一个网格，作为导出表左上角导出的位置。然后在导航栏中右键点击表 t 选择 Export，即可导出 DolphinDB 表格 t 中的数据如图 14-2 所示。

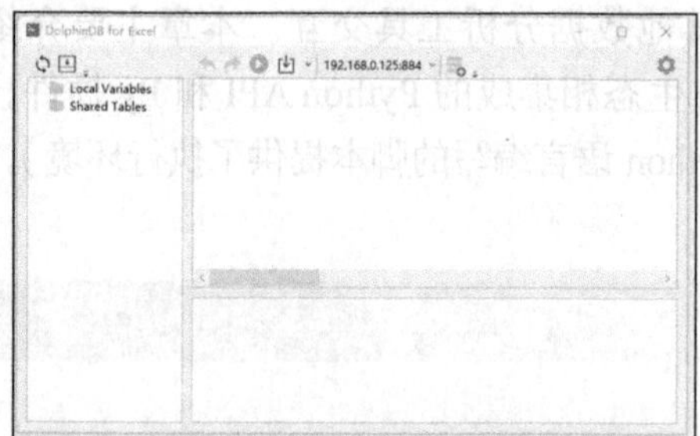

图 14-1 Excel 插件的界面

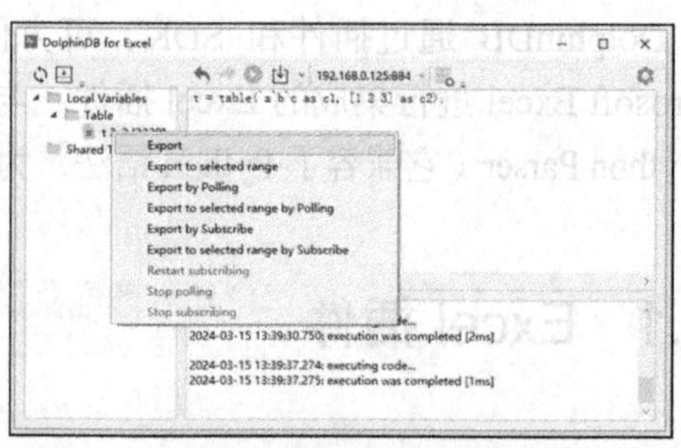

图 14-2 导出 DolphinDB 表格 t 中数据示意图

在图 14-3 中可以看到在 Excel 中由表 t 导出到 Excel 中的数据。至此，Excel 插件已经实现了从 DolphinDB 到 Excel 的数据传输过程。目前无法实现将 Excel 中的数据发送至 DolphinDB，可以通过存储为 csv 格式的文件，并使用 DolphinDB 加载来实现这一过程。

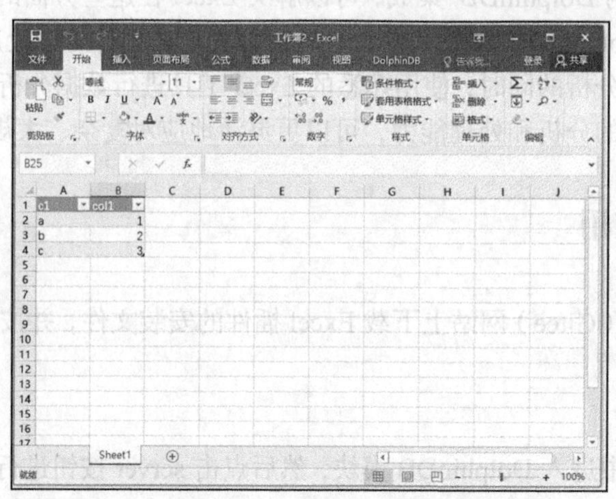

图 14-3 由表格 t 导出到 Excel 中的数据示意图

数据订阅

通过执行如下脚本新建共享流表。

```
st = streamTable(1:0, ["c1", "c2"], [INT, STRING])
share st as st1
```

如果需要订阅该共享流表的数据，在 Local Variables 中右键点击该表，如图 14-4 所示，选择订阅。

点击后需要指定刷新的主键。每当有新的数据进来时，主键相同的数据就会刷新，主键不存在时则会添加 1 行数据。订阅成功后会显示表结构，当订阅的流表有新增数据时，会在表格里刷新数据，如图 14-5 所示。

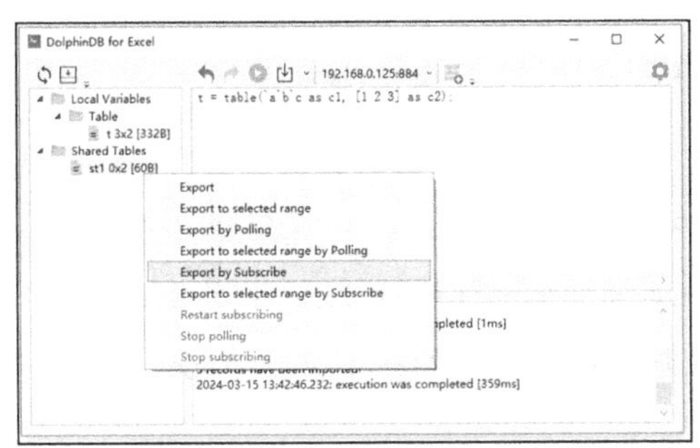

图 14-4　订阅共享流表操作示意图

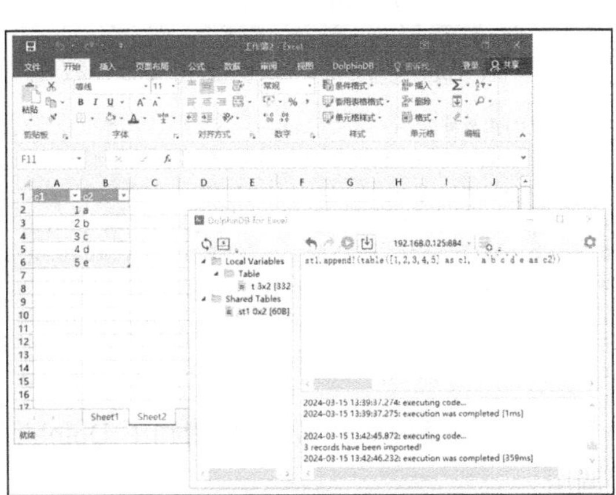

图 14-5　订阅流表新增数据示意图

14.1.2　日频因子分析案例

接下来，通过 1 个具体的例子来说明 Excel 插件如何与数据分析过程相结合。本小节选取的例子是日频因子计算分析。将根据某个基金每日的净值数据计算得到的因子称作“基金日频因子”。基金日频因子能反映出基金的近况，是衡量基金收益、波动、风险等的重要指标。

如果直接使用 Excel 对基金的日频因子进行计算，则 Excel 会由于数据量过于巨大，在加载和计算速度上会受到很大影响。这时候将存储与计算密集相关操作移入 DolphinDB 中进行处理，在 Excel 中只对最终的结果进行获取、使用，就可以弥补 Excel 的这一劣势。

在 DolphinDB 中导入日频数据

目前有 2018.05.24～2021.05.27 期间 3000 多支基金的日净值数据，以及 2018.05.24～2021.05.27 期间沪深 300 指数的数据，它们存储在两个 csv 文件 *fund_OLAP.csv* 和 *fund_hs_OLAP.csv* 中。本次计算中，将这些数据提前导入 DolphinDB。表 14-1 是基金净值表在 DolphinDB 中的数据结构。

表 14-1　基金净值表在 DolphinDB 中的数据结构

字段名	字段含义	数据类型（DolphinDB）
tradingDate	交易日期	DATE
fundNum	基金交易代码	SYMBOL
value	基金日净值	DOUBLE

表 14-2 是沪深 300 指数表在 DolphinDB 中的数据结构。

表 14-2 沪深 300 指数表在 DolphinDB 中的数据结构

字段名	字段含义	数据类型（DolphinDB）
tradingDate	交易日期	DATE
fundNum	指数名称（此处均为沪深 300）	SYMBOL
value	沪深 300 收盘价格	DOUBLE

本案例先通过 loadTextEx 将 CSV 数据导入到 DolphinDB 数据库中。

```
//创建数据库
dbName = "dfs://fund_OLAP"
dataDate = database(, VALUE, 2021.01.01..2021.12.31)
symbol = database(, HASH, [SYMBOL, 20])
db = database(dbName, COMPO, [dataDate, symbol])
//导入 fund_OLAP
loadTextEx(db, "fund_OLAP", `tradingDate`fundNum, "/path_to_csv/fund_OLAP.csv")
//导入 fund_hs_OLAP
loadTextEx(db, "fund_hs_OLAP", `tradingDate`fundNum, "/path_to_csv/fund_hs_OLAP.csv")
```

至此，已经将 CSV 数据存储到了 DolphinDB 数据库中，方便接下来在 Excel 中进行获取调用。

在 DolphinDB 中创建函数视图

Excel 本身有很强大的计算功能，但在将 Excel 插件与 DolphinDB 集成后，用户可以利用 DolphinDB 丰富的计算函数进行计算。这里展示 2 个因子在 DolphinDB 中执行的脚本，提供计算日频因子的函数视图，方便在 Excel 中进行调用。此处用到的所有具体因子见 *factor.dos*。

```

/**
 * 因子 1：年化收益率
          (1 + 当前收益率) ** (252\区间天数) -1

 */
defg getAnnualReturn(value){
      return pow(1 + ((last(value) - first(value))\first(value)), 252\730) - 1
}
/**
 * 因子 2：年化波动率
净值波动率：指净值的波动程度，某段时间内，净值的变动的标准差。
净值年化波动率：指将净值波动率年化处理。计算方式为波动率* sqrt (N)。
  (日净值 N = 250，周净值 N = 52，月净值 N = 12)
 */
defg getAnnualVolatility(value){
    return std(deltas(value)\prev(value)) * sqrt(252)
}
```

定义所有因子计算的函数，并将其添加到函数视图，便于在 Excel 中进行调用。

```
/**
 * 因子执行时间统计
 */
def getFactor(result2, symList){
    return select fundNum,
                getAnnualReturn(value) as annualReturn,
                getAnnualVolatility(value) as annualVolRat,
                getAnnualSkew(value) as skewValue,
                getAnnualKur(value) as kurValue,
                getSharp(value) as sharpValue,
                getMaxDrawdown(value) as MaxDrawdown,
                getDrawdownRatio(value) as DrawdownRatio,
```

```
                getBeta(value, price) as Beta,
                getAlpha(value, price) as Alpha
            from result2
            where tradingDate in 2018.05.24..2021.05.27 and fundNum in symList
            group by fundNum
  }//定义计算九个因子的函数
addFunctionView(getFactor)
```

在 Excel 中初步处理数据

接下来在 Excel 插件中执行以下脚本，获取数据以便进行日频的分析。分别从 2 张表中取出数据，同沪深 300 指数按日期对齐（aj），填充空缺值，仅保留两表中日期相同的数据，如图 14-6 所示。

```
fund_OLAP = select * from loadTable("dfs://fund_OLAP", "fund_OLAP")
fund_hs_OLAP = select * from loadTable("dfs://fund_OLAP", "fund_hs_OLAP")
ajResult = select tradingDate,fundNum,value,fund_hs_OLAP.tradingDate as hstradingDate,
  fund_hs_OLAP.value as price from aj(fund_OLAP, fund_hs_OLAP, `tradingDate)
result2 = select tradingDate,fundNum,iif(isNull(value),ffill!(value), value) as value,
  price from ajResult where tradingDate == hstradingDate
```

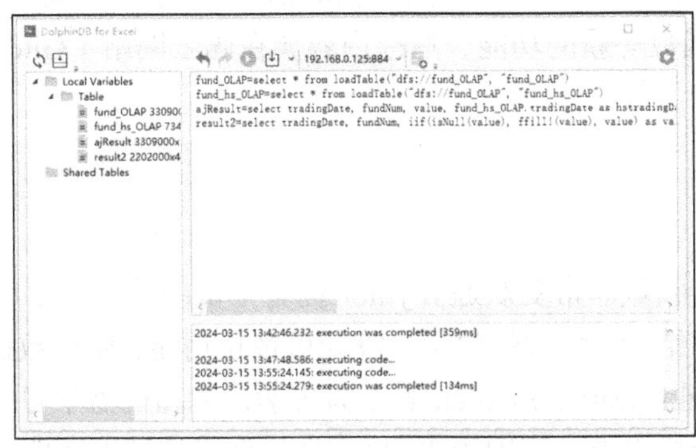

图 14-6　在 Excel 中处理数据示意图

Excel 计算日频因子结果

在 Excel 插件中调用之前定义好的函数视图 getFactor，获取计算完成的指标并输入到表格 factorResult 中，这使得日频因子计算的过程全部在 DolphinDB 内执行，对 Excel 的使用性能不造成影响。

```
symList = exec distinct(fundNum) as fundNum from result2 order by fundNum
portfolio = select fundNum as fundNum,
            (deltas(value)\prev(value)) as log,
            tradingDate as tradingDate
            from result2
            where tradingDate in 2018.05.24..2021.05.27 and fundNum in symList
m_log = exec log from portfolio pivot by tradingDate, fundNum
mlog = m_log[1:,]
factorResult = getFactor(result2, symList)
```

在计算完成后，在导航栏中右键点击 factorResult 表，点击弹出界面中的 import，获取计算完成的日频因子结果，存入 Excel 的表格中，如图 14-7 所示。

Excel 进行进一步分析处理

在得到日频因子之后，可以继续使用 Excel 中内置的分析工具进行操作，如图 14-8 所示。例如可以通过 Excel 筛选年化收益率 > 15%，夏普比率 > 1，收益回撤比 > 2 的结果，得到目标基金的信息。

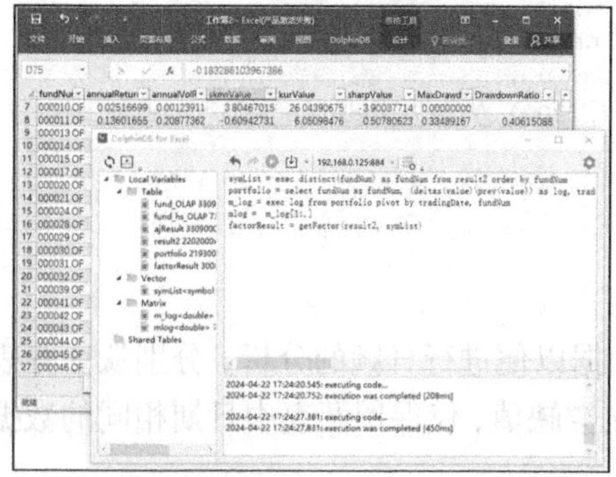

图 14-7　将日频因子结果存入 Excel 表格示意图

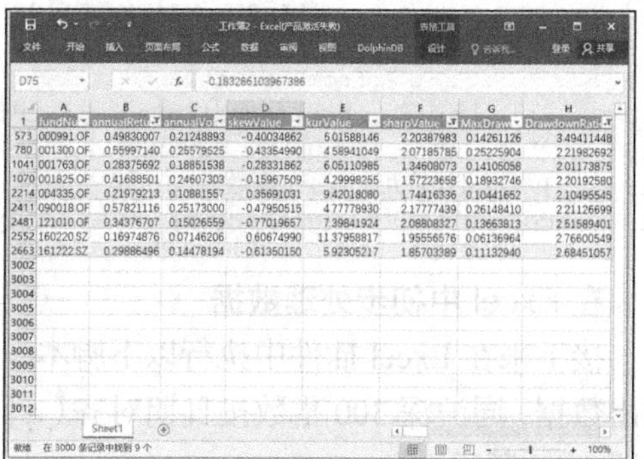

图 14-8　Excel 进一步的分析结果图

至此，本案例通过在 Excel 中调用插件完成了对 3000 多只基金的日净值数据的因子计算，并将结果获取到 Excel 中进行进一步分析。可以看到，由于 DolphinDB 具有强大的向量化计算的能力、丰富的内置函数功能和自带的持久化数据存储，Excel 在与 DolphinDB 通过插件相集成后形成互补，使得 Excel 的数据分析操作更加丰富而高效。Excel 插件还会增加远程调用 DolphinDB 函数等新的功能，后续内容会在码云网站（Gitee）上更新。

14.2　Python

Python 在数据分析领域非常受欢迎。Python 拥有丰富的数据科学库（如 NumPy、Pandas），它们提供了高效的数据结构、强大的数学运算和可视化功能，使得数据清理、处理和分析变得更加便捷。其次，Scikit-learn、Pytorch 等库为科学计算和机器学习提供了丰富的工具，满足了不同层次的数据分析需求。正因为 Python 具备良好的可扩展性，它能够与其他流行的数据分析工具和数据库系统集成。DolphinDB 提供了多种方式与 Python 交互。开发者可以通过 Python API、Py 插件及 Python Parser 将已有的 Python 脚本以及丰富的 Python 生态融入 DolphinDB 的使用中，拓展 DolphinDB 的使用。

14.2.1　Python API

Python API 是 DolphinDB 提供的 Python 开发包，用于连接 DolphinDB 服务端和 Python 客户端，实现数据的双向传输和脚本的调用执行。Python API 可以方便用户在 Python 环境中调用 DolphinDB，进行数据的处理、分析和建模等操作，利用其优秀的计算性能和强大的存储能力，帮助读者加速数据的处理和分析。

在使用时，读者需要通过 Python API 与 DolphinDB 实现数据交换，将 DolphinDB 作为高吞吐量存取数据的存储模块使用。通过执行脚本在 DolphinDB 中进行高效计算，将 DolphinDB 作为核心的存储、计算工具使用，而 Python 起到了语言粘合剂的功能。使用这种方式，DolphinDB server 是与 Python 分离的，以 API 的方式与 Python 应用交互，实现灵活的集成。

安装

在安装 DolphinDB Python 包之前，请确定已部署 Python 执行环境。若无，推荐使用

Anaconda Distribution 下载 Python 及常用库。DolphinDB 在不同操作系统中对应支持的 Python 版本号不同，详细版本列表和离线下载链接请访问 PyPI（Python Package Index）上的 DolphinDB 项目页面。注意，为保证正常使用 dolphindb，您需要同时安装合适版本的依赖库：future、NumPy、pandas。

目前仅支持通过 pip 指令安装 Python API for DolphinDB，暂不支持 conda 安装。安装示例如下：

```
pip install dolphindb
```

Python API 的基本用法

在安装之后，通过 Session（会话控制）可以实现客户端与服务器之间的信息交互。DolphinDB Python API 通过 Session 在 DolphinDB 服务器上执行脚本和函数，同时实现双向的数据传递。DolphinDB 与 Python API 的交互过程始终遵循 API 交互协议，该协议规定了通信双方在交互过程中使用的报文信息格式。Python API 也可以选择交互过程中使用其他的传输数据格式协议。

建立连接前，须先启动 DolphinDB 服务器。若当前 Session 不再使用，建议立即调用 close()关闭会话，否则可能出现因连接数过多，导致其他会话无法连接服务器。dolphindb 目前支持多种数据交互的方法，本小节仅介绍通过 run, upload 等方式上传和下载数据。

在进行其他操作前导入 dolphindb，然后创建一个 Session 并连接到 DolphinDB 服务端。

```
import dolphindb as ddb
s = ddb.Session()
s.connect("localhost", 8848)
```

Python API 的 upload 方法可以用于上传 Python 对象到服务端，接收一个 dict 对象，其中字典的键表示待上传变量的变量名，字典的值则表示待上传的变量，可以是 int、str、pd.DataFrame、np.ndarray、dict 和 set 等。上传成功，则返回上传对象在服务端的内存地址。关于如何上传各类型的 Python 对象，以及对应的服务端数据类型，请参考 DolphinDB 官网上的 Python API 文档。

```
s.upload({'a': 8, 'b': "abc", 'c': {'a':1, 'b':2}})
//output:
[59763200, 60161968, 54696752]

s.run("a")
//output:
8
```

Python API 的 run 方法可以在 DolphinDB 内运行脚本或者执行计算函数，然后将结果通过 Python API 返回给 Python 端。下面的例子运行了 DolphinDB 的脚本，执行 sum 语句，得到结果。

```
s.run("sum([1,2,3,4])")
//output:
10
```

下面的例子通过 run 方法执行了 DolphinDB 的 add 方法，将两个 numpy.array 传入 DolphinDB 环境，进行相加返回结果。

```
import numpy as np
x = np.array([1.5,2.5,7])
y = np.array([8.5,7.5,3])
s.run("add", x, y)
//output:
array([10., 10., 10.])
```

案例

下面举一个具体的例子来展示 Python 是如何与 DolphinDB 进行集成的。接下来的其他小节也会使用同一个案例，以便大家更好地理解它们之间的区别，针对自己的应用场景选择合适的集成方式。我们以量化因子价格变动与一档量差的回归系数的计算为例子，进行讲解。

本案例的计算目标是基于 Level-2 快照行情数据，计算价格变动与一档量差的回归系数。价格变动与一档量差的回归系数是指在统计学和金融领域中，通过回归分析来衡量一个金融资产（比如股票）的价格变化与交易市场上最佳买卖价格之间的关系。这一档通常是指在市场深度表（order book）中的最优价位。在更通俗的语言中，它试图通过数学模型来解释一个资产价格变动的原因，特别是与市场上当前可买卖的最好价格相关的差异。这可以帮助分析者（或者交易者）更好地理解市场行为，了解在不同价格和成交量条件下，资产价格的波动情况。回归系数的正负号和数值大小，可以提供有关这种关系的信息，例如价格上涨或下跌与最佳买卖价格差异的方向和强度。回归模型如下。

$$\Delta P_t = lastPrice_t - lastPrice_{t-1}$$
$$NVOL_t = bidQty_{1,t} - askQty_{1,t}$$
$$\Delta P_t = \alpha + \lambda NVOL_t + \epsilon_t$$

- ΔP_t 表示 t 时刻的价格变动；$lastPrice_t$ 表示 t 时刻的最新价格。
- $NVOL_t$ 表示 t 时刻的买卖一档量差；$bidQty_{1,t}$ 表示 t 时刻的买方一档挂单笔数；$askQty_{1,t}$ 表示 t 时刻的卖方一档挂单笔数。
- α 表示截距；λ 表示斜率；ϵ_t 表示 t 时刻的残差。

其中回归系数 λ 为目标因子值。

接下来会说明如何在 Python 环境中利用 Python API 计算价格变动与一档量差的回归系数。先导入 dolphindb 包，再创建一个 Session 并连接到 DolphinDB 服务端，并进行登录。

```
import dolphindb as ddb
s = ddb.Session()
s.connect("localhost", 8848)
s.login("admin", "123456")
```

本次测试数据使用的是 2023 年单个交易所某日的部分 Level-2 快照数据，以 CSV 格式存储。这里通过脚本将数据文件 *snapshot.csv* 导入到 *dfs://TL_Level2* 的 snapshot 表格中。

```
dbName = "dfs://TL_Level2"
dbDate = database(, VALUE, 2023.01.01..2023.03.30)
dbSym = database(, HASH, [SYMBOL, 50])
db = database(dbName, COMPO, [dbDate, dbSym], engine = 'TSDB')
loadTextEx(dbHandle = db,
          tableName = "snapshot",
          partitionColumns = `TradeTime`SecurityID,
          filename = "/path_to_csv/snapshot.csv",
          sortColumns = `SecurityID`TradeTime)
```

导入数据后，Python API 使用 run 函数在 DolphinDB 端对数据计算价格变动与一档量差的回归系数，然后将计算的结果返回到 Python 端。注意，计算的部分是在 DolphinDB 而不是 Python 中完成，这充分利用了 DolphinDB 的计算能力。

```
res = s.run("""
def priceSensitivityOrderFlowImbalance(LastPrice, BidOrderQty, OfferOrderQty){
    deltaP = deltas(LastPrice) * 10000
    NVOL = BidOrderQty[0].nullFill(0) - OfferOrderQty[0].nullFill(0)
    return beta(deltaP.nullFill(0), NVOL)
}
snapshotTB = loadTable("dfs://TL_Level2", "snapshot");
res = select priceSensitivityOrderFlowImbalance(LastPrice,BidOrderQty,OfferOrderQty)
    as priceSensitivityOrderFlowImbalance
    from snapshotTB
    where date(TradeTime) = 2023.02.01
    group by date(TradeTime) as TradeTime, SecurityID;
res;
""")
```

14.2.2 Py 插件

Py 插件是用于在 DolphinDB 中集成 Python 的功能模块。Py 插件在 DolphinDB 运行的进程里启动一个 Python 解释器，并在其中运行 Python 脚本。与 Python API、Py 插件不同，它的运行过程中不会有 Python 数据类型到 DolphinDB 数据类型的转换开销，避免了序列化传输的开销。使用 Py 插件时，DolphinDB 会去调用 Python 的函数，DolphinDB 脚本语言变成了编程的粘合剂。

Py 插件更加适合于主业务通过 DolphinDB 脚本实现的用户。大部分的代码使用 DolphinDB 脚本，但可能有一些特定的地方需要调用已有的 Python 的计算函数或者 Python 拓展的地方，可以在部分场景中使用 Py 插件进行计算分析。注意，目前 Python 插件仅支持在 DolphinDB JIT 版本上使用，300.0.x 和 200.12.x 前，Py 插件仅支持 Python 3.6 版本，后续会支持 3.6, 3.7, 3.8 等 Python 版本。

安装

在 DolphinDB 客户端中使用 listRemotePlugins 命令查看插件仓库中的插件信息。

```
login("admin", "123456");
listRemotePlugins();
```

使用 installPlugin 命令完成插件安装。

```
installPlugin("py");
```

使用 loadPlugin 命令加载插件。

```
loadPlugin("py");
```

基本用法

Py 插件可以通过 py::importModule(moduleName) 导入 Python 模块或子模块。通过 py::cmd(command) 函数则可以在 Python 解释器环境中运行 Python 脚本。而 py::getObj(module, objName) 函数可用于获取模块和对象。下面的例子首先通过 py::cmd 运行 Python 的 dir 函数，获取当前范围内的变量、方法和定义的类型列表赋值给

变量 *a*，再通过 `py::getObj` 获取 `__main__` 模块中的变量 *a*，最后使用 `py::fromPy` 转换为 DolphinDB 中的向量打印输出。

```
py::cmd("a = dir()")
main = py::importModule("__main__")
py::fromPy(py::getObj(main, "a"))
//output: ['__builtins__', '__doc__', '__name__', '__package__']
```

`py::getFunc(module, funcName, [convert = true])` 函数可以获取 Python 模块内的静态方法。返回的函数对象能直接调用，函数参数可直接接受 DolphinDB 数据类型，不需要预先转换。因此，通过 Py 插件可以导入自定义编写的模块并调用其中的静态方法。

以下是一个示例 Python 模块 *fibo.py*，其中包含一个静态方法 `fib2(n)`，用于返回从 0 到 n 的斐波那契数列。请将此模块文件保存为 *fibo.py*，并将其放置于 DolphinDB 可执行文件所在的目录下，或者拷贝到 `sys.path` 变量所列出的库路径中的任意一个。*fibo.py* 文件的内容如下。

```
def fib2(n):                          //return Fibonacci series up to n
    result = []
    a, b = 0, 1
    while a < n:
        result.append(a)
        a, b = b, a + b
    return result
```

之后就可以在 DolphinDB 中导入该模块进行使用，脚本如下。

```
fibo = py::importModule("fibo")
fib2 = py::getFunc(fibo,"fib2");   //获取模块中的 fib2 函数
re = fib2(10);                     //调用 fib2 函数
re;                                //output: 0 1 1 2 3 5 8
```

案例实现

在 DolphinDB 中，量化因子价格变动与一档量差的回归系数可以通过内置函数直接计算，也可以通过 Py 插件导入 `sklearn` 的子模块 `linear_model` 来使用外部函数进行计算。本案例中，我们将利用 Py 插件来加载 `sklearn` 模块，并通过它扩展 DolphinDB 的功能。

数据导入的步骤已在 14.2.1 小节中详细说明，因此这里不再重复。接下来，我们将加载 Py 插件，并使用 `linear_model` 中的 `LinearRegression` 类，来进行最小二乘估计，以此替代 DolphinDB 的内置函数 `beta`。

```
loadPlugin("py");
go
def priceSensitivityOrderFlowImbalanceUsingSklearn(
    LastPrice, BidOrderQty, OfferOrderQty){
    deltaP = deltas(LastPrice) * 10000
    NVOL = BidOrderQty[0].nullFill(0) - OfferOrderQty[0].nullFill(0)
    x = matrix(NVOL)
    //导入 sklearn 子模块 linear_model
    linear_model = py::importModule("sklearn.linear_model");
    linearInst = py::getInstance(linear_model,"LinearRegression")
    linearInst.fit(x, deltaP.nullFill(0)); //调用 fit 函数
    return linearInst.coef_;
}
snapshotTB = loadTable("dfs://TL_Level2", "snapshot")
res = select priceSensitivityOrderFlowImbalanceUsingSklearn(LastPrice,
    BidOrderQty, OfferOrderQty) as priceSensitivityOrderFlowImbalance
    from snapshotTB
```

```
    where date(TradeTime) = 2023.02.01
    group by date(TradeTime) as TradeTime, SecurityID
res
//output:
TradeTime  SecurityID priceSensitivityOrderFlowImbalance
---------- ---------- ----------------------------------
2023.02.01 512480     -1.947492821339814E-8
2023.02.01 513050     -1.82452700156007E-7
2023.02.01 513130      3.607708982189328E-8
2023.02.01 513180     -9.135571451823524E-9
2023.02.01 513330      1.872436245903908E-8
2023.02.01 588000      9.5359303925313E-8
2023.02.01 600036      0.000053268949291
...
```

14.2.3 Python Parser

Python Parser 是 DolphinDB 开发的 Python 解释器。由于 Python Parser 直接运行在 DolphinDB Server 中，且不受全局锁 GIL（Global Interpreter Lock）的限制，因此它能够充分发挥多核和分布式计算的潜力。Python Parser 与 DolphinDB 脚本共享对象系统和运行环境，这使得 Python Parser 可以直接访问 DolphinDB 存储引擎、使用 DolphinDB 中的内置函数并利用内置计算引擎进行计算。

Python Parser 可以复用已有的 Python 计算代码，直接在 DolphinDB 中更高效地运行。与 DolphinDB 的 Python API 相比，Python Parser 直接在 DolphinDB Server 中运行，而 Python API 则需要在 Python 环境中先与 DolphinDB 服务器建立连接，然后通过执行 DolphinDB 脚本的方式与 DolphinDB 进行交互。Python Parser 支持不熟悉 DolphinDB 语法的使用者，在 DolphinDB 中直接使用 Python 语法编程。

使用配置

为支持 Python Parser 功能，DolphinDB Server 除 DolphinDB Session 外，新增支持了解析 Python 语法的 Session。不同类型的 Session 使用不同的解析器解析用户的脚本。如果使用 Python Parser，需要创建一个 Python Parser Session 连接。

其中，GUI 1.30.22.1 以上版本 和 DolphinDB VS Code 2.0.600 以上版本都提供了配置选项以便在 DolphinDB Session 和 Python Parser Session 之间切换。

语法兼容

与标准的 Python 相比，Python Parser 在标识符、保留字、行与缩进、多行语句、数字类型、字符串、空行、同一行显示多条语句以及 print 输出等方面保持了相同的语法，以便客户使用，还可以在 Python Session 中无缝调用 DolphinDB 内置函数，SQL 语句以及元代码编程。下面举几个例子。

- 支持 if-else, if-elif-else。

```
x = 10
if x == 0:
    print("Zero")
elif x > 0:
    print("Positive")
else:
    print("Negative")
```

- 使用 for 语句遍历 range 对象。

```
for i in range(3):
print(i)
```

- 可以直接 SQL 查询语句，不需要通过 API 的方式使用 SQL。

```
def query(t):
    return select count(*) from t
```

第三方库

DolphinDB Python Parser 开发了自身的 pandas 库，库名的简称为 DolphinDB pandas。DolphinDB pandas 内置于 DolphinDB server 中，可以与其内的数据库、计算引擎等无缝结合，实现高效处理大规模数据、不需要额外导入数据与进行数据类型转换、并行处理数据等功能，进一步提高了数据分析效率。

DataFrame 是 pandas 中最常用的数据结构之一，类似于一个二维表格，其中包含了行和列。在 Python Parser 内可以通过字典创建 DataFrame 对象，并使用 Python 语法对它进行操作。下例中就在建立两个 DataFrame 对象后，使用 dot 函数获取矩阵乘积。

```
import pandas as pd
df = pd.DataFrame({"A1": [1,2,3],"A2": [11,12,13]},  ["a", "b", "c"])
other = pd.DataFrame({"a": [1,2],"b": [11,12],"c": [1,2]},  ["A1", "A2"])
df.dot(other)
```

案例实现

继续以第一节中的量化因子价格变动与一档量差的回归系数计算为例，说明 Python Parser 是如何进行对 Python 语法的兼容，从而降低了用户上手 DolphinDB 的难度。

数据导入的部分已经在 Python API 这一小节中说明，在这里直接使用 *dfs://TL_Level2* 中的 snapshot 表进行 Python Parser 的因子计算，示例脚本如下。

```
import pandas as pd
import dolphindb as ddb

//定义因子函数
def priceSensitivityOrderFlowImbalance(df):
    deltaP = 10000 * df["LastPrice"].diff().fillna(0)
    bidQty1 = df["BidOrderQty"].values[0]
    askQty1 = df["OfferOrderQty"].values[0]
    NVOL = bidQty1 - askQty1
    res = beta(deltaP.values, NVOL)
    return pd.Series([res], ["priceSensitivityOrderFlowImbalance"])

//指定计算某一天一只股票的因子
snapshotTB = loadTable("dfs://TL_Level2", "snapshot")
df = pd.DataFrame(snapshotTB, index = "Market", lazy = True)
df = df[(df["TradeTime"].astype(ddb.DATE) == 2023.02.01)&(df["SecurityID"] == "000001")]
res = priceSensitivityOrderFlowImbalance(df.compute())

//指定计算某一天的因子
snapshotTB = loadTable("dfs://TL_Level2", "snapshot")
df = pd.DataFrame(snapshotTB, index = "Market", lazy = True)
res = df[df["TradeTime"].astype(ddb.DATE) == 2023.02.01][[
"SecurityID", "LastPrice", "BidOrderQty", "OfferOrderQty"]].groupby(
["SecurityID"]).apply(priceSensitivityOrderFlowImbalance)
```

除了 Python API、Py 插件和 Python Parser，DolphinDB 将在后续版本推出 Pyswordfish，即 Python 版本的 Swordfish 包。Swordfish 是 DolphinDB 的嵌入式版本，即将 DolphinDB 的

存储引擎、计算引擎以及函数库以动态库的形式嵌入到第三方应用进程中。Swordfish 是用 C++ 开发的库。Pyswordfish 会封装 Swordfish 库，并进一步提供对数据分析更友好的 Python 接口。Python 用户可以通过 Pyswordfish 享受到 DolphinDB 强大的数据分析能力和性能。

思考题

1. 简述 Python API、Python Parser、Py 插件的数据如何在 Python 环境与 DolphinDB 环境之间交互。

2. pandas 中仅有一种时间类型 datetime64[ns]，因此无法直接上传 DATE、MONTH 等类型。

```
df2 = pd.DataFrame({
  'day_v': np.array(["2012-01-02", "2022-02-05"], dtype = "datetime64[D]"),
  'month_v': np.array([np.datetime64("2012-01", "M"), None], dtype = "datetime64[M]"),
})
```

现在有一个 DataFrame 如上，如何通过 Python API 写入不同 ddb 时间类型的数据？

3. 在 Python Parser 中现有一组 DataFrame 数据，存储了 id、salary、group：

```
import pandas as pd
data = pd.DataFrame({
    "id": rand(10000,100),
    "salary": 10000 + rand(5000,100),
    "group": 'group' + string(rand(8,100))
})
//数据内容：
data
        id  salary  group

     0  6606   12229  group0
     1  9585   10897  group4
     2  1243   12794  group7
     3  8670   10126  group0
     4  3710   11387  group3
               ...
    95  6857   12998  group7
    96  4817   10966  group4
    97  2112   14052  group4
    98  8805   10496  group7
    99  8142   13554  group7
 [100 rows x 3 columns]
```

请问如何找出每一组内最高的薪资？

4. 通过 Python API 如何在连接数尽量少的情况下，提高多个有一定数据上传下载负载的运行计算任务的效率。

5. 如果使用 Excel DolphinDB 插件可以怎么增强 Excel 的功能？

6. 下面给出了一组关于 Python 与 DolphinDB 集成与兼容功能的称述，只有一句是正确的，请判断是哪一句：

a）Python API 支持使用 Pickle 以及 Arrow 协议与 DolphinDB 进行数据交互。

b）在 Python Parser 中 DolphinDB 只能引入 dolphindb 包，不能引入其他库。

c）Py 插件是通过运行一个 Python 解释器实现在 DolphinDB Server 中运行 Python 脚本的功能，这个解释器和 DolphinDB 分属两个进程。

d）Python API 和 Python Parser 在利用 DolphinDB 执行脚本时，都有对数据的序列化阶段。

7. 以下是通过 Python API 执行计算函数 calculateJob 的 Python 脚本，请分析它耗时的组成。假设 calculateJob 会返回一个向量。

```
Python Api:
import dolphindb as ddb
s = ddb.Session()
s.connect("localhost", 8848)
ret = s.run("calculateJob()")
s.close()
```

8. 在 DolphinDB 中通过流表接收实时的行情数据，数据列内容如下：

数据生成时间	TradeTime	TIMESTAMP
行情类别	MDStreamID	SYMBOL
证券代码	SecurityID	SYMBOL
证券代码源	SecurityIDSource	SYMBOL
交易阶段	TradingPhaseCode	SYMBOL
昨日收盘价	PreCloPrice	DOUBLE
……	……	……
卖价 10 档	OfferPrice	DOUBLE[]
买价 10 档	BidPrice	DOUBLE[]
卖量 10 档	OfferOrderQty	INT[]
买量 10 档	BidOrderQty	INT[]

如何在 Excel 中实时展示各个证券代码的最新快照数据？

9. 下面有一个简单的 Python Parser 脚本，它创建了一个表格，如何从该表中获取出 y 后缀是 SZ 的条目？

```
import pandas as pd
import dolphindb as ddb
df = pd.DataFrame({"A1": [1,24,23],"A2": ["600000.SH","637467.SZ","018730.SH"]},
                  ["a", "b", "c"])
t = table(pair(100,0), ['x','y'].toddb(), [ddb.INT, ddb.STRING].toddb())
t.append!(df.to_table())
```

10. 如何在 DolphinDB 中进行自然语言处理，尝试写出一个简单的示例程序。

附录 1

数据类型一览表【附录】

	分类	类型	ID	声明符号	字节数	数据范围/长度	例子	空值	溢出表现
1	VOID（空值类）	VOID	0	—	1	—	• NULL：无类型的空值，即 NULL • Nothing：传参为空，无任何值返回	—	—
2	LOGICAL（逻辑类型）	BOOLEAN	1	b	1	true, false	1b, 0b, true, false	—	—
3	INTEGRAL（整数类型）	CHAR	2	c	1	-127c～127c	• 单引号声明字符，如'a' • 通过 ASCII 码表示数值，如 97c	00c -128c	• 符号表示：Cannot recognize the constant 128c • 函数转换：循环取数，如 char(129)→-127 • 四则运算：会发生类型转换，如 127c + 1c → short(128)
4		SHORT	3	h	2	-32767h～32767h	33h	00h -32,768h / 32,768h	• 符号表示：Cannot recognize • 函数转换：循环取数，如 short(65537) → short(1) • 四则运算：会发生类型转换，如 32767h + 1h → int(32,768)

续表

	分类	类型	ID	声明符号	字节数	数据范围/长度	例子	空值	溢出表现
5	INTEGRAL（整数类型）	INT	4	i	4	−2147483647i～2147483647i	12	00i / 00 2147483648i / −2147483648i	• 使用符号 i 表示数据和使用 int 强制类型造成溢出的表现一致：循环取数，如 int(2147483649) = 2147483649i → −2147483647 • 四则运算：循环溢出，如 2147483647i + 2 → int(−2147483647)
6		LONG	5	l	8	−9223372036854775807l～9223372036854775807l	16827387230l	00l 小于 −9223372036854775807l 的所有整数均为空	• 符号和函数行为一致： ○ 大于 9223372036854775807l 会返回 9223372036854775807l ○ 小于−9223372036854775807l 会返回 long(null) • 四则运算：循环取数，如 9223372036854775807l + 1 → long(null)
7		COMPRESSED	26	—	—	—	compress(1..10)	—	—
8	FLOATING（浮点类型）	FLOAT	15	f	4	遵循 IEEE754 标准，FLOAT 类型能精确表示的整数范围是−16777216～16777216 即-2^{24}～2^{24})，而其数据范围约为 1.4E−45 到 3.4E+38，精度为 7 位有效数字	1.3f	00f 特殊值：float("inf")和 float("nan")	• 符号和函数行为一致： ○ 上下限 float(∞)或 float(−∞)，如 float(pow(10, 39)) ○ 精度溢出：精度丢失
9		DOUBLE	16	F	8	遵循 IEEE754 标准，DOUBLE 类型能精确表示的整数范围是-2^{53}～2^{53} 数据范围： • 负数：-1.79769×10^{308}～-2.22507×10^{-308} • 正数：2.22507×10^{-308}～1.79769×10^{308}	1.4	00F 上下限溢出返回空，如：pow(10, 309)	• 符号和函数行为一致： ○ 向上/下溢出：double(null) ○ 精度溢出：精度丢失

续表

	分类	类型	ID	声明符号	字节数	数据范围/长度	例子	空值	溢出表现
10	DECIMAL（高精度小数类型）	DECIMAL32(S) S ∈ [0, 9]	37	—	4	• 整数转换：遵循其底层整数类型的范围，如 DECIMAL32 的底层为 int_32，因此其能表示的范围为 −2147483647～2147483647。 • 字符串转换：有效位数 *S* 决定了可以表示的数值范围，如 DECIMAL32 的 *S* ∈ [0, 9]，则它能表示的范围为 −999999999～999999999	—	decimal32(−2147483648, 0) decimal32(NULL, *S*)	• scale 范围：抛出异常`scale` out of bound (valid range: [0, 9], but get: 10) • 四则运算：两个数相乘，精度溢出会转成高精度，超过 DECIMAL128 能表示的范围则抛出异常 • 整数转换：忽略小数点，数值超过 DECIMAL 最大能表示的数，会抛出异常 Decimal math overflow.RefId: S05003 • 字符串转换：Can't convert STRING to DECIMAL32(0): parse `1000000000` to DECIMAL32(0) failed: decimal overflow
11		DECIMAL64(*S*) *S* ∈ [0, 18]	38	P	8		—	decimal64(−2^64, 0) decimal64(NULL, *S*)	
12		DECIMAL128(*S*) *S* ∈ [0, 38]	39	—	16		—	decimal128(NULL, *S*)	
13	TEMPORAL（时间类型）	DATE	6	d	4	1970.01.01 + [−99999999, 100000000]，即−271821.04.21～275760.09.12	2023.03.13	1970.01.01 + 2147483648l date(null)	• 脚本表示：[0001.01.01, 9999.12.31]，超过此范围报错 "Cannot recognize the constant" • 四则运算：返回一个无效的日期（Invalid Date）
14		MONTH	7	M	4	0000.01M～178956970.08M 1970.01M + [−23640, 2147460007]	2024.01M	1970.01M + 2147460008 month(null)	• 脚本表示：[0001.01M, 9999.12M]，超过此范围报错 "Cannot recognize the constant" • 四则运算：返回负数 ○ 1970.01M − 23641 → month(−1) ○ 1970.01M + 2147460009 → month (−2147483647)
15		TIME	8	t	4	00:00:00.000～23:59:59.999	13:30:10.008	time(NULL) time(num); num > 86399999 || num < 0	• 脚本表示：Cannot recognize the constant • 四则运算：循环取数
16		MINUTE	9	m	4	00:00m～23:59m	13:30m	minute(NULL) minute(num); num > 1439 || num < 0	
17		SECOND	10	s	4	00:00:00～23:59:59	13:30:10	second(NULL) second(num); num > 86399 || num < 0	

续表

	分类	类型	ID	声明符号	字节数	数据范围/长度	例子	空值	溢出表现
18	TEMPORAL（时间类型）	NANOTIME	13	n	8	00:00:00.000000000～23:59:59.999999999	13:30:10.008007006	nanotime(NULL) nanotime(num); num > 86399999999999 || num < 0	
19		DATEHOUR	28		4	−243014.03.24T17～246953.10.09T07	datehour(2013.06.13 13:30:10)	datehour (1970.01.01 00:00:00) + 19327352832 datehour(NULL)	• 无法直接通过脚本表示 • 四则运算：循环取数，如 datehour (1970.01.01 00:00:00) − 19327352833 → datehour(246953.10.09T07)
20		DATETIME	11	D	4	1901.12.13 20:45:53～2038.01.19 03:14:07	2023.06.13 13:30:10 2023.06.13T13:30:10	1970.01.01 00:00:00 ± 2147483648 datetime(NULL)	• 脚本表示：抛出异常，如 2038.01.19T03:14:08 报错 Cannot recognize the constant • 四则运算：循环取数，如 1970.01.01 00:00:00 + 2147483649 → datetime (1901.12.13 20:45:53)
21		TIMESTAMP	12	T	8	0100.01.01 00:00:00.000～275760.09.13 00:00:00.000 1970.01.01 00:00:00.000 + [−59011459200000, 8640000000000000]	2023.06.13 13:30:10.008 2023.06.13T13:30:10.008	timestamp(NULL)	• 脚本表示：[0001.01.01 00:00:00.000, 9999.12.31 23:59:59.999]，超过此范围抛出异常 Cannot recognize the constant • 四则运算： ○ 上限溢出：server 端未处理异常，客户端抛出 invalid time value ○ 下限溢出： • [−8640000000000000, −59011459200001] 循环取数 • 小于−8640000000000000 客户端会抛出异常 invalid time value
22		NANOTIME STAMP	14	N	8	1677.09.21 00:12:43.145224193～2262.04.11 23:47:16.854775807	2023.06.13 13:30:10.008007006 2023.06.13T13:30:10.008007006	1970.01.01 00:00:00.000000000 ± (9223372036854775807 + 1) nanotimestamp(NULL)	• 脚本表示：系统抛出异常 Cannot recognize the constant 2262.04.11 • 四则运算：循环取数，如 1970.01.01 00:00:00.000000000 + 9223372036854775807 + 2 → nanotimestamp (1677.09.21 00:12:43.145224193)

续表

	分类	类型	ID	声明符号	字节数	数据范围/长度	例子	空值	溢出表现
23	LITERAL（字符类型）	STRING	18	S	—	分布式表限制长度 64KB 内存表无限制	• 反引号声明（遇到特殊符号会中断）：`DolphinDB • 单引号声明：'DolphinDB' • 双引号声明："DolphinDB"	"" string(NULL)	分布式表截断
24		SYMBOL	17	W	4	分布式表限制长度 255B 内存表无限制	必须通过字符串向量生成： symbol(["aaa", "bbb"])	symbol([""])	分布式表报错
25		BLOB	32	—	—	分布式表限制长度 64MB 内存表无限制	blob("Hello! This is DolphinDB.")	blob("")	分布式表截断
26	ARRAY（数组类型）	基础类型+“[]” 例如：INT[], DOUBLE[], DECIMAL32(3)[] 等	基础类型 ID+64	—	—	—	array(INT[], 0, 10).append!([1 2 3, 4 5, 6 7 8, 9 10])	array(INT[])	—
27	BINARY（二进制类型）	INT128	31	—	16	32 位 16 进制数，即 0～f	int128("e1671797c52e15f763380b45e841ec32")	int128("") int128("00000000000000000000000000000000")	—
28		POINT	35	—	16	存储二维坐标点 (X, Y) X、Y 各占 8 字节	point(2, 3)	point(00i, 00i)	—
29		UUID	19	—	16	"xxxxxxxx-xxxx-xxxx-xxxx-xxxxxxxxxxxx" (8-4-4-4-12) x 为 16 进制数，即 0～f	uuid("9d457e79-1bed-d6c2-3612-b0d31c1881f6")	uuid("") uuid("00000000-0000-0000-0000-000000000000")	—
30		IPADDR	30	—	16	ip 地址	ipaddr("192.168.1.13")	ipaddr("") ipaddr("0.0.0.0")	—
31	SYSTEM（系统类型）	FUNCTIONDEF	20	—	—	—	def, defg 声明的函数体	—	—
32		HANDLE	21	—	—	—	数据库句柄，数据表句柄，文件句柄等	—	—

续表

	分类	类型	ID	声明符号	字节数	数据范围/长度	例子	空值	溢出表现
33		CODE	22	—	—		元代码	—	—
34		DATASOURCE	23	—	—	—	数据源对象	—	—
35		RESOURCE	24	—	—	—	机器学习返回的模型	—	—
36		DURATION	36	—	—	$-2^{31}\sim2^{31}-1$	• 使用整数数字加以下时间单位（区分大小写）创建： y, M, w, d, B, H, m, s, ms, us, ns，如：2y, 3M, 30m, 100ms • 通过函数生成：duration("20H")	—	DURATION 类型不支持四则运算 • 脚本表示：上溢下溢均返回负数值 duration(−2147483648s)
37	MIXED（混合类型）	ANY	25	—	—	—	(1.1, "aaa", [1,2,3])	—	—
38	OTHER（其他类型）	COMPLEX	34	—	16	存储复数 X + Yi X、Y 各占 8 字节	complex(5, 2)	—	—

表格说明：

- 常用的基础类型具有类型声明符号，通过数值加类型声明符的形式，如“65c”，可以快速声明特定类型的数据。此外，也可以通过“00”加类型声明符来定义相应类型的空值，如“00c”。
- 未标注字节数的一般为不定长的对象。
- 带有方括号的类型声明，如“INT[]”表示这是一个整数类型的数组或向量。
- DECIMALXX(*S*)中的 *S* 表示保留的小数位数。
- OTHER 类型暂不支持进行运算。

附录 2

MySQL 类型与 DolphinDB 类型对应表

数据类型	MySQL 类型	对应的 DolphinDB 类型
整数	bit(1)-bit(8)	CHAR
	bit(9)-bit(16)	SHORT
	bit(17)-bit(32)	INT
	bit(33)-bit(64)	LONG
	tinyint	CHAR
	tinyint unsigned	SHORT
	smallint	SHORT
	smallint unsigned	INT
	mediumint	INT
	mediumint unsigned	INT
	int	INT
	int unsigned	LONG
	bigint	LONG
	bigint unsigned	不支持 LONG，可设置为 DOUBLE 或 FLOAT
小数	MySQL 类型	对应的 DolphinDB 类型
	double	DOUBLE
	float	FLOAT
	newdecimal/decimal(1-9 length)	DECIMAL32
	newdecimal/decimal(10-18 length)	DECIMAL64
	newdecimal/decimal(19-38 length)	DECIMAL128
	newdecimal/decimal(lenght < 1 || length > 38)	抛出异常
时间类型	MySQL 类型	对应的 DolphinDB 类型
	date	DATE
	time	TIME
	datetime	DATETIME
	timestamp	TIMESTAMP
	year	INT
字符串	char (len <= 10)	SYMBOL
	varchar (len <= 10)	SYMBOL
	char (len > 10)	STRING
	varchar (len > 10)	STRING
	other string types	STRING
枚举	enum	SYMBOL

附录3

ODBC 类型与 DolphinDB 类型对应表

ODBC 类型	对应的 DolphinDB 类型
SQL_BIT	BOOL
SQL_TINYINT / SQL_SMALLINT	SHORT
SQL_INTEGER	INT
SQL_BIGINT	LONG
SQL_REAL	FLOAT
SQL_FLOAT/SQL_DOUBLE/SQL_DECIMAL/SQL_NUMERIC	DOUBLE
SQL_DATE/SQL_TYPE_DATE	DATE
SQL_TIME/SQL_TYPE_TIME	SECOND
SQL_TIMESTAMP/SQL_TYPE_TIMESTAMP	NANOTIMESTAMP
SQL_CHAR(len == 1)	CHAR
其他类型	STRING